面向应用的航天遥感科学论证理论、方法与技术

顾行发　余　涛等　著

科　学　出　版　社

北　京

内 容 简 介

本书以航天遥感系统为研究对象，探索面向应用的航天遥感科学论证理论、方法与技术。在对航天遥感系统状态与变化分析和理解基础上，重点考察航天遥感系统设计、制造中与应用紧密相关的因素的论证，特别是对遥感信息、遥感数据、遥感软硬件系统的发展规律进行了探讨；同时，也分析了航天遥感系统发展动力，以及支撑航天遥感系统发展的能力体系。其通过在国家重大项目论证中发挥作用，体现出其科学性，也为提升我国航天遥感论证能力做出了初步贡献。

本书适合于航天遥感领域内的广大科技工作者、工程技术人员及其他相关专业人员参考使用，也可以作为高等院校相关专业的研究生和高年级本科生的教材和教学参考书。

图书在版编目 (CIP) 数据

面向应用的航天遥感科学论证理论、方法与技术/ 顾行发等著. —北京：科学出版社，2018.11

ISBN 978-7-03-058736-7

Ⅰ. ①面… Ⅱ. ①顾… Ⅲ. ①航天遥感–研究 Ⅳ. ①TP72

中国版本图书馆 CIP 数据核字 (2018) 第 206355 号

责任编辑：彭胜潮 赵 晶 / 责任校对：何艳萍
责任印制：徐晓晨 / 封面设计：铭轩堂

科 学 出 版 社 出版
北京东黄城根北街 16 号
邮政编码：100717
http://www.sciencep.com

北京中石油彩色印刷有限责任公司 印刷
科学出版社发行 各地新华书店经销

*

2018 年 11 月第 一 版 开本：787×1092 1/16
2019 年 4 月第二次印刷 印张：32 1/4
字数：770 000
定价：198.00 元
(如有印装质量问题，我社负责调换)

序　一

　　十几年来，顾行发和余涛等研究人员聚焦对航天遥感系统的认识和对航天遥感系统状态评价与变化趋势的把握，做了切切实实的探索和实践工作。通过综合集成思维方式，将科学论证的理论、方法与实践相结合，在高分辨率对地观测系统重大专项、国家民用空间基础设施、地球综合观测系统、航天强国论证中加以实践。《面向应用的航天遥感科学论证理论、方法与技术》就是把这些理论、方法和成果加以汇集整理而成。

　　该书的出版对系统化卫星遥感科学论证的探究和实践意义重大。无论是航天遥感技术的重大突破，还是航天遥感学科体系的建设，都需要对航天遥感科学论证研究与实践进行系统全面梳理，开展理论模型进行探究，重视科学论证理论、方法和技术的结合。这样，才能做出符合新时代要求的航天器系统，并培养出具有创新精神和创新能力的航天遥感人才。为了达到此目的，须从理论模型做起，并重视技术方法与应用实践的结合。该书为此做出了努力。

　　该书所阐述的内容，不仅是传介知识，还提供了新的思维方式，如对遥感信息状态变化规律的认识物化为一套标准的工程过程，很有价值。

　　科学文化要理论联系实际，实事求是，追求真理。这也是我们走有特色的社会主义道路和建设创新型国家所必需的。著者顾行发研究员和他的团队既有这样长远的认识，又能坚持这么多年的探索和研究。他们是怀着对国家、对航天事业未来的大爱来撰写本书的。

　　深信该书的出版能促进我国航天遥感领域论证理论研究，并推动我国遥感科学技术的发展做出贡献。航天遥感科学论证需要大量实证研究的支持，也是一项需要积累和不断探索的进程。祝愿顾行发研究员及其编写团队取得更大的成就！

中国科学院院士　王希季

2018 年 4 月 20 日

序　二

近年来，我国遥感卫星应用迅速发展，中国卫星遥感进入了一个新的发展期。作为一个老航天人，我看到中国航天从无到有、从小到大、从弱到强的奋斗与发展历程，感到万分欣慰；最大的期望就是盼望我们研制的卫星"好用、用好"，真正发挥效益，为国家服务好。

这些年来，我十分高兴地看到该书作者顾行发、余涛等学者一直致力于我国航天遥感工程系统研究。该书系统总结了他们在过去十余年中有关航天遥感科学论证理论与方法、载荷应用技术发展、卫星遥感数据产品质量提升、遥感综合应用服务等方面的主要研究成果。当前，我国运营的在轨卫星数量位于世界前列，应用也出现了大众化、普及化、智能化和实时化的天基信息服务新局面。卫星如何进一步渗透推广到基层，广泛服务于智慧城市建设和民生领域的关键在于如何用好天基遥感信息。该书深入分析了航天遥感信息及其遥感应用新模式，通过构建标准化的数据组织模型，形成了遥感海量数据集群化快速处理模式，与网络深度耦合的"互联网+天基"的实地遥感即时服务模式，以及"互联网+"的云服务遥感协同应用模式。创新驱动发展，特别是作者及其团队在研究县域遥感应用系统架构和应用质量保障方面做出极大的努力，以县域遥感技术为重点，稳固推进民用遥感"千县计划"和"互联网+天基信息应用工程"，并与智慧城市建设紧密结合，积极服务于区域经济社会发展，努力实现遥感技术的"进城下乡接地气"。

这部专著是作者及其团队在常年不懈地实践和辛苦努力下，以提升航天遥感卫星技术水平和能力为目标，以卫星"要好用，要用好"为核心，对长期从事遥感论证研究和实践的系统总结。研究视角新颖，见解独到，认知水平高，应用价值大。

作为航天遥感卫星发展历程的见证人，我为该书的出版深感欣慰；也期盼在此基础上，顾行发等专家、学者砥砺前行，继续全面推动我国航天遥感卫星更好地服务于民生。

中国科学院院士

2018 年 4 月

序 三

习近平总书记提出"发展航天事业,建设航天强国"的战略目标,并指出:"空间技术深刻改变了人类对宇宙的认知,为人类社会进步提供了重要动力,同时浩瀚的空天还有许多未知的奥秘有待探索,必须推动空间科学、空间技术、空间应用全面发展"。我们期望这本《面向应用的航天遥感科学论证理论、方法与技术》的出版将有助于空间应用的创新发展,助力航天强国的建设。

我在组织高分辨率对地观测系统重大专项实施方案编制,国家民用空间基础设施中长期发展规划编制以及建设航天强国发展战略咨询研究的过程中,与顾行发博士、余涛博士多次交流,深化对构建以对地观测数据和各类遥感信息产品为核心的航天遥感系统的研究,明确了以"发展应用卫星及其应用"的主要方向之一。该书对完善航天遥感科学论证理论、推进空间信息科技及应用发展将会起到积极作用。

全书分为两部分:第一部分主要是对面向应用的航天遥感科学论证的总结与思考;第二部分主要是对当前航天遥感系统应用所涉及的一些关键技术与方法的总结与思考,并从系统工程的角度进行了剖析和阐述。书中所描述的航天遥感科学论证的理论方法、技术与实践涵盖了从理论研究、技术方法到工程管理的多个方面,经过作者多年实践的总结与升华,有不少技术与方法的创新,这对航天遥感系统的建设与应用将起到有益的指导作用。进而有助于推动应用模式和商业模式创新,提升我国遥感应用技术水平、能力和应用效益,促进产业化发展。

我们很赞赏航天科技工作者对多年实践经验与创新进行总结,从感性认识上升到理性认识,深化机理,凝练规律,突出创新,不断提升能力与水平,以作出更大贡献!

中国工程院院士 王礼恒

2018年5月

前　言

论证是用一个或一些真实命题确定另一命题真实性的思维过程,即探讨并确定前提、论据、论点合理关系的学问,其作为有关"根、据、观点"的逻辑过程,广泛应用在各个领域。近20年来,我国民用卫星遥感逐步从科学试验型向业务服务型转型并快速发展,如何观察、分析、理解、评价、预测、推进与服务民用航天遥感的这一变化过程,导致科学、合理、可靠地评估有关航天遥感发展的主张、方案及所采用的理论、方法、方式与途径等一系列疑问逐步凝聚成一种清晰、具体的需求。经多位有识之士的积极努力,2004年我国成立了国家航天局航天遥感论证中心(以下简称论证中心)。

开始编写这本书的时候,论证中心已经成立6年有余。其经历了我国航天遥感进入跨越式发展的起步阶段,特别关注卫星遥感数据产品质量,新型遥感载荷应用技术发展方式与途径选择,航天遥感系统系统性与高效发展,示范推广与多领域多层次应用模式等议题并开展了深入研讨。这期间,高分辨率对地观测系统国家重大科技专项也完成了论证工作并开始全面实施,有力促进了航天遥感科学论证的发展。完整经历了这一过程,有很多实践经验需要去总结与凝练,以便百尺竿头更进一步,遂萌生了利用"十一五"和"十二五"这两个五年计划衔接期的相对宁静,赶紧记录下那几年不懈努力的成果。到本书付梓之际,论证中心已经14岁了,其间经历了我国民用航天遥感系统性建设和应用大发展,包括国家民用空间基础设施规划完成论证并实施,亚太空间合作组织(APSCO)、亚大区域全球综合地球观测系统(AOGEOSS)国际合作、航天强国与全球空间基础设施论证等,通过形成事实上的多次迭代,有力促进了有关航天遥感需求牵引与技术推动的统筹、体系化发展途径、国际合作与产业发展模式、基础能力体系构建等方面的思考。

经过十余年的探索,以航天遥感系统为研究对象的遥感论证理论逐渐成型,其应用在航天遥感时空观的理解上,以及航天遥感信息与数据工程理论的构建上,将对遥感信息状态变化规律的认识物化为一套标准的工程过程。其中,提出并实践了遥感信息强度(information intensity function, IIF)与数据信息密度函数(information density function, IDF)模型、信号-数据-信息-知识/智慧-行动环(signal-data-information-knowledge/wisdom-action, SDIKWa)模型、信息-数据-软件-硬件(information-data-software-hardware, IDSH)描述模型、统一产品体系和产品规格标准化模型(uniformed product model, UPM)、系统统一标准单位模型(system standard unit model, SSUM)、应用技术成熟度评价(application technology readiness levels, ATRL)模型、遥感技术发展好的实践过程(good processing practice, GPP)模型、基于产品的航天遥感系统需求提出到需求满足综合分析模型、面向满意度的航天遥感系统综合评价模型、科研工程管理模型(think-plan-do-say-plan-do-check-action, TPDS-PDCA)等多项创新。采用综合集成思维方式,将科学论证的理论、方法与实践相结合，在高分专项、国家民用空间基础设施、AOGEOSS、航天强国等论证中开展其过程实践。遥感论证仅仅是一个开始，但其前进的一小步，有力促进了对科学论证更加深入的认识，有效配合了当前我国航天遥感科技发展从跟跑到并跑再到局部超越、从"必然王国"向"自由王国"的迈进。

本书旨在提升对航天遥感系统的认识和对航天遥感系统状态评价与变化趋势把握的能力，以探索航天遥感科学论证的理论与方法、系统化卫星遥感科学论证为主要内容，通过以下 5 个方面体现：①面向应用的航天遥感系统科学论证概念；②航天遥感系统信息论、数据工程论和技术发展规律的初步认知；③航天遥感系统设计、制造与评价中与应用紧密相关参数设定及其变化状态的模型化；④航天遥感系统发展动力模型化；⑤系统性的航天遥感系统能力体系建设。

全书共分 11 章。第 1 章主要介绍科学论证定义、航天遥感系统特征理解，以及面向应用的航天遥感系统科学论证等理论知识。第 2～第 4 章介绍对航天遥感状态与变化模型化，通过航天遥感信息论、遥感数据工程论及应用技术成熟度加以体现。第 5～第 7 章分析论证设计与制造过程中关于数据信息产品属性驱动遥感数据获取、传输、信息提取能力优化的关键问题，特别是对卫星应用质量评价的综合论证。第 8～第 9 章从航天遥感系统可持续发展的角度论述了应用技术需求、产业政策与国际合作等需求牵引力的分析。第 10～第 11 章则主要就航天遥感系统创新能力体系中有关设施保障技术条件与工程组织管理技术条件等软硬条件进行了论证。

本书是航天遥感论证中心团队对长期从事航天遥感科学论证研究与实践的系统总结。全书由顾行发和余涛策划、设计、编写、统稿与修改确定，编写团队成员参加完成各章的写作，其中，第 1 章为郑逢杰、王春梅、柳鹏、赵利民、殷亚秋；第 2 章为王春梅、郑逢杰、高军、杨健、张周威、李娟、方莉；第 3 章为郑逢杰、赵利民、王春梅、李国平、李玲玲、刘其悦、米晓飞；第 4 章为赵利民、郑逢杰、田玉龙、高军、董文；第 5 章为林英豪、王更科、郑利娟；第 6 章为黄祥志、臧文乾、王更科、赵亚萌、王栋、张周威；第 7 章为高海亮、谢勇、王春梅、郑逢杰、刘其悦、孙源、方莉、韩杰；第 8 章为郑利娟、郑逢杰、林英豪；第 9 章为米晓飞、董文、余琦；第 10 章为刘苗、董文、高军、胡新礼；第 11 章为刘东晖、程洋、魏香琴、熊攀、李斌。这些作者分别来自论证中心的总体组、系统工程组、大气工程组、分类技术组、陆表参数技术组、仿真工程组、定标与真实性检验组、大气科学组等多个团队。

在完成本书过程中得到了有关方面的大力支持与帮助。在本书付梓之际，衷心感谢田玉龙、李国平、肖晶、曾澜、王承文、任志武、田国良、高军、熊攀、赵坚、王程、张如生、刘富荣、卢晓军、乐逢敏、曹俊、杨晓宇、胡朝斌、付朝华、曾开祥、陈秀万等专家在本书成稿过程中的悉心指导与支持。本书得到国防科工局民用航天技术预先研究项目长期的支持，在"十五"末期有关需求与载荷指标论证项目的支持下开展了需求分析方法、应用技术成熟度、产品体系与规格标准化研究。在"十一五"有关应用工程研究项目的支持下完成了科研工程、卫星星群与地面应用系统量化描述、遥感信息与遥感数据工程、效能效益分析的研究。在"十二五"有关质量保证与提升研究项目的支持下完成了满意度、在轨测试评价、能力体系构建的研究。在"十三五"有关论证理论方法、微小卫星论证等项目的支持下进一步对前期科学论证成果进行总结。大家的支持与帮助成就了论证中心，论证中心的工作也有力支持了国家建设，在此，对各位专家一并表示衷心感谢。

需要强调的是，本书提到的面向应用的航天遥感科学论证理论、方法与技术是在一定时期实践检验基础上的归纳总结，其仅仅是航天遥感论证的一小步，还有大量的内容需要在今后的实践中通过更多人的参加加以发展、加以验证。同时，条条大路通罗马，论证有多种思路与方式，本书展现的仅是其中的一条路，是在我国民用航天转型环境中、一定客观条件下形成的，一切有赖于通过实践验证与判断，对这一点需要读者客观把握。限于作者的知识水平，书中疏漏之处在所难免，恳请读者不吝批评指正。

目　　录

第1章　航天遥感科学论证理论概要

航天遥感技术发展到现今已经成为一个庞大的体系，呈现出丰富多彩的状态与无限发展的前景。对其有效的认识、理解、预测与应用有赖于认知水平的提高、改造能力的提升及大量的实践活动。科学论证是直接提高认知水平、形成基于共识的有效方法，同时也是促进技术进步与实践活动开展的技术手段。

1.1　科学论证基本概念

1.1.1　论证定义、作用和形式

1. 论证是一种理性思维方式

论证，是用一个或一些真实命题确定另一命题真实性的思维过程，即有关"根、据、观点"的逻辑过程。《辞海》中"论证"的定义是"证明论题和论据之间的逻辑关系。它通过推理形式进行，而且有时是一系列的推理形式，论证必须遵守推理的规则"（孙万国等，2006）。这些定义规定了论证主要要素及结构是论据、推理和论题的关联。论据是论证的基础与依据，是论证所关注对象的已知为真的特性、观点、形式等。推理是论据与论题之间的逻辑联系方式，即用论据来确定论题真假时所采用的形式。论题是其真实性或虚假性需要被确定的判断，即论证者在立论时要证明的观点或主张，或者是在驳论时要批判的观点或主张。论题可以是已被证实或证伪了的判断，也可以是还没有被证实或证伪了的判断。一个论证的论题具有唯一性。

论证的作用在于提供了一种理性的探究论题的思维方式与方法，通过具有共识的逻辑途径使人相信、认可或接受某个观点，帮助人们发现哪些观点优于其他观点，评估不同观点的说服力如何。同时，其也有助于形成批判性的思维方式和怀疑精神，提高判断能力，支撑人对世界的认识与利用。简单地说，即预测、解释、决定和说服。一方面是需要对"说的对吗？"进行分析与评判；另一方面，通过论证，我们提出理由和证据，以及阐明自己的观点，对观点进行解释和辩护，使得其他人接受这个结点，即对"凭什么？"进行详细描述及回答（安东尼·韦斯顿，2011）。这样不仅对观点进行了论证，同时也对论证过程进行了评价。

论证普遍存在于人们的社会生活和生产活动中，涉及人的认知与活动的方方面面，一直是逻辑学的重要关注对象，而人们通常也把逻辑学看做是一门研究论证的科学。逻辑学界围绕论证的概念长期存在着论争，在非形式逻辑兴起之前，论证概念大致归于传统逻辑和现代形式逻辑两个理论传统中（陈波，2003；谢耘，2006）。传统逻辑的论证概念往往对"论证"作一种序列化、结构化的理解，是一系列语句、陈述或命题的组合，具有"前

提-结论"结构，体现着一种关系性的要求，即论证要求一种"得来、支持、推出或基于"的关系，其是传统论证概念最本质的特征。20 世纪以来，现代形式逻辑的理论和方法已经成了逻辑研究的主要范式，其关注论证的形式有效性，忽视论证的其他非形式因素。现代形式逻辑以推理形式及其有效性为研究对象，把对论证概念的理解置于形式化框架中。

2. 面向实践过程的图尔敏模型

非形式逻辑理论兴起于逻辑学数学化、形式化的 20 世纪七八十年代，其以实际论证分析与评估的非形式方法和规范为理论基础。图尔敏(S. E. Toulmin)、佩雷尔曼(Ch. Perelman)等通过对 20 世纪纯形式化、数学化倾向的形式逻辑论证理论进行批判，吸收当代西方哲学中语用学成果，重新复活了长久以来为论证研究所忽略的环境条件与过程实践维度。作为该领域最有影响力的哲学家之一，图尔敏有感于实践推理的内在价值及评价标准与形式逻辑所提供的形式规范之间的明显不同，提出了著名的论证分析的图尔敏模型，发展出一套非形式逻辑体系，开启了逻辑学的二次转向——逻辑实践转向。这种实践性论证思想对论证领域产生了极其重要和深远的意义。在非形式逻辑及当代论证理论的论域中，论证已成为一个在具体情境中展开的基于过程的实践活动(谢耘，2006)。

图尔敏模型按照不同命题在论证中的不同功能将其分为 6 种要素，分别是前提(data)、保证(warrant)、支援(backing)、限定(qualifier)、反驳(rebuttal)和主张(claim)，图尔敏论证模型把论证解释为由被前提支持的主张、依赖于保证的推理组成，保证本身可能被支援所支撑。支持主张时往往会遇到一些限定，当然也有可能出现反驳性的因素。其中，保证、支援、限定、反驳共同形成了论证过程，而前提和主张则表明了论证的起点与终点(张晓娜，2013)。

前提是论证的基础和依据，是已知为真并被用来作为论点真实性或虚假性判断的根本支撑，即论据，用来回答"凭什么"的问题。前提作为论证的起点，有多种来源，可以是事实论据，即通常所说的"摆事实"。事实前提种类丰富多样，有历史的、有现实的，有具体的、有概括的，有科学定义、定律、公理和原理等反映客观事物本质和规律，经过实践的反复检验的认知。经过全面分析，选择反映典型事实的真实判断作为前提，提供详实的论据，"事实胜于雄辩"，这样的论证才有说服力、有效性。由于前提是论点的出发点，论点不会比为其提供支撑的前提有更强的合理性。

论据要支撑论点就需要一个有效的过渡过程，保证正是这一起到桥梁和正当担保作用的一个特定推导规则与步骤，即通常所说的"讲道理"。道理在不同情境和条件下各有不同，但均是为了构建一种以合理、有效、可靠为诉求的可信关联。通过构建这种可信关联性，作为对一些"事实"的陈述，可以"合理正当"地转化为有力支持观点的根据，即合理事实保真地传递。理由在论证中是不可或缺的，具有普遍性，它提供的这种关联性可以以显性或隐性的方式出现，若没有不同意见，则无需描述这个理由。当然，这不等于它没有，仅仅是隐形了。

支援是对保证的强化与调节。这种支持可以由一个事实或一个包括论点论据的完整论证组成，即"雄辩"中要包括"事实"。不同论证领域需要有不同类型、不同强度的支持，如科学规律的实践彻查性要求、技术方法适用性范围的限制性要求等。

　　限定是对论点强度、程度、范围的量化调节。论点的强度、程度、范围、说服力和可信度是由论据和理由共同赋予、客观确定的，通过引入一些附加的条件和限制，可以对导出的确定进行更加客观地描述，提升论点的正确性和合理有效性。

　　反驳是针对论点中的特例、例外进行的说明。即使对论点加上了程度限制说明，也不排除论点中包含一些不能从论据和理由导出的成分，针对这些"例外""不合法"情况要加以承认，从而确保论点的有效范围仅仅限制在所允许的有限时空范围内以有限方式运行。

　　通过以上几个环节的组合与过程迭代，形成论证的充分性，确保在一定环境与条件下论据与主张的等价性与一致性，有效保证主张的正确性。同时，对这种等价性进行强弱、软硬、直接间接地区分，可以是因果关系，也可以是相关关系，或者是某种条件下的综合关系等。

　　主张，即论题、观点、论点、建议、声明、判断、结论等，是提出者试图在论证中证明其正确并对其进行辩护的一个断言，是论证的终点。合理、有效、可信的论点建立在正确基础、充分理由等组成的完整逻辑过程基础上。这里要进一步注意与论据的区别，论点是我们试图确定的主张、设想，而论据是作为主张所依靠的基础和根据，是一种已经确定的"事实"。

　　以上对论证要素及相互作用的描述突出了现代论证中"把一切送上理性的法庭"的批判性理念。论证中的任何组成要素都可以受到质疑和评判，只有清晰明确的输入、有条理可靠的过程，追求合理有效性的方向，才能保证与之相适应的论点的有效性和合理性，这也是论证过程中体现实际的一种哲学态度。

　　关注对象与目标的不同决定着论证评价标准依赖于所处的领域，即一定程度上的领域依赖性。关注对象各具特性、方式方法不同、精确度要求不同等导致了论证只有合适的，没有最好的，追求"合理的信及信的程度"。在实际环境下，关注对象所处的时空状态及其自身发展阶段等因素均是在"合适"的论证中加以考虑，合适的论证是建立与各关联方相洽的"友好型"论证。图尔敏论证模型能够刻画较为复杂的论证，但也不能够刻画所有的论证。例如，对于含有多个前提或者含有对反驳的反驳等类型的论证，图尔敏论证模型由于元素种类的有限性而不能很好地揭示这种类型的论证。

　　论证的一个显著特点是唯物理念贯穿始终，其在科学研究中表现为"求真"，通常把数学逻辑的形式有效性标准化、普遍化为广泛领域实际论证的唯一评判标准，建立在量化逻辑基础上的论证系统与世界事实间存在着某种或明或暗相呼应的一致性或同构关系，有效对关注对象本体系统状态、过程、行动、现象、规律形成一种"镜像"，既体现在翔实的前提数据上，又体现在实际论证的程序、步骤、环节中。

　　"论"本身是一种"证"，包含着被实践"证"的内容。这种逻辑的实践转向，使得论证更加结合实际，更具有批判性、实用性和合理有效性，同时也具有了明确的检验标准与依据。支持、限定、反驳功能要素的引入，形成了支持"或然性"观点的机制，更加发挥出经验的、历史的、比较的、认知的作用，而这些在直观上可行且在客观上也是必要的，更进一步支持了在不同领域科学研究中，结合实际面向未知进行"大胆而冒险"的归纳分析与演绎推理。

1.1.2　验证、认证、实证与科学论证

并行于论证，在人的活动中大量接触验证、认证、实证等多个有关"证"的概念。长期以来，人们认为科学是一种被客观证实为"可信"与"真"的知识，"证"是基于人对科学的认识，是伴随人要解决"科学的信"的问题，以及"真实性"的问题而产生的方式与方法。基于理性和真理追求的西方科学哲学的基本概念构成了人对现代科学的信念。20世纪 60 年代，科恩提出了一种全新的观点，即科学是一种确定指明找到系统性认识的范式(科恩，1999)。现代科学合理性的核心包括了知识所运用的批判性方法，即科学作为知识体系包括知识所运用方法，是一种理性认识加工具方法组合的过程实践。

1. 验证

验证是指针对某种关注对象的观点、主张或理论，假设开展正确性或精准性证明的一系列活动(朱少均，2006)。验证是理性思维的直接表现，其伴随人类科技的发展而发展，没有固定的单一模式。亚里士多德等提出的逻辑实证主义精细研究的归纳-演绎模式，反映的是科学累积发展的情况。按照亚里士多德模式，科学假说从经验事实中归纳得来，然后借助于演绎法推出预见，预见经受新的经验的检验。预见与新的经验如果不符合，则对假说进行修改，如果符合，则假说被证实。这种为提出理论假设或检验理论假设而展开的研究过程是一种实证性研究，是通过对关注对象进行大量的观察、实验和调查，获取客观材料，从个别到一般，归纳出事物的本质属性和发展规律的一种研究。针对同一问题，笛卡儿、孔德和波普尔等提出的猜想——反驳模式，反映的是科学否证发展的情况。萨伽德等倡导计算科学哲学，他们提出的概念革命模式反映的是科学理论认知框架的变化。库恩和拉卡托斯认识到科学理论的复杂性，提出的结构范式反映了科学理论变化的历史性和社会性。

验证作为一种现代科学研究思维范式，产生于培根的经验哲学和伽利略-牛顿的自然科学研究。伴随现代科学发展，验证思维演化出实验、理论和计算三大分类，即以实验物理等学科为基础的实验验证、以数学物理为基础的量化模拟验证和以计算机科学为基础的计算验证。这是人取得共识并相信、认可的 3 个开展未知探索的途径。

实验验证是建立在对现实条件主动控制的基础上，通过实验工具和表现方式开展的评判与证明。它是对逻辑推论和数理演绎过程的客观求证，用以证明推测的不/可行性、不/可信性和不/正确性。这是在一定时空范围以实证方式支撑的可信性。

量化模拟验证是建立在一系列假设、已被接受的定理，以及用于分析、预测、解释关注对象的程序规则的基础上，通过逻辑和数学等抽象推理与思辨辅助工具和表现方式开展的评判与证明，其形成一种由现代逻辑与经验知识共同支撑的可信性。

计算机计算验证是建立在关注对象及其所在环境与条件可计算性及模型化的基础上，按照系统工程方式构建并通过数值分析工具和表现方式开展的评判与证明。仿真检验具有更多系统工程的理念，不受时空限制，可以观察和研究正在发生或尚未发生的现象，以及在各种假想条件下，现象的发生和发展过程(邓仲华和李志芳，2013)。这是一种通过对理论验证进一步延伸得到的可信性。

此外，真实世界是一个开放、动态的系统，绝大多数事物现象间具有一定程度的相互关联性，难以用一种或几种确定性的因果关系逻辑去全面、准确地描述。图灵奖获得者、著名数据库专家 Jim Gray 博士提出了第四范式，将大数据从计算科学第三范式中分离出来而作为独立的一种科研范式，即数据密集型科学，从大数据中探索"不知道自己不知道"的现象和规律(Hey，2012)。这是一种由因果关系蜕化为关联与相关性关系的可信性。

验证不论采用何种思维方式与方法，其本身不是所关注的对象，不具有完整的、系统的客体性，可对所关注对象在某种环境下、某种条件下、某个时间段、某个局部下无限接近实证结果，最终要通过实证来确定。

2. 认证

认证指确认与认可，是一种支持与信用担保的形式。其由科技界专家或权威机构基于一系列原则、规范和技术对整个研究的正确性进行评判，对研究结果的预期应用是否可接受及接受程度进行评判。

针对科研活动的认证，科学界通过科技文献的出版程序，由若干科学家基于自身的专业认知，在内容、形式和预期效果上对科研成果进行审查，包括研究中问题的提出，前提数据的翔实性，研究规则、方法、流程的逻辑性与正确性，研究结果的正确性等。在此基础上，通过出版，在科学界进行大规模传播，从而获得更广泛的评价并得到最终的确认与认同。

针对工程性活动的认证，指定的权威机构详细考察研究成果所涉及的立题、设计、开发、调试、检测和运行维护等整个研发的各个构成，在验证的基础上，最终认证结果是否可信及可信的程度，某一特定应用中是否可接受，以及最终决定是否可用于实际工程。可以看出，认证是权威机构确认某个认证对象是否达到特定的质量指标，能否满足预期应用的要求。如果通过了认证，那么就意味着用户得到了一个关于其应用的质量和可信性的保证，用户就可能把结果用于支持关键的决策活动。

认证过程是另一种形式的验证过程，整个过程是以一种"第四范式"模式开展的基于一定规模实践的重复和经验进行的验证。当其在实践中出现问题或缺陷时，则应该检查并修正完善，然后验证修正后的结果，并予以再认证，直到通过最终实证的检验。

3. 实证

实证即实际的证明，指研究者针对某种关注对象的观点、主张或理论假设而收集到相互有因果关系的直接观察资料，其具有鲜明的直接经验特征，是一种与纯粹的理性分析相对应的研究方法(朱少均，2006)。

实证是以"存在一个客观世界"的世界观为前提的，其通过不断的研究，去接近这个客观世界。它所推崇的基本原则是结论的客观性和普遍性，强调知识必须建立在观察和经验事实上，通过经验观察和实验等手段来揭示一般结论，并且要求这种结论在同一条件下具有可证性。孔德把实证上升为实证哲学原理，并对其作了六点规定：一是"现实的"，与空想、玄想相对立；二是"有用的"，与空洞、无用、脱离生活实践相对立；

三是"确实的",与虚构、抽象相对立;四是"正确的",与错误、暧昧、模糊相对立;五是"积极的"或"建设的",与消极、否定、静止、孤立相对立;六是"相对的",与绝对相对立。

实证的相对性充分体现在其现实性中,人的实践活动中的实证总是处在一定的时空范围和条件下,通过多种方式表现出来。论证、验证与认证均具有一定的实证基础,并形成不断提升确定性的多阶段链条。认证不等于检测评价实践活动的结束,实证性的实践活动还将从更大的时空范围和更多种条件下确定人的认知。

人的实践活动没有机械的程序和万无一失的方法,人对"科学地信"及"真与实"的理解是在一定认知的范围内实现的,对真理的追求是无限的。一般地,现代科学研究包括经验科学和演绎科学方法两部分。经验科学是体现实证的科学,需要超出理论之外的、以对经验事实观察为必要条件的证明,这其中当然也包含着论证过程。演绎科学则是论证的科学,在逻辑和数学形式框架内完成其证明,这无疑是经验科学的"辩证的辅助工具和表现方式"。无论是哪种方法或组合所形成的方法均是在人的已有认知下的活动,具有一定的局限性,归根到底最终决定真理性的还是实证。

4. 科学论证

现代科学基本上是在同一认知和同一模式下进行的,通过提出假设,实验验证,结果修正,实验验证,结果修正……这一途径得到的理论具有最大、最广泛的符合性,从而获得最大可能人的相信与认可。这是一种研究范式,是现代科学研究的方式与方法模型,在科学实践中具有共识的性质。现代研究范式是由各种公理、定律、理论、应用和仪器组成,构成了一个完整的体系与过程,用来构建并通过实践证明具有最能符合现象和广泛适用性的理论,被认为是最"可信"、最"真实"、最"科学"的。

现代科学这样一种范式的形成是长期历史积累的结果。从古希腊米利都学派对"本原"问题的第一追问,毕达哥拉斯到后来柏拉图等开始主张以数学化的模式解释世界,亚里士多德发展的逻辑学与关于因果性的理论,伽利略引入的在理想性条件下进行实验(包括思想实验)的方法、牛顿-莱布尼兹量化解析分析方法,以及 19 世纪下半叶后科学研究职业化等,科学范式还在继续演变与发展。

现代科学以实践是检验真理的唯一标准作为基石,逐步成为了一个系统化、理论化的知识体系,一个从无到有、从少到多的对客观世界理性认识的动态过程。其具有系统结构特征,更强调构成要素总体的整体功能的机制;具有主体实践性特征,随着人的主体实践和条件的改变而改变;具有开放性过程特征,对科学规律不断被扬弃的认知更符合运动着的客体的真实状况,也更符合主体实践过程。

按照这种模式框架,科学论证可被认为是一个可验证、认证并在一定条件下可实证评价的、按照现代科学范式开展的论证方式,其服务于对客观世界的认识与利用,经得起一定时空范围内的各种方式的检验。

科学论证的前提可以是对关注对象长期观察结果及其抽象化模型,也可以是在对关注对象认知基础上的设想与概念设计,真实反映关注对象的本质特征。科学论证的保证建立在数学模型的基础上,通过实验分析、理论研究、仿真分析等技术手段进行演绎并实现预期规律的验证。论证结果通过科学界及权威机构的传播，不断地修正、限制成果，使其通过更广泛的实践得到明确的认证，从而更加客观地反映关注对象的规律。

科学论证的本体认识是实践，即人与世界的过程关系，通过建立在反映客观情况基础上的大胆假设及小心验证，客观反映了人在认识世界、改造世界中的思维方式。科学论证的实践活动比较复杂，用途多种多样，如论证作为说服、论证作为探究、论证作为分歧的展开，论证作为解决分歧和达成一致的手段和方法等。认识论学者把这种论证视为一种针对客观关注对象的认知活动，即针对客观关注对象的发现、识别、确认、理解、预测或利用等不同目的，从传统的序列化、结构化理解到当代语用维度下的复杂呈现，然后又重回到结构化建构。

从科学的角度分析，科学始于问题与创意，为回答问题提出猜想，根据猜想演绎出一系列的预见，再根据这些预见设计观察和实验方案，通过经验与预见的比较检验猜想，然后依据经验检验的结果来调整理论或假说。这是一个不断经受否证检验的过程，科学论证在问题发生前，以已知条件为出发点，以科学原理为依据，在给定发展方向下推测出问题能够产生的所有情况。在问题发生后，根据科学论据对结果和原因的关系进行分析证明，为科学管理和决策提供依据和支撑，从而表现为一个"肯定—否定—否定之否定"的过程。

科学论证是主体、客体与技术手段三者的过程统一及形式、内容与作用的统一。对某一领域系统的科学论证过程是一定活动和功能动态结构的表现，其主体的物质承担者（人）和关注对象客体（人认识和作用的对象）作为论证主体和客体构成了两极结构，共同确定科学论证的目的性、客观性与科学性。技术手段是科学论证过程和论点的主客观综合表现。黑格尔说过："人因自己的工具而具有支配外部自然界的力量，然而就自己的目的来说，他却是服从自然界的。"科学认知要讲是非，符合实际，对关注对象的反映越全面、客观、精确，真理性越强，不能说凡对主体有用或带来效益的主张即为真理，凡用处大的真理性强，同时，也不能说真理与功利无关，科学认识和真理性知识常有巨大的、长远的价值。技术手段要讲优劣，满足需要，力求有用、有效（效果、效率、效能、效益），可以说凡对理解和利用世界更有用的可定位为好技术，但不能说凡是正确的认识都有效益。从认知向技术实践的转化来看，科学的真理性虽然不是技术有效性的充分条件或唯一决定因素，但却是现代技术及其有效性不可缺少的条件和重要保证。因此，科学论证要建立在现代科学技术体系的基础上，以符合实际为准绳，围绕科学技术的社会功能和价值不断开拓。科学技术的客观真理性和逻辑性决定了科学论证要建立在实证的基础上，系统性和开放性的过程决定了科学技术要经得起验证和通得过认证。

有关科学论证的认识论表明，不仅要研究作为认识结果的知识，还要研究这种知识是如何获得的，认识结果是通过怎样的认识过程达到的。人、关注对象与技术手段是一个有机联系的整体，缺少任何一个要素，科学论证就不能构成一个完整体系。

"科学论证"一词在不同语境可有不同解读。其一种解读为动词，指人们借助这一行为或活动来"说明事理""使……清晰"，如"各方面专家全面论证了高铁工程的可行性"，这里其作为动词使用；另一种解读为名词，指一个可以识别的关注对象，一个我们借助它来"明确主张""说明事理"和"使……清晰"的方法和工具，如"某专家对于轮式高铁时速 500 km 的工程不可行论证结果是不成立的"。无论作为哪一种解读，它们共通的一点是都要结合着论证主体、关注对象及目的等因素来理解。科学论证中人是主体部分，开展科学论证是人对关注对象进行了解、分析、预测和评估的过程。

1.2　科学论证的关注对象、作用与方法

1.2.1　科学论证的关注对象

关注对象是与科学论证主体——人相对应的范畴，指人的认识和活动的作用客体。关注对象既是论证的出发点，又是论证的归宿，它决定着论证活动如何进行，从而确定科学论证的目的性、客观性与科学性。

马克思在其《关于费尔巴哈的提纲》一文中指出："哲学家们只是用不同的方式解释世界，而问题在于改变世界"。科学论证作为一个技术工具被应用在这一过程中，其关注的对象是这个"世界"。

关注对象具有客观性，这是其首要属性。科学论证的唯物性决定了论证过程始终应建立在事实、客观"真实存在"的基础上。关注对象作为不依赖论证主体的主观意志为转移的客观存在，是客观世界的一部分。关注对象不仅是一种客观存在，更重要的还在于它同人发生具体联系，是实践的对象，从而被人所认知与利用。

在人的实践活动中，人的目的、能力、水平、领域、手段和方法等都在不断地发展与变化，关注对象的范围、多样性、层次性等属性也在不断变化。科学论证各阶段、各环节充斥着人对关注对象认知的需求，即人们对世界的认知包含着目的性与方法科学性的要求，它们均由客观世界的实践来确定。

1. 关注对象的三大组成形式是自然界、人与人造事物

人在认识与改造世界过程中对关注对象的活动顺序一般是遵循发现、识别、确认、理解、预测与利用的过程。这个过程是建立在人对世界的认识与再认识基础上的。经过一定程度的积累，针对所认识与改造的世界的系统性描述一般从分类开始，构建系统性本体概念，而且不同的目的会导致不同的分法。不少学者把关注对象冠以"科"的名称，其学问则冠以"学"的名称。在我国古代及近代通常采用格致来描述这一认识论实践活动，如格物致知，即区分出事物、穷究其道理而求得知识。

现代科学按照一般分法可分成研究自然界运动规律的自然科学、研究社会运动规律的社会科学和研究人类思维活动规律的思维科学，并且除了自然科学、社会科学和思维科学这三大领域之外，还包括研究这三大领域最一般规律的哲学，以及研究这三大领域共同具有的逻辑与数量关系的数学。这就把科学概括成自然科学、社会科学、思维科学、哲学和数学，共五大领域，或者说五大门类。我国著名科学家钱学森教授从人们研究问题的着眼点及看问题的角度，按照综合集成思想，把现代科学分为自然科学、社会科学、数学科学、系统科学、思维科学、行为科学、人体科学、军事科学、地理科学、建筑科学、文艺理论，共计 11 个门类。根据国务院学位委员会、教育部颁发的学科目录，规定

我国普通高校的学科分为哲学、经济学、法学、教育学、文学、历史学、理学、工学、农学、医学、军事学、管理学、艺术学 13 个门类。经国家技术监督局批准，由国家科学技术委员会与国家技术监督局共同提出，《中华人民共和国学科分类与代码国家标准》共设 5 个门类，分别为自然科学类、农业科学类、医药科学类、工程与技术科学类、人文与社会科学类。

当今世界，人类活动影响已经接近甚至超过自然变率，在幅度、时空尺度上前所未有地影响着地球的变化，地球发展已经进入"人类世"，关注自然过程、人类活动及两者关系成为全球关注的重要主题，而人的作用可以更多地从人造事物角度加以考虑。本书从关注人造事物及其在自然过程、与人的活动关系角度出发，将世界按照人在对其认识与改造过程中始终接触并关注的客观事物特性进行划分，包括自然界、人和人造事物 3 个形式的组成要素。这样，所谓的科学分类就可概括为自然学、人学和人造事物学了。

1）自然学

自然界是我们所处的统一且唯一的客观物质世界，在人的意识以外，不依赖意识而存在，即不是由人创造产生的客观世界。自然界包括人类已知的也包括人类未知的物质世界，其表现出系统性、复杂性和无穷多样性，具有物质流、能量流与信息流的内涵，可以不断地为人的意识所认识并被人所利用，形成"自然学"。

2）人学

按照马斯洛基于人本主义心理学思想构建的需求模型人理论，这个需求人是一个有多种动机和需要来主动利用物质能量与信息的、具有自我意识的有机整体。其中，动机与需要包括生理需求、安全需求、归属与爱的需求、自尊需求、自我实现需求等，体现了人的物质性、社会性与精神性等多个层次特征。人有自我意识，对物质、能量与信息的利用及自身的提升体现为认识与改造包括自身在内的世界的过程，可被认为是人的本质，其作用表现为一种价值。有关涉及这些方面的学问可定义为"人学"。

以自我价值实现需求为例，认知与理解，即个人对自身和周围世界的探索、理解及解决疑难问题的需要，是自我实现的一个重要目标。创造美和欣赏美也是自我实现的一个重要目标。在人的成长和人类发展过程中，好奇和追求完美的需求，对自身及周围世界的探索有十分重要的作用。这里，所创造与所欣赏的美可被认为是后面文字所描述的信息本质，即规律，以及需求满足时的人的满意。自我实现作为人的主体性实现的一种方式，表现为人的能动性的社会化成长过程，完成对自身能力的肯定和对现实自我的超越，更能体现出有别于自然和人造事物的、具有特殊意义的人的价值。

人在追求需求满足的过程中，不仅会拓展并加深对周边世界的认识，提升利用各类资源的能力，而且会在利用世界过程中，根据环境条件的约束情况，优化并提升投入产出比，追求付出尽量小的代价并获得最大量的利益，即能做到而且"多快好省"地做到。当然，也要认识到这是在一定认知条件下实现的，可能从别的角度看是事倍功半的。这种对"多快好省"的追求体现着人的价值，属于一种美，是人的根本性属性。

人与自然界两个基本关系是从属关系和价值关系。人作为生物也是自然界的有效组成部分，从属于自然，但同时人不断认识和改造利用自然，将自然界中一部分改造成为人造事物，服务于人，从而迈向人与自然和谐的过程。事物发展本质上根源于人与自然、人与人、人与人造事物的基本价值关系。人是供需关系的价值主体，经济学家马歇尔指出经济分析是从人的欲望和需求开始的。从经济学来讲，人首先是需要者、消费者，然后才是生产者、供给者，人不是为了生产而生产，而是为了满足人的需要而生产。人的需要是构成一切活动、关系的起点、动力和终极目的，并通过价值体现出来。如图 1.1 所示，人的作用特性可总结为人的自身提升、适应并利用环境和认识并理解环境。

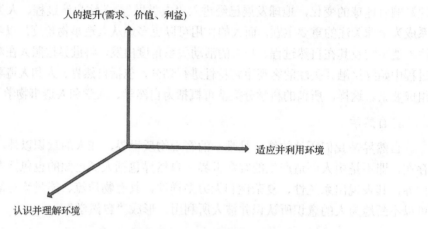

图 1.1　人的作用特性三维图

对人自身的认识与改造不仅反映并构成了个人的活动，更反映并构成了基于需求、价值和利益的人群及其活动。因而，多人群形成的人类社会也具有了其自身需求并形成与之相适应的复杂利益结构，包括实现社会与自然的物质、能量和信息交换的生产力系统，使生产力获得具体社会形式的生产关系体系，以及以生产关系为社会基础而派生出的其他各种社会关系组成的上层建筑系统等。社会作为由多人组成的综合体，会在前期积累的基础上不断发展与演化，社会形态的转变正是人的整体性阶段的体现。

3) 人造事物学

人无论是认识还是改造世界，都要有或简单或复杂的人造事物参与其中。人造事物是指遵循客观规律、按照人的意志、以服务人为目的、在人认识世界和改造世界的过程中由人创造出来并使用的、有相对作用域的知识与物质体系。这也是人需要认识与改造的对象，就其本质而言，可以称为工具，包括信息知识"软"工具集和物质能量等物理设备"硬"工具集。信息知识工具集指人所掌握的各类数据、信息与知识及其积累。物理工具集指各种人造有形物的总称，如汤勺、机床、汽车、城市、机器人、卫星等。很多情况下，"软"与"硬"工具是以融合方式表现出来的。工具是人创造出来并使用的，用来满足人的需求，具有价值。作为人类认知、改造世界的形式化表现，人造事物延伸了人类的认识器官，促进了人的发展，可归纳为"人造事物学"。

任何一个关注对象中，人、人造事物、自然界这 3 个要素相互关联、相互作用，体现出人的认识世界、改造世界、实现人的目的的特点。其中，所认识与改造的世界中也包括了人对自身的认识与改造，以高效实现人的可持续发展、自身解放与进步。3 个要素在发挥不同作用的同时，具有各自特点，体现出不同的运行规律，科学论证是论证主体对这三者及其相互关系的状态、变化的研究。

2. 针对关注对象的科学、技术与活动 3 个层次规律表现

关注对象无论是人、人造事物、自然界还是它们的综合，从人认识与改造世界的本质角度看，其均是科学、技术与活动 3 个层次规律的综合，如图 1.2 所示。

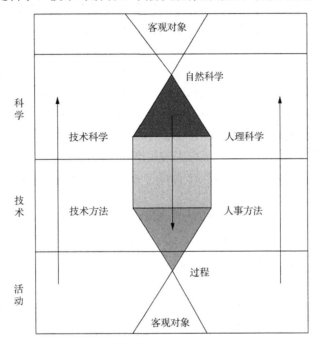

图 1.2 科学、技术与应用层次结构图

1) 科学是对世界理性的认识

在这里，科学是狭义概念，指人对关注对象的认知部分，即对世界基于理性的理解。3 个组成要素的研究构成了科学的范围，包括自然科学、人理科学和技术科学。自然科学是以自然界为研究对象的科学，是人类关于自然界的物质形态、结构、性质、联系及运动规律的知识体系和研究过程。

自然科学作为一种知识体系，属于认识范畴，同时作为人类的基本活动，又属于社会实践范畴。简单地讲，自然科学是研究无机自然界和包括人的生物属性在内的有机自然界的各门科学的总称，其包括数学、力学、物理学、化学、天文学、地球科学、生物学等。

人理科学是研究人的特殊属性及构建其上的社会科学，以及与自然科学、技术科学相互作用形成各门科学的总称，具有方向性和目的性，与实践活动密切相关，体现人的需求。当代人理科学内容丰富，各种应用学科不断涌现，如心理学，也包括人类社会群体的政治学、统计学、法学、社会学、民族学、语言学、考古学、教育学、军事学等。

技术科学是人造事物的科学，即以自然科学为基础，以服务人的活动为目标的工具为认识对象，研究和考察其本质及运动规律的理论知识体系，包括农业工程、林业工程、水利工程、城乡规划、环境科学与工程、生物医学工程、交通运输工程、材料科学与工程、计算机科学与技术、信息与通信工程、航空宇航科学与技术等。

2) 技术是认识与改造世界的工具

在这里，技术被作为人类利用和改造世界的方法、技能和手段，对人工过程进行创造和控制，设定目的性、造成现实性，是人们在实践过程中所利用的各种方法、程序、数据、规则、技巧类知识的总称，用来解决"做什么""何时做""在哪做""怎样做""怎样做得更好"等问题。

有别于体现本质规律的、具有相对抽象形态的科学，技术是对科学知识的综合、转化、形式化和物化，即利用科学知识和经验，选择适宜方法或创造出全新方法，去完成设定的技术目标。技术具有理论性与实践性、主体性与目的性、功利性与折中性、多样性与专用性、社会性与综合性等明显体现着行为学的内容。

通过对知识的物化，人便具有了更大的生产力。技术作为达到某种目的的工具，从本质上反映了人对自然、人对人的一种能动关系，它是一种物质形态的生产力，也是生产关系的直接体现。正如马克思所说，劳动资料不仅是人类劳动力发展的测量器，而且是劳动借以进行的生产关系的指示器。

技术是实践经验、物质设备和科学理论有机结合的统一体，是劳动技能、技术理论、物质手段和方法的总和，涵盖了机器、制作方法、工艺流程和技术思想等内容，可以分为面向自然、人造事物的技术方法和面向人的人事方法两部分。技术方法有工程物理学、应用化学、应用数学、系统工程学、信息工程学等，包罗万象，这里仅若干举例，如机械与运载技术、化工冶金与材料技术、能源与矿业技术、土木与水利技术、建筑技术、环境与轻纺技术、生物技术、农业技术、医药卫生技术、信息与电子技术等。人事方法包括逻辑演绎技术、逻辑归纳技术、标准化技术、生理学与行为分析技术、工程管理技术、财务管理技术、社会经济统计技术、社会分析与预测技术、社会发展目标确定技术、社会政策制定技术、社会决策技术、社会关系沟通和协调技术、社会控制技术等。技术水平的提升是社会状态的重要表现指标，其有利于促进社会发展及生产关系的变革。

3) 科学与技术具有互为前提的关系

在人认识与改造世界的过程中，科学与技术之间有着密切的相互依存关系，就像是一个硬币的两个侧面。科学属于认识范畴，科学活动的目的主要是认识与理解世界，技术属于实践范畴，技术活动的目的主要在于改造与利用世界。科学作为一种对客观规律的探索，不仅具有长远的、根本的社会经济价值，而且还具有精神价值。技术是改造客观世界的手段，其价值主要是指经济价值，可以提高劳动生产率和经济效益。对科学理论的评价，主要是对理论普遍性、逻辑系统性、客观性、可证伪性与创造性等方面的理性检验，对技术的评价则主要是看其水平是否先进、是否可行、是否有用、是否创造经济效益等，而这一切均需要通过应用活动来实现。科学发展极大地促进技术进步，而技术进步不但可以有力地促进人与社会的发展，而且可以推动科学取得更多进展。

4) 活动是人综合利用科学与技术的实践过程

活动是指人认识与改造世界的实践,表现为按照人的意愿,能动地将世界的 3 个组成要素的 2 个层次内容在一定的时间与空间下,通过智慧的方式组织并综合运用的过程。这个过程可归结为人能动地认识和改造世界中对追求人自身发展为目的的客观反映,既包括个人与其他人发生的关系及与周边环境发生的作用,也包括人群与其他人群发展的关系及与周边环境发生的作用。在这一过程中,人的活动围绕人的多层次综合需求,统筹协调自然界和工具资源,具有创造价值的目的性和方向性,通过形成利益分配,满足人或人群的某种或若干种需求。

过程是一种活动形式,任何活动都表现为过程。这是活动存在与变化在时间上的持续性和在空间上的广延性的展现,是一定时空范围下因果、相关或没关系的体现。可以认为任何一个过程都有输入和输出,其中输入指过程的基础、前提和条件,输出指完成过程的结果;过程的形成与完成有赖于内外环境因素的影响;过程存在可测量点。过程研究重点考虑其状态与变化,以及在一定状态与变化下的过程分析。

特别需要强调的是,人造事物在这种多要素与层次内容的时空过程综合中,是人的智慧与能动性的运用起到了核心作用,具有自身变化规律,其过程往往表现出一种选择性、历史性、积累性、时空特性、系统性与工程性等。例如,正如大家所常说的,历史不可重来,但往往具有惊人的相似性。

3. 科学、技术与应用 3 种活动

一般地,人的活动可大致按照目的划分,包括探索关注对象状态与变化法则的科学知识研究、提升改造世界能力的技术研发、追求人与社会持续发展 3 类过程实践。每个过程中均包括自然界、人和人造事物 3 个要素的参与,涉及科学、技术与应用 3 个层次规律,它们仅仅在权重上有区别,如图 1.3 所示。

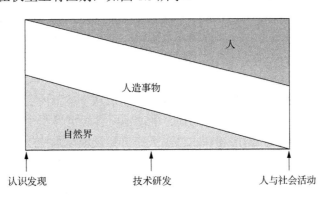

图 1.3 科学研究、技术研究、人与社会研究等不同应用过程特点

在开展科学规律探索类型的科学实践中,依据和目标均为关注对象事物本质性特征范畴,主要工作是对未知的探索,是从个人想法到共识、从感知到认知的过程,追求人的认知的不断深化,通过发现、识别、确认、理解、预测等方式满足人的好奇心,创造价值,为人的发展提供支撑。这是基于科学假设和科学规律决定其发展方向的领域,由

少数专业人士利用已有的科学知识与技术方法开展实施。当今时代，技术工具正发挥着越来越大的作用。

在开展人造事物工具研发类型的技术实践中，其目标是利用已掌握的知识有效提升利用环境、改造世界的能力，追求的是一个流程、程序、结构、方式、系统、工程、机制、体制等，满足人的提升能力、适应与改造环境的需求，创造价值，而且还要追求"多快好省"。这一过程中，一定规模的人被有序地组织起来，充分发挥人类已经掌握的知识与技能，开展技术规律的探索与技术发展。技术工具作为一种人工创造物，既是一种知识系统，也是由人的智慧外化而创造的物化的客观实体，它是科学、技术与人更深层次、更复杂地交叉、渗透与综合。技术工具的研究兼顾自然科学与社会科学研究，是自然属性和社会属性的统一，也是精神因素和物质因素的统一。

在开展人与自然界、人造事物及与他人关系的实践中，3个层次内容综合运用的过程可以称为应用，其目标是人投入的最大价值回报的探索，作用是促进自身可持续发展，方式与途径是驱动人造事物，利用各类工具开展实施生产活动、经济活动、社会活动、政治活动、军事活动、文娱活动、体育活动等。这种活动在创造价值的过程中更关注利益的分配，无疑人的参与具有最大的权重，也是具有最大量的一种类型。

以航天作为研究对象，人的活动包括了航天的科学、技术与应用3个层次的实践过程。其中，航天科学探索包括对人在太空状态规律的研究、对包括地球在内的各类星球与宇宙空间规律的研究、对人造事物状态规律的研究等。航天技术探索包括对人在太空的生存与活动进行支撑保障的技术系统研究，对包括地球在内的各类星球与宇宙空间规律认识与利用手段的研究，对人造事物技术与能力提升的研究等。航天应用指在利用航天科学与技术的各种行业性、区域性、产业性、商业性等多种划分方式下的活动规律。

按照《2011年中国的航天》(http://www.gov.cn/gzdt/2011-12/29/content_2033030.htm)，通过发展空间科学、空间技术与空间应用：①探索外层空间，扩展对地球和宇宙的认识；②和平利用外层空间，促进人类文明和社会进步，造福全人类；③满足经济建设、科技发展、国家安全和社会进步等方面的需求，提高全民科学文化素质，维护国家权益，增强综合国力。这里所提的空间科学、空间技术与空间应用可以理解为航天活动的3个不同方向的航天实践。

在每一个实践过程中，科学、技术、应用3个层次规律与内容以不同的形式、比例参与其中并综合表现。这是按照人的意愿，能动地将客观世界3个形式组成要素的3个层次规律加以综合运用。例如，在探索浩瀚天空奥秘及地球系统规律、扩展对地球和宇宙认识的空间科学研究实践中，会碰到技术与活动问题等。在发展航天技术，开展通过太空工厂与电站的生产、通信、导航、遥感卫星的构建实践中，会碰到科学和活动问题。在开展航天科技服务节能减排、环境保护、防汛抗旱、抗震救灾、全球变化、安全生产等应用实践时，会碰到科学和技术问题，同时还会碰到活动问题。总之，无论活动的规模大小、关注对象、方向目标有何不同，其均离不开人与社会的活动及人造事物的参与，这一过程充分体现了人的需求、价值与利益。

4. 实践过程的共同基础是物质、能量、信息、人的需求

考察科学、技术和应用 3 个层次的活动可以发现，无论以何形式表现，关注对象的状态与变化最终归结并体现在物质、能量、信息和人的价值上。其中，将物质、能量、信息作为构成世界三大要素的思想诞生于 20 世纪 40～60 年代的系统理论，即系统论、控制论和信息论的"老三论"中，取这三论的英文名字的第一个字母，合称为 SCI 论。首次将这三者相提并论的是控制论创始人维纳(N. Weiner)，按照他的说法，世界由物质组成，能量是物质运动的动力，信息是人类了解自然及人类社会的凭据，三者相互区别、相互作用。

相对于"老三论"，20 世纪 70 年代以来，陆续确立并获得极快进展的耗散结构论、协同论、突变论的"新三论"，称为 DSC 论，具有十分现实的哲学意义。自然界、生命、人的进化所表现出来的有悖于热力学第二定律的有序化、减熵、信息量增大等成为一种可理解过程。通过对耗散结构的认识，人对物质、能量与信息的组织有了更多合理的形式，有力支持了人的需求表现。通过对自组织及突变规律的认识，对在人与人、人与人群及人群间关系研究中人的多种形式表现有了解释依据，用于说明人的需求、价值与利益的关系等。这些概念在分析航天遥感产业及商业化、国际合作等方面有十分重要的支撑作用。

这正呼应了老子哲学命题(《老子》第七十七章)："天之道，其犹张弓与！高者抑之，下者举之，有余者损之，不足者与之，天之道损有余而补不足。人之道则不然，损不足，以奉有余。孰能有余以奉天下？其唯有道者。"老子认为"天道"的特点在于减少有余而补给不足，即增熵过程，而"人道"则反之，通过物质能量与信息变得更加有序，即减熵过程。这两个过程要均衡，实现带有生态系统特征的、竞争合作的、此消彼长式的动态平衡。

1.2.2　人造事物的特征表现

在人所接触的环境里，从远古的自然物占统治地位逐步演变到现代的人造事物占据不可忽视的地位，人造事物经历了从无到有，逐步改进和复杂化的过程，从简单工具的手工作坊制作，到复杂机器的工业化生产，再到大工业和专门的、现代化的集成制造，机械产品的形成和机械设计过程演变经过的漫长历程已经证实了这一点。人造事物是对关注对象能动的响应，现代人无时无刻不在接触。了解其产生基础(人与自然的反映)、原因(人的需求)、怎样发展(目的性和方向性)、发展途径(多样性)、作用(共生性和互动性)及其阶段性与历史性，对于理解人造事物在加强而不是割裂人与自然的关系，继而提升认识与改造自然能力有十分重要的作用。

1. 人造事物具有人与自然特征的"二重性"

人造事物的出现与进化建立在人认识自然及改造自然的能力上。人造事物所采用的原材料、利用的规律与知识来源于自然和人。和自然界、人一样，人造事物具有物质、能量与信息流属性。人造事物从最初对自然物或规律的简单模仿，到对自然物的某一方面或许多方面本质特征的再现，经历了如自修复、自适应、自调节与自进化等能力形成的阶段。人造事物取之于自然，在人的作用下不断进化，并作用于人与自然，平衡着人与自然的关系。

所谓人造事物，必然有人的因素，体现人的价值，是人创造性实践活动的产物，能被人掌握和利用，满足人的需求。这种人的要素主要体现在认知、思维、创造等智慧特性上。人通过认知，将自然物、前人的人造事物等作为知识存于脑中，在升级人造事物之前，首先在大脑内部思考，产生创意，其后用适当的形式表达所思，通过交流、评价，最后通过加工制造而实现，并通过各种形式加以保存，以备再用。

人作为人造事物的造物主，不仅创造并发展了人造事物，而且使其成为人类社会的有效组成部分，促进了人的全面发展，使人向更加开放与自身解放的方向发展。人造事物是人类社会物质基础的重要组成，是生产关系和上层建筑的重要表现方式。人用自己的智慧与能力去认识、改造、创造人造事物，也能使人造事物适应自然环境，并融入其中，从而起到辅人、拟人、共生、互动的作用，实现了提升认识与改造自然的目标，进一步加强了人与自然之间的联系。

人造事物具有结构、功能与性能，以及作用与意向性的双重性：一方面，任何人造事物都具有一定的自然物理结构，这种结构是人造事物得以产生和存在下去的物质前提；另一方面，人造事物都有与其结构相对应的作用，作用是人造事物的意向性或倾向性行为。人造事物体现了物质流、能量流、信息流与价值链的综合，代表着人的利益最大化，不论其产生与运行，均要求做到"多快好省"，满足人的需求。

人造事物具有自然与人的双重特征，在这种"二重性"特征中，自然特征是根，是基石，是出发点，也是落脚点，人造事物与自然界有最直接的联系，是人认识与利用自然的成果。

2. 人造事物发展的根本动力是人的需求

人类在自然界谋求生存的长期进化过程中，总会感到自己能力不够，需要借助"外界力量"来扩展自己的能力。这个"外界力量"指人造事物，而制造人造事物的原理是科学，具体方法是技术。可见，科学技术之所以会发生，是因为人类需要扩展自己的能力。如果人类没有"借助外力扩展自身能力"这个需求，人造事物是不会发生的。从这个意义上讲，人类的需求是主动的，人造事物的发展是被动的，是"应用而生"的，具有存在合理性。

需求是符合实际情况的人的愿望和需要的具体表现，即具有可能性的愿望，可以表现为一种动力、市场、接口，或者是原因与结果。根据马斯洛需求层次理论，人的需求按层次逐级递升。在应用活动中，人的意图与判断体现了人的价值，其是事物发展的内在动力，这种动力要结合实际情况，完成愿望向需求、价值、利益的转变，从而带动技术作用的发挥，促进科学研究的发展。

人造事物是人类为满足其物质及精神需求而创造的实体与现象，它不但作为一种满足人类潜能的释放产物，而且还是人类在历史中发掘自身的一种意志体现。时代不断前进，人们的生活也不断地发生变化，人们对人造事物的需求在不同时期也不尽相同，这就需要人造事物研究审时度势，认清人的根本需求。

人造事物研究是一个不断发展的学科，随着研究的深入，人们不断地补充、修正以前的认识。通过科学家坚持不懈的研究和探索，人类也将通过人造事物研究更好地认识、利用和发挥自己的认知能力，促使人造事物的不断进化，全面提高人类认识和改造世界的能力。

3. 人造事物发展具有目的性和方向性

应用活动需求是人造事物发展的源动力。人造事物作为人的工具集，其技术水平的提升又有力地促进了人认识与改造世界的能力。以节约物质和能量为约束条件，在需求与技术进步的共同推动下，人造事物通过有序化、减熵、增加信息量等方式，沿着人类能力增强的目标发展，这可以作为人造事物发展的判据，一般人造事物过程均包括了创意与设想、资源投入、评价、提升等环节，即人造事物是从创意开始的，始终要被人按照其需求与价值要求进行评价与改进。

按照钟义信提出的"拟人律"，"人类能力增强的方向"有 3 个，即体质的能力、体力的能力、智力的能力，三者构成一个逐层递进的有机整体(钟义信，2006)。人造事物从人力工具(质料工具)到动力工具，再到智能工具的发展历史是一个进化的过程，是人类知识能力的继承、积累、深化、拓广、创造的过程。第一代工具(人力工具)只利用了物质一种资源，因此可以称为"一维工具"。第二代工具(动力工具)利用了物质和能量两种资源，可以称为"两维工具"。第三代工具(智能工具)则综合利用了物质、能量和信息三种资源，是"三维工具"了。

这种工具越来越"强大"的升级换代，不仅标志着人认识世界和利用世界的深度和广度得到跨越提升，而且有力地提升工具的组织性与有序性，表明人造事物发展通过提升系统性、可控性与信息化水平，促进人能"多快好省"地开展实践活动，提升人的投入产出比，以优化的方式实现人的需求。从增强人类的体质能力到增强人类的体力能力再到增强人类的智力能力，这既是人类自身能力进化发展的过程，也是人造事物"辅助人类扩展能力"的发展过程，如图 1.4 所示。

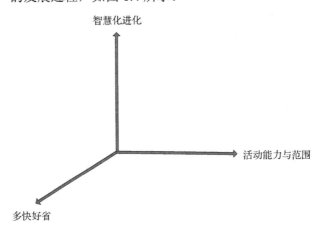

图 1.4　人造事物特性三维图

在人类认知、思维、创造等智慧的推动下，人造事物发展具有目的性和方向性，不断向智慧化方向发展。从设立联合国开展全球政治管理，到服务帕金森病人的平衡掉患者手抖动的"智慧"小勺，各种人造事物向更加满足需求的方向发展。以智慧城市为例，智慧城市是一个运用信息和通信技术手段，感测、分析、整合城市运行核心系统的各项关键信息，从而对包括民生、环保、公共安全、城市服务、工商业活动在内的各种需求做出"智能响应"的人造事物。在城市全面数字化的基础上建立可视化和可量测的智能化城市管理与运营，其包括城市的信息、数据基础设施，以及在此基础上建立网络化的城市信息管理平台与综合决策支撑平台，与物联网、云计算相结合，实现城市系统的"智慧化"整合。其实质是利用先进的信息技术，实现城市智慧式管理和运行，解决城市承载越来越多的人口、地区"城市病"问题，进而为城市中的人创造更美好的生活，促进城市的和谐、可持续成长。开展城市"智慧化"建设已成为当今世界城市发展不可逆转的潮流。

随着现代信息领域科技的快速发展，人造事物内部出现融合的新趋势和新特点，即信息知识工具、物理工具在人参与下的"二元融合"，把信息知识工具和物理工具相结合，形成知识驱动的人工智能，应用于优化决策等。人工智能是指由人工制造的系统所表现出的智能工具，人工智能就其本质而言，是对人的思维的信息过程的模拟。随着计算机技术及数据处理方法手段的提升，人工智能技术迅速发展，工具自主学习能力逐渐出现，促进了一个综合计算、网络和物理环境的多维复杂的信息物理系统(cyber-physical systems, CPS)的形成。通过以人为主体的人类社会(人)、信息工具集(机)、物理工具集(物)更高层次的有机融合与深度协作，形成在信息、知识、智慧等方面的整合整体大于个体和的局面。这个"智与力的助手"，提升了人的认识与利用世界的能力，真正实现交互方式的改变。伴随人的发展过程，也是工具发展并更多地被使用的过程。新技术、新工具的出现与发展总是沿着释放与提升人的能力方向前行。

信息科学技术等软工具集的发展沿着"从信息技术到知识技术再到智能技术"的方向前进。这是目前人类正经历着的信息化、知识化、智能化的发展历程。当然，无论人造事物如何发展，也不能代替人发挥人所发挥的价值取向与决断作用，不能割裂人与自然的关系。任何人造事物在这两方面的"越界"，均是有违人的初衷的。

当然，发展过程中的人造事物是建立在环境资源与人的需求的基础上的，耗散、突变和协同等规律发挥作用，问题的累积、过程的曲折、综合效果的不确定会越发明显，虽然是按照人的意愿构建，但结果有时也会起到与人期望相反的结果。

自然界中一个正常运转的生态系统的能量和物质流动总是自动趋于某种平衡，即在一个相对平衡的生态系统中，物种间彼此适应，相互依赖，相互制约，并维持一定数量的种群。但是，生态系统的自调节能力是有限度的，外来干扰一旦超越了这个范围，生态系统就会失去自我调节能力，出现生态失衡，进而生态系统内的能量流动、物质循环和信息传递就会受阻，引发负连锁反应，导致整个生态系统慢性崩溃，带来毁灭性的灾难。例如，使用农药来杀灭害虫，虽然害虫被消灭了，但是过量的有毒物质残留在土壤里，累积在食物的果实中，渗入地下水中，沿食物链转移富集，最终累积到人体中，给人类的生存带来严重危害。

4. 人造事物的过程具有可塑造性和多样性

人造事物是建立在人已有认知基础上的一种众多学科相互渗透、融合的复杂综合体，其涉及计算机科学、数学、语言学、心理学、哲学、系统科学、信息科学、神经生理学等诸多学科。人造事物是按照人的意念和人的智慧，依据对某种新结构及对这种结构功能与性能定义的基础上进行制造的。尽管从表面上看，人造事物是一个又一个孤立而又静止的物品、器具或机械，可事实上它们都是结构、功能与性能、意念的统一体。虽然人造事物可被人所利用，但是在设计制造中却千差万别，随着研发团队的不同而不同。

体现人的意愿的手段之一是建立标准、协议、建模进行约束，将人、自然、社会和文化和谐有机联结。标准与协议作为衡量的尺度，赋予了秩序，在人造事物中需要加以体现。马克思在《1844 年经济学哲学手稿》中指出："动物只是按照它所属的那个种的尺度和需要来创造，而人却懂得按照任何一个种的尺度来进行生产，并且懂得怎样处处都把内在尺度运用到对象上去；因此人要按照美的规律来建造。"

人按照自身禀赋的采样尺度，通过眼、耳、鼻、舌、身、意的行动，来认识、衡量事物。而改造世界是按照有效与美相结合的规律塑造事物，按照事物的客观规律性、人的本质力量的丰富性、人自己的标准去评判事物。只有认识和按照人的尺度去观察、衡量事物，才能把握任何事物的尺度。只有在实践中把握任何物种的尺度，才能通过内省、反思激起自我意识、认识自我，从而把握自己内在的尺度。只有将两者有机统一结合起来，才能有规律、有目的地进行能动创造，按照美的规律创造美、发展美。

在人造事物的设计活动中，尺度的考虑不仅要考虑人的个体尺度，还要兼顾自然界的尺度、社会的尺度和文化的尺度。在科技不断发展的今天，社会物质财富不断增加，人们在享受科技进步带来的便利时，应该根据人-自然的尺度、社会的尺度、文化的尺度做到人、自然和环境的和谐发展。

5. 人造事物与人、自然的共生性和互动性

人造事物是人认识、改造世界的手段，人用自己的智慧与能力去认识、改造、创造人造事物，同时也能使人造事物适应和平衡与自然的关系，并融入其中。人造事物以人类需求运动规律为依据，通过人的发展不断积累，因此，合乎逻辑的结论就必然是"人为主体、人造事物辅助"的合作共生的关系。这样互生性的结果，使得人类的能力大大增强：不但体质能力和体力能力得到极大的增强，而且智力能力也得到越来越有效地增强。在这个共生体中，人类和人造事物工具之间存在合理的分工：工具可以承担一切非创造性的劳动(广义的劳动)，人类主要承担创造性的劳动，当然，在需要的时候也可以承担非创造性的劳动。这样，人类和智能工具之间就形成了一种和谐默契的"优势互补"的分工与合作。显然，在这个合作共生体中，人类处于主导地位，工具处于"辅人"的地位。其中，人的许多能力是可以由机器替代的，唯有创造能力是人的天职，是"人之所以为人"的标志，是机器不能取代的。但是，如果没有智能工具在共生体中发挥辅人的作用，人类就要亲自从事一切有意义的劳动，那么人类的精力就不得不消耗在许多本

不应消耗的地方，他的创造性也就不可能得到真正有效地实现。总而言之，人有人的作用，机器有机器的作用，两者合理分工，默契合作，恰到好处，相得益彰，才是人造事物与人共生性的本意。

当代的人造事物发展还要具有生态学、生态伦理学等基本理论和思想观念，这是人造事物与自然的共生性和互动性的表达。人、人造事物、自然环境共同组成一个相互联系、相互依赖和相互制约的不可分割的整体，其中不仅每个要素本身对整体起作用，而且不同的要素之间也相互影响，只要一个要素发生变化，立即会引起其他要素产生一系列连锁反应，这种错综复杂的联系通过能量流动、物质循环和信息传递在自然界构成一个相对稳定的混成体系，是一个新型的生态系统。而任何生态系统都是开放系统，一种具有反馈机制的控制系统的平衡是通过自调节实现的。生态系统内各要素之间的相互作用是非线性的，任何随机发生的涨落都能通过系统内部的非线性机制，导致系统整体某种新的有序状态的形成。

6. 人造事物的时空局限性

人造事物是在人的一定认知程度和技术水平条件下，按照需求形成的具有时空特性的产出物。在时间上表现为历史性和阶段性，在空间上表现为区域性、环境适应性等。不断提出改善人们生存发展条件的新要求是人的本质特性，原有的需求满足了，又会提出新的需求，新的需求满足了，更新的需求又会产生，循此继进，永远都不会停止在某一个水平线上。这就是社会不断前进、不断发展的"原动力"。一旦新的物质和精神产品能够满足社会原来提出的需求，新的社会需求又产生出来了，于是，就进入一个新的"自然-科技-经济-社会-人类"的互动过程，实现人的提升，迸发出新的需求、科学、理论、技术、工具、社会生产力、社会生产关系、经济基础、物质产品和精神产品等。当今情况，发展的群体化、社会化、高速化趋势和特征明显，人随时可能面临新的危机与挑战，通过不断开拓、不断创新，人将进入更新、更高阶段的需求和更新的互动中去。

1.2.3　科学论证的目的和作用

科学论证范式的引入为论证前提的开放性提供了保障。通过对论证的系统结构化，将整个论证过程转变为一个动稳态过程，伴随论证主体的不断实践及提高认知，无限逼近客观法则，对论证结果的不断改进和不断扬弃，形成一种开放的论证格局。科学论证基于典型的、具备多理论域面的科学实践，其内涵是利用证据建立科学的理由以支持科学主张，是一种典型的科学活动并以科学知识的形式来呈现。科学论证过程转换成为科学的逻辑过程，面对复杂的论证实践，不同的学科从各自独特的理论视角切入并开展论证，以充分的论据和严密的科学方法，通过逻辑推理的形式，对科学技术、工具及应用等问题作出科学结论的论述和证明过程(弗里曼，2014)。

将更加符合科学历史发展与人的思维模式的流程引入科学论证结构中，为论证的坚实性提供形式与技术支撑。科学研究始于怀疑，怀疑是对前人科学主张的批判，在批判中科学家形成了自己的认识。为了检验认识的合理性，科学家既要利用可靠的科学方法来收集证据，也要通过理性的科学推理来获取结论。当结论公布于世后，还必须接受科学共同体成员的评价、认证和批评，与此同时，不断地为自己的主张进行辩护。只有经过这样的过程，才可能使研究成果成为经典，才能够经受历史的检验。这一过程符合科学范式的假设，概念化、数学化、计算化、系统化、规范化对于清晰明了的论证是必不可少的。

适应不同关注对象特点更具有针对性。结合人造事物的特点，在科学论证某一人造事物的状态与变化规律时，可以从其二重性属性、状态多样性、动力、方向性、动态不稳定性及历史局限性等方面进行分析，构建人造事物的本体认识、技术方法与实践过程，全面系统地提升对人造事物的认识、理解、预测与把控能力。

根据人造事物特点，系统地引入系统工程方法，使得论证更加具有关注论点定量化、标准化、指标化的能力。采用科学的规范化技术方法和管理手段，建立起统一协调、系统的论证规则，并将其作为约束和衡量论证活动过程及其结果的准则，有效控制与提高论证的质量、水平和效能。通过基于客观事实的抽象化处理与数学描述，复杂应用活动通过适当简化确保了原理对象化，已有知识与新的关注对象无缝对接，确保了科学认识过渡到技术的有效性，同时，促进过程的合理化，从科学到技术有效性转化，除了要有认识的真理性，还必须要从正确性过渡到合理性，包括合理地应用知识、合理地利用载体和合理地发挥智能。有不少技术方案、技术设计或技术方法从科学角度看未见得是错误的，甚至会对某种探索或后续试验有意义，但却因缺乏合理性而归于失败或少有功利。技术应当要合理地利用资源和能源，技术活动要计算投入和预期功能，要有经济的合理化。关注对象与论证系统的匹配，有助于促进对定量指标的评价能力的提高。正确而合理的过程有更强的预测能力，建立在概念设定、数学模型与过程相似基础上的论证对于量化指标的评价具有更好的有效性。

提升科学论证对任务目标阶段性、范围变化的适应性；明确不同阶段的需求是什么，论证对象是什么，怎么论的问题。相对来说，科学活动中占主导的是从多到一或从复杂到相对简单，从而从纷繁杂乱的现象揭示对象的本质。技术过程中常见到同一性质的技术原理转化为多种类型的技术方法、技术装备和技术产品。论证要达到多诉求的客观、合理有效的平衡，这种平衡是动态发展的，可以通过支援、限定、反驳等多种方式和强度不断修正、完善，其随着关注点的变化而变化，随着时空的变化而变化，但在变化中又有保持其自身特征的不变性体现，从而确保论证具有更大的灵活性、预见性，使应用范围扩大化，更能适用于复杂系统。

总之，科学论证丰富了论证的内涵，提升了论证的适用范围和时空变化适应性，其作用概括来说包括以下 5 个方面。

(1) 有助于发现、识别、确认客观事实，论证过程既体现理论问题，又体现实践问题，是一个分析、综合、权衡的过程，"先论证，再决策，后实施"，是引领系统发展方向、决定系统质量的重要基础，为现代项目管理提供基本依据。

(2) 有助于理解、分析、判断关注对象的状态与变化规律，科学论证在不同的论证阶段发挥着从无到有的实现作用、从虚到实的谋划作用、由散到聚的综合集成作用、由粗到精的催化作用和从后向前的导向作用。

(3)有助于复制关注对象规律。科学论证遵循论证目标的确定原则，充分理解系统需求后对应用活动开展定性和定量相结合、主观和客观相结合的预测分析和过程描述，其在推进人造事物的系统体系化、规模化、工具化、标准化自主创新发展中居于重要地位。

(4)有助于重构关注对象复杂的现象和过程，并针对特定目标或需求，结合适当的能力条件和资源负载，对自然规律和现象进行组合、编程、测试、评价，对技术的"音符"进行"演奏"，以及在任务导向下的技术分工与统筹，促进技术的合理聚合和正确朝向演化。

(5)最重要的是为考察人的需求与作用提供了可能，从而从人的角度对研究对象，特别是对人造事物的设计、构建与应用提出发展方向和要求。

1.2.4　科学论证的一般方法

论证方法是回答"怎样论证"问题的，它揭示了论点与前提之间的逻辑联系，是理性的途径与纽带。论证方法的任务是借助一定的推理形式，保证用一个或一些已知为真的判断(即论据)能证明另一个判断(即论题)的真实性。

从科学论证定义的角度上，其方法是现代科学方法，即开展论证过程构建及通过计算、分析、评价和验证以获得论证结果的技术方法。科学论证所用到的知识包括数学、测量学、系统学、逻辑学、预测学、运筹学、信息学、经济学、标准化科学等多门学科，其随着关注对象的不同而有所改变。因此，无论从论证过程还是关注对象看，科学论证适宜采用系统工程的方法。

多种科学方法贯穿在科学论证中，在初始阶段论证中，多采用逻辑分析方法、定性分析方法，因为这类方法较为适用于定性分析及对问题的归纳、判断和演绎。在进一步的深化论证中，由于系统分析、模型分析、仿真分析及信息反馈始终贯穿于该过程的全部及其各个阶段，所以系统分析方法、定量化分析方法等将是该过程中较为常用的分析方法。当论证达到成熟期，需要对其进行评价、总结时，应多用评价分析方法、预测分析法，科学地对事物发展的可接受性和有效性做出正式的确认。总之，科学论证方法的思维方式是统一宏观与微观，从定性到定量综合集成，将还原论方法和整体论方法结合起来，最终从整体上研究和解决问题，这正是钱学森综合集成思想在方法论层次上的体现。

科学论证作为一个复杂的逻辑推理、综合分析的理性思维过程，它所包含的问题具有前瞻性、复杂性、特殊性和不确定性。整个科学论证体系包括了论证理论、原则、程序、要求、技术、方法、组织、管理等不同要素，由于其论证对象的复杂性，以及论证理由的多样性，每一理由对论点的支持关系可能不同，一个论证过程中会有多种论证方法，因此实际的论证不仅可由单一的逻辑过程组成，也可由多个逻辑过程组合而成，呈现出一连串相同或者不同逻辑方式的套合。

能否巧妙而又严谨地进行论证，很大程度上依赖于能否熟练准确地应用各种推理形式。科学论证方法具有系统性、实践性、渐进性、综合性、定性与定量相结合，以及理论分析与仿真验证相支撑的特点，在指导复杂决策问题求解的实践中，采用怎样的科学论证方法需要综合考虑问题的全面性、方法对论证对象的适应性及决策方法的科学性等。值得注意的是，以下方法是按照完备性不断提升的顺序，通过引入更多资源确保论证的科学性，以求更趋近于真理。一切归根到底最终决定其真理性的是实证。

1. 逻辑分析法

逻辑分析法是从已有的实践或观察材料中得到感性认识，通过概括和推理，上升为理性认识与理性分析，形成概念并获得结论。其主要用于解决科学论证中采用形式逻辑、辩证逻辑、数理逻辑等进行推理与判断的问题，这种建立在证据和逻辑推理基础上的思维方式是理性思维，是现代科学的基础，各类现代测试、分析与评价方法均建立在其上。该类方法主要包括：比较-分类法、类比法、归纳-演绎法等。

比较-分类法。比较是一种能动的认识活动，用于确定对象之间相异点和相同点的逻辑方法。通过比较对象的相异点和相同点，对感性材料进行初步整理，为进一步抽象出更为普遍的本质和规律奠定基础。而分类是根据对象的相同点和相异点，将对象分为不同种类的逻辑方法，分类是以比较为基础的，通过比较辨别出事物之间的相同点和相异点，然后根据相同点将事物归为较大的类，根据相异点将事物划分为较小的类，从而将事物分为具有一定从属关系的不同等级的系统。分类法将研究的繁杂问题系统化、条理化，体现了人的认知水平，为概念设计提供了前提条件。

类比法。类比是根据两个(或两类)对象之间在一些方面相似或相同而推出它们在某个方面也可能相似或相同的推理方法。类比也是以比较为基础的。通过对两个(或两类)不同的对象进行比较，找出它们的相似点或相同点，然后以此为根据，把其中某一对象的有关知识或结论推移到另一对象中去，这就是类比推理，简称为类比或类推。类比推理在科学研究中具有重要作用。在科学论证中，通过类比推理，可以帮助人们理解不易直接观察到的和不易理解的对象，能够开阔人们的眼界，具有启发思路、提供线索、举一反三、触类旁通的作用。同时，通过类比，论证人员可以通过对模型的实验研究来认识它所仿真的对象并将结果反推回来，应用类比法模仿自然界中存在的自然物，是设计、制造生产工具和工业产品的一条重要途径。

归纳-演绎法。归纳是从个别事实中概括出一般原理的逻辑方法，是归纳推理的简称。归纳根据它所概括的对象是否完全而分为完全归纳和不完全归纳。完全归纳是根据某类事物的所有对象都有某一属性，从而推出该类事物的全体都有这一属性的一般性结论的推理方法。完全归纳的结论没有超出前提所断定的范围，它是在考察了某类事物的全部对象，发现它们都具有某种属性之后才做了归纳的，所以它所得出的结论是可靠的。不完全归纳是根据某类事物的部分对象具有某一属性而推出该类事物的所有对象都具有这一属性的方法。不完全归纳又分为简单枚举法和科学归纳法。演绎是从一般到个别的推理方法。演绎的形式主要分为 3 部分：①已知的一般原理或一般性假设(大前提)；②关于所研究的特殊场合或个别事实的判断(小前提)；③从一般的已知的原理(或假设)推出的对于特殊场合或个别事实作出的新判断(结论)。演绎推理是一种必然性推理，它的结论所表述的个别知识已经包含在大前提的一般性知识中，从一般中必然能够推出个别。如果推理的前提正确，推理的形式合乎逻辑规则，推理的结论就必然是真实的。但演绎本身并不能保证它的前提的正确性，如果前提错误，就会推出错误的结论。

归纳-演绎法在科学论证研究中具有重要作用。在归纳过程中，人们可以从个别事实的考察中看到真理的端倪，受到启发，从而提出各种假说和猜想，同时，也可对结果的认证提供丰富的素材，这对研究探索具有积极作用。演绎是逻辑证明的工具，它是一种必然性推理，在演绎过程中，把一般原理应用于某个具体场合，作出关于特定对象的推论，如果作为演绎前提的知识是正确的，推导的形式是合理的，则肯定可以获得正确的结论，以此来证明或推翻某个命题。科学假说和理论发展要依靠实践的推动和检验，在实践检验假说和理论的过程中，演绎推理发挥着重要作用，通过演绎，从假说和理论中推演出一个可以与实验相对比的具体结论用以指导实验、设计实验。通过实验，推演出的结论或者被证实，或者被推翻，再以这种检验结果论证假说和理论的正确或错误。

2. 量化测试法

科学论证是人们可对客观事物进行多层次、多角度、多方面的认知实践，既要注重理性构建及分类、归纳、演绎等逻辑分析，又要获得关注对象状态与变化的输入，只有在更多信息的支持下，通过定性与定量分析相结合，才能把握求实、系统、辩证的研究方法，使论证更具科学性和可操作性。

感性与定性分析一直是人们认识问题的有效方式，但是随着事物复杂程度的不断提高，利用感性与定性方法把握事物发展规律的难度越来越大，需要量化的方法作为支撑来帮我们认识事物发展规律，进而提升对事物的认识。量化方法是指根据测试、实验，经一定的数学物理模型、计算方法确定关注对象各种状态、成分、条件数量的分析方法，其内容上是前面1.1.2节提及的验证，方式上可以分为实验法和模拟法。

1) 实验法

科学实验是人们根据一定的研究目的，应用科学仪器、设备等物质手段，在人为控制或模拟客观对象的条件下考查对象，从而获取事实的一种基本方法。实验法是科学思维与生产技术有机结合的产物，自16世纪起逐渐发展成为科学研究的基本手段，在人们认识世界和改造世界的过程中发挥着巨大的推动作用。从科学思维的角度讲，实验法是基于实验、观察、发现、推论和总结的过程研究自然规律，这种实验思维以物理学科为典型代表，其先驱是"近代科学之父"伽利略。

根据科学研究"范式"分类，实验法属于"经验科学"，又称为"实验科学"，即第一范式，其由17世纪的科学家Francisc Bacon阐明，他认为经验科学偏重于经验事实的描述和明确具体的实用性科学，是以实验方法为基础的科学，其以归纳为主构建经验模型。作为科学研究的基本方法之一，实验法通过对环境与条件的控制，解决简单而确定的问题，得到可信而确定的回答。实验中根据研究目的，尽可能地排除外界的影响，突出主要因素并利用一些专门的仪器设备，而人为地变革、控制或模拟研究对象，使某一些事物(或过程)发生或再现，加深对关注对象的认识。

科学实验有多种多样的类型，根据不同的研究目的和要求，可以把科学实验划分为不同的类型。例如，根据实验目的，科学实验可以分为探索性实验和验证性实验；根据实验环境，科学实验可以分为实验室实验和自然实验；根据实验步骤，科学实验可以分为预备性实验、决定性实验和正式实验；根据实验中量与质的关系，科学实验可以分为定性实验、定量实验和结构分析实验；根据实验在科学认识中的作用，科学实验可以分为析因实验、对照实验和中间实验；根据实验手段是否直接作用于研究对象，科学实验可以分为直接实验和间接实验等。

2) 模拟法

模拟法是指人们在对关注对象（原型）本质特性与规律认知的基础上，人为地建立概念集及与原型相似的简化模型，通过模型来间接地研究原型的规律性。这种对认识对象的概念化、抽象化、模式化是一种理论构建。这种通过数学概念、数学模型与现实世界中的事物建立同构去认识和处理客观事物的思维方式被称为数理思维。

根据模型和原型相似的特点，可以把数理模拟分为物理模拟和数学模拟。物理模拟是以模型和原型之间的物理相似或几何相似为基础的。物理相似是指模型和原型中所发生的物理过程都相似，生命世界中选择某种动物的有关机制来模拟人的某些生理或病理过程，即物理模拟。数学模拟是以模型和原型之间在数学方程式的形式相似为基础的，自然界的统一性为数学模型提供了客观基础，任何两种本质上不相同的物理过程，只要它们遵循的规律具有相同的数学方程式，就可以用数学模拟的方法来研究。

数理模拟属于理论科学，即第二范式。这种范式是人类对自然、社会现象按照已有的实证知识、经验、事实、法则、认知及经过验证的假说，经由一般化与演绎推理等方法，构建数学模型，进行合乎逻辑的推论性总结。采用这种方式，可以在一定范围内对较复杂问题给出可信而确定的回答。但是在实际应用中，完全按照数理模型进行变化的事物仅占很小一部分。

计算机仿真法是建立系统的数学模型并将它转换为适合在计算机上编程的仿真模型，并对模型进行试验的方法。仿真法是一种求解问题的方法，它可以应用各种模型和技术，对实际问题进行建模，通过模型采用人工试验的手段，来理解需要解决的实际问题。通过仿真，可以评价各种替代方案，证实哪些措施对解决实际问题有效。

计算机仿真是伴随着计算机技术的发展而提出的，是计算科学的实际应用，属于科学研究中的第三范式。利用计算机仿真或其他形式的计算来分析和解决科学问题，形式化地建立输入与输出、已知量与未知量之间的联系，包括模型构建、数值模拟、数据分析、计算优化等。采用这种方式解决问题称为计算思维，计算思维的先决条件是实验思维和理论思维，它以程序为载体，着重于解决人类与机器各自计算的优势及问题的可计算性。

计算机仿真方法的一个突出优点是能够解决用解析方法难以解决的、实际环境中经常出现的复杂问题，具有大概率下的可信性。有些问题不仅难以求解，甚至难以建立数学模型，当然也就无法得到分析解。仿真可以用于动态过程，通过反复试验(trial-and-error)求优。与实体试验相比，仿真的费用是比较低的，而且可以在较短的时间内得到结果，具有较广泛的应用前景。

图灵奖获得者、著名数据库专家 Jim Gray 博士在"eSciences：科学方法的一次革命"的演讲中指出，科学研究最初只有经验与实验科学及其各种逻辑转换，接着有理论科学，有了开普勒定律、牛顿定律、麦克斯韦方程式等，然后，对于许多问题，用这些理论模型来分析解决变得太复杂，人们只好开始进行模拟。

当数据量不断增长和累积到今天，传统的3种范式在一些科学研究，特别是一些新的研究领域已经无法很好地发挥作用，需要一种全新的第4种范式来指导新形势下的科学研究。2009年，微软从科学研究方法的角度阐述了如何在eScience时代做数据密集型科学研究。这个新的范式成为由实验、理论与仿真所主宰的历史阶段的符合逻辑的自然延伸。基于大数据的第4范式，先有了大量的已知数据，然后通过计算得出之前未知的理论。维克托·迈尔-舍恩伯格撰写的《大数据时代》（中文版译名）中明确指出，大数据时代最大的转变，就是放弃对因果关系的渴求，取而代之的是关注相关关系，即只要知道"是什么"，而不需要知道"为什么"。这颠覆了千百年来人类的思维惯例，是对人类的认知和与世界交流的方式提出的重大补充。随着计算机科学、信息技术等数据科学的发展，一种全新的科学——数据密集型科学产生了，这种基于数据密集型科学的数据探索型研究方式，被称为科学研究的"第4种范式"（the fourth paradigm）（邓仲华和李志芳，2013）。

大数据时代所带来的科学研究方法的转变，是对传统科学研究方法的补充和发展，其为科学家提供了针对复杂关注对象大数据背景下的新途径和新手段。科学研究第4种范式是针对数据密集型科学，由传统的假设驱动向基于科学数据进行探索的科学方法的转变。数据依靠工具获取或者模拟产生，利用计算机软件处理，依靠计算机存储，利用数据管理和统计工具分析，可以给出针对复杂事物的一定置信度下较大概率正确的、有关相关关系问题的回答。

互联网数据受信息技术革新的影响，在互联网环境下产生大行为数据和大交易数据方法。互联网数据是人针对不同关注对象进行的数据、信息、知识与智慧的积累，往往具备大于个人、团体的体量与深度。通过对分散各处的互联网数据的搜集、处理与分析，往往能得到更高层次、更逼近本质的观点与看法。这种方法通过整体大于局部形成的优势，不仅对"知道不知道"的研究有效，而且对"不知道不知道"的研究非常有效，这正是其优势所在。

科学手段从经验到理论再到计算，现在发展到数据密集型，科学范式也相应地从经验范式发展到理论范式再到计算机模拟范式到第4范式。每一个范式都有各自针对关系强弱的判断能力与适用范围。

3. 综合评价和预测分析法

在科学论证过程中，决策和计划占有重要地位，科学预测和综合评价是科学计划和科学决策的前提和基础，为人们正确认识事物、科学决策提供了有效的手段。科学预测是人们根据事物以往发展的客观规律性和当前出现的各种可能性，应用科学的知识、方法和手段，对事物未来发展趋势和状态预先作出科学估计和评价，以减少对系统未来状况认知的不确定性及减少决策的盲目性。评价是对客观事物进行综合分析，客观公正地反映事物的发展变化，以使评价组织者、决策者所信服和接受。评价者按照评价方法将价值标准作用于评价对象的事实评价，则得到评价结果。评价是一种认知过程，也是一种决策过程。

1) 预测分析法

预测分析法以统计学原理为基础，根据客观对象的已知信息而对事物将来的某些特征、发展状况的一种估计、测算活动，它应用各种定性和定量的分析理论与方法，对事物未来发展的趋势和水平进行判断和推测。据不完全统计，现在有130多种预测分析法，常用的有数十种，大体可分为两大类，即定性预测方法和定量预测方法(郝海和踪家峰，2007)。但是基于单种预测方法(定性或定量)的局限性和近似性，可以将多种不同预测方法进行结合，形成组合预测法(王硕等，2006)。

(1)定性预测方法是指建立在经验、逻辑思维和推理基础上的预测方法。定性预测主要通过社会调查，采用少量的数据和直观材料，结合人们的经验加以综合分析，对预测对象作出判断和预测。定性预测的优点是能集思广益，简便易行，在缺乏足够数据或原始资料的情况下，可以作出定量估价和获得文献上尚未反映的信息。定性预测一般不需要建立高深的数学模型，所以易于普及和推广。但其由于缺乏客观标准，往往易受到预测人员经验和认识上的局限，可能会带有一定的主观片面性。定性预测方法可以预测各事件发生的概率，但不能明确指出各事件之间的相互关系。在定性预测中，为了消除主观因素的影响，可对调查资料和经验判断资料进行一些计算或统计处理，以提高预测的准确性。定性预测方法主要包括一般调查预测法、集体意见预测法、头脑风暴预测法、德尔菲预测法、情景分析预测法、推断预测法及交叉影响分析预测法等。

(2)定量预测方法是建立在统计学、数学、系统论、控制论、信息论、运筹学及计量经济学等学科基础上，应用方程、图表、模型和计算机仿真等技术进行预测的方法。定量预测方法包括时间序列预测方法、因果分析预测方法及组合预测方法等。其中，时间序列预测方法主要有简单平均数预测法、移动平均数预测法、指数平滑预测法及趋势外推预测法等。因果分析预测方法主要有一元线性回归分析预测法、多元线性回归分析预测法、自回归预测法、非线性回归分析预测法及弹性系数预测法。

(3)组合预测方法通过对多种不同的预测方法进行适当组合(如线性加权)，以便综合利用各种预测方法所提供的信息，提高观测的精度和可靠度，包括定性预测方法与定性预测方法结合、定量预测方法与定量预测方法结合，以及定性预测方法与定量预测方法结合，采用组合预测方法的关键是确定单个预测方法的加权系数。

预测方法的选择同预测技术的主要因素直接关联，如时间范围、模型类型、费用和精确度、方法应用的难易程度等。在相同的条件下，采用不同的预测方法会产生不同的预测结果，选择预测方法应从预测对象的特性和要求出发。另外，系统预测涉及的内容广泛而复杂，对预测者的知识、经验和能力等在深度和广度方面都有较高要求，要从实质上真正把握系统预测方法，需要结合具体实践工作中的问题进行应用和总结。

2) 综合评价法

综合评价是对所研究对象各要素在总体上进行分类排序。由于实际系统结合评价对象各单项评价指标的评价结果往往不相容，直接利用系统综合评价标准进行评价往往缺乏实用性。不同评价方法是从不同角度描述评价对象的属性，由于各方法的机理、方法的属性层次不同，在应用时评价的结果也存在差异。目前，系统科学专家应用定量分析技术开发了数百种评价方法，主要包括层次分析法、模糊结合评判法、数据包络分析法、人工神经网络评价法等。虽然评价的具体方法有许多种，但各种方法的总体思路是统一的，总体上评价的过程大致可分为熟悉评价对象、确立评价的指标体系、确定各指标的权重、建立评价的数学模型、分析评价结果等几个环节(杜栋等，2008)。

(1)层次分析法(analytic hierarchy process, AHP)。层次分析法是美国著名运筹学家 T. L. Satty 等在 20 世纪 70 年代提出的一种定性与定量相结合的多准则决策方法。具体地说，它是将决策问题的有关元素分解成目标、准则、方案等层次，用一定标度对人的主观判断进行客观量化，在此基础上进行定性或定量分析的一种决策方法。这一方法的核心是将决策者的经验判断给予量化，从而为决策者提供定量形式的决策依据，其特点是在对复杂决策问题的本质、影响因素及内在关系等进行深入分析后，构建一个层次结构模型，然后利用较少的定量信息，把决策的思维过程数学化，从而为求解多目标、多准则货物结构特性的复杂决策问题，提供一种简便的决策方法。层次分析法是为研究由相互关联、相互制约的众多因素而构成的复杂系统提供的一种新的、简洁的、实用的决策方法。

(2)模糊结合评判法。模糊结合评判法是以模糊数学为基础，以应用模糊关系合成为原理，对实际的综合评价问题提供一些评价的方法。作为模糊数学的一种具体应用方法，其最早是由我国学者汪培庄提出的。它将一些边界不清、不易定量的因素定量化，从多个因素对被评价事物隶属等级状况进行综合性评价。它主要分为两步：第一步先按每个因素单独评判；第二步再按所有因素综合评判。其优点是：数学模型简单，容易掌握，对多因素、多层次的复杂问题评判效果比较好，是别的数学分支和模型难以代替的方法。模糊结合评判法的特点在于，评判逐对进行，对被评对象有唯一的评价值，不受被评对象所处对象集合的影响。

(3)数据包络分析法(data envelopment analysis, DEA)。数据包络分析法是著名运筹学家 A. Charnes 和 W. W. Copper 等以"相对效率"概念为基础，根据多指标投入和多指标产出对相同类型的单位(部门)进行相对有效性或效益评价的一种新的系统分析方法。它是处理多目标决策问题的好方法。决策单元的相对有效性(即决策单元的优劣)被称为 DEA 有效。DEA 是以相对效率概念为基础，以凸分析和线性规划为工具的一种评价方法。它应用数学规划模型计算比较决策单元之间的相对效率，对评价对象作出评价。这种方法结构简单，使用方便。

(4)人工神经网络评价法。人工神经网络评价法是通过神经网络的自学习、自适应能力和强容错性，建立更加接近人类思维模式的定性和定量相结合的综合评价模型。它是一种智能化的数据处理方法，具有处理复杂非线性问题的能力，是目前其他评价方法所无法比拟的。人工神经网络是模仿生物神经网络功能的一种经验模型，通过样本的"学习和培训"，可记忆客观事物在空间、时间方面比较复杂的关系。由于人工神经网络本身具有非线性特点，在科学论证时，训练好的神经网络把专家的评价思想以连接权的方式赋予网络上，这样该网络不仅可以模拟专家进行定量评价，而且避免了评价过程中的人为失误。

(5)综合打分卡评价法。综合评分法是在无法用统一的量纲对评价指标进行定量分析的场合，而用无量纲的分数进行综合评价的方法。综合评分法又称为"打分法"，包括传

统的专家评分法和当前常采用的多指标加权评分法。专家评分法是在定量和定性分析的
基础上，以打分等方式做出定量评价，其结果具有数理统计特性。该方法出现较早且已
有较广泛的应用。它的主要步骤是：首先根据评价对象的具体情况选定评价指标，对每
个指标均定出评价等级，每个等级的标准用分值表示；然后以此为基准，由专家对评价
对象进行分析和评价，确定各个指标的分值；最后采用加法评分法、连乘评分法或加乘
评分法求出各评价对象的总分值，从而得到评价结果。专家评分法具有使用简单、直观
性强的特点，其最大的优点是在缺乏足够统计数据和原始资料的情况下，可以做出定量
估价。但专家评价的准确程度主要取决于专家的阅历经验，以及知识的广度和深度，在
评价过程中不同专家的认识也存在差异，因此该方法其理论性与系统性不强，一般情况
下难以保证评价结果的客观性和准确性。考虑到各指标重要程度的不同及专家权威性的
大小，后又发展了综合加权评分法，其主要步骤是：确定指标体系，设定各最底层指标
的权系数；根据指标体系，利用统计数据或专家打分给出属性值表；根据权系数进行计
算和排序，分别按不同指标的评价标准对各评价指标进行评分，然后采用加权相加计算
各项指标的综合评分和对评价对象的总评分进行结果评价。

4. 综合集成研讨厅方法

随着人认知能力的不断提升，发现、识别并理解一套开放的复杂巨系统，就需要用
到系统论、还原论与整体论方法。

系统论的创始人贝塔朗菲提出了系统观点、动态观点和等级观点，指出复杂事物功
能远大于某组成因果链中各环节的简单总和，认为一切生命都处于积极运动状态，有机
体作为一个系统能够保持动态稳定是系统向环境充分开放，获得物质、信息、能量交换
的结果。系统论要求把事物当作一个整体或系统来研究，并用数学模型去描述和确定系
统的结构和行为，强调整体与局部、局部与局部、系统本身与外部环境之间互为依存、
相互影响和制约的关系，具有目的性、动态性、有序性三大基本特征。

还原论是主张把高级运动形式还原为低级运动形式的一种哲学观点。它认为现实生
活中的每一种现象都可看成是更低级、更基本的现象的集合体或组成物，因而可以用低
级运动形式的规律代替高级运动形式的规律。还原论派生出来的方法论手段是对研究对
象不断进行分析，恢复其最原始的状态，化复杂为简单。

整体论主张一个系统（宇宙、人体等）中各部分为一有机整体，而不能割裂或分开来
理解。根据该观点，分析整体时若将其视作部分的总和，或将整体化为分离的元素，将
难免疏漏。

对于简单系统、简单巨系统，目前均已有了相应的方法论和方法，也有了相应的理
论与技术，并在持续发展之中。对于复杂系统、复杂巨系统，处理简单系统或简单巨系
统的方法已不适用，因此钱学森提出了从定性到定量的综合集成研讨厅体系。

针对复杂系统科学研究，钱学森在 20 世纪 80 年代中期提出"系统论是整体论和还
原论的辩证统一"，研究方法论是从定性到定量的综合集成研讨厅体系（钱学森和戴汝为，
2006）。综合集成是一种从定性到定量，科学理论、经验和专家判断力相结合的处理复杂
系统问题的方法学。由于复杂系统的非线性、开放性、动态性特点，简单与单一模型仅

能对局部及规律进行描述，难以逼近真实系统。只有通过构建体系多元化、方法综合化、过程智能化模型体系，在信息、知识、方法、手段上形成整体大于个体之和的局面，才有可能解决这个问题。我们可以把这种方式称为综合集成思维，其是对前面介绍的实验思维、数理思维、计算思维、大数据思维等几种理性思维，以及关于人与社会的其他类型思维方式的大综合。

从定性到定量综合集成研讨厅体系是一个以人为本，人机结合的专家-知识-计算机网络三位一体的巨型智能决策系统。其实质是指导人们在处理复杂问题时，在理性基础上能够把专家的智慧、计算机的智能和各种数据、信息有机地结合起来，把各种学科的科学理论和人的知识结合起来，构成一个统一的、人机结合的巨型智能系统和问题求解系统，对于关注对象来讲，获得的信息具有"全息性"，具有最大的、整体大于各部分和的数据、信息、知识、智慧优势。这个方法论的成功应用在于发挥该系统的整体优势和综合优势，人的理性、心智与机器智能取长补短、综合集成。人在这个系统中是一个主要部分，如何科学地把专家组织起来，按照科学有效的研讨程序，使专家最大限度地贡献自己的知识和能量，达到问题解决的完美效果，发挥综合集成研讨厅体系的强大威力。

从定性到定量综合集成研讨厅要把人脑中的知识同系统中的数据库、模型库和知识库等有关信息结合起来。系统提供分布式的专家研讨环境，专家可在不同的用户终端上发表见解，对其他专家的意见进行评价，还可在用户终端进行必要的数据信息查询，以获得问题的背景信息，并利用研讨厅提供的统一的公用数据和模型，对参加研讨的局中人的决策后果进行评价或判断。简单地讲，综合集成研讨厅是由人、信息知识与计算机系统构成的一个解决复杂问题的 CPS 社会团体。在这个团体中，人与人、计算机与计算机、人与计算机进行密切合作、各尽所能，对它面临的问题进行人的智慧与人工智能的动态综合集成。这种动态综合集成的意义不同于目前流程的"集成"，它不仅仅由简单的多种模块所组成，而是根据问题在某时刻的需求，在系统理论意义下动态融合，在构成的若干个社会团体间不断地信息交流中求得答案。

定性到定量综合集成研讨厅体系通过在理性基础上的各类数据、知识物理载体一体化贯通，形成一体化大数据集、综合方法集和数据密集计算，针对某种关注对象的"不完整"信息尽量"完整化"，从而使因不完全信息导致的"病态"决策状态朝完全信息决策方向转化，从而提高分析、判断与决策的正确性。在解决实际问题中，包括了对逻辑分析法，定量分析法，数据密集型科学方法、评价与预测法等多种方法的应用，可以看作是一种以人为本的、集成多种手段和多源信息的"鸡尾酒勾兑"式的系统科学综合法，是解决非常复杂情况下对因果关系放宽约束的探求，其自然地包括了 4 种范式的科学研究方法，反映了钱学森的"大成→智慧"思想。

"大成智慧"的一个显著特点是充分利用计算机、信息技术、互联网络、人-机结合优势互补的长处，即人与人造事物的综合集成。航天遥感信息的不确定性是集大成过程中的"集"的对象和内容面临的共性问题。观测对象的不确定性体现了大成信息到大成智慧的目标性，人对观测对象认知的局限性体现了大成数据、信息、知识到智慧的阶段性，技术工具手段的局限性体现了大成信息到大成智慧的需求性。

钱学森将从当今科技发展形式、以往科技工程实践和社会改革的经验教训中提炼出的

"从定性到定量综合集成法"，即"大成智慧工程"，作为认识、研究和处理开放复杂巨系统的方法，利用计算机、AR（augmented reality）+VR（virtual realty）+RS（remote sensing）、灵境、互联网、人工智能等现代信息技术组成人-机结合的智能系统。这个系统的本质是基于知识的控制，以知识表示、知识获取、知识利用构成知识工程，通过对知识进行逻辑、辨别、计算、分析、判断，形成构建在"最完整"认知基础上的智慧，让人可以深刻地理解人、人造事物、自然界的过去、现状、将来，形成一种处理问题的方法和手段。

图1.5是对大成智慧的初步理解。大成智慧是建立在有关人的认识过程的基础上的，感性和理性是人对事物认识过程中的两种表现与阶段。感性包括感觉、知觉、表象等多种形式，认识的是事物的现象，具有直接性和具体性。理性包括概念、判断、推理及假设和理论等形式，认识的是事物的本质，具有间接性和抽象性，感性是理性认识的基础和前提，感性认识直接来源于实践，人通过对感性认识进行科学抽象，继而形成理性认识，感性是认识过程的起点，同时，感性中还包括很多钱学森所描述的不成文的零星体会等非数据性认知，这些知识也要在综合分析中发挥重要作用。正如前文所述，相对于人对观测对象的现象与规律的认识，经过几千年的不断积累，形成了现在包括人与人造事物混成的认识结构体系，将人的直觉、洞察、预见等智慧特征与现代科学方法相结合，达到更高层次的融合。

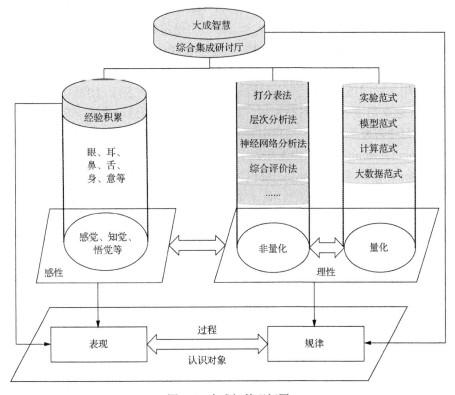

图 1.5　大成智慧理解图

需要指出的是，任何方法都具有各自不同的适用范围，而科学论证则是一项复杂的人的实践过程，没有哪种方法或范式能代替人，人在其中始终发挥核心作用。在科学论证过程中，对于问题往往不是某种单一的方法能够解决的，要根据实际需要，恰当地选用或综合运用多种科学研究方法，才能取得良好的效果。

1.3 航天遥感与航天遥感系统

航天遥感是行星科学、信息科学、空间科学交叉形成的一个新兴学科，是地球信息数据化并通过数据还原为可被人掌握的地球信息的技术工具，是人为了获取地球信息而研发的一种人造事物，具有人造事物的一般特征，同时又具有自身独特性。

1.3.1 航天遥感基本概念

1946 年 10 月，美国军方利用 V2 导弹及相关技术，成功将一部 35 mm 摄像机送入 105 km 高度，实现人类首次从太空观测地球。1957 年 10 月，首颗人造地球卫星"斯普特尼克 1 号"由苏联成功发射，标志着人类进入太空时代。两年之后的 1959 年，人类航天遥感大幕正式拉开：2 月，美国发射"先锋 2 号"气象卫星(Vanguard 2)，首次从太空轨道观测地球大气密度信息；8 月，美国发射"探险者六号"卫星(Explorer-6，又称 S-2)，首次从太空轨道拍摄地球遥感图像；10 月，苏联发射"月球 3 号"探测器，首次获取到月球背面的图片。可以说从 1959 年起，人类开始从"上帝"的视角观察我们赖以生存的星球。

1960 年，美国海军局研究局的艾弗林·普鲁伊特(Evelyn L. Pruitt)提出 remote sensing 的概念，该词于 1962 年在美国密执安大学召开的第一次环境遥感科学讨论会上得到正式确认。1969 年，美国摄影测量学会开始编制《遥感手册》，并于 1975 年出版，"remote sensing"由此逐渐形成为一个科技领域。1972 年 7 月美国地球资源卫星 Landsat-1 的发射、同年 12 月"阿波罗 17 号"拍摄出著名的"蓝色弹珠"(the blue marble)地球眺望照片，使得 remote sensing 开始广为人知。

remote sensing 概念在国际上出现以后，以钱学森、王大珩为代表的一些科学家于 1971 年开始倡导在我国发展相关技术，并将"remote sensing"一词的中文翻译敲定为"遥感"，其中"遥"是空间距离，"感"是感知。1975 年 8~10 月，由钱学森主持、王大珩任顾问的全国遥感规划筹备会议制定了我国遥感技术发展规划草案，其是我国遥感事业的开端。1977 年 9~10 月，全国自然科学学科规划会议在北京召开，会议设立由陈述彭、张世良、承继成、夔中羽、戴昌达组成的遥感小组，讨论了我国遥感规划，并将遥感写入《国家自然科学学科规划》，标志着该词在我国正式成为学科名词。1978 年 3 月，全国科学大会审议通过了《1978~1985 年全国科学技术发展规划纲要(草案)》，同年 10 月，中共中央转发《1978~1985 年全国科学技术发展规划纲要》(简称《八年规划纲要》)，正式提出"发展遥感技术""开展空间科学、遥感技术和卫星应用的研究"，标志着遥感成为国家科学技术研究的重点领域。1981 年 9 月，中华人民共和国原国家科学技术委员会三局成立"国家遥感中心"，下设 3 个业务部：技术发展部(设立于中国科学院原遥感应用研究所)、技术培训部(设立于北京大学)和资料服务部(设立于原国家测绘局测绘科学研究所)。

遥感从不同的距离，运用各种电磁波、力场传感器(如可见光、红外、微波、电磁、重力等)对观测对象进行观测，通过对接收并记录的电磁波、力场信号进行处理和分析，感知、判定、测量并分析目标位置、数量、类型、属性等观测对象自身及与环境关系的状态与变化。从这个事实看，遥感的本质是获得观测对象状态与变化信息。作为一种非接触式的、无损的探测手段，遥感是现代科学技术应用的重要组成，是人类开展信息获取、认识与理解自然界、服务自身发展的工具，也是人类认识与掌握自然知识能力的具体表现。

航天遥感作为一个人造事物，是构建在地学、生物学等自然界及人所感兴趣的人造事物的认识基础上，通过航天科学技术手段，获得有关信息的学问。其作为人所发展起来的技术手段，服务人认识与改造世界的活动。按照前面的分类方法，遥感学可分为遥感科学、遥感技术、遥感活动。其中，遥感技术是人所掌握的有关知识按照应用需要进行的有形化表现，由遥感平台、遥感器，以及数据接收、处理与分析应用等组成(陈述彭，1990a；赵英时，2013)。

如图 1.6 所示，航天遥感学是航天学、信息学，以及自然学、工程学的综合交叉，既关注航天科学中的遥感平台、传感器等理论知识，同时也关注以应用为目标的遥感信息流程知识体系。在遥感信息运动过程中，遥感信息本身受到了信息规律的约束，同时又受到了观测对象地球系统变化规律的限制。除此之外，遥感信息是人造事物，如何使其高效传播，服务人类社会发展，还必须尊重系统工程规律，以及人类行为规律等。

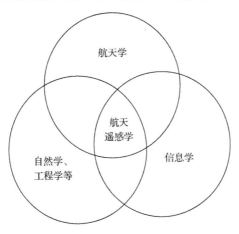

图 1.6　航天遥感交叉学科

一般地，遥感按照遥感器搭载平台距地面的距离可以分为地面遥感、航空遥感、航天遥感和宇航遥感(孙家抦，2009)。其中，航天遥感指在空间的高度和环境条件下开展针对地球的遥感活动，为我们提供了迅速而有效地从全球的角度洞察地球很多特征的技术手段。航天遥感以航天器为平台获取遥感数据实现遥感(陈世平，2009)，其所依托的卫星等航天器平台在几百千米以上的轨道飞行不受领空的限制，飞行更加平稳、观测范围更大，可以长时间、周期性地进行对地观测，是遥感技术真正走向大规模应用的主要方式。航天遥感在全球观测，大范围资源、环境调查等应用方面具有任何其他技术所不可代替的作用和地位。

同时，按遥感器所利用的电磁波波谱段和方式可分为可见光/反射红外遥感、热红外遥感、微波遥感 3 种类型(徐冠华等，1996)。随着技术发展，紫外、太赫兹甚长波等探测技术也逐步广泛应用。可见光/反射红外遥感指利用可见光(0.4～0.7 μm)和近红外(0.7～2.5 μm)波段的遥感技术统称，前者是人眼可见的波段，后者即是反射红外波段，人眼虽不能直接看见，但其信息能被特殊遥感器所接收。它们的共同的特点是，其辐射源是太阳，在这两个波段上只反映地物对太阳辐射的反射，根据地物反射率的差异，就可以获得有关目标物的信息，它们都可以用摄影方式和扫描方式成像。热红外遥感指通过红外敏感元件，探测物体的热辐射能量，显示目标的辐射温度或热场图像的遥感技术的统称，遥感中指 8～14 μm 波段范围。地物在常温(约 300 K)下热辐射的绝大部分能量位于此波段，在此波段地物的热辐射能量大于太阳的反射能量，热红外遥感具有昼夜工作的能力。微波遥感指利用波长 1～1000 mm 电磁波遥感的统称。通过接收地面物体发射的微波辐射能量，或接收遥感仪器本身发出的电磁波束的回波信号，对物体进行探测、识别和分析。微波遥感的特点是对云层、地表植被、松散沙层和干燥冰雪具有一定的穿透能力，能夜以继日地全天候工作。

1.3.2　航天遥感系统

作为人的有组织活动，航天遥感活动以系统方式组成并表现。按照钱学森的观点，"我们把极其复杂的研制对象称为系统，即由相互作用和相互依赖的若干组成部分结合而成的具有特定功能的有机整体，而且这个系统本身又是它所从属的一个更大系统的组成部分"(邵开文和张骏，2008)。航天遥感系统是按照一定的规律和内部联系组合而成的巨系统，体系复杂。影响这个体系的因素除自然科学、技术科学发展之外，还有人类社会对自身认识的发展。从这个角度看，航天遥感活动可被理解为一个复杂开放巨系统，一个利用遥感手段获取观测对象信息的人造事物，体系化和智能化发展是其发展趋势。

1. 航天遥感系统及其组成结构

从狭义上讲，航天遥感系统是航天遥感信息的承载体与技术表现形式，是由遥感卫星、接收天线、计算机及外围设备等硬工具、计算机软件及其他信息资源等软工具组成的，能进行遥感信息的收集、传递、存储、加工、维护和使用的一体化信息系统。从广义上讲，作为一种人类认识、理解世界的工具，航天遥感系统也是围绕与这样一个系统的研究、研发、运行服务、发展能力体系、政策规章、标准规范等活动直接相关的、具有不同分工的、由各个关联行业所组成的业态总称。

按照与航天遥感信息相对应的结构，航天遥感系统可以分为完成遥感信息获取的天基系统、开展遥感数据接收与服务的地面系统，以及从数据到信息再到知识转化并服务应用的应用系统，形成一个"工"形结构，如图 1.7 所示。航天遥感系统的 3 个组成部分有不同的组成结构，图 1.8 所示为一种常见组成的例子。

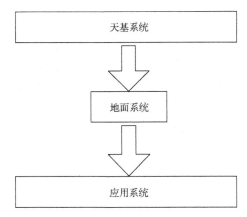

图 1.7　航天遥感系统

图 1.8　狭义航天遥感系统组成

1) 天基系统

天基系统是遥感数据获取系统,由多种卫星共同组成。当前卫星根据观测特性分为陆地观测、海洋观测、大气观测、地球物理场及空间环境观测 4 类,分别针对固体目标、液体目标、气体目标、地球物理场及地球空间环境目标等(如空间碎片)进行观测。根据应用目的不同,获得不同关注对象的遥感观测信号,并转换成数字信号回传到地面。

2) 地面系统

地面系统是将卫星下传的遥感观测信号转换为数据产品并开展数据产品服务的系统,包括综合管控系统、接收系统、数据处理系统、数据中心系统、实验场网系统和共享网络平台,是发挥遥感卫星效能所必需的基础性服务系统。综合管控系统提供面向用户需求的公共平台,负责处理各类用户请求,统筹规划卫星使用,控制管理卫星系统资源和数据接收资源的运作;接收系统是接收应用卫星下行信号和发射上行信号的设施;数据处理系统是承担数据统一处理为数据产品的设施;数据中心系统是承担数据存储、分发、服务的设施;实验场网系统是开展运行测试的关键基础设施,包括定标场、真实性检验网、实验室等;共享网络平台是负责数据及产品分发、服务的基础性平台。

3) 应用系统

应用系统是数据产品转换为信息、知识并服务最终用户的系统,是实现整个系统目标的直接性服务系统。应用系统与地面系统有相类似的组成,但没有接收系统。其中,综合管控系统提供面向用户需求的公共平台，负责处理各类最终用户需求。应用处理系统提供数据产品转换为信息、知识的技术手段，实现增值产品生产。数据中心系统是支撑空间信息应用的综合数据库，并承担数据存储、分发、服务的设施。实验场网系统是支撑应用系统运行的关键基础设施，共享网络平台是实现信息产品分发、增值服务的基础性平台。

　　各个系统之间以数据作为联系，互相协助，有效组合，构成了航天遥感系统的主要部分。然而，以上3部分构成仅仅是从狭义的航天遥感系统角度分析得到的系统组成。从更广义的系统运行发展角度看，航天遥感系统作为一个更大的体系性系统，不仅包括天基系统、地面系统、应用系统等系统运行功能，还包括系统制造与保障功能，即卫星制造与发射服务系统，地面应用制造与服务系统，战略决策、政策法规、标准规范等软环境条件，资源保障等硬环境条件等。在一些研究中，其还要包括火箭、发射场等硬支撑条件，广义的航天遥感系统构成如图1.9所示。这样，可以从更大范围考察航天遥感系统的设计、建设、运行与发展。

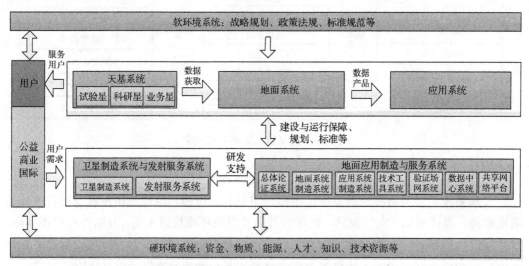

图1.9　广义航天遥感系统组成

　　下面对卫星制造与发射服务系统，地面应用系统制造与服务系统等能力体系，以及战略规划、政策法规、标准规范等软环境系统，技术保障硬环境系统进行简要介绍。

　　1)卫星制造与发射服务系统

　　卫星制造与发射服务系统是卫星需求转换、支撑设计与系统研发并将卫星投入应用的系统，是航天遥感系统的能力体系的重要组成部分。这个系统作为一个制造工具，可以有效地把人与社会的需求与资源转换为卫星及其运行。

　　2)地面应用系统制造与服务系统

　　地面应用系统制造与服务系统是卫星数据处理需求转换、支撑地面、应用系统论证、设计、制造、集成、运行服务支持的系统，是航天遥感系统能力体系重要组成，包括总体论证系统、技术工具系统、地面系统制造系统、应用系统制造系统、验证场网系统、数据中心系统及共享网络平台等。总体论证系统以服务应用为目标，开展天基、地面、应用的需求总体协调与技术指标设计，开展新型探测技术中载荷、产品与应用成熟度提升与评价。技术工具系统是开展组成地面、应用系统所必需的软硬件共性、基础工具的设计、研发、制造平台，其促进整个系统国产化率水平的提升。地面系统制造系统与应用系统制造系统是开展需求、工具、专业系统等集成于一体，形成功能完备的地面/应用系统的系统。验证场网系统是对技术与系统进行评价的基础设施，包括综合试验场、实验室、仿真中心等。数据中心系统是面向论证、设计、制造、集成、运行等各环节相综合的综合数据库，并承担数据存储、分发、服务的设施。共享网络平台是实现信息共享的基础性平台。这个系统作为一个制造工具，可以有效地把人与社会的需求与资源转换为卫星服务能力，满足人与社会的多方面需求。

3）软环境系统

软环境系统指战略规划、政策法规、标准规范、学会、协会等专业协调系统。其作为一个人造系统，人的作用是首位的。系统发展阶段特点与应用需求从不同侧面会反映到战略规划、政策法规、标准规范等对人引领、协调、组织、管理的层次，通过多层次协调，共同促进系统发展。软环境也是哲学、思想、体制、机制、历史、文化、社会等因素在航天遥感上的具体体现。这个系统作为一个必要的支撑保障工具，与其他系统配合，共同满足人与社会的多方面需求。

4）硬环境系统

硬环境系统指支撑研发创新、设计、制造、运行、服务、评价全过程的物质、能源、资金、人才资源的产业保障能力系统，是开展航天遥感系统建设、运行与发展的基础。其不仅包括资金、材料、设备、能源、知识、技术、人才积累等资源服务，同时培训、教育、宣传、推广等领域服务也是硬环境的重要体现。这个系统作为涉及有关卫星的社会资源的有形化体现，确定了整个系统的阶段状态与发展规律。

当前，国际国内普遍将卫星及应用视为一种战略性新兴产业，按照产业上下游顺序划分，航天遥感业包括卫星制造业、发射服务业、地面设备制造业和卫星运营服务业，见表1.1。其中，卫星制造业、发射服务业为卫星产业，属上游产业；地面设备制造业和卫星运营服务业为卫星应用产业，属下游产业，它们均为卫星及应用产业的组成部分。民用航天遥感系统的结构与产业结构相对应。上游产业对应卫星制造系统与发射服务系统。卫星应用产业中的地面设备制造业包括地面应用制造系统与服务系统，卫星运营服务业包括天基系统、地面系统与应用系统。技术保障硬环境系统涉及产业链中的每一个部分，其中基础性专业条件保障由社会技术资源提供，不在表1.1中罗列。

表 1.1　卫星及应用产业链组成及对应技术系统

民用航天遥感系统	行为主体	主要作用	产业链环节	
软环境系统	行业主管部门、学会、协会等	引领、协调、组织、管理等。将社会资源有效聚集到卫星与应用产业上，并使卫星与应用有序化持续开展	全链路	
卫星制造系统与发射服务系统	卫星制造商	为卫星运营提供应用卫星	卫星制造业	卫星产业
	发射服务商	为卫星运营商提供发射服务	发射服务业	

续表

民用航天遥感系统	行为主体	主要作用	产业链环节
地面应用制造系统与服务系统	地面设备制造商	为运营商、增值服务商、分销商提供工具、产品及系统解决方案	地面设备制造业
天基系统和地面系统	卫星运营商	应用卫星所有者，为增值服务商、分销商提供卫星遥感数据产品等初级产品	卫星运营服务业
应用系统	增值服务商	依托卫星运营商提供的初级产品，为终端用户提供各类应用解决方案与增值服务	卫星运营服务业
应用系统	各级分销商	为卫星运营商、地面设备制造商或增值服务商代理服务，面向特定用户群体或区域市场提供、销售各类卫星应用产品与服务	卫星应用产业
硬环境系统	学校、企业、个人等	社会支持、保障资源等，决定卫星与应用产业的资源动员潜力	全链路

航天遥感系统获得的是观测对象信息，同时作为一种人造事物，伴随其认知、设计、建设、运行与发展，总是在过程层面表现出并行于信息流的技术流、物质流、价值流的综合集成。其中，处理空间信息的技术系统是以数据为载体，无缝衔接的各项技术的综合集成而形成了技术流。以上各项内容的最终承载是以软件、硬件、数据、文件等物质方式为外在表现形式的物质流及相应的能量消耗。整个过程通过各种应用形态表现出价值流，即为某一目的而聚集形成有序的人与资金流，按照市场的方式进行关联，包括了国内与国际市场，而国内市场也包括了公益与商业市场等。价值流使得整个系统及每个子系统能通过人的劳动与资源的有序投入，如以市场为纽带，开展以信息、技术、物质为载体的航天活动，得到更大的产出与回报，实现可持续发展。这"四流"构成一个相互联系、互为伴随、共同支撑的活动整体。

2. 航天遥感系统复杂性的多方面表现

航天遥感系统是一个能动的系统，按照人的需求获得观测对象信息，涉及观测对象信息、观测对象遥感特性、遥感观测信号、遥感数据传输与处理、信息挖掘与服务决策等多个环节，是一个涉及范围广的复杂系统。航天遥感系统的复杂性表现如下。

1）观测对象的复杂性

地球是一个复杂、动态系统，各组成要素一刻不停地相互作用着（毕思文，2003）。遥感观测涉及对地球各组成中不同观测对象特征和属性的认知和了解。对大气的观测主要由气象卫星来完成，主要涉及对大气中云的观测（如云顶温度、云顶状况、云量等）、对大气中各种气体含量的观测、对大气中气溶胶含量和分布的观测、对空间环境状况的观测（如太阳发射的质子、α 粒子和电子通量密度等），其在天气气候研究、大气监测和灾害监测等领域发挥了重要作用。对水的观测主要涉及对海洋海面风场、海表温度、海表盐度、海色、海洋动力要素、海冰、海底地形、海洋污染物及海洋生物群落的观测，在全球气候变化、大洋环流、赤潮监测等多个领域具有重要作用。对陆地表的观测主要涉及对地球陆地资源与环境的探测及对其动态变化的监测，包括土地利用/土地覆盖、植被、地质等多个组成要素，在农业、林业、水利、国土资源、城市规划、资源调查、环境保护、减灾防灾众多领域广泛应用。此外，地球观测还涉及了社会经济、统计年鉴、发展规划等其他相关领域，观测对象根据应用目的的不同千差万别、复杂多样。

2) 航天遥感信息技术过程复杂性

随着计算机技术、网络技术、通信技术、光电子技术、航天航空技术的不断发展，地球信息获取技术的手段和方法也发生了根本性变化，已由传统的地基、手工、单点、单要素向空基、全自动、面域、全要素方向发展。在进行无损不接触的探测中，同谱异物和同物异谱、尺度效应、角度效应、时间效应(同化)、辐射效应等现象的存在增加了地球信息获取技术的复杂性。在对遥感图像中地物进行判别时，同物异谱和异物同谱现象的存在使得仅依靠光谱信息进行识别不足以准确地提取目标，由此产生了利用地物的空间信息、拓扑结构信息进行分类的算法，如面向对象分类算法。尺度效应也是地球信息获取中的难题，遥感图像的尺度与图像所表达的地物信息有密切的关系，但是在使用遥感图像进行研究和应用的过程中，使用尺度和图像尺度之间存在一定的矛盾，现有尺度的遥感图像不一定能够满足应用的需要。遥感观测的角度也会影响信息的提取，增加了地物信息获取的复杂性，尤其在植被监测中角度效应影响更加明显。此外，对于连续变化的对象的观测，除了尺度效应、角度效应外还存在时间效应的影响，不同变化频率和时空尺度的观测目标对遥感影像的时间分辨率和空间分辨率具有不同的要求。对于一些高频变化的对时间分辨率要求较高的研究对象，单一遥感影像无法满足其时间分辨率的要求，需要采用多源遥感数据，通过数据同化在数值模型的动态运行过程中融合新的观测数据。

3) 航天遥感系统自身复杂性

航天遥感系统是地球信息认知、技术工具、应用的复合体，也是自然系统与人造系统相结合的复合系统。遥感、遥感系统、遥感信息、遥感信息产业建立在空间、时间、光谱、辐射、观测状态的综合采样复合体上，其设计不仅涉及对技术本身的掌握，而且涉及对目标的理解、地理系统、社会系统等诸多方面。其研制是一个庞大、复杂的光、机、电、热分系统一体化的系统工程，需要应用多种专业学科的理论和研制方法交叉研究和技术集成。其运行服务是一个完整的数据信息链条，涉及技术系统与自然界相互作用的科学认知、技术体系、工程实践与应用等多领域。能力体系保障需要从多个方面考虑，不仅包括论证与设计能力体系，制造、集成与评测系统能力体系，运行服务与信息化能力体系，而且需要考虑社会环境、政策法规、标准规范等因素的影响。各个体系之间不是一成不变的，而是随着目标的阶段性变化呈现出纷繁复杂的局面。

4) 航天遥感信息服务的多样性与复杂性

航天遥感是有目的性的活动，主要服务于公益、商业、军事等领域。其中，全球综合地球观测系统(GOESS)计划所代表的公益性遥感活动得到了很多国家和组织的积极响应。在《GOESS 十年执行计划》中，明确阐述了 GOESS 的目标是实现对地球的综合、协同和持续观测，增加对地球系统的了解，增进对地球系统行为的预测。该计划不仅促进了各个参与国家经济和科技实力的提高，同时它关心人地系统和谐，监测土地利用、城市化及荒漠化，评估农作物、森林等可再生资源，监测灾害和环境，帮助提高发展中国家和地区对地观测能力建设，普及普通民众对地球系统的认知，在公益性服务领域发挥着日益重要的作用。航天遥感提供信息的广泛性使得遥感数据的用户不仅有社会公益型还存在商业应用型。由航天遥感数据和地理信息系统紧密结合形成的空间信息服务公司蓬勃兴起，航天遥感商业化极大地推动了航天遥感应用产业化的发展。随着人类社会向信息化方向发展，现代战争中信息对抗含量越来越高，由军事技术革命引发的数字化战场建设成为现代战争的主流。航天遥感在军事情报的获取、目标定位识别、地形分析与制图、任务规划和指挥方面都有应用。在未来，航天遥感服务领域的复杂性和多样性将越来越凸显，人们的生产生活和航天遥感将越来越紧密相连。

5) 航天遥感系统是科学知识、技术方法、工程应用、效能和效益的结合，具有多层次时空结构，是历史性、动态变化性的综合

从遥感机理看，更深入认识理解电磁辐射与地球观测目标相互作用，可有效促进人类对遥感技术应用的发展。从遥感技术看，充分利用遥感理论与方法，可以更加有效地完成遥感数据的获取、传输、处理、应用各类技术的研发。从遥感工程看，面向规模化应用，注重系统性、完整性、标准化，注重价值理论的应用，可以提高性价比。从遥感应用看，拓宽加深国产卫星应用，提高国产化率，对我国遥感可持续发展至关重要。人们操作航天遥感系统获取知识，在使用中不断完善和改变航天遥感系统。航天遥感系统通过进入更大的信息技术网络，融入社会经济发展与科技水平提升中，并且随着科学技术发展的日新月异时刻发生着变化。航天遥感系统不断地与外界进行着信息的交换，是一个开放的系统，由科学、技术、工程、应用等多个环节相互协调作用而组成，具有多重性。

从更广角度看，航天遥感信息产业不是单一要素的集合，而是政治、经济、文化、科技等多种要素的综合。航天遥感系统的发展遵循科学发展观。航天遥感系统的发展按照全面、协调、可持续的科学发展观的要求，有序推进载荷应用成熟度的提升、多星多尺度地综合协调均衡发展。在国家政策导向和内部各系统相互作用的影响下，航天遥感系统朝着精度更高、速度更快、规模更大、稳定性更好、可靠性更高、经济更合理的可持续方向发展。

3. 航天遥感系统是开放复杂巨系统

钱学森(1998)提出从系统的本质出发对系统进行分类的新方法，首次公布"开放的复杂巨系统"这一新的科学领域及其基本观点。从系统的本质出发，根据组成子系统及子系统种类的多少和它们之间关联关系的复杂程度，可以把系统分为简单系统和巨系统两大类：①如果组成系统的子系统数量比较少，它们之间的关系比较单纯的系统称为简单系统，如一台测量仪器；②如果子系统数量非常巨大，如成千上万个，则称为巨系统。

如果巨系统中子系统种类不太多(几种、几十种)，且它们之间关联关系又比较简单，就称为简单巨系统，如激光系统。如果子系统种类很多并有层次结构，它们之间关联关系又很复杂，就称为复杂巨系统，如果这个系统又是开放的，就称为开放的复杂巨系统。这里的开放是指系统与外界有物质、能量、信息的交换。

按照这个定义，航天遥感系统是一个开放的复杂巨系统，所具有的开放性、复杂性、进化与有序性、层次性和巨量性符合开放复杂巨系统的特征，同时根据不同时空特征具有多层次的表现。

1) 航天遥感系统的系统性表现

航天系统在发展的最初阶段即表现出其系统性。航天遥感系统是人类掌握自然规律的基础上，按照自身发展需求与意愿开发的一种信息工具系统，具有复杂结构，各个子系统之间相互协调配合来为用户活动提供信息支持与服务，实现系统内部与外界之间信息的传输。

首先，航天遥感系统内不同的要素按照一定的秩序和内部联系组成了整体，航天遥感系统的各个组成部分是确定的，各个部分有固定的组成部分、完整的形态和特性，并且航天遥感系统各个所确定的部分是全面的，即航天遥感系统应包括的部分全面地包括了进来。航天遥感系统具备了相对确定性和完整性，也就具备了体系的整体性特征。

其次，航天遥感系统的各个组成要素之间是相互关联的，时刻发生着相互作用，这就使得航天遥感系统具有体系的相关性特征，在航天遥感系统中发生的活动过程及所涉及的要素一般是综合的。

同时，航天遥感系统的运行是按照科学规律一步一步有序进行的。航天遥感系统内部各要素是按照科学规律或分别在不同阶段发挥作用或在某一阶段有一组要素发挥作用，而在另一阶段是另一组要素发挥作用。

2) 航天遥感系统的体系性表现

航天遥感系统发展到一定阶段，体系特征凸显。体系，泛指一定范围内或同类事物按照一定的秩序和内部联系组合而成的整体，是不同系统组成的系统(陈乔，2013)。这种多系统组成的系统具有相一致的目标使命，各部分间有更复杂的关联性，协同发展。

航天遥感集航天、电子、计算机、地学、生物等许多领域知识与技术于一体，是一个综合、复杂、开放的系统，具有体系特征。其内部各个要素之间，系统与外部之间都在发生着或强或弱、或直接或间接的相互作用，可以说航天遥感系统处在更大的环境中，具备了整体性、相关性、有序性、动态性及一定"弹性"的体系特征。

3) 航天遥感系统的生态性表现

航天遥感系统发展出发点和落脚点是社会经济的发展。航天遥感系统发展到一定阶段摆脱了纯科研特征而服务社会后，与社会发生了密切关联，具备了生态系统特征，内部存在了竞争与协调，政策标准市场等因素逐步发挥出越发重要的作用，出现了此消彼长、动态平衡、突变渐变式发展的新规律，更加凸显了其复杂巨系统的特征。例如，①开放性，即系统及其子系统在政策、经济、知识、技术、能力等多个层面与外界环境间有物质、能量、信息的交换；②复杂性，即系统中子系统的种类繁多，子系统间存在多种形式的交互连接，相互作用相互影响；③进化与有序性，即在环境变化影响下，系统中的交互作用导致整体上的演化与进化，以自组织方式形成具有不同阶段特点的性质与结构，并有明确的有方向性；④层次性，即系统内部有层次关系，在它所从属的系统中有明确的位置与作用；⑤巨量性，即其数目极其巨大。作为研究地理系统和社会系统的有力工具，随着研究对象的变化而呈现出不同的组织、结构与内容，具有无限的可变性，繁衍出越发复杂而数量巨大的形态。

4. 航天遥感系统一体化与智能化发展趋势

航天遥感系统作为人造事物，是自然、人造事物与人相结合的综合体。人不仅是航天遥感系统的使用者和服务对象，同时也是系统技术、标准、内容的设计者和服务提供者。不同知识、意识、行为的人交互作用，使得航天遥感系统不停息地变化发展。同时，航天遥感系统也包含自然要素，航天遥感的观测对象大部分源自自然，对地观测本身是人与自然的交互过程，人们通过航天遥感技术认知自然、改变自然，进而达到人与自然协调发展。

作为一个极具复杂性的复合系统，航天遥感系统具有整体性、关联性、结构性、层次性、动态性、目的性和环境适应性的特征。航天遥感系统各部分之间不是独立存在和发展的，而是互相关联作为整体的一部分发展变化的，某一要素的变化会导致其他要素甚至整个环境的改变，具有"牵一发动全身"的作用。由于人类活动在其中所具有的鲜明目的性，航天遥感系统各部分组成不是杂乱无章的而是有序地构成一个层次分明的结构，各部分的动态变化促使整体朝着繁荣的方向发展，并趋向于与环境相适应。

从航天遥感系统发展历史看，其在一定程度上具备了生态系统的发展特征，即从形成开始就不断地发展、变化、演替，最终达到顶级稳定状态。这种发展演替一方面受外界国家宏观调控、自然条件和认知因素的影响；另一方面受系统内部各组成成分之间的相互作用，并且内因是生态系统演替的主要动因，其最终达到与国家大政方针政策相协调，满足人类社会发展前进的需要，不断地走向繁荣。

1)航天遥感系统具有发展的方向性

航天遥感系统具备耗散结构开放系统、处于远离平衡的非线性区、具有正负反馈机制等特征，属于耗散结构。随着国家对航天遥感源源不断的资源、资金注入，航天遥感系统在外界能量和物质流的维持下，通过自组织方式朝着有序结构的方向发展。未来的航天遥感将突飞猛进，高分辨率、高光谱的遥感数据为遥感定量化、动态化、网络化、实用化和产业化提供丰富的数据。遥感技术向着空间位置定量化和空间地物识别定量化的方向发展，获取质量更高、位置更精确的信息，从而使得遥感信息的应用深度和广度不断扩大。同时，遥感数据存储朝着海量化发展，遥感数据接收、处理、传输速度越来越快，数据质量越来越好，花费成本越来越小，行业应用向着"多快好省"的方向发展。影像识别和影像知识挖掘的智能化是遥感数据自动处理研究的重大突破，未来的航天遥感系统正向着普适、灵活、简便化的方向发展。

2)航天遥感系统按照体系化方式发展

随着航天遥感系统朝着多要素一体化观测方向发展，单星观测中存在的不足正被陆地卫星、海洋卫星、大气卫星和地球物理卫星等多星联合观测弥补。现代卫星技术的长足发展，尤其是小卫星技术的日臻完善，使在轨卫星数量越来越多，多星联合对地观测已经成为一个发展趋势。经过多星"天地结合"发展战略的实施，整个卫星系统总体性的水平得到了提高，应用系统的建立朝着长期稳定的方向发展，应用领域的范围正在扩展，航天遥感技术的综合应用逐渐深入，对卫星应用的研究，由单一的、互不相干的基础科学研究，慢慢发展成为了空间多层次、多学科和多种参数的综合系统(杨照德和谢明，1994)。不同应用领域在任务和需求的牵引下逐渐耦合、互相渗透，并且需求在牵引中起到的更重要的作用，促进了技术的进步，技术的进步又促进了航天遥感的发展，两者相辅相成、互相推动。未来航天遥感的发展需要面向社会需求和国家安全展开应用，实现航天遥感在不同领域应用的良性互动，促进航天遥感系统朝着体系化的方向全面发展。

3)航天遥感系统朝着科研、业务、工程、产业多层次一体化可持续生长方向发展

从科学管理的角度来说，航天遥感朝着科研、业务、工程一体化的方向发展。航天遥感技术早期的发展具有较强的科研色彩，往往以实现人类首次探测为目标，其成为表征各国航天技术能力的重要标志。而随着航天遥感技术的逐渐成熟和探测领域的扩展，科研需求成了更大的推动力。这种以科学需求为导向的研究，既可以显著提升现有的航天遥感技术能力，又可以获得具有重要创新的科学产出。通过业务将科研的创新产出转化为应用技术，使科研成果更好地服务于工程应用，促进工程应用的发展，实现技术创新上、中、下游的耦合和对接。工程应用的进步促进行业的规模化、产业化进程，提升行业的竞争力，带动经济和社会发展，从而为科学研究提供充足的资金，由此形成良性循环。科研、业务、工程多层次一体化发展能够很好地促进科技成果转化为产品，加强了科学研究与社会的联系，快速获得收益，从而促进相关领域的迅速发展。

4)航天遥感系统朝着多领域综合集成、交叉融合方向发展

航天遥感、卫星定位、通信技术和地理信息系统等相互交叉的应用成为重点，与非空间信息的融合是当前发展的明显趋势。航天遥感与地理信息系统集成具有发展必然性，同时也是"3S"①集成的核心。地理信息系统中存储的信息只是现实世界的一个静态模型，需要及时更新，遥感作为一种获取和更新空间数据的强有力的手段，能够及时提供准确、综合和大范围内在的动态检测的各种资源和环境数据。"3S"的集成从最初到现在经历了由松到紧、不断加强的变化，未来的集成则趋向于表现在数据层、功能实现层和应用分析层的多层紧密集成无缝衔接。2003 年，美国、中国、欧盟国家在内的 50 多个国家发起了一体化 GEOSS，目标是建立一个分布式的一体化全球对地观测的多系统集成系统，形成空天地传感器一体化组网，与多种信息融合，联合应对社会可持续发展的重大问题。

5)航天遥感系统朝着网络化、智能化、人性化的"智慧"方向进化

互联网的出现极大地促进了航天遥感与人们生活中各个领域的融合，通过互联网，航天遥感技术进入了大众的生活中。利用互联网技术建立的航天遥感系统更能响应各种类型的应用需求，灵活地完成应用任务，具有更大的灵活性与智能性。通过灵活性和智能化水平的提升，航天遥感系统将进入新的发展层次与阶段。这充分体现了航天遥感系统作为人造事物的发生发展规律。

---

　　① "3S"，即遥感(RS)、地理信息系统(GIS)、全球定位系统(GPS)。

1.4 面向应用的航天遥感科学论证

以航天遥感系统为关注对象，面向应用的航天遥感科学论证(以下简称遥感论证)可被认为是一个与应用直接相关的、服务人的意愿的、自上而下、从抽象到具体、逐层深入、循环分析与验证的科学论证过程。围绕航天遥感系统整体及各组成部分开展怎么样、如何变化为什么等的认识性问题回答，以及做什么、如何做、什么情况下做等发展性问题的研究，包括论证流程标准化、环节模型化、手段工具化、应用资源化和评价体系化等。

按照科学论证范式要求，模型化是遥感论证的关键，对所有论证环节的建模，用定性定量的形式建立其输出与输入、约束之间的关系。标准化是遥感论证的基础，包括论证流程的标准化和论证环节的标准化。工具化是遥感论证的重点，用计算机加以实现复杂的论证工作，形成面向全过程和重要环节的工具集及支持平台。资源化是科学论证的支撑，针对具体应用进行实例化和集成化，形成能力体系建设和产业发展所需的资源库。体系化是遥感论证的前提，建立一个科学、系统的质量评价体系是确保论证质量的必要前提，保证航天遥感科学论证的过程、方法、模型、数据和成果具有满足要求的能力。

本节将重点围绕遥感论证的概念、特征、内容、作用意义及方法进行比较系统的阐述，从而为后续的论证实践提供理论与方法指导。

1.4.1 遥感论证概念与特征

1. 遥感论证定义

如 1.2 节所述，航天遥感系统包括天基系统、地面系统、应用系统、卫星制造与发射服务系统、地面应用制造与服务系统、软能力条件与硬能力条件等。遥感论证指针对航天遥感系统中直接关联到信息流部分的认识与利用活动的科学论证，是针对不包括卫星制造、发射服务系统等组成的航天遥感系统其他组成部分的状态变化和相互间关系提出的各类观点与主张等，采用科学论证方法，即应用假设、概念化、推理、实验、分析、对比等方法做出判断、预测、验证、认证和实证。当然，由于不论何种方式下的遥感论证其本身不具有完整的、系统的关注对象主体性，仅可对关注对象的实况在某种环境下、某种条件下、某个时空段无限接近，这里将实证作为遥感论证的组成部分，是对遥感论证的最终保证。

2. 遥感论证范围

按照活动过程是有关物质、能量、信息与人的价值的综合集成表现这一观点，遥感论证考察的根本问题是对航天遥感系统过程的把握，通过对信息流、技术流、物质流、价值流的认知与利用，有效掌握其状态，预测其发展变化，如图 1.10 所示。遥感数据信息流按照应用的需求进行观测目标数据的获取和信息转化，在其他各类信息的支持下，将状态知识转变为事态知识，上升到智慧层次以支撑决策，进而在目标区域采取行动、

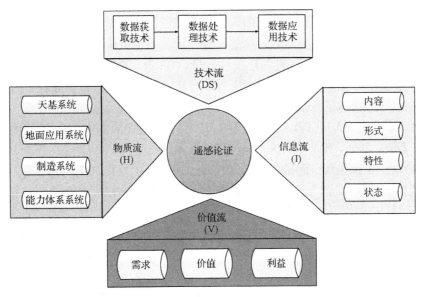

图 1.10　遥感论证的信息流、技术流、物质流和价值流

发挥作用，这是遥感信息流的一个完整过程。在这一过程中，信息流不同阶段的内容、形式、状态各有特点。开展这些方面的研究可以回答诸如以下的问题：航天遥感手段能直接、间接传递什么样的关注对象信息？采用什么样的时空与波谱采样规格能确保最有效、高效地承载关注对象信息?如何根据航天遥感信息特征属性科学划分产品类别和级别？针对具体应用需要提出怎样的要求？

　　航天遥感系统是一个不断发展、完善的信息工具系统，围绕遥感信息流获取、信息流流转、信息流应用存在着技术的认识、设计、实现、评价、发展和转变。遥感技术流论证从技术进步的角度考察数据流获取、转换、评价与应用技术等。作为技术的有形化表现和承载体，天基系统、地面系统、应用系统、地面应用制造与服务系统、软硬能力系统所构成的遥感物质基础随着认知不断深入、随着技术发展不断演进。

　　开展这些方面的研究可以回答诸如以下的问题：遥感卫星探测指标与卫星星群组织形式如何确定？地面与应用系统如何基于对信息、数据的理解进行搭建？遥感信息如何通过数据处理被复原并被利用？技术系统的进化途径如何确定？如何有效地对技术系统的发展进行理解、分析、评价与预测？

　　从一个更大视野看，作为一个应用活动，遥感论证在考察航天遥感信息流、技术流与物质流的同时，还同步考察价值流的运转。遥感价值流论证从系统发展价值链角度更多考察人的需求、价值与利益分配，它涉及需求分析、投入产出分析、效能效益分析、市场政策分析等，是整个系统存在与发展的根本原因。开展这些方面的研究可以回答做什么、为什么、怎么做、什么条件下做等方面的问题，具体如，如何有效对应用活动、技术推动与需求牵引的综合作用分析，航天遥感系统空间格局变化趋势，项目设立开展分析、评价与预测，阶段发展特征、意图与战略等，以及成本要求、投入产出效果如何、市场分析与预测、企业发展与效能效益等。

信息流论证可有效提升人对遥感的认知，技术流与物质流论证对信息知识工具集和物理工具集的设计、制造、应用有直接的促进作用。价值流论证能促进人从全局认清应用活动的实质，提升应用的合理性与现实性评价。"四流"的综合论证对综合提升人对航天遥感的本质及发展规律认识，提升应用方法与实践水平和能力有十分重要的作用。

应当注意，关注对象是一定历史时期范围内的，开展遥感论证要体现出其时空有限性与历史性。航天遥感既是人认识世界改造世界的工具，同时也是人的实践、资源的积累。航天遥感发轫于教育、科研，刚起步时人数可能仅几个人，或几十人、几百人、几千人，以科学家、工程师为主，当发展到一定程度时，其内部分工细化并有序化，多个行当组成一个产业。这时人员规模快速扩大，成为几万人、十几万人、几十万人的事业。这时不仅包括科学家和工程师，还包括更大比重的从事业务性工作的从业人员。伴随着应用产业与商业的发展，人员规模将进一步扩大，追求经济效益成为显著标志。经济是价值的创造、转化与实现，人的活动是创造、转化、实现价值。经济发展直接服务于国家综合国力的提升。

当航天遥感发展到产业阶段，体系性特征凸显，涉及国家赖以发展的教育、科研、产业、经济、综合国力等多个重要方面，如图 1.11 所示。这些环节首尾相连，螺旋上升，共同支撑着人的认识与改造世界能力的提升，促进社会经济的持续发展。

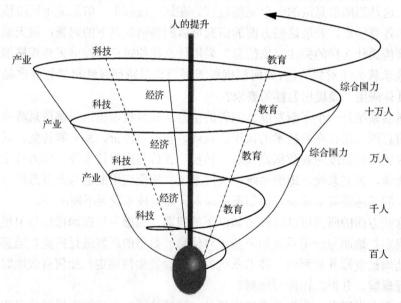

图 1.11　遥感卫星应用业务化和产业化发展趋势

3. 遥感论证基本特征

航天遥感系统体现出工具性、知识承载性的双重特性，具有多学科交叉特点，对其分析适用多种自然科学、管理与经济学基本原理，可采用科学实验、仿真等多种技术手段，挖掘其自身发展规律，促进航天遥感系统科学论证发展。遥感论证具有以下特征。

（1）可认知。遥感论证的要素有主次，有结构，是可认知的，即可被发现、识别、确认、理解、预测与利用。

(2)"有规律"。遥感论证过程是有规律、可描述的。其关注对象航天遥感系统符合生态系统、耗散系统的发展规律，具有不断的成长过程，有客观的因果关系与相关关系表现。有关这种系统的研究范式与方法发展迅速、应用广泛。

(3)"可量化"。遥感论证可量化、模型化、仿真化，其作为现代科学方式与方法，有完整的可信性。论证中，各变量之间，变量与目标之间是可以用数学关系表达的，通过模型的求解结果来优化选择合理方案。例如，利用仿真技术对事物发生、发展"正演过程"进行重建与实践，预先推测、复现出反映事物本质规律的"现象"结果，支撑分析、检验与评价这个事物可能出现的现象、过程及因果关系。

(4)"有标准"。航天遥感系统的发展具有方向性，正如生态系统由简单结构向复杂结构状态发展，航天遥感系统朝着精度更高(可用性)、速度更快(时效性)、安全可靠更好(可靠性)、经济(合理经济性)成本更低、灵活性/适应性更强的方向发展，而且从始至终符合人的需求与价值要求。遥感论证中始终要以此为判断依据。

(5)"可验证评价"。遥感论证不是只做理论推敲纸上谈兵，而是在大量实验的基础上进行的，是有据可查可验证的。

(6)"需认证"。航天遥感系统的复杂性需要在更大范围进行判断评价。认证是专家最后决定应用系统是否可用于实际工程，从构建打分表或指标考核体系的目标出发，来制定航天遥感系统的评价认证指标，可以对航天遥感系统遥感数据产品链质量、规模和速度等方面的优化设计和运行起到重大作用。

(7)"时效性"与"历史阶段性"。开展科学论证离不开所处的环境与条件，随着关注对象作为一种客观事物的不断发展，各种论证因素随之改变，论证的作用域不断调整，导致任何论证的结果存在着一定的时空局限性。航天遥感论证具有的价值转换取决于认识的发展，随着航天遥感系统朝着"多快好省"的方向发展，遥感论证的价值取向也在发生调整，具有历史阶段性。

1.4.2　遥感论证作用与意义

遥感论证以航天遥感和航天遥感系统为研究对象，充分利用科技进步，具体考察研究对象的发生、发展及其所处环境的变化，并在一定环境条件下，探讨将相关物质、能量、信息有效地价值化的可行性与途径，从而满足人的需求，其对于发展航天遥感具有指导作用与现实意义。

1. 遥感论证作用

科学论证提供了一套如何去正确地评价与相信某种主张和想法的技术途径，以及如何去构建一套符合"科学"的正确主张与想法的方法。遥感论证采用科学论证技术方法，其针对航天遥感系统这一关注对象有如下作用。

1)认知的作用

遥感论证以航天遥感系统为研究对象，有助于发现、识别、确认、理解遥感系统的发展，通过正确认识遥感系统，了解其变化规律。同时，其支持了对关注对象的认识提升，加深了对遥感数据集获取系统性与完备性的理解。随着航天遥感技术的发展，需要对地物目标深度理解、判断及预测，遥感论证有助于理解、分析、判断遥感系统的状态，以及认知观测对象的时空特性，揭示地物目标更深层次的物理特性及专题特性，构建航天遥感的信息量模型和标准化采样。遥感认知论证涉及遥感系统的理论方法和认知的本质问题，认知遥感系统的本质和规律，其为设计论证阶段、制造论证阶段、发展论证阶段和能力体系阶段的全过程提供了理论方法依据。

2) 优化设计的作用

我国已初步形成了不同分辨率、多谱段、稳定运行的卫星对地观测体系，处于业务化应用转型的关键阶段，迫切需要进行全面的设计和优化论证。民用航天遥感系统设计位于民用航天遥感系统建设流程的最前端，用于航天任务的设计与分析，提出了标准载荷单位、标准计算单位、标准数据单位、标准时间轨道的概念，并通过构建模型和实验验证，构建了遥感信息流模型化分析方法。利用计算机仿真技术进行设计论证，不仅可以节省财力物力，尽可能早地暴露设计中的问题，而且还可以验证其方案的可行性，对其能否实现总体目标、满足约束条件等进行评估，有效解决业务化应用需求与技术系统对接、系统科学可持续发展中遇到的问题，"多快好省"地推进中国航天遥感事业。

3) 规范制造的作用

遥感系统制造论证是民用航天遥感系统产品指标落实的途径，质量保证是核心关键。标准、规范的发展途径和评价体系的建立可有力促进新型遥感器研发，确保民用航天遥感系统具有可行性、必要性、经济性，能多快好省地充分发挥作用。

4) 支撑发展的作用

遥感系统发展论证是通过遥感系统发展需求分析、产业发展体系及发展战略分析、国家合作策略分析，明确遥感应用需求提出到需求满足的论证方法，提出从应用需求到产品处理再到处理需求的论证过程，并分析影响产业发展的因素，建立产业发展体系，提出国际合作模式分析、国际合作内容分析等，建立一套科学合理的航天遥感系统发展体系。其紧密结合人才、资金、技术、信息和管理等环境。

5) 提升能力的作用

基于环境所形成的论证、设计、制造、检测、评价能力是形成航天遥感应用能力的最基本保障。能力体系的论证是对这些基本要素的论证，可为航天系统设计、制造和发展提供有力的保障，提升系统的先进性、完备性、准确性、可行性等。

2. 遥感论证意义

1) 科学意义

有效的科学论证能够通过建立地球信息与遥感信息间的定量关系，对多星构成的虚拟星座所提供的数据集特征进行量化分析，对系统设计方案进行客观评价与诊断，对综合效能进行前期预测，从而保障天地一体化应用的需求，优化整体布局协同多方应用的手段，同时其也是保证建设的准确性、有效性、集成性和系统性的关键。有效的科学论证揭示了遥感系统的理论、信息流认知的本质，了解了遥感系统的本质和规律，将给不同阶段的论证分析提供最基本的理论依据。

2）技术意义

通过科学论证把握未来航天遥感发展方向，为航天遥感大规模、综合化应用提供决策支持。航天遥感科学论证，从系统和要素角度认识、理解、预测航天遥感系统，包括航天遥感系统的组成结构、属性和定位，从发展历程出发，把握未来航天遥感系统的最新特点与动向，为航天遥感大规模、综合化应用提供支持，发挥人在航天遥感系统中的积极作用，制定决策来引领航天遥感系统朝着健康、有序的方向发展。通过航天遥感系统的模型化和标准化研究，构建科学实用的定量标准体系，可保证卫星协同应用分析的标准化、有序化。卫星新型遥感器众多，数据产品及工具产品的工艺和流程不明确，大量迫切需求的卫星业务应用定量标准规范尚处于空白，这与卫星应用产业发展对标准化的迫切需求产生矛盾，需综合考虑业务应用需求，并通过综合分析和效能评估后，构建科学实用的定量标准规范体系，为航天遥感系统标准规范制定提供依据。

3）实践意义

通过航天遥感科学论证构建遥感应用技术指标体系，对航天遥感系统进行评价认证，提升后续业务化应用效果，从而实现从科研、业务到工程的良性循环。航天遥感系统科学论证可以对航天遥感系统遥感数据产品链质量、规模和速度等方面的优化设计和运行起到重大作用。航天遥感论证帮助人们从应用目的出发，分析数据、信息、服务等产品特征要素，从工具系统角度分析稳定性、可靠性、连续性、经济性等。重视多星综合应用能力的提升，通过科学论证统筹设计百星百应用，保障天地一体化应用需求，体现整体性能最优，节约遥感卫星应用成本。统筹设计既可以从根本上解决"一个应用一颗星"的不合理布局，又可以对遥感卫星数量和载荷配置进行整体规划，优化卫星数量，节约应用成本。开展多源卫星的虚拟星座组网量化评测和可视化展示，实现卫星轨道、载荷、波段的合理配置，体现整体性能的最优，节约遥感卫星应用成本，发挥卫星体系综合效益。

1.4.3　遥感论证结构模式分析

遥感论证以航天遥感系统为分析对象，应用综合集成的理论、方法，关注其各个组成部分及其相互关系。航天遥感系统各部分的特点不同，采用的研究方法也不尽相同。同时，航天遥感系统是不断变化与发展的，需放到可持续发展的长时间链条中，紧抓时代特点，按照技术科学规律开展分析研究，这也导致不同阶段的航天遥感系统的论证采用的方法各有特点。研究阶段与研究重点的不同，导致开展遥感论证所采用的方法具有复杂性。

1. 遥感论证结构分析

开展遥感论证有多种考察方式及相应的结构模式，在此基础上完成对航天遥感系统各组成及各组成相互间关系的研究。如前文所述，活动是有序采用科学知识与技术方法开展有目的性的实践过程，是人、观测对象、观测手段在一定时间与空间下的综合。本书在对航天遥感系统信息流、技术流、物质流和价值流认知的基础上，以过程为轴，按照现代科学范式进行结构设计，如图 1.12 所示。

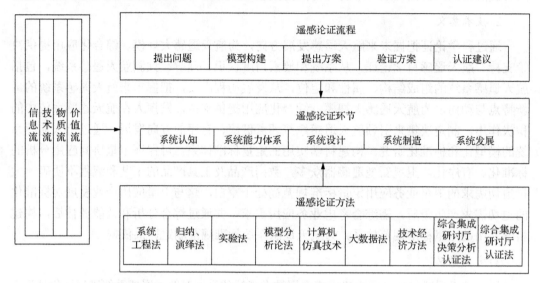

图 1.12　遥感论证的 3 个因素

航天遥感系统过程包括了认知、设计、制造、能力体系建设、系统发展等多个阶段。认知体现了对信息流的理解，设计、制造与能力体系建设论证体现了对技术流与物质流关键特点的表现，系统发展论证则对价值流有最直接的反映。通过这种考察方式开展论证能够更加直接地将认知论证成果综合应用在航天遥感系统研究中。将航天遥感系统作为一个整体，按照系统工程方式进行研究，也有利于对系统构建、运行、发展各阶段的研究。

按照现代科学范式设计的遥感论证方法，即前面描述的实验、模型与仿真的综合。运用要从其关注对象的不同层面进行把握，坚持具体问题具体分析的原则，对影响各阶段论证对象的各种因素及其相互之间的关系进行总体的、系统的分析研究。每一种方法都是在一定的前提条件和背景下产生的，都具有一定的针对性，同时也都有一定的局限性，这就要求面对民用航天遥感技术及其体系发展的新形势，要站在更高的起点上，采用科学、规范的技术方法和管理手段，以进一步深化遥感论证研究为目的，全面系统地研究并建立相应的适合其自身需要的论证方法框架。

建模分析是对所关注对象进行识别、理解、分析、判断与预测的技术手段，同时也是认知达到一定程度的表现，用于对概念、因果关系或相互关系的描述与分析，其常用来加深对关注对象的认识，设计、判断和预测实际系统的某些状态及未来发展趋势，对实际系统实行最优控制设计与实施。

工程标准化构建是为在一定范围内获得最佳秩序和计量的手段，对关注对象制定具有全局性的影响规则，其不仅可以对简化原理、统一原理、协调原理和最优化原理进行落实，而且为量化分析和模型的实践性转化提供了前提。量化指标设计是基于建模与标准化构建关注对象可测性，以及在此基础上对功能、性能、数量、状态、程度开展的评判活动。考察其发生、发展与变化，可以促进其高效、合理发展。

　　航天遥感系统属于多目标、多判据的评价，依照系统结构不同、性能不同、评价因素不同，系统评价方法也有所不同。这就需要通过可量化的打分表和评价体系来表现，形成平衡计分卡、标准等多种形式进行评价，构成航天遥感系统论证最新、最全面的理论和方法，旨在提升航天遥感系统工程管理水平。

　　将航天遥感系统作为一个整体，按照系统工程方式进行研究，有利于对系统构建、运行、发展各阶段的研究。遥感论证从关注对象的各个层面进行把握，对影响它的各种因素及其相互之间的关系进行总体的、系统的分析研究，才能从整体上和变化中找到解决问题的方案。

2. 霍尔三维结构分析

　　霍尔三维结构又称霍尔的系统工程，是美国系统工程专家霍尔(A. D. Hall)于 1969 年提出的一种系统工程方法论。霍尔三维结构模式的出现，为解决大型复杂系统的规划、组织、管理问题提供了一种统一的思想方法，因而在世界各国得到了广泛应用。

　　霍尔三维结构是将系统工程整个活动过程分为前后紧密衔接的多个阶段和步骤，同时考虑了完成这些阶段和步骤所需要的有关知识、方法与过程要素方面的各类知识，从而形成了由进程维、逻辑维和知识维所组成的三维空间结构。用三维结构体系形象地描述了系统工程研究的框架，覆盖了系统工程理论方法的各个方面(周华任等，2011)。借鉴霍尔三维结构模型，航天遥感系统的论证可按三维结构来表示遥感论证作用域，形成了由知识维、逻辑维和进程维组成的航天遥感论证三维结构。

　　按照霍尔三维结构模式，遥感论证的三维结构依据科学技术知识、现代科学范式与过程 3 个维度进行构建，如图 1.13 所示。结合航天遥感系统自身的特点，知识维表示运用系统工程所需要的科学理论、技术工具及应用实践经验等知识，逻辑维表示在每一个阶段所要进行的工作内容和应该遵循的科研思维程序，进程维表示系统工程活动从开始到结束按时间和层次排列的阶段过程。

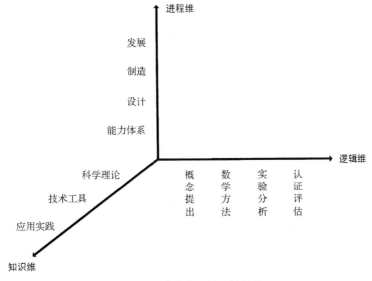

图 1.13　遥感论证的三维结构

1) 科学技术知识维

航天遥感应用全阶段技术分析体系是一个系统的，面向应用的，从科学、技术、应用等多角度实践的不断成熟化的技术流程，知识维是指在完成进程维、逻辑维工作时所需要的科学理论、技术工具、应用实践等知识和技能，它包含了"知道是什么的事实知识""知道为什么的原理知识""知道怎样做的技能知识""知道怎么样的实践知识"，贯穿于"本体论-认识论-方法论-实践论"的始终，是理论知识到实际工作知识的有效过渡过程。由于航天遥感系统本身的复杂性和多学科交叉性，综合的多学科知识是完成航天遥感论证工作的必要条件，有助于从整体上认识和解决问题。遥感信息流、技术流、物质流和价值流分别在科学理论、技术工具、应用实践内容应有不同的侧重及知识的转化。

2) 现代科学方法维

现代科学方法维是指按照现代科学范式，在进程维的每一个阶段内所要开展的工作内容和应该遵循的思维形式、方法与程序，包括问题与概念提出、数学方法、实验分析、认证评估，将相关的知识有序地串联起来，形成科学过程。

问题与概念提出。由于航天遥感系统科学论证研究的对象复杂，包含信息工具和社会经济各个方面，而且研究对象本身的问题有时尚不清楚，因此，搞清楚要研究的是什么性质的问题，正确地设定问题范围，针对问题构建概念框架，对开展论证具有十分重要的作用。通过概念提出，确定待论证问题及其相关要素。

逻辑推演与数学分析方法。不论是设计阶段、制造阶段还是发展阶段，首先要对所研究的对象进行描述，采用数学建模的方法和仿真方法，对于难以模型化的对象，也可用定性和定量相结合的方法来描述。

数据计算与实验验证。在数学模型已经建立的情况下，可用实践应用开展检验论证，包括室内试验分析、野外试验调查等，以选用适当的最优化方法。

认证评估。评价指标如何定量化、如何进行综合评价、如何确定价值观问题等。航天遥感系统所论证的内容与系统工程管理业绩评价有很多相似之处，都需要应用确定的评价标准，对解决问题的各种方案进行比较和评价，权衡各个方案的利弊得失，对遥感系统的可接受性和有效性做出正式的评价，从而选择最优方案，以保证为决策提供完全、准确的信息。

3) 人造事物发展实践进程维

进程维表示遥感论证不同阶段的作用，即从意念或任务开始启动到最后完成的整个过程中，按照时间序列划分的各个阶段所需要的实践活动，通过理论与实际的结合，将有序的知识结合到每个阶段的实际工作中。进程维分为系统能力体系、系统设计、系统制造、系统发展4部分。系统能力体系阶段的论证，保障和提升系统的先进性、完备性、准确性、可行性等。系统设计阶段，即调研、设计阶段，针对信息流指标特性与经济要求等开展论证，为系统顶层规划设计提供更加有力的理论和技术支撑，其在航天遥感系统中起主导性和决策性作用。系统制造阶段更加关注质量保障系统及技术成熟度状态的论证，促进能满足应用的遥感探测技术的形成及其应用。系统发展阶段关注需求论证、应用发展战略与产业化发展体系论证、国际合作体系与国际合作策略论证等，其是航天遥感系统发展的原动力。

每一种方法都是在一定的前提条件和背景下产生的，都具有一定的针对性，同时也都有一定的局限性，这就要求面对民用航天遥感技术及其体系发展的新形势，要站在更高的起点上，采用科学、规范的技术方法和管理手段，以进一步深化遥感论证研究为目的，全面系统地研究并建立相应的适合其自身需要的论证方法框架。

3. 软系统模式分析

航天遥感系统是复杂的巨系统，包含着复杂的、组织化的情景情况与问题，以及大量的社会、政治及人的活动因素，硬环境与软环境都是航天遥感论证的要素。遥感论证是由科学、技术和应用多维度的相互作用产生的，需要在对遥感信息相关联的问题现状及目标充分认知的基础上，运用系统工程方法，开展多维度相互作用分析与评价，以达到最终令人满意的结果的过程。航天遥感系统是不断变化与发展的，在分析中需放到可持续发展的长时间链条中，紧抓时代特点，按照技术科学规律开展分析研究。

遥感论证研究是一个不断深入的、开放的学习与发展、继承与创新的过程，其对问题的描述与确定更多地反映了人的认知程度和在认知过程中人的智慧。这导致不同阶段的航天遥感系统论证采用的方法各有特点。例如，在概念模型建立过程中，按照还原论与整体论统筹的理念，采用一些定性的方法，通过调查研究问题情景并将其与概念模型进行比较后才能明确问题，以更好地反映人的因素，如遥感论证中需求分析与提出、定义及模型概念确定、组织管理等。

航天遥感系统这种大时空跨度决定着有关综合集成方面的论证需要在传统结构上形成的新结构与新模式，如更适用的软系统模式，即切克兰德方法论。这种模式由英国 P. Checkland 教授于 1981 年提出，分为认识问题、根底定义、建立概念模型、比较与探寻、选择、设计与实施 7 个阶段，通过感知—判断—比较—决策的人的活动构建起系统各个阶段的联系。这种方法能更好地补充了遥感系统工程论证过程的三维结构，而且可以灵活地应用于三维结构的各阶段。

1.4.4　遥感论证过程研究分析

如前所述，开展遥感论证的目的是以航天遥感系统为研究对象，把握其状态及变化规律，更好地发展航天遥感系统，而要全面把握，需要在科学、技术与活动 3 个层面协同推进、相互作用。从科学认知角度看，航天遥感是有关空间信息与数据的领域；从技术状态与变化规律角度看，航天遥感是在具有技术时代特点的技术发展与综合集成的应用；从活动角度看，航天遥感作为人造事物，是用来满足用户需求的手段。

对航天遥感系统的科学认知状态与发展的分析首先要建立在对遥感信息与遥感数据的基础上。随着遥感实践活动的增加，人对这一人造事物有越来越深入的了解。技术状态与变化规律具有时代特点，并处在快速发展过程中。对于技术的把握要在技术发展过程的阶段性开展分析的同时，对技术的实际应用效果要有整体效能(综合打分)的评价。

应用状态与变化规律一方面依赖于需求的变化、操作方式与模式的运用，同时也依赖于技术状态与科学认知水平。

科学、技术与应用过程贯穿航天遥感系统的全过程。开展遥感论证过程研究有赖于从科学、技术、应用 3 个角度对航天遥感进行综合分析，即开展航天遥感信息、数据的研究，卫星系统、地面系统与应用系统等航天遥感系统组成的设计与制造的研究，航天遥感系统需求的研究，以及航天遥感能力体系的研究。研究过程通过认知、研发、设计、制造、应用及自身能力体系建设等各个环节表现出来。遥感论证过程研究可以有多种选择，本书按照航天遥感系统认知、设计、制造、发展动力和能力体系建设的顺序组织以后的研究与分析。

1. 航天遥感系统认知

航天遥感系统是获取航天遥感信息的系统，航天遥感信息能有效地反映并决定航天遥感系统状态与发展规律。通过对航天遥感信息进行考察、分析、评价、预测，提出认识观点，构建方法技术，开展实践探索，可以更好地认识和发展航天遥感系统。

在定量方法支持下，形成航天遥感信息的认识论与方法论构建，分析出航天遥感信息过程的状态与变化规律，形成航天遥感信息品种、规格、质量、规模、时效性等属性，设定信息等级并以其属性指标作为定量评价分析的依据。研究航天遥感关注对象的信息特点及关注对象信息转换为遥感信息是开展遥感论证研究的第一步工作。

航天遥感信息主要是以数字形式的数据为存在方式并进行表现的，航天遥感信息的工程实现建立在数据工程、软技术工程、硬技术工程、需求工程的基础上。在数据工程中，按照信息状态，以及其发现、识别、确认、理解与分析预测关注对象的作用进行数据分级分类，从而使数据更多地保留关注对象信息特点，更有效地反映人对关注对象信息复原及掌握的需求。

航天遥感数据产品化与标准化同样具有重要作用。数据与信息属性可以通过产品的应用指标特性进行量化表现，从而使其指标特性代表了信息流的属性。通过建立以航天遥感信息流为本质特征的系统来描述数据模型及其标准化、指标体系构建及产品化过程，定量分析、评价航天遥感系统成为可能。

2. 航天遥感系统设计与数据信息流

设计是在一定的条件下，通过某种方式把需求转化为专业数据与信息的活动过程，一般表现为原则、路线、方针、计划、方法、手段、渠道等，指导开展某种人造事物的制造与运用，满足人的需求。

需求的要求如果是对客观事物的尽量镜像化反映，设计则是人在理解基础上的能动性的具体体现，是一种"创意"，像语言一样表达了作者的思想与意图。当然，是否反映需求的要求是基础，航天遥感系统设计中技术与物质流能否有效承载信息流是重要的判据之一，这有赖于所设计的软技术系统工具与硬技术系统工具的结合能否对遥感数据开展有效处理。开展信息流"源和流"研究和数据流设计，形成遥感"信息产品链"，明确数据信息产品品种、规格、质量、规模、时效性等属性，从而表征反映信息流状态及对软硬技术系统的要求。

需求分析中提出的产品品种与规格的最终确定有赖于设计的优化。通过设计，结合现有技术能力，进一步明确产品的技术指标，充分体现需求中所要求的产品形式、内容与作用，并对应到对生产这种产品所需软硬工具的功能与性能上。

设计对于如何完美地实现产品的功能、性能有举足轻重的作用，设计环节重在优化方案，以提高产品质量。按照设计方案实现的产品能否在精准度、可靠性与风险等方面达到这个产品在规格上及应用任务中的作用是评价方案设计的重要指标。

在开展规模实现设计与时效性设计中，服务能力是设计的关键。面向应用中的信息产品需求，构建标准载荷模型和标准时间轨道模型，通过模型对数据获取标准载荷数量和产品处理速度做出明确要求。利用卫星组网技术开展对地观测，合理配置载荷，能够优化卫星任务规划，同时最大限度地发挥遥感卫星的作用，这是卫星组网与载荷优化配置设计论证中的重要任务。在获取卫星数据论证中，提出构建标准载荷模型，进一步将不同的数据获取时间分辨率转变为对载荷数量的要求。在信息转换与服务论证中，通过建立标准计算模型、标准算法模型和标准数据模型，将产品时效性转换为处理速度要求。通过"源和流"的技术结构模型化，对多星构成的虚拟星座所提供的数据集特征进行量化分析，对系统设计方案进行客观评价与诊断，对综合效能进行前期预测。航天遥感系统设计论证具有阶段性和层次性，论证过程通过模型化、标准化、指标化，支撑遥感论证的科学化，提高论证的质量与效率。

3. 航天遥感系统制造与评价技术流

软硬技术系统工具制造的核心是质量。围绕信息产品质量要求，作为承载管道的软硬技术系统，有赖于在载荷研发和遥感数据应用过程中落实质量评价。遥感系统技术成熟度方法和应用质量评价综合打分法是在航天遥感系统制造论证中应用的两种主要定性定量综合法。在此论证方法的支撑下，航天遥感系统制造论证对民用航天遥感系统的产品指标、质量保证、效能评价等进行概念分析、模型构建、实验验证、评价认证，确保民用航天遥感系统具有可行性、必要性、经济性，追求能"多快好省"的充分发挥作用。

新型遥感器应用技术成熟度模型研发。新型遥感器的数据处理与应用技术需要在一个较长时间段内通过研究不断提高、完善，这些研究具有相类似的阶段特点，对过程质量的管理是提升应用技术的关键。成熟度作为一种对于评价指标成熟、可用程度的评价标准，对技术方案设计、算法研发、产业化发展评估等都起着重要作用。构建标准化的成熟度模型框架，从多个方面对新型遥感器应用技术进行综合评价并评价结果，从而为遥感器的研制提供科学、客观的规划参考。在航天遥感系统制造论证中，通过形成较完备的面向应用的遥感系统成熟化的技术流程，完整、有序地完成科学、技术、工程与应用各阶段研究，最终促进能满足应用的遥感探测技术的形成及其应用，为从需求提出到满足需求的全阶段闭环方式的论证阶段转换提供科学依据。

卫星应用质量检验指标及评分表模型为航天遥感系统保质保量的运行提供评价依据。卫星应用质量效能评价过程涵盖了从卫星传感器到卫星数据应用等各个环节。不同环节一般具有不同的技术成熟度。通过卫星在轨测试与定标、数据质量评价、产品真实性检验、用户体验与系统应用潜力评价等多种方法，对卫星应用整体质量进行效能评价，对涉及的各个环节过程运用综合打分法进行评价。综合打分法是在定量和定性分析的基础上，根据分析对象的不同和处理环节的差异，以打分等方式做出的综合评价，目的是构建卫星在轨遥感数据质量评价指标体系。

4. 航天遥感系统需求与价值链

航天遥感系统所获得的数据与信息用来服务人的认识与利用世界，需求、价值与利益是航天遥感系统存在与发展的根本原因与动力。航天遥感系统发展论证是对需求的论证，目的是在一定认知的基础上，形成一种满足某些约束条件的设想、要求、方案、计划、规划等形式的产出并对这种产出进行确定，用于支持后续的设计、制造与应用。

用户需求一般包括发现、识别、确认、理解、判断与预测等阶段。通过明确需求→理解需求→建模→系统仿真分析→结果确定的过程，明确并量化航天遥感实际需求，解决后续设计、建设与运行的有效性问题。需求认识与理解包括从多角度多方面获取系统相关知识，建模过程包括系统概念化和模型程序化。需求仿真与分析过程包括模型行为的认识和改进、灵敏度分析与探索性分析、模型的改进。智慧决策作为最后产出，包括策略的分析与评价、策略的使用或执行分析。在此基础上，需求分析中提出问题的解决体现在航天遥感系统设计总体框架中，包括需求分析、获取问题相关知识信息、分析建模、不确定性处理、试验验证分析和鲁棒决策分析。

在分析遥感数据市场需求中，构建信息产品需求的应用分析模型，将用户的需求转换为产品需求，通过功能、性能构建形成价值，有效分析需求提出到需求满足过程中的市场需求、服务能力需求、产品发展与技术进步需求。围绕客户最关心的品种与性能、质量、时效性与规模，以及服务和成本需求，协调使命任务、自身问题、市场需求，应用需求、技术需求、系统需求、能力需求等多层次需求，衍生出发展战略、方针与路线、政策、规划与计划、体系与系统需求。

在分析遥感软硬技术系统工具市场需求中，针对系统输入输出转换的投入产出，开展效益分析、费用/效益分析、风险估计，通过价值工程方法提升需求满足途径的可行性与现实性。同时，对软硬环境进行研究，以充分反映和体现社会能力与愿望。产业改革与国际合作作为重要的资源要素，能为航天遥感应用能力体系建设提供必要的支撑。其具体包括政策法规、标准规范、教育培训、协调组织与管理层次软能力、人才与知识积累、资金等。产业化发展体系与应用发展战略论证将围绕"应用效能效益评估"，在定性定量方法的指导下，构建航天产业评价体系分析模型，提出航天产业评价打分表体系，构建产业发展评价模型，分析影响产业发展的因素，建立产业发展体系，并相应地做出应用发展战略。

基于航天遥感发展历史性阶段特征分析，遥感论证分别从服务能力、产业化发展体系与应用发展、国际合作能力提升 3 个方面展开论证方法研究。其中，以服务能力为判据的需求分析是基础性论证，能充分反映能力需求提出到能力需求满足的技术需求过程。以产业发展为判据的论证更关心价值与利益的实现，效能效益是在技术需求的基础上，结合社会实际做更多的协调与约束。国际合作体系与国际合作策略论证是基于目前我国关于对地观测领域的国际合作的状况及相关的合作，构建基于利益的产品与商品国际市场分析模型。在定性定量综合方法的指导下，将专家智慧、计算机高性能和各种数据信息有效结合，开展合作战略模型化研究，清晰化合作中的优势、劣势、机遇与挑战，预设合作的可能性，以及科学合理的航天国际合作评价分析方法与指标体系。

5. 航天遥感系统应用能力体系

围绕应用发展的航天遥感系统能力分析，从广义的系统运行发展角度，总体论证、设计验证、制造、综合集成、业务化运行、效果评价与效能分析是航天遥感应用能力建设过程中的关键环节，而这些关键环节的有效组织、实施、运行等配套保障和组织管理至关重要。地面应用系统建设与运行、论证系统开展研究依赖试验系统的支撑保障，试验场网与仿真系统是核心技术条件。在系统工程基础上，明确地面和应用两个系统的功能、组成、结构。

在科研项目管理能力建设模型构建中，科研项目管理能力发挥重要作用。良好的航天遥感系统科研工程组织管理体系是航天遥感应用能力体系建设的重要组成部分。航天遥感系统一般具有科技探索与工程实施双重性，风险分布不均匀，新技术方法与成熟技术方法在整个项目生命过程中的比例最为接近，有别于传统的工程项目与科研项目，这对科研与管理工作开展提出了新挑战，需要抓住关键，提升对"不知道不知道"事物的研究能力，同时把控风险，得到最大收益。通过科学论证，开展项目下设置课题群和研发总体，加强关键节点的冗余性，动态调整，降低风险，把握好时间与科研节奏。

1.4.5　本书研究内容

通过对航天遥感系统科学论证的定义、特征、内容、作用及方法的深入分析，综合广义航天遥感系统组成和遥感论证过程，将本书内容分解为遥感论证认知、航天遥感系统认知、系统设计与制造论证、系统需求与发展论证和系统能力体系论证 5 个版块，如图 1.14 和表 1.2 所示。

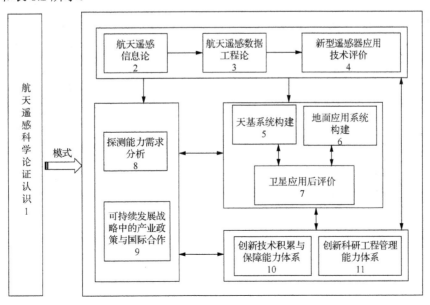

图 1.14　航天遥感系统科学论证体系结构

表 1.2 航天遥感系统科学论证内容体系

领域	遥感论证内容	各章安排
1 遥感论证认知	以航天遥感系统为研究对象,提出按照现代科学研究范式的航天遥感科学论证概念	第 1 章 航天遥感科学论证理论概要
2 航天遥感系统认知	系统化对航天遥感系统的认知,通过航天遥感信息、数据工程理论,分析航天遥感系统结构与状态,通过设立应用技术成熟度,分析其变化规律,突出人在过程中的作用	第 2 章 航天遥感信息论 第 3 章 航天遥感数据工程论 第 4 章 新型遥感器应用技术发展过程与程度评价模型
3 系统设计与制造论证	基于航天遥感信息产品的品种与规格、规模与时效性等属性指标,围绕软硬件工程设计,发展新型卫星星座和地面应用系统模型化技术。同时,围绕软硬件工具制造环节信息产品质量要求,构建应用技术质量保障与全链路数据处理技术质量评价技术	第 5 章 卫星星群组网与载荷配置模型 第 6 章 网络化航天遥感地面应用系统模型 第 7 章 新型遥感器应用在轨综合评价技术
4 系统需求与发展论证	构建基于遥感信息产品与软硬件工程产品的技术需求分析方法,突出产业发展的应用需求、国际合作体系与国际合作策略,强调软环境的重要性	第 8 章 面向综合应用的航天遥感系统需求论证方法 第 9 章 航天遥感产业政策与国际合作分析方法
5 系统能力体系论证	重点针对航天遥感地面应用系统制造与服务系统组成及任务开展方式,研究能力体系中设施保障条件组成和科研工程组织管理	第 10 章 面向创新的航天遥感能力体系分析方法 第 11 章 创新与风险动态均衡的科研工程项目管理方法

各个版块之间环环相扣、紧密衔接。首先开展对航天遥感科学论证认知的研究,目的是建立一个具有"科学性""可信性"的现代认识基础。基于此,按照遥感论证方法开展面向应用的航天遥感论证。

在系统理论方法研究中,提出航天遥感信息论与数据工程论,并根据技术发展规律建立应用技术成熟度评价模型,以把握应用技术发展过程与程度。

在系统设计与制造中,构建以遥感数据信息产品为核心的、基于航天遥感系统需求的卫星星群设计、多星地面应用系统设计,以及系统在轨测试及后评价技术方法。

在可持续化发展战略下,对于复杂的航天遥感系统,需求分析是对系统应用可满足度和可操作性进行的预测,也是开展应用综合后评价的依据。这部分首先从满足度角度对数据获取与处理能力进行了分析。然后,以应用技术发展规律为脉络,通过考察具备可持续发展能力所需要保有的产业竞争力,对政策和对外合作等软环境进行分析。

竞争是促进创新的有效机制,创新的技术核心是已有基础设施条件与创新实践过程。在能力体系构建中,按照现代科学组成结构,重点讨论了有关科学技术积累的技术能力体系建设和有关实践过程的科研工程的组织管理,形成软硬一体化发展技术环境。

通过对科学论证概念的探讨并将其作用在航天遥感系统认识、分析与理解上,构建围绕遥感论证本体论、认识论、方法论与实践论的较完整的遥感论证认知、技术与方法知识体系,支撑对面向应用的航天遥感怎么样、做什么、为什么、如何做、什么条件下做等问题的回答。

第 2 章　航天遥感信息论

航天遥感系统的使命是获取航天遥感信息。从内容上看，航天遥感信息是具有尺度特征的观测对象时空变化场信息的采样集合。观测对象的能量与物质状态具有不同的时空尺度特征，不同类型应用需要遥感观测采用不同的空间采样特点。从形式上看，航天遥感信息具有可度量的数量、形状与状态，可以通过品种、规格、时效性、规模、精度等属性定义并加以明确描述。从效能上看，遥感信息是用来获得观测对象物质能量状态与变化特征，这是从人的需求出发，到关注对象客观信息再回到人的认知并服务于应用的过程。可信度、适用度及体验性是判断分析评价目标遥感信息认可程度的判据。

2.1　航天遥感信息初步认知

航天遥感信息是信息概念在遥感领域的体现，有复杂的内涵与外延，对其描述有赖于对信息、地球信息的理解。

2.1.1　信息基本概念

1. 信息的概念和内涵

信息无时不在，无处不有，那什么是信息？我国古代指的是"音信""消息""知"，西方国家的英文、法文、德文、西班牙文中均用"information"表示信息。无论东西方的哪种说法，对信息的认识首先是其可用来支持人开展认识与改造世界的活动，"知己知彼，百战不殆""只知其一，不知其二""不知者不怪"。信息最直接、最明显的特征是以人的"知晓"程度作为判断依据，"知之为知之，不知为不知"。它包含了某种类型可能的因果关系或相关关系的理解，回答了人最直接关心的问题，如"who"（谁）、"what"（什么）、"when"（何时）、"where"（哪里）、"why"（为何）、"which"（方式）、"how"（怎样）和"how much"（代价）等。

1）对信息的认识

哲学领域专家认为，信息是客观世界中各种事物的状态和特征的反映，客观事物的状态和特征的不断变化不断产生信息，应用领域的专家从实用角度有更丰富的理解。管理学专家认为，信息是经过处理后具有意义的数据，信息中的数据具有了相关性。计算机及通信领域专家认为，信息是指所有可以通过视觉、听觉、嗅觉、味觉、触觉等感官获取并可以以文本、图形图像、音频视频等格式记录的内容。这种内容可通过信源发出的信号经信道传送到控制系统，并为控制系统所理解，体现出事物间相互联系、相互作用，有一定的用途和价值。情报学专家认为，信息是数据在信息媒介上的映射，是有意义的数据，即人们根据表示数据所用的约定而赋予数据意义，其认为信息是大脑对数据进行加工处理，使数据之间建立相互联系，形成回答了某个特定问题的文本，或是被解释为具有某些意义的数字、事实、图像等形式的信息。

在这个多维的世界中，囿于环境、知识、经历和认识，关于"信息"的定义众说纷纭。综合"信息"的多种定义与理解，可分为人作为接收与认知主体角度及主客体综合应用分析角度两种方式的表述。

信息科学术语最早出现在哈特莱(R. V. Hartley)于 1928 年撰写的《信息传输》一文中。在这篇论文中，他把信息理解为选择通信符号的方式，并用选择的自由度来计量这种信息量的大小。20 世纪 40 年代，信息的奠基人 C. E. Shannon 在《通信的数学理论》论文中给出了"信息是用来消除随机不确定性的东西"的明确定义，他证明熵与信息内容的不确定程度有等价关系。根据这一思想，法裔美国科学家布里渊在他的名著《科学与信息论》一书中直接了当地指出信息是负熵。Norbert Wiener 在 1948 年发表的《控制论——动物与机器中的通信与控制问题》中指出，信息不是物质也不是能量，信息仅是信息。英国生物学家 W. Ross Ashby 在《控制论导引》一书中把变异度当作信息的概念来使用。

随着对信息概念的不断深入了解，其对客观事物的反映及作用得到了更大的重视。美国信息管理专家霍顿(F. W. Horton)给信息下的定义是："信息是为了满足用户决策的需要而经过加工处理的数据。"简单地说，信息是数据，或者说，信息是数据处理的结果(Horton and Marchand，1982)。我国学者黄学忠在《经济信息与管理》一书中指出，信息是客观世界各种事物变化和特征的反映。按照我国信息学家钟义信(2002)教授的理解，信息是事物存在的方式或运动状态，以及这种方式或运动状态直接或间接的表述。

在信息论中，信息的科学定义为

$$I = \log_2 \frac{1}{P} = -\log_2 P$$

式中，P 为信息发生的概率，也称为先验概率；I 为从消息发生中能够得到的信息量；log 为对数，对数的底决定量度信息的单位，一般都取 2 为底，则 I 的单位为二进制，即比特(binary unit)。

2)信息的属性

现代信息概念的复杂性体现在多个层次。信息与物质、能量并列，既是关注对象的本体组成，同时也是可被人感知与响应的对象。具有广泛意义的本体论层次信息被定义为一种客观的存在，其不以认识主体的存在与否为转移。当认识主体存在时，我们需站在其立场上来定义信息，通过引入的约束条件，将本体论信息转化为认识论信息。本体论信息和认识论信息的本质联系是"事物的运动状态及其变化方式"，区别是前者从关注对象本身角度出发，就"事"论事，后者从认识主体角度出发，就"主体"论事。现代信息概念更多从认识主体角度出发，通过将信息与计算机技术、通信技术、网络技术、信息产业、信息经济、信息化社会、信息管理、信息论等含义紧密地联系在一起，促进信息形成为一个多元化、多层次、多功能的综合体。

在本体论信息转化为认识论信息过程中，信息适用范围会变窄，信息量会有损失，噪声会被引入，但这一代价使认识主体获得了对这一信息的主观能动力。首先，认识论信息中的认识主体具有感知能力，能够感觉到事物运动状态及其变化方式的外在形式。其次，认识主体具有理解能力，能够理解事物运动状态及其变化方式的内在含义。最后，认识主体具有目的性，能够判断事物运动的状态及其变化方式对其目的而言的价值。同时考虑到这 3 个属性的认识论信息被称为"全信息"，其包括了语法信息、语义信息和语用信息，将信息的获取、理解与应用关联起来，相互依存不可分割，全面描述了关注对象运动状态的形式、内容和效用(钟义信，2002)。

语法信息涉及"事物运动的状态和状态变化方式"本身，不涉及状态及其变化方式的含义和效用，换言之，语法信息客观地描述事物，只表现事物的现象，不揭示事物发展变化的内涵和意义，它本身是最抽象也是最基本层次的信息。语法信息在传递和处理过程中永不增值，也就是说，信息在复制、传递或处理的过程中，语法信息量本身永远不会增加。同时，由于噪声等因素的影响，信息传递后所得到的语法信息量只会减少，只有在理想条件下，才可能做到语法信息无损失。

语义信息是认识主体所认知的事物运动状态及其变化方式所具有的含义。任何事物发出的信息，如人、动物、机器的行为、动作、语言都具有一定意义。在研究语义时，不仅需了解语法信息，更要了解关注对象到知识信息的变换，变换情况因这一过程而定。同时，关注对象发出相同的信息量，但信息所包含的意义针对认识主体可能不同，因此信息输入的信息量也不同，响应也不相同。语义信息量是将语法信息量减去非正确表述客观事物的那一部分信息量及针对认识主体无效的那一部分信息量后的信息量。

语用信息是关于状态及状态变化方式效用的描述，是信息的最高层次。语用信息是表述信息本身与认识主体实用价值之间关系的知识信息，即信息是被信宿接收到后产生的效果和作用。与语义信息一样，信息发出后，不同的信宿在不同的地方、不同的时间和不同的条件下，其效用和价值是不同的。

事物状态和状态变化方式的形式化关系是语法信息，这种形式化关系与它相应客体(信息接收者)的关联将产生语义信息，语法语义与主体的关联形成语用信息。研究语义信息要以语法信息为基础，研究语用信息要以语义信息和语法信息为基础。在实际应用中，语法信息只能解决工程中信息传递的问题，而凡是面向应用需求的、智能系统的则需要涉及语义信息和语用信息。针对不同性质的信息，找到不同的具体描述方法，建立相应的度量方法，才能有效地把握信息和利用信息。

2. 信息的基本特征

从认识主体看，认识论信息作为一种人造事物，具有人造事物的共性特点，这些特点可从不同语法、语义与语用分类的角度有更多种描述。下面重点讲述与航天遥感信息密切相关的几个重要特征。

1)本客体二重性

信息具有客观性特征是由信息源的客观性决定的。从信息是客观世界的"表征"和信息接收的认识主体的角度分析，本体论信息不以是否能被人感知来判断其存在性，认识论信息是接收者根据特定目的和实际能力所获取的信息，用于排除对信源了解的不确定性。在由本体论信息向认识论信息转化的过程中，需要认识主体有一定的先验信息，对认识论信息做补充和支撑，帮助辨别选择本体信息。

2)可测性与时空有效性

信息及信息量具有确定性，可以采用力、热、声、光、电、磁、重力等多种方式存在并被感知与测量。与物质能量状态与运行相并行，大多数物理学家都认为任何信息都不能被破坏、被无中生有，从而有效地确保因果律的正确性及时空顺序性。客观事物是在不断发展变化的，信息也会随之变化。脱离了客观事物的信息因为不再能够反映事物新的运动状态和状态变化方式，可能将完全失去效用。例如，昨天的天气信息对于今天的出行是无效的信息，因此信息只有及时、准确才能发挥巨大的作用，才有价值。信息的时效性是指信息的使用价值。信息的时效性有长、短、强、弱之分，但归根结底还要是及时发挥信息的效用。

3)不完备性与可信性

信息不是物质也不是能量，物质能量状态及其变化能形成信号时才可能被人感知。这样，作为对关注对象进行描述的信息的完备性只能是相对的，而其不完备性则在各层次均有表现。绝对意义上的不完备性是指由于受信息属性及认识能力的局限，人无法完全获得信息，人们不可能知道在任何时候、任何地方已经发生或将要发生的任何情况。相对意义上的不完备性则是指信道不能够生产出足够的信息并有效地配置它们，其也包括信源与信宿二者所包含的信息的不对称性。因此，在信息的处理过程中，要在信息不完备的情况下，以各种可能的方法，降低其不确定性，提供比较合理、可信的信息服务与支持。同时，客观事物的无限复杂状态与动态变化决定了信息状态的无限性，如直接的间接的、单调的复合的、完整的局部的等，按照意识、意愿的方向性采样是实际应用中的常态。

4)共享性

信息可以从一个载体复制到另一个载体，从一种形态转换成另一种形态，游离态载体被无穷多个使用者多次分享使用，并且在转换和传递过程中信息本身不会因为多人共同使用而减少或消失。信息的共享包含两层含义：一是同一信息可以为多个使用者共享；二是信息可以为不同时期的使用者所共享，并且这种共享不同于物质，信息与物质的不同之处在于信息传递后信源和信宿都拥有信息，而物质经传递后只有接受者拥有。例如，网络和计算机使得信息的采集、传播的速度和规模达到空前的水平，实现了全球的信息共享与交互。

5)可传递性与可处理性

信息的价值受益于信息的传递和处理，只有在不断传递信息的过程中，人们才能真正理解信息的价值。不传输的信息是无用的。信息传递的渠道越多，传递的技术越精，信息扩散越迅速。信息传递既可以有效地发挥信息的作用，又可以实现信息拥有者的利益。计算机、网络的快速发展使得信息的传递更加快捷，信息的这种可传递性和易于传递性，加快了信息资源的传输，推动了社会的发展。信息的可处理性，包括信息的可测量性、可塑性和可变换性。信息的产生经过采集、加工、分类、归纳，使看似无序的信息变成有序的信息。人们首先感知信息，进而去识别信息的内容，感知后的信息根据认识主体进行加工处理，转换成人们所需要的形式，也可以在不同载体上转换，由此形成了信息的方向性与间接性特征。

6) 资源性、可再生性与增值性

信息可以通过传播实现其价值，也可以通过存储、积累等手段，为人们利用信息提供方便。同时，信息又是可以增值的，通过对信息的使用，认知主体在信息反映事物本质属性的思维过程中会有一个不断深化、不断扩展的过程。在原有信息的基础上产生新的信息，在新的信息的基础上可以产生更新的信息，这个过程的无限进行会使信息不断积累，在积累的基础上，信息的增值可能从量变到质变，既继承了前人的劳动成果，又可以再生出新的信息，在更高层次上被人们所使用，使得信息的作用也越来越大。信息的增值性、再生性使我们能在大量信息中提炼出有用的信息。

7) 综合性、复合性与价值相对性

信息具有潜在的价值，特定的信息能够满足特定认识主体特定的需要。但是信息价值的实现相对于不同的信息使用者是不同的，对于同一件事，不同的观察者获得的信息量可能不同，并且由于使用者自身和环境的差异，他们会对同一信息做出不同的理解，致使其使用的效果也不同，这一特征与信息的语义和语用十分相关。同时，很多信息以综合、复合的方式表现，对于一些认识主体是噪声的信息对于另外一些认识主体则可能是有用的信息。

8) 泛在性和多态性

信息伴随着物质的存在及运动产生，信息与载体是不可分的。信息多是无形的、抽象的，它必须借助于一定的载体才能存在和表现出来，才能传递、存储、共享、继承下去，载体本身不是信息，人类认识主体首先接触的是载体，然后感知载体上承载的信息内容，航天遥感信息是将客观事物的信息依附在电磁波、遥感器、计算机等载体上，将信息转换为人们可认知的信息。而信息的多态性一方面来自载体的多样性，另一方面来自人对信息的描述方式的选择。对于航天遥感系统，其一个重要方面是对信息载体的研究。

3. 信息过程的认识

信息科学是研究信息运动规律和应用方法的科学，是由信息论、控制论、计算机理论、人工智能理论和系统论相互渗透、相互结合而形成的一门新兴综合性科学。信息运动规律和应用方法通过信息的活动，即信息的获取、传递、加工、再生和施用过程来表现。

信息过程是外部世界事物运动的"镜像"过程，只要外部世界的事物在运动，就会具有一定的状态表现，并且会以某种方式改变其运动状态，这种运动状态及其变化的方

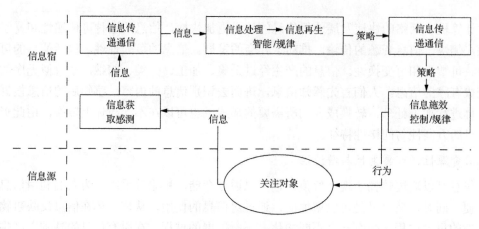

图 2.1　信息过程模型

式是信息，如图 2.1 所示，它所表现出的传递过程是一个系统，从信源开始，经过信道到达信宿(钟义信，2002)。信息科学中认为信息运动的基本过程包括以下几个方面。

(1)本体论信息(观测对象信息源)。客观事物处在运动中，具有一定的状态及变化，这种运动的状态及其变化的方式即信息，而这种信息是不以人的主观意志为转移的。

(2)信息的获取(感知与识别，产生第一类认识论信息的语法信息)。信息的获取是发挥人的主观能动性作用的过程，一般来说，信息获取包括信息的感知和信息的识别等环节。

(3)信息的传递(通信与存储，传递第一类认识论信息的语法信息)。在"信息获取"之后的自然过程通常是"信息传递"，即信息在时空中的传递或转移。信息传递不仅包含信息在空间中的传递，也包含信息在时间上的传递。前者称为通信，后者称为存储。信息传递的任务一般包括信息发送处理、传输处理和接收处理等环节。

(4)信息的认知(处理与计算，产生知识)。信息获取和信息传递环节所提供的信息是第一类认识论信息，它们是信息获取与传递系统对本体论信息的摹写。用户若想利用这些信息来解决问题，必须经过适当的信息处理，从中提取解决问题所需的知识。由信息加工提炼知识的过程称为"认知"过程。

(5)信息的再生(综合决策，产生第二类认识论信息)。信息处理是对信息的变换和加工，如为了发挥信息的最大效用而进行的信息分析计算、搜索与决策的处理，为了揭示信息现象的内在规律的信息认知，以及为了在已有信息的基础上产生更深层信息而进行的信息再生等。但获取信息从信息处理中获得"知识"并不是真正的目的，人们需要知识的真正目的是解决问题。怎样利用相关的知识制定符合特定目的的求解策略？这就要进行信息再生，信息再生是一个由客观信息转变为主观信息的过程，由外在信息经过主体的"思维"转变为内在信息的"智慧"过程，是人认识外部事物的一个升华和深化，在此基础上形成第二类认识论信息。实际上，信息再生的过程是一个制定决策、创新的过程。信息的认知和再生是有物质基础的，如人脑，它的认知和决策的功能都紧密集中在大脑的思维系统，这就是"信息的思维原理"，即智能论。信息再生的决策机制是一种智慧，由需求模型人在信息、知识基础上的决策，生理、安全、归属、自我完善、好奇与追求美的价值取向对主动创新非常重要。

(6)信息的施效(控制与显示,实施第二类认识论信息)。信息再生的施效是整个信息过程的最终目的,有很多不同的表现形式,其中最重要的是实施控制、优化系统和增广智能。实施控制是通过调节对象事物的运动状态及其变化方式使对象处于最优的运动状态,优化系统就是通过信息的引导使系统实现最优组织,增广智能则是通过信息的引导实现主体(人或机器系统)的智能行为。最终的环节是信息的组织,即系统优化,要解决系统(即"事物")性能优化的问题,以及引导事物的运动从无序转化为有序的问题。

从信息的运动过程可知,信息运动大致可分为本体意义上的信息运动和认识论意义上的信息运动,前者反映了关注对象(事物)运动的状态和方式,是客观的,后者反映了认识主体所发出(表述)的主体思维运动的状态和运行方式(代表主体意志),是主观的。简单地说,信息是从关注对象进入认识主体,经过认识主体的活动再作用于关注对象的运动过程,即获取关注对象的语法、语义和语用信息,再经过人活动过程中的比较、分析与决策形成指令信息,最后经过控制和调整重新回到关注对象(反馈)。

4. 信息过程的进一步分析

信息是通过事物运行状态与运动方式体现出来的,它来源于物质运动,是物质的固有属性,可以说没有物质和物质的运动,就没有信息,但是信息不等同于物质与能量,信息不是物质能量本身。物质和能量受空间和时间限制,但是信息原则上可以延伸和开拓到无限的空间和时间。物质和能量只存在于客观世界,信息除了客观存在外,还受主观世界的影响。

信息过程包含了主客观角度的综合,更多反映的是人在这个过程中所处的位置与发挥的作用,体现出人对观测对象信息的获取、传递与利用的能动特点。这种方式适用于人与人、人与人造事物,以及人与自然界。不仅是人,动物等具有自我意识及利己行为能力的生物,针对感兴趣的关注对象也具有这种能动特点的信息过程。

广义地理解,信息作为物质能量的描述而伴随物质能量存在着,对于没有自我意识及利己行为特点的关注对象,如自然界中大气、水体、陆地等非生物组成部分,以及当前的人造事物等,相互之间作用的信息过程表现为一种规律过程。例如,地球大气圈层与岩石圈层通过地气耦合发生相互作用,在物质能量交换过程中,其按照存在的规律完成了响应而不是智能地完成了响应,各自的状态信息也发生了改变。在这一过程中,物质、能量与信息是联动的,并行于物质流与能量流过程,并存在着信息过程。

这种信息过程的客观存在与是否有人参与无关,而一旦这个过程,即信息所称的规律、原理、机理、机制被人认识与理解,人即可参与其中并加以利用。在利用规律开展实际应用中,人将组合多种技术方法来形成多种规律的综合,形成满足人的需求的能力。例如,天气预报,人通过掌握天气状态与变化规律,对天气现象做出预报,提前天气过程若干时间知晓情况,达到趋利避害的目的。预报是人采用现代技术工具,如大型计算机,对天气过程进行仿真和判断。这表明信息规律可脱离关注对象实体在另一种物理形式下再现。但这毕竟不是观测对象的本体过程,而是一种无限趋近的仿真,存在着准与不准的情况。

综合以上分析,钟义信的"信息是事物存在的方式或运动状态,以及这种方式或运动状态直接或间接的表述"这一表述也可引申为关注对象物质能量状态与变化过程的因果关系、相关关系与规律及其各种表现，是关注对象的本质与存在的意义。这种关系规律伴随物质与能量运动发挥作用，与物质、能量一样，是关注对象的根本属性。同时，这种关系规律与物质能量一样，可被系统外界的其他系统所发现、识别、确认并加以响应与利用。特别是，被人有意识地采用某种手段剥离出物质能量与信息过程，在其他形式载体上进行获取、传输、处理、再生与利用，通过"智慧化"转向，向有利于人的方向发展。这充分体现出人认识与利用世界的本质，是需求模型人存在的根本内容、形式与意义。

从信息作为关注对象现象、关系与规律及其各种表现的角度出发，可以按照因果关系、相关关系等关联性关系的程度、范围、变化等，从信息角度将关注对象要素化、结构化、层次化与逻辑化。这是将关注对象理解为一个系统，以及系统之所以具有结构功能特点的原因。同时，这也是各种现代定量与非定量方法之所以行之有效的根本原因。

2.1.2　地　球　信　息

1. 地球系统与地球系统科学

地球系统是将地球这么复杂的一个关注对象作为系统加以考虑的观点与主张，地球系统是由大气圈、水圈、岩石圈、生物圈、日地空间组成的相互关联的复杂系统，所有组成要素处在一个相互作用中的、复杂的、不断变化的系统中。地球系统作为一个有机整体，任一要素都在不同程度上受到其他要素的影响与制约，其形式、功能和作用是地球系统在局部的反映，各要素的综合产生了地球系统的整体特征。其中，生物圈一般是指地球表层生物有机体及其生存环境的总称，是一个有生命的特殊圈层，作为地球特有的圈层，生物圈由大气圈、水圈和岩石圈相互作用、长期演化而成并处于其间，参与了对大气圈、水圈、岩石圈等其他圈层的改造，对地表物质循环、能量转换有特殊作用。

为分析地球系统科学和地球信息科学的关系，我国著名地学家陈述彭(2007)教授作过一个形象的比喻：它好比人的两只手，一只手看作全球变化，五个手指分别代表其研究对象——大气圈、水圈、岩石圈、土壤圈、生物圈，五方面相互作用构成全球变化研究的主题。另一只手看作区域可持续发展研究，大姆指代表人，其余四指表示人口流、物质流、能量流和信息流。这里，岩石圈被细分为土壤圈和岩石圈。土壤圈是岩石圈最外面一层疏松的部分，其上面或里面有生物栖息，与人类关系最为密切。土壤圈面积是陆地总面积减去高山、冰川和地面水所占有的面积，约为 1.3 亿 km^2。设定土壤圈的目的是从地球表层系统角度研究土壤圈的结构、成因和演化规律，分析土壤圈的内在功能，理解其在地球表层系统中的地位和作用，特别是体现人与自然的关系。

在当今"人类世"时期，人造事物作为一种有别于自然特征的特殊物体表现出来，拓展人类活动范围，超出生物圈空间范围，深刻参与并影响大气圈、水圈、岩石圈、土壤圈与生物圈的相互作用与演变。为合理定位其在地球系统中的位置与作用，并行于大气圈、水圈、岩石圈、土壤圈、生物圈五大圈层，将其定义为地球系统的第六大圈层。人造事物圈标志着人的大多数活动所集中的范围，不同于自然形成的圈层，其随着人的活动范围的扩大而不断扩大，具有最明显的人类影响效果表现。设定人造事物圈的目的是从地球系统角度考察人造事物的功能、结构、状态和演化规律，分析其在地球系统中的地位和作用，以及促进人与自然和谐的能力。例如，分析人类在外太空活动的状态与规律，研究城市灰霾状态变化与气象条件及人类活动强度关系，土地利用和土地覆盖与水资源保护的关系等。

地球系统科学是指用综合的、系统的方法，将地球作为一个整体，开展科学研究，即在地球系统概念下采取各学科交叉融合与综合集成方法，从系统角度研究各圈层及全球状态与变化趋势。其重点关注地球系统的形成与演化、要素间的联系性、人造事物的发展、未来人的活动与作用等主题。通过深入研究地球系统各圈层要素间相互联系、相互作用的机制，分析物质流、能量流、信息流、人流变化规律，掌握地球系统变化规律和控制这些变化的机制与规律，获得地球系统如何变化、地球系统变化的主要驱动力是什么、地球系统如何响应人与自然引起的变化、地球系统变化的未来预测、地球系统变化对人的影响，以及全球应对与适应过程等地球系统核心问题的答案。

地球系统状态与变化研究中特别关注地球所固有的系统结构。作为一个复杂系统，地球系统具有多层级的功能、结构特征，导致其在时空域上的尺度特征不仅在宏观尺度、微观尺度及介观尺度有不同的规律表现，而且在同一尺度下的结构中也有不同的特征表现。地球系统研究中，无论关注对象的大小、状态与变化怎样，均需要关注时空尺度特性。

在开展地球系统问题研究时，现代科学研究方法是通过地球信息认识地球系统变化，掌握地球变化机理知识。通过对这些主题的关注与核心问题的回答，人类可对地球系统从现象到本质有更深入的了解，充分发挥人的智慧，进一步提升认识世界、利用世界的水平与能力，支撑自身与地球环境的和谐与可持续化发展。

2. 地球信息

地球信息是地球系统过程与变化及要素间相互作用中物质流、能量流、人流的性质、状态与变化的客观规律及其不同形式的表现，其关注对象本体信息，体现出的因果、相关关系可被人感知并加以利用。

在开展地球信息研究中，首先是有关地球信息产生、转换、作用规律及其描述的研究，这就涉及地球系统各圈层过程与变化及其相互作用，分析地球系统间相互联系、相互作用中运转的机制、地球系统变化的规律等，回答是什么的问题。其次是地球信息可被发现、识别、确认、理解与利用的研究，即信息是如何与外部系统发生关系的，回答做什么的问题。最后，是地球信息如何被获取、传递、处理、利用的过程研究，回答怎么做的问题等。

3. 地球信号信息

值得注意的是，地球信息是地球系统物质能量运动的规律及其表述，是各个层次与结构功能信息的总称，其中一部分存在着由于系统复杂性，在一定条件下不能为系统外部世界所感知的情况，为了加以区分，将能形成信号形式并可被外界特别是人能感知的地球信息称为地球系统的信号信息，即地球信号信息。

地球信号信息对关注对象的描述是不完备的，即感知到的信息与观测对象的状态和变化存在着或多或少的不一致性。为从信息流角度真实地揭示地球系统状态及变化规律，服务资源、环境与社会的可持续发展，需要通过开展基于地球信号信息的应用研究。对地球信息认识的越深，掌握的知识才越全面，才能更有效地通过现代科学研究方法提升地球信号信息的完整性与可靠性。

4. 地球信息过程研究与地球信息科学

本书地球信息过程研究是指以地球信号信息流作为研究对象，从人的角度出发，探讨地球资源、环境和社会经济等一切现象的信号信息的存在状态与变化规律，以及获取、传输、存储、认知、再生、施效等环节中的信息流机理，如地球信号信息的表达与测度、传递、处理与转换等。

地球信息科学是有关地球信息及地球信息过程的科学，其作为信息科学、地球科学、系统科学的边缘交叉学科，与区域及至全球变化研究紧密相连，是现代地球科学为解决社会可持续发展问题而确定的基础性研究领域。

开展地球信息科学研究的关键在于构建地球信号信息和地球系统的物质流、能量流和人流的状态与变化信息的相关关系模型，有效地理解与掌握地球信息的内容、形式与作用。同时，研究利用包括遥感在内的多种测量手段，通过获得的地球信号信息，掌握观测地球系统状态变化的信息传递机理。

2.1.3　航天遥感信息

1. 航天遥感信息定义

航天遥感信息是人们在地球系统科学已有认知的基础上，利用遥感技术手段，将地球信号信息转变成的认识论信息，是人形成的、具有遥感手段特色的、地球信息的"镜像""写真"与理解。具体说，航天遥感信息是人利用装载在航天器上的遥感器收集地物目标辐射或反射的电磁波，获取地球在观测波段的电磁波信息，进而获得所蕴含的地球信息。

航天遥感信息可应用于有关地球系统能量、物质和人流的性质、时空变化、特征与运动状态的表征和认识。这种信息在内容上反映地球能量、物质和人流，其既包括了可直接通过载体提取的信息，也包括了通过多层次信息加工而再生的信息。

来源于航天遥感系统的航天遥感信息作为人所掌握的认识论信息与本体论信息存在差异。这就要求其与地球系统的物质流、能量流和人流状态与变化的相关关系需要研究、验证并进行相应调整，从而确保基于航天遥感信息的地球系统模型模拟、分析、判断、预测的正确性，实现在地球系统科学研究中从掌握现象描述到把握本质规律的有效转变。

2. 航天遥感信息主要特点

航天遥感信息具有其自身的特性。电磁波是航天遥感信息的载体，对电磁波信号的采样是遥感器获得遥感信息的关键，不同空间分布和时间变化的目标所需的采样间隔是不同的，即不同的观测对象对影像分辨率有不同的要求（Rafael and Richard，2011；贾永红，2003）。航天遥感信息通过能量方式对所获得的地球信息进行表现，其分布保持电磁波的特性，随6种采样特性而改变。

(1)波谱特性。遥感辐射源波段不同，辐射与地物相互作用的机理就不同，因此所反映的信息也不同。我们能够利用遥感信息识别不同地物的一个根本原因就是各种地物间光谱特性具有一定差异。

(2)空间特性。遥感信息的空间特性是指可以表征地物的位置、形状、大小、实体的空间关系、区域空间结构等的空间分布特征。通过空间信息的获取、感知、加工、分析和综合，揭示区域空间分布、变化规律。空间信息借助空间信息载体(图像和地图)进行传递。空间信息只有属性信息、时间信息结合起来，才能完整地描述地理实体。

(3)时间特性。地球表面是不断变化的，遥感记录的信息具有鲜明的时间特性，通过遥感信息的时间特性，可以探测地物在不同时间存在的状态、动态变化特征、变化规律等，进而进行相关信息的更新，也可以应用遥感信息的时间特性提高识别能力。

(4)方向(角度)特性。由于地物的三维结构和空间分布的复杂性，地物的反射和发射有方向性，遥感记录的信息特性除了反映地物固有的性质之外，更主要的是反映地物的方向性，其与辐射源所处的方位及遥感器的方位都有关。利用遥感信息的方向特性，可以探测地物的三维结构，通过地物的方向特性，提高识别地物的能力。

(5)偏振(极化)特性。偏振是光(电磁波)固有的特性之一。光的辐射传输特性可以用其强度和偏振状态加以描述。如果光在传输的过程中，其电矢量始终存在优势取向，而不是在所有方向上随机振动，则称为偏振状态。光与介质发生的相互作用将改变光的偏振状态，其变化模式和程度与介质的物理特性密切相关。电磁波与物体相互作用的偏振状态的改变也是一种可利用的遥感信息。

(6)相位特性。相位是描述目标特征信息的电磁波要素之一，表征任意时刻物体振动的状态。其定义为，相位是描述信号波形变化的度量，通常以度(角度)为单位，也称作相角。根据简谐波的波动方程 $x = A\cos(\omega t + \varphi)$，$A$ 为振幅，ω 为角频率，$\omega t + \varphi$ 为相位，φ 为初相位。在波动中，振动相位相同的两相邻质点(相位差为 2π)间的距离为波长(λ)，波传播一个波长的时间为周期(T)，相位在空间传播的速度为波速(v)，$v = \dfrac{\lambda}{T}$。主动微波遥感信号记录了目标的相位信息。

从这些特性可以看出，航天遥感通过在波段、偏振度、时间、空间、角度等维度上采样，将无限的地球信息转化成为有限而可用的航天遥感信息。由于这种信息的非全息性，因此对观测对象的描述总是部分的、片面的。

3. 航天遥感信息主要应用优势

相比其他多种地球系统观测手段，航天遥感系统获得的航天遥感信息具有 5 个显著优点。

(1)航天遥感信息是一种新型的地球空间信息。在时空特性获取上，其不仅可确认"知道知道"的事物，识别"知道不知道"的事物，而且可发现"不知道不知道"的事物，是探索和揭示未知的利器。作为人类时空信息、知识的巨大输入，其具有不可替代性。

(2)客观、准确。遥感得到的信息是通过遥感仪器获得的地表真实状态和性质，其不受人为干扰，其信息客观、写真，通过不同仪器、不同波段、不同分辨率的组合，获得的空间信息更准确。航天遥感通过传感器获得信息的过程实质上是对目标特性进行的时空采样、光谱采样和辐射采样，即将目标特性时间域、空间域、光谱和辐射上的连续量转化为离散量的过程。通过时空采样，遥感传感器将地物目标表达为光谱和辐射信息，光谱分辨率和辐射分辨率代表了传感器所能表达的地物信息的精细程度。光谱分辨率和辐射分辨率越高，越能更精确地表达地物的光谱和辐射信息。

（3）覆盖面积大，时空一致性好。由于遥感是在空间看地球，它可以同时获得大面积地表的图像，根据仪器的视场不同，一次可以覆盖几千米到几千千米，甚至半个全球。这些信息是在很短时间内获得的，较好地保持了与观测对象的时空一致性。

（4）不同时间频率的周期性覆盖，多种空间分辨率和观测模式，可进行动态监测和分析，适应不同应用。遥感可以周期性地获取地表的信息，对于千变万化的地球，可以探测其不同时相的状态和变化特征，特别是可以对植被、突发性的灾害、土地利用变化、城市发展，全球变化等方面进行动态监测和分析。遥感可以获得地表不同空间分辨率的图像，从厘米级到米级到千米级，可以满足不同空间尺度的应用需求。

（5）数据化的地球信息，可以直接被处理与应用。无论是航天遥感信息还是通过提取、反演得到的关注对象信息，均以数据为载体的形式存在。这种形式的信息既是一种测量结果，又可直接应用。

4. 航天遥感信息过程分析

航天遥感信息流是对航天遥感信息获取、传递、处理、分析的形象描述：其信源是客观实在的关注对象信息，经过航天遥感手段这一载体的传递，达到它的信宿，人的手里。简单地说，航天遥感信息流是一个地球信息传递与转换的"镜像"过程。这个过程由观测对象信号信息起始，经电磁波信号、遥感数据、观测对象遥感信息，以及观测对象信息等多种形式传递，构成一个完整的流，即航天遥感信息流，如图 2.2 所示。

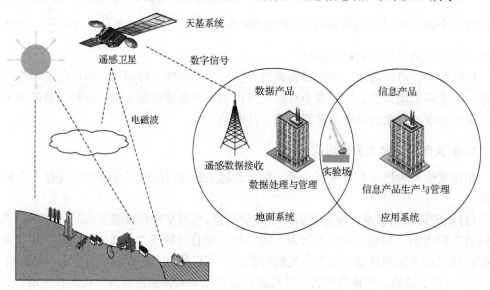

图 2.2　地表信号到遥感数据再到信息转换而形成的数据信息链路图

航天遥感信息过程研究是以遥感信息流作为研究对象，探讨以获取地球信息流为目的的遥感信息的存在状态与变化规律，以及获取、传输、存储、认知、再生、施效等环节中的信息流机理。例如，遥感信息表达与测度、处理与转换等。

任何观测对象均对外发射、反射、吸收电磁波信号，可通过遥感手段从中获得观测对象信号信息。从客观世界得到信息的过程包括两个步骤：一是电磁波与物体相互作用，使其载有地球信息，遥感器获取承载着所观测对象信息的电磁波并进行处理，得到含有地球信息的遥感信息；二是通过实验、模型等方法分析遥感信息，从中反演提取地球信息。

在这一遥感过程中，本质上是对目标特性进行时空采样、光谱采样和辐射采样，即将目标特性时间域、空间域、光谱和辐射上的连续量转化为离散量的过程，包含了传感器的载荷特点和噪声、人类认知的局限性、技术工具的局限性等因素，航天遥感信息是在这个过程中从噪声引入到噪声去除不断复原的地球信息，也是我们通常说的遥感反演的信息，因此航天遥感信息的核心问题是遥感信息对地球信息的承载性、精准性、可靠性及可信性，这就需要特别关注以下内容。

1)航天遥感信息的尺度表现规律

作为一种反映地球系统空间信息特性的手段，遥感信息充分反映地球时空特点是这种手段的优势。地球信息所蕴含的规律的时空尺度特性是理解观测对象状态与变化复杂性的关键。在掌握地球信息时空尺度基础上，通过合理的时空采样设计，确保对观测对象尺度信息的有效承载是对这种技术手段的基本要求。

2)航天遥感信息的内容表达特性

不同的观测可以获得不同类型的信息，不同的应用需要不同类型的信息来表达，这就形成了遥感信息的品种概念。在一定的时空范围约束下，面向不同的应用，遥感信息具有不同的品种要求。

3)航天遥感信息的形式规格特性

不同类型应用对应的地球信息不仅有类型的属性，而且有形式上的特征，作为其承载体的遥感信息也就有了形式与量的要求。基于观测目标特征的时空采样要求是形成遥感信息规格概念的基础。通常情况下，范围与粒度被用来作为描述观测对象细节水平及其和背景环境分离能力的指标，根据信息规格构建表达观测对象所需的数据模型，而数据模型所具有的尺度依赖性具体表现为分辨率。

4)航天遥感信息的不完备性

遥感作为一种信息采样手段，获得观测对象信息一般需要与已掌握的信息融合，一般采用推理演绎法与归纳演绎法进行反演，其得到的结果不会超过被给予信息所能支撑的范围。由于反演精度有赖于信息完备性的实现，而这在实际中非常困难，因此反演是无限逼近真值的过程。达到应用需求的精度可认为是高精度反演，而是否达到精度要求，则需要采用真实性检验等实证方式加以最终确定。

5) 航天遥感信息处理的不确定性

遥感信息转换为地球信息的准确性和可靠性有赖于多元信息的同化与融合，即利用同时空尺度下地球信息规律的一致性克服遥感信息不确定性、提升其确定性问题。作为一种非接触式、无损探测手段，其信息获取具有非直接性与有限性等特点。在提取地球信息、检测其精度、开展应用中，均需要与相同、相似或其他种类观测手段信息和知识开展融合与同化。例如，整合多遥感器综合观测、融合遥感信息与其他信息开展高精度反演、整合遥感信息与地面实测信息开展对比、整合包括遥感信息在内的多源信息开展应用等。

6) 航天遥感信息的可信性

只有切实地反映客观事物才能产生效用，信息的质量是评判信息是否有价值的基本条件。在从目标信息到数据，从数据到信息再到知识的过程中，因客观目标自身存在的复杂性、不稳定性及信息的不完备性，数据采集、处理、应用分析时产生系统误差和随机误差等，这些因素影响着航天遥感信息的可靠性、精准性，并蕴含着技术与工程上的风险性。

7) 航天遥感信息的计量性要求

对观测目标的特性、状态，以及其在空间范围上的可变性、时间上的可扩展性的把握不仅决定其品种与规格，同时也规定了信息规模。不同观测目标的存在方式和运动状态需要不同的信息量，这就导致了航天遥感信息的多样性。遥感信息的规模属性是遥感数据获取、存储、处理和应用是否满足需求的依据。随着遥感卫星数量的快速增加，以及空间、时间、光谱等观测分辨率的大幅提高，遥感数据量的增长速度，使航天遥感信息流从观测目标、数据获取、信息反演到信息应用各个关键环节都面临着信息类型复杂、规模庞大的难题。

8) 航天遥感信息有自己的生命周期

航天遥感信息经历了从产生、被使用到消亡等一系列阶段，其时效性越强，信息的价值就越大，反之则价值越小。航天遥感作为人类认知地理信息的有效途径，对时效性有着很强的要求。例如，需满足变化检测、应急响应等应用的需求。因此，时效性是航天遥感信息的关键性属性。

2.1.4　航天遥感信息的多层次应用

航天遥感系统获取遥感信息的出发点和目的是为了得到观测对象信息，领悟地球物质能量与信息的状态与运动规律，服务应用。过去 60 年发展历程中，先后有近千颗遥感卫星上天，目前有近百颗遥感卫星同时在轨对地观测，上百种应用在各行各业同步开展，航天遥感信息如何观测对象信息得到广泛实践。随着航天遥感应用的不断发展，航天遥感系统整体结构逐步完善，基本功能逐步明晰，初步具有了相对稳定的形态(林步圣和石卫平，2006)，概括起来有 5 个 "4"，即 4 种功能、4 类应用、4 种程度、4 种数据表现和 4 个发展阶段，其综合体现了航天遥感系统这一人造工具的价值，促进了对观测对象认知程度的提升。

1. 航天遥感信息有 4 种功能

按照研究组织变化方面的系统理论家 R.阿克奥夫的观点，人的意识可以分成 5 类。

（1）数据：符号；

（2）信息：经过加工的有用信息，如回答关于 when、where、what 的问题；

（3）知识：数据和信息的运用，如回答 how 的问题；

（4）理解：新的认知，如回答 why 的问题；

（5）智慧：从需求、价值、利益等角度进行判断，如回答 who、which、how much 等与人有直接关联的事。

作为一种感知手段，航天遥感信息用来定位/展示、发现/识别/确认、理解、判断/预测所观测的对象，如图 2.3 所示。航天遥感信息描述了观测对象的几何与辐射特性，对一定范围的地表景物有很好的展现能力。这种展现能力体现出遥感信息的定位作用，即回答人们有关"when、where"的时空位置问题。

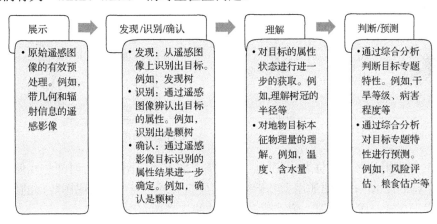

图 2.3　航天遥感系统的认知过程

通过对遥感几何与辐射信息的分析，得到观测对象的属性类相关信息，发现、识别、确认目标对象，正确认识观测对象，即回答人们有关"what"类型的"是什么"的问题。

在此基础上，由表及里、由外及内，通过定量反演技术可以理解观测对象的一些本体特征，如长宽高、体积、质量、密度、温度、浓度、生物量等。进一步在其他相关知识的支持下，观测对象的状态变化并进行预测、评判等，如天气预报、旱情、粮食估产等。这些信息可有效解答人们有关观测对象状态情况"how"的问题。

在通过航天遥感信息获得观测对象有关 when、where、what、how 4 方面问题回答的基础上，人们可以结合其他方面的信息，开展有关 why、which、who、how much 等方面问题的回答，提高人对观测对象及相关事务间作用、与人的关系等方面的认知程度。

2. 航天遥感信息有 4 类应用

航天遥感信息的 4 种功能形成了相对应的 4 类应用，即时空定位展示、发现/识别/

检测与分类、状态与变化参量定量反演综合性应用，如图 2.4 所示。

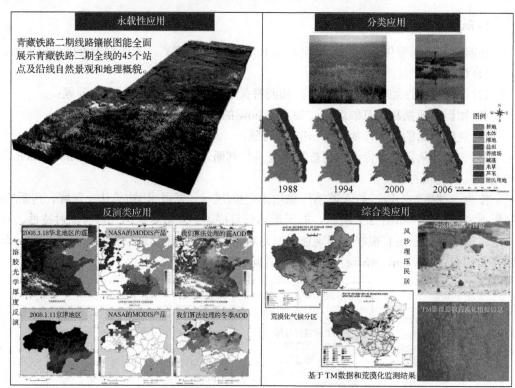

图 2.4　承载、检测/分类、反演和综合应用实例

　　第 1 类应用是时空定位展示应用，是指基于航天遥感图像具有时间与几何定位信息的有关"when、where"的通用型基础应用，如航天遥感影像作为底图数据的电子地图，广泛应用于交通、国土规划、防震减灾等领域的规划图、部署图等。

　　第 2 类应用是发现、识别、变化检测与分类应用，是基于遥感信息开展有关"what"的另一个层次的航天遥感应用，通过对地物目标属性的识别进行分类和变化检测等，其在土地利用监测中用于土地类型的识别，在洪涝灾害中用于洪水范围的提取等。

　　第 3 类应用是状态与变化参量定量反演的应用，根据观测信息，结合前向模型，通过求解或推算来获得描述观测对象有关状态的量化表征参数，了解观测对象的状态，即"how"。同时，结合特定的模型集，构建仿真系统，可对观测对象的变化进行预测与分析，即对变化状态进行把握。

　　第 4 类应用是航天遥感的综合应用，即针对某一具体复杂事件，结合各类信息与知识，包括定位、分类、反演等多种类型信息，更要与观测对象的先验知识相结合，形成整体性认识与理解，开展专题性应用。例如，对某一区域台风灾害情况的监测，这其中不仅需要将航天遥感影像作为底图来制作专题图，而且需要对关注对象属性的分类识别，同时环境灾害监测通常还需要对态势与变化进行定量分析，形成报表，实现实时观测及判断观测对象未来变化等。

3. 航天遥感信息应用有 4 种程度

航天遥感信息应用从量化等级上划分为定性、量化、定量、标准定量 4 个层次。

(1) 定性应用是一种判断、估算式的数据应用，如以"看图识字"方式识别并估测关注对象的大小等。按照人对事物认识过程的规律，首先是对现象的认识，经过一定的积累形成集于现象的应用。

(2) 量化应用是基于测量方式的数据应用，如采用尺子测量遥感图像中物体的长宽高等。这符合在一定认知条件下，人对观测对象进行数量化模型的构建，设定基本单位，把握整体态势。

(3) 定量应用指基于量化的方式进行的数据处理，如将遥感图像加工成非法定规格的比例尺图等。在量化基础上构建精度与质量模型适应各种应用情况。

(4) 标准定量是指具有法定规格的专题图，如 1∶100 000 等国家标准比例尺图。这是应用的最高层次，既能把握精度与质量要求，也可以顾及实际应用中的"多快好省"。

从遥感数据的应用需求出发，面向应用的航天遥感信息数据产品及应用系统的标准化、模型化，是业务化工程化的有效保障，因此标准定量是航天遥感应用的综合评价基础，其为评价指标的选取和指标体系的构建奠定基础。

4. 航天遥感信息有 4 种数据表现

航天遥感信息有多种数据表现。如图 2.5 所示，首先表现为原始数据形式，这种形式适应遥感器的数据获取特征与传输特性。在经过相应处理后，遥感信息以景或影像图的方式表现，符合人的观察与进一步的处理。当遥感信息转换为观测对象的属性信息时，一般以矢量图、场分布图的方式表现。最后遥感信息作为一种专题应用信息时，转变为知识数据，一般通过图文方式进行综合表现，并通过增加相关专题符号，更加直观、有效地对专题内容进行描述。

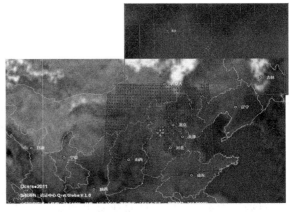

(a) 原始数据　　　　　　　　　　　　　　(b) 标准瓦片数据

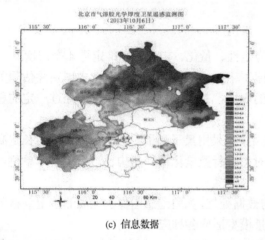

(c) 信息数据　　　　　　　　　　　　　　　　(d) 知识数据

图 2.5　四种数据实例

5. 航天遥感信息应用有 4 个发展阶段

航天遥感信息应用的发展是分阶段的，表现出明显的技术发展特征，包括了科学、技术方法、工程应用、服务 4 个发展阶段。科学研究阶段重点针对航天遥感客观规律进行探索和发现，技术方法是航天遥感系统中相关方法、技巧或工具的发明，工程应用是这一系统的建造活动，服务是将其转化为一种业务化应用。

我国航天遥感发展到今天走过了 40 年历程，从以科学活动为主的科研和以技术发明为核心的技术突破阶段，到以技术工程活动为核心的工程发展阶段，再到现已处在以应用为核心的、面向服务的服务体系化发展阶段，已经发展并逐步健全业务模式、应用模式、产业模式与商业模式，充分体现了科学、技术、应用活动的综合，以及整个系统成熟度的不断提升。

2.1.5　航天遥感系统信息

1. 基本概念与主要作用

与其他的信息系统一样，航天遥感系统不仅有观测对象信息的输入/输出、存储、处理、传递等功能，而且自身有任务控制功能。利用信息手段对构成系统的各组成进行控制和管理，从而对遥感信息流的获取、处理、传输、输出等环节进行管控。这种信息不同于遥感信息，是用来协调系统内部环境、外部环境与系统目标之间关系的，可称为管理信息流，其活动贯穿于系统的各个环节，存在于观测活动的始终。

系统通过管理信息进行有效的控制，其目的是"多快好省"地完成任务，确保获取的信息满足需求。伴随着信息化水平的提升，管理信息水平不断提升，促进遥感系统向高效化、自动化、智能化、智慧化方向发展。

2. 航天遥感系统信息过程研究

航天遥感系统信息过程研究是以系统信息流作为研究对象，探讨以高效完成获取遥感信息流为目的的系统管理信息的获取、传输、存储、认知、再生、施效等环节中的信息流机理。例如，管理信息表达与测度、处理与转换等。

在现代科学的理论体系中，系统、控制和信息是 3 个具有时代特征意义并且有深刻内在联系的重要科学概念。系统论、控制论和信息论的结合导致了现代科学方法论的重大突破，促成了现代科学技术的巨大变化。管理信息流研究建立在系统论、信息论与控制论的基础上。系统运行离不开控制，系统控制离不开信息。控制论揭示了事物联系的反馈原理，研究如何利用好信息。

控制是施控主体对受控客体的一种能动作用，控制建立在信息反馈的基础上，反馈是把信息从施控主体到受控客体，经过处理再返回给施控主体的过程，系统输出的信息输送给系统的用户，必然引起信息用户的反响，反馈把信息用户的这些反响集中起来，经过分析、筛选反馈给系统的管理者，对系统进行合理的调控，控制的过程依赖于信息的过程，通过信息的反馈达到系统控制的目的。

从层次上分析，我们认为航天遥感信息过程研究关注更多的是航天遥感信息语法信息，是对本体信息认知的从不确定到确定过程中对信息状态和形式的侧重。航天遥感系统信息过程研究则包含了语法、语义和语用信息，是"全信息"，其侧重于利用信息控制整个系统物质、能量、资金的有序流动。

2.2　地球信息与地球信号信息的场分布特性

观测对象物质能量运动在一定的时空范围形成了场，其性质和状态是由场特征参量加以表征的，这就是观测对象信息。承载这些特征参量信息的可被感知的电磁场、重力场信号也具有场特征。这种场信息是观测对象信号信息，是航天遥感信息的源。

2.2.1　地球系统观测对象特征参量的场表现形式

场指物质能量在时间和空间中的存在情况与运动变化，它把观测对象物理状态作为空间和时间的函数来描述。场以时空为变量，是整个现代物理学的范式。场可以分为标量场、矢量场和张量场 3 种，其依据场在时空中每一点的值是标量、矢量还是张量而定。若物理状态与时间无关，则为静态场(定常场)，反之，则为动态场或时变场(不定常场)。若物理状态在空间中是连续的，则为连续场，反之为不连续场。

观测对象的物质能量状态与运动是由参量描述的，这些参量也具有场表现形式。在物理学与地球科学领域，得到公认的观测对象参数场有声场、光场/电磁波场、电力场、磁力场、重力场、温度场、密度场、浓度场、风力场、气压场、波浪场、洋流场等，它们可以综合地称为地球物理场、大气场和海洋场。

地球系统观测对象的状态与变化的时空场有其自身特点。随着时间的变化，其大小、形状、位置、色调、明暗、纹理、所处环境，以及温度、密度、浓度、电磁特性均会有不同程度的变化，这种参量的范围与变化形成了场。例如，观测对象的大小、位置在时间、空间 4 维结构中形成分布，色调、明暗等在一定光谱范围形成分布等。一般情况下，观测对象特征的场分布在某个范围内是处处连续的，或存在有限个点、某些表面及体的不连续性。从更大范围看，场均有一定作用范围，超出这个范围就可能不存在了。因此，观测对象在另一个范围尺度下看是不连续的。

物质能量场的概念也自然延伸到了其他类型的信息上。Harvey(1973)曾提出了地理空间场的概念，赵鹏大等(1995)提出了"地质场"的概念，牛文元(1992)提出了"资源场"和"地理场"的计算方法，王铮(1994)提出了"区域场"的概念等。

地球系统观测对象信息是与观测对象实体时空位置相关的观测对象特征属性信息，用以表征地球表面诸观测目标的类型、数量、状态、相互联系及变化规律等属性要素。这些观测目标的属性要素以连续场和离散场两种方式存在。对于连续的观测目标属性特征，可采用一组空间连续函数描述，每个函数在空间的任何位置都有唯一确定的值，如土壤种类、地形分布等。而在离散实体属性特征信息描述中，地理空间被其他无序的空间集合对象所占据并赋予属性，如房屋建筑、树木等(周轶挺和李三丽，2013)，从而形成了不连续的函数描述。无论哪种情况，如某一时空区域内的每一点都对应着某目标特性的一个确定的值。观测目标信息在时空域中的表达即是要确定观测目标特性的场分布。

2.2.2　大气目标特征参量的时空场分布特点

研究大气目标参数的目的是了解地球大气圈中各种大气成分的演变规律。从大气层的形成和演变来看，大气成分包括了由经过漫长的过程形成的第一代大气，因地质活动产生的水汽、二氧化碳、一氧化碳等第二代大气，以氮和氧为主要成分的近代大气，以及工业革命以来被严重污染的现代大气。那么作为人类目前赖以生存的唯一空间环境，对覆盖整个地球的大气圈中大气目标参数的研究包括 4 个方面：①地球大气的一般特征(如大气的组成、范围、结构等)；②大气现象发生、发展的能量来源、性质及其转化；③解释大气现象，研究其发生、发展的规律；④利用这些现象预测、控制和改造大气环境。

地球大气作为一个整体在不停地运动着和变化着，具有范围广、变化快、形式多样的大气运动特征，其使得各种大气目标参数构成了具有连续特征和尺度效应的时空变化场。地球大气的密度、压力、温度和化学成分等性质会随着高度变化(垂直分布)，也会随着纬度或区域而变化(水平分布)，以及随着时间而变化。从时间尺度上，大气可以分为几百万年至几十亿年(与生命的演化有关的大气化学成分的演变)、几千年至几十万年(冰期和间冰期之间交替产生的大气化学组分变化)、几十年至几百年(气候变化)、几天至几个季度(天气现象)、几秒至几小时(时间尺度小于一天的大气成分的物质能量交换过程)。从空间尺度上，地球大气在垂直方向上的物理性质有显著差异，根据这些性质随高度的变化特征大气可以分层，而每层的大气具有不同的变化特征，特别是近地面的对流层受地表因素、人类活动等因素的影响，大气目标参数的水平分布不均匀。

通常情况下，相较于陆表参量，大气目标参量具有大尺度分布特征，就全球范围而言，其空间变异性小，变化缓慢，不随时间而变或变化很小，属于稳态场，因此通常针对大气目标参量观测的样点的空间布局可以比较稀疏且均匀。大气目标参数除了上述的稳态分布特征之外，还存在有大气目标敏感区和关键区。例如，大气污染物通常具有人为源和自然源两种，污染源排放到大气中，并由于大气传输而影响到周围其他地区，在时空域上就形成了高浓度值区，如图 2.6 所示。因此，大气目标参数的时空场遵循客观上参数场自身的分布特点，依据特定地理空间范围内参量特征描述的详细程度，或随时间变化的频率，其反映在不同时间、不同空间、不同介质中的目标气体浓度、空间分布情况及时间变化规律。

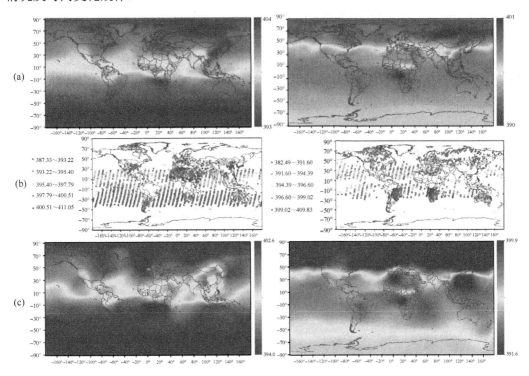

图 2.6　全球大气二氧化碳参量的场分布(Zhang, 2016)

(a) 2015 年 2 月和 8 月 GEOS-Chem 模拟的分辨率 2°×2.5°的月均 XCO$_2$分布；(b) 2015 年 2 月和 8 月 GOSAT 卫星月均 XCO$_2$分布；(c) 2015 年 2 月和 8 月基于多源数据融合的分辨率 0.5°×0.5°的 XCO$_2$分布；图中单位: ppm.

　　例如，全球大气二氧化碳参量的场分布，由于 CO$_2$ 是长寿命气体，在大气中混合均匀，其浓度变化受到全球碳源汇的影响。图 2.6 显示的是 CO$_2$柱浓度干空气混合比(XCO$_2$)的全球分布，从图 2.6 中可以看出，亚洲南部、非洲中北部和南美洲北部等人类活动频繁，产生大量的 CO$_2$，大量 CO$_2$排放的地区是全球 XCO$_2$场中浓度高值区域。从区域上看，由于大气目标参量场是具有差异性的，区域场季节变化明显，北半球的季节变化比南半球更明显，北半球冬季，XCO$_2$浓度最高，夏季最低，这主要是由于北半球覆盖的纬度和区域面积更大，植被光合作用的变化更明显，其与地球植被系统的光合作用和呼吸作用密切相关。

对参量场分布特征描述是建立在表征物质、能量客观情况基础上的。针对同一类参数目标，实际的应用需求不同，会需要不同尺度的参数场。尺度是空间信息的重要特征，它体现了人们对空间事物、空间现象认知的深度和广度，对空间数据尺度效应的理解能力，影响着所获取空间知识的准确程度。

研究尺度的不同会产生不同的研究结果，原因是在不同尺度下研究对象、过程的细节描述程度有所不同。以碳观测系统为例，在过去十几年里，碳观测的空间覆盖从地面站点逐步发展到航天遥感平台，满足不同的应用目标，人们可以依据大气目标参量自身不同时空尺度特征来决定目标场的采样的尺度。例如，全球气候变化，可依据月平均陆地 100 km 和海洋 500 km 分辨率的监测结果，而国家级土地利用监测则需要更细的空间分辨率(10 km)。目前，全球碳观测系统中不同碳循环中目标场所对应尺度层次在空间上可从区域到全球尺度，时间上可从小时、日、周、月到世纪，来满足气候变化全球和国家尺度的短期和长期的监测需求。具体地讲，如化石燃料燃烧产生的源和农业、森林产生的汇，属于大尺度的自然源汇，而较小尺度能够探测到更小空间、更短时间分布的人为活动产生的源，可用于识别排放源和排放类型，如图 2.7 所示。

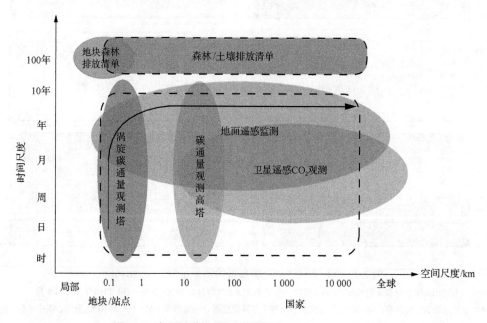

图 2.7 碳观测系统的不同时空场 (Ciaisl et al., 2014)

大气本身的变化特征表明大气目标参数场有显著的时间序列特征和很强的空间地域性，本质上，大气目标参量场是利用电磁场来描述参量在地理空间上的连续分布，具体地说，是基于一定的采样原则对大气进行长期系统的监测，从而得到目标物在大气中不同时空条件下的浓度变化，进而可以掌握其规律变化，为区域性、全球性的大气污染物的迁移转化提供重要依据，这也是下一节本书探讨的重点。

2.2.3　陆表目标特征参量的时空场分布特点

陆表目标参量是地球系统观测对象中的主要参量，主要包括地表温度、地表发射率、叶面积指数、吸收的光合有效辐射比例和土壤水分等参量。地表温度决定了地表辐射能量平衡中的长波辐射，是气候、水文、生态和生物地球化学模式的关键参量。地表反照率定义为太阳短波波段在半球空间的所有地表反射辐射能量与所有入射能量之比，是地表能量平衡和地气相互作用的重要驱动因子，也是陆表过程中用到的一个重要变量。叶面积指数指单位地表面积上单面绿叶面积的总和。叶面积指数反映了生态系统中的叶子数量，是许多植被-大气相互作用的模型，特别是关于碳循环和水循环模型中的关键参数。土壤水分是全球水圈、大气圈和生物圈水分与能量交换的重要组成部分，也是地表干旱信息最重要的表征参量。土壤水分也是陆表模型参数化的一个重要参量，它的空间分布和变化对地-气间的热量平衡、土壤温度和农业墒情都会产生显著的影响。

由于土壤母质、土壤类型、地形、气候、生物等环境条件的差异及人类活动的影响，陆表目标参量的时空变异特征剧烈且细节丰富，属于时空场变异较大的目标参量。下面以陆表土壤水分作为典型陆表参量，详细分析其时空场分布和时空尺度依赖性特点。

土壤水空间异质性主要指土壤水分在空间尺度上的变异性，土壤水分具有高度的异质性，如图 2.8 所示。无论在大尺度上还是在小尺度上，土壤水分的空间异质性均存在。Entin 等(2000)认为，土壤水分的时空变异尺度可分成大小两个组分，大尺度由大气控制，主要决定于降雨和蒸发格局，小尺度主要决定于土壤、地形、植被和根系结构。Mohanty 等(2001)也认为土壤含水量的空间变异主要与降雨、土壤质地、地表坡度和植被陆地覆盖有关。不同空间尺度下，土壤水分的不均匀性相差很大，通常是尺度越大，空间变异性也会越大。当土壤水分空间尺度过大时，尺度内会存在多种地物或某种参数的多种取值，像元内的非均匀异质性不仅增加了土壤水分信息场分布的不确定性，也给土壤水分遥感反演及其检验带来了困难。

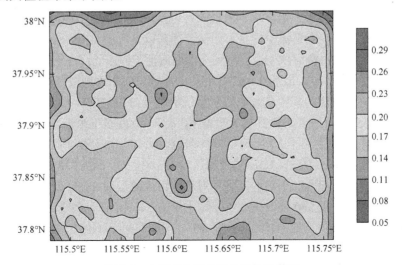

图 2.8　土壤水分信息场异质性示意图

　　土壤水分除了具有空间变异特征外，还具有时间变异特征。如果说空间尺度是指目标的面积大小或最小信息单元的空间分辨率水平，那时间尺度就是其动态变化的时间间隔。土壤水分在不同时间尺度的信息场分布也不一样。Petropoulos 等(2013)研究表明，地面实测点尺度的土壤水分日变化幅度较大，但 AMSR-E 土壤水分产品的尺度是 25 km，土壤水分在这个尺度上的变化较为平稳，幅度较小。因此，土壤水分观测尺度越小，变化幅度越大，意味着较高的传感器辐射分辨率才能捕捉到土壤水分场信息。

　　有文献表明，土壤水分时空场分布还具有时间稳定性(高磊，2012)。土壤水分随时间和空间地理位置的变化而变化，但当把土壤水分按大小排序或与平均水分进行比较时，空间变异格局表现出随时间持续不变的特性，这种现象叫时间稳定性，这些样点就是时间稳定性点。若在某种尺度下存在土壤水分时间稳定性点，则可根据时间稳定性点土壤水分含量与研究区域的平均土壤水分含量的关系，估计和预测研究区域的平均土壤水分状况，这样将大大简化估算某个研究区域平均土壤水分状况的采样和测定工作，可广泛用于遥感土壤水分验证和农田土壤水分监测与管理。不同位置间的变异性可利用地统计理论进行分析，而不同样点位置随时间的变化则可用时间稳定性来表征。

　　土壤水分还具有尺度性效应，即在某一尺度下获得的土壤水分不能直接移植到高一级或低一级尺度问题中求解。大尺度土壤含水量特征值并非若干小尺度值的简单叠加，小尺度值也不能通过简单的插值或分解得到，这就是土壤水分的尺度性效应，需要利用自相似规律、分形结构或地统计学等方法在不同尺度之间建立某种尺度转换关系。

2.2.4　水体目标特征参量的时空场分布特点

　　水体目标参量也是地球系统观测对象中的主要参量，主要包括叶绿素 a、悬浮物、透明度、黑潮、水体富营养化等。由于水体的温度、盐度差异及人类活动的影响，水体表面目标参量的时空特征变化较大。下面以黑潮和叶绿素 a 作为典型水体目标参量，详细分析其时空场分布。

　　黑潮以流速强、流量大、流幅窄、流程长，以及高温、高盐、高透明度特点而著称。它是北赤道流的延续，北赤道流于太平洋西侧菲律宾以东海域北上，从中国台湾东侧流入东海，继续北上，过吐噶喇海峡，沿日本列岛南面海区流向东北；在 35°N、141°E 附近海域，离开日本海岸婉蜒东去；最后在 165°E 左右的海域里向东逐渐散开。黑潮从它的源头，从太平洋的低纬度海域流向高纬度海域，南北约跨 16 个纬度(20°N～36°N)，东西约跨 115 个经度(50°E～165°E)流经东海和日本南面海区，行程 4000 多千米，如果加上黑潮续流，全程约 6 000 km。黑潮主流于 35°N 附近转向东流，另有一分支继续流向东北，与南下的亲潮寒流汇合，形成西北太平洋渔场。黑潮的速度为 100～200 cm/s，厚度为 500～1 000 m，宽度为 200 多千米。于日本四国岛的潮岬外海测得海水流量达 6 500 万 m³/s，约是世界流量最大的亚马孙河流量的 360 倍。黑潮年平均水温为 24～26 ℃，冬季为 18～24 ℃，夏季可达 22～30 ℃。黑潮也较邻近的黄海高 7～10 ℃，冬季更可高出 20 ℃。

　　黑潮对渔业生产影响重大。我国享有"天然鱼仓"之称的舟山渔场，就处在暖流和沿岸流之间的"海洋锋面"。日本东部海区处在黑潮暖流和亲潮寒流之间的"海洋锋面"

上，因而也是世界著名的大渔场。当然，黑潮强暖流也为暖水性鱼类的产卵和幼鱼的搬迁创造了条件。

海洋叶绿素浓度是衡量浮游植物的生物量和富营养化程度的最基本指标，叶绿素浓度反演对"海洋-大气"系统中碳循环研究有重要意义，对海洋生态系统中初级生产力的研究也至关重要。海洋初级生产力是海洋生态系统的重要参量，它在一定程度上控制着海气界面二氧化碳的交换，是全球气候变化研究的重要目标。全球叶绿素 a 分布总体呈现近海高、陆架次之、外海最低的空间分布格局。1998 年以来，对全球尺度的浮游植物变化的研究表明，全球海洋的叶绿素浓度整体呈下降趋势，其中太平洋东部、印度洋北部及东部海区的叶绿素浓度增加，高纬度地区（>60°）则呈相反趋势，而开阔大洋叶绿素浓度下降速度高于近岸海域（Boyce et al., 2010）。长期研究发现，温暖时期太平洋的叶绿素浓度很低（Behrenfeld et al., 2006）。

从以上分析可以看出，地球上的关注对象在时空上有较大的跨度，从小于厘米级的目标到上万千米级的目标，从简单的空间分布规律到复杂的空间分布规律，从秒级时间变化到 10 年、百年级的实践跨度变化。这种时空间的变化率将极人地影响观测对象信号信息及遥感信号信息的状态，以及相对应的遥感器指标与信息处理系统指标的设置。

2.2.5　观测对象信息场与信号信息场的关系分析

可被感知的遥感信号信息一般由电磁场承载，如可见光、红外、微波等，其是观测对象的信号信息场。观测对象对外辐射的电磁场是观测对象信息的载体，包括了描述观测对象状态与变化的参数场信息，同时，其自身就具有场分布特点的电磁场分布的变化承载了观测对象主体信息的变化，具有时空尺度特性，可通过对不同观测对象的不同尺度特征来描述。同时，观测对象的参数场与观测对象的地磁场这两种场在表述观测对象中是有区别的。其相互关系表现形式主要包括：

（1）连续和不连续的区别。参数场表征观测对象成分、结构、形状、大小的空间特征、时间分布及与环境因素相关的信息。电磁场表征观测对象电磁辐射特征状态。电磁场表征的能量信息承载了参数场表征的物质信息，对辐射能量信息采用连续函数描述，而观测对象特征信息的描述多采用不连续函数描述。例如，我们关心的某个观测对象特征参量仅仅代表了观测对象某个特性，而所形成的电磁场是整体效应的反映。土壤含水量、大气、水体中的污染物浓度和农作物产量等不同观测目标的特征状态信息与遥感地磁辐射场既有联系也有各自不同的变化规律。

（2）一致和不一致的区别。有关观测对象物质能量状态的参数场变化真实地反映了观测对象的运动规律，参数数值的变化与物质能量的变化是一致的。而观测对象对外辐射的电磁场表现出观测对象所具有的复杂性、空间异质性和不确定性等特性，是一种综合性反映。因此，在对许多现象和规律进行的研究中，观测到的电磁场与所关注的参数场有很大的区别，这导致在遥感应用中"同谱异物、同物异谱"现象的存在。

（3）直接和间接性的区别。遥感信息是地表物体与电磁波相互作用的结果，通过电磁波对观测目标进行识别和分析。而其承载的信息的表现形式具有直接性和间接性。例如，表达信息的图像，通过符号、线条、颜色等要素来识别、区分观测对象的分布、数量及关系等，从而对观测对象变化过程和规律进行把握。所以，需要对直接信息进一步挖掘、分析研究，这种电磁场信息是一种间接信息。

因此，从遥感信息中获得观测对象特征状态的高精度、高准确性信息，需要对整个信息链的各环节进行研究，包括人们对观测对象认识深度及遥感信息的属性特点，以及其他信息的完备性和技术手段的可靠性。有关这方面的内容涉及观测对象与电磁场相互作用机理方面的研究，其在遥感领域研究中占有非常重要的位置。

2.3　航天遥感信息的采样本质

遥感作为一种采用电磁、重力等信号获得地球信息的探测技术手段，其信息流运转的第一个环节是遥感器感应观测对象并输出信号。一般地，将输出信号转换成计算机能识别的数字信号，这种数字信号包含了观测对象信号信息，可以理解为一种"编码"过程。

在这一"编码"过程中，由于遥感器在波段、分辨率、观测时间等方面的"尺度"局限性限制掉一部分观测对象信号信息，同时对获得的连续时空信号通过采样方式进行了离散化，这种时空采样将时间尺度与空间尺度紧密结合，构成了遥感信息场。这种场建立在观测对象信号信息场的基础上，承载了观测对象信息，体现出遥感器特点，具有与其他观测手段不同的自身特点。

从观测对象特征的场分布尺度特性看，遥感信息场既可以表征观测对象的幅度，也可以作为刻画细节的度量（如分辨率）。遥感可以从不同尺度描述观测目标信息的场分布，同时结合地理过程的多种要素的时间和空间尺度进行监测分析。一般地，可以认为航天遥感信息的内容表现是具有尺度效应的时空变化场。

2.3.1　地理学尺度与观测学尺度概念

观测目标的状态和过程变化特征与尺度密不可分，尺度本质上是自然界所固有的特征或规律，可被人感知（吕一河和傅伯杰，2001）。对于现实世界中的尺度来讲，观测目标现象和过程的描述不仅取决于其本身的特征，而且依赖于观测时所采用的尺度，因而可把尺度分为两类：一是与观测对象状态变化范围有关的本体论尺度，称为地理学尺度；二是描绘事物过程或属性的认识论尺度，称为观测学尺度。

1. 地理学尺度

地理学尺度是上面 2.2 节所描述的观测对象物质、能量与信息状态和过程变化在时空作用域的表征，是本身固有的客观属性，属本体论信息，其大小、范围、变化等不受观测手段影响。地理学尺度是完整反映观测对象物质、能量与信息规律所需的时空范围。在具体应用中，关注观测对象的信息聚集在一个有限的时空间范围，小于这个范围，不能构建完整的系统，不能形成规律的有效展示，超出这个范围则又没有实际意义。

2. 观测学尺度

观测学尺度，即在一定的时空尺度内对观测对象的现象和过程进行测量以获得观测对象信息。这是一种建立在现代科学范式上的认识论信息，从观测主体角度对观测对象特征与变化规律进行描述。观测学尺度包含了采样学尺度和模型学尺度两种概念。

采样学尺度是对观测目标现象(实体)按照不同的层次、结构、功能进行观察、测量、试验时所依据的实验规范和标准，包括取样单元大小、精度、间隔距离和范围，主要是受测量仪器、认知水平和观测目的制约。不同的采样学尺度将导致不同范围、数量、精度、具有不同语义的观测对象信息。

模型学尺度是根据观测结果，结合实际需要，通过建模和一定的信息处理对观测对象状态进行量化分析和表达。模型学尺度主要受认知水平和观测目的限制，其建立在地理学尺度和采样学尺度的基础上。

3. 地理学尺度与观测学尺度关系

地理学尺度与观测学尺度本质不同，其关联是在某一层次上对观测对象完整描述的符合性，即针对某一具体应用，完整描述观测对象所需的信息量与观测获得的信息量要相同，地球信息的量等于观测地球信息的量。

不同的地理现象和特征，有其对应的时间和空间尺度，目的是发现这些时空尺度特征，使测量尺度与地理现象和过程的时空尺度相匹配，以深刻认识地理现象和过程的时空特性。因此，需要根据不同应用目的和观测对象的特性进行尺度分析，明确空间数据的多尺度特征，以及空间信息的尺度内涵，使得所选观测尺度的数据能够最大限度地反映目标地物的属性特征，这也是建立遥感数据多尺度处理与信息表达模型的基础。

以农田作物蒸散量 ET 为例，从单叶、单株水平的蒸腾一直到灌区遥感影像 ET 数据存在点到面的多种尺度。不同尺度水平上对农田作物 ET 的测量方法也不同，如叶片尺度测定方法主要有光合仪法和气孔计法等，单株尺度测定方法有热脉冲法和热平衡法等，农田尺度测定方法主要有蒸渗仪法、水量平衡法、波文比-能量平衡法、涡度相关法等，区域尺度测定方法主要有大口径闪烁仪和遥感等。不同尺度采用的观测方法不同，所反映的信息量也不同，但目的都是为了让所选观测尺度的数据能够最大限度地反映农田 ET 的属性特征。

4. 地统计学作用

如前所述，同一地理学现象在不同测量尺度下所表现的信息量是不同的，以满足不同的应用需求。不同的研究对象有其对应的地理学尺度，需要在此基础上研究与发现能完整反映其状态与变化规律的观测学尺度。在空间数据尺度研究中，需要解决场数据的空间相关性，同时，这个空间相关性会影响所得到的基于场的数据误差分布的性质。地统计学有可能解决这些与误差的空间相关和空间分布有关的问题。

地质统计学方法是以半变异函数为基本工具，研究区域化变量空间结构特征的一种数学方法，其能较好地反映不同目标参量的多尺度时空场特征和误差分布，可依据观测目标地理现象的过程、特征与规律，进行时空特征和误差分析，确定不同观测目标的最佳测量尺度和最小误差，有效完整地揭示地理学现象的特征。

地统计学是统计学的进一步发展，地统计学所研究的变量在空间或时间上可能是相互联系的，对于样本数据资料，除了需计算变量的均值、方差等统计量，还需要计算变量的空间变异结构。因此，应该分析参量的空间(或时间)位置是否含有必要的信息，即需要解释变量的空间(或时间)连续性。由于许多目标参量都具有空间连续性，在采样设计中就不能简单地使用随机布置采样点的方法，而应考虑到进行地统计学分析对资料的一些要求，进而可能捕捉到小距离的空间连续信息。另外，由于随机场的空间变异性和各相异性，目标参量和现象不断随空间而变化，还随测量尺度和形状而变化，我们可以通过地统计学分析，将目标参量的空间变异性和各相异性与观测尺度和形状联系起来。

2.2 节详细分析了不同观测目标参量场分布特征，明确了目标参量具有时空信息特征和尺度依赖性，而统计方法恰恰考虑了目标参量的空间变异和空间相关等信息，考虑了目标参量的空间变异结构对空间采样的影响，克服了地面采样样点独立的局限。因此，地统计采样是研究观测目标场空间特性及采样设计的优选方法，可解决多大的采样尺度能够满足具体应用需要的问题。同时，遥感模型要发展，必须要解决大尺度有空间变异观测不一致的问题，这对遥感空间采样策略提出了要求。

基于遥感观测目标参量地理现象和过程的时空尺度特征，通过地统计方法进行传感器时空采样设计，实现观测目标参量在不同时间和空间尺度对地表结构、功能特征的如实描述与刻画。遥感观测目标场具有时空连续特性，不同遥感目标变量在时间、空间上都具有不同的异质性，通常目标变量的变异系数越大，时间采样频率和空间采样频率也越大。

2.3.2　不同应用类型下的遥感尺度分析

观测对象信号信息是具有空间和时间尺度效应的时空变化场，遥感系统通过获得、传递、分析观测对象信号信息在时间和空间上的分布，或利用空间痕迹追溯时间过程变化及空间分布的变化，进而对观测对象进行发现、识别、确认、理解与预测。

1. 遥感尺度

遥感系统是用来有效获得满足某种类型应用需要的观测对象状态与变化规律信息的技术手段，遥感尺度是一种观测学采样尺度，包括能量采样的时间与频率、波谱范围、采样范围分布与分辨率、角度、偏振性和相位等遥感"6根"。

在遥感探测典型目标中，我们经常说的尺度指采样范围分布与分辨率，大气探测属于宏观的地理现象，其采样的分辨率及采样点的间隔要远大于微观地理现象，如城市街区环境的探测。宏观的地理现象一般只能用小比例尺的地图来表示，而微观的地理现象则相反。时空范围和分辨率的变化使得获取的同一目标的信息特征也在变化，不仅会出现"管中窥豹""瞎子摸象"的错像，以及"混为一谈""皂白不分""屯毛不辨"的错像，而且会出现"横看成岭侧成峰"的异像。

影响遥感目标识别的不仅仅是分类方法，而遥感空间分辨率也对遥感目标识别的不确定性有显著影响。一般情况下，不同的空间分辨率的遥感数据都能提供地表某种特性的信息，但我们总希望从遥感数据中提取的该信息具有最小的不确定，也就是在具体应用中的空间分辨率选择问题。

早在 20 世纪 70 年代，科学家已经认识到遥感多分辨率特点在解决传统地理学中尺度问题方面的优势。例如，1970 年"美国地理遥感之父"Simonett 教授曾指出"尺度问题是遥感科学的核心问题"(李小文，2013)。空间数据的出现包含着认知的概念，在观察、理解和传播空间认知的过程中，地理现象的表现不仅取决于冗余本身的特征，还依赖于观测者使用的观测尺度和方向。对空间数据尺度影响(尺度效应)及尺度行为等概念的理解能力，会影响所获取空间知识的准确程度。空间数据需表达信息的时间性、完备性和可靠性等特性，在利用数字等方式对信息进行描述时，必须将其离散化，即以有限的抽样数据(样本数据)描述无限的连续物体，或者对于非常复杂的地物和地貌特征，通过对空间物体的综合，即对物体形态的简化和取舍，来实现高效准确地描述物体的整体和局部的形态特征。合理的采样间隔可使得信息的获取既不多余也不失真。

2. 遥感尺度对遥感目标识别的影响分析

遥感图像分类是通过遥感信息数据提取地物对象目标信息的过程，针对明确的地类目标或明确的研究区域，根据发现、识别和确认等不同层次，选择适宜的和合理的空间分辨率进行图像分类和地物目标识别，以获取最佳分类精度。目标发现中，需要从遥感图像上识别出目标，所需空间分辨率需要小于目标最小直径。目标识别中，需要通过遥感图像辨认出目标的属性，所需的空间分辨率要求高于图像发现层次，通过利用多个像元组成的目标物内部的形状、纹理等特征，综合判断目标的属性。目标确认中，需要通过遥感影像目标识别的属性结果进一步确定。

对同一地物目标的发现、识别、确认和理解具有不同的尺度要求，其会随着模型方法技术要求的不同而呈现显著的差异，通常情况下，按所需尺度精细程度从大到小排列为理解＞确认＞识别＞发现，其中目标理解所需的空间分辨率最为精细，要求最高，信息量最大，而发现所需的空间分辨率要求最低。

想要得到更深层次的图像信息需要对目标的属性状态进行进一步的获取，从而了解目标的更多属性状态并支持应用决策，所以所需的空间分辨率更高。通过对比分析各相同目标不同状态下在多个遥感影像像元上所显示出的特征信息，达到对图像目标理解的能力。

只有通过对不同层次的结构、光谱、纹理和几何等特性进行检测、分析和融合，才能实现对地物目标从发现到理解的逐步深化。另外，由于地物目标自身尺度范围和地域影响范围的不同，通常地物目标空间尺度范围越小，所需的发现、识别、确认和理解的尺度要求也越精细。例如，单株树木的检测识别的尺度明显应该比大面积森林的检测识别尺度更细，对空间分辨率的要求更高。因此，如果将空间尺度作为横轴，不同尺度的地物目标作为纵轴，其发现、识别、确认和理解的空间尺度范围就形成了一个有规律的条带，虽然不一定是明显的线性结构化分布，但是会具有较好的规律性，如图 2.9 所示。

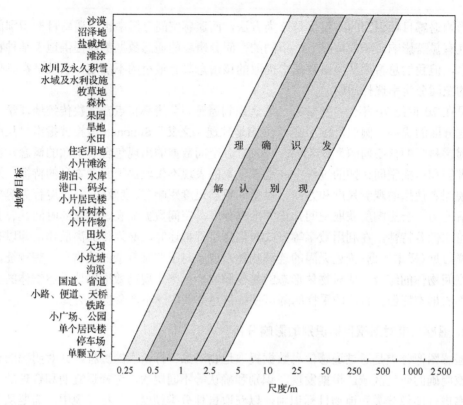

图 2.9　遥感目标识别的空间度坐标

即使研究对象是同一类地物目标，其运行尺度也存在差异，如建筑物具有不同的规模，树木具有不同的粒径等。因此，需对不同类别地物目标及同类地物目标不同规模进行梳理，形成地物类别运行尺度分级分类体系，其对于选择合适的空间分辨率进行图像分类具有重要意义。

综上所述，从图 2.9 中的尺度分布规律可知，我们无法利用一种空间分辨率而解决所有地物目标的分类识别，对应不同的地物对象，存在目标发现、识别、确认和理解的最优尺度和尺度范围，而且图像分类的这 4 个层次所需的空间分辨率逐层递进，因此需要一套多尺度标准化体系。

从遥感图像的具体应用来说，研究目标的空间尺度特性不同，其对传感器空间分辨率的需求也有所不同，即目标的空间信息和属性信息在不同尺度上的特点和需求是不同的。在某一尺度上发生的空间现象，在另一尺度上不一定存在或发生，即尺度相对性。因此，遥感图像最佳空间分辨率的选择与所研究目标的内在特征有关。例如，若研究内容是以大面积的流域、海域为主，可以选择空间分辨率较低的影像，而研究纹理细节比较丰富的城市内部结构信息，则必须选择空间分辨率较高的影像。

3. 信息量对遥感目标状态特性提取的影响分析

获取足够的有效信息量是目标发现、目标识别及目标确认的基础，其有助于正确认识关注对象。在此基础上，由表及里、由外及内，通过定量反演技术可以理解关注对象目标的一些本质特性，如温度、浓度、生物量等，从而进一步在其他相关知识的支持下对关注事物研究目标进行预测、评判等，如天气预报、旱情预测、粮食估产等。对于特定的区域和研究目标对象，其空间分布是客观存在的。在信息提取过程中，不同空间分辨率的遥感数据中提取的信息精度会有很大差别，同样的处理方法得到的结果也往往不同。因此，尺度选择就是选择使遥感处理达到最优效果的尺度，既能准确表达研究目标特性的空间分布结构，也能尽量避免高空间分辨率造成的"只见树木，不见森林"的误像。

提取研究目标本质特性的目的是开展具体应用，不同观测研究目标具有不同的时空场分布特点，意味着并不是空间分辨率越高，目标属性的提取结果就越精确，不同研究观测目标信息对传感器空间分辨率的需求有所不同。空间分辨率的大小反映了空间细节水平及和背景环境的分离能力，但遥感影像的空间分辨率对目标特性的精度影响呈现相反的两面性。例如，在进行遥感图像土地覆盖分类时，一方面，精细的空间分辨率可减少边界混合像元，在一定程度上提高精度，但是另一方面，过高的分辨率也可能导致类别内部的光谱可变性增大，太冗余量信息带来了新的问题，有可能使分类精度降低。表面上，空间分辨率变化对分类精度两个方面的影响是相互矛盾的。但是随着遥感数据空间分辨率的变化，遥感数据分类精度究竟如何变化最终取决于遥感数据的空间分辨率和景内的目标大小之间的相对关系。对于较大的均一目标物，遥感空间分辨率的降低只是增加了边缘的混合像元数目，但不会引起目标内部像元之间光谱变异性的变化，因此分类精度会降低；而对于光谱空间异质性很大的目标物来说，遥感数据空间分辨率降低虽然使边缘的混合像元数目增加，但空间分辨率降低的平滑效应可能使类内光谱变异降低，类别间的可区分程度提高，最终的分类结果精度反而可能提高。因此，选择合理的测量尺度对研究目标本质特性提取至关重要。

4. 遥感尺度的作用

遥感观测目标场具有时空连续特性，不同遥感目标变量在时间和空间上都具有不同的异质性，通常目标变量的变异系数越大，时间采样频率和空间采样频率也越大。通过地统计学方法进行传感器时空采样，可实现观测目标参量在不同时空尺度对地表结构和功能特征的描述与刻画。

信息范围的评价。同一目标不同分辨率采样的尺度含义决定从发现到识别到预测分析等不同的应用层次与目的，如何保持观测目标某种尺度特征的完整性和稳定性，同时保证冗余度最小，这些均对遥感器的采样策略设计提出高要求。从遥感器通道的空间分辨率设计方面来说，最小地物尺度对卫星数据空间分辨率设计要求起着至关重要的作用。所谓最小地物尺度，是指图上呈现的地物最小值。因此，为使图像信息全部被发现，空间分辨率的设计值应小于最小地物尺度。遥感空间分辨率越高，地物的细节表现得越明显。但在实际不同的应用过程中，空间分辨率往往需要远小于最小地物的直径，才能达到良好的地物目标识别效果。当空间分辨率刚刚略小于最小地物的直径时，只能确保地物目标在图像上被捕捉到。地统计学与傅里叶变换的谱方法对于遥感器空间分辨率的设计均有重要的指导作用。

信息量分析。针对不同类型应用的目标信息量，需确定最佳的空间采样。根据探测目标的区域变化程度和细节丰富程度，可将其分为两类，即遥感目标时空均匀场和时空变化场。遥感目标时空均匀场是指时空变异相对不大的遥感目标参量场，如土壤质地、气溶胶和大气成分等，这类参量变化缓慢且细节较少。遥感目标时空变化场则指的是时空变异相对较大的遥感目标参量场，如土壤水分、地表温度等，这类参量变化比较剧烈且细节丰富。从空间上连续变化的图像中，按一定的顺序和间隔采集数据，将图像在空间上分割成规则排列的一系列离散数据点的过程，就叫空间采样。不管哪一种目标采样方法，都与地物目标场的时空变异特征有关。采样一般按等间距均匀采样进行，有时也采用非均匀采样，一般做法是根据图像的特征采用自适应方法，在变化比较剧烈、细节丰富的区域用较大的采样密度；在变化缓慢、细节较少的平缓区或背景区用较稀的采样密度，以达到在采样点数不变的情况下更好地保留图像细节的目的。

2.3.3　理想条件下变化检测类型应用中遥感信息量的计算

香农信息论把信息定义为"用来消除不确定性的东西"，香农信息论主要解决的问题之一就是对信息的定量描述。信息是对事物状态与运动不确定性的描述，信息如何测呢？显然，信息量与不确定性消除的程度有关。消除多少不确定性，就需要有多少信息量。信源输出的信息量，即信源的不确定性，香农信息论用概率来描述信息的不确定性。

1. 信息量的计量方法

在进行信息量分析之前，先重复一下几个信息度量的基本概念：自信息、互信息和信息熵。

(1)自信息是信源产生消息或符号后提供给接收者的信息量，信息量的单位是比特(bit)。自信息含义包含两个方面：一是在事件发生前，自信息表示事件发生的不确定性；二是在事件发生后，自信息表示事件所包含的信息量，是提供给信宿的信息量，也是解除这种不确定性所需要的信息量。

(2)互信息。两个条件 x 与 y 的互信息等于 x 的自信息减去在 y 条件下 x 的自信息，即接收者通过信道传输后收到的信源的信息量，也就是信息不确定度的减少量。当两个条件独立时，互信息为零。任何两事件之间的互信息不可能大于其中任一事件的自信息。也就是说，一个事件的自信息是任何其他事件所能提供的关于该事件的最大信息量。

(3)信息熵 $H(X)$。从平均意义上表征信源的总体特性，数学上定义为自信息量的数学期望，引入信源的平均不确定度的概念，它是在总体平均意义上的信源不确定度。在信源输出前，表示信源的平均不确定性，输出后，表示一个信源符号所提供的平均信息量；熵可看成为解除信源不确定性所需的信息量。

不确定性是客观存在的。由于客观世界是无限宽广的，人类对于客观世界有太多的未知，有无限的不确定度。人类通过遥感手段对客观世界中一个很小局部的具体事物进行观测，从观测值中得到信息量，从而获得遥感信息，降低对该事物认识的不确定度，而该不确定度的减少量正是遥感影像能提供给人的信息量。从遥感器获取观测目标数据时起，就包含了观测对象的固有不确定性，即在原始数据中就有信息与噪声并存。信号从开始获取到数据转换、处理的过程中都会产生误差，我们要研究遥感影像所包含的信息量，会受到遥感影像灰度量化等级、噪声、畸变、相关性等因素的影响，而与之都密不可分的就是遥感影像的空间分辨率，如图 2.10 所示。

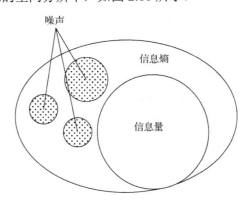

图 2.10　信息量与信息熵的关系(邓冰，2009)

如前所述，遥感的应用具有层次性，面向不同任务、不同目标的遥感影像空间分辨率不尽相同。通常情况下，人们认为遥感影像分辨率越高，信息量就越丰富，这是人们对于遥感影像空间分辨率与信息量关系的感性认识，缺乏客观的、全面的定量化质量评价标准。现阶段，对信息量与空间分辨率的关系进行直接量化模拟的研究还不多，随着遥感卫星体系的成熟，面向不同目标任务的影像最优空间分辨率问题一直没有得到定量性的描述。为使遥感时空特性分析精细化，有必要对遥感影像信息量和空间分辨率进行定量研究。

在现有文献中，对遥感影像信息量的研究主要依据信息论、模糊数学和数字图像处理等理论，以信息熵为测度，分别用噪声疑义度、相邻像元间的互信息量及单像元的平均信息量，来表述和分析遥感影像信息量与空间分辨率的关系。

2. 遥感信息量计算方法

(1)信息熵计算。遥感影像由不同灰度等级的像元组成，在影像表现中，像元间组合方式类型越少，即越均匀，越有序；像元组合方式类型越多，即越异质，越无序。遥感影像的信息熵与遥感影像的灰度变化程度直接相关。

其数学表达式为

$$H = -\sum_{i=1}^{n} P(i)\log_2 P(i) \tag{2.1}$$

式中，P_i 为第 i 级灰度值出现的概率。

(2)噪声疑义度。遥感图像获取过程中总会伴随辐射和几何畸变，因此所得到的影像含有疑义度。单像元噪声疑义度为

$$H_g = H_{(e)} - H_{(\eta)} = \ln\left(\frac{\delta_e}{\delta_\eta}\right) \tag{2.2}$$

式中，δ_e 和 δ_η 分别为遥感影像灰度信号和噪声信号方差。

邻元相关性和互信息量。

先计算影像邻近像元自相关系数 ρ：

$$\rho = \frac{\sum \left(A - \overline{A}\right)\left(B - \overline{B}\right)}{\sqrt{\left(A - \overline{A}\right)^2} \times \sqrt{\left(B - \overline{B}\right)^2}} \tag{2.3}$$

式中，A 和 B 分别为相邻像元的灰度级值。分子表示协方差，分母表示标准差。由式 (2.3) 分别计算影像的行自相关系数 ρ_x 和列自相关系数 ρ_y，则自相关系数取两者平均值。

(3) 互信息量。其又称为相对熵，描述两个概率分布 P 和 Q 的差异。

$$D(P \| Q) = \sum P(i) \log_2 \left[P(i) / Q(i) \right] \tag{2.4}$$

互信息熵始终大于等于 0。

(4) 单像元的平均信息量。假设一幅影像计算得到的信息熵为 H，噪声疑义度为 H_0，相邻像元的互信息量 H_1，则单像元的平均信息量为

$$H' = H - H_0 - H_1 \tag{2.5}$$

(5) 单波段影像总信息量。若这幅影像的像元个数为 $m \times n$，则单波段影像的总信息量为

$$H_f = H' \times m \times n \tag{2.6}$$

(6) 多波段影像总信息量。由于波段间可能存在相关性，假设有 4 个波段，多波段合成影像的实际信息量为

$$H = H_1 + H_2(1 - \rho_1) + H_3(1 - \rho_2) \times \rho_4 + H_4(1 - \rho_3) \times (1 - \rho_5) \times (1 - \rho_6) \tag{2.7}$$

式中，ρ_1 为 1 波段和 2 波段的相关系数；ρ_2 为 1 波段和 3 波段的相关系数；ρ_3 为 1 波段和 4 波段相关系数；ρ_4 为 2 波段和 3 波段相关系数；ρ_5 为 2 波段和 4 波段的相关系数；ρ_6 为 3 波段和 4 波段的相关系数。

上述遥感信息量计算方式，可通过计算不同地物目标得到定量化信息量大小，初步得出以下感性认识的结论：

(1) 多波段影像，因波段间相关性，多波段影像的实际信息量要小于多波段影像总信息量。

(2) 空间分辨率相同时，地物越复杂，信息量越大。

(3) 空间分辨率越高，信息量越大。然而，上述信息量计算公式，面对不同传感器影像、不同地物等因素，信息量大小不具有普适性，没有一个统一的标准来描述信息量与目标之间的关系。

3. 遥感尺度与信息量关系

空间尺度可直接看作为有效分辨率单元，对于同一地物类别，不同的空间分辨率，它的光谱响应值并非与像元大小线性相关。由于辐射测量值随传感器分辨率变化的非线性，同一目标表现的特征在不同尺度的图像中不是平均或平分对应关系，其会随着尺度的变化产生差异，这就是遥感中的尺度问题，也是多尺度目标识别中有待于解决的关键问题。另外一个尺度问题是不同尺度之间的转换，即同一地物不同观测尺度的参数估计结果是否要求一致，如何提高参数估计精度。例如，专题制图仪(thematic mapper, TM)影像得到广泛应用后，人们发现用 TM 影像估算的农田面积显著不同于过去用甚高分辨率辐射仪(advanced very high resolution radiometer, AVHRR)图像估算的农田面积，这种差别随地区不同而不同，缺乏规律性分析。这种差异的产生，主要是由田块边缘的混合像元造成的，而田块边界的长度正比于混合像元的数量。

实际上，结合空间格局形成机制、遥感信息成像及遥感影像理解的具体过程，遥感影像或遥感影像目标特征基元的空间尺度特性体现在以下几个方面。

(1)不同卫星数据源(不同空间分辨率的影像)，其可识别的目标有意义单元的大小不同，即其基元尺度不同，这是因为每一地物在图像上的可分辨程度并不完全取决于空间分辨率的绝对值，而是和它的形状、大小及它与周围物体的相对亮度和结构有关。

(2)由于自然系统本身的等级结构特性，不同研究目的(不同空间现象或过程)所需要的基元尺度不同，即特征尺度不同，其所对应的遥感影像的空间分辨率也不同。Graetz 将特征尺度定义为某个地理现象能够被监测到的时空尺度大小。

(3)遥感影像特征基元空间格局形成的原因和机制在不同尺度上往往是不同的。同时，相同变量所表征过程的影响范围在不同尺度上也不相同，一般情况是随着研究尺度的增大，变化速率高的变量将会被抹除，而变化较慢的变量将会得到保留，其作用在上一层次上得到凸显，这也是尺度转换所要解决的问题。

(4)空间格局和时间过程是尺度大小的函数，尺度增大时，非线性特征下降，线性特征增强。也就是说，随着尺度的增大，空间异质性将会降低，其间的很多细节将会被忽略，因此在大尺度上比较多地关注于空间的整体特性。

4. NIIRS 标准与基于信息量的遥感尺度设计

理想条件下，观测目标针对遥感观测的目的可分为发现、识别、确认、理解 4 个不同识别层次。发现，是指能在影像背景下找到目标，是对目标在遥感图中有无的描述。识别，是对遥感图中目标类型的判断，能粗略地将不同目标的类别区分。确认，是对遥感图中目标品种的解译，能将目标是什么的问题确定下来。理解，是对目标属性特征的描述，如可对目标进行面积、长度和体积等特征的计算。

NIIRS(the national imagery interpretability rating scale)标准是在美国图像分辨率评估与报告标准委员会(IRARS)的赞助下于 20 世纪 70 年代开发的，早期被情报界用来表示图像的解译度。其通过建立一个量表来传递一幅待定图像中可以提取什么信息及不可以提取什么信息。为了满足分类中遥感影像信息挖掘的表达，通过对 NIIRS 目标进行估算

和标定，来支持信息量与分类层级间关系的描述。例如，图 2.11 描述了观测对象在不同
空间分辨率程度下的情况表现。

(a) 发现：发现飞机目标存在　　　　　　(b) 识别：可区分不同类型战机

(c) 确认：确认目标为民航客机　　　　　(d) 理解：能对不同类型飞机特征描述

图 2.11　目标分类 4 个阶段图例

　　然而，NIIRS 的使用也存在一些问题，主要表现在必须对图像分析人员进行专门训
练，如果图像参考目标非常特殊，在使用时具有一定难度，为了得到一个准确的结果，
往往需要多名图像分析人员做出判断，其经济性不高。

2.3.4　遥感信息强度概念

遥感空间尺度的频率表现及信息量可通过遥感信息强度函数表现。

1. 遥感信息强度函数

　　信息强度函数(information intensity function, IIF)可定义为观测对象单位面积上的遥感
信息量。随着遥感技术的不断发展，面向不同任务、不同目标的遥感影像分辨率等指标也
不尽相同，信息强度函数是一个普遍的函数，通过它，我们能用数学分析的方法来研究遥
感目标信息量。

信息强度函数与空间分辨率有密切关系。通常认为，遥感影像分辨率越高，信息量就越丰富，信息强度函数就越大。如图 2.12 所示，当遥感影像空间分辨率逐级增加时，同样大小的单位面积获取的信息量越大，由信息量所得到的地物信息就越丰富和细节化。

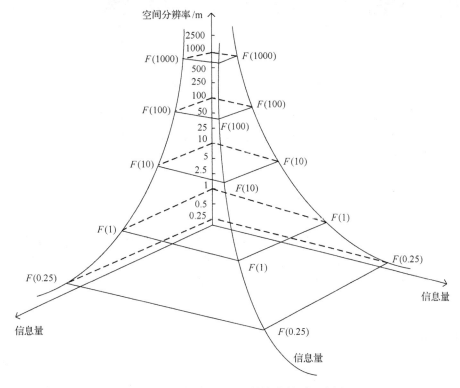

图 2.12 信息量和空间分辨率的关系示意图

另外，针对不同任务和不同要求时，如果采用不同的数据类型和技术手段，对最小信息量的要求也不一样。以秸秆焚烧遥感监测应用为例，要从一幅 1 000 m 分辨率的 MODIS 影像发现秸秆焚烧的地方，需要采用热红外通道及 1~2 个像元，而可见光或近红外通道则很难探测到微弱的焚烧信息。在一幅 30 m 分辨率的 HJ-1A 可见光近红外影像上识别一处秸秆焚烧区域的痕迹需要超过 10 个像元，而分辨率较低的红外通道数据需要 1~2 个像元。在一幅 16 m 分辨率的 GF-1 可见光近红外影像上要确认一处秸秆焚烧区域的面积、形状等最少需要 20 个像元。如果在一幅 0.3 m 分辨率的无人机可见光近红外影像上理解一处秸秆焚烧详情(如焚烧点位置、数量、焚烧源等信息)，则最少需要 50 个像元，且需结合具体特征和其他信息进行分析。

从这个案例中可以看出，不同分辨率影像信息量的计算与分辨率不是线性关系，需要考虑辐射分辨率、成像环境要素等多种信息。不同的空间分辨率，它的光谱响应值并非与像元大小线性相关。由于辐射测量值随传感器分辨率变化的非线性，同一目标表现的特征在不同尺度的图像中不是平均或平分对应关系，其会随着尺度的变化产生差异。通过遥感信息熵的概念，可实现基于信息熵的遥感影像目标特征离散化和定量化分析，可以对以上的发现、识别、确认和理解过程给出更精确的量化参考，如图 2.13 所示。

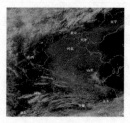

(a) 发现秸秆焚烧目标　　　　(b) 识别焚烧目标区域　　　　(b) 确认焚烧面积等参数　　　　(b) 理解焚烧详细信息

图 2.13　目标分类 4 个层次的示意图

假设在理想条件下，忽略遥感器噪声和成像时畸变带来的复杂问题。对于一幅遥感影像来说，依据信息量定义形式对关于分类级别的信息量估算进行建模，得到理想条件下信息量估算的公式：

$$I_{\text{ideal}} = nf(m) = \left[\frac{C}{G^2}\right] \cdot \left[K \cdot \log_2 m \cdot \cos f(P)\right] \tag{2.8}$$

式中，C 为一景图像所对应的地面面积；G 为地面分辨率（即空间分辨率）；n 为像元数；K 为波段数（光谱分辨率）；m 为量化等级数（辐射分辨率）；P 为观测倾角。从式（2.8）可以看出，理想条件下信息量的大小与一幅遥感影像的空间分辨率、像元数目、波段数（光谱分辨率）、辐射分辨率及观测倾角相关。

2. 和观测尺度关系

遥感信息强度本质上反映了观测对象的系统空间结构，是尺度的度量。由于地球表面的无限复杂性，信息对观测目标进行详细或概略描述是具有尺度约束性的，不同尺度所表达的信息强度有很大差异，只有经过合理的尺度抽象出来的信息才更具有应用价值，才能在一定尺度下根据所描述信息的特征得到观测目标的现象和规律。

针对同一观测对象，不同遥感信息强度所对应的观测尺度及遥感信息量是不同的。1967 年，Beonit Mandelbrot 在论文《英国的海岸线有多长？统计自相似性与分数维数》中指出，英国的海岸线是不确定的，即海岸线长度依赖于测量时所用的尺度。海岸线由于海水长年的冲刷和陆地自身的运动，形成了大大小小的海湾和海岬，弯弯曲曲极不规则。当在 10 000 m 的高空测量沿海岸线时，可以从拍摄海岸的照片按适当的比例尺计算这些照片显示的海岸总长度。当在 500 m 高处重复上述的拍摄和测量时，就会看清许多原来没有看到的细部，这是在高空不可能区别的许多小海湾和小曲折，这时的测量比例尺与测量长度就会超过上次的数值。继续采用这样的方法，降低高度，提高比例尺，则结果将继续增大，如此类推（Mandelbro, 1967）。

因此，大的比例尺意味着大数据量与大的遥感信息强度，可以通过遥感信息强度描述空间尺度的变化和系统的结构特征。

3. 和应用类型的关系

在一定观测精度条件下，不同观测目标的应用类型所需要的最佳遥感信息强度是不同的。对同一地物目标的发现、识别、确认和理解具有不同的信息强度要求，其随着模型方法技术要求的不同而有显著的差异，通常情况下所需信息强度的大小程度为理解＞确认＞识别＞发现，其中目标理解应用层次所需的信息强度最为精细，要求最高，而发现所需的信息强度要求最低。

以一棵树的识别为例，发现是指在图像上能够发现这棵树的存在；识别是指能够识别出这棵树的种类；确认是指通过一定的方法支撑可以确定这棵树的品种；而理解往往能捕捉分析出更深层次的特性，如这棵树的生长状况如何。随着发现、识别、确认和理解应用层次的加深，其对测量尺度的要求往往更高。

4. 和观测精度关系

遥感信息的品种与规格决定了这种信息适宜开展的工作，如发现、识别、确认等。同时也要看到，遥感信息的质量也在发挥着重要作用。当所获得的实际的遥感信息由于存在质量问题，达不到所要求信息品种的规格要求时，如辐射精度上存在一定差异性，清晰程度较低，定位误差与分辨率差异性较大等，则在实际应用中需要提高空间分辨率以增加信息量的方式来弥补。当然，这在一定范围内有效，若实际信息与所应达到的要求差异较大，则不能被认作是合适的信息，增加信息量也是无用的，不能提升应用的精度。

同时，这也与所研究的观测目标的场特征有密切关系。例如，一个变化平滑的观测研究目标比一个变化剧烈的观测研究目标更容易获得可靠的精度。

观测采样范围对于各种测量和估计问题具有重要的意义，越接近研究观测目标的地理学尺度采样范围，观测精度越有保障。通常，采样频率越高，观测精度越高，但随着采样频率的增加，针对同一应用类型下，采样精度提高不能带来应用有效性的提升。

5. 模型化与标准化

遥感信息强度随着观测对象的不同和应用类型的不同而发生改变。针对不同的应用对象，NIIRS 分级标准构建了观测对象应用类型与遥感影像空间分辨率及信息量间的关系，可以根据应用目标，按照应用类型进行信息量建模计算。

参考 NIIRS 目标识别标准，以及上述信息量与应用层级间关系的描述，适当调整顺序，即按照遥感观测的空间分辨率对观测对象选择及应用层次进行划分，通过图像分辨率所代表的信息强度来确定其所适用的观测对象及应用范围。通过这种方式，可将遥感观测不同空间分辨率的适用范围加以明确，这在卫星遥感器探测指标和处理系统标准化设计中将有十分重要的作用。

2.4　航天遥感信息的满意度分析

2.2 和 2.3 节基于观测对象的时空场和尺度特性分析了航天遥感的采样本质。本节从不确定性角度，分析遥感信息的获取、传递、处理、分析过程中引入不同类型和程度的非观测目标因素，这是地球信息获取、传递与复原过程中不可避免的，可以理解为航天遥感"再编码""解码"过程的代价。这一传递与处理过程对信息进行了改变，需要开展可信性、适用性、认可度和满意度分析。

不确定性可以看作是一种广义的误差，其既包含了可度量的和不可度量的误差，又涵盖了概念和定义上的误差。一般而言，不确定性是指被测量对象知识缺乏的程度，通常表现为随机性和模糊性。从信息论观点看，不确定性具有多方面的含义，如数据的误差、数据和概念的模糊性及不完整性等。

科学描述客观实体具有局限性(Ronen, 1988)，无论是以定性的还是定量的方式描述的客观实体均与客观实体本身存在一定的差别，这种差别表明了科学对于客观实体的描述存在固有的不确定性(柏延臣和王劲峰，2003)，虽然这种不确定性会随着人的认知的积累而不断变小。

航天遥感的观测对象是地球系统中的客观实体，其获得的遥感信息是通过对自然界中客观实体的各种直接或间接观测得到的。人们总是希望从遥感信息中提取的地球信息完全客观准确地反映实际情况，但自然环境的复杂性，以及自然环境与遥感波谱相互作用的复杂性，仪器设备和处理技术的限制，使得从遥感器记录的光谱信号存在不确定性。

航天遥感信息在信息流的各个转换过程中都会引入不同类型和不同程度的不确定性，并在随后的各种处理过程中传递，最终总的不确定性则是各种不确定性不断积累的结果。从来源上分析，航天遥感信息的不确定性分为 3 个层次：①观测对象信号信息的复杂性；②遥感信息的局限性；③观测信息的不确定性等。

2.4.1　航天遥感信息过程的信息状态与变化表现

前文我们已经对航天遥感信息的内涵、范围、层次、特征，以及研究过程中关注的核心问题进行了说明。针对从本体信息到认识论信息的流动和反馈，在认知程度上描述了客观信息转变为主观信息，并再由认知主体升华转变的过程。在这一过程中，航天遥感信息从产生到再生是具有不同层次的，各层次信息通过信道，依赖于"信息势差"和"人的意图"推动着传递，如图 2.14 所示。

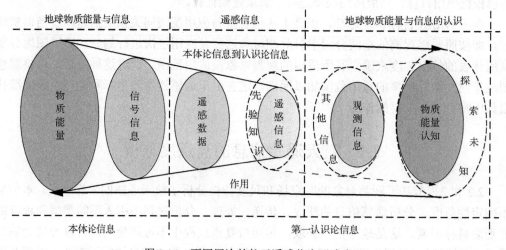

图 2.14　不同层次的航天遥感信息形式表现

在描述这一过程中涉及观测对象状态与变化、遥感信息、观测对象认知等多个概念，这里做一梳理。

1. 观测对象物质能量与信息

物质是本源的存在，能量是运动的存在，地球物质能量的状态与变化是一种本体性的客观存在，即信息是物质能量运动的规律与意义的存在。物质和能量是联系的变化，物质和能量在地球系统的大气圈、水圈、岩石圈、土壤圈、人造事物圈之间流动，是人想获得与把握的内容，即认识与改造的关注对象。观测对象信息伴随物质与能量的运动而存在，是对物质能量运动规律的描述，可在一定程度上被人认识与获得。

2. 观测对象信号信息

如前面章节所描述，可作为信号对外传递、被外界感知的地球系统信息，是通过力、热、声、光、电、磁、重力、高能射线等方式表现的地球信息。其中，有部分是可通过遥感手段获得的，即可遥感感知的地球信号信息。这种信息是客观事物的本体信息，客观反映了地球系统过程与变化及要素间相互作用中物质流、能量流和人流的性质、状态与变化。

3. 观测对象遥感数据

这里主要是指可被遥感器获得的、由电磁波等载体承载的观测对象信号信息，即遥感信号信息。遥感信号信息是通过传感系统光电采样与转换，将观测对象的电磁波辐射信号转变成遥感观测信号，再经过遥感器发射固定频率的信号至地面接收站。对于航天遥感来说，遥感信号是一个遥感物理量，可遥感测量、显示与描述。作为观测对象信息的载体，遥感信号确定了哪些地球信息可被传递出来，这是利用航天遥感研究关注对象特点的第一步。

遥感数据是对遥感信号的记录与表示形式，是第一手数据，虽然蕴含反映客观事物运动状态的观测对象信号信息，但未被加工解释，与其他数据之间没有建立相互联系，是分散和孤立的，除此以外没有其他意义，是尚无意义的信息。

4. 观测对象遥感信息

观测对象遥感信息是经过遥感技术获取及加工处理后的、具有遥感特性的目标信息，是对客观自然界观测对象信号信息的遥感表述与记录方式，描述了观测对象在某一时间下的位置、数量、属性及其相互关系等的遥感特征，如影像图、反射率图、辐亮度图、后向散射系数图等。

这种经过加工处理后的信息，通过建立相互联系，形成回答了有关观测对象某个特定问题及被解释具有某些意义，并且可以通过相应的加工机制把它转换成为知识、策略和执行策略的行为。这种信息的表现形式和载体依然是数据，但一般被称为遥感信息。

5. 观测对象观测信息

观测对象观测信息指通过遥感观测而获得的、包括在观测对象遥感信息中的地球信息，即通过分类、反演、分析等信息提取手段，从观测对象遥感信息中得到的地球信息，是认识主体获得的有关地球信息的认知。其主要包括描述观测对象的位置图、形状图、分类图、叶面积指数、生物量、地形、温度、密度、浓度等。这些参数的获得一般基于定性及定量数学物理模型，通过推演相关过程发生的原因或机制，确定出表征地球系统特征参数的状态与变化规律，其核心在于认知主体根据遥感数据推测出与信号有关的地球的物理状态参量，从而获得了有关观测对象信息。

通过获得这些参数信息，从而获得了包含某种类型因果关系的理解，其是以有意义的形式加以排列和处理用来消除不确定性的数据。需要注意的是，这些参量是估算值，由于各种原因包含了一系列误差，因此，这种反演得到的观测地球信息是对地球信息的无限近似值，而非真值。

同时，也要看到这类信息仅仅反映了观测对象多种特征属性中的一小部分，是对观测对象局部特征的描述。对观测对象更全面的认识有赖于遥感与非遥感手段共同发挥作用。

6. 观测对象物质能量的认知

人作为认识主体所理解的地球物质能量状态与变化规律，即知识。知识是一个或多个信息关联在一起形成的有应用价值的信息结构，是信息的本质、原则和经验，是人所拥有的信念、视角、概念、判断和预期、方法论和技能等，能够积极地指导任务的执行和管理，进行决策和解决问题。知识是在大概率意义下、绝大部分情况下正确的信息，可用来描述、再现过去，并预测未来，强调的是知识中信息的关联及知识的应用价值。知识是一种对更多的基本原理的理解，这种原理包含在认知中。知识的内容、表现形式和作用与信息一样，依然是一种信息，通过数据方式表现。

根据以上描述，可从 3 个层次界定遥感关注的物质能量信息过程：第一层次是用遥感可直接反演的参量，即观测对象的遥感信息。第二层次是观测对象的观测信息，既包括可遥感探测的信息，也包括不可直接遥感探测的其他信息，可以对观测对象进行较完整的描述。第三层次是物质能量信息及人的认知。各层次之间是推进关系，第一层次是可用遥感获取的若干参数，这些参数耦合其他信息构成第二层次的要素，第二层次包括遥感信息在内的各种相关信息的综合知识。

7. 信息流环状过程特征

从一个更大视野看，航天遥感信息流按照应用的需求进行观测对象信息的获取，为应用决策提供"实况景象与状态特征数据"服务，在其他各类信息的支持下，将状态特征数据转变为事态知识支撑决策，进而采取行动作用在目标区域。这个流程可以循环顺延下去，即在新需求驱动下，开展新一轮的遥感数据信息流过程。

航天遥感数据信息流是一个复杂的"感传知用"过程，在这一过程中形成了由地球信号信息（signal）、遥感数据（data）、遥感信息/观测地球信息（information）、知识/决策智慧（knowledge/wisdom）、行动（action）再到地球信息、地球信号信息的循环相连的 SDIKWa 闭环，这是航天遥感信息流的形状，是目前航天遥感应用的主要表现形式。SDIKWa 闭环中，S 是观测对象信号信息，本体论信息；DI 是获得的遥感数据、观测对象遥感信息与观测信息，完成观测对象信息的获取与传递，属第一类认识论信息；KW 是把获得的观测对象信息转化成的规律性的知识，并在此基础上按照应用需求形成策略信息，实现第一类认识论信息到第二类认识论信息的转化；a 是行动，即信息的施效。

　　SDIK 与图 2.14 信息层次相一致，而智慧以认知为基础，通过经验、阅历、见识的累积，形成对事物的深刻认识、远见。智慧(W)是人在认识和利用世界中与信息的关系过程，主要表现为收集、加工、应用、传播信息和知识，对事物发展的前瞻性看法，体现为一种判断力，这种判断力形成决策并指导行动(a)。随着所具有的认知层次的提高，人的智慧向更高的层次发展，形成 SDIKWa 闭环，如图 2.15 所示。

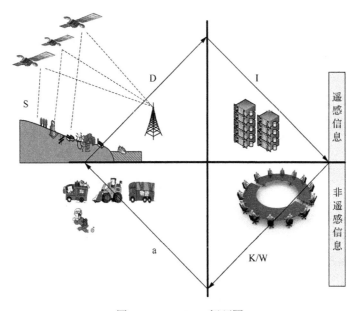

图 2.15　SDIKWa 闭环图

　　SDIKWa 闭环包括了信息源、信息源特征的获得、信息流的形成及信息的应用，是"信息获取—信息传递—信息处理—信息再生—信息施效"的具体体现。航天遥感应用是对有关航天遥感信息的状态、变化与作用的研究，也是对有关信息流闭环 SDIKWa 的研究。把航天遥感信息的传递过程作为一个闭环系统，该系统中的各项环节，如获取、产生、加工、处理、分析、应用等作为闭环子系统，使系统和子系统内的运转构成连续封闭和回路且使系统活动维持在一个平衡点上。这个闭环不仅是循环的，也是双向的，是从输入到输出的信息流，也是输出向输入的反馈信息流。面对事物变化的客观实际，进行灵敏、正确有力的信息反馈并作出相应变革，使矛盾和问题得到及时解决，决策、反馈、再决策、再反馈，从而在循环积累中不断提高，促进整个航天遥感应用系统的不断发展。

　　在信息流闭环 SDIKWa 循环运动中，会根据需要进行速度的调节，如图 2.16 所示。正常情况下的观测采用一种频率，当发生突发情况时，观测频率大幅提升，进行高频次观测，在完成应急后再转回正常观测频率。

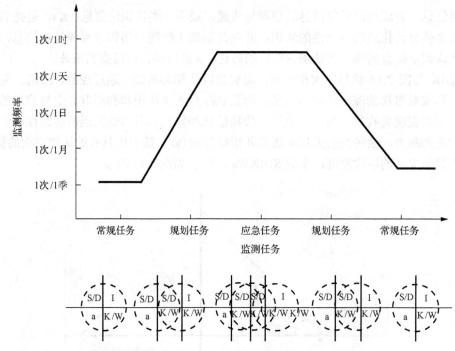

图 2.16　不同应用要求下的信息获取的监测频率示意图

广义上信息的施效包含了从信息获取直至决策生成和实施的全过程，在实际应用中获取什么信息还要根据控制（信息施效）的要求来确定。例如，灾害监测、资源与环境、全球变化、区域可持续发展等都是航天遥感的主要应用，但不同的应用活动对整个SDIKWa 闭环的滚动速度和规模要求是不一样的。面对森林火灾、水灾、地质灾害等应急事件，需要实时观测、高频次观测，了解火势动态，决策扑灭，跟踪发现新火点，决策扑灭。这样，需要相关卫星组织协调，有序观测，提高效率，快速转换为有用的信息。而对于作物长势监测，可以按照物候情况，提前设计与安排，获得遥感数据，支持作物长势判断及估产。全球气候变化则需要更长时间的遥感监测，逐步深入地发现、认识与理解地球系统变化趋势与规律，分析人类作用与影响，追求绿色、可持续发展。

总体说来，整个系统的运转依据的准则是"多快好省"，体现在闭环运转的速度、规模、数量等。随着社会发展不断加快，信息化水平不断提高，智能化程度加深，SDIKWa 闭环的转速与规模不断加大，带动整个航天遥感数据信息链向更大规模数据流、更短响应时间周期、更综合数据集成、更高数据质量方向发展。在这种趋势下，信息的种类、规格、精度、时效性、规模、稳定性、可靠性、经济合理性、灵活性/适应性等指标成为了信息流服务应用能力的重要评价要素。

2.4.2　信息传递一致性分析

航天遥感应用各种遥感器获取反映地表特征的各种数据，通过传输、变换和处理，提取有用的信息，从而开展地物空间形状、位置、性质、变化及其与环境的相互关系研究。这个过程中包括了数据获取和加工处理两个环节，而贯穿这两个环节的关键是信息传递与转换。下面我们从应用的角度认识航天遥感信息从信源到信宿的运动过程。

航天遥感信息是有关"本体信息状态"到"获取信息""使用信息"的过程，"源与流"是指从本体物质能量开始，信号信息、遥感数据、遥感信息、地球观测信息到认识主体物质能量的过程。航天遥感信息流从本质上阐明了航天遥感系统中遥感信息的产生、传递、存储与管理过程，在这个从"本体物质能量目标信息—信号信息—遥感数据—遥感信息—地球信息—认知主体物质能量"的转换过程中，有对信号的测量、分析、处理和显示，模式信息处理(研究对文字、图像、声音等信息的处理、分类和识别研制机器视觉系统和语音识别装置)，知识信息处理(研究知识的表示、获取和利用，建立具有推理和自动解决问题能力的知识信息处理系统，即专家系统)，以及决策和控制(在对信息的采集、分析、处理、识别和理解的基础上作出判断、决策或控制，从而建立各种控制系统、管理信息系统和决策支持系统)。

1. 信息转换传递中一致性特性分析

在通过遥感手段将地球信号信息传递转变为地球物质能量认知的过程中，由于手段依赖性，会形成信息传递中"物"特性与"像"表现的一致性与不一致性特点。

观测对象可感知信号及信号信息的场表现特征。按照钱学森博士的系统观，系统不仅是由相互作用和相互依赖的若干组成部分结合而成的具有特定功能的有机整体，而且这个有机整体又是其所从属的一个更大系统的组成部分，不断地与其外部的一个更大的时空环境发生关系。这里，所发生的关系可以是一种物质能量的交换，也可以是在物质能量交换过程中可被更大系统中其他组成感知的信号。

从观测对象传递出来的可感知信号承载了参量信息，其真实反映观测对象的物质能量状态与变化的同时具有自身的特点，具有一致性与不一致性特征。

一致性特征是指目标参量时空场与遥感信号、遥感信息之间的属性和关系规律的一致性。任何目标参量都可以发射、反射和吸收电磁波信号，都是遥感信息源。目标参量与电磁波发生相互作用，会形成目标参量的电磁波特性场。遥感手段有效地传递了观测对象时空特性与尺度特性，体现出这种手段的目的与作用。观测目标信息具有如下特征：

(1)空间信息场特征。观测目标信息是与地球表面空间位置相关的观测目标特征属性信息，属时间变化特征。任何事物的发展在时间序列上都会表现出某种周期性重复的规律。对于同一观测目标，当观测空间尺度不同时，其在不同时间尺度的特性场也不一样。时间维上将各现象和过程的时间序列精确叠加在空间位置上，获取更广的视角、更高的分辨率，更快、更多的空间信息，实现对地球过程的发现、识别、理解、预测、预报和预警。

(2)空间信息目标特征。观测目标场的空间特征通过空间上的变化反映出来，包括具有实际意义目标的点、线、面，或者区域的空间位置、长度、面积、距离、纹理信息等来描述空间对象的形状特点，反映自然变化过程。

(3)尺度依赖性与尺度效应特征。随着研究尺度的变化，表征遥感信息时空变异的参数值也随之变化，因此，时空变异性特征必须与相应的研究尺度对应才有意义。观测目标格局与过程的发生、时空分布、相互耦合等特性都是具有尺度依赖性的，因此采用什么尺度取决于观测目标的应用层次，这与其空间信息及时间变化规律也是密切相关的。正因为观测目标信息的时空异质性，才会有尺度效应。由于地球表面空间作为一个巨系统的复杂性，在某一尺度上人们观察到的性质、总结出的原理或规律，在另一尺度上可能有效，可能相似，也可能需要修正。加之遥感观测信息多空间分辨率并有的特点，从定量遥感出发的地学描述必然存在多尺度的问题(李小文，2013)。定量遥感尺度效应源于地物空间复杂性，这种复杂性体现在地物空间结构、地物本身辐射特性、冠层层面的植被组分差异、遥感数据像元层面的尺度差异、像元内部组分差异等(刘良云，2014)。观测目标在不同尺度上表现的信息量是不一样的。观测目标信息在时间、空间尺度的表征，随着观测时空分辨率的变化，获得的信息也在变化。不同的研究观测目标，有其对应的时间空间尺度，需要研究与发现其时空尺度特征。由于地球表面的无限复杂性，信息对观测目标进行详细或概略描述是具有尺度约束性的，不同尺度所表达的信息密度有很大差异，只有经过合理的尺度抽象出来的信息才更具有应用价值，一定的尺度下才能根据所描述信息的特征得到观测目标的现象和规律。

2. 信息转换传递中不一致性特征分析

遥感作为一种物理手段，也存在着信息传递不完整性、非线性、噪声引入等问题。

(1)信息不完整性。信源与信宿两者所包含的信息是不对称的，观测对象参量信息只有形成信号、可被传递的部分，即信号承载的信息才转变为信号信息。这导致观测对象参量时空场与遥感信号、遥感信息之间具有非对称性。相对于参量场信息，信号信息不完整。认识与掌握地球物质能量状态和变化是认知的本质。信息不是物质，也不是能量，从物质能量中可表现出来的是信息，声、光、电、磁、力等都可以理解为信息，但其中只有电磁信息可转换为遥感信号信息，是通过发射与接收传递了观测对象信息。对于航天遥感信息来说，信息的表达物就是信号、数据。信号最具体，它是一个物理量，可测量、可显示、可描述，同时它又是载荷信息的实体，所以称它为信息的物理表达层。反过来，信号则是信息在物理表达上的外延(吴伟陵，2003)。

(2)信息的非线性。在自然界和人类社会中大量存在的相互作用都是非线性的，非线性指不按比例、不成直线的关系，代表不规则的运动和突变。从航天遥感信息的流转过程来看，观测对象参量的物质能量变化是非线性的，航天遥感信息从产生到再生是非线性变化的。研究航天遥感关注对象的信息特点的第一步是把关注对象信息转换为遥感信号，这个过程的核心是采样，通过采样将信号从连续时间域上的模拟信号转换到离散时间域上的离散信号。不停地向太空辐射和散射的电磁波包含着地物目标属性特征，其通过波谱、偏振度、时间、空间、角度等维度上不同能量分布加以反映，光速也会受到传输介质影响产生变化。遥感器通过多维度采样收集并转换这些具有不同特性的电磁波信号为遥感观测信号。因这些反映地物目标不同特性的电磁波变化，多种类型的遥感器孕育而生，力争对观测目标某一代表性特征做准确记录，支持对这些地物目标的多种应用，如宽视场多光谱遥感器、热红外遥感器、高光谱遥感器、多角度偏振遥感器、激光雷达等光学遥感器，以及多极化 SAR、雷达高度计、辐射计等微波遥感器。

(3)信道的噪声引入。自然界观测目标对象的不确定，以及传感器设计与观测误差的引入，使得遥感信号并不能完全反映地物目标参量信息场特征，空间数据质量，即准确性、精度、可靠性和完整性都有不一致特征。遥感器接收到地物目标的电磁波信息后，还需要进一步对这些信息进行提取、分析，在处理与分析过程中的误差引入，也会导致判定目标地物的性质或特性的不完备。总之，遥感信号与遥感信息、地物目标参量之间具有不一致性特征。

电磁波信号通过光电采样与转换形成遥感观测信号的过程中，光学遥感器接收的电磁波信号不仅包含地物目标信息，而且也包括其周边环境及杂散光的引入，同时遥感器自身的不完美性导致在这一过程中引入了噪声，如光路背景、光电转换噪声、数据压缩噪声引入等。这些因素影响了遥感数据对目标辐射/散射特性客观描述的准确性，为后面的数据处理和信息复原带来了挑战。遥感数据以数字/模拟方式传入地面设施，地面设施完成对遥感数据的噪声去除处理，形成遥感数据产品。噪声去除处理过程中重点对遥感器在采样过程中引入的误差进行纠正，力图恢复到"高保真"状态，即对地物目标做"无遥感器噪声污染"的真实反映。需要注意的是，这一过程不仅保留了部分残差，而且还将引入一定程度的处理噪声，数据的"过度处理"反而引起数据质量的下降。因此，从本体物质能量到信号信息、遥感数据是信息量逐渐减少的过程。

从遥感数据能变成遥感信息是本体论到认识论的关键。在遥感数据到遥感信息转换过程中，需要添加各类辅助信息，对地物目标的遥感信息进行提取。能通过遥感数据记录的地物目标遥感信息大致分为两类：一类是定位类几何信息，即所观测地物目标的大小、位置、形状、分布特性等；另一类是属性类辐射信息，即所观测地物目标的色调、纹理、散射、辐射特性等。这些信息即遥感手段可直接获得的关注对象遥感信息。

2.4.3　地球信息的复杂性

观测对象信号信息中存在着观测对象固有的不确定性和由环境变化引起的不确定性。光谱特征取决于空间实体的物质成分和物质结构，而光谱又决定了空间实体的影像特征。在客观世界中，不同目标的遥感图像可能显示出光谱不确定性现象。

1. 关注对象物质能量运动多态性表现的不确定性

地球是一个复杂的、开放的巨系统(钱学森，1998)，也是一个非线性复杂的巨系统，其复杂性是造成不确定性的重要原因之一(承继成等，2004)。在客观世界中，具有不确定或不均衡性的实体所占比例更大。一些空间实体类型的观测对象没有明显的边界，或无法确定其边界，而另外一些观测对象的边界呈现出渐变的特征，如土壤边界和森林或草地边界等。

非但空间实体边界的划分存在模糊性，即使被认为是同一类的空间实体性观测对象，其边界内部的物质结构也存在不确定性，不可能处处均质，而通常是异质的(史文中，2005)。根据复杂性原理和不确定性原理，客观世界中即使属于同一类型的地物不同个体之间只可能相似或十分相似，而不可能完全相同或相等。就像人们常说的"世界上没有两片一样的雪花""世界上没有两颗一样的沙粒"等。

2. 观测对象信号信息多层次表现的不确定性

遥感获得的地物电磁波特性数据综合反映了地球上许多自然、人文信息，其还可以综合反映地质地貌土壤植被水文等特征，又由于遥感的探测波段、成像方式、成像时间、数据记录等方式五花八门，其获得的信息具有时间、尺度、属性的多维复杂性。

根据遥感信息强度的不同，客观世界具有不同特征呈现。同时，相同的信息强度，获得的是一个尺度范围观测对象的信息，其对其他强度层次的信息具有掩盖、混同的作用。这也反映了观测对象由于尺度原因导致的信息上的不确定性。

同时，由于同一观测对象的不同个体之间的电磁波具有一定变幅，所以同一类型地物的不同个体之间形成的波谱集不是一条线，而是具有一定宽度的带。不同类型地物的波谱集成带之间可能会出现重叠现象。其一，属于同类但具有不同光谱特征的两个目标，即"同物异谱"现象。这种目标不能用一条光谱曲线表达，但可以组成一系列不同的光谱曲线，且由此生成一条光谱分布带。其二，属于不同类型，在某波段内具有相似或相同光谱特征的两个目标，即"同谱异物"现象。并且对于同类地物，由于所处的环境不同(如湿度、风化程度、生长阶段、营养条件等)，其波谱特征也可能产生变化。遥感观测的同一类型地物个体与个体之间其物质成分和物质结构存在着一定的变幅，因此它们的波谱之间也存在着一定的变幅，这就是同物异谱现象。它们具有相似但不一定完全相同的波谱特征，即相似的吸收谷和反射峰，体现出具体地物光谱特征确定性中的不确定性，这反映了地物光谱固有的不确定性特征。

复杂多变的大气、云层覆盖等客观因素，进一步加剧了遥感观测对象的不确定性。

2.4.4　航天遥感信息的局限性与不完备性

客观世界无限宽广，人对于客观世界有太多的未知，人对观测对象的认知是一个无限的过程。人类通过遥感手段获得遥感信息，从而降低了认识客观世界的不确定度，这些不确定度的减少量也是遥感能提供给人的信息量。但由于技术工具手段的局限性而减少了信息量的获取，如果该目标物的电磁波动能量小到低于遥感器所能接收的灵敏度时，遥感器就无法获得观测目标信息。对信息的选择性获取体现了遥感器自身不确定性对获取信息的影响。

凡是人工模拟产品，不论是数字的或是物理的，与客观真实世界之间不可能完全一致，只可能是近似。而遥感影像数据是人工模拟的数字产品或物理产品，它和客观真实世界之间不可能完全一致，只可能十分近似。

1. 人的认知引起的偏差

人为引起的不确定性包括认知过程、科学技术手段及其应用过程等引起的不确定性，其中以认知过程最为重要，它是建立模型、开展应用的基础。这种不确定性是由人的认知过程的复杂性与客观世界的复杂性两者耦合决定的。在不确定性的总量中，人为引起的不确定性约占 70%，因此它较客观世界固有的不确定性显得更为主要(承继成等，2004)。

问题的提出与定义是过程性的。客观世界中，即使属于同一类型的不同个体之间只可能相似，不可能完全相同，基于需求的认知是一个从无到有，发现、识别、确认、理解与利用的发展过程，在任何一个时空域上存在局限性与不确定性。

知识的掌握是有差异性的。美国康涅狄格大学的马利特教授说："天上的星星离我们非常遥远，当它们发出的光到达地球时，它们的位置已经发生了变化，即我们现在看到的星星只是它们若干年前的位置和状态。"因此，从这个意义上说，不论我们的量测设备多么先进，技术方案多么科学，观测过程多么完善，我们所能获取的信息与宇宙星体的现状存在着很大差别，这无疑给天文数据获取和天文研究带来了不确定性。

2. 遥感器制造与观测误差分析

基于遥感器收集关注对象的遥感信息，经过分析、处理提取得到可供应用的关注对象的认识与理解。在设计、制造、应用过程中不可避免地都要产生误差。

1）设计与制造中的误差

设计中存在信息的"带宽问题"，面向千变万化的应用，不存在"广谱"的设计以适应方方面面的需求。在关注对象信息采样与获取过程中，即使采用先进的量测设备和科学合理的优化技术方案，也难以避免采样信息的片面性。

在制造过程中，实际参数值具有一定的允许变化范围，不可避免地存在一定的误差，导致信息的进一步退化，增加了其不确定性。遥感器在研制设计参数规格及在轨运行期间调整卫星参数前，均需要对遥感器的成像质量进行预估和评价，各个设计参数或在轨参数对于遥感图像质量存在较大的影响。卫星在轨参数主要包括卫星轨道参数和探测器有效载荷性能参数，在轨参数的设置调节将直接影响遥感器的最终成像质量。

导致遥感影像降晰的主要因素包括光学衍射、相对运动、散焦、大气紊流和散射等，依据信号与系统的理论，每一个降晰过程都可以表示为信号与其降晰核函数的卷积。一个是信号光谱辐射响应模型，另一个是信号空间频率响应模型，其中系统调制传递函数的存在是造成遥感影像降晰的主要原因，前者造成信号衰减、偏移、转换及噪声，后者造成图像模糊、空间分辨率下降和对比度下降。

遥感相机使用的光电探测器对经过光学系统所成的像进行空间采样，得到离散信号，光电探测器的光电转换系统或光电转换器件（CCD 等）将光信号转换成电信号的过程中会引入噪声和干扰（Zhu and Milanfar, 2009）。探测器也会导致图像的模糊，模糊是由于探测器产生电子，然而所有电子被合并仅产生一个输出值，场景辐射中，空间变换小于探测器尺度的信息将被丢失，图像辐照度会产生平均效应。例如，当两个空间目标点落在同一个探测器的范围内时，探测器的输出信号是这两个点辐射度的平均值，并不能区分出实际上存在的两个点源。

2）成像过程引入的不确定性

从观测地面目标开始，经空间遥感相机成像遥感器噪声引入，以下几个因素导致了遥感信息的退化。①颤振。空间相机成像过程中，卫星姿态变化、挠性组件的扰动等因素，导致卫星平台颤振，图像产生拖影，造成图像模糊，降低图像分辨率。卫星颤振时，出现条带噪声、离焦错位、模糊拖尾等现象，从而成像质量不高(陈世平，2003)。因此，卫星在轨颤振检测成为提高成像图像质量的关键。②离焦模糊。航天相机成像时，需要进行对焦，但当外界因素导致相机的光学焦面位置受到影响时，所拍摄的遥感图像就会产生离焦模糊，在用普通的相机拍摄景物时，有时也容易受到离焦的影响，从而导致拍摄的图像边缘信息减少，图像细节信息不足，图像变得模糊，影响了图像的使用。

另外，所有光电探测器都会对图像有噪声的影响，因光电探测器产生的噪声可分为光子噪声、散粒噪声、转移噪声、暗电流噪声和输出噪声等(许秀贞等，2004)。以光学成像遥感器的成像过程为例，航天遥感信息在某一时段主要包括数据形式、光谱、辐射、几何4个方面的误差来源。数据形式误差包括量化位数、数据规模、数据范围、数据时效性等；光谱误差包括光谱范围、光谱分辨率、光谱偏差、光谱定标精度；辐射误差包括辐射分辨率(信噪比、等效温差等)、动态范围、调制传递函数、辐射定标精度；几何误差包括视场角、空间分辨率、通道间配准精度、偏流角补偿、定姿定位精度。当然，在整个在轨期间还有随时间变化引入的误差。

在实际遥感信息获取中，遥感数据的获取通常伴随难以控制的误差引入，如大气条件的不均匀性、变化性与仪器的不稳定性、地面景观的自然变化等。虽然目前光学遥感器技术日新月异，但是成像时大气湍流的扰动效应、大气中气溶胶的散射作用、地物与成像设备之间的相对运动、光学系统的衍射、像差、成像设备的散焦、畸变，以及源自电路和光度学因素的噪声等多种因素的影响，还是会导致获取的遥感影像有不同程度的降质。降质的具体表现为噪声、模糊或者图像中频谱的混叠，这严重影响着后续各种基于图像处理的准确性。

有些误差是可以消除或削弱的，如光谱校正与几何校正、辐射误差和遥感平台不稳定所产生的误差等，这些误差将造成遥感图像的几何失真。尽管有些误差可以消除和减弱，但残存误差是永远存在的。

3. 遥感信息传递过程中产生的误差

(1)遥感数据模型。在栅格与矢量数据的转换过程中，不论算法如何，它们都具有不确定性特征。在数据转化和传输的过程中，不论从矢量到栅格还是从栅格到矢量的转换均有可能产生严重的误差。投影变换过程中、数据的网络传输过程中经压缩与解压都会产生新的不确定性。用户需求推动了高分辨率卫星遥感技术的发展。由于动态范围和辐射分辨率的提高，以及数据处理的需要，每像元所需的量化比特数已达到16位，但对信息量的描述也仅是高精度的近似。

(2)数据可计算性。数据的处理是对信息传递的承载方式，依赖数据的形式与计算算法的建立，数据处理算法是一种离散数据结构下的理论最优近似，在实际信息提取中不可避免地产生偏差。

(3)时间延迟与不匹配性。高分辨率卫星遥感产生了极高的原始码速率(数 Gbit/S)，使数据传输技术面临着严重挑战。在遥感数据量不断增大的情况下，既要保证数据质量，又要提高数据传输和计算速率，使得数据转换和传输过程中产生的误差在遥感数据应用中的影响突显出来。

2.4.5 信息转化传递中推理与演绎过程的不确定性

遥感信息处理过程是将第一认识论过渡到第二认识论的过程，过程中的每一步都可能引入不同类型的不确定性。从遥感器对客观世界获取数据时起就包含了客观世界的固有不确定性，即在原始信息中就有信息与噪声并存，就具有不确定性特征。

1. 遥感信息过程模型的误差引入

遥感观测数据是复杂自然介质(大气陆地海洋等)的电磁散射与电磁热辐射，并不直接是我们需要的各类地球物理参数(如温度、湿度、风速、雪深、雨强等)的定量信息，更不直接提供自然事件规律性的科学知识，必须要进行观测环境与对象的正演研究，支持"从数据到信息、从信息到知识"的新技术科学内涵的转化过程。

定量遥感面临的首要问题是对地表的精确、实用的地学描述。这里所说的地学模型描述应该有两个方面的要求，第一是精确性，即对地学描述模型的精度要求，精确的模型具有科学性和定量性；第二是实用性，即地学描述模型参数的应用性。在取舍过程中，不可避免地引入了物理模型的不确定性。

这与前面所讲述的信息传递的不一致性是相关的，产生信息差异的原因包括遥感器因素(线阵成像产生的相对辐射校正问题、面阵成像产生的不均匀性问题等)、地形因素(地形校正)、地物因素(阴影)、大气因素(大气校正、云去除)及人为因素(拼接处理等)影响。

2. 信息复原方法引入的不确定性分析

按照遥感信息过程模型的理解，保证遥感信息的准确性是首要处理任务，对获得的信息进行辐射校正、几何校正、数据变换、影像增强等操作，在此基础上，与其他信息相融合，开展信息挖掘及分析过程。获得的原始信息在处理和分析时，有的处理可能会滤除噪声，提高信息量，但有的处理也可能会丢失信息量。

对于遥感信息复原来说，主要滤除的影响包括噪声影响和模糊影响。噪声影响包括光谱噪声、条带噪声、时序噪声、极化噪声、脉冲噪声、乘性相干斑噪声等，模糊影响主要有离焦和大气效应两方面产生的模糊。

而根据不同的应用需求，需要选取合适的、对误差不敏感的处理和分析方法，使最后提取的信息包含最小的不确定性。这个过程是在对物理过程理解基础上的信息学与数学方法的应用。其大致可分为经验法与机理法两种方法。

(1)经验法。基于遥感信息的地球信息获取精度常受到遥感信息本身的限制，获得信息越多，越能对目标了解透彻。对于信息量多于未知量的情况，地球信息复原中一般采用最小二乘法等数学方法，这是从大量数据中反演少量未知参数的成熟方法。近期，采用机器学习、人工神经网络等方法开展大量训练的方式构建遥感信息与观测对象特性的关系，是一种更广泛意义上的优化方法。

值得注意的是，采用机器学习等方法是建立在大数据基础上的，但大数据不等于完整信息，很多情况下不具有信息的完备性，虽然能提升对观测对象的信息获取能力，但还达不到"知己知彼，百战不殆"的程度。

由钱学森所倡导的"大成智慧学"强调利用现代信息技术和网络、人机结合以人为主的方式，迅速有效地集合古今中外有关经验、信息、知识、智慧之大成，总体设计，群策群力，科学而创造性地去解决各种复杂性问题，使人们能够迅速做出科学而明智的判断与决策，并能不断有所发现、有所创新。

(2)量化分析方法。遥感的主要目标是从遥感信息中估计出观测对象状态参数信息，在这一信息提取中，基于物理模型的信息学方法是其中一个重要的研究方向。物理模型方法往往基于对观测过程的物理理解，有选择性地增加其他的信息作为补充。由于这种补充性信息是人已经把握的、具有较高认可度的信息，一般就称为先验知识。通过这两种信息的融合，形成较完整的信息集，采用数学的方法实现观测对象状态与变化参数的估计。

遥感信息反演的实践表明，在数据处理和先验知识获取及遥感物理模型模拟过程中均会涉及如何处理先验知识的不确定性问题(王锦地等，2004)。先验知识在时空的作用域影响其在反演中作用的发挥，通过先验知识作为反演方法的输入对所关注对象特征、状态与变化进行约束性描述，限制信息的不确定性。例如，只有知道了观测对象的分类类别，才能选择适当的物理模型。同时，伴随着物理模型的选择，自然地接受其中部分参数取值范围的物理限制，如反射率不大于1，不小于0，植被叶面积指数(LAI)非负等。然而，这种先验知识也会包含着一定的不确定性，一般地，先验知识作为一种共性、非具体的"知识性"描述，容易在具体观测对象特性反演中引入误差。在实际应用中，要考虑其使用范围，对先验的知识也要做好评估，避免造成"经验主义"与"本本主义"。

反演中先验知识积累，既为阶段反演提供观测数据以外的信息量，又为反演结果的可信度判定提供依据。先验知识的积累越丰富，为下阶段反演提供的信息的可信度越高。每一次有效观测数据条件下的阶段反演结果又可累积先验知识，提高先验知识的可信度。由此，可信度需作为参数先验知识表达中，除估计值、不确定性以外的一个重要参量。

(3)综合方法。从信息论角度，信息不可能无中生有，因此在信息提取前要形成一个大的信息集合，其中蕴含着较完整观测对象状态与变化信息，这是应用经验法与机理法的基础。两种方法仅技术途径存在差异，一种采用训练模型完成遥感信息的应用，一种采用物理模型的方法来完成，可以根据需要在应用中加以综合，如基于遥感信息过程模型，在若干环节采用物理机理的仿真，而在其他环节进行训练学习等。

遥感信息从成像到遥感产品输出大致要经过下面几个过程：遥感数据获取、数据处理、图像处理、信息提取/融合/集成、产品输出。在这一过程中，操作和环境等各种影响也引入了各种误差：①数据获取误差；②数据处理误差；③数据转换误差；④分类和信息提取(信息提取误差)误差；⑤误差评价产生的不确定性。这些误差最终将会导致遥感产品产生不确定性。

在对遥感图像进行纠正时，通常都假定地面控制点为无误差，但这样的假定是不现实的，在做遥感图像产品的误差评价时，应考虑这部分误差的影响。纠正过的遥感数据或图像产品的精度始终不会高于用于纠正的地面控制点的精度。

造成这一问题的原因主要是遥感观测手段与传统地面观测手段在时间、环境、尺度等方面的区别。遥感观测以大范围、全天时的重复观测著称，而对于遥感产品的校验则是以传统地面观测获得的数据为标准，而两者在观测距离、观测时刻、观测谱段等方面都存在差异，虽然用户可以通过重采样、时间和光谱插值等方法使得两者进行一定程度的衔接，但两者数据在直接比对过程的可参考性问题一直被人们忽略，尺度转换、时空演变模型的精确性、完整光谱数据库的建立等问题仍是需要技术突破的重要研究方向。

几何纠正。几何纠正将会产生纠正的残留误差，这些误差将引起遥感图像位置或属性的误差。属性误差来源于重采样，位置误差来源于纠正模型的近似性。几何纠正的对象有两个：位置和角度。位置的变形是由平台的运动、地球曲率、观测方式等因素引起的，使得成像后地面目标对象的相对位置和绝对位置都发生了变化，这一误差是可以通过现有的空间坐标模型来精确复原的；而角度的归一化则是由地面目标的二向性反射性导致的，目前国外多角度遥感的定量化应用研究正在试验、完善之中。

空间数据处理经常涉及影像变换，这也会产生新的误差。影像增强就是突出数据的某些特征，以提高影像目视质量，包括彩色增强、反差增强、边缘增强、密度分割、比值运算、去模糊等。这一操作本身就是在所获取的观测对象能量信号之上进行信息筛选的过程，带有明确的选择性质，强化一部分信息，弱化另一部分信息。

数据融合是处理多源数据以获取更多信息而服务于决策的过程，即应用一定的算法合并多幅影像而形成一幅新的影像。其目的是吸收各种数据源的优点，从中提取更加丰富的信息，也可以称为"1+1＞2"。但是在数据融合的过程中，原始影像含有位置误差和属性误差，可能会传递、叠加到产生的新影像中。可见，在几何校正时采用的地面控制点的误差是不可能消除的。纠正过的遥感数据或图像产品也始终不能与地面实况完全一致，不同程度上存在着残余误差。影像增强或特征提取、数模转换过程中都会产生新的误差。例如，滤波技术在去噪声过程的同时也损失了一部分信息；多元数据的叠合过程中原有数据的误差能够传递，也叠加到新产生的数据中（白香花等，2003）。

3. 真值定义、获取与评价的不确定性

观测对象信息复原的根本问题在于遥感信息提供的信息量难以满足非常复杂的地表系统状态与变化描述，其本质上是一个病态反演问题。因而，必须在反演过程中尽可能地充分利用一切其他来源信息或者增大这种遥感信息的获取次数。因此，在遥感信息到观测对象信息的过程中有大量的不确定性被引入其中。

纠正误差，减小过程不确定性有赖于真值的获取。《国际计量学词汇——基本通用概念和术语》(VIM3)对于真值的定义是"与一个量的定义一致的量值"。VIM1 中定义"量"是"现象、物体或物质的特性"，换句话说，"一个现象、物体或物质的特性的真值是与一个现象、物体或特质的特性的定义一致的量值"，实际上是对量的量值含有确定的含义、位置、界限和规定。真值是一个变量本身所具有的真实值，它是一个理想的概念，属于哲学范畴，一般是无法得到的，真值客观存在而不可知，而所获取的真值事实上是参考量值，是被测量的"约定真值"。

在实际应用过程中，一般将基于"约定真值"修正过的观测结果作为准确性评判，其极限是在信号信息所能提供的范围内的判断。真值不是一个纯客观的概念，其与人为的定义联系在一起。没有给定特定量的定义，也就无从谈起这个量的真值。遥感信息的"约定真值"是观测信息，是一定时间和空间条件下，与对客观事物反映的信号信息(真值)一致的经过认识主体而形成的第一认识论信息，即被观测对象客观存在的准确值。因此，我们所说的质量也可理解为实际值与设计和定义的值之间相对偏离程度的指标。

真值定义、获取与应用离不开人的认知，品种规格的再认识与再确定。一般真值的获取依据定义而采用不同原理的方法，这将不可避免地在实际操作中引入了不确定性。例如，采用定义方式在定点开展的观测一般有较符合定义的操作，可以认为是高精度的真值获取，可作为真值的替代值。而遥感观测是面上观测，与点观测相比有不同的信息强度，属于不同的尺度。在定义明确情况下的比较与评价具有尺度转换的问题，将不可避免引入一定的不确定性。

从观测对象信号信息到观测对象的状态信息需要有多个真值"节点"。从信号信息到遥感数据的真值，要通过定标来确定。通过定标，确定遥感数据在几何、辐射、波谱等方面与观测对象电测波辐射特性的一致性。从遥感数据到观测对象的遥感信息及观测对象的状态与变化信息，需要真实性检验来确定，从而确保所得到的观测对象遥感特性与状态特性对真实对象的反映程度。

2.4.6　航天遥感信息的满意度概念与属性设定

航天遥感信息汇集了大量的复杂性、局限性与不确定性，通过其有效获取来降低人对关注对象认识的不确定性、满足人的需求时，这种非关注对象本体特性就要被发现、识别、评价、预测与限制，需要有模型描述与指标规定。

1. 航天遥感信息满意度分析模型

从满足服务用户需求、提升认可度、最终达到用户满意的角度，航天遥感信息这种人造事物的属性特征可以分为 3 个层次：一是体现人的认知、满足人们需求的功能性和性能性指标，表现为品种与规格；二是能达到这种人造事物标称的程度，表现在质量的好坏上；三是具体应用所需这种人造事物的提供能力，表现在量与时效性上。

通过对航天遥感信息属性分析可知，有效分析航天遥感信息对客观实体描述的"不确定性"与可信性、评价航天遥感信息服务应用的能力及人对这种工具手段的认可程度是从主客观把握航天遥感信息状态的两个重要方面：一方面的终极方向是"真实"；另一方面的终极方向是"人的满意"。按照信息特性构建的满意度模型结构如图 2.17 所示。满意度模型的构建是综合了人的需求、价值、利益而形成的，在第 8 章将展开详细分析。

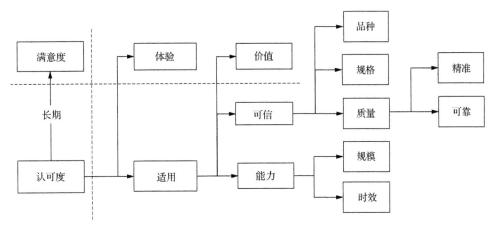

图 2.17　航天遥感信息的满意度模型

2. 航天遥感信息属性特征描述

航天遥感信息作为地球信息的"载体",需要如实、精准、可信地将地球信息传递到人。在能准确把握地球信息的特性的基础上,根据应用需求确定遥感器对所关注对象的地球信息进行采样"编码",承载有用部分的地球信息,通过物理链路进行传递并进行信息提取,通过"解码"人成功获取到被传递的地球信息。前面阐述了多层次应用及在信息转换与传递中的噪声、干扰,以及作为一种技术手段自身的局限,特别是在全球化和网络信息技术飞速发展的背景下,要求航天遥感信息流要按照信息资源最大有效综合利用的原则,实现"多快好省",在信息准确获取、快速处理、高效传输和有效应用的大背景下,要对航天遥感信息提出属性特征的规范性描述要求。通过这种特征规范性描述,可以:

(1)面向不同应用对信息进行针对性描述表达,明确信息品种和规格形式。面向不同类型应用,明确信息量的规模和信息量时空尺度特性。

(2)衡量"失真性"与"保真度",通过质量提升,有效保持对观测对象特性的一致性。

(3)量化描述具体应用对非功能与性能性特征的要求,如在实际应用中对信息量的要求与时效性要求等。

基于此,可以量化遥感波谱、时间、空间、角度、偏振度、速度等采样因素对观测能量的影响,开展航天遥感信息状态描述及模型构建分析,并将之归结为对航天遥感信息承载地球信息所需的状态指征特性变化的研究。

根据航天遥感信息过程研究,航天遥感信息的内容、形式与作用不仅要作为过程研究内容,而且可归纳总结为航天遥感信息的指标性属性。

(1)品种属性。针对不同观测对象的应用所需信息有其独特性,这就对航天遥感信息的特点在观测波段、偏振特性、观测角度、观测频率等方面有要求、有取舍,从而更有效地获取并传递观测对象信息,减小遥感信息的无效性。

(2)规格属性。在波段组合、观测分辨率、能量分辨率里等指标上的要求。遥感信息的信息表达特性。不同的观测可以获得不同类型的信息,不同的应用需要不同形式的信息来表达，这就产生了信息的规格属性。通常情况下，空间分辨率被用来作为描述观测对象细节水平及其和背景环境分离能力的指标。

（3）质量属性。确保信息品种与规格的能力，从而有效保持与观测对象特性的一致性，提升遥感信息的可信性。质量包括精准性和可靠性。精准性只有达到一定程度，信息才能符合其规格要求，如实反映观测对象的状态与变化规律。而且这种符合性要禁得起整个传递过程的检验，克服客观目标自身存在的复杂性、不稳定性及信息的不完备性，减小数据采集、处理、应用分析时产生的系统误差和随机误差等，确保在一定时空域上的可靠性。

（4）规模属性。按照应用需要，所需获取信息的量根据不同应用有不同要求。不同观测目标的存在方式和运动状态代表着不同的信息量，这就导致了航天遥感信息的多样性。遥感信息的规模属性是遥感数据获取、存储、处理和应用是否满足需求的依据。

（5）时效性属性。应用的时效性对信息时间特性的要求。遥感信息有自己的生命周期，经历了从产生、被使用到消亡等一系列阶段，时效性越强，信息的价值就越大，反之则价值越小。航天遥感作为人类认知地理信息的有效途径，对时效性有着很强的要求。例如，一般观测中从数据获取到信息应用的时间要小于观测频率周期，满足变化检测、应急响应等应用的需求。因此，时效性是航天遥感信息的关键性属性。

品种、规格、质量、规模和时效性属性的综合包括了对航天遥感信息适用性（满足动态的、变化的、发展的、相对的需要）、符合性（转化成有指标的特征和特性的需要）和全面性（除事物固有特性外，还有产品、过程或体系设计和开发及其后的实现过程形成的属性）的描述。

基于规范统一的信息属性对于航天遥感系统标准化、规范化、模块化设计具有重要的意义。从航天遥感信息流模型出发，航天遥感信息被用来描述客观世界关注对象的位置、形状、大小、分布及其时间和空间的关系，这个过程中涉及了时空变化认知，发现、识别、确认、解译与理解，不确定性等遥感的基础理论问题。航天遥感信息在从信息的载体到信息处理的各个环节中基于共性的属性开展信息的存储、分类、加工、应用也是航天遥感智能化方向发展的需要。

航天遥感信息的这 5 个属性也可作为信息流服务应用能力的重要评价要素。对于卫星遥感对地面观测所形成的海量信息流，航天遥感信息流的应用不仅有赖于其精度保证与提升，而且对获取信息的品种、响应速度、规模等也有明确要求。面对复杂且快速变化的自然世界，航天遥感器通过向多星组网、多网协同方向发展，实现多遥感器协同，有效提高遥感观测次数，提高数据获取频率，更贴近观测目标变化的实际情况。同时，通过多种类型遥感器对同一个目标做多侧面、多特性的观测，加大对观测目标数据集获取的丰富性与完备性，支持对关注对象认知能力的提升。

3. 应用需求与品种规格的设定

针对人造事物的应用活动需求主要来源于问题的发现、识别、理解与响应，其均建立在人已有认知的基础上。基于认知提出与需求相应的功能域性能要求，这种要求的模型化描述的参量集的具体表现即关注对象的品种与规格。

品种，即所关注对象的种类，是对关注对象是什么的本体性描述，具有某种价值。

规格，即针对关注对象的模型化描述及规定的参数指标集，从而使关注对象的功能与性能特点可用来满足某种需求。

品种规格的作用首先体现在对关注对象在遥感信息域响应的理解，给出本体定义，回答采用何种遥感手段能承载关注对象的信息参数场，用什么样的遥感信息强度能对关注对象物质能量运动有较高的"镜像"能力，从而确立了是什么遥感信息及其功能与性能的"真值"。

品种规格的确定有赖于认识的广度与深化程度。遥感信息以地球空间中各个相互联系、相互制约的元素为载体，在结构上具有圈层性，各元素之间的空间位置、空间形态、空间组织、空间层次、空间排列、空间格局、空间联系及制约关系等均具尺度性。针对不同的需求种类，在确定品种规格中对这些要有明确体现，减少不确定性，如信息类型的不确定性、指标不确定性、逻辑上的不一致性等。在上一节我们分析了信息的多重不确定性，包括表达信息的概率值的多重不确定性、集合的不确定性、集合中元素的含义或所指的不确定性、信息的可靠性与不确定性之间的异同，给出信息的一种度量基准。

在品种规格确定的情况下，设立遥感信息的基准与标准成为可能，包括几何基准、物理基准和时间基准等，从而确定空间信息几何形态和时空分布的空间信息技术与地球状态和动力相融合，包括空间信息的分类与代码、空间信息质量标准、空间信息采集、传输、转换标准等。

4. 期望的实现程度与质量评价

品种与规格的设定明确了一种真值标准与期望。质量来源于现实性带来的与这种标准和期望的差距，差距过大，则不具备可信性，"名不副实"。从生产者角度看，质量可被概括为符合品种规格规定要求的程度，而从应用者角度看，质量是所关注对象的符合性与满足性。是不是这个品种与规格是一种认识与设计的"质量"，达没达到这个品种规格所规定的要求是一种制造与评价的"质量"。

遥感信息的质量包括了信息的精确度、准确度及可靠性。精确度指遥感信息数值间的一致性程度及其与规格所规定"真值"的接近程度。从测量误差的角度看，精确度是测得值的随机误差和系统误差的综合反映。准确度指在一定实验条件下多次测量的数学期望值与所规定的"真值"相符合的程度，以误差来表示系统误差的大小。这两个概念可以合为"精准度"概念，即从观测的角度看，数学期望与真值符合程度与观测值一致性程度。

可靠性指遥感信息在一定时空域保持一定状态的能力，即质量的可预测性，与在不同时空条件下偶然误差的存在及出现的概率有着直接关系，可通过置信度评价。置信度也称为可靠度，或置信水平、置信系数，指总体参数值落在样本统计值某一区内的概率，换句话说，就是以测值为中心，在一定范围内，真值出现在该范围内的概率。置信区间是指在某一置信水平下，样本统计值与总体参数值间的误差范围，即在某一置信度下，以测量值为中心，真值出现的范围。

可靠性与精准度密切关联。置信区间的跨度是置信水平的正函数，置信区间越大，置信水平越高，但要求的把握程度越大，势必得到一个较宽的置信区间，这就相应地降低了估计的精准度。所以在遥感信息规格设定与质量检验要求中，信息的精准度与可靠性要求要同时提出。

遥感信息从信号数据到信息到对关注对象的认知转换中包含了各种各样的不确定性，这里也包括了对关注对象的不了解或者对象本身不确定所造成的。因此，质量可以说是不同时空条件下精度的设定、保持与适应性。基于数理统计理论的方法是质量度量的主流方法，通过构建不确定性度量模型，可以预计遥感信息的可信程度，确保解译与反演方法对空间信息的定性解译和定量反演，揭示和展现地球系统现今状态与时空变化规律。

5. 适用性与时效性、规模的关系

对于航天遥感信息，我们把观测对象作为一个整体来了解其状态与变化规律，而人能得到的信息则是相对的、局部的。当某种信息降低了原先的不确定度能为人所用，则其不仅能较完全地描述观测目标特性以满足应用需要，而且这种信息也具有完整性。信息不仅在质上满足应用需求，而且在提供的量与时效性上也满足应用需求，从而从满足应用的角度看具有"知己知彼，百战不殆"的能力。

在具体应用中，提高遥感信息的完整性必然涉及信息的规模与时效性。需要多源遥感信息间及与非遥感信息融合，这是处理多源数据以获取更多信息而服务于决策的过程。我们所要探测的目标物是无限宽广的客观世界的一个很小的部分，利用遥感手段对客观世界中一个很小局部的具体事物进行观测，从观测信号中得到信息量，从而降低提取该事物信息的不确定度，而这种信息能否满足需要，要看信息面向应用需求的完整程度，从多尺度上可以将地球、地球及各圈层作为一个整体来观测和研究，时间维上将各现象和过程的时间序列精确叠加在空间位置上，获取更广的视角，更高的分辨率，更快、更多的空间信息，实现对地球过程的发现、识别、理解、预测、预报和预警，如前文所述，发现、识别、确认目标物，并基于此开展综合应用等应用层次的不同，会对信息量有不同的要求，而时效性和规模属性可以有效补充信息的完整程度。

具体的应用存在着风险性与性价比问题。信息的风险通常强调 3 个方面：完整性、可用性和保密性。这里的航天遥感的信息风险主要指信息在传递和交流过程中，信息的规模性与时效性需要有很大的资源投入，以及人的意愿与客观环境和条件等，导致所需要的、具有质量保障的遥感信息规模与时效性方面产生不确定性。由这种信息的不完整产生的一些信息风险是无法避免的。同时，一定规模的存在需要有相应的投入，这种投入是否可行是由人来确定的，即存在是否合适的问题。基于这些原因，可用的方法技术只有在一定条件下才适用。适用性对于应用有十分重要的作用。

6. 航天遥感信息的认可度与满意度

人对信息的认可程度对信息来说非常重要，这是人对这一人造事物的期望与终极评价。认可度是一个集合名词，高的认可度被认为需要包括品种规格正确，质量符合要求（精准性、安全性、可靠性等），具有一定的可信度，能产生相应的价值。同时，服务的时效性和满足应用的数量要能及时足够的支持应用，具备所需的承担能力，从而具有了实用性。当然在应用中，要降低各种不确定性，并且要有很好的认识主体的体验感。这样，这种信息便具有了很高的认可度。

（1）可信性。可信性可以认为是品种规格的定义与实现其质量要求的能力，是遥感信

息的客观属性。其建立在应用需求及认知程度的基础上，发现、识别、理解、评价与约束各类非观测对象引入的不确定性。

(2)适用性。适用性作为多种人造工具中的一种，在实际应用中与其他手段存在竞争与合作，不仅从物质、技术和信息角度分析，而且要从价值流模式进行考虑。

(3)认识主体的体验性。认识主体的体验性主观感觉好，作用符合预期。其反映在对产品的性能、经济特性、服务特性、环境特性和心理特性等方面。因此，体验是一个以人为核心的综合概念。它并不等于技术特性越高越好，而是追求诸如性能、成本、数量、交货期、服务、维护/免维护等因素的最佳组合，消除可感觉化中的不确定性，即所谓的感觉最适当。

这里说的用户体验度是指用户在使用之前、使用期间和使用之后的全部感受，遥感信息是否包含用户想看到的内容和是否带给用户一些有价值的内容。用户体验是用户使用后的心理、感受及评价。信息最终要与人接触，以满足人的需要为根本，体验性可以用来评估用户体验结果。

成功的用户体验，是在信息具备客观的可信性和适用基础上体现出体验过程中产生的主观的感受。ISO 9241-210 标准曾将用户体验定义为"人们对于针对使用或期望使用的产品、系统或者服务的认知印象和回应"。通俗来讲，其就是"这个东西好不好用，用起来方不方便"。因此，用户体验是主观的，且其注重实际应用时产生的效果。

(4)认可度分析。可信性、适用性有较好的体验性，形成了综合主客观情况的人对遥感信息的认可度。其一般通过多层次认证方式确定，信息经应用后是否具有一定的有关品质的口碑与信誉。认可度发展方向是满意度。航天遥感信息的客观量化评价，主要涉及品种、规格、质量、规模和时效性 5 个属性，这 5 个属性组成度量认可程度的标准，分别体现在精准性、可靠性、安全性和满足应用的数量与时效能力评价上。其中，满足应用的能力评价即满足度，是具体产品在一定质量保障条件下有关供给能力与需求关系的可量化客观指标。

价值和体验等涉及人的判断对于认可度具有同样重要的权重，其最终评价应该根据具体的实际情况来确定。

(5)满意度分析。对于不同的实际应用，在认可度的属性中可能有一个或者几个属性特别重要，几个属性之间存在着内在联系，与其他信息相洽，既互相补充，又各有不可替代性，通过大样本实际检验满足各属性评价标准才能具有很好的认可度。较好的认可度一般出现在高度成熟的阶段，长期的认可提高了人对所评价事物的满意度，同时，客观上增强了所关注对象的可持续性。

2.5 航天遥感信息工程实现

2.5.1 航天遥感信息工程

航天遥感信息工程是人构建航天遥感信息这一人造事物并以此认识与利用世界的应用活动，是人类科学认知、技术积累及应用活动意愿的综合体现。这一人造事物涵盖了科学探索、技术研发与应用活动 3 个层次，即认知、响应能力与需求响应过程，是按照人的需求，在一定技术条件支持下的多学科、多技术综合应用。航天遥感信息工程综合体现出信息系统的价值流、信息流、技术流与物质流，是基于 SDIKWa 环开展信息-数据-软件-硬件(informatin-data-software-hardware, IDSH)模型构建的理论基础。

1. 航天遥感信息工程概念

工程在现代社会中有广义和狭义之分。狭义讲，工程定义为以某组设想的目标为依据，应用有关的科学知识和技术手段，通过有组织的一群人，将某个(或某些)自然的或人造物转化为具有预期使用价值的产品的过程。广义讲，工程则定义为由一群(个)人为达到某种目的，为将人的需求转化为某种产品，在一个较长时间周期内通过协作(单独)表现出的活动过程。无论哪种描述，工程均表示一种人的活动，具有目的性，是人、人造事物及自然界间的综合作用的体现。

作为工程，要涉及人的需求、目标定义、研发、设计、制造、运行与管理等多个环节。航天遥感信息工程是采用系统工程原理、方法来指导航天遥感信息系统的研发、建设与运行所进行的一系列活动的总称，包括需求工程、数据工程、软件工程、硬件工程等，其核心是针对航天遥感信息过程开展的、服务需求并体现价值的有关信息、数据、软件与硬件(IDSH)的系统性实现。

航天遥感信息工程是用系统工程方法构建一套工程系统。从对遥感信息的需求确定，到技术方案，再到工程实现，有赖于对各类资源的整合与利用，从技术上讲，航天遥感信息工程包括了遥感技术、空间数据采集技术、通信技术、空间信息处理技术、空间分析理论和技术等多领域技术，涉及传感器、通信技术、信号技术、信息技术、电子学、网络技术、计算机技术、控制学、系统科学、人工智能等。

2. 航天遥感需求与价值工程

需求是人在解决问题或达到目标时所需的条件或权能，既是一种需要，也是一种价值。按照需求专家 Alan Davis 对需求的定义，需求是"从系统外部能发现系统所有的满足用户的特点、功能及属性等"(Davis, 1993)。可以看出，需求强调的是系统是什么样的，而非系统是怎么设计、构造和实现的。需求给出的是做什么而不是怎么做，不企图定义任何的解决方案，它关注的是目的及为达到目的需要的所有功能，这是人、人造事物、自然界综合的人的应用活动达成的平衡，是人的需求与人的活动的连接和转化桥梁。

需求工程是指应用已证实有效的技术、方法进行需求的发现、识别、确认、理解与组织，帮助分析人员在理解问题并定义目标系统的所有外部特征的基础上，将客户需求的本体论信息转变为可被其他人认识与利用的认识论信息。这种认识论信息能充分描述用户对目标系统在功能、性能、设计约束、行为等方面的期望，同时也能反映所处环境与所拥有资源程度的实际条件约束，体现时代特点、技术水平和生产能力。需求工程的最终结果是得到满足用户需求的、体现可行性的、在未来某个时间将要成型的系统的准确、全面、形式化的描述，即在给定约束条件下对未来的"镜像"，而这是工程生命周期的初始阶段。

在需求工程过程中，人们逐步领会有关物质、技术与信息流的需求，同时也遵从"多快好省"的实践要求，考虑到价值与利益，因此在很多情况下，人对投入产出的判断决定着事物的发展。价值工程作为一门技术与经济相结合的有关投入产出的科学方法，无疑是为达到以上目标的有力工具。现代管理学对价值工程的定义是"通过对产品功能的分析，正确处理功能与成本之间的关系来节约资源、降低产品成本的一种有效方法"。价值工程中所说的"价值"有其特定的含义，其与哲学、政治经济学、经济学等学科关于价值的概念有所不同，是一种"评价事物有益程度的尺度"。价值高说明该事物的有益程度高、效益大、好处多；价值低则说明有益程度低、效益差、好处少。

价值工程的特点是以产品功能性能分析为核心，以提高产品的价值为目的，力求以最低的寿命周期成本可靠地实现产品的必要功能，航天遥感"多快好省"的需求是价值工程实施时功能分析、方案设计评价的依据。

价值工程不仅是一种提高工程和产品价值的技术方法，而且是一项指导决策，有效管理的科学方法，体现了现代经营的思想。在工程施工和产品生产中的经营管理也可采用这种科学思想和科学技术。例如，对经营品种价值分析、施工方案价值分析、质量价值分析、产品价值分析、管理方法价值分析、作业组织价值分析、效能效益分析等。基于数据工程实现大数据到完整信息到完备知识再到大成智慧的转化，借助软件工程和硬件工程建立业务化、网络化、一体化集成的遥感卫星应用和服务体系。

3. 航天遥感数据工程

航天遥感信息的载体是数据，各类技术处理的承载体是数据，若需求工程是对现实的客观认识，则发挥人的能动性，开展系统设计、研发、制造与运行的基础是数据工程。数据工程建立在信息可计算理论的基础上，开展数据设计、数据制造、数据转换、数据服务的过程，不仅支持开展信息系统的顶层设计，而且指导了以下软硬件各层级的设计与制造。遥感数据工程需要综合利用计算机、网络等信息技术，导航、通信、GIS 等空间信息技术，采用工程的理论、方法，组织各类工程技术人员开展以遥感数据应用为目的的相关调研、设计、开发、集成、生产、运营等。航天遥感数据工程围绕信息源与流，以数据全生命周期为主线，研究数据建模与评价、数据标准化、数据管理与应用的有关理论、方法与技术。

4. 航天遥感软件工程

信息传递与转化是通过数据处理实现的，软件是数据处理的工具。软件工程可以理解为将系统化、严格约束的、可量化的方法应用于软件的开发、运行和维护，即将工程化应用于软件(吴信才，2011)。软件工程包括方法、工具和过程 3 个关键要素，其中方法与工具体现出 IT 技术发展阶段的特点，算法模型体现出对所关注对象的认知与技术技巧，是构造软件的关键。

航天遥感软件工程是以开发满足用户需求的软件产品为目的所形成的一套软件开发技术和方法，其主要围绕集成了算法模型的软件功能与性能需求、设计、编码、测式等环节展开，涉及系统需求分析与需求规格说明、概要设计、详细设计、系统编码、系统测试、系统维护等多个阶段。

5. 航天遥感硬件工程

数据处理是在硬件支撑下实现的。按照系统需求，根据硬件需求设计、硬件或设备的制造或选择，在考虑硬件系统功能和性能的同时，认真考虑硬件之间的接口、硬件的标准化、硬件成本和维修服务等因素。航天遥感硬件工程包括遥感卫星、数据接收站、计算机系统、网络、手机终端等硬件管道。航天遥感数据的获取和应用离不开卫星平台和遥感器，同时也离不开相关的地面系统。通常情况下，硬件工程过程分为 3 个阶段，即计划和定义阶段，设计和样机实现阶段，生产、销售和售后服务阶段。

2.5.2　航天遥感信息工程实现的作用意义

科学是系统理论知识，能用于指导实践。技术是在科学的指导下，直接指导和服务生产的一种知识，而工程则是应用科学和技术进行的一种智慧化实践活动。

1. 促进建立卫星应用学

科学、技术、活动在每一个时间方向上均根据发展的阶段按比例综合表现，成熟且深入的活动实践的背后往往会有完备的科学理论与技术体系作为支撑，同时，活动实践又将进一步支持科学和技术的进一步发展。航天遥感信息工程是遥感科学活动的实践之一，同时它也可看做是众多遥感科学活动实践的规律总结，这些广泛且深入的遥感信息工程的实现，不仅检验了遥感科学理论，更是遥感科学不断发展的驱动力。例如，遥感信息既服务于环保行业又服务于测绘、农林、水利、海洋等其他行业，尽管各行业差异巨大，但是对遥感信息的需求存在相同之处，遥感深入应用于这些不同的行业，获得了行业共性需求的经验，形成共性产品，使得遥感信息工程更加高效。应用于各个行业的遥感信息工程均能够总结得到当前遥感器参数设置在该领域的适宜性情况，这些经验丰富了航天遥感科学知识，可能让未来的遥感卫星性能更加优越。

航天遥感信息工程的知识、技术与应用实践积累可以促进遥感技术与各领域相结合，形成卫星气象学、卫星海洋学、卫星环境学、卫星地质学、卫星地理学等。通过研究卫星遥感，探测地球不同种类观测对象特征要素的原理和方法，以及遥感信息如何融合与应用于观测对象所属学科的各研究领域中，促进遥感技术在环保、减灾、气象、地矿、测绘、农林、水利、海洋、地震等行业更广泛的应用，保障各行业大型遥感信息应用项目建设，推动以空间信息产业及空间信息为核心的相关领域和产业的快速发展。

2. 服务卫星综合应用

航天遥感的应用领域广泛，产生的信息内容多样，从光谱等遥感特征到空间位置、温度、密度、浓度等物理特征都有覆盖，尽管如此，从信息的角度来看，这些内容依然存在共同的特征，如都符合信息过程的变化特征，都需要从时空角度进行约束获得场信息等。遥感信息工程实现的过程中不断考虑与优化这些信息领域的统一性、一致性。在此基础上，与其他手段获取的信息和知识进行融合，共同对观测对象进行更加深入具体的描绘。

航天遥感信息工程的实现是大数据到完整信息到完备知识再到大成智慧的转化过程，形成满足应用的工程性活动，有助于在各行业建立业务化、网络化、一体化集成的遥感卫星应用和服务体系，以提高遥感数据共享、利用程度及遥感业务化服务能力，从而完善符合国情的卫星遥感应用产业链，持续完整地为国家各部门提供重要决策。

航天遥感信息工程是针对航天遥感信息过程的工程化研究，已经成为现代航天科学研究和解决航天工程问题的基础，以及管理部门，生产部门和服务行业中的关键因素，其渗透到了各个领域。

2.5.3 航天遥感信息工程的实现

航天遥感信息工程涉及前期的遥感数据获取和加工方法，中期的遥感影像处理系统和集成应用系统研发，以及后期的遥感信息应用运营等一套理论、技术和方法。实现是真正解决"具体做"问题的，工程实现过程的核心问题是在构建价值链且关注用户体验的同时，针对信息流全过程，完成信息流、技术流与物质流的构建，并在此期间按照霍尔系统工程结构，进行分析、设计和实现，涉及对地球信息的获取、传输、存储、认知、再生、施效等信息流各环节中工程问题的回答。

1. 遥感信息系统源与流的技术

按照 SDIKWa 信息流环状结构，航天遥感工程的技术进程按照信息节点、信息等级设置。围绕航天遥感信息的品种、规格、质量、规模、时效性 5 个属性，从信息流模型的各个节点属性反映人对信息的需求。

遥感信息系统的源离不开对地球的认知与探测技术发展。信息工程把采集到什么信息和数据形式表现放在第一位，从而确保能将数据通过转换成为可用的输出信息，实现信息和信息处理的统一。

信息工程中对信息流的理解与模型构建、处理技术方法构建和信息系统的研制与应用是核心。从系统角度看，各种功能之间相互联系，构成一个有机结合的整体，形成一个由流程图、功能图、结构图和部署图组成的结构体，来全面地说明管理信息系统的目标、功能、组成和运行。信息流串联起信息工程的各个组成，确保信息在其间和内部进行交换和流动。其具体体现在系统信息的配置和流程设计上，信息的配置反映着系统的结构优化，信息流程反映系统生成、传递、管理及应用信息的过程，信息的配置及其流程设计已经成了系统研究设计的核心内容，流程的设计影响着系统体系结构的建立，决定着系统设计的水平和成败。

流程图是表达信息在给个部件之间流动的情况，显示了系统从一个活动到另一个活动的流程，反映数据间关系即输入数据、中间数据和输出信息间的关系，强调的是对象之间的流程控制。流程图是揭示和掌握封闭系统运动状况的有效方式。作为诊断工具，它能够辅助决策制定，让管理者清楚地知道，问题可能出在什么地方，从而确定出可供选择的行动方案。流程图有时也称作输入-输出图，其可以直观地描述一个工作过程的具体步骤。流程图对准确了解事情是如何进行的，以及决定应如何改进过程极有帮助。

2. 遥感信息系统功能与结构

遥感信息结构设计从产品内容(数据、信息、知识、决策)、产品属性(品种、规格、质量、规模、时效性)、产品作用(承载/展示、发现、识别、确认、理解、综合)3 个方面构成了层级、内涵、作用的三维结构。层次表达的是信息的多层次形式，同时体现了信息从数据到决策的运动过程。内涵是指针对产品发展的应用需要划分的定性、量化、定量及标准定量产品具备的属性，定性产品通过品种属性可以表达，量化产品通过规格规模属性可以表达，定量产品则包括了品种、规格、质量、规模、时效性 5 个属性，标准定量产品是定量产品在 5 个属性基础上形成的标准化产品。同时，内涵与作用密切相关，作用体现了航天遥感信息满足应用需要所具备的功能。

功能设计反映数据的特征和处理方法。具体地说，功能设计是面向工程实现，将需求转换为系统必须完成的功能(行动、任务)的过程，既包括对工程要具备的功能的分析，也包括功能的分配，明确各功能单元之间的相互作用关系，为后面模块的组织打下基础。航天遥感信息工程具体体现在对信息进行采集、处理、存储、管理、检索和传输，而这些功能都应围绕数据来展开，因此全面地进行数据分析是系统建设的根本所在，这关系到系统开发的整体性和一致性，也是合理配置和部署整个工程系统的前提。功能设计的核心在于基于信息流设计开展数据流分析，特征是"分解"和"抽象"，把复杂的数据层次化、模型化，以便于数据的高效存储和处理。

系统结构体现软硬件要求。航天遥感信息工程实现的关键环节是信息系统的开发和集成，而系统是方法和工具的一种适当组合，这两者的最优组合就构成了信息工程中的软件工程和硬件工程，软件结构和硬件结构共同组成了信息系统的信息流转"渠道"，也是软件工程和硬件工程节点的主要关注点，通过系统结构可以描述各结构部件之间的相互依赖关系。支持信息系统各种功能的软件系统或软件模块所组成的系统结构，即信息系统的软件结构。硬件的组成及其连接方式和硬件所能达到的功能组成了信息系统硬件结构。结构图将问题求解看做是一个处理过程，通过结构化方法将工程的实现过程模块化分解和功能抽象化，自顶向下、分而治之，从而可以有效地将一个较复杂的系统分成若干易于控制和处理的子系统，子系统又可以分解成更小的子任务，最后子任务都可以独立编写成子程序模块。

描述系统数据、数据的内在性质和特征、数据如何承载信息，数据的组织和管理都必然要基于数据工程。航天遥感系统作为一个复杂的系统及一个有机整体，通过管理来解决系统性能优化的问题，以及引导事物的运动从无序转化为有序的问题，使其形成一个协调的系统。

对于航天遥感信息工程，信息量越来越大，信息结构越来越复杂，信息系统也将越来越复杂。软件工程原理和自顶向下的结构化程序设计方法与众多的软件开发技术等，在很大程度上解决了系统生产周期中的有效性、可修改性、可靠性和可理解性等问题，支持信息系统生命周期各阶段的开发过程自动化和工程化。

3. 遥感信息系统部署与有形化

航天遥感系统是由其各部分组成的具有特定功能、结构和环境的整体。信息流揭示的是航天遥感信息工程的本质，功能、结构是工程系统的组成及各部件属性与关系构建，部署(与环境的相互协调配置)则是信息工程最终的形式表现。

　　计算机硬件及其组织结构对工程的地面应用系统能力与运行效率有直接的影响，即系统要满足工程过程中信息的处理能力、处理速度和响应时间要求。硬件可利用的资源越多，系统运行效率越高，如中央处理机、内存储器、外存储器和输入/输出设备等。由于任何一个系统可用的资源总是有限的，因此，重点就在于按照设计要求，合理配置、设法提高这些资源的使用效率。

　　部署体现技术状态与环境要求的协调。部署是对系统中物理体系结构的定义，通过部署图把工程系统实现过程中的物理模型转换成实际运行系统，也就是说，一个系统在部署和运行之前是没有价值的。在工程实施期间，投入大量的人力、物力将占用较长的时间，使用部门将发生组织机构、人员、设备、工作方法和工作流程的较大变革。因此，部署是建立在严格周密的计划基础上的，既要保障工程的实施，也不会干扰到工程其他程序的正常运作，通过部署把工程的任务、性能、人员、设施、生命周期、效用、效果因素及环境合理配置。部署包括了生产制造、运行、测试、评价和维护等过程，它已从前期准备阶段开展，包括工程的实施计划(如机房整装、网络建设、硬软件安装、程序编制、系统的调试与转换等计划)，人员队伍的组织管理，软、硬件设施的准备，信息流的再组织等。然后是系统平台的硬、软件安装与调试，以及系统的运行维护。同时，部署图更直接地与控制系统相对接，为工程实现提供强有力的支持。

4. 遥感信息系统过程与评价的状态分析

　　从以上分析可以看出，系统的建设过程是在需求与信息分析基础上，以数据为核心，按照一定的提高改进规律，开展 IDSH 的研发与构建。同时，不断进行分析评价，实现整个系统的目标并被人认可，如图 2.18 所示。其中，有关围绕数据开展构建的理解与具体方法可见第 3 章、第 5 章和第 6 章，有关构建客观程度的分析评价可见第 4 章和第 7 章。

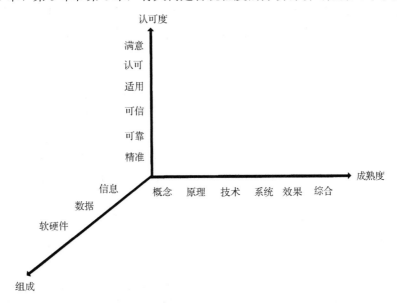

图 2.18　遥感信息工程化表现形式

第 3 章　航天遥感数据工程论

遥感数据是遥感信息的载体、技术流的内容，通过数据处理可以将遥感信息转化为观测对象信息，并以产品方式向用户传输，进行共享和应用。在这一过程中，当数据量达到一定规模时引入工程思维对航天遥感数据进行科学管理与综合应用成为必然趋势，航天遥感数据工程应运而生。航天遥感数据工程以航天遥感数据为研究对象，并采用网络、计算机等工程技术方法设计、研发、生产遥感数据产品，将遥感数据产品在各行业领域推广应用。

3.1　遥感数据与遥感数据工程

遥感数据是数据的一种，航天遥感发展紧紧围绕遥感数据进行。在论述航天遥感数据工程论之前，有必要对遥感数据及其特点进行详细阐述。

3.1.1　数　　据

1. 数据与数字数据

数据(data)在拉丁文里是"已知"的意思，古人"结绳记事"，打了结的绳子就是数据。Davenport 和 Prusak(2000)指出数据是一组分散的事实。Alavi 和 Leidner(1999)认为数据是原始的，除了存在以外没有任何意义。Quigley 和 Debons(1999)认为数据是没有回答特定问题的文本。Bellinger 等(2004)提出数据是对一个事实或一个与其他事情无关的事件的陈述。

综合以上研究者的认识，可以发现大家认为数据是前文所讲的信息知识工具集的有形化表现形式，即已获得且被记录的信息，是记录认识论信息的一种人造事物。例如，对信号通过感觉器官或观测仪器感知并形成的记录就是数据，其记录的内容既可以是最原始的也可是被加工解释的信息，具有真实的、可考据的、积累的价值。作为客观事物的属性、数量、位置及其相互关系的符号描述，数据是对客观事物的性质、状态及相互关系等进行记载和鉴别的物理符号或这些物理符号的组合。

数据是认识论信息的载体，用于承载信息、知识、智慧，这种符号可通过人的感知方式进行传递，是人可识别的抽象化符号和编码，可以是文字、图形、音像、嗅味、触温等。

数字数据是一种特殊类型的符号或字，是量化形式的数据。用它表示的数据可以对所关注对象的特征、程度与状态进行离散的、量的记录，用于各种统计与分析，计算机可以有效地对这种类型的数据所代表的量做直接处理。相对应地，还存在一种模拟数据，由连续函数组成，是在某个区间对连续变化的物理量的记录，如声音的大小、温度的变化等。这种类型的数据可以分为图形数据(如点、线、面)、符号数据、文字数据和模拟图像数据等多个种类。

2. 数据对信息的不完全承载特性

数据作为一种人的认知的记录，是人们对客观事实的基本表达，其承载的信息是反映客观事物状态和变化的认识论信息，不同的认知主体对信息有不完全相同的表达，导致数据表达的多样性与相互间的不一致性，信息不确定性会造成数据的不准确性。

信息的量决定于人的认识积累的不断增加，这个增加的过程具有无限性，而数据是有限性存在的，导致信息的无限性与数据记录的有限性的关系构建有很多方式，却均有信息丢失的可能。同时，数据通过各种工具实现传递，对于已经掌握的信息，由于不同的载体、传递的方式方法等具体情况限制，传递过程中数据可能产生数量上的增减而导致数据对信息描述的不完备性的增加。以上种种情况都体现了数据对客观事物的描述具有近似性，是人们对信息进行了加工处理后的结果，它无限趋近真实，但不完全等于客观事实。

数据与信息还存在一些区别，表现在遥感数据流中数据的处理方式、流程与信息流的不一致性。数据的处理要考虑数据的特性开展，其具有自身特点的表现形式。

客观事物的状态和特征的不断变化使信息不断产生，信息在自然界中是某一时刻某一地点的固定存在，信息具有不可重复性，不能重复再现。数据是信息的记录，可以采用更快或滞后的方式进行处理，与信息的变化发展可以不同步。

3. 数据操作与信息可计算性关系

如前面章节所描述，信息是可以被处理与利用的，具有可操作性。在现代科学范式下，信息的可操作性则体现在信息模型构建与算法的建立上，从而使得信息的可操作性转变为模型算法的可计算性，即信息具有了可计算性。可计算性理论是研究计算的可行性和函数算法的理论，又称为算法理论。它是算法设计与分析的基础，也是计算机科学的理论基础。

可计算性是函数的一个特性，是指函数算法的可计算性，即能够在抽象计算机上编出程序计算其值的函数。设定函数 f 的定义域 D，值域 R，如果存在一个逻辑过程对 D 中任意给定的 x，都能计算出 $f(x)$ 的值，则称函数 f 是可计算的。

可计算性理论起源于对数学基础问题的研究。20 世纪 30 年代，为了讨论是否对于每个问题都有解决它的算法，数理逻辑学家康托尔、哥德尔、丘奇、图灵等对此有过深入研究，提出了几种不同的算法定义，如递归函数、λ 转换演算和抽象计算机的概念等。图灵给出可计算函数的精确定义，即能够在图灵机上编出程序计算其值的函数，而一切合理的计算模型等价于图灵机。在世界上还没有通用计算机问世以前，他还证明了存在一种图灵机，一种通用数字计算机，它能够模拟任一给定的图灵机，这便是现代通用计算机的数学模型。图灵在不考虑硬件的情况下，严格描述了计算机的逻辑结构。通用图灵机是把程序和数据以数码的形式存储起来，这种程序能把高级语言写的程序翻译成机器语言的程序。图灵还论述了一个问题是由有限数量规则构成的算法对任意函数的计算是否能达到任意高的精度。为了简便,图灵使用了数字而不是函数。

丘奇和图灵在可计算性问题指出算法不能将所有的数字或函数计算到任意精度。事实上,人们能够证明,在算法上不可计算的函数要比可计算的函数多。很多非数值问题(如文字识别、图像处理等)都可以转化成为数值问题来交给计算机处理,但是一个可以使用计算机解决的问题应该被定义为"可以在有限步骤内被解决的问题",所以哥德巴赫猜想这样的问题是不属于"可计算问题"之列的,因为计算机没有办法给出数学意义上的证明,因此也没有任何理由期待计算机能解决世界上所有的问题。

冯·诺依曼提出了计算机设计的新思想,明确规定计算机由运算器、逻辑控制器、存储器、输入和输出 5 个部分组成。根据计算机物理原理,采用二进制数据为信息载体,基于可计算性理论,通过模型算法构建信息处理程序,实现信息处理。至此,通过计算来实现信息处理的第一代电子计算机诞生了。它的出现,不仅使人类有了计算的工具,而且还有了一个处理信息的工具,信息按照人的要求却独立于人的大脑外就可处理成为事实。

可计算性理论中的基本思想、概念和方法被广泛应用于计算机科学的各个领域,如递归的思想被用于程序设计、λ 演算被用于研究程序设计语言等。可计算性理论确定了哪些问题可能用计算机解决,哪些问题不可能用计算机解决。例如,图灵机的停机问题是不可判定的表明,不可能用一个单独的程序来判定任意程序的执行是否终止,其避免了人们为编制这样的程序而无谓地浪费精力。

2006 年,一些科学家又提出了"计算思维"的概念,以倡导计算思维而闻名于世的周以真教授认为,计算思维是运用计算机科学的基础概念进行问题求解、系统设计及人类行为理解等涵盖计算机科学广度的一系列思维活动。

3.1.2　遥　感　数　据

1. 遥感数据与遥感数字图像

如前章所描述,遥感是采集地球数据及其变化信息的重要手段,遥感数据是对这种认识论信息的记录,遥感信息的表现方式即遥感数据。

遥感数据是基于不同的遥感器探测观测对象变化情况的,对所探测的地理实体及其属性进行识别、分离和收集而获得的可处理的源数据,可以是模拟数据,也可以是数字数据。从定义上看,遥感数据是基于传感器收集、探测、记录的关注对象电磁波辐射信息的记录,采用计算机存储、分析和描述关注对象的辐射特性、几何特征。

当代遥感器可以直接输出遥感数字化数据。数据数字化的核心是数据的计算机化及信息的数字化,其是模拟数据变成计算机可读数据的过程,是信息化时代的产物。

遥感技术发展初期,大量遥感数据是通过纸张、塑料片为介质的图片方式记录的。遥感数据从模拟形式转变为数字形式需要用数字化仪,量化遥感图片中各类型观测对象的几何位置信息及波谱能量强度信息,将模拟数据转换为数字数据。

数字化遥感数据不仅仅体现在数据的形式上，更关键的是对信息的数字化，是将许多复杂多变的信息转化为可以度量的数字、数据，并通过适当的数学模型，把它们转变为一系列二进制代码，引入计算机内部，进行统一处理的过程。信息数字化基于计算机载体和网络化的介质，使信息具有了传播的高效性、使用的方便性和最大的普及性特点。

在以后的章节中，遥感数据不加标注的均指数字化的遥感数据，主要形式为遥感数字图像。遥感数字图像是以数字形式表示的遥感图像数据，反映的是场景的视觉属性，是对二维连续信号的稀疏采样。后续章节也主要是围绕数字图像来开展数据工程研究。

2. 遥感数据特征

通过对已有遥感数据的观察，可以发现遥感数据具有以下特征。

(1)人造事物属性。遥感数据是利用遥感器获取目标特征的记录，具有人造事物的所有特征属性。人可以有多种方式创造出数据，这些数据离不开物质的承载，遥感数据的全寿命过程是寄存于计算机等软、硬件工具中的。

(2)信息属性。在前面的章节已经论述，遥感数据是对遥感信息的承载，它继承了遥感信息的属性，同样具有品种、规格、质量、规模和时效性 5 个属性，这 5 个属性是航天遥感数据工程的基础。

(3)记录性。从时间序列讲，遥感数据所包含的信息是某一个时间点的观测对象状态信息，具有客观性，不会随时间变化。以植被的生长过程为例，遥感信息伴随着植被从幼苗期、茂盛期到枯萎期等各个过程，其无时无刻不在产生并不断变化，而作为遥感数据则不同，遥感信息一旦被遥感数据承载，则仅是那一刻的状态。即使通过技术手段对植被从幼苗到枯萎全过程进行遥感成像，记录植被的全过程，其在时间上也不是连续的。遥感数据能通过显示设备在任何时间、任何地点进行重复再现显示，不再受时间、空间的限制。

(4)多样性与近似性。遥感数据作为一种空间数据，它是有关空间位置、专题特征及时间信息的符号记录，具有多种表现形式。由于客观世界的复杂性和模糊性，以及人类认识和表达能力的局限性，遥感数据是对客观实体的特征和过程的这种抽象描述总是不可能完全达到真值，而只能在一定程度上接近真值，并随着优化不断逼近真值。准确和一致是数据质量的一个重要因素。

(5)可操作性。遥感数据具有长效性、积累性、增值性、可传递性及共享性等特点的同时，按照数据构建方式可形成遥感信息编码结构，这是一个有限集，被用来设计出包括遥感数据获取、组织、管理、存储、检索、传输、处理、可视化、分析、评价、发布、安全等在内的各种操作类型。通过遥感数据的这些可操作特性，特别是在数学和计算机的数学计算基础上，可以将客观世界中具体的实体抽象化表示，变成计算机可处理的数据，并提取客观实体的信息，实现科学的分析与可视化应用。

(6)可模型化并标准化。遥感数据作为一种编码结构，模型化和标准化是人对其操作的现代科技范式。通过模型化可以把数据进行抽象表示和处理，经过模型化处理把数据转换成计算机可处理的数据模型，并且能正确反映数据要表达的客观实体。并且，遥感数据的多样性使得遥感数据模型对客体的表达描述标准，支撑多源遥感信息的标准化提取，并且标准化是遥感数据传输、共享、有效集成的基础。

3. 遥感数据的信息密度函数

遥感数据与遥感信息既有联系又有区别。数据是信息的表现形式和载体，可以是符号、文字、数字、语音、图像、视频等。而信息是数据的内涵，是加载于数据之上，对数据作具有含义的解释。数据和信息是不可分离的，信息依赖数据来表达，数据因具体表达信息而具有意义。两者关系可以通过遥感数据信息密度函数（information density function, IDF）表示。

信息从观测对象参数场的表现形式看，具有时空强度变化特征，相应的遥感数据承载的信息量分布并不是均一的。观测对象遥感信息分布是一种场分布，其范围具有观测对象系统发生规律的尺度，处在一定时空间域内。同时，这种分布在时间域内是不均匀的。遥感数据记录的是某一时空区域的遥感信息，是对观测对象及其环境的无差别纪录。遥感信息的分布与被关注对象的大小、或者某种遥感应用的复杂程度有关。

遥感数据是通过采样来表达其获取的空间信息，通过数据处理提炼获取信息，但不是所有的数据都能产生所需要信息，这种数据对信息的承载能力可以用 IDF 来表述，如图 3.1 所示。

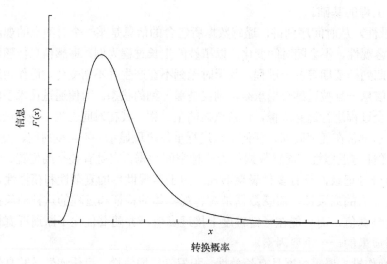

图 3.1　信息密度函数

IDF 表示了信息在数据空间的分布，即数据转换为有效信息的概率函数分布。在某种类型应用中，关注对象的空间信息聚集在一个数据空间范围，超出这个范围则有效信息急速减小。换言之，数据是信息和数据冗余之和。根据信息论，可知信息是为了消除人对事物了解的不确定性，信息量是数据中所需的信息度量，而在另一种类型应用中，关注对象的空间信息呈离散、异构性分布在一个较大数据空间范围。

信息密度取决于单位面积上的信息量，应用所需信息量 $I(x)$ 为一定时空范围内对数据信息密度函数的积分。

4. 遥感数据的大数据形式表现

遥感作为人类对地球实施不间断地观测的手段，可通过信息处理快速再现和客观反映地球表层观测对象的位置、状态、现象、过程、变化及时空分布状况。这种对地球表层的观测对象的描述以场的形式存在，场包含了对大区域甚至覆盖全球的多时相、多平台、多波段和多空间分辨率的遥感信息，通过 SDIKWa 环，描述了信息源、信息源特征的获得、信息流的形成，以及信息的应用过程。

在遥感数据应用过程中对信息量的需求，即决定了对数据量的需求。遥感信息要求多样化，对遥感数据就有多样化的要求。遥感信息要求快速，对数据有快速获取的要求，相应地，就有对数据快速处理的要求。在不同行业领域、不同尺度应用类型中，对遥感数据的需求量是不同的。而且每一观测种数据都有一定的局限性和片面性，单靠一种数据源，即使数据量很大，也可能出现"瞎子摸象"一样的片面性。只有融合、集成各方面的原始数据，才能反映事物的全貌。

遥感数据继承了遥感信息品种、规格、质量、规模和时效性 5 个特性的同时，由于数据的物质属性，使其在实际应用中具有更加多样的存在方式与变化形式。

遥感应用需要多种信息的综合，这就需要多种品种与规格的数据。同时，对于同样一个信息，可以有多种表述方式，同种信息可包含在不同品种和规格的数据中，而信息的完整性需要多种信息的融合，这导致应用中普遍存在显著的数据多样性（variety）。数据多样性包括遥感数据来源和获取手段多样，多种类型卫星传感器获取多光谱、高光谱、高空间分辨率、高时间分辨率等多类型数据等。另外，主、被动遥感在成像机理和模型等方面也存在着很大差异，并且数据生产所依赖的业务应用系统存在差异，如数据来自不同的数据中心，使得数据的逻辑结构或组织方式也不同。

按照 SDIKWa 环的信息描述，快速的数据获取能力是遥感应用的前提条件，如应急救灾更是对数据实时性及其所包含信息的完整性有重要要求。特别是当这些数据不在一个或若干个位置聚集，而是具有广泛的时空分布时，大规模数据（volume）的时效性（velocity）特征显得尤为关键。随着高分辨率对地观测时代的到来，遥感数据正以每日 1TB 级的速度增长，数据体量十分巨大，全球遥感对地观测数据已经达到了 EB级，海量遥感数据是遥感数据明显的特征。当前正处于互联网时代，通过互联网将放在不同位置的大规模数据有效聚集形成完整的信息汇集，使得具有这种特征的应用成为可能。

如前面所描述，遥感数据的有效信息具有时空分布性，遥感数据的无差别性采样特征，导致针对某类应用存在事实上遥感数据信息的稀疏，混杂了大量非观测对象数据。同时，从应用角度，人们关注的对象信息是遥感获取信息中的一部分，信息的不完备及非观测对象的信息导致了遥感大数据的冗余，降低了数据的应用价值，可以按照 IIF 和IDF 描述数据的有效性与价值（value）。

遥感数据不仅表现出多维度，信息与数据的质量、数据的记录与传递特征等导致数据存在近似性，需要用准确度（veracity）特征加以描述。

遥感数据的各种表现与当前大数据特性相吻合，可以说大数据正是遥感数据的表现形式，遥感的"大数据"体现在遥感应用对提高信息完整性和减小不确定性的追求中。单一、碎片局部数据中信息不具备完备性，即完整信息较均匀地蕴含在大量不同格式、不同内容、不同形式、分布式存放的数据中，非集中起来且共同发挥作用则难以满足应用需求，"大成"才能"智慧""兼听则明"。因此，在处理分析中对数据量提出很高的要求，需要多源、多维、多形态数据来支撑遥感应用的开展，而且在这过程中，要采用多种信息融合方法来聚集信息，达到应用的要求。

5. 遥感小数据应用

相对于遥感"大数据"表现，经过处理可有效满足人对信息需求的数据可以用"小数据"概念加以描述，这是遥感数据在应用中的产物。

针对具体应用，信息只存在完备和不完备的区别，但数据有大数据和小数据之分，大数据不等于信息够用，小数据不等于信息不够用，关键在于够用的信息在数据中的分布。遥感"小数据"，即当一个"瓦片"大小的遥感数据中的信息量或者信息的完备性足够满足应用需求时，一个小数据量提供的信息已经能做到"知己知彼，百战不殆"，再增加数据量除了增加冗余度之外，便无其他意义。

由于信息存在于多种数据结构中，从数据本身看，遥感的数据处理本质是传递与压缩过程，融合多种数据，提炼出有用信息，实现大数据的小数据化，如图 3.2 所示。传递指信息到数据、数据到数据、数据再到信息数据的过程。压缩在这里指数据物理压缩、数据融合压缩、数据表达压缩。

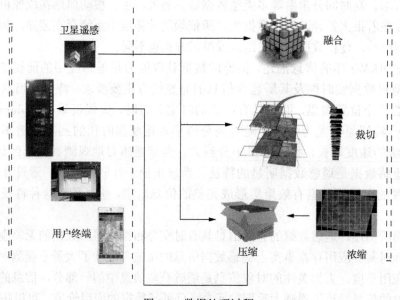

图 3.2　数据处理过程

从形式与作用看，数据传递的第一个环节是把非数据形式的信息转变为数据形式的信息，所对应的遥感过程是把观测区域的电磁场信号转变为数字化数据。第二个环节是通过数据在不同形式、结构、格式间转换，通过切除无关信息、融合相关信息、整编浓缩完成数据压缩，形成输出数据。第三个环节是数据在应用中从数字形式向别的形式的转移，如一种行动、作用等。

从内容看，从数据到数据传递的核心是数据压缩。物理压缩指通过算法在尽量保持信息无损的情况下对数据量的减小，这对于减少数据物理存储空间，提高传输、存储和处理效率有十分重要的作用。数据融合压缩是把输入的数据变为输出的数据的过程，采用的方法是前面所描述的基于规律的演绎推理方法，以及包括第四范式与大数据方法在内的综合研讨厅方法等，结果是使得输出数据包括且最好仅包括有用的信息。数据表达压缩是数据转变为力、热、声、光、电等人所能感知的过程，按照人能接受的形式、容量进行改造。

一个完整的遥感应用的实施是利用遥感信息解决一个遥感问题，而一个问题的成功解决离不开足够量信息的支持，反映出信息量越多，不确定性因素就越少，解决问题的成功率就越大，效果越好的实质。从以上分析可以看出，有关遥感数据的活动是以数据传输与压缩为特征，大规模开展遥感数据活动所需构建的遥感数据工程需要以此为准绳。

3.1.3 遥感数据工程

1. 遥感数据工程概念

有关数据工程的称谓早在 20 世纪 80 年代就被提出，并建有相应的学术组织，数据工程被定义为以数据为研究对象，以数据活动为研究内容，以实现数据重用、共享与应用为目标的科学（戴剑伟等，2010）。数据工程是信息工程的重要组成部分，围绕数据的生命周期，贯穿从数据的设计、生产到应用的全过程，目标是为信息系统的运行提供可靠的依据、保障和服务，为信息系统之间的信息共享提供安全、高效的支撑环境，为信息系统实现互联、互通、互操作提供有力的形式基础。遥感数据工程的核心是数据，数据的核心是信息。数据从获取到处理到输出的过程，也就是信息被获得、被解析、被传播的过程。

随着大数据时代的来临，建立在大数据背景下的数据工程，更加突出大数据分析价值。从这个意义上说，数据工程将工程思维引入大数据领域，综合采用各种工程技术方法设计、开发和实施新型的数据产品，并利用相关数据分析技术创造性地揭示与发现隐藏于数据中的特殊关系，为价值创造与发现提供系统解决方案。数据工程作为一门学科，是计算科学、信息学与系统工程学的综合体。

遥感数据工程是实现这些目标的一系列理论、方法、技术和工程建设活动的总称，如图 3.3 所示。航天遥感数据工程立足于遥感和对地观测领域，以航天遥感数据为研究对象，采用网络、计算机等工程技术方法设计、管理、研发、生产遥感数据信息产品，并将遥感数据信息产品在各行业领域推广应用，即实现航天遥感数据的产品化与应用。

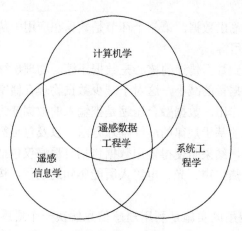

图 3.3　遥感数据工程学的科学性质

2. 遥感数据工程过程研究

如图 3.4 所示，遥感数据工程关注在数据全寿命过程中所包括的数据设计、制造、传递与压缩、安全与控制中如何构建满足信息流要求的数据流，涉及数据流的理论建模、处理技术、应用实践等多个方面的内容。其中，数据流理论建模是开展技术研发与应用的支撑，在面向负责数据结构中尤其重要。航天遥感数据具有数据量大、数据结构复杂等特点，因此航天遥感数据工程的研究重点是遥感数据模型、产品化模型、智能有序化处理模型和工程模型等。

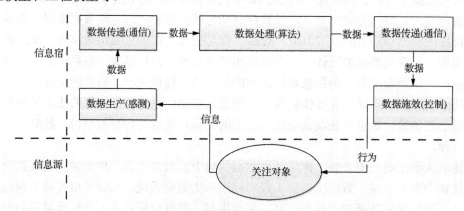

图 3.4　数据过程模型

1) 遥感数据认识与模型化

数据作为信息的体现，其模型更多体现的是信息内容的数据化结构与关系表现，从概念模型发展出体现数据特点的逻辑结构特点，发展到整个过程有形化的物理模型，将信息及基于算法的数据活动逻辑描述出来。

遥感信息具有品种、规格、质量、规模、时效性的特征表现，其作为承载遥感信息的遥感数据，也需要在数据描述与数据活动中体现出这些特点。同时，遥感数据历经了航天遥感天基、地面与应用系统中的生产、处理、传递及使用等全寿命过程。在将信息传递给人的这一过程中，计算机硬件、模型算法与数据一同参与活动，提高处理的效率与效能，协调这两方面的需求。

针对大数据"5V"问题，目前采用"11V"来细化与量化，即数据量(volume)、多样性(variety)、速度(velocity)、价值(value)、精确(veracity)、有效性(validity)、易变性(volatility)、变异性(variability)、可视化(visualization)、想象力(vision)、描述性(verbalisers)等。

从数据角度衍生出数据规范(data specification)、数据完整性准则(data integrity fundamentals)、重复性(duplication)、准确性(accuracy)、一致性和同步性(consistency and synchronization)、及时性和可用性(timeliness and availability)、易用性和可维护性(ease of use and maintainability)、数据覆盖度(data coverage)、表达质量(presentation quality)、可理解及相关性(perception, relevance)、可信度和满意度(trust, satisfaction)、数据衰变(data decay)、效用性(transactability)13 个维度的考虑。

2) 遥感数据产品化模型

一方面有效表现出信息的特征，另一方面可实现遥感海量数据的高效管理，可提供数据信息提取解译效率和精度，实现遥感产品生产的工程化和标准化处理。

遥感数据产品化是将遥感数据模型按照应用特点的具体化表征，可以有效地将信息特性与数据产品指标关联起来，将信息品种与数据产品的分级分类关联起来。通过内容标准化，为数据的处理工程化奠定基础。

通过时空采样、光谱采样和辐射采样，航天遥感将自然界的信息利用影像数据形式表达出来，影像信息处理经历了对地物目标的发现、识别、确认、理解和预测的认知过程。与认知过程相对应，航天遥感在 4 个层次上对社会各个领域发挥着重要作用，分别是定位承载、分类、反演和综合。因此，将航天遥感产品应用分为承载类产品应用、分类类产品应用、反演类产品应用和综合类产品应用。遥感数据信息产品化为标准化打基础。

在前节介绍中，遥感数据分为遥感数据与观测对象遥感信息，用于展示、发现、识别、确认、理解、综合等方面的应用。应用的前提条件是要对遥感数据进行标准化。

3) 遥感数据产品流模型

遥感数据工程的主要功能是将信息流这一复杂的能动过程以数据所特有的算法流程表现出来，并以不同级别的产品形式表现。按照信息模型所构建的数据算法流在实现信息的数据到信息、知识、决策服务的过程中，不断与数据相结合，对数据的层次化、模型化有自身要求。数据管理是通过合理、安全、有效的方式将数据保存到数据存储介质上，实现数据的长期保存，并对数据进行维护管理，提高数据的质量。数据应用通过数据集成、数据挖掘、数据服务、数据可视化、信息检索等手段，将数据转为信息或知识，辅助人们进行决策。

遥感产品流标准化模型研究包括算法流程的标准化及航天遥感产品化应用。遥感数据信息产品化过程是"数据-信息-知识"的具体表现，涵盖遥感数据-观测对象遥感信息-观测对象理化信息-观测对象专题信息的处理过程，从数据源头到具体实际应用整个流程中无外乎是遥感数据的几何、辐射处理。将一定规格的产品几何、辐射处理步骤标绘在标准的产品处理流程表，位置的移动代表了数据处理。

有了航天遥感产品就需要有算法流程。航天产品模型是面向具体应用需求和科学问题，通过对遥感数据进行基础模型的处理（几何校正、大气校正等）及专业基础模型的分析，而生成遥感产品的过程。在遥感产品化模型构建中，设置若干"节点"是基本方法，这样，通过对一系列节点及相互关系的研究，可有效了解遥感产品的状态与变化规律。航天遥感产品信息模型的实质就是伴随着航天遥感产品的生产过程，对航天遥感信息进行逐级去燥、减少不确定性、提纯等过程的描述。航天遥感产品包括从原始谱像到定量化参数提取，从单要素到复合产品，从共性产品到专题产品等。对于不同的用户，所需要的产品等级是不一样的，而生产的产品等级越高，产品中的信息量越少/纯。

4) 遥感数据标准化模型研究

标准化最主要的目的是在数据向信息转换及流转过程中确定统一的标准，规定系统各组成间的接口关系，形成共享并提升灵活性，减少潜在的重复投入。与此同时，数据存储、数据共享、数据检索的需求伴随遥感海量数据的产生也随之产生，如何在最低损耗的情况下达成信息处理、信息交互、信息共享、信息传输等，如何有效地集成众多的信息，如何最大限度地发挥信息群的作用，完成数据到信息的模型化，即在统一标准下数据向信息的转换，是最好的解决方案。

模型化是标准化的前提，标准化是工程化实现的手段。工程化是在某一系列标准（包括存储标准、处理标准、分发标准等）的规范下，具有规范化的生产过程，并使得生产过程和产品生产都是可重复的，生产出的同一种产品具有相同的品种、规格、质量、规模和时效性，其生产过程是标准化模块的集合，生产的产品是相互兼容的，整个工程化过程是可以通过不断改进的标准化模块达到最优的。

遥感数据继承了遥感信息品种、规格、规模、质量和时效性属性，构建遥感数据模型，是航天遥感数据工程的基础。在遥感数据工程过程研究中，围绕5个属性开展相关研究内容，具体包括遥感数据标准化模型、航天遥感产品化模型、遥感产品与产品流研究，以及工程系统模型等。

5) 遥感数据工程模型

遥感数据工程模型是有关数据、算法与计算机硬件耦合的方法，是信息的组织、管理、存储、检索、传输、处理、可视化、分析、发布、安全10个方面在一定数据形式与编码规则下的技术表现。规范数据从产生到应用的全过程，具有规范、标准、可控、支持高效数据处理和深层数据分析的数据结构工程模型，实现稳定、统一的数据应用体系及管理架构，为遥感信息系统的运行提供数据保障和服务，并结合软、硬工具为遥感数据共享及信息工程实现提供支撑。数据工程建模是对现实世界中具体的人、物、活动、概念进行抽象、表示和处理，变成计算机可处理的数据，也就是把现实世界中的数据从现实世界抽象到信息世界和计算机世界。数据工程建模主要研究如何运用关系数据库设计理论，利用数据建模工具，建立既能正确反映客观世界，又便于计算机处理的数据模型。

工程模型是实现方式标准化的技术途径。遥感系统工程的整个实施过程是以数据为中心的，信息流所形成的流空间是遥感数据的重要载体，信息是在不同的数据结构中，通过信息流可以将数据转化为信息产品。产品流是面向具体应用需求和科学问题，通过对遥感数据进行基础模型的处理（几何校正、大气校正等）及专业基础模型的分析，而生成遥感产品的过程。概括而言，其是一个逐级去噪并提取高效信息的过程。

产品流揭示的是系统的本质，最终是要在遥感应用系统中进行应用与管理。产品流的每个部分都具有一个功能，具体包括数据接收功能、数据处理功能等。不同部分的功能根据具体情况有的大有的小，还具有功能的从属关系。这时需要绘制功能图将其系统的功能进行分解，按照功能的从属关系画成图表，图中的每一个框都称为一个功能模块。功能模块可以根据具体情况分的大一点或小一点，分解得最小功能模块可以是一个程序中的每个处理过程，而较大的功能模块则可能是完成某一个任务的一组程序。功能图就是一个由抽象到具体、由复杂到简单的过程。

为了更加明确地体现内部组织关系，更加清晰地理清内部逻辑关系，做到规范各自功能使之条理化，可以利用具有多个功能的系统结构图。结构图描述的对象是直接构成系统的抽象组件，是组件彼此间和与环境间的关系，当系统的组件组合起来时，也就实现了一个系统的完整视图，在引导设计发展原则中体现出系统基本结构。从不同角度对组成系统的各部分进行搭配和安排，形成系统的多个结构而组成架构，它包括该系统的各个组件、组件的外部可见属性及组件之间的相互关系。

进一步对系统进行约束的是部署图，部署图描述的是系统运行时的结构，展示了硬件的配置及其软件如何部署到网络结构中。从部署图中可以了解到软件和硬件组件之间的物理关系，以及处理节点的组件分布情况。一个系统模型只有一个部署图，部署图通常用来帮助理解分布式系统。有了部署图，系统如何做就一清二楚了。遥感系统工程建设中，往往会涉及跨地域、跨领域、跨部门的遥感信息应用，这就涉及如何将遥感应用系统部署到这些跨地域、跨领域的问题。

遥感数据工程的建设是一个从分析到设计到集成到应用的过程。在整个构建流程中，要始终遵循工程标准与规范，并采用工程化管理项目实施。在系统设计与建设过程中的各个环节都要严格按照标准和规范进行，这些标准和规范可以是现有的，也可以是根据具体应用新建的。科学、完善的管理体制在整个工程建设实施过程中也是必不可少的。

3.1.4　遥感数据工程意义

航天遥感系统不仅涉及遥感学、计算机学、系统工程学领域，还涉及自然、社会、经济和政治等领域，为了适当解决这些领域的融合问题，除了需要某些纵向技术外，还要有一种横向技术把它们组织起来，这种横向技术就是遥感数据工程。遥感数据工程是一门高度综合性的管理工程技术，其衔接信息流、数据流、技术流、软硬件流，是连接无形信息与有形的数据、技术、软硬件设施、服务之间的桥梁。遥感数据工程是基于信息流设计开展数据流分析，实现复杂的数据层次化、模型化，以便于数据的高效存储和处理，达到最优化设计、最优控制和最优管理的目标。遥感数据工程的开展，实现遥感信息"多快好省"有效地输入/输出、处理与传递，同时具备以下作用。

(1)信息流程化。数据加工处理没有固定的模式,数据产品难以进行形象控制,工作量难以估计,质量难以保证,调查、整理工作繁重,因此数据加工处理流程直接影响相关工程的质量。遥感数据工程就是要根据需要总体协调,应用现代数学和电子计算机等工具,对系统的构成要素、组织结构、信息交换、自动控制、数据处理等功能进行分析研究,制定系统工程流程,并按流程开展系列系统工程活动的过程,将处理流程模式化,借以达到最优化设计、最优控制和最优管理的目标。

(2)算法流程化。由于遥感数据具有实时更新的特点,不断有新的数据、新的采集方法出现,要求数据使用者要对不断更新的数据具有适应性。正是由于数据获取过程是动态的、错综复杂的特殊过程,数据的管理与控制十分困难,造成了对数据质量、时限、费用的管理与控制也非常困难,产生了许多行业应用中的特殊问题。遥感数据工程对数据统一进行标准化处理,上述问题迎刃而解。

航天遥感系统作为一个极具复杂性的复合系统,要充分应用计算机处理各项业务,被处理的数据必须标准化、规范化,没有标准化、规范化的数据,再大的投资也将付诸东流,系统信息化是"三分技术、七分管理、十二分数据"就是这个道理。只有实现数据的标准和统一,业务流程才能通畅流转。数据标准化、规范化是实现信息集成和共享的前提,在此基础上才谈得上信息的准确、完整和及时,才能保障工程的实施运行。

数据标准化主要为复杂的信息表达、分类和定位建立相应的原则和规范,使其简单化、结构化和标准化,从而实现信息的可理解、可比较和可共享,为信息在异构系统之间实现语义互操作提供基础支撑。

数据工程是指面向不同计算平台和应用环境,采用信息系统设计、开发和评价的工程化技术和方法,以工程化作为基本出发点的数据处理、分析和应用方法与技术。随着数据规模的不断增大、数据采集手段的日益多样化,数据管理技术迅速发展,从传统的关系型数据到文本数据、半结构化数据和 Web 数据,从传统的关系数据库管理到面向大数据的分布式文件系统和数据中心,从经典的查询处理和优化到数据分析和知识发现,从数据集成到应用集成和服务计算,从集中式架构到分布式并行模型和数据密集型计算等,可以说数据工程是信息技术发展的产物,随着信息技术的进步,人类对客观事物的认识不断加深,数据量的规模空前增大,数据量呈指数式增长,数据工程为数据管理带来了便利,可成为推动社会发展和进步的重要力量。

(3)支持系统设计及软硬件实现。遥感数据工程从需求出发,按照 IDSH 方式,通过分析—综合—设计—试验—验证—评价的反复迭代过程,开发出一个满足使用要求、整体性能优化的软硬件一体化系统。遥感数据工程是一门高度综合性的管理工程技术,是连接无形的信息与有形的数据、技术、软硬件设施、服务之间的桥梁。

遥感数据工程研究适应于遥感大数据的自动处理和数据挖掘方法,通过对数据的智能化和自动分析,从中挖掘地球上的相关信息,实现遥感数据到信息的转变,突破这种"大数据,小信息"的遥感数据应用瓶颈,借助于计算机技术,实现数据处理,信息提取过程的标准化、规模化、自动化、智能化。

3.2　航天遥感标准数据产品品种模型

面向应用的航天遥感产品分为遥感信息的数据产品、遥感技术工具产品和辅助数据产品、遥感服务产品。其中，通过数据信息产品化，可以有效地将信息特性与数据产品指标关联起来，将信息品种与数据产品的分级分类关联起来。

3.2.1　遥感产品基本分类

1. 航天遥感产品

产品是向市场提供的、引起关注、获取、使用消费的、满足人某种需求的任何事物，可以是有形的物品，也可以是无形的服务、组织、观念或它们的组合。航天产品指航天系统开发、研制或生产过程形成的硬件或者软件。按其组成的复杂程度分为系统、分系统、单机、模块 4 个层次(袁家军，2011)。航天遥感产品指航天遥感系统开发、研制或生产过程中形成的能满足消费者或用户某种需求的任何有形产品和无形服务。

航天遥感产品围绕遥感信息、技术、物质、价值 4 个流可分为数据信息产品、技术工具产品和遥感服务产品。其中，数据信息产品包括从原始谱像数据到定量化参数提取信息，从单要素到复合产品，从共性产品到专题产品。技术工具产品包括数据处理软件产品、硬件产品和网络共享服务产品，同时也包括基础空间地理数据产品、模型算法库数据产品、遥感应用特征库数据产品和试验验证库数据产品等知识级产品。遥感服务产品指以遥感数据产品为核心的增值服务过程所涉及的各类服务，如售前售后、金融、培训、教育服务等。

2. 遥感数据信息产品

产品属性是产品本身所固有的性质，是产品在不同领域差异性(不同于其他产品的性质)的集合。在遥感数据信息产品体系中，从关注对象的本体信息到加工处理后为应用服务的信息，遥感数据信息产品继承了遥感信息的品种、规格、质量、规模和时效性属性，通过对这些属性的准确描述，可以明确产品的定位和作用。遥感数据产品主要有标准产品，增值产品等，如遥感影像融合产品、影像镶嵌产品、地形图标准分幅产品、卫星辐亮度产品、植被指数产品等；专题产品是为了满足不同行业需求根据行业特点制作的遥感产品，包括冰雪覆盖动态监测产品、水污染动态监测产品、洪涝灾害动态监测产品等。

遥感数据产品是要面向航天遥感多源数据集成与综合应用服务的，产品品种、产品规格、产品质量、产品规模和产品时效性共同组成了遥感数据信息产品属性。遥感数据产品属性如下。

(1)产品品种。产品品种泛指产品种类，根据不同观测对象应用所需信息，根据航天遥感信息在观测波段、时间、空间、角度等方面的性质或特点划分遥感数据产品的门类与级别。

(2)产品规格。产品规格标志数据产品应用中的要求，包括空间分辨率、成图比例尺、数据块大小、格式等方面特性，按照约定规则组合得到遥感数据产品的规格。

(3)产品质量。产品质量是确保产品品种与规格的能力，遥感数据产品质量包括精准性和可靠性，具体几何精度、辐射精度及参数反演精度等。几何精度指几何校正后的图像与地物几何真值的差异。辐射精度是反映图像辐射状态的指标，通过均值、方差、偏斜度、陡度、边缘辐射畸变和增益调整畸变等指标描述。参数反演精度是从遥感图像反演的地球物理参数与现场测量参数的差异，以及这种精准度在整个时空域的保持能力，即可靠性。

(4)产品规模。遥感数据由于观测目标的存在方式和运动状态不同而承载着不同的信息量，规模是遥感数据获取、存储、处理和应用是否满足需求的依据，特指数据产品的数据量大小。

(5)产品时效性。可获得此数据信息产品的有效时间要满足数据承载的信息在一定时间段内对决策具有价值。

遥感数据信息产品的发展是从定性到量化、定量、标准定量的工程化过程，其品种、规格、质量、规模、时效性是产品成熟程度的外在表征，是数据信息产品质量与可靠性及应用程度的度量，是指导产品专业化研发的基本路线，是推动产品快速工程化的主线。

航天遥感数据信息产品体系与航天系统制造、系统服务和系统能力是一个相互衔接、有效配合的技术体系。在从提出标准产品需求到获得标准化产品服务的全过程信息流中，产品属性是推动产品工程化迭代的重要特性，通过对产品属性的深入全面分析，可将其辐射到卫星工程和应用工程中，其将为卫星组网、载荷配置、载荷技术发展、地面应用系统处理、产品质量保障等提供支撑依据，明确对遥感卫星规模、观测指标的需求，对地面和处理技术与条件的需求，对各部分相互衔接及流程完整性的需求。

3. 遥感技术产品

技术工具是开展地面、应用系统所必需的软硬件共性、基础工具，同时也是构成地面系统、应用系统、地面应用制造系统的关键要素。其包括软件、硬件及数据等多种形式，促进整个系统国产化率水平的提升有赖于这部分的自主发展。

1)软件工具产品

软件以数据处理类为主，包括环节与要素级处理及系统性处理软件。当前环节与要素级处理软件包括 GDAL（geospatial data abstraction library）投影转换、HDF（hierarchical data file）格式转换、RT3、6S 大气辐射传输、数学计算模块软件等。系统性处理软件以国外产品品牌方式占领了市场，主要有：像素工厂、MODTRAN、6S、ERDAS、PCI、ENVI/IDL、eCognition、Google Earth、ER Mapper 等。其中，ENVI/IDL、ERDAS、PCI 三大国际知名遥感影像数据处理软件占据世界遥感图像处理软件销售市场。

国内提出遥感应用系统建设解决方案，采用面向弱耦合化的插件式系统构建技术，实现了工具、系统的灵活配置、动态扩展、便捷升级，避免了重复建设，有利于合作的深入开展和有序进行。影像处理工具系统包括预处理系统、数据库系统、城市环境监测系统、作物长势监测系统、大气环境监测系统、同化工具、分类工具等。该服务能够降低遥感应用门槛，推动遥感应用推广。

2) 硬件工具产品

接收系统。接收天线结合硬件搭配计算机集群环境的方式实现数据的接收。

计算机系统。为确保应用系统的顺利建设与稳定运行，需要计算机系统支撑保障条件。计算机系统用于支撑软件系统运行环境的计算机和网络设备，配置包括通信集成节点、主控机、计算节点、盘阵列、配套交互设备。现在遥感数据已经能在手机上初步开展应用，这样，服务器、PC 机、手机及其联网构成了遥感硬件工具。

实验系统。为确保应用系统的顺利建设与稳定运行，需要实验系统支撑保障条件。包括实验室检测设备、试验场现场测量设备等公共保障设备，用于各类数据汇集、实验室模拟和野外数据采集设备标定、现场测量数据采集、实验和办公交通保障等。

3) 遥感辅助数据产品

基础空间地理信息库，由数字高程模型 DEM(digital elevation model)数据库、数字正射模型 DOM(digital orthophoto map)数据库、地面控制点数据库、地形图库、社会经济地理库 5 个子库(含多个子子库)组成，可根据信息产品系统、实验验证系统、信息集成共享与运行服务系统对各类数据的需求进行扩展。

模型算法库数据。收集整编国内相关科研机构和应用部门长期积累的遥感数据处理、参数反演模型、信息提取模型、试验验证模型 4 类模型。数据处理模型包括几何精校正、辐射精校正、影像匹配、融合处理等模型；参数反演模型包括高光谱、静止卫星、SAR卫星陆海气各类参数反演模型；信息提取模型包括变化监测、目标识别、精细分类等模型；试验验证模型包括样本标准化处理算法、误差检验模型、仿真验证模型等。将各类模型的文档和代码入库，供应用系统前期建设中的共性技术攻关、信息产品研发使用。

遥感应用特征数据。其由陆地特征数据、大气特征数据、水体数据 3 类数据组成。其中，陆地特征数据包括地物波谱数据、纹理图斑数据、目标特征数据、地学图谱数据和地表参数数据 5 类数据；大气特征数据包括大气参数和光学特征数据；水体数据包括水色数据、水体光学数据、水文要素数据、水动力要素数据、水资源基础数据。遥感应用特征库根据信息产品系统、实验验证系统、信息集成共享与运行服务系统对各类数据的需求进行扩展。

试验验证数据。其由非卫星数据、现场观测站网数据、现场试验测量数据、数值模式模拟数据、标准实测样本数据、仿真测试数据等组成。

4. 遥感服务产品

遥感服务产品是将过程服务产品化，包括了标准、规范、过程质量(售前/售中/售后/运维服务等)、保障与咨询(论证/验证/认证服务)、政策等多方面内容，是实现遥感价值的所必不可少的关键产品。

过程服务是遥感应用的核心。遥感卫星的应用领域非常广泛，不同领域的应用产品一般不同，即使是在同一应用领域，应用产品也会因客户需求的不同而不同，这就导致在应用中有不同的服务模式与技术流程。当前，遥感技术与商业模式协同创新，卫星遥感服务产品进入市场化、开放式、融合式发展。加速卫星遥感跨领域创新，卫星遥感与移动互联网、物联网智慧城市深度融合，向智能化、规模化、全球化方向发展，以互联网思维为代表的新的产业形态正在加速形成，以新的规则推动技术、产业和资本的高效组合，向各个行业延伸并实施变革性改变，政府的战略投资方式也发生转变，市场配置资源不断强化，卫星遥感商业模式不断创新。

以上的发展表明，遥感的产业化进程已经到了构建平行于产品链条的服务链条的阶段，售前、售中、售后无缝连续、不间断地向客户提供支持服务。产品卖到哪里，服务产品网络就延伸到哪里，服务就做到哪里，于是便形成全时空域的服务过程。可以认为，遥感卫星服务提供机构根据客户的需求，生产并提供以遥感图像为核心的产品和增值服务，维护共同创造价值链路的过程，即遥感卫星的服务产品。

3.2.2　基于应用层次的遥感数据产品品种分类模型

按照遥感数据为不同类型应用提供服务的特点，可以对应用产品进行分类。

1. 时空定位与展示类应用产品

具有几何定位信息的通用型影像基础产品主要为承载性应用服务。其主要包括经过系统辐射校正、几何精校正或同时采用数字高程模型(DEM)纠正了地势起伏造成的视差或进一步做了匀色镶嵌处理的产品。例如，不同时间分辨率的全国、省、市、县、乡镇、村的影像等。航天遥感影像作为底图数据被广泛应用在地图制作中，发挥着承载的作用。随着"数字地球战略与数字中国战略目标"的实施，一系列高新技术产品开始蓬勃发展，电子地图以效率高、更新快的优势逐步替换了传统的纸质地形图，广泛应用于通信、国土规划、防震减灾等领域。不同分辨率的遥感影像把地球上的各种信息以数字形式表达，实现了多分辨率、三维形式的地球描述。

2. 目标发现、识别、变化检测与分类类应用产品

利用遥感信息对目标地物的属性进行识别是人们认识客观世界的必经过程，利用影像信息对观测对象进行属性识别和分类是航天遥感应用的另一层次。这类产品给出了观测对象类别属性。例如，在土地利用监测中用于土地类型的识别，在洪涝灾害中用于洪水范围的提取，在军事中用于敌方目标的识别。分类类产品应用是定量产品应用的基础和前提。

3. 目标几何、理化特性反演类应用产品

在观测对象定位、识别及遥感信息获取的基础上，航天遥感还可对观测对象外在遥感特性与内在几何物理化学属性进行定量分析，即获得观测对象的物理化学参数状态信息。这属于反演类产品应用，即通过全谱段反演模型和信息提取算法获得，是基础信息产品的核心。其主要包括两类产品：基础地表目标遥感辐射物理参数产品和地表目标本征参数产品。其中，不同时间分辨率的反射率、植被指数(NDVI\PVI 等)、亮温、后向

散射系数、表观反射率等属于遥感辐射物理参数产品。不同时间分辨率的温度、含水量、净初级生产力(NPP)、叶面积系数等属于地表目标本征物理量产品。

4. 知识综合类专题应用产品

航天遥感最高层次应用为综合应用，即在获得观测对象状态参数的基础上，对其变化规律的认识，是一种知识类的信息。综合应用通常出现在针对某一具体复杂事件中，其涉及承载、分类、反演多个层次的综合，同时还需要建立在理解基础上的规律性把握，需要不同方法相结合进行观测。例如，对某一区域环境灾害的预报，这其中不仅需要航天遥感影像作为底图制作专题图，而且需要对地物目标属性的分类识别，同时环境灾害监测通常还需要进行定量分析，通过规律性描述模型，预测其未来走势，形成报表，实现实时观测。因此，综合类应用是进一步结合社会经济数据、行业专家知识，通过综合分析产生的专题信息产品。例如，不同时间分辨率的粮食产量、天气预报等。

3.2.3　统一遥感数据产品分级模型

由上述内容可知，航天遥感产品分为定位与展示类产品应用、分类产品应用、反演类产品应用和综合类产品应用等类型。面向这一应用特点，按照自然过程、自动化程度、融合度程度原则，可以开展数据产品的分级定义。

1. 面向应用的遥感数据分级模型

围绕以信息流为核心的航天遥感应用产品，面向不同用户的产品应用需求，同时兼顾数据获取和数据生产处理技术方法，设计具有兼容性的数据信息产品。这样，一方面满足多用户需求；另一方面从产品级别可判断其在生产过程中都经过了哪些处理流程，以便于用户根据不同的应用需求选择合适的数据产品。按照第 2 章中图 2.14 介绍的本体论信息到第一认识论信息的层次图。遥感数据产品大致可分为数据信息、观测对象信息、专题应用信息 3 个等级，耦合图 2.14 所阐述的信息运动从"数据-信息-知识"的基本过程。

(1)数据信息产品。数据信息产品包括遥感信息过程中的遥感数据，是指可被遥感器获得的、由电磁波等载体承载的观测对象信号信息，是对遥感信号的记录与表示形式。其以去掉遥感器噪声等不理想因素得到反映观测对象与环境综合信息的"干净"数据为目标，解决的是信息获取和部分信息传递中遥感器因素引起的偏差问题，包括了 0、1、2 共 3 个级别的产品。

(2)观测对象信息产品。这类产品包括遥感信息过程中的观测对象遥感信息和观测对象观测信息，反映观测对象位置、属性、理化特征状态的信息产品。因为各应用均建立在对观测对象的理解上，所以这类产品可称为共性产品。其解决的是观测对象客观信息获取中环境与遥感器引起偏差的问题，即观测对象 when&where、what、how 等方面客观信息向人的传递，包括了 3、4、5 共 3 个级别的产品。

(3)专题应用信息产品。在观测对象信息产品的基础上，结合其他类型非遥感手段获得的观测对象信息对观测对象进行更加全面的描述，形成对观测对象状态与变化较完整的了解。更进一步，面向各应用领域，针对观测对象某些方面的变化规律进行特定描述并通过与其他多源信息融合获得的服务决策的专题性信息，即有关 why、who、which、how much 等多种类型信息，支持评价、判断、决策等再生性信息的形成，包括了 6 级或多个以上级别的产品。这类产品包括观测对象物质能量的认知信息，融合了非遥感信息和观测信息，重点研究认识主体所理解的地球物质能量状态与变化规律。

　　基于信息运动的过程，结合航天遥感信息获取和传递过程中引入的误差，按照遥感数据工程，可将上述 3 个等级进一步划分，分级体系示意图 3.5 所示。

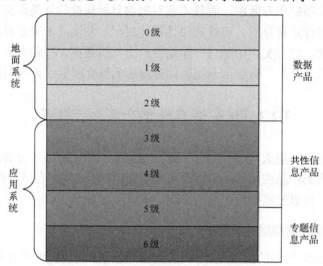

图 3.5　航天遥感信息数据产品分级示意图

　　具体产品等级定义如下：

　　(1) 0 级产品。从接收站获得的卫星下传的数据经过帧拼接、解压缩和编码入库，形成 0 级数据产品。数据记录的是信号量化数值。

　　(2) 1 级产品。对 0 级数据进行系统级辐射纠正、光谱校正等处理，形成去除了遥感器引入噪声却还依然保持遥感器特性的 1 级数据产品。通过提供定标数据，可以得到观测到的物理量数值。

　　(3) 2 级产品。对 1 级数据经过系统级几何纠正、地图投影，形成带有地理坐标信息的物理量数值的 2 级数据产品。

　　(4) 3 级产品。观测场景遥感信息及观测对象几何定位产品及其几何衍生类信息产品，可提供与观测对象有关"when&where"的信息。基于数据中心 0～2 级数据产品进行几何和辐射精校正，获得遥感图像产品及其各类衍生产品，如以几何纠正为表现，通过几何精校正得到的光学和 SAR 图像及其融合产品、镶嵌匀色产品、正射产品、4D 测绘类产品等。

　　(5) 4 级产品。观测对象遥感信息与基于遥感信息开展的发现、识别、变化检测和分类性应用信息产品，其提供了与观测对象有关"what"的信息。其包括以表观辐亮度值为表现形成的观测目标基础遥感辐射特性参数遥感信息产品，如地表反射率产品、植被指数 (NDVI\PVI 等)、地表亮温、后向散射系数等，以及对观测对象目标进行发现、识别、理解、确认与分类形成的观测对象属性级别产品。对于地球电磁等地球物理场，其是去掉太阳风、磁暴、电离层扰动等干扰因素的地球物理场信息数据。

(6) 5 级产品。其基于观测对象遥感信息和先验知识的观测对象本征描述产品，提供了观测对象"how"的信息，是对观测对象物理、化学、形状、体积等状态的描述。目标基础遥感辐射物理参数产品包括叶面积系数、温度、密度、浓度、质量等。目标几何信息产品包括长宽高、体积、形状等。在对观测对象表征状态理解基础上形成有关规律变化的记录。对于电磁等地球物理场，是按照标准规格通过重采样构建的地球物理场信息，如电离层演化模式、全球地磁场、电离层三维时变等。

(7) 6 级产品。面向专题应用的信息融合级产品，通过与其他类型信息融合形成观测对象较完整的描述，并结合应用需求构建专题信息产品，是有关对世界认识与改造的信息。在通过 3、4、5 级产品回答了观测对象"when&where""what""how"的基础上，支持开展与人的需求更加紧密的应用问题的回答，如"why""which""who""how much"等。这类产品与各类行业、区域应用关联得更加紧密，是直接服务应用的信息产品，如旱情分布、大气污染程度、违章建筑专题图等。对于地球物理场观测，其则是电离层扰动程度图等。

图 3.6 进一步阐述了按照图 2.14 航天遥感信息形式表现构建的观测对象遥感信息过程。遥感共性产品(3～5 级产品)是用遥感可直接获得的观测对象状态和变化信息，耦合

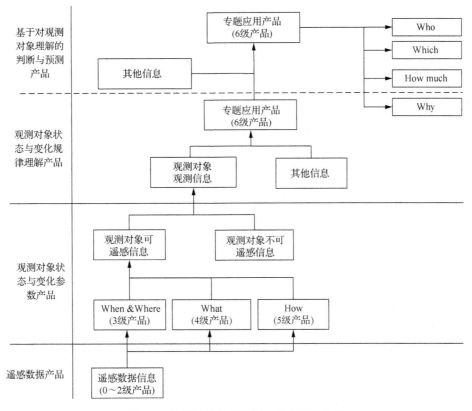

图 3.6 航天遥感信息数据产品分级示意图

非遥感观测信息可对观测状态与变化规律进行理解，并结合其他信息形成专题应用产品（6 级产品）。专题产品是人们对于观测对象物质能量信息的认知上的判断与预测，从而实现从第一认识论信息向第二认识论信息的转化。

航天遥感信息数据产品体系分级定义见表 3.1。

表 3.1　遥感产品体系分级定义表

分级	名称	定义	示例
	原始数据信号	地面站接收到的，未经任何处理的卫星遥感数据信号	
0	原始影像数据产品	卫星载荷原始数据及辅助信息。经过数据解包、元数据检核、分景分幅，但未做任何纠正	
1	影像系统辐射校正产品	经过系统辐射校正、波谱复原处理，未进行几何校正的影像编码产品。包括数据解析、均一化辐射校正、去噪、MTFC、CCD 拼接、波段配准处理等	基于原始数据的经辐射校正（光谱定标、辐射定标、暗电流校正）的数据
2A	影像系统几何校正产品	在 1 级产品的基础上，进行了系统几何校正（一般通过 RPC 或严密几何成像模型纠正）的影像编码产品，或映射到指定的地图投影坐标下的产品数据，校正后的图像映射到指定的地图投影坐标下的产品数据	以景为单位的数据产品
2B	影像几何校正产品	1 级数据加通过传感器高精度纠正 RPC，RPC 按照辅助数据进行提供	加高精度 RPC 文件的以景为单位的 1 级数据
3A	影像几何精校正产品	经过系统辐射校正，同时采用地面控制点和相应的改正模型，以提高产品几何精度的地理编码产品	高精度定位图
3B	影像正射校正产品	经过系统辐射校正，同时采用数字高程模型（DEM）、控制点纠正了地势起伏造成的视差的正射纠正地理编码产品	正射图
3C	影像融合产品	光学全色与多光谱数据融合后的产品	突出纹理特征的图，一般从 3A 数据经融合处理后生成
3D	影像匀色镶嵌产品	匀色纠正的地理编码产品	大区域影像图。一般从 3B 数据经拼接形成
3E	影像数字正射校正产品	专业 DOM、DEM、DLG、DSM 产品等	
4A	目标表观辐射产品	经过定标处理，得到入瞳处辐亮度场，形成的表观辐亮度数据产品	表观辐亮度产品
4B	目标辐射产品	观测目标基础遥感辐射特性参数产品	NDVI 产品、地表反射率产品、地表亮温产品、大气光程产品、水色、透明度、光谱吸收峰产品等
4C	云目标掩膜产品	经过云检测处理，检测出的厚云分布掩膜产品	
4D	目标变化检测产品	发现、识别性的变化监测处理产品	变化监测
4E	目标分类产品	确认、分类监测处理产品	土地覆盖分类
5A	目标理化类产品	固、液、气物理化学类状态参数	温度、生物量、PM10 浓度、化学需氧量（COD）、质量等
5B	目标轮廓产品	固、液、气几何形状产品	长宽高、叶面积系数、体积、形状等
5C	目标规律知识性专题级产品	开展多源数据同化或结合社会经济数据、行业专家知识综合分析产生的、反映观测对象变化规律的专题信息产品	洪涝灾害风险评估报告、粮食估产报告、天气预报、污染监测报告
6	面向应用的专题产品	按照应用需求的融合性产品。行业编码参见 6 级产品行业编码	

2. 遥感数据级产品的波谱品种类型标准化分类

遥感数据与信息产品包含着观测对象的多种特性，如时间、空间、波谱、角度、偏振、速度等。其中，波谱特性是遥感的一大特性，可用于对遥感数据产品的分类，其他因素可作为下一层级的分类选择。常见的遥感观测手段有全色、可见多光谱、可见高光谱、红外、太赫兹、微波(分为主动和被动微波)、紫外遥感、激光、微光、荧光、电磁、重力遥感等。

(1)光学全色遥感。光学全色遥感只包含一个全色波段，一般指使用 0.4～0.9 μm 的单波段，即从绿色往后的可见光波段，属于光学探测。全色遥感影像就是对地物辐射中全色波段进行摄取，因为是单波段，在图上显示是灰度图片。全色遥感影像空间分辨率一般较高，但无法显示地物色彩。

(2)光学多光谱遥感。光学多光谱遥感是利用具有两个以上波谱通道的传感器对地物进行同步成像的一种遥感技术，将物体反射辐射的电磁波信息分成若干波谱段进行接收和记录。其原理与"分色摄影"相似。其通常利用多波段摄影机、多波段扫描仪或多波段电视摄像系统来实现，可获得多波段摄影影像或扫描影像，经彩色合成后形成假彩色像片，提供比单波段摄影更为丰富的遥感信息。其通常利用可见光和近红外波段，且集二者各自的优点。在该波谱范围内，太阳辐射通量密度占总辐射通量密度的 85%以上，成像效果好。其在航天遥感中得到广泛应用，如陆地卫星上的多波段扫描系统(MSS 与TM)，是提供航天遥感数据的主要传感器。国际遥感界的共识是光谱分辨率在 $\lambda/10$ 数量级范围的称为多光谱(multispectral)，这样的遥感器在可见光和近红外光谱区只有几个波段，如美国的 Landsat MSS、TM，法国的 SPOT 等。

(3)光学高光谱遥感。它是在电磁波谱的可见光、近红外、中红外和热红外波段范围内，获取许多非常窄的光谱连续的影像数据的技术(Lillesand and Kiefer, 2000)。其成像光谱仪可以收集到上百个非常窄的光谱波段信息。高光谱遥感是当前遥感技术的前沿领域，它利用很多很窄的电磁波波段从感兴趣的物体获得有关数据，它包含了丰富的空间、辐射和光谱三重信息。高光谱遥感的出现是遥感界的一场革命，它使本来在宽波段遥感中不可探测的物质在高光谱遥感中能被探测。光谱分辨率为 $\lambda/100$ 的遥感信息称为高光谱遥感(hyperspectral)；随着遥感光谱分辨率的进一步提高，光谱分辨率达到 $\lambda/1000$ 时，遥感即进入超高光谱(ultraspectral)阶段(陈述彭等，1998)。

(4)红外遥感。热红外遥感(infrared remote sensing)是指传感器工作波段限于红外波段范围之内的遥感。探测波段一般在 0.76～1 000 μm。其是应用红外遥感器(如红外摄影机、红外扫描仪)探测远距离外的植被等地物所反射或辐射红外特性差异的信息，以确定地面物体性质、状态和变化规律的遥感技术。所有的物质，只要其温度超过绝对零度，就会不断发射红外能量。常温的地表物体发射的红外能量主要在大于 3 μm 的中远红外区，是热辐射。它不仅与物质的表面状态有关，而且是物质内部组成和温度的函数。在大气传输过程中，它能通过 3～5 μm 和 8～14 μm 两个窗口。热红外遥感就是利用星载或机载传感器收集、记录地物的这种热红外信息，并利用这种热红外信息来识别地物和反演地表参数，如温度、湿度和热惯量等(李小文和汪骏发，2001)。热红外遥感对研究全球能量变换和可持续发展具有重要的意义，其在地表温度反演、城市热岛效应、林火监测、旱灾监测、探矿、探地热，岩溶区探水等领域都有很广泛的研究。

（5）太赫兹遥感。太赫兹遥感通常是指频率为 0.1～10 THz，波长为 3 mm～30 μm，介于微波与红外之间的电磁波。太赫兹波相对于微波具有较短的波长、波束窄、方向性好、功率密度高、成像分辨率高等优点。相对于红外有较长的波长，其具有适中的波束宽，易于实现目标跟踪和良好的穿透性，可以较小的损耗穿透沙尘烟雾及非金属材料，对大气中的气体分子可以产生共振而对其探测有更高的灵敏度等优点。2004 年 7 月发射的 AURA 卫星，搭载了 THz 波探测器 MLS，工作波段为 118 GHz～2.5 THz，可用于大气温度、压力、臭氧 O_3、一氧化碳 CO、水汽 H_2O 等探测。

（6）主动微波遥感。微波遥感是传感器的工作波长在微波波谱区的遥感技术，是利用某种传感器接受地理各种地物发射或者反射的微波信号，以识别、分析地物，提取地物所需的信息。常用的微波波长范围为 0.8～30 cm，其中又细分为 K、Ku、Ka、X、C、S、L 等波段。微波遥感的工作方式分主动（有源）微波遥感（代表性的主动遥感器为成像雷达）和被动（无源）微波遥感。前者由传感器发射微波波束再接收由地面物体反射或散射回来的回波，如侧视雷达；后者接收地面物体自身辐射的微波，如微波辐射计、微波散射计等。

（7）被动微波遥感。被动接收机的灵敏度大大高于主动接收机的灵敏度。微波遥感的突出优点是具有全天候工作的能力，不受云、雨、雾的影响，可在夜间工作，并能透过植被、冰雪和干沙土，以获得近地面以下的信息，同时微波遥感可以通过测量目标在不同频率、不同极化条件下的后向散射特性、多普勒效应等，来反演目标的物理特性——介电常数、湿度等，以及几何特性—目标大小、形状、结构、粗糙度等多种有用信息。它在地质构造、找矿、海洋、海冰调查，土壤水分动态监测、洪涝灾害调查，干旱区找水，农、林、土地资源调查研究，以及军事研究等方面越来越显示出广阔的应用前景。

（8）紫外遥感（大气探测类遥感）。紫外遥感是利用紫外波段太阳光被低、中、高层大气分别强烈散射和被大气中的臭氧等微量气体强烈选择吸收的原理，进行大气臭氧和大气密度等吸收气体分布的遥感探测，属于光学探测，可以得到地球大气中的微量气体、气溶胶和云含量分布等信息，这对认识和研究大气中的物理、化学和动力学过程有着重要的价值。地球大气散射光中含有大气成分分布的重要信息，通过测量太阳直射的光谱辐照度和大气散射的光谱辐亮度，可以反演计算出大气中各种微量气体和气溶胶的含量，监测全球温室效应、臭氧层厚度变化和各种有害气体的排放等。由于成像原理不同和技术条件的限制，任何一个单一遥感器的遥感数据都不能全面反映目标对象特征，也就是都有一定的应用范围和局限性；各类非遥感数据（包括地学常规手段获得的信息）也有它自身的特点和局限性。因此，数据融合可以对不同来源的数据进行取长补短，从而扩大各类数据的应用范围，并提高分析精度、应用效果和实用价值。

（9）激光遥感。激光遥感是一种主动式的现代光学遥感手段，是传统的无线电或微波雷达向光学频段的延伸，可以同时获得地球表面的空间特征和物理特性，具有被动光学遥感无法替代的作用。所用探测束波长的缩短和定向性的加强，使激光雷达具有很高的空间、时间分辨能力和很高的探测灵敏度等优点，所以被广泛地应用于对大气、海洋、陆地和其他目标的遥感探测中。

(10)微光遥感。微光遥感是指在微弱光照条件下，遥感卫星传感器对地物成像的过程。月光、星光和大气辉光等微弱的"可见光"统称微光。微光的光照度没有一个绝对的界定，通常把光照度低于满月夜空的光照度 10^{-1} lx，而大于 10^{-7} lx 的称为微光。对于遥感成像系统来说，目标光能量在传输中会发生透射中的反射损失、反射中的透射和吸收损失、介质(大气传输)的吸收损失，到达成像像面的光能量已经很低。因此，微光遥感通常指光照度在 100 lx 以下(如晨、暮及夜晚)的条件下，将微弱的光线通过大相对孔径的光学镜头和高增益的微光像增强器转变成人眼可清晰观察的图像的过程。在微光条件下，卫星传感器能够探测到城镇灯光、舰船发光和油气井燃烧等与人类活动紧密相关的可见光，因此，微光遥感在城镇化监测，GDP、人口等社会经济因子估计，光污染、渔火、天然气燃烧监测等方面有独特的应用优势。

(11)荧光遥感。荧光遥感是对植被叶绿素激发的荧光信号进行探测的一种方式，按照叶绿素荧光产生的方式，荧光遥感又分为激光诱导荧光遥感，即主动式探测，和对日光诱导产生的叶绿素荧光(solar-induced chlorophyll fluorescence, SIF)进行探测的被动式探测。日前，SIF 信号可从多颗搭载高光谱传感器的遥感卫星平台(如 GOME，GOSAT，OCO-2 等)进行探测。由于叶绿素荧光和植被光合作用直接相关，因此，相比于传统基于光学遥感探测到的植被散射信号，荧光遥感信号探测有望提供更多反映植被生长状况的独特信息。

(12)电磁场遥感。通过获取全球电磁场、电离层等离子体、高能粒子观测数据，可对电离层开展动态实时监测。目前国际上已发射了以与观测地震和火山喷发过程相关的电磁场变化为目的的多颗地震卫星，如 COMPASS 系列卫星(俄罗斯)、QuakeSat(美国)和 DEMETER(法国)，还有早期的地球磁场观测卫星 GEOTAIL(日本)，我国首颗自主研发的电磁监测试验卫星已进入整星测试阶段，该星投入使用后我国将成为唯一拥有在轨运行的多载荷、高精度地震监测试验卫星的国家。

(13)重力场遥感。地球重力场反映地球物质的空间分布、运动和变化，确定地球重力场的精细结构及其时间变化可为现代地球科学解决人类面临的资源、环境和灾害等问题提供重要的基础地球空间信息。测高卫星和重力卫星技术可以提供全球的、均匀分布的、比较稠密的和高质量的重力测量数据。新一代卫星重力技术不仅从数量上极大地丰富了地球重力数据，在质量上也有很大提高，这为各相关学科利用重力场信息研究地球系统动力过程及系统内物质运动和时空分布的可行性提供了保证，特别有利于全球气候变化及灾害事件的研究。

遥感数据融合涉及波段、时相、数据类型的融合，本章着重介绍不同遥感数据类型融合的优势，以为遥感卫星设计时遥感器的配置进行优化支撑。

3. 基于产品等级的标准化处理流程设计

从遥感数据到观测对象遥感信息，再到观测对象理化状态信息及变化信息的转化，是数据不断被处理、传输的过程，也是有关观测对象信息不断被累加的过程，合理的处理流程能有效利用这种信息的累加，如图 3.7 所示。

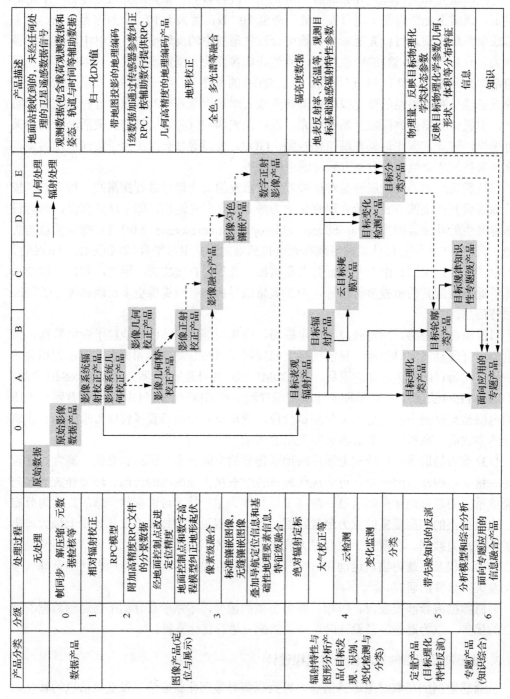

图 3.7　遥感数据信息产品处理流程示意图

经过相对辐射校正、系统级几何粗校正，遥感器噪声及观测平台等因素被有效地去除，信息数据更多地反映关注对象各种要素特征和环境综合信息的光谱信息级的数据，即 1 级和 2 级遥感影像产品。

1 级和 2 级遥感影像产品通过几何精校正、大气校正、图像分类、定量产品反演等过程，最终生产得到 3~6 级遥感产品。基于地面控制点数据，进行几何精校正，得到 3 级遥感影像产品，这一级别数据根据所进行的正射、融合等操作，形成了不同的子级别。在 3 级产品的基础上，得到观测对象的遥感信息，可用于进行地物分类和特征目标识别，得到 4 级用于发现、识别、确认、分类等服务不同应用的产品。在观测对象类别等先验知识的支持下，基于陆地、水体、大气等参数定量反演模型，反演得到观测对象各类定量化状态参量产品，即 5 级定量遥感产品。最后，结合行业应用模型，建立在理解与先验知识的基础上，最终得到地球真实信息产品，即 6 级遥感产品，这类产品是应用专题特性数据，通过综合分析产生的专题知识，其可用于专业决策支持。

当然，具体的流程要根据应用需求加以调整，如一些应用中对物理量的精度有非常高的要求，几何订正所采用的数据重采样处理方法和流程对结果有较大影响。在这种情况下，一般采用先完成全部辐射处理的方式，最后根据需要对形成的结果进行一次性重采样，从而完成全部的处理。

关注点不同，不同级别的产品处理方法不同，可解决应用中的不同问题。因而，不同级别的产品反映出产品在品种、规格、质量、规模、时效性方面的不同属性。

4. 与已有其他分级方法的关系

目前，国外遥感卫星数据产品主要由各国(地区)按照遥感卫星系列和型号自行进行分级，一般针对同一类型、同一卫星平台或同一传感器的数据产品进行。不同的系统具有不同的侧重点和关注点，所以被赋予不同的任务，不同卫星数据产品分级的指标和技术要求各不相同，尚无统一的遥感数据产品分级国际标准。随着越来越多遥感卫星系统投入运行，在多源、多尺度、多类型遥感影像综合利用和数据共享需求的带动下，各国遥感卫星数据的标准化分级、分类日益得到重视。

我国遥感卫星技术在近几十年来有了长足的发展，目前已形成了针对大气、海洋、陆表、地球物理场的卫星系列，提供全色、多光谱、高光谱、红外等多源卫星遥感数据。然而，现分级分类还是按照国外类似卫星遥感数据产品分级与分类，所形成的气象、海洋和陆地卫星遥感数据产品分级也不尽相同，目前我国尚缺乏统一的卫星遥感数据产品分级标准。将国内外现有代表性卫星的数据产品分级与面向应用的遥感数据分级模型进行比较。

关于国内外代表性卫星，如国外的 QuickBird、SPOT、IRS-P5、Landsat、MODIS 和国内的 FY、HY、CBERS 等系列卫星对遥感数据产品分级的定义见表 3.2。从表 3.2 中可以看出，当前遥感卫星数据产品级别大体上分为气象/大气类、海洋类和陆地观测卫星 3 类。通过对比国内外不同卫星遥感数据产品的分级体系，由于侧重点关注点不同，应用目标和任务不同，不同类型卫星遥感数据分级侧重点不同，所以具有不同的处理级别，相同级别具有不同的处理标准。按照本章分级分类形成的对应关系见表 3.3。通过与本章提出的面向应用的遥感数据分级模型进行对比可以发现，现存分级情况如下。

表 3.2　当前国内外卫星产品等级表

卫星	产品分级定义
QuickBird	1：传感器校正和辐射校正基本产品、基本立体相对产品和标准产品，经过了传感器校正和辐射校正 2：系统几何校正标准产品和正射预备产品，经过传感器校正、辐射校正和系统几何校正 3：正射产品，经过传感器校正、辐射校正和正射校正
SPOT	0：未经任何辐射校正和几何校正处理的原始图像数据产品，包括进行后续的辐射和几何校正处理的辅助数据 1A：经辐射校正处理后的产品，带有严密成像几何模型 1B：经过了 level 1A 级辐射校正和系统级几何校正的产品 2A：没有地面控制点的情况下，以一定分辨率投影在投影面下的产品 2B：有控制点控制情况下，以一定分辨率投影在投影面下的产品 3：在控制点纠正、精密 DEM 消除高程引起的投影差的正射纠正产品
IRS-P5	1：调整了奇偶像素位置和丢行处理后无任何辐射和几何处理的产品 2：进行了辐射纠正处理的产品 3：无控制点系统几何纠正产品 4：辐射纠正后带有 RPC 的产品 5：正射纠正产品 6：根据用户需求，提取的区域产品(无控制点系统几何纠正)
Landsat	0：原始数据产品，地面站接受的原始数据，经格式化、同步、分帧等处理后生成的数据集 1：辐射校正产品，经过辐射校正处理 2：系统几何校正产品，经过辐射校正处理和系统几何校正处理 3：几何精校正产品，采用地面控制点进行几何精校正的数据产品 4：高程校正产品，采用地面控制点和数字高程模型进行校正的数据产品
MODIS	0：数据是对卫星下传的数据报解除 CADU 外壳后，所生成的 CCSDS 格式的未经任何处理的原始数据集合，其中包含按照顺序存放的扫描数据帧、时间码、方位信息和遥测数据等 1A：是对 Level 0 数据中的 CCSDS 包进行解包所还原出来的扫描数据及其他相关数据的集合 1B：对 L1A 数据进行定位和定标处理之后所生成，其中包含以 SI(scaled integer) 形式存放的反射率和辐射率的数据集 2：在 Level 1 级数据基础上开发出的、具有相同空间分辨率和覆盖相同地理区域的数据 3：以统一的时间空间栅格表达的变量，通常具有一定的完整性和一致性。在 3 级水平上，将可以集中进行科学研究，如定点时间序列，来自单一技术的观测方程和通用模型等 4：通过分析模型和综合分析 3 级以下数据得出的结果数据为 4 级数据
FY-2C/D/E	0：解包后的原始数据 1：经质量检验、定标、定位后的数据 2：对 1 级数据进行处理，生成能反映大气、陆地、海洋和空间天气变化特征的各种地球物理参数、基本图像产品、环境监测产品、灾情监测等产品 3：在 2 级数据的基础上生成的候、旬、月格点产品和其他分析产品等
FY-3A/B	0：接收后未经处理的有荷载数据，保持原来分和时序，但经拆帧重构，去掉为通信用的同步码、帧头和重复码等 1：在 0 级的基础上经质量检验、定标、定位后的数据 2：对 1 级数据进行处理，生成能反映大气、陆地、海洋和空间天气变化特征的各种地球物理参数、基本图像产品、环境监测产品、灾情监测等产品 3：在 2 级数据的基础上生成的候、旬、月格点产品和其他分析产品等
HY-1A/1B	0：原始数据 1：系统辐射校正产品，COCTS/CCD 传感器，经云检测、地理定位和辐射校正 2：辐亮度、气溶胶辐射、光学厚度、叶绿素 a 浓度分布、海表面温度分布、悬浮泥沙含量分布、漫衰减系数、植被指数 NDVI、泥沙含量 3：高级产品，COCTS 传感器，16 种 2 级产品要素的周和月统计结果
CBERS01/02/02B	0：原始数据产品，分景后的卫星下传遥感数据 1：辐射校正产品，经辐射校正，没有经过几何校正的产品数据 2：系统几何校正产品，经辐射校正和系统几何校正，并将校正后的图像映射到指定的地图投影坐标下的产品数据 3：几何精校正产品，经过辐射校正和几何校正，同时采用地面控制点改进产品几何精度的产品数据 4：高程校正产品高程校正产品，经过辐射校正、几何校正和几何精校正，同时采用数字高程模型(DEM)纠正了地势起伏造成的视差的产品数据 5：镶嵌图像产品，标准镶嵌图像产品，无缝镶嵌图像产品

卫星	产品分级定义
CBERS03	1A：预处理级辐射校正影像产品，经数据解析、均一化辐射校正、去噪、MTFC、CCD 拼接、波段配准等处理的影像数据，并提供卫星直传姿轨数据生产的 RPC 文件 1B：高精度预处理级辐射校正影像产品，经数据解析、均一化辐射校正、去噪、MTFC、CCD 拼接、波段配准等处理的影像数据，并提供整轨精化的姿轨数据生产的 RPC 文件 2A：系统几何校正产品系统几何校正产品，经辐射校正和系统几何校正，并将校正后的图像映射到指定的地图投影坐标下的产品数据 2C：高精度预处理级几何校正影像产品，1C 级数据经几何校正、地图投影生成的影像产品 3：精纠正产品，立体观测与量测、三维信息提取、空间信息解译与分析、高精度空间定位等 4：正射纠正产品，空间信息解译与分析、高精度空间定位、变化检测、数字成图、地理国情监测等 5：数字正射影像产品，空间信息解译与分析、高精度空间定位、数字成图、地理信息成果更新等

（1）国外的 QuickBird、WorldView、IKONOS-2、GeoEye-1、RapidEye、SPOT、ALOS、Landsat、IRS-P5 卫星等是以陆地表面为主要观测对象的陆地卫星，其观测的覆盖范围小、精度高，其数据产品的特点是空间分辨率高、时间分辨率较低，多为光学卫星中的全色和多光谱载荷分级方案，这一类卫星产品主要为了满足承载性应用，主要是经过系统辐射校正、几何精校正或正射校正的产品，此类卫星数据产品的分级一般按照系统辐射和几何纠正、几何精纠正和正射校正的处理流程来划分，通常数据产品由原始数据、0 级、初级和高级组成，初级包括 1 级和 2 级，其中高分辨率卫星 1 级包括了系统级辐射和几何纠正产品，并且没有 0 级产品，高级不同卫星划分为 3 级、4 级、5 级、6 级不等，通常 3 级为正射纠正产品，有些卫星分级方案层级较多，如 Landsat、IRS-P5 正射校正产品为 4 级或 5 级，这类卫星不考虑目标的分类、变化和物理化学特性。

（2）以 GOSAT 为例，其描述高光谱卫星的产品分级情况，分级体现了参数反演产品的生产处理顺序，与 MODIS 一致的是都侧重于满足定量化目标监测的要求，区别是不考虑承载性应用，1 级为定标产品用于体现目标的表观辐射量，而对于云掩膜、地表类型等分类型信息多在目标遥感特性产品中采用质量标签的形式体现。

（3）MODIS 卫星作为面向大气、水体和陆地不同应用的综合遥感器，其主要在分级中体现目标遥感特性、物理化学特性及相应的时间空间规律等支持决策的产品，对于承载类应用的图像处理产品没有分级，MODIS 在大气和陆地观测的产品中考虑了分类性应用，如 2 级的云掩膜产品、火点监测和 3 级的地面覆盖分类产品，但在分级上与反演类应用产品没有区别划分，NPP、地表蒸散、海洋净初级生产力等目标状态参数产品划分为 4 级。

（4）国内的代表性卫星，如 FY2C/2D/2E、HY1 等，均按 0 级、1 级、2 级、3 级进行产品分级，1 级为辐射定标产品，从 2 级开始生产各类反演产品，3 级为时间空间规律性分布产品，其与国外 MODIS 卫星的分级在原则上一致，侧重体现反映目标状态参量的信息，满足反演类应用。

（5）国内的陆地卫星，如 CBERS01/02/02B 卫星数据产品分为 0～5 级，包括 0 级产品（原始数据产品）、1 级产品（辐射校正产品）、2 级产品（系统几何校正产品）、3 级产品（几何精校正产品）、4 级产品（高程校正产品）、5 级产品（标准镶嵌图像产品）。CBERS 03 按照标准数据产品处理程度不同，分为 1A 级（预处理级辐射校正影像产品）、1C 级（高精度预处理级辐射校正影像产品）、2 级（系统级几何校正影像产品）、2A 级（预处理级几

表 3.3 航天遥感数据产品分级模型与国内外卫星数据产品分级比较表

遥感数据信息体系 产品分级定义 分级	国外代表性卫星对遥感数据产品分级定义 GOSAT	MODIS 大气	MODIS 海洋	MODIS 陆地	Quick Bird	World View1/2	IKON OS-2	Geo Eye-1	Rapid Eye	SPOT	ALOS	IRS-P5	Land sat	As ter	国内代表性卫星对遥感数据产品分级定义 FY-2 C/D/B	FY-3 A/B	HY-1 A/1B	CBER 01/02/02B	CB ER S03	HJ-1	BJ-1	十三五电磁卫星
原始数据	0	0	0	0													0					
0	1A	1A	1A	1A						0	0		0	0	0	0		0		0	0	0
1	1B	1B	1B	1B	1	1	1	1	1B	1A	1A	1	1	1A	1	1	1	1	1A / 1C	1	1	1
2A	2	2	2	2G	2	2		2		1B	1B1	2	2	1B	2	2		2	2A	2	2	2
2B				3						2A	1B2	3							2C	3	3	
3A			4	4	3	3	2	3	3A	2B		4	3	3				3	3	4	4	
3B							3			3		5	4					4	4			
3C																					6	
3D																		5	5	5		
3E														4							5	
4A				2G										2A								
4B	2	2	2	2																		
4C	2	2												2B								
4D			2	2																		
4E																						
5A	2		2	2											2	2	2					3
5B	4			4																6		4
5C		3	3	3																		5
6	3 / 4		3	3								6			3	3	3			7	5	5

何校正影像产品)、2C 级(高精度预处理级几何校正影像产品)、3 级(精校正产品)、4 级(正射校正产品)和 5 级(数字正射产品)。BJ-1 号卫星产品分级与 CEBERS 系列较为统一。这一类卫星主要满足承载类应用。HJ 卫星综合了承载类应用和反演、综合类应用的需求,产品分级较多。

(6)从国内外卫星的分级情况来看,不同种类不同型号的数据产品分级方案差别较大,但由于遥感科学的系统性和数据处理流程存在共性,分级方案也存在基本的共性,产品的分级一般按照数据产品的处理层次水平进行分级。遥感卫星应用领域中,数据产品的生产根据加工处理目标的不同一般分为几何校正、辐射校正、影像融合和反演参数提取等几种。各类卫星根据处理的需要,会对不同的处理过程按照程度的不同划分更细的分级。

通过上述分析,航天遥感数据产品分级模型与国内外卫星数据产品分级异同主要体现在以下几个方面。

(1)国外遥感卫星系列的数据产品分级分类方面,主要根据卫星载荷技术及应用目标来设定产品的分级。国内遥感卫星系列的数据产品分类分级方面,目前主要是参考国外遥感卫星的分类分级,按照卫星系列类型、载荷型号机器技术指标、探测模式等进行设计。同一卫星系列不同型号、不同载荷,其数据产品分级也不同,如 CBERS01/02/02B 和 CBERS03、FY-2C/D/E 和 FY-3A/B。

(2)全球化应用程度高的气象卫星和海洋卫星产品方面,其分级比较一致,由于主要关注卫星数据的辐射特性,产品分级也主要对卫星数据辐射处理进行了细分,对几何特性、影像处理、信息分析与应用的分级并未细化。

(3)陆地卫星的数据产品的分类方面,基本按照卫星载荷采用的观测光谱波段特点与观测模式进行分类,分类视角相对统一,但分级的指标和技术要求各不相同。对于目前应用最广泛的全色和多光谱影像产品,其初级产品影像的分级方案逐步趋同,但高级产品的分级分歧明显。由于主要关注卫星数据的几何特性,产品分级主要对卫星数据几何处理进行了细分,对辐射特性、影像处理、信息分析与应用的分级并未细化。

(4)目前卫星的分级按照承载类、分类类、反演类和综合类应用需求来看,主要侧重于承载类应用(陆地观测卫星)和反演类应用(气象海洋类卫星),相应的产品分级也分别有不同的侧重,总体上未对分类型应用进行产品等级的系统划分。

(5)各个遥感数据产品的分级基本都是基于原始数据,经辐射校正、几何校正、数据处理到信息提取、专题分析与应用的流程进行的。现有国内卫星数据产品的分级多是基于数据层面,侧重数据处理级别的划分。

面向应用的遥感数据分级基于数据-信息-知识的全链路,涵盖了数据处理、目标信号遥感特性、物理特性到规律性知识性专题应用对遥感数据产品进行分级。从比较表 3.3 也可以看出,国内外有代表性的卫星遥感数据产品分级与本章提出的面向应用的遥感数据分级模型框架较为吻合,充分体现了面向应用的遥感数据分级模型的科学性与兼容性。

3.3　UPM 的规格标准化模型

统一的遥感卫星数据产品体系与标准的规格作为一种约定是多源数据交换、集成与综合应用的基础。现有不同系列遥感卫星影像数据产品规格不统一，产品规格与检测方法不一致等问题日益突出，不仅不利于多源、多时相、多尺度、不同类型遥感探测数据的综合集成应用和遥感信息产品的深度开发利用，也影响了用户对不同来源数据产品性能与质量的有效评价。本节针对产品规格中的空间分辨率提出一种标准的遥感卫星数据产品规则。

3.3.1　UPM 规格模型概念

产品规格通常指生产的成品或所使用的原材料等的规定、要求与约定，其反映了产品的形式性存在。规格可以严格地明确所描述产品的物理形状与几何特征，如体积、长度、形状、质量等。通过规格的确定可以形成一种对产品自身的要求，其既能与其他事物进行有效关联，又能对内进行评价。针对遥感数据产品，可以通过构建 UPM 规格模型（UPM-standard specification model, UPM-SSM）加以反映。

1. 规格衔接关系模型

遥感产品规格要体现信息量的形式特点，包括遥感信息强度、观测对象基本面积尺度等，同时，还要与软件与硬件对接。构建一种可以在服务器、PC 机和手机上的规格是确保数据在 3 个不同硬件上无缝、高效流转的前提条件。例如，现在遥感数据上手机很重要，由手机、PC 机和服务器构成的硬件网络所需要的数据在这 3 个能力等级差极大的设备中均可运行，现在很多应用所采用的数据基本单位面积远小于以景为单位的图像数据，如 WorldWind 和 Google Earth 采用 256×256 的标准数据单位等。同时，采用这种 2^n 规格，也有利于计算机快速运算。

2. 规格内组织与评价模型

遥感数据体现的是一种将多尺度综合的无限量信息选择性采样为某种尺度的有限量数据。在这一过程中，观测对象遥感信息强度的表现方式之一是规定空间分辨率，通过分辨率的确定，图像针对某一具体观测对象的应用范围及程度作用可以明确，如较低分辨率的数据可用于发现，较高分辨率的数据可用于对观测对象的确认与计算面积、周长、形状等。

遥感数据集作为一个有限集，为通过编码构建计算准备、计算过程和计算分析提供了可能，并为确认测试和评价提供了依据。通过产品规格的确定构建出的编码集可以支撑构建数据标准产品的全工程过程，有力支持遥感数据的共享。例如，通过编码构建对数据集的管理、对观测对象目标特性的管理、对处理过程的管理，形成各类型数据库，达到把观测对象和信息过程搬到计算机里的目的。

3.3.2　图像空间分辨率与成图比例尺关系分析

观测对象遥感数据规模与遥感数据空间分辨率有关。数据规格的选择具有"二向性"，既要考虑观测对象的固有特征，又要考虑人应用的方便性与计算机处理的方便性。

1. 遥感图像空间分辨率

遥感图像的空间分辨率，是指像素所代表的地面范围的大小，即像素的瞬时视场，或指地面物体能分辨的最小单元。空间分辨率是衡量红外遥感器性能的重要指标之一，民用领域对空间分辨率的需求主要考虑两个方面：一是考虑观测目标空间尺度特性，即不同尺度的应用可能需要不同的分辨率，针对某一空间尺度的研究目标如何选取合适的空间分辨率；二是考虑成图比例尺对空间分辨率的需求，即如何选取适宜空间分辨率的遥感影像来达到遥感制图的精度并且最能够最大限度地反映地物的信息。

遥感影像的空间分辨率是指每个像元所代表的地面实际范围的大小，即扫描仪的瞬时视场，或地面物体所能分辨的最小单元。遥感影像的空间分辨率反映了图像记录空间信息的详细程度。遥感图像的空间分辨率一般有 3 种表示形式：像元(pixel)、线对数(line pairs)、视场角(IFOV)。这 3 种表示方法意义相仿，只是考虑问题的角度不同，可以相互转换。遥感影像的空间分辨率一般从像元的角度给出其与地面范围大小相当的尺寸。

卫星载荷的瞬时视场角和卫星的轨道高度是影响遥感影像空间分辨率的主要因素。在卫星轨道高度一定的情况下，瞬时视场角是影响图像对地面物体的分辨能力的决定性因素。因此，载荷指标是遥感影像空间分辨率标准化的主要研究对象。卫星载荷指标设计的标准化对于促进遥感卫星载荷的大规模批量生产、节约设计成本具有重要意义。

2. 国家制图基本比例尺

地图比例尺是指图上距离与实地距离之比，一般用 $1/M$ 表示，表示图上距离比实地距离缩小的程度。根据地图的用途、所表示地区范围的大小、图幅的大小和表示内容的详略等不同情况，制图选用的比例尺有大有小，不仅反映了空间尺度，还隐含着对地图测量精度和内容详细程度的说明。国家制图基本比例尺地图是指按照国家规定的测图技术规范，编图技术标准，图式和比例尺系统测量与编制的若干特定规格的比例尺的地图系列。我国国家基本比例尺地图系列包括 1∶500、1∶1 000、1∶2 000、1∶5 000、1∶1 万、1∶2.5 万、1∶5 万、1∶10 万、1∶25 万、1∶50 万、1∶100 万共 11 个比例尺地图（龚明劼等，2009）。地图比例尺中，大于 1∶25 万的为大比例尺地图，介于 1∶100 万～1∶25 万的为中比例尺地图，小于 1∶100 万的为小比例尺地图。国家制图基本比例尺具有标准的空间尺度系列，而且是我国各行业制作专题图的标准比例尺，因此是对卫星载荷空间分辨率标准化研究的合适参考标准。

3. 空间分辨率与成图比例尺关系分析

遥感图像空间分辨率与成图比例尺存在着一定关系，要研究两者的对应关系，需要根据遥感图像的应用需要来确定在表达遥感影像空间信息的前提下选择合理的空间分辨率成图比例尺，结合遥感图像应用层次，发现、识别、确认类型的应用需要从观测精度方面分析，计量面积从测量误差角度分析。

在遥感图像中，设 R（单位：m）表示实际空间分辨率，即图像能够识别的地面上两目标的最小距离，R_g 表示空间分辨率（单位：线对/m），则有

$$R = R_g / 2 \tag{3.1}$$

也就是说，如果 $R_g=10$ 线对/m，那么其实际空间分辨率 $R=R_g/2=5$m。另外，R_g 可以通过式(3.2)计算：

$$R_g = \frac{R_s \times f}{H} \tag{3.2}$$

式中，H 为摄影高度（单位：m）；R_s 为系统分辨率（单位：线对/m）；f 为成像仪焦距（单位：mm）。

研究地图比例尺与遥感图像空间分辨率的对应关系，必须涉及人的视觉分辨率。人的视觉分辨率是指人眼明视距离(25cm)能分辨的空间两点之间的最短距离，依据有关研究结果，如制图精度要求高，特别是大比例尺地形图的绘制，L 一般取为 0.1 mm，如制作挂图，即不在 25 cm 的明视范围内，则 L 可取 0.4 mm。因此，这里将人眼的分辨率定为 0.1～0.4 mm，则比例尺精度可以定义为

$$A = L / (1 / M) \tag{3.3}$$

式中，A 为比例尺精度；$1/M$ 为比例尺；L 为人眼的视觉分辨率。为了使遥感图像成图时能达到地图比例尺的精度，遥感图像的空间分辨率应小于地图比例尺精度，即

$$R_g \leqslant A \tag{3.4}$$

根据式(3.5)可以得出实际空间分辨率 R 和成图比例尺 $1/M$ 之间的关系：

$$R \leqslant [L / (1 / M)] / 2 = (L \times M) / 2 \tag{3.5}$$

因此，对于我国 11 种基本地图比例尺 1∶100 万、1∶50 万、1∶25 万、1∶10 万、1∶5 万、1∶2.5 万、1∶1 万、1∶5 000、1∶2 000、1∶1 000 和 1∶500，根据式(3.5)计算出各种比例尺对空间分辨率的需求情况，这里人眼分辨率分别取 $L=0.1$ mm、0.2 mm、0.3 mm 和 0.4 mm，计算结果见表 3.4。从表 3.4 中可以看出，为了保持地表细节的清晰度，比例尺越大，要求影像的空间分辨率也就越高。而对于一个固定空间分辨率的遥感影像来说，若选用的遥感影像空间分辨率过高则存在信息和数据的冗余，造成资源的浪费；若空间分辨率过低，则不适合进行该比例尺的专题制图，否则专题图成图质量低。遥感影像空间分辨率的选择也要考虑专题制图区域所包含的地物内容和纹理特征，如果制图内容是以大面积的流域、海域为主，则可以选择空间分辨率较低的影像。

由表 3.4 可知，在五层十五级标准化体系设计中，选用人眼视觉分辨率 $L = 0.2$ 这一恰到好处的基本指标，据此建立空间分辨率与地图比例尺之间的对应关系。

表 3.4　成图比例尺对空间分辨率的需求

空间分辨 率/m　　L/mm 比例尺	L = 0.1	L = 0.2	L = 0.3	L = 0.4
1∶1 000 000	50	100	150	200
1∶500 000	25	50	75	100
1∶250 000	12.5	25	37.5	50
1∶100 000	5	10	15	20
1∶50 000	2.5	5	7.5	10
1∶25 000	1.25	2.5	3.75	5
1∶10 000	0.5	1	1.5	2
1∶5 000	0.25	0.5	0.75	1
1∶2 000	0.1	0.2	0.3	0.4
1∶1 000	0.05	0.1	0.15	0.2
1∶500	0.025	0.05	0.075	0.1

为进一步观察成图比例尺与空间分辨率之间的定量关系，如图 3.8 所示，图中蓝色部分表示成图比例尺对用的最佳空间分辨率范围，高于或低于该范围均不宜进行该比例尺的遥感制图。

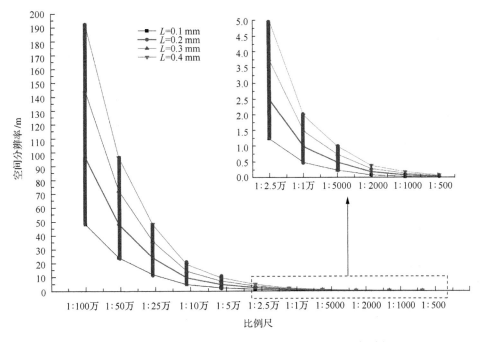

图 3.8　空间分辨率、视觉分辨率与成图比例尺关系分析

4. 目标空间尺度特性与空间分辨率

目标的空间尺度特性，是指目标在空间跨度上的大小，即所研究目标的面积大小、最小信息单元(像元或基元)的空间分辨率水平等。尺度概念是理解地球系统复杂性的关键，尺度问题被认为是对地观测的主要挑战之一，而结合具体研究应用领域，由目标的尺度特性本身出发，选择所需遥感影像的最佳分辨率，是非常有现实意义的。

从遥感器通道的空间分辨率设计方面来说，最小地物尺度对卫星数据的空间分辨率的要求起着至关重要的作用。所谓最小地物尺度，是指图上呈现的地物的最小极限值。因此，空间分辨率的设计值应小于最小地物的尺度，这样图像信息才能全部被人识别。空间分辨率越高，地物的细节表现得越明显。设 R_{min} 为最小地物的直径，则空间分辨率应小于 R_{min}。

从遥感图像的具体应用来说，研究目标的空间尺度特性不同，其对传感器空间分辨率的需求也有所不同。例如，对于 1:1 万的地图，满足其成图的空间分辨率需求为 0.5～2 m，选择高于 0.5 m 的空间分辨率影像成图时存在信息与数据的冗余。研究目标的尺度特性与空间分辨率的关系可以表示为以下两点：①并不是空间分辨率越高，目标的分类或提取结果就越精确。空间分辨率的大小反映了空间细节水平，以及和背景环境的分离能力，但遥感影像的空间分辨率对影像分类精度影响呈现相反的两面性。例如，在进行遥感图像土地覆盖分类时，精细的空间分辨率可减少边界混合像元，在一定程度上能提高分类的精度，但是过高的分辨率也可能导致类别内部的光谱可变性增大，从而使分类精度降低。②目标的空间信息和属性信息在不同尺度上的特点和需求是不同的。在某一尺度上发生的空间现象，在另一尺度上不一定存在或发生，任何尺度都是相对的。因此，遥感图像最佳空间分辨率的选择与所研究目标的内在特征有关。例如，如果研究内容是以大面积的流域、海域为主，可以选择空间分辨率较低的影像，而研究纹理细节比较丰富的城市内部结构信息，则必须选择空间分辨率较高的影像。

另外，遥感制图中最小地物尺寸是对遥感数据空间分辨率要求起决定性作用的指标，最小地物是地图呈现的地物的最小极限值。遥感图像的空间分辨率小于最小地物的尺度，图像信息才能全部被人识别。但空间分辨率越高，影像里相应的线对数也越多，当图斑面积在地图上表达的图面面积很小受人视觉局限时，则不能单独成图显示，制图过程中要确定一定比例尺下最小的图斑面积，图斑最小上图面积指不同分类图斑在不同调查比例尺底图上的上图面积标准。例如，第二次国土资源大调查过程中地类中居民点图斑最小上图面积为 4 mm^2，当地块小于上图面积时计入相邻图斑，不设零星地物。因此，实际制图中的关键在于选择适宜空间分辨率的遥感影像来达到地图成图的精确度并且最大限度地反映地物的信息，如图 3.9 所示。

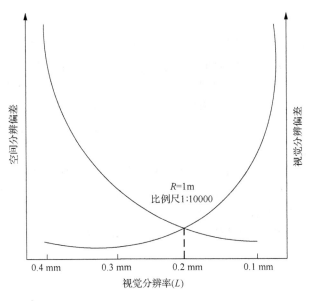

图 3.9　成图比例尺与目标空间特性分析

3.3.3　面向工程化的遥感数据空间分辨率标准化分级模型

在工程中，量化、标准量化始终是关键问题。同样，按照什么规律开展遥感数据空间分辨率标准化设计对于航天遥感工程应用有十分重要的作用。从上节图像空间分辨率与成图比例尺的关系分析中可以发现，空间分辨率对于比例尺有重要作用。同时，从信息量角度可以看出，无论空间分辨率还是比例尺均从本质上反映了对信息强度的要求，高空间分辨率、大比例尺要求高的信息强度，这也从信息量角度反映出不同尺度间的关系。构建与信息强度、比例尺、地球经纬网等要素相协调的空间分辨率组织结构是一种有益的思路与尝试（黄祥志等，2018；Huang Yan-bo et al., 2018）。

1. "五层十五级"标准空间分辨率模型

二进制是计算技术中广泛采用的一种数制。二进制数据是用 0 和 1 两个数码来表示的数。它的基数为 2，进位规则是"逢二进一"，借位规则是"借一当二"，我国的八卦体现出二进制的一种思维方式。二倍数制是计算机开展数据存储与计算的基本形式。在图像处理中，数据的检索、存储与处理均采用二倍数制。以 Google Earth 为例，其采用的二倍数成熟数据组织模型，以 256×256 传统的金字塔方式表现，在图像显示速度方面会更占优势。

十进位值制无论在人类历史的发展演变中还是日常生活中都具有重要的地位和作用。在计算数学方面，中国大约在商周时期已经有了四则运算，到春秋战国时期整数和分数的四则运算已相当完备。其中，出现于春秋时期的正整数乘法歌诀"九九歌"，堪称是先进的十进位记数法与简明的中国语言文字相结合的结晶，这是任何其他记数法和语言文字所无法产生的。十进位值制的记数法是古代世界中最先进、科学的记数法，对世界科学和文化的发展有着不可估量的作用。著名的英国科学史学家李约瑟教授曾对中国商代记数法给予很高的评价，"如果没有这种十进制，就几乎不可能出现我们现在这个统一化的世界了"。

五层十五级遥感数据组织模型继承了传统的影像金字塔模型的支持多源多尺度影像数据的无缝漫游的数据特性，综合四叉树切分标准，结合了十进制与二进制优势，构建遥感影像空间分辨率的五层十五级分层标准（见表 3.6）。从大的范围划分为 1 m、10 m、100 m、1 000 m、10000 m 5 层，小的范围内每一层分别通过乘以 2 和除以 2 形成 3 个级别，总级数一共为十五级。如表所示，每一层内的级别按照 0.5∶1∶2 的比例进行排列，上层的最后一级与下层的第一级之间的比例为 2.5∶1。

按此比例对遥感影像数据进行切分并重采样成 1 000×1 000 分块大小的标准分辨率切片数据，并设计了标准化数据结构进行切片数据组织。通过统一的切分模型、层级化影像分辨率，以及标准化的数据结构，将多源异构遥感影像数据标准化到统一的金字塔数据组织模型下，为多源异构遥感大数据实现分布式大数据存储、标准化并行处理提供了充分的实现基础。

2. 与比例尺的尺度关系

按照五层十五级的方式对图像进行采样可以看得到标准规格的遥感数据。按照专题图比例尺的要求，实际图像分辨率的范围是有要求的。从上节分析可以发现按照这种分级层分级方法，所形成的分辨率可有效对应专题图的比例尺系列，按照上节描述的对应关系，涵盖了国家 11 个从 1∶500 到 1∶100 万基本比例尺的范围。为了能有效利用图像空间分辨率资源，按照上节分辨率与比例尺的关系，将 1 m 以上的层级中的乘以 2 变为乘以 2.5，形成优化的标准化空间分辨率，将 2 m、20 m、200 m、2 000 m 分别改为 2.5 m、25 m、250 m、2 500 m 等，见表 3.5。

表 3.5　产品空间分辨率规格与比例尺关系

遥感图像的五个层次空间分辨率 /m	遥感图像的十五级空间分辨率 /m	优化的遥感图像的十五级空间分辨率 /m	比例尺
	2 000	2 500	
1 000	1 000	1 000	
	500	500	
	200	250	
100	100	100	1∶1 000 000
	50	50	1∶500 000
	20	25	1∶250 000
10	10	10	1∶100 000
	5	5	1∶50 000
	2	2.5	1∶25 000
1	1	1	1∶10 000
	0.5	0.5	1∶5 000
	0.2	0.2	1∶2 000
0.1	0.1	0.1	1∶1 000
	0.05	0.05	1∶500

图像空间分辨率的五层十五级数据规格模型仅是遥感范围内的分法，实际上还可以向两端扩充，如将分辨率向微观方向以 10 mm、1 mm、0.1 mm 为层次进行延伸，也可以 10 km、100 km、1 000 km 为层次向宏观方向进行延伸。

按照前面对空间分辨率与比例尺关系的分析，每个比例尺都有空间分辨率合理的范围，若分辨率高一些，则计算面积与线长的误差就小一些，若分辨率低一些，则计算面积与线长的误差就大一些。在一定的误差允许范围内，可以将每个层级的分辨率进行确定，如将上一层级分辨率的 1.2 倍和本层级的 1.2 倍之间的范围作为分辨率范围。这样，做 1∶1 万专题图选择的图像分辨率为其上一级 0.5 m 的 1.2 倍即 0.6 m 到本级别 1 m 的 1.2 倍即 1.2 m 之间。做 1∶2.5 万专题图选择的图像分辨率为其上一级 1 m 的 1.2 倍即 1.2 m 到本级别 2.5 m 的 1.2 倍即 3 m 之间。

3. 与地球经纬网格关系

地球球面尺度以地球赤道上的球面长度来计算，赤道的周长为 40076 km，那么赤道上每度代表的球面长度为：40076/360°=111.322 km。表格中的像素大小指每块用 1000×1000 的图像来表示时，每个像素的大小。本节提及的分级切块的模式与地图比例尺可以非常好的对应起来，基本上可以满足不同比例尺的地图输出需求。

各国在设置卫星遥感器空间分辨率时均考虑了与地球经纬网格的关系。例如，美国 MODIS 数据的 1.1 km 分辨率相当于赤道处的 0.01°，500 m 分辨率相当于 0.005°，250 m 分辨率相当于 0.002°等。美国 Landsat 陆地卫星的 ETM 数据的 30m 分辨率相当于赤道处的 1″，15 m 分辨率相当于赤道处的 0.5″，60 m 分辨率相当于赤道处的 2″等。

表 3.6 五层十五级的标准层级模式

层数	级别	瓦片大小/(°) (1 000*1 000)	像元尺度/(°)	赤道处像元大小/m	空间分辨率等级/m	与国家基本比例尺的对应关系
	...					
6	H					
	G					
	F	50	5×10^{-2}	5 566.11	5,000	
5	E	25	2.5×10^{-3}	2 783.05	2,500	
	D	10	10^{-2}	1 113.22	1,000	
	C	5	5×10^{-3}	556.61	500	
4	B	2.5	2.5×10^{-3}	278.31	250	
	A	1	10^{-3}	111.32	100	1∶1 000 000
	9	0.5	5×10^{-4}	55.66	50	1∶500 000
3	8	0.25	2.5×10^{-4}	27.83	25	1∶250 000
	7	0.1	10^{-4}	11.13	10	1∶100 000
	6	0.05	5×10^{-5}	5.57	5	1∶50 000
2	5	0.025	2.5×10^{-5}	2.78	2.5	1∶25 000
	4	0.01	10^{-5}	1.11	1	1∶10 000

层数	级别	瓦片大小/(°) (1 000*1 000)	像元尺度/(°)	赤道处像元大小/m	空间分辨率等级/m	与国家基本比例尺的对应关系
1	3	0.005	5×10^{-6}	0.557	0.5	1∶5 000
	2	0.002	2×10^{-6}	0.222	0.2	1∶2 000
	1	0.001	10^{-6}	0.111	0.1	1∶1 000
0	A	0.0005	5×10^{-7}	0.0557	0.05	1∶500
	B	0.0002	2×10^{-7}	0.0222	0.02	
	C	0.0001	10^{-7}	0.0111	0.01	
−1	D					
	E					
	F					

按照本节设定方法，以一幅 MODIS 图像为例，图像像元数为 1354×2030，在地球上覆盖的范围纬度是 20 余度，经度是 40 余度，切分前的图像如图 3.10 所示。

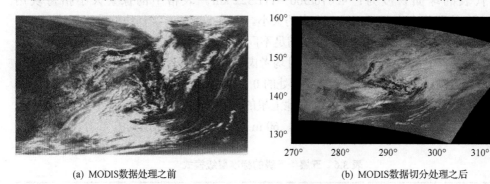

(a) MODIS数据处理之前　　　　　　　　　　(b) MODIS数据切分处理之后

图 3.10　处理前后的 MODIS 数据对比

4. 与地图投影关系

地图投影是把地球表面的任意点，利用一定数学法则，转换到地图平面上，保证空间信息在区域上的联系与完整。但转化的投影图像不能与地球表面完全相符，产生了投影变形，按照投影变形的性质，地图投影分为等角投影、等积投影和任意投影，按照地图格网分为平面投影、圆锥投影和圆柱投影。

墨卡托(Mercator)投影，又名等角正轴圆柱投影，保证了对象的形状不变形，"等角"保证了方向和相互位置的正确性，"圆柱"特性保证了南北(纬线)和东西(经线)都是平行直线，并且相互垂直。当前，Google Maps、Virtual Earth 等网络地理所使用的地图投影常被称作 Web Mercator 或 Spherical Mercator。它与常规墨卡托投影的主要区别就是把地球模拟为球体而非椭球体，这样便于计算，且精度理论上差别在 0.33%之内，特别是比例尺越大，地物更详细时，差别基本可以忽略。但是，"等角"不可避免地带来面积的巨大变形，特别是两极地区。接下来的内容也正是基于此设计了"五层十五级"栅格数据金字塔双地理经纬格网数据切分模型。

5. 一种双经纬网格模型

考虑到南北极及全球化地理信息应用需求越来越热，而"五层十五级"金字塔模型和大多数金字塔模型一样，切分模型基于 Web 墨卡托投影或经纬度等间隔直投在全球尺度下高纬度地区存在误差大、变形严重等问题，同时，不适用于高纬度地区的应用，特别是跨极点区域的矢量应用等问题。解决瓦片切分的全球化适用性问题是地理时空大数据组织研究不可避免的问题，因此在"五层十五级"栅格数据金字塔切分模型的基础上设计了一种双地理经纬格网数据切分组织模型。

双地理经纬格网数据切分组织模型主要通过建立一套空间单元映射规则和转换方法，实现不同纬度的数据和应用，其能根据需求进行区别化组织，能同时支持预制缓存的方式或在应用过程中实时变换的方式。模型的主要思想，如图 3.11 所示，在标准地理经纬网格基础上，以地理坐标(0.0)、(180，0)为东西极点构建了第二套经纬网，以标准经纬网和旋转经纬网组合成的双经纬网坐标系统作为模型的空间表达基础，提高高纬度地区空间位置的表达效率，同时对数据采用交叉墨卡托投影进行切分和存储，降低瓦片数据的变形系数。

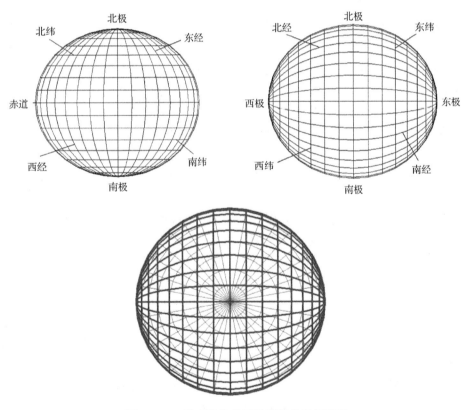

图 3.11　双地理经纬格网数据切分组织模型

双经纬网坐标系统是在原有东西经线、南北纬线的标准经纬格网下，又增加了一个经纬网格，以(0°E，0°N)为西极点(180°E，0°N)为东极点，构建了东西纬线、南北经线的经纬格网，如图 3.12 所示，因此对任意一个地理位置都可以用两套地理坐标来表达："标准经纬坐标"和"旋转经纬坐标"。

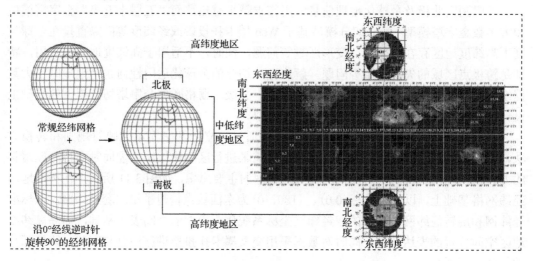

图 3.12　双经纬网交叉投影数据与 Web 墨卡托投影

双经纬网交叉投影是利用 Web 墨卡托投影和经纬度等间隔直投中线变形小的原理，将标准经纬网下的 Web 墨卡托投影(或经纬度等间隔直投)和旋转经纬网下的 Web 墨卡托投影(或经纬度等间隔直投)进行组合投影的一种方式，纬度的阈值选择可以根据需要进行动态变化。图 3.12 中以中国区域为主要研究对象，因此纬度阈值确定为 60°，如果为最大化降低栅格数据在全球尺度上的投影变形问题，还可以选择 45°作为阈值，即高于45°的南北纬度地区采用旋转经纬网投影图，在低于 45°的南北纬度地区采用标准经纬网投影图的一种组合投影方式。

虽然双经纬网交叉投影数据与 Web 墨卡托投影(或经纬度等间隔直投)数据看起来差别很大，但是其在计算机上的数值计算和可视化机制是基本相同的，并具有同样良好的计算效率和显示效率。在数值计算和换算方面，双经纬网坐标系统无论采用"标准经纬坐标"和"旋转经纬坐标"都是经纬度坐标系统与传统坐标并无差异。在数据可视化方面，目前拥有 GIS 数据的计算机二、三维可视化技术主要采用纹理映射方法(李增忠，2005)，首先将显示区各个像素的笛卡儿坐标换算成地理坐标，再根据地理坐标换算出数据位置，包括所在的瓦片数据及其在瓦片数据上对应的行列位置，最后将数据块中指定行列号的色彩值按一定的参数(如亮度、对比度、透明度等)拉伸变化后映射到显示区的像素上。因此，采用双经纬网交叉投影数据与 Web 墨卡托投影(或经纬度等间隔直投)数据并不存在明显的效率差别。

为了更加明显地对比，本书提出的五层十五级数据组织与 WorldWind 划分成十五级模式进行比较。经过传统的金字塔模型与本书的五层十五级影像数据组织模型进行对比发现(表 3.7)，在数据的精度保证上、分块影像大小方便计算应用上、与国家基本比例尺的对接程度及数据分辨率的分布合理性上，五层十五级的数据组织模型具有一定优势。

表 3.7 World Wind 切块模式与五层十五级切块模式对比表

WorldWind 分级切块/(°)	WorldWind 像元大小/m	WorldWind 与比例尺对应关系	五层十五级分级切块/(°)	五层十五级像元大小/m	五层十五级与比例尺对应关系
36	7827.328		50	5566.11	
18	3913.664		25	2783.05	
9	1956.832		10	1113.22	
4.5	978.416		5	556.61	
2.25	489.208		2.5	278.31	
1.125	244.604		1	111.32	1：1 000 000
0.5625	122.302		0.5	55.66	1：500 000
0.28125	61.151	1：1 000 000	0.25	27.83	1：200 000
0.140625	30.576	1：500 000	0.1	11.13	1：100 000
0.071313	15.288	1：250 000	0.05	5.57	1：50 000
0.035156	7.644	1：100 000	0.025	2.78	1：25 000
0.017578	3.822	1：50 000	0.01	1.11	1：10 000
0.008789	1.911		0.005	0.557	1：5 000
0.004395	0.955	1：10 000	0.002	0.222	1：2 000
0.002197	0.478	1：5 000	0.001	0.111	1：1 000
0.001099	0.239	1：2 000	0.0005	0.0557	1：500

从表 3.7 可以看出，在国家基本比例尺全覆盖情况下，五层十五级这种十进制与二进制混合的层级模型比以二进制为基准的 WorldWind 有更快的"下降"速度，在基本结构相同的情况下，五层十五级的导数系数为 ln100，则二进制导数系数为 ln64。同时，更加贴合我国的比例尺规则，而 WorldWind 切块模式对应的数字图像与常用比例尺不能很好地吻合在一起，需要更多的层级来覆盖基本比例尺。

6. 与信息强度关系

在一定观测对象条件下，遥感采样分辨率不同，信息量也是不同，其应用层次也是不同的。对同一地物目标的发现、识别、确认和理解具有不同的信息量要求，根据不同信息量选取不同空间采样分辨率分级模型，其中目标理解应用层次所需的信息量最高，所需信息强度最大。

五层十五级空间采样模型中不同的级别在一个层内的信息量关系是 1：4：16，而层间的信息量相差 100 倍。这种信息量的下降速度与基础比例尺信息量变化相一致，比二进制规则具有更快的升降度，可以有力支持基础比例尺的制作。同时，在每个层次间按照二进制方式进行信息强度的改变，方便对观测对象进行发现识别与确认所需信息量的计算。

7. 三维结构的"五层十五级"标准

针对地球地形变化应用和以地球为原点的三维坐标结构，可以构建三维的"五层十五级"结构与编码组织。三维空间尺度分级模型根据遥感数据的应用目的不同，将三维空间尺度划分成多个应用尺度级别，将各尺度级别附近的其他空间分辨率数据进行尺度归一化处理，从而提升各个应用分辨率尺度上的数据综合利用率。详细可参考第 6 章相关内容。

3.3.4　空间分辨率标准化分级的作用

1. 提供了遥感数据信息产品标准化理论方法

通过标准化分级，在地球经纬网格、图像空间分辨率、基础比例尺和信息强度间建立了联系，从而在开展不同类型应用中，可以通过这种联系，将应用关联到地球经纬网格、图像空间分辨率、基础比例尺上，为遥感应用的方式提供灵活性，同时，提供了一种编码方式，支持新型数据组织管理系统构建，可有力支持对不同应用的信息强度与信息量的分析，以特定的方式与形式开展分析研究。

2. 提供遥感数据评价途径，提升数据应用便捷性与使用率

信息强度标准化对于规范生活和市场行业、推动产品和技术的发展及走向国际市场有着不可估量的作用。标准化的原理与方法主要有简化、统一化、协调、优化，以及通用化、系列化、组合化(模块化)。通常所说的开展标准化，就是在人类社会活动中选择、运用这些原理和方法，以达到预定的目标。遥感数据信息产品标准化基于遥感数据产品类型及应用层次，综合考虑数据获取、传输、处理、分发、服务等产业化应用需求，根据数据产品分级分类规则和各类各级产品标准，以遥感数据信息产品品种、规格、质量、规模和时效性为核心，构建整个航天遥感系统，包括卫星系统、地面系统与应用系统。

3. 降低了处理与服务的复杂性

空间分辨率的标准化不仅可以从信息角度将多颗不同卫星的数据融合到一起，而且在处理上有其巨大优势。分布式大数据存储是目前大数据存储的主要解决途径，五层十五级遥感数据组织模型的切片化处理为遥感大数据的存储与服务提供了数据分布式组织条件，同时，五层十五级遥感数据组织模型采用了标准化数据结构进行组织，保留了遥感影像切片的元数据信息、波段信息、颜色映射信息、环境与卫星参数信息等，具备了独立生产处理的能力，为遥感大数据并发快速生产处理提供了必要条件。

支持多源异构遥感数据的协同应用与综合处理。五层十五级遥感数据组织模型通过建立统一的切分模型、层级化影像分辨率，以及标准化的数据结构，将不同来源、不同时空尺度的遥感数据进行一体化组织管理，屏蔽多源遥感数据空间尺度差异和数据结构差异，为遥感行业应用多影像多分辨率协同应用与综合处理的现实需求，提供了标准化数据组织基础。

按照五层十五级方式构建的分辨率体系，是一个十进制与二进制混合的空间分辨率与比例尺结构。五层十五级遥感数据组织模型采用了 5∶2.5∶1 的切分比例和 1 000×1 000 的分块大小，避免了传统影像四叉树金字塔在构建过程中出现精度丢失和计算过程中涉及复杂的浮点数问题,在整体划分保证数据梯度(影像的分辨率)大致均匀分布的前提下,将遥感影像数据的重采样分辨率与国家基本比例尺相统一,使遥感数据的应用能更方便地与行业既有数据相结合,同时又可使各级的切片数据在空间属性上对应到一个简单数上,且符合统一的换算公式,特别便捷于人为记忆与换算,并且每张切片数据基本都能满足目前主要显示屏(服务器、PC 机、手机等)的显示需求,可降低非感兴趣区域的多余计算处理压力。

3.4　遥感数据与空间信息关系的现状及其发展趋势

遥感数据给人们提供了具有时空属性的观测对象信息,这些信息因具有时空特性,将会在某种情况下与其他具有时空特性的信息相融合,将遥感数据空间属性与空间信息一般性特征联系到一起。

3.4.1　遥感数据标准现状

1. 遥感数据空间产品的标准化

标准是对一定范围内的重复性事物和概念所做的统一规定。它以科学、技术和实践经验的综合成果为基础,以获得最佳秩序、促进最佳社会效益为目的,经有关方面协商一致,由主管机构批准,以特定形式发布,作为共同遵守的准则和依据。遥感数据标准是随着遥感获取数据能力不断增强、遥感技术应用不断扩展,在数据传输、数据检索及应用系统的集成和互操作需求不断发展的基础上,以服务遥感过程为目标,对遥感数据及其产品的品种、规格、质量、规模、时效性等属性所做的统一规定,使得用户在使用数据时对数据属性的掌握更为容易,而不需要针对每一种不同的数据类型进行特殊的处理。

2. 国际遥感数据标准发展

目前,国际上对于遥感数据标准体系设计与制订非常重视,大规模生产和大规模销售,促使发达国家很早就重视并推进了遥感数据和产品标准化建设,已经具有了多年的积累和良好的研发基础,尤其是国际上已经形成了各具特色的遥感数据产品体系和业内规范,在组织管理方面建立了很多专门的机构和技术委员会,不断优化、完善现有的遥感数据产品标准与规范。

在以国际标准化组织地理信息技术委员会(ISO/TC211)、以开放地理空间信息联盟(Open Geospatial Consortium, OGC)为代表的国际论坛性地理信息标准化组织、CEN/TC287 等区域性地理信息标准化组织的积极参与下,空间信息在地理信息系统方面建立了完整的标准化体系(国际标准、地区标准、国家标准、地方标准、其他标准),研究和制定出了一系列国际通用或合作组织通用的标准或规范,如《ISO/TS 19101-2 地理信息参考模型:第 2 部分:影像》《ISO/TS 19130 地理信息影像、栅格数据的传感器与数据模型》《ISO/TS 19131 地理信息数据产品规范》《ISO/DIS 19144-1 地理信息分类系统第 1 部分：分类系统的结构》《ISO/RS 19124 地理信息影像与栅格数据构成》和《ISO 19115 地理信息元数据》等。

在遥感数据信息产品分类分级方面，各国（地区）数据提供商也根据卫星系列型号、载荷类型和应用需求制定了各具特色的产品体系。国外主要遥感数据对产品分级的标准化定义见表 3.2。

3. 国内遥感数据标准发展

我国遥感卫星技术在近几十年来有了长足发展，目前已形成了针对大气、海洋、陆表、地球物理场的卫星系列，提供全色、多光谱、高光谱、红外等多源卫星遥感数据。在遥感数据和应用标准方面，我国多个遥感数据采集和应用部门，成立了多个行业的遥感专业委员会、行业应用委员会和国家遥感中心等国家管理部门，一些行业或应用部门结合自身工作需要已经建立或者正在制订自己的行业产品体系和技术规范。国内主要遥感数据对产品分级的标准化定义见表 3.2。在经济全球化背景下，我国卫星遥感应用领域不断扩展，卫星对地观测数据产品和服务模式越来越多样化，近期国内出版了《国产遥感卫星数据产品与服务标准化研究》《国产遥感卫星数据产品实用作业规范与验证测试方法标准化研究》等专著；《遥感卫星原始数据记录与交换格式》获批为国家标准，推荐性国家标准《卫星对地观测数据产品分类分级规则》正式由国家质量监督检验检疫总局、国家标准化管理委员会发布，确定为国家标准（GB/T 32453—2015）。该标准以卫星传感器探测的目标特征和探测方式作为分类依据，以卫星对地观测数据产品加工处理水平作为分级依据，建立了统一的卫星对地观测数据产品分类分级体系。该体系适用于卫星对地观测数据产品生产、管理与服务中的产品分类分级，能够与目前国内外广泛应用的各类卫星数据产品分类分级方案建立映射关系。这些均是自主遥感卫星应用标准化研究方面取得的重要进展。

3.4.2 空间信息组织标准现状结构

空间信息数据是具有空间位置信息的数据，可以说绝大多数据都可以归为空间信息数据的范畴，与一般数据相比，空间信息数据的来源、种类、格式及其应用都要更多样性一些。空间信息组织标准的作用就是通过标准化解决这些多样性带来的互操作问题。空间信息组织标准通常包括空间信息数据结构和空间信息交互接口两类，前者主要为空间信息数据定义和格式等的相关标准，如 E00、Shapefile、GML、KML、GeoTiff、HDF、Coverage 等；后者主要为互操作接口规范，如 GeoAPI、ARML、WFS、WMS、WCS、WPS 等。空间大数据技术的兴起，使得可以支持空间大数据融合应用的全球离散格网系统（discrete global grid system, DGGS）越来越受重视，DGGS 作为一种全球空间信息基础框架，已成为空间信息组织标准化的下一步重点研究方向。目前，这些标准规范由全球各组织机构、企业为主导进行制定，其中最有影响力的是 OGC。

1. OGC 标准化组织

OGC 自称是一个非盈利的、国际化的、自愿协商的标准化组织，其主要目的就是制定与地理空间内容和服务、传感器网络、物联网、GIS 数据处理和数据共享等相关的标准。这些标准就是 OGC 的"产品"，而这些标准的用处就在于使不同厂商、不同产品之间可以通过统一的接口进行操作。

在 GIS 领域，OGC 已经是一个比较"官方"的标准化机构了，它起源于 1994 年，目前已有 500 多家成员单位，不但包括了 ESRI、Google、Oracle 等业界强势企业，同时还和 W3C、ISO、IEEE 等协会或组织结成合作伙伴关系。OGC 的标准虽然并不带有强制性，但是因为其背景和历史的原因，它所有制定的标准天然具有一定的权威性。所以，很多国内的部门或行业要进行空间信息的共享或发布时，多基于 OGC 标准。实际上，从 RESTful 服务规范的长期缺失、KML 的空降等可以看出，OGC 还有很多需要进一步研究的地方。OGC 已发布的标准可参见 http://www.opengeospatial.org/docs/is。

2. 全球离散格网系统 DGGS

全球离散格网系统采用特定方法将地球区域离散化，形成无缝无叠的多分辨率格网层次结构，以格网单元的地址编码代替传统地理坐标参与数据操作，是一种新型的空间数据组织、管理与应用模型。Goodchild 和 Yang（1992）提出全球地理信息系统数据结构为层次结构。Sahr 和 White（1998）提出了离散全球网格系统的概念，并阐述了经纬度间隔法和正多面体嵌入法的全球剖分方案。Dutton（2000）在 Goodchild 所提出的层次结构的思想上发展了全球层次坐标体系，通过正八面体的四分三角形逐级划分，最终形成全球多级网格。

2005 年，GeoFusion 模型采用混合式的划分方案对全球进行剖分，该方案结合了经纬度网格和三角形网格的优点，在全球数据的可视化方面具有一定优势，后来被 ESRI 公司集成到其三维可视化显示模块 ArcGlobe 中。

DGGS 主要关注于格网单元的几何形状和位置，它将地球球面用不同层次的均匀粒度格网进行划分，形成无缝无叠的多分辨率格网层次结构，并采用格网单元的地址编码代替传统地理坐标参与数据操作。

DGGS 与传统地理空间信息的本质区别在于它为地理空间信息提供了一种数字框架。传统的地理空间数据是模拟信号，指的是连续的在椭球基准面上的空间地理坐标。即使是卫星地球观测图像的离散像素，也可以参考这个连续的模拟地球模型。然而，这些像素不代表相同位置的不同观测的相同的空间覆盖。DGGS 提供了常规的离散时间间隔或单元分区，以便对位置信息（如信号值）进行采样。DGGS 是一个离散的"数字"地球模型。要在 DGGS 框架下运作，它必须将地球表面剖分成相同的网格单元。

现在已经有了很多种方法实现地球的剖分，但是每一种方法在面积和/或形状上都有不同程度的扭曲。将这些剖分方法进行归类，如图 3.13 所示。当前，全球只有两类网格实现了这个要求：一个是基于相等面积的多面体（如二十面体的斯奈德等面积 ISEA 投影），另一个是基于小圆边界细分的直接表面。

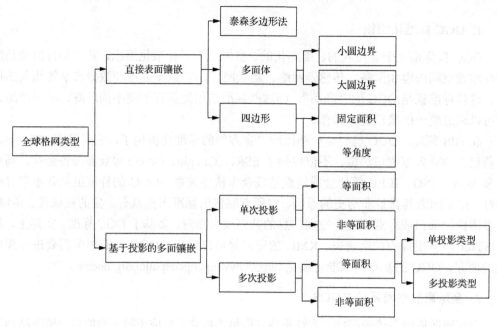

图 3.13　全球格网分类

3. OGC 与 DGGS 的关系

近 20 年来，全球离散格网系统的研究多集中在格网剖分模型构建、编码方案与空间索引等方面，并取得了长足进展。随着近些年空间大数据技术的兴起，DGGS 作为一种全球空间信息基础框架，成为了空间大数据的一种解决方案，DGGS 在空间数据组织、管理与应用模型方面越来越引起重视。通过利用 DGGS 层级结构构件，可以将数据集成、分解和聚合达到最优化，并在多源数据处理、存储、发现、传输、可视化、计算、分析和模型化方面进行优化开发，实现在统一全球空间信息组织框架下的空间大数据融合应用。

基于对 DGGS 应用前景的预期，以及越来越多 DGGS 的出现，OGC 在 2015 年发布了 OGC DGGS 框架标准(OGC Discrete Global Grid System (DGGS) Core Standard v1.0)。OGC DGGS 框架标准设计的初衷是通过一个统一的全球离散格网系统框架，提供一个能够实现将传统数据归档转换为支持分布式和/或高性能计算环境中的并行处理的标准数据结构，还能够实现将海量多源、多分辨率和多领域空间数据集综合集成应用的解决方案。OGCDGGS 框架标准主要给出了 OGC 对 DGGS 的定义描述，以及一套用以识别 DGGS 和促进开放互操作的标准，该标准定义了非常明确的 DGGS 数据模型的要素、框架操作方法及其接口参数，但仅是一个框架标准并非一个具体的 DGGS。

3.4.3　遥感数据工程标准化发展趋势

1. 遥感数据与 OGC DGGS 的融合趋势

21 世纪以来，遥感技术发展迅速，遥感数据空间分辨率、时间分辨率、光谱分辨率和辐射分辨率越来越高，数据类型越来越丰富，数据量也越来越大，遥感数据自身已经具有了明显的大数据特征。伴随着遥感技术的成熟和遥感工业化水平的提升，遥感信息已经逐步走出实验室，从科研走向了工程化应用，遥感数据作为空间信息的一种，已成为了空间信息应用领域最重要的信息来源之一。同时，随着空间大数据技术的兴起和智能化时代的到来，遥感数据的应用越来越多元化，遥感数据与非遥感时空信息的综合应用越来越多，同时与卫星应用领域的定位、导航、授时、遥感和通信服务结合得越来越紧密，空间大数据的智能化挖掘也研究得越来越深入。因此，遥感数据与非遥感空间数据的融合是必然趋势，也是遥感领域大数据技术发展的需要。

在这种趋势背景下，遥感数据标准化的发展将逐渐与空间信息标准化融为一体。传统遥感数据组织标准的研究主要强调遥感数据和产品标准化建设，通常表现为遥感数据产品体系、业内规范和数据格式，缺乏空间大数据组织融合及其工程化应用的相关标准。遥感大数据工程化必须要考虑遥感信息的品种、规格、质量、规模和时效性等特性。OGCDGGS 框架标准弥补了传统遥感数据标准体系中的不足，为遥感空间信息大数据的融合、处理和应用方面提供了有效的解决途径。

2. 五层十五级与 OGC DGGS 的融合

"五层十五级"标准体系是在遥感信息产品标准的集成上向信息工程化延伸的一种标准体系，是一种基于多分辨率尺度格网表示的全球空间参考框架，并集成了一系列方法接口，实现多源、异构、海量空间信息数据的规格化集成、分布式存储、并行计算、综合挖掘、多类型应用与高效网络服务等功能。

如果参照 OGC DGGS 定义去理解"五层十五级"遥感数据工程化模型，其是以遥感栅格数据为主体，针对遥感卫星数据体系、定量遥感处理需求、中国测绘制图需求和 GIS 应用特色，进行优化设计的一种 DGGS，但与其不同的是，"五层十五级"遥感数据工程化模型具有一套更完整的实体技术框架。为了最大化地挖掘遥感空间信息的特性潜力，它有自己的一套数据产品标准体系和基于此的一整套软件技术体系，包括多源异构数据规格化、分布式阵列数据库、并行信息产品生产和挖掘、信息集成与可视化、网络安全与服务、综合应用分析，以及移动终端应用等。

第4章　新型遥感器应用技术发展过程
与程度评价模型

新型遥感器指研制的新类型且尚未经过在轨实践检验的遥感器，其应用技术作为一组包括相应数据、技术、软硬件的集成体是如何变化发展的？实践证明，这是一个有关科学和技术被不断发现、理解、改进、提高与完善的积累过程，是在充分利用一定已有相关资源的条件下，体现人的智慧的技术实践过程。

本章通过分析新型遥感器应用技术发展规律，对新型遥感载荷应用技术发展状态与变化进行分阶段标准化设置，形成以信息产品集为核心的新型遥感器应用技术发展程度评价技术，并重点讨论卫星发射前新型遥感器应用技术研发特点，为卫星制造系统与发射服务系统、地面应用制造与服务系统能力的提升提供方向和评判依据。

4.1　新型遥感器应用技术成熟度概念

4.1.1　遥感应用技术发展规律与评价方式的认识

1. 技术发展规律分析

技术发展过程与其他人造事物发展过程一样，是从创意与问题开始，经过被发现、识别、确认、理解、应用与提升的一个长时间实践过程。这一过程体现了在人的组织下的技术科学、技术方法与技术实践等多个层次的综合集成。同时，由于其是服务于人与自然、人与人造事物、人与人关系的，人会不断地提出改进需求，认知水平也会不断提升，导致人所掌握的技术方法与资源会不断按照要求聚集与去除，所形成的技术体系会不断提升与完善。

构建技术体系的技术实践作为三大过程之一，不仅孕育于人造事物中，而且综合了相应的自然科学知识及人的作用，具备人造事物的各种特征并表现出其自身的独特性，如第1章所描述的人与自然特征的"二重性"、人的需求对应性、发展的目的性和方向性、形态的可塑造性和多样性、与人和自然的共生性和互动性，以及其历史阶段性等。同时，通过实践可以发现其在一定时间阶段和空间范围中有更加精细的结构表现，列举如下。

(1)成长性与多样性。技术总是在具体的需求、问题、创意作用下发展，经历发现、识别、理解、应用过程时表现出和生物生长相类似的成长特点。能否让人针对需求"多快好省"地处理问题，提高环境适应能力，达到令人满意是衡量技术成长的标准。处在同一时空域的技术虽然采用了相同或相似的科学原理，但在相同或相似的环境下，也会有优劣之分。以音视频记录介质磁带为例，同一时期在市场上出现了华录、SONY、TDK

等多个品牌。

（2）历史阶段性与突变性。技术成长中蕴含有革新性变化的同时，也会有突变式的革命性变异表现。在更大的时空域，由于人对知识掌握的增加，基于新的原理、新的不同技术组合成为可能，从而形成了技术发展层次性，存在质上的不同，是一种代差。还以音视频记录介质磁带为例，从磁带、VCD、DVD、U盘到云网络，存储形式表现出变异性进化发展。

（3）资源聚合与迁徙性。所有技术都来源并服务于需求，功能要有价值与"市场"，符合利益相关方的要求，基于人的认知和此前已经存在的技术基础，受自然条件、人的活动约束，随环境和条件迁徙。人自身发展程度及社会经济状态对技术进步有举足轻重的影响，技术和经济紧密相连，技术发展需要市场，通过市场调节，表现为强烈的竞争性、创新性和环境适应性。以音频视频记录为例，以市场为平台，从华录磁带到阿里云，"技竞天择，适者生存"。

无论是已有技术还是一个创新性新技术，其发展均表现出通过改进、完善不断成长的循序渐进、螺旋上升的规律。在这个过程中，通过不断从软硬环境中聚集资源，体现出创新，使得技术更加有序，与需求在各方面形成镜像般的对应，从而在应用中可以获得更加突出的优势，在对需求响应和市场上具有更大的成功率。

人在一定的时间段和环境中的人造事物状态是有一定范围的，技术的时空域可以认为是人在一定认知和需求情况下，从知识到技术再到应用的转化过程，最终表征为对已有人造事物的选择性聚集、有序性集成及对需求响应的效果。这些指标可以分析技术所处的状态，支撑对技术发展未来变化的预测与分析，是一种衡量技术发展程度与水平的标尺。

2. 航天遥感应用技术发展特征分析

航天遥感应用技术是有关航天遥感器技术的应用技术，即在遥感器技术基础上，发展出来的对应用需求进行响应的技术。这两种技术相互关联，均属于航天遥感技术，可以理解为"隔空探物"并"一叶知秋"的技术。其发展也由此拓展为相互螺旋推进的两个方向：①信息获取新型遥感器技术。从对自然的认知出发，基于工业能力和先进技术手段，将电磁场承载的采集到的地表信息（即"探物"）全面、准确、精细地转变到数据上。②信息复原应用技术。利用载荷技术获取到的时、空、谱等维度的电磁波片段信息数据，结合人类知识和智慧复现客观世界，进而认知自然现象和规律（即"知秋"）。

新型航天遥感技术源于人类对地球物质相互作用现象和规律认知、需要及问题，是人认识与改造世界的能动作用的表现。同时，人对遥感探测工具和数据分析手段的创造、改进和创新一旦发挥作用，也会加深人对地球规律的认知。其技术发展经历一个从认知到想法、从概念到具体、从不成熟到成熟的逐级演化的过程，同时，也是一个优选过程，从一开始由众多新奇想法或设计中选取一些与应用需求相关的技术进行试验、验证、改进，直到形成最终的应用。在此过程中众多不稳健、不可靠、不成熟、不经济的技术会被改进、搁置甚至淘汰。

新型航天遥感技术的发展也是一个资源聚集与形成共识的过程，对其评价是主客观两方面因素的综合。一方面是客观上产品生产所采用的方法体系及产品应用的适用性，另一方面是主观上人的满意程度，只有令人满意，才能对高质量的载荷及数据、成熟的信息产品生产技术加以肯定，价值得以实现并形成可持续发展格局，这时才能说明卫星应用水平高，同时可促进我国遥感卫星的创新研制能力。

3. 技术成熟度概念

对一定时空条件下的技术发现、成长、发展与演化状态的评价，首要标志性特征是分类，将状态根据特征变化分为几个类别，相互之间在程度上、量上、形态上等有区别和联系，构成系统性的本体概念，即成熟度概念。

一般工程过程研究中会遇到技术成熟度、载荷技术成熟度、产品成熟度、制造成熟度、企业成熟度、市场成熟度等多个概念，这些概念均是围绕两次技术突变之间的技术平稳、连续发展状态与变化进行描述的，在此对其中相关部分进行梳理。

1）技术成熟度（technology readiness levels, TRL）

技术发展规律很早就被人所认识，现各国所采用的 TRL 又可译作技术准备度，起源最早可追溯到 1969 年美国国家航空航天局（NASA）提出的开发技术成熟等级评估工具，用于评判单项技术或技术系统在研发过程所达到的一般性可用程度（https://www.nasa.gov/pdf/458490main_TRL_Definitions.pdf）。1995 年 NASA 发布了第一份综合性文档《TRL 白皮书》（Mankins，1995），将 TRL 定为 9 级，用于评估正处于演进过程中的技术状况，以评判其在系统或子系统中应用的可能性，其涵盖了现代科学范式下基础研究阶段的技术概念或应用方案形成、仿真实验室研究阶段的原型验证、技术发展中各种环境下系统验证与认证，以及一定条件下的实证等各个环节。随着 TRL 的提高，从"研究为主"转移到"开发为主"。从科研管理角度，TRL 体系分为基础技术研究、可行性证明、技术研发、技术演示、系统测试和运行等阶段。从技术角度，TRL 体系分为基础研究、原理样机、系统演示、定型实验等阶段。

TRL 源于 NASA，其定义通常带有较强的航空、航天和国防装备领域技术过程的特点。同时，NASA 现行 TRL 标准未能系统考虑技术实践中的经济性、创新性、社会性、竞争性，仅局限在技术度量一个维度上，无法给出与技术有关的完整过程。鉴于此，有人曾经提到过多达 16 种不同的技术成熟，从多个维度来度量，如中国空间技术研究院编制了院级标准《航天器单机产品成熟度定级规定》。

本书中所指的 TRL 概念是根据人与自然、人与人造事物的关系，特别是人与人的关系三个层次的需要"应用而生"，从人对人造事物状态与发展的分析、评价与管理角度进行模型化构建，用来对人造事物工具研发类型的技术实践过程进行研究，是一个成熟度集的概念。

如前面章节所介绍，技术实践作为一个综合过程，涉及技术科学、技术方法与技术实践。在现代科学范式下要经历需求与问题提出、概念构建与原理证明、实验室演示、应用环境验证、应用实践证明等阶段。这期间，从人造事物是人的需求的反映角度考虑的价值与需求问题一直伴随技术发展全过程。针对的研究对象信息特征与用途是什么？设想的技术目标是什么？如何技术实现？实现的技术目标是像初始设想的那样满足应用了吗？等等。同时，技术均有其生命周期与作用时空域，具有自身生命循环和经济寿命，在演进中会被发展壮大或被淘汰。这就需要从进化、产品生命周期及创新理论来分析技术状态与变化,通过"技竞天择"的考验。

TRL 据此被定义为技术实践的成熟程度,需要考虑的内容包括关注对象特征、人的创意、技术目标设定、技术目标实现、技术目标实现条件、技术实践、人的评价等多个部分。TRL 在航天遥感技术领域则相对应为航天遥感 TRL,是一个多种要素成熟度集合的概念,包括遥感器研发成熟度、制造成熟度、产品成熟度、应用技术成熟度等多个有关概念。

2) 硬件技术成熟度(hardware technology readiness levels, HTRL)

具体针对遥感器工程技术演化的状态评价在本书则采用新型遥感器的 HTRL 单词来描述。从技术角度看,HTRL 的定义是对 NASA 的 TRL 的直接继承。HTRL 起步于基本技术原理发现,即发现或明确了支持新技术研发和应用的基本原理,演化到实际系统完成任务共 9 级。按照 NASA 评估体系,HTRL 各级特征描述如下。

HTRL1:纯粹的科学研究或是刚开始转向应用研究,可能不提出具体技术问题。其一般限于对技术基本性质的理论研究,如新一代武器应有什么新特征?

HTRL2:基于已发现的基本原理确定或发明出实际应用,可能是没有实验证明的理论或推测性假设,如高温超导材料或可以用于望远镜传感器。

HTRL3:将技术置于应用背景中,从物理机理上验证各独立技术要素的理论预测,或者得到一些尚未集成的或只表现出有限性能的部件。

HTRL4:集成基本技术部件构成联合工作组件或子系统,验证概念设计的性能,但可信度较低。组件可能是实验室中集成的硬件,也可能是实验室中的软件构成的系统。为项目立项而进行的演示系统,一般要达到这一级别。

HTRL5:试验模型技术可信度明显增大。基本技术组件与已有支持组件合理地集成,还可能包含一项或多项新技术,在模拟或某种程度上真实的环境下验证。

HTRL6:有代表性的模型或原型系统在高可信度的实验室或模拟性使用环境下完成测试和演示。演示验证可能是未来的一种实际系统,也可能是采用同样技术的类似应用。达到 HTRL6 意味着技术研发已经能够有效地规避风险。

HTRL7:应用原型已接近或达到预期应用系统的性能。一般情况下,为了确保系统工程和开发管理的可信度,风险较高的关键技术或子系统还会被要求达到 HTRL7,但不是所有子系统中的各项技术都要求达到此级别。

HTRL8:证明了技术能在预期环境中以最终形式工作。这标志着"基本型"或第一代产品已经完成,在绝大多数情况下,这意味着实际系统开发的结束。

HTRL9:技术以其最终形式在任务条件下得到实际应用。在绝大多数情况下,HTRL9 是实际系统研制中最后一次"故障修复",不排除集成新技术到现有系统的可能性,但不会再有任何的系统扩展或升级。

概括地讲,HTRL1~HTRL3 级对应于基础概念层面的技术开发,构建技术的本体概念。在这个阶段,HTRL1 代表技术基础研究;HTRL3 是一个理念上的里程碑,技术的关键功能和特征需要得到理论上或部分试验上的初步证明,具有了可行性;HTRL4 和

HTRL5 级完成了从实验室到"真实世界"实验验证的跨越，具有了一定的可信性，是进入工程前预研发的里程碑；从 HTRL6 往上，原型或模型的试验验证将越来越接近 HTRL8 的生产级别；达到 HTRL 9 则意味着其可持续发展的状态。

3）载荷制造成熟度（manufacturing readiness levels, MRL）

除了技术条件外，制造能力等条件保障也是制约复杂航天新型遥感器产品成功与否的关键要素。对航天制造能力认知和管控的不足，将会导致项目采办过程中出现性能下降、成本飙升、进度拖延等问题。NASA 对众多航天系统、分系统、模块、单件等的失败原因进行了统计分析，发现生产/制造及对生产/制造的实验验证是仅次于设计的第二大要素。因此，并行于 HTRL，在航天项目管理过程中，通过构建 MRL 评价体系实现对制造能力及风险的把控。

MRL 与 HTRL 在技术可用性评估中的作用类似，都是在给定技术、组件或系统条件下，对产品制造、生产等的能力、技术堪用状态或成熟水平进行评估的一套度量系统。它量化反映了制造能力对于项目目标的满足程度，其目的在于识别、降低产品制造风险和成本。MRL 主要强调产品生产规范化程度及批量生产能力两个方面，用来评价企业、行业制造能力等。生产规范化程度是指产品关键生产环节的识别及控制的规范化程度，批量生产能力则指产品生产规模、连续稳定生产能力及其经济性。

MRL 和 HTRL 都是复杂任务管理活动中的一种研发、生产阶段度量系统。技术成熟度评估是如何定义关键技术要素、评价 TRL 等级、记录结果等工作的推荐程序的。MRL 评估是编制 MRL 线程、应用鲁棒性准则、评价 MRL 等级、记录结果及减轻损失等的推荐程序。在航天任务中采用 HTRL 和 MRL 的共同目的在于为复杂多样的项目要素评价提供一个通用标准，以论证技术和制造的成熟度，并预估系统研发过程中可能存在的风险，进而确保整个项目的成功。

4）产品成熟度（product readiness levels, PRL）

中国空间技术研究院编制的院级标准《航天器单机产品成熟度定级规定》中构建了 PRL 等级模型是对产品在研制、生产及使用环节等全生命周期所有技术要素的合理性、完备性以及在一定功能、性能水平下质量稳定性的一种度量。PRL 研究的重点是产品成熟的本质特征和内在规律，其目的是针对小子样、高可靠、高质量等特点，为航天产品快速成熟提供有效途径和方法。

产品是设计出来的，制造出来的，也是管理出来的。PRL 研究运用系统工程的原理和方法，综合考虑产品的设计过程、生产制造过程及使用过程，将影响成熟的核心要素识别出来，并在产品实现和使用的全过程中加以控制。从产品开发过程分析：①产品技术状态是衡量产品成熟程度的一条主线，即产品成熟度的提升本质上就是产品技术状态细化、量化及受控水平的提升，经过产品原理样机和工程样机设计、生产和验证后，在满足使用要求的前提下确定的产品技术状态成为产品基线。因此，产品基线是决定产品成熟度的重要因素之一。②如何科学地确定产品基线，也就是找出对产品的功能、性能和质量有决定性作用的各种参数，在此，我们称为关键特性，从航天产品一般由专业人员使用这一特殊性出发，可以在一定程度上缩小关键特性的范围，即将产品误操作等情况忽略，而只考虑产品的内部关键特性，即设计、制造和产品实现全过程质量控制 3 类关键特性。因此，产品成熟度提升的本质是对设计关键特性、制造关键特性和过程控制关键特性细化、量化和受控水平的提升。③针对航天产品小子样研制这一特殊性，加速产品由不成熟到成熟这一过程的重要手段是将产品状态及其关键特性等重要数据完整记录并充分挖掘，从中找出产品成熟的内在规律，而产品数据包则是产品成熟度提升的重要工具。④为有效地引导产品成熟度提升，需要制定一个合理可行的技术流程，明确产品成熟度快速提升的途径和方法，即建立产品成熟度快速提升模型。⑤应紧密结合航天型号的研制程序，制定产品成熟度模型及成熟度提升管理程序。

PRL 是在产品开发过程的不同阶段，依据产品设计、工艺和过程控制三要素的完备程度，以产品数据包为度量载体进行综合度量的。这种度量方式既包含技术内容，也涵盖了管理的要素。单纯使用数学模型难以实现综合度量的要求，而使用定性方法又不能达到量化度量的要求。

参考国外 TRL 和 MRL 评价方法的成功经验，航天 PRL 采用基于统一等级标准的分级评定方法进行度量，即根据 PRL 理论和产品发展规律，事先给出产品全生命周期的 TRL 等级和划分评价准则，并在工程中依据产品实际情况判断其与 PRL 等级和评价准则的符合程度，最终确定产品所达到的成熟度等级。这种方式既解决了技术和管理要素综合度量的问题，也满足了量化度量的应用需求，是目前最为有效、可行的工程实施方法。

5) 应用技术成熟度(application technology readiness levels, ATRL)

ATRL 是用来衡量应用技术状态与变化程度的 TRL，其对预期目标的理解是建立在需求提出到满足基础上的，包括了需求、价值与创意、目标设计、技术的研发，以及对需求满足程度的评价，整个应用过程是从设想到现实，再回到人的判断的信息流完整环路。

ATRL 是人们在大量科研和工程实践基础上，从过程的角度对应用技术成熟规律的一种认识，航天遥感应用技术的不断发展、演变过程可通过 ATRL 加以描述。一方面，描述对需求的发现到满足的理解过程，以及形成相应的人造事物过程，积累并落实到软工具与硬工具上，如形成载荷设计指标及目标应用参数，从应用角度评价载荷的性能，对载荷的需求满足度和适用性进行判定，加深认识与理解，以明确载荷应用类型，为相关业务的设计和应用效能的发挥指明方向。另一方面，开展应用技术状态与变化的客观评价，将对需求的发现到满足的全过程放在客观实际环境中进行最终的评价。

一般地，新型遥感器 ATRL 针对的研究对象包括需求与创意、信息和数据，涵盖了所涉及的新型遥感器及数据处理与应用技术成长的全过程，也包括对创意与设想、可用性及市场接受程度的评价，是一个对航天遥感 IDSH 整体发展状态的综合评价。其中，关系到新型遥感器系硬件构建的 HTRL、MRL 和 PRL，也关系到标示处理系统研发中软件系统的成熟度，可定义为软件成熟度(software TRL, STRL)，一般采用能力成熟度模型 CMM(capability maturity model for software)评价，在后面章节里将有所描述。

本书 ATRL 特指从基于需求与想法的技术发现开始，到应用效果与综合评价全过程中的软工具部分，不包含新型遥感器设计、制造与运行，有关这部分的状态评价不作更多描述。

4.1.2　ATRL 作用与意义

新型遥感器应用技术旨在解决载荷应用技术发展中的系统化、标准化、有序化问题，针对新型卫星载荷的应用，从创意出发，通过原理研究、技术可行性、应用可行性理论探讨，形成概念，到不同规模的实验验证，防范风险、"多快好省"地将应用技术推向成熟过程。

1. 科学认识和把握技术发展过程

任何一项技术都必然有一个发展成熟的过程。从理论上来说，技术成熟和发展都要遵循相似的规律，如循序渐进，螺旋上升。新型遥感器应用技术论证是根据人的需求，从感性到理性，按照科学、技术、工程、应用、效果等角度实践开展载荷应用技术成熟化流程的过程。这一过程中，载荷应用技术经历发现、理解、改进、完善等阶段，历经理论分析与模拟、实验室测试、外场试验、航空和航天校验、产品质量分析、需求满足度、应用效能效益评估分析等一系列技术过程。同时，通过不断解决关键技术并累积成果，提升对需求与问题的认识。通过评价与预测，给出正确的研究方向，同时也给出满足需求、解决问题的答案与解决方案，最终促进能满足应用的遥感探测技术形成，并实现新型遥感器应用。制定工程各研制阶段的技术成熟度是对技术成熟规律认识的一种总结。

2. 标准化卫星应用技术研发工程

用 ATRL 级别评价并划分制定工程各研制阶段，合理地制定工程各项关键技术宏观层面的长期发展规划和微观层面的短期科研计划都至关重要。开展基于 ATRL 的关键技术攻关策划可以帮助设计师队伍，按照技术成熟规律，梳理从当前 ATRL 级别发展到目标 ATRL 级别，跨越 ATRL 各等级的技术攻关工作任务和要求，通过事前梳理和策划技术攻关工作，科学辨识和应对技术风险，依据关键技术攻关策划，建立各项关键技术的关键节点考核确认计划，在事后进行技术成熟度评价时，一方面可以跟踪工作落实情况。另一方面对发现的问题及时进行动态调整，提高技术管理的精细化程度，及时发现和规避技术风险。

认知阶段，需求与问题转换、目标设定、风险识别。新型遥感器应用技术成熟度是针对新型遥感卫星载荷应用技术设立的成熟与不成熟的评价等级。遥感应用技术能否应用于航天遥感，主要取决于其技术等级，如果达不到应用要求，该技术需要进一步研究，提升其等级，直到满足应用需求为止。

设计阶段，系统设计、有序安排。新型遥感器应用技术成熟度的研究有利于节约卫星研制成本，提高卫星研制水平，优化卫星地面基础设施，推动遥感应用，减少重复建设，为我国民用航天规划及空间基础设施建设奠定强有力的支持。

制造阶段，状态评价，确保"多快好省"。系统地开展新型遥感器应用技术水平评价，保证质量提升，从而更贴近观测目标变化的实际情况。

应用阶段，实现对创意与技术积累的充分检验。通过应用实现整个技术系统的价值，是对这一技术过程的最终检验。

3. 合理安排卫星规划

推进新型遥感器 HTRL 与 ATRL 等 TRL 各组成要素的同步提升，实现卫星载荷技术与应用技术的双成熟，生产与应用的双成熟，可在最短时间将上天后的卫星转入实际应用，降低卫星的技术风险与应用风险，提升卫星的有用性、时间有效性、竞争力等。

同时，我国的遥感卫星分为技术试验星、科研星、业务星 3 种类型，这些卫星的需求是不同的。技术试验星是用于卫星工程技术和空间应用技术的原理性或工程性试验的人造地球卫星。航天技术中的新原理、新技术、新方案、新仪器和新材料往往需要这类卫星进行空间飞行试验，成功后才能投入实际应用。技术试验星数量较少，但试验内容广泛，如重力梯度稳定试验、电火箭试验、生物对空间环境的适应性试验等。科研星是用于载荷技术和载荷应用技术试验的人造地球卫星。通过技术试验后的新技术、新原理、新方案、新材料等可以直接应用到科研星上，同时科研星具备一定的业务化能力。科研星的数量较多，观测内容比较明确，如观测大气、海洋、陆地等。科研星是载荷技术和载荷应用技术成熟度提升的主要实现手段。

载荷应用技术的提升要经历技术学习和技术成熟度考核，不同阶段，技术学习内容不同，当技术成熟度通过考核后，即进入下一个成熟度的学习过程，以此类推，完成技术的不断提升。载荷应用技术成熟度的高低直接决定着哪些载荷应用技术在试验星、科研星、业务星上使用，这就需要用技术遴选方法来选择分类。

4. 合理布局科研活动

航天遥感技术作为一个综合专业技术根植于社会资源中，有效整合社会资源是卫星应用水平的关键。我国航天遥感是从跟踪国外先进水平开始起步的，经过较长时间的发展，现处在从科学实验型向业务服务型转型的关键阶段，其在部分领域有所突破，进入国际先进行列。在这一时期，如何面向我国社会经济发展的应用需求，按照自身发展规律与途径，在没有参考的情况下实现创新突破，提升服务能力是我国应用技术亟须解决的问题。

通过对观测对象认知的总结，可以指导合理的科研活动布局，提升对科学问题的认识和把握能力。国家自然科学基金支持基础研究，973 计划是解决国家战略需求中的重大科学问题，863 计划等高技术项目旨在解决自主创新问题，民用航天预先研究重在解决新型遥感器研发与数据处理技术等关键问题。应用产品的生产技术成熟问题，包含了自然科学基金、973、863、民用航天预先研究等项目中的研究内容，知识共享、成果传递是开展科技创新、提升应用技术水平的关键。

4.1.3　ATRL 研究内容

对需求与需求响应过程中需求与新技术的认知、提升、判断是 ATRL 的主要研究内容。

1. 新型遥感器 ATRL 模型构建

新型遥感器应用技术的出发点是对观测对象的认知及需求，其包括了对观测对象信息的内容、形式与作用的了解。而从概念孵化到应用服务的过程经历了建立在科学研究基础上的认知、技术工程、应用 3 个过程，涵盖了以下内容。

(1)新的观测对象信息。依赖地球科学与物理学的发展，源自对观测对象的认知，通过创意、灵感，提出某种可能"有用"的想法，进一步分析其"有没有用"产生需求与价值。

(2)新的遥感信息手段。依赖对观测原理和新技术的掌握程度，源自实验方法及工具技术的创新，依赖于工艺水平和集成组装制造能力，分析拿过来"用"的可行性和价值性。这里有件轶事，19 世纪初，英国科学家法拉第在 1831 年年底发明了最原始的发电机。当时曾有人不解地问这个发明有什么用。法拉第自信地笑着回答：我现在还不知道，但有一天你将从它们身上抽税的。

(3)新的处理技术。依赖现代数理与计算科学的发展，源自于利用不同维度采样数据复现地表现象及规律的需求，确定技术方案的可信性。

(4)新的应用方式。源于应用实践中多信息融合、多种相关技术方式及服务模式间的竞争、应用目标的实现等，检验需求设计，满足应用需求，实现其价值，服务相关方利益诉求。

这些"新"可能以单独的方式出现，也可能以多个组合的方式出现。新型遥感器 ATRL 模型就是对这些"新"所处状态的评价。而在对这些状态的评价中，要能够具体描述技术在不同阶段所处的状态，就需要构建可定性判断技术所处的 ATRL 度量标准，每个等级要体现一个 ATRL 级上技术所表现的特征，并在该等级技术成熟状态后为后续等级的技术成熟化提供基础，技术成熟度等级的提高是一个循序渐进的过程，有关新型遥感器应用技术成熟度的标准化等级是 ATRL 模型构建的核心。

2. 提升 ATRL 方法研究

科学认知、技术发展、工程实现、应用实践等方面的研究不尽相同，因此提升各部分的方法也不尽相同。ATRL 模型的每个等级都是技术达到该成熟度级别而实现的一系列关键活动、行为描述的总和，也就是标志技术是否达到相应成熟度水平的关键状态。对 ATRL 模型各个成熟度等级的设计原则就是首先要确定该成熟度等级所要解决的技术"主要矛盾"是什么，即通常我们所要攻关的关键技术，识别各阶段的关键技术，实施有区别的管理关键技术关系到工程的成败，因此关键技术的管理是重中之重。关键技术管理首先是要对关键技术进行识别，采用 ATRL 评价办法，从技术重要性和技术困难度两方面综合评价一项技术的关键程度，按照标准化卫星应用技术研发工程布设技术方案。

3. 判据与评价指标研究

预期目标的确定、目标的实现过程、人对设定目标及其实现的最终看法 3 个方面是技术发展过程中的主要内容。根据 ATRL 可以形成科学全面的载荷应用评价指标，按照研制阶段设置评价指标，量化状态指标，作为开展重大关键技术项目节点考核与评估的判据，科学辨识和应对技术风险依据关键技术攻关策划，建立各项关键技术的关键节点考核确认计划，进行技术成熟度评价时，一方面可以跟踪工作落实情况；另一方面对发现的问题及时进行动态调整，提高技术管理的精细化程度，及时发现和规避技术风险。

ATRL 为遥感卫星应用产品服务质量评价及服务传递过程中所存在的问题，并且在后续的评价过程中提供评价标准及修正指导。卫星评价指标是建立在对设想的评价、对产品的评价、对效果的评价基础上的，这些指标是航天遥感应用需求的具体表现形式，既是对需求满足程度的评价，也是对技术实现程度的评价，ATRL 是进一步开展卫星后评价及卫星效能效益评估的前提。ATRL 有赖于市场与企业的成熟度。

4. 基于 ATRL 的应用研究

(1)基于 ATRL 的标准化研发程序。标准化研发流程对研发进展实行细分等级制，有利于管理者加强进度管理、防范新技术"不可行""不可靠"的风险，并且通过标准化有利于不同技术之间进行交流和比较，促进技术之间的相互衔接和协同攻关，可改进生产过程、产品和服务的适用性。建立标准化研发程序是通过对用户需求的分析，建立标准化的应用系统工程过程，按照 SDIKWa 的信息流过程构建 IDSH，通过标准化的程序对用户需求进行匹配，为用户解决问题提供一个快速反应的、动态的环境，建立起想法与科学、技术、工程、应用多层级间的联系，形成从发现、探索/论证、开发、验证及技术集成的链路，在认知、设计、制造和应用阶段使得执行者能够洞察所有重要问题、得到恰当的信息，既可规范指导新技术的研发过程，又可为管理者提供决策依据。

(2)基于 ATRL 的卫星遴选制度。基于遥感应用技术成熟度可以衡量卫星及载荷指标能否满足项目预期目标的程度，包括了该项技术对特定需求的满足程度、技术跨度、技术难度(风险)、技术可获得性及技术成本等多种因素，综合考虑多种因素，建立遴选原则，提出卫星及载荷技术或载荷应用技术遴选和评价的组织方法，以更有效地支撑航天遥感技术发展规划的组织和实施。

(3)基于 ATRL 的基础保障能力体系建设。ATRL 是一种集成的有效的技术管理工具，在对认识、技术实现到应用需求满足评估的过程中，需要具备支撑航天遥感系统运行和应用的一系列软硬件环境，这些是影响技术成熟度的重要因素之一，本书描述的基础保障能力体系包括总体论证系统、技术工具系统、地面系统制造系统、应用系统制造系统、验证场网系统、数据中心系统及共享网络平台等，它们都是技术本身的不同表现形态。

根据成熟度的等级可明确技术的成熟程度，把握当前技术的研发阶段，为系统开发过程中设计、技术、工具、产品等各阶段决策提供依据。

4.2　新型遥感器 ARTL 模型构建

开展新型遥感器应用技术研究涉及两个方面的内容：一方面是人与自然、人造事物，特别是与人的关系，要对应用所涉及的观测对象、技术、应用目的与价值有所认识与把握；另一方面是技术体系内部各要素间的关系。

4.2.1　面向满意度的应用技术发展阶段分析

1. 新型遥感器应用技术的关注因素

如同第 1 章有关技术过程的描述，技术是一个认识、设计、制造、应用的过程，其中按照现代科学范式，是一个问题发现、识别、理解、解决的过程。认知是技术的前提，技术可有效提升人利用世界的能力，"用"是技术发展的首要问题。同时，其对观测对象的了解、相应的技术科学与方法的发展同样发挥重要作用。这些因素经过卫星载荷几十年发展验证，可以概括为对 IDSH 的关注。

(1)信息。遥感信息获取是人构建航天遥感系统的目的，所获得信息对人认识与改造世界的作用及价值是首先碰到的判断。在此前提下，载荷应用技术从概念到应用的孵化，经历科学，技术，工程，应用的过程，载荷应用技术随着新的采样对象、新的采样手段、新的认知手段的发展，构成 SDIKWa 链并逐渐由不成熟走向成熟。其后，科学活动过渡到技术活动，最后过渡到应用活动。如何获得这种遥感信息及有用性与有益性等问题一直贯穿航天遥感系统的整个生命周期。

(2)数据与软硬件设施。数据作为遥感信息的承载体，软硬件作为数据的存在方式，贯穿了 SDIKWa 全过程。数据产品品种、规格、质量、规模、时效性 5 性反映了遥感信息的特点，并以其为纽带，完成遥感信息到观测对象信息的转化并服务应用。在此基础上，作为数据信息的有效承载，通过软硬件发展可将技术过程更多地体现在新型遥感器应用技术所需要的新型遥感器系统、新型通信系统及处理系统等。现阶段由单星单任务应用逐渐向多星多任务发展，逐步实现各类遥感应用，整体化、协同互补、同化融合，所形成的 IDSH 结构具有兼容性、稳定性、功能/性能、安全多个方面，并行于信息、数据及技术流，可有效分析价值流的形态与状态特点。

(3)过程与满意度。在基于 IDSH 的 SDIKWa 链运行的长期实践中形成有用、精度、可靠、可信、适用、体验、认可、满意等人的判断，进一步构建高效、"多快好省"的生产与应用过程，形成完整的、相互关联的信息链、技术链、物质链和价值链，并通过价值实现，形成一种可持续化发展。在这一过程中，人对需求设计及需求响应的状态做出基于实践的最终评价。

2. 新型遥感器应用技术阶段划分模型

按照应用技术发展规律和关注要素，ATRL 是关键技术满足需求程度的一种度量，遥感应用归根结底是遥感数据或信息产品的应用，信息产品的品质及可获取性是遥感应用技术赖以发展成熟的核心客观因素。为此，ATRL 分等定级以生产出用户需要的遥感信息产品(或服务)为核心，围绕其发展成熟，确定 ATRL 的评价体系，其遵循如下简单原则。

(1)人对需求的设计及所对应的遥感应用技术多大程度(水平、效率)对这种需求的满足。有效衔接人的最新认知并判断其"有用性"，面向需求的多种技术的综合。

(2)人对这种需求设计及其技术实现在科学、技术与应用上的最终认可，从而对整个实践过程有全面的判断，并进一步指导实践，使认知水平不断优化提高。

以上评价原则可以通过构建 3 个阶段的实践加以体现，即从"研究为主"转移到"开发为主"再到"应用为主"的过程。

(1)SDIKWa 信息链构建阶段。通过对信息链情况的分析，分析评价并确定需求的价值，明确信息的需求定义及指标，特别是信息的品种、规格、质量、规模与实效性。

(2)IDSH 构建阶段。这是一种实现人的设想的工程能力构建，建立在 SDIKWa 信息流基础上，形成相应的技术流、物质流及价值流。对数据信息产品、软硬件设备需求、目标设定及满足形成最终判断，构成从需求与问题出发到应用满意的过程。

(3)过程实践阶段。在 SDIKWa 和 IDSH 构建中，通过认知、改进、提升、判断等多个环节的实践，实现人对需求设计与技术实现的全面、长期判断，有效促进人认识、建设与利用新型技术，形成市场，促进可持续发展。

根据应用需求，建立新型遥感器应用技术论证模型，全面提升载荷应用技术的规划、分析和设计等能力，使得应用技术发展过程更加规范、高效和成熟，有效地改善原有工作流程，明显提高载荷研发的质量与效率。

4.2.2　ARTL 的标准化结构

按照技术阶段划分模型，为在一定范围内获得最佳秩序，对实际的或潜在的问题制定共同的和重复使用的规则的活动，称为标准化。标准化结构的 ARTL 为改进产品、过程和服务，以需求确定及其响应为目标，为集成相关资源获得最佳秩序提供依据。

1. 阶段划分方法

ARTL 模型是将载荷应用技术研发过程按人的认知与利用需要经历的发现与识别、分析与理解、工程化应用等环节确定，即需求及科学探索与发现下的有用信息确定、数据产品化实现与生产系统构建、测试验证与成熟的业务性应用等 3 个部分。按照划分模型，从认知、技术、应用角度考虑技术阶段进行提升，ATRL 共分为 3 个层次的 11 个等级成熟度。

1) ATRL 的 3 个层次设定

(1)数据信息产品定义阶段。其出发点是想法，开展问题分析与设想，需求设计、新机理的有用性判断，解决科学探索与发现有用信息的问题，形成对 SDIKWa 较完整的认识，成果表现为数据信息的产品化。通过了对信息与数据的本体概念的明确，实现了从定性到标准定量技术状态及规律的把握。

(2)数据信息产品实现阶段。解决技术实现的可信性问题，并通过软硬件系统建设与运行生产，形成对技术适用与认可度问题的回答，实现工程系统研制及并开展应用。

(3)数据信息产品服务及应用目标实现阶段。通过对从设想到应用整个实践过程的客观分析和评价，促进人的认知水平提升和科学技术的可持续发展。

2) 3 个阶段中的 11 个级别划分

(1)1~4 级强调认知，对需求、想法、机理与方法、信息要求与数据产品集的综合把握，初步证明人的认知与应用技术方向的正确性。

(2)5~7 强调技术工程研究与软硬件设施的构建，证明应用技术的工程可实现性，即技术手段的可信性与适用性。

(3)8~11 级及以上强调业务化及需求实现，完成适用性的判断及认可度的提升。通过证明应用技术的效能与效益，在需求设计与需求满足的一定满意度情况下，实现对整个过程的认可，并进一步发展，带给用户更多价值，达到某种程度的惊喜。

2. ATRL 各级别定义

应用技术成熟度模型是描述载荷应用技术按照一定的标准进行提升的过程。本书构建的 ATRL 模型按照等级描述法将技术成熟度描述成 11 个等级标准过程，定义如下（表 4.1）。

表 4.1　新型遥感器 ATRL 阶段划分

阶段	等级	阶段任务	阶段作用
1. 需求提出与技术认识	1	需求与想法的发现	发现与提出需求，明确适应需求的遥感机理并理论证明其有效
	2	需求与问题的定义，实现技术途径论证，需求明确，机理明确	识别需求，并基于基本原理，提出应用技术手段，形成完整信息流并提出相应的技术链路
	3	证明技术手段合理，有效响应需求。关键技术有效性检验，功能与需求响应仿真分析	确定需求，SDIKWa 构建，以及对这种需求的信息流技术合理有效
	4	完成原理演示系统，应用方案验证，无颠覆性问题，可以开展工程性研发	需求理解与确认，技术指标需求明确，精准度在一定范围内得到肯定，实现指标的方案明确可行，原理演示系统符合功能要求
2. 技术实现	5	载荷指标体系优化定型，完成产品集定义，关键技术模块集成，应用技术验证	载荷数据产品集技术指标确定，明确了产品品种、规格与质量，精准度在一定范围的可靠性得到验证
	6	完成业务原型系统开发，指标满足。载荷信息产品体系优化定型，载荷应用效能预测分析，支持卫星发射的决策。卫星上天前技术有了保障	可信系统。可生产的数据产品集满足应用指标，原型系统功能指标符合要求

续表

阶段	等级	阶段任务	阶段作用
2. 技术实现	7	业务系统指标满足。业务系统研发, 性能指标测试, 配套能力体系建设, 具有支持卫星发射后马上开展评价与试应用能力	IDSH 构建。卫星上天后经过定标、真实性检验等技术手段及一定时间段的核验, 小样本情况下产品品种、规格、质量、规模与实效性符合技术指标, 业务系统输出的数据产品集满足应用需求, 功能、性能指标符合考核要求, 配套环境完善, 服务目标明确的适用系统
3. 指标评价与长期评价	8	系统业务化运行, 产品质量过检。业务系统运行与维护, 实际环境业务系统指标测试, 产品试产与标验	综合认证。大样本情况下业务系统功能、性能指标符合实际运行要求, 信息产品品质符合设计要求, 业务运行实现了价值设计
	9	长期稳定业务化运行, 需求满足得到验证。系统稳定生产输出信息产品, 需求满足度评价, 业务部署, 载荷应用效能评价	认可系统。经过技术各级别认证, 业务系统运行稳定, 应用效能正常发挥, 价值链构建完成, 具有较好的用户体验
	10	产品级服务, 形成市场需求。信息产品分发/服务/市场开发, 系统产品推广, 需求深化与拓展	应用需求实证与满足。长期大量的实践证明, 形成了稳定的服务与市场。适销对路, 形成对需求、目标、目标实现的综合评价, 令人满意
	11	用户群稳定, 具有完善的产业链。产业链培育, 系统产品商业化生产, 新载荷、新技术培育	在产业竞争中, 有更多的发现与技术能力的提升, 实现可持续发展

成熟度 1(ATRL1)。需求发现。在了解观测对象信息特征的基础上, 提出信息作用与内容, 并对应到相关技术原理上。该阶段属于自然科学与技术科学、技术科学与技术科学相衔接融合的基础研究阶段, 主要在创意基础上进行探测机理、模型算法等研究工作。其技术状态通常表现为对技术基本特性的理论研究成果, 可用机理描述模型方式表现出来。其具体包括需求集成、明确应用指标、原理算法提出、应用技术可行性论证等。

成熟度 2(ATRL2)。需求识别, 明确技术概念及其应用过程设计。该阶段仍然主要做技术科学研究工作, 根据技术概念体现技术原理的应用过程, 其应用主要依据假设和实验以取得必要数据, 其技术状态表现为具有实验过程的理论研究。其包括通过实验室试验、需求验证等手段进行应用技术现实性认证。同时, 在这个阶段要开始按照切克兰德的软系统方法构建"丰富图", 从信息层面将人的因素作为问题加以考虑。

成熟度 3(ATRL3)。需求确认, 技术手段合理性证明。当技术成熟度达到 2 后, 构建 SDIKWa 信息链路, 通过解析和试验等方法验证载荷应用技术中的各项关键指标需求, 识别出关键技术, 开展地面与应用系统技术攻关, 证明技术手段的合理性, 其技术状态表现为仿真验证。

成熟度 4(ATRL4)。需求产品化, 完成原理演示系统验证。该阶段通过研发设计信息产品及技术, 明确提出了信息的品种、规格、质量、规模与实效性要求。验证技术模块或子系统, 集成为原理演示系统, 实现对技术整体概念的确认, 其技术状态表现为实验验证并在一定条件下产品精度达到要求。到这一等级, "科学"问题应该基本解决, 且"用户"认为应用前景较为清晰, 无较大的颠覆性问题, 可转入工程研发阶段。

成熟度 5(ATRL5)。明确数据产品集技术指标, 所规定品种规格产品的质量可在一定时空域下实现, 技术可靠性得到了初步证明。该阶段主要工作属于工程预先研究, 通过原理演示系统, 检验并分析关键技术的突破及所必须达到的技术指标要求。

成熟度 6(ATRL6)。构建一体化处理原型系统。该阶段仍然开展工程预先研究,属于技术应用和论证过程的飞跃阶段,在系统运行环境中验证主要功能指标满足设计要求,确保无颠覆问题,所定义的数据信息产品可以模拟生产,证明整个技术方案的高度可信。达到这个成熟度,卫星可以上天,地面应用系统可以开展工程构建。

成熟度 7(ATRL7)。开发并测试业务系统。在小样本量情况下产品品种、规格、质量、规模与实效性通过试验和验证,确认业务系统技术符合设计指标要求,技术可以纳入最终形式的应用。开展载荷应用技术适用性评价,表现为业务系统通过测试和评估,满足设计具体要求,其中包括对支撑技术的要求。

成熟度 8(ATRL8)。实现业务系统稳定运行,具有面向多种应用需求的适用性。通过成功的任务运行确认技术符合要求,表征该技术以其最终形式在实际任务环境中得到应用,形成价值链,通过运行测试评估及综合认证。

成熟度 9(ATRL9)。形成了高度认可,可以长时期地开展系统业务化稳定运行,实现业务常态化,并持续优化信息产品。信息产品需求设计与满足得到验证,具有较好的用户体验,实现了系统性认可。达到此级别后再提升更高级别成熟度等级,不仅仅有技术上影响,而且将受到更多因素的影响。

成熟度 10(ATRL10)。系统产品进行市场开发与推广,形成按需供给的业务化产品生产能力,提供高质量的后市场服务。在该阶段开展满意度评价,深化需求。从这个阶段开始,市场的影响将逐步发挥重要甚至主导作用,应用技术作为关键因素之一参与其中。

成熟度 11(ATRL11)。具有完善的业务/产业链,可为国内外用户进行商业化服务。实现应用系统产品的可持续性服务,建立完善的产业链,实现系统的可持续发展,通过实证进一步促进新型技术的发现、识别,进入到更高层次的应用阶段。

ATRL 模型描述的是事物随时间的发展状况,根据发展的情况设立标准化的等级,通过 11 级表明载荷应用技术成熟度技术的有序提升过程,每一级设定量化目标,通过里程碑设定、技术学习、技术评估过程实现应用技术的升级,达到预先的技术考核要求,成熟度提升 1 级,达不到预先目标则继续修改,直到满足预先目标为止。达到新的成熟度等级后,继续通过调整完成优化完善过程。

3. ATRL 各级别标志里程碑与主要工作内容

新型遥感器应用技术成熟度分为 11 个等级,每一等级都是由典型活动、技术评估、里程碑组成。典型活动指达到某一成熟度时,载荷应用技术在提升途中经历的具体的技术培养工作。技术评估是指载荷应用技术由量变到质变的评定方法。里程碑是应用技术达到某一成熟度时技术质变的标志,其中,ATRL4 标志着需求向应用从定性到标准定量过程的实现,ATRL6 标志着技术状态的完成,这两个里程碑是应用技术成熟度最关键的两个节点。

新型遥感器应用技术论证模型首先设立标志性里程碑,各阶段内典型活动的内容,标志性技术评估项目。其次根据应用需求,从概念开始训练应用技术,最后通过技术评估检验能否达到预先设定的目标,如果满足里程碑要求,该技术成熟度提升 1,如果不满足要求,则需要修改方案,重新提升。评估标准可参考各级成熟度的评价检查单。

(1)ATRL1:需求、问题与想法的发现(表 4.2)。

表 4.2　ATRL1 评价检查单

	成熟度 1
里程碑	在对观测对象及新技术的认知上，提出需求与问题，以及与之对应的想法。通过对多种想法的分析比较，明确适应需求的遥感机理并理论证明其有效
典型活动	需求分析，原理公式形成，应用技术可信性初步分析 创意与应用技术顶层设计 机理研究、实验室实验、仿真模拟实验等
结果形式	技术概念评审 需求评审 技术定义与机理评审

(2) ATRL2：需求与技术的识别 (表 4.3)。

表 4.3　ATRL2 评价检查单

	成熟度 2
里程碑	完成对需求与技术的定义
典型活动	关键技术攻关，应用技术现实性认证 模拟数据设计 需求验证关键技术攻关 仿真系统设计与搭建 应用产品属性论证
技术评估	关键技术评审

(3) ATRL3：需求与信息技术流的明确 (表 4.4)。

表 4.4　ATRL3 评价检查单

	成熟度 3
里程碑	明确处理技术手段，明确应用处理算法。确定应用产品品种、规格、质量、时效性、规模
典型活动	数据处理关键技术攻关 应用处理算法流程设计 实验室验证 用户应用效能与仿真分析
技术评估	处理流程评审 关键技术算法评审

(4) ATRL4：需求与技术指标量化，精度在一定条件保障下的确认，支持转入工程预先研发阶段 (表 4.5)。

表 4.5　ATRL4 评价检查单

	成熟度 4
里程碑	完成需求的系统性提出与初步验证，形成技术整体概念，通过原理演示验证，形成主要应用产品技术方案
典型活动	研发设计信息产品技术 原理系统方案设计与研发 数据信息产品研发 航空技术校飞 需求产品化及产品指标化 遥感数据、产品标准规范研究 产品品种、规格验证，明确了产品在一定时空域下的精准度
技术评估	原理演示系统评审 载荷指标体系设计评审 信息产品体系设计评审

(5) ATRL5：数据产品集的质量构建，可靠性评估(表4.6)。

表4.6　ATRL5评价检查单

	成熟度5
里程碑	明确指标和效能最优化需求，明确各处理环节指标
典型活动	检验并分析原理演示系统，关键技术突破，构建原型系统 航空应用校飞 明确载荷指标 效能评估仿真系统搭建与效能最优化需求 明确产品质量，主产品辐射、几何验证，分析精准度程度及较大应用范围下的可靠性、适应性
技术评估	各处理环节指标评估

(6) ATRL6：可信系统构建，支持卫星上天(表4.7)。

表4.7　ATRL6评价检查单

	成熟度6
里程碑	明确各级产品，完成原型系统研发，主功能指标满足，无颠覆性问题 产品设计满足要求
典型活动	确定产品，检验、分析原型系统 典型环境试验 数据、产品质量检验，主产品时效性、规模评价 数据、应用政策制定
技术评估	原型系统评审 产品集评审

(7) ATRL7：工程系统研发，具有业务能力的可信系统(表4.8)。

表4.8　ATRL7评价检查单

	成熟度7
里程碑	完成业务系统研发，指标满足。卫星上天前所应达到的级别
典型活动	模块集成 产品种类、质量、规格、时效性、规模验证 业务系统研发与测试 业务系统稳定运行
技术评估	业务系统验收

(8) ATRL8：实现价值的适用系统(表4.9)。

表4.9　ATRL8评价检查单

	成熟度8
里程碑	经过一段时间的运行，通过大样本量的实践证明系统运行，产品质量过检，符合设计要求
典型活动	业务系统运行 产品输出并能开展服务 产品质量评估，进一步提升可信性 产品认证，综合效能评估，确定适应性
技术评估	产品质量检测以及效能评价

(9) ATRL9: 有较好用户体验的认可系统, 对需求提出与满足全过程的评价 (表 4.10)。

表 4.10　ATRL9 评价检查单

成熟度 9	
里程碑	长期稳定业务化运行, 需求提出得到了验证, 并有较好的应用
典型活动	信息产品优化 业务系统稳定运行 提升服务质量, 关注用户体验 需求满足度分析 定期真实性检验
技术评估	需求满足验证与需求设计评价

(10) ATRL10: 需求再评价与令人满意的系统 (表 4.11)。

表 4.11　ATRL10 评价检查单

成熟度 10	
里程碑	形成按需业务化产品服务, 需求满足的情况得到多种条件下的验证
典型活动	在轨验证与真实性检验 产品市场开发与推广 信息优化与业务常态化
技术评估	产品服务效益分析

(11) ATRL11: 可持续发展的系统 (表 4.12)。

表 4.12　ATRL11 评价检查单

成熟度 11	
里程碑	具有完善的业务/产业链, 对软硬环境有很好的支撑, 具有可持续发展的状态
典型活动	产品市场开发与推广 产品商业化生产 产业链研究与推广
技术评估	产业化服务效益分析

4.2.3　基于 ATRL 模型的新型遥感器研发流程与多要素协同

新型遥感器 ARTL 的提升是人的认识、技术与应用的综合提升。技术从原理的发现到概念, 从技术实现到产品再到系统生产与服务是逐渐成熟的过程, 在不同的存在状态阶段, 影响成熟度的因素是不同的。例如, 在原理探索和技术理论形式阶段, 依靠理论分析、实验验证等因素发挥作用; 在技术实现阶段, 制造工艺、软硬件环境等因素对技术成熟度影响较大; 技术成熟度评估阶段与其应用和测试运行环境因素密切关联。因此, 最终 ARTL 的技术提升过程是与相关因素相互作用的结果。

按照现代科学范式中有关问题提出、研发、评价的技术流程, 针对新型遥感器 ATRL 构建中的 SDIKWa 认知与价值构建分析、IDSH 技术研发、应用完善过程形成 3 个标准化流程。其中, 遥感数据信息产品是对需求、技术、状态与变化评价的综合承载体, 通过产品研发的程度可以有效体现载荷应用技术的研发状态，这 3 个流程是通过产品进行有效衔接的。本节将各个流程基于全过程质量检验中的各项测量，按照阶段定义嵌入到好的实践过程模型(good processing practice, GPP)中。

1. 问题与想法的提出及需求分析流程

问题提出与回答、需求提出与满足的过程涉及卫星应用技术发展的全过程。针对遥感系统 SDIKWa 需求获取与评价依据设立，以产品与载荷为纽带，构建需求链与价值链，形成统一的面向应用的需求分析流程，通过系统整体概念的建立，形成需求与技术发展，需求与价值、利益的融合与优化。

在创意与设计阶段，引入需求标准过程实践概念，即需求分析标准过程实践 GPP。GPP 采用 GXP(good X practice)结构，其中 X 可以是其中各个环节，分别是应用业务汇总(integration)、应用设定与模式优化(purification)、观测原理与要素化(productlization)、产品指标标准化(standardization)、载荷/系统等价化(equalization)、技术可行性与技术发展分析(technical estimation)、价值效益分析(value-estimation/benefit-analysis)、统筹与验证分析(check)、效能分析对比与迭代优化(optimize iteration)等。这是有关技术认识上的过程，贯穿技术发展整个过程，针对面向应用的流程内容可参考第 8 章应用需求和第 10 章能力体系的描述。

2. IDSH 技术研发与建设流程

开展 IDSH 研发是在一定认知基础上将对信息的理解反映在数据上，分析计算过程并构建软硬件系统。用户的满意度通过产品集来表现，而产品集按照遥感数据信息产品的品种、规格、质量、规模与时效性属性来衡量新技术的 PRL，同时对 MRL 进行分析。技术系统的不断迭代研发，是按照"原理演示系统—原型系统—工程系统"环节逐步推动产品进化的，IDSH 建设过程是对遥感信息工程从需求到价值实现的具体表现形式。

针对航天遥感系统 IDSH 研发与建设，引入研发标准过程实践 GPP。GPP 采用 GXP结构，其中 X 可以是科技探索试验(scientific & technical study/experiment)、工程原理研发(engineering principal development)、工程状态检测(prototype system check)、面向应用优化完善(engeering optimization)等。其中，科学试验更多涉及技术科学研究内容，是基础性研究，表现为原理演示系统。技术探索更多通过原型系统表现出来。工程系统则是工程研发的、经过一定检测的成果表现。这是对技术方法发展全过程的描述，具体可参见第 10 章的描述。

3. 航天遥感系统应用评价流程

将航天遥感信息流作为研究对象，为统一面向应用的全过程质量检验技术流程，在卫星上天后，以定标与真实性检验为核心，引入评价标准过程实践 GPP。GPP 采用 GXP结构，其中 X 是产品(product definition)、定标(calibration)、真值检验(validation)、评估(verification)、认证(authenfication)、服务(real evidence)等。

评价的内容主要体现在几个方面：一是对技术认识(如满足需求程度)的评估，具体面向应用从设计角度开展评价分析；二是对技术实现(如产品质量保证)的评价；三是对服务的评价，是对需求、价值、利益与市场的综合评价。具体面向应用的评价内容及过程可参考第 7 章、第 9 章的评价内容。

新型遥感器 ATRL 以技术成长基础理论研究为起点，结合应用需求，探索相适应的物理基础及技术，再通过理论分析与模拟、实验室测试、外场试验、航空和航天校验、产品质量分析、需求满足度、应用效能评估分析等一系列技术过程，不断解决关键技术并累积成果，最终形成能满足应用的遥感探测技术，并促进其应用，最后以规模化、产业化的应用活动为终点。同时，这些应用实践又将催生新的应用需求或新的发明创造，进而推动新型遥感器技术及应用技术的进化，形成一种循序渐进、螺旋上升的发展模式。

按照产品层级的遥感系统运行全链路质量检验。遥感系统运行的全链路质量检验根据产品层级的不同，分别对不同级别的产品进行评价，最终确定卫星载荷及遥感产品的性能和特点。具体包括基于原始数据的质量评价、基于初级产品的质量评价、基于展示数据的质量评价、基于目标属性特性的质量评价、基于目标理化特性的质量评价和基于专题应用产品的质量评价。

应用服务评价是针对卫星产品可持续性发展的评价，技术成熟度达到服务阶段，相应的企业、市场达到一定的成熟度，才能形成运营服务一体的产业链，对卫星应用服务的评价，是对产业发展剖析的过程，包括需求、产品、市场及运营等各个环节。

各个评价的最终落点是对事物有用性的客观评价，从用户角度要分析需求满足度，还要在一定社会条件下分析效能与效益。从航天遥感系统的角度开展评价首先关心的要素是应用效能评估，那么效能是什么？效能是从能力、效率、质量方面对系统满足预期任务要求程度的度量。具体到工程系统，效能是指工程系统交付后，能够有效实现任务目标的能力(栾恩杰，2010)。结合第 1 章的概念可以理解效能是从能力、效率、质量、效益方面对人造事物使用价值的体现，效能反映了人的行为目的(需求)和手段(过程)方面的正确性与效果方面的有利性，根据本书提出的认可度模型，效能评价包括了可用、可信和能力 3 个方面的内容。可用包括了可靠性、时间、适应性、环境适应性和可维修性，可信包括了可靠性保证、可生存性、可测控性、可维修保证等，能力包括了精确性、容量、有效范围、响应速度、耐久性等。

效能并不等同于效益，效益是人类行为活动追求的目标之一，更侧重于从管理的角度，统筹投入与产出或成本与收益的关系，效益涵盖了社会效益和经济效益，其中经济效益是产业化发展的一个重要指标。基于 UPM 产品体系的效能效益评价指标体系的构建过程是一个从"具体—抽象—具体"的辩证逻辑思维过程，是对效能效益评价对象逐步深化、逐步求精、逐步完善、逐步系统化的认识过程。

4. 流程间的关系

根据 ATRL 的层级和定义，整个技术成熟度提升的过程可以分为上述 3 个标准化流程，这 3 个标准化流程的 GPP 方法针对不同层次与阶段开展的实践内容，以及面向应用的航天遥感新型遥感器技术研发所处的位置，可概括为技术认知、技术方法和技术实践

3 个标准化流程，通过"认知-方法-实践"之间的转换关系来体现，具体如图 4.1 所示。

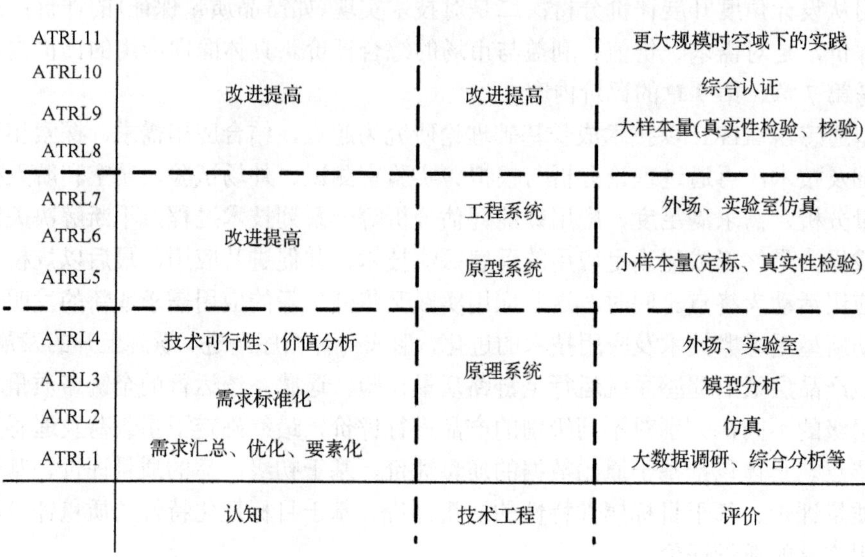

ATRL	认知	技术工程	评价
ATRL11			更大规模时空域下的实践
ATRL10	改进提高	改进提高	综合认证
ATRL9			大样本量(真实性检验、核验)
ATRL8			
ATRL7		工程系统	外场、实验室仿真
ATRL6	改进提高		
ATRL5		原型系统	小样本量(定标、真实性检验)
ATRL4	技术可行性、价值分析		外场、实验室
ATRL3		原理系统	模型分析
ATRL2	需求标准化		仿真
ATRL1	需求汇总、优化、要素化		大数据调研、综合分析等

图 4.1　ATRL 标准化流程间的关系分析

在 ATRL 处在 1～4 级的认知阶段，通过技术仿真、实验室试验、部分外场试验，以及原理系统的搭建，提升对观测对象特征、观测原理、人的需求的综合能力，形成系统概念，对机理与方法、信息要求与数据产品集整体把握。通过应用汇总、应用优化、要素化、指标标准化、载荷/系统等价化、技术可行性分析及价值效益分析，完成对需求的定义，并形成技术指标集。

在 ATRL 处在 5～7 级的技术工程阶段，通过原型系统、工程系统研发，并在卫星上天后开展小样本量实验，证明工程系统对设计指标的实现程度。基于对数据信息产品品种、规格、质量、规模与时效性的检测对整体技术方案开展评价。

在 ATRL 处在 8～11 级的实践阶段，通过大时空域样本数的检测确定与验证目标射击是否合理、关键技术是否成熟、是否能满足目标要求，并对应用效果进行评价。需求的满足度是技术实践过程最终结果性的考核。

需要注意的有两点：一是以上的"认知-方法-实践"是遵从人在实践过程中的规律发挥作用的，即按照 PDCA 管理方式不断进行认识水平、技术能力的改进提升；二是这个过程是 3 个层次内容的同步推进，相互作用，仅是不同阶段侧重点不同罢了。PDCA 循环又称戴明环，其含义是将质量管理分为计划(plan)、执行(do)、检查(check)、调整(action) 4 个阶段。PDCA 反映了过程实践中生态性成长的基本规律，有关其不同环境条件下的内容显现情况在后文中有描述。

4.3　新型遥感器 IDSH 研发与遴选模式构建

我国航天已处在向业务服务型转型期，技术模式也从原来以采用国外技术指标与模型方法为主，逐步转向自主创新。这样，就会有更多面向应用需求的设计方案出现，大量的新型遥感器涌现将会面临优选的需要，经过演化与遴选，通过竞争的发射。这时产生了两个问题：一个是怎样的成长经历与途径能产出有竞争力的新型遥感器，可更加快速有效地服务用户？另一个是当有多套遥感技术候选时，从技术角度如何评价选择呢？按照 TRL 的模式培养与遴选出合适的技术无疑是一个好方式，其能更有效地促进航天遥感技术的综合提升，实现"多快好省"的目标。

4.3.1　新型遥感器 ATRL 与 HTRL 关系分析

新型遥感器 ATRL 与 HTRL 均是航天遥感器 TRL 的重要组成部分，相互间有非常紧密的关系。

1. 遥感器 ATRL 与 HTRL 的对应关系

HTRL 等级是描述载荷研制过程的度量，HTRL 从创意、技术科学研究开始，从技术角度开展机理性研究，但与"用"还是一种基于知识的联想。IITRL 与 ATRL 等级具有对应关系(表 4.13)，具体阐述如下。

表 4.13　ATRL 与 HTRL 的对应关系

ATRL 等级	1	2	3	4	5	6	7	8	9	10	11
HTRL 等级			1~3		4~6		7~8	9			

ATRL 等级是描述应用技术过程的度量，ATRL1 往往从需求、问题、创意、科学认知开始，以掌握观测对象信息特点作为目标，沿着怎么"用"、怎么"测"开始思考，基于已有认识，提出或者说发现了需求。ATRL2 是需求识别阶段，基于技术基本原理，分析探测技术手段及相应的处理技术手段，明确了新的机理，形成完整信息流并提出相应的技术链路。在此可以和 HTRL1 形成有效的关联。在"用什么"与"有什么可用"间多次迭代，形成基于某种探测技术的技术方案。

HTRL3 在新型遥感器研究中是一个较重要的里程碑节点。技术置于应用背景中，从物理机理上验证各独立技术要素的理论预测是否正确，形成探测技术可行性的初步结论。

ATRL3 和 ATRL4 完成了需求明确，通过构建 SDIKWa 信息链路，识别关键技术，开展基于仿真、实验室实验的技术攻关，研发原理系统，证明技术手段合理性，给出有关遥感信息产品的技术指标。通过这些产品的技术指标直接对遥感器探测计划指标的确定提出要求。基于对这些探测指标可实现的程度来确定 HTRL。这个过程是一个迭代过程，要同时成立。因此，ATRL4 与 HTRL3 相对应。ATRL4 对于应用技术是一个较重要的里程碑节点，可应用性与技术可行性得到了初步回答。

HTRL4 验证遥感器概念设计的性能，构建演示系统提升可行性分析能力，支持项目立项，但可信度还处于较低状态，项目立项后即可转入提升可信度的工程前阶段。HTRL5 和 HTRL6 通过原型系统及部件级工程样机构建，实现技术的高可信度验证，从数据获取品、规格与质量上得到了保证，意味着探测技术研发已经能够有效规避风险。达到 HTRL6 即可进入工程阶段。

达到 ATRL4 后，遥感器处理技术可进入可信度提升阶段，但是否继续开展还是要看新型遥感器是否立项，进入工程样机研发阶段。在遥感器开展原型系统研发期间，ATRL 要提升到 ATRL6，即通过构建原型系统，在一定范围证明系统的可信性，可生产的数据产品集满足应用设计指标，业务原型系统功能指标符合设计要求。HTRL 与 ATRL 同时达到 6 后，新型遥感器技术可进入工程研发阶段。所以，HTRL 与 ATRL 同时达到 6 是一个有重要标志性意义的里程碑节点。

HTRL7 和 HTRL8 完成了遥感器工程系统上天前和上天后的工程测试，证明了技术能在预期环境中以最终形式工作，达到了预期技术指标，标志着绝大多数情况下遥感器系统开发阶段工作的结束。

ATRL7 完成开发完成应用处理业务系统，并在遥感器达到 HTRL8 的情况下，通过一定样本数的定标与真实性检验完成对系统的工作测试，产品品种、规格、质量、规模与实效性通过试验和验证，确认业务系统技术符合设计指标要求，技术可以纳入最终形式的应用。

ATRL8 和 ATRL9。通过大样本量的长时间评价，确认技术符合设计要求，形成支撑稳定业务流的价值链，信息产品需求设计与满足得到验证，具有较好的用户体验，获得了阶段性认可。在这一阶段，新型遥感器也以最终形式被认证达到了 HTRL9。

与 HTRL 相比，ATRL 有更长的实践过程，通过对 ATRL10 和 ATRL11 的跟踪评价，ATRL 从人的需求提出出发回归到人的需求满足，从整个过程实践的价值上给出判断，并通过形成一个大闭环来推进进一步的螺旋上升。

通过以上实践过程，从 ATRL1 的人的需求、科学认知、模型算法研究，到应用产业化来满足人的需求，即从遥感应用技术突破并建立应用的产业链条，能够稳定地创造效益并实现可持续发展的目标，新型遥感器技术发展过程经过了现代科学范式下全部的环节，包括理论分析与模拟、实验室测试、外场试验、航空和航天校验、产品质量分析、应用效能评估、需求满足度分析等的全过程质量体系的检验，最终形成满足应用的遥感探测技术，实现了从设想到应用的转变。

2. ATRL 与 HTRL 间相互作用分析

新型遥感器 TRL 的提升有赖于 ATRL 与 HTRL 的同步发展，但相互间有互动过程。从前面的分析可以看出，在新型遥感器的认知与研究阶段 ATRL 牵引 HTRL，中期技术工程研发阶段 HTRL 推动 ATRL，后期应用实践阶段体现的 TRL 是 ATRL 与 HTRL 的综合效果。

在基础研究与认知积累阶段，新型遥感器 ATRL 起始于对观测对象的认知及监测需求，依据尚未求证的科学推论、假设或设想，而 HTRL 的启动要有依据，起始于已经证明正确的基本原理或内涵。因此，ATRL 的初级成熟度更为提前，并要先于 HTRL 达到更高的成熟度水平，指出发展的方向与评判的标准。这样 ATRL 的级数(4)要高于 HTRL 的技术(3)。

在技术可信度提升阶段，通过技术演示系统与原型系统的研发，不断根据技术能力对观测指标在可接受的范围内进行优化调整，实现整体状态的最优化。在 HTRL 和 ATRL

均达到 6 级时，ATRL 产品指标与 HTRL 探测技术指标形成了良好的映射关系，同时通过仿真、实验室、外场试验，在小样本量实验数据的支持下证明了其可行性与可信性。这是"理想"与"现实"进行了很好的迭代，从应用与技术角度已无较大颠覆性问题，可进入工程阶段。需要注意的是 6 级成熟度是否跨越技术死亡谷，可以工程化、业务化应用的重要标志，也是评价一项技术是否能够得到后续资金投入的重要审核点。在这一阶段，从刚开始 ATRL 级数(5)高于 HTRL 级数(4)发展到相同的级数(6)。

在经评价 HTRL 达到 7 级后，卫星上天，进行卫星工程测试，遥感器各项探测指标达到要求时，HTRL 标志为 8，为 ATRL 的评价打下了基础。在这一阶段 HTRL 级数(8)要大于 ATRL(7)的级数，即工程质量是整个技术的基础，是应用的前提，HTRL 要先达到较高的成熟度级别。卫星上天后的评价与 TRL 提升请见第 7 章的描述。

实际研发中，有些成熟度水平节点是项目审核必须要求达到的，称为强制性审核点，如可以转入工程前阶段(ATRL/HTRL4)、可以进入工程研发阶段(ATRL/HTRL6)、证明可用(ATRL/HTRL8)等。有些成熟度水平节点是中间过渡节点，而非项目资助强行要求达到的水平，其称为非强制性审核点。

4.3.2　基于 ATRL 与 HTRL 协同的新型遥感器研发方法

民用航天预先研究比较关注部分认知研究及全部的工程前研究，其为项目进入工程研发打下基础，为卫星上天能马上投入应用及客观的评价提供支撑。这样，突破第一个(4 级)和第二个里程碑(6 级)就变成了主要任务。一般地，工程预先研究项目 RTL 最大跨度的起始 RTL 在第一个里程碑前，HTRL/ATRL 在 2～3，终止 RTL 在第二个里程碑后，HTRL/ATRL 在 6～7。

1. 新型遥感器工程预先研究中的作用分析

航天遥感卫星工程中采用双成熟度技术，一方面，以 HTRL 和 ATRL 为尺子，指示与衡量遥感卫星技术工程中各项技术的发展现状，确定它们在重要研发阶段的发展目标，了解它们与目标之间的差距，以此加强技术状态和发展规划管理，帮助改善经费和进度管理。另一方面，以 HTRL 和 ATRL 为筛子，在 RTL 评价中，检查和发现由漏选了关键技术、性能要求和试验环境要求的内容有遗漏、重要的试验没有安排、已知的风险缺乏严格的评估或应对措施等造成的技术虚假成熟现象，其在识别和应对技术风险方面发挥了作用。通过 RTL 审查，发现那些在技术成熟方面存在严重问题的项目，然后采取相应的措施。

2. 基于 GPP 的研究方法

载荷技术与应用技术是互相牵引、互相推动的螺旋式递进关系。在航天遥感技术工程中，HTRL 和 ATRL 达到 2～3 后，将需求指标确定，构建两条研制基线：一条是载荷研制线，另一条是载荷应用研制线。载荷应用技术是从应用需求出发，探索相适应的物理基础及技术的过程；载荷技术主要包括载荷的设计、制造、试验、测试等。二者都是在航天遥感工程的总基线的框架下发展，前者是偏向于载荷探测指标设计与数据应用，后者偏向于载荷制造。各环节之间的具体关系及其作用如图 4.2 所示。

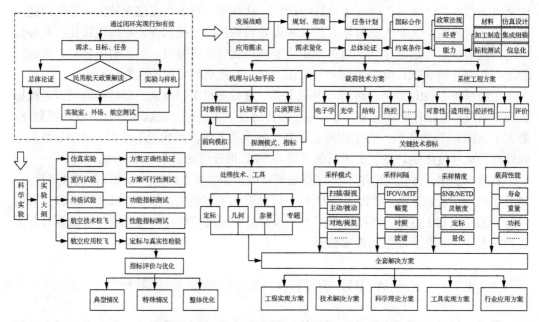

图 4.2　技术成熟度在载荷研发过程中的作用

3. 里程碑的实现方法

新型遥感器研发过程中要突破第一个（ATRL4）和第二个里程碑（ATRL6），每个里程碑的实现都是基于 GPP 方法落实认知、技术和评价 3 个标准化流程的过程，是从科学到技术再到应用实践的发展。

第一个里程碑 ATRL4 的实现。其形式是完成原理演示系统并通过验证，包括了基本原理的发现、需求理解与确认、技术概念和指标的阐明、应用方案的优化与决策等过程，为工程性研发奠定基础。首先通过人的认知开展科学研究，利用论证的方法，如第 1 章所描述的假设、归纳方法提出并阐明需求，观察并把握基本的科学原理，采用实验验证的方法证实研究结果正确性并确定支撑科学原理的技术元素，将需求通过人的认知明确为关键技术指标、功能和特性，以此为连接，开始把科研研究转移到应用研究与开发，初步形成整体概念，进一步构建出原理演示系统，通过测试与分析验证应用方案的可行性。

第二个里程碑 ATRL6 的实现。其形式是完成原型系统研制并通过验证。在达到第一个里程碑阶段明确的技术指标体系后，第二个里程碑以满足应用指标体系为目标，通过模拟实际使用环境，把原理系统集成为接近实际系统的原型系统，并进行测试验证，确定系统是否符合设计要求来评价原型系统是否研制完成。

第一个里程碑是科学研究向技术研发实践转变的节点，原理演示系统是对需求的实践结果，实现了整体认识的提升。第二个里程碑是通过技术实践向应用活动转变的节点，原型系统是对技术的实践结果，实现了技术的可信、可行。在不同的阶段，采用不同的论证方法，第一个阶段多为理论论证与验证，通过仿真、实验室、外场方式完成成熟度状态的评价。第二个阶段更多采用验证检验的方法，提升系统的可信性。

4.3.3　基于 ATRL 与 HTRL 协同的新型遥感器遴选方法

当同类新型遥感器均面临选择发射上天，从技术必要性上，如何择优实现满足任务需求的情况下的最优载荷状态是关键。这个阶段的评价是一个"以技术开发为主"的技术评价，需要按照 ARTL 各个阶段逐步从应用技术需求到用户信任、"信息流-技术流-物质流-价值流"的 4 流构建、技术转化条件、技术转化效率、技术体系需求 5 个方面来统筹优化。

1. ATRL 和 HTRL 在遴选中的作用分析

ATRL 和 HTRL 二者相辅相成，共同促进卫星遥感器能力提升。卫星应用水平的高低不仅与载荷数据的质量有关，而且与载荷应用技术的成熟度有关。如果只有高质量的数据，没有成熟的应用技术，卫星应用效果仍然不佳，反之亦然，而载荷数据的质量与载荷技术存在直接的关系，因此只有同时提升载荷研制技术和载荷应用技术，才能提高我国卫星应用的水平，同时促进我国遥感卫星的研制能力。

ATRL 和 HTRL 是针对新型遥感卫星载荷技术和应用技术设立的成熟与不成熟的评价等级。根据应用需求转化为产品需求和处理需求，利用五层十五级标准，将采样要求与数据信息产品集转化为载荷的探测指标和产品指标，处理需求转化为对数据接收、处理、存储、分发的指标。其中，载荷指标与载荷研制及载荷技术有关，产品指标与载荷状态及载荷应用技术有关，载荷指标在载荷研制过程中通过载荷技术的不断提升来实现，产品指标在载荷研制过程中通过载荷应用技术的不断提升来实现。

遥感应用技术能否应用于航天遥感，主要取决于其技术等级，如果达不到应用要求，该技术需要重新研究，提升其等级，直到满足应用需求为止。通过技术成熟度的级别，可以对关键核心技术攻关进展和距离预期目标的差距进行度量，以期发现和明确技术瓶颈、了解达到预期目标的困难程度、聚焦和调整技术攻关内容。通过新型遥感器应用技术成熟度的研究，根据成熟度的级别判断和决定哪些遥感器达到试验星、科研星、业务星的分类阶段。这种技术成熟度的评估，有利于对待研制遥感器具备遴选机制控制，有利于节约卫星研制成本，提高卫星研制水平，优化卫星地面基础设施，减少重复建设，为我国的民用航天规划及空间基础设施建设奠定强有力的基础。

2. 遴选中的关键要素分析

新型遥感器遴选的基本原则是对其研发过程及效果的评价要有系统性与完整性。例如，提出需求的人对这种需求的设计及其技术实现的认可程度是评价新型遥感技术的关键。在此情况下，通过对不同应用需求驱动而按照 ATRL 和 HTRL 加强科研项目管理、完善项目评价机制、促进技术协同攻关都具有很好的作用，从而提升对目标的接近程度。在此过程中是否按照科学规律，体现价值规律，"多快好省"地实现最终目标，航天遥感系统价值流中需求和资金是进行综合评价的核心。同时，新型遥感技术将结合整个在轨卫星星群发挥作用,其所处位置也需要从体系角度加以评价。

为此,我们按照第 1 章论证过程范围的定义,采用需求确认与价值设计、有序转化技术条件、与其他卫星关系及作用、有序转化组织基础、转化价值程度与用户认可 5 个要素来表征,在卫星性能和技术不断提升过程中,通过对比研究遴选出最好的选择。

1) 需求与信息流、价值流设计

用户对于新型遥感器的需求包括提高认识的技术实验载荷、提高综合能力的首台科研试验载荷、提高应用能力的业务应用载荷,按照不同的需要完成对信息流、技术流、物质流与价值流等"四流"的构建,载荷遴选的理想目标是在满足用户所有可能需要的情况下找到最好的解。

但是通常用户需求的多样性使得这个理想目标无法实现,具体指使用者对载荷应用技术产品的品种、规格、质量、规模、时效性 5 个角度设定目标及评价指标。

2) TRL 评价

新型遥感器 TRL 要求根据需求的不同而不同,通过对技术成熟度的比较,可确定不同载荷技术发展的成熟阶段,最终将新型遥感器技术分为技术实验、科研试验和业务应用 3 类。技术实验载荷要达到技术认可的程度。科研试验载荷则完成了对需求设定、技术实现、应用时间的评价,并可通过适用性分析获得认可。业务应用载荷在达到了科研试验阶段后,并可经一定规模复制,提升至应用满意阶段。因此,以 MRL 与 PRL 为约束条件,综合用户需求形成对技术流的判断,支持形成最优选择策略,以期更好地、更加有序地将需求转变为技术条件。

3) 体系需求关系与效果预期

航天遥感系统作为一个复杂的体系结构,多种不同类型的卫星共同发挥作用,各功能之间具有层次化和协同化特征。新型遥感技术在应用中将融入一个更大卫星遥感数据产品集中,其目的都是为满足需求去完成自身任务使命,最终评价卫星对应用需求的满足程度,还要考虑其是否具有不可替代性与议价性,确保其有价值的前提下,还应符合各相关方利益。

开展体系分析需要从多个方面来衡量,而致力于达到需求"满足"这个目标的关键在于对于整个体系结构中的各方面,如对地观测系统设计、卫星组网规划、载荷探测指标确定与应用系统研制等一系列工作要在一定的指导原则下相互协同,并最大化发挥其自身作用。这部分内容将在第 8 章进行讨论。

4) 企业成熟度(enterprice maturity level,EML)

在现代社会的分工协作体系下,四流的承载由一系列利益相关的法人单位组成,包括了各种类型的企业。通过企业的组织能力完成需求提出到需求满足的转化,并提供服务,最终实现预期的设想。在这一产业资源的整合和调度过程中,实现技术及价值的有序转换需要考察投入与产出的效率、组织的有序性与技术能力过程表现等。有关利益相关方的组织、协调与能力表现可通过平衡计分卡法等多种方法进行评价,进一步说明参考本书第 7 章。

5) 市场成熟度(market maturity level, MML) 与利益分配

新的产品要引入市场作最终评价, 在设计之初就要体现出"适销对路", 并贯穿到制造、服务等各个环节, 最终使有潜在价值的产品通过市场这一交换环节来得到确认, 实现利益相关方的最终诉求, 实现一定利益格局下的效能与效益, 这方面说明分别针对应用后评价和上天前分析, 两种情况在本书第 7、第 8 章详细阐述。在利益分配过程中政策发挥了重要作用, 有关这部分说明请参考本书第 9 章。

3. 遴选方法

新型遥感器应用技术的遴选采用遥感技术综合评价雷达图。为综合评价各卫星的质量和应用效果, 将系统需求和价值设计、TRL 状态、体系位置、企业有序转化能力、市场与利益实现 5 个方面作为评价因素, 进行综合评价。将每个指标的评价最高分为 100 分, 最低分为 0 分。评价方式为主观和客观相结合的方式。主观方式为依赖专家, 通过打分表和专家调研、调查问卷、网上投票等多种方式进行, 确定相应的评价标准。客观方式为基于定量评分方式, 将产品的质量和应用效果建立一定的评分体系, 若满足相应的指标, 则加相应的分数, 最后统计新型遥感技术的整体效果。

图 4.3 给出了卫星应用技术评价雷达图示例。对卫星应用技术状态的评价建立在需求与价值设想、TRL、体系中的技术位置上, 包括需求、技术、制造、软硬件等各个环节, 从产品、技术、生产能力、效率及质量等方面评定技术状态。需求、技术与价值的设定是否客观并有预见性, 所形成的新技术是否在未来有合适的位置及竞争力, 技术总体状态是否满足市场需要等问题是对成功可能性的首要回答。需求转化度和用户满意度是卫星应用技术状态评价的目标表征要素, 同时也是后续开展卫星应用服务评价的关键要素。当各指标评价接近 10 分时, 卫星应用技术评价为初级; 当各指标接近 50 分时, 卫星应用技术评价为中级; 当各指标接近 100 分时, 卫星应用技术评价为高级。

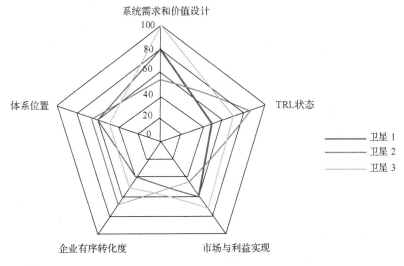

图 4.3　卫星应用技术评价雷达图

卫星应用服务评价是针对 MML、EML 的加权评价，企业与市场是卫星应用服务可持续性的表征，面临各种实际情况，一般可通过优劣势与机会威胁(SWOT)方法分析其在推动卫星产业发展中的状态(龚小军，2003)。本章按照阶段特征，将应用技术成熟度流程化，后续章节根据各流程及其之间的关联开展研究，应用服务的其他评价指标将进一步在卫星的综合评价及产业分析中展开研究。

4.3.4　新型遥感器应用技术状态评价技术发展

欧美等国家经过了几十年的发展，形成了一套完整的论证、研制、应用体系，即以时间为基础使整个研制过程形象地显示出来，条理分明，目标明确，能集中力量搞好关键路线。同时，在技术攻关过程中，采用了仿真、试验、效能评估、数理统计和先进的计算机手段，从大量非肯定的环节中找出带有普遍性的规律，及时地修改计划，合理安排人力和物力，节省了成本，提高了研制效率，并为航天项目提供了系统工程方法。其发展趋势如下。

重视遥感仿真平台和软件的研发与应用。国外在天基光学遥感载荷仿真方面已经比较成熟，开发的天基载荷系统建模仿真工具适用于多种谱段(从紫外到微波)、多种采样方式(包括摆扫、推扫、步进凝视扫描等)及多种传感器类型(包括全色、多光谱、高光谱、微波)的仿真，已经普遍应用于载荷的任务分析、指标优化设计、性能评估及为图像处理算法改进提供数据源等领域。借助于这些先进的研究工具，国外研制人员在遥感器的设计阶段就能够预估最终的图像质量，并对遥感器进行优化，从而降低成本，缩短周期。但是鉴于航天技术的敏感性，这些软件往往难以得到，要建立我们国家的航天遥感数据仿真模拟系统必须依靠我们的力量。

强调载荷技术成熟度与应用技术成熟度同步发展。欧美发达国家非常重视载荷应用技术的发展，尤其是空间数据处理关键技术研究，关键技术研究同步于甚至超前于传感器研发。各国重视空间数据应用处理能力提升，在遥感技术研发中，应用与传感器关键技术研究同步进行(陈怀瑾，1999)，有效地保证了数据获取后得到深入有效的应用，保证了获取的数据是满足需要的且急需的数据，甚至对于一些高分辨率新型遥感器的数据应用研究相对于载荷研发要提前很长一段时间(郭祖军等，2000)。

以美国 MODIS 为例，NASA 组织了一支国际性科学家团队，涵盖了标准制定、大气观测、陆地观测、水圈观测 4 个领域。在载荷研制过程中，团队注重 MODIS 应用技术的研发，研究了 MODIS 的处理算法，在所提出的 32 种算法的理论基础上生产出 44 种标准的数据产品，用于不同专业的科学研究，开发了相关的产品插件，同时提出了数据标准规范、产品标准规范，数据产品生产过程规范，确保卫星发射前具备基本应用能力，发射后具备标准信息产品运行生产与精度验证能力，有效支持了应用信息服务的业务化开展(Emmett，2003)。

卫星在其研制、发射和运行期间都要对卫星及其遥感器性能进行检校和监测，发达国家卫星的在效载荷在上星之前都进行过大量飞机试验。例如，美国地球观测系统 EOS 系列卫星上的 MODIS 仪器被认为是设计很成功的星载仪器，其中机载 MAS(MODIS airborne simulator, MAS)实验的作用功不可没。自 1992 年 6 月起,MAS 进行了一系列飞行实验,每次实验平均持续 2~8 周,每次实验中进行 5~15 次飞行。迄今为止,MAS 已进行了将近 1000 次的航空飞行实验。因此,可以说 EOS 星载遥感器的成功是建立在卫星发射前周密的机载实验和坚实的数据与处理基础上的。

国外在载荷应用技术的论证方面的深入研究和广泛应用,引起了我国研究人员的关注,并开始了跟踪研究,从情报研究角度陆续发表了一些国外有关载荷应用技术研究及应用情况的报告。我国航天领域的科技人员开始关注相关报告,在长期的科研和工程实践过程中,陆续发表了一些有关学术论文,如卫星技术成熟度等。但是,目前无论是评价方法还是工程应用都处于初级阶段。

我国有近 40 年的应用系统工程理论的思想与实践,有熟悉 PERT(program evaluation and review technique)和 GERT(graphical evaluation and review technique)等工程管理技术的型号项目管理队伍,有完整成熟的型号研制程序可以借鉴,特别是 CIMS(computer/contemporary integrated manufacturing systems)集成制造系统技术的推广应用,为卫星技术的推广应用提供了极好的条件。2004 年成立的国家航天局航天遥感论证中心,通过完成“十五”木期“我国民用航天需求与载荷指标综合论证”项目,对民用航天遥感论证所涵盖的理论、技术、方法、手段、条件等多个方面进行了研究。

我国的应用技术预先研究分为应用基础研究、应用技术研究和先期技术发展 3 个阶段,预研 3 个阶段中的应用基础研究阶段的预研项目涉及面广、探索性强、风险大,适宜基金制管理,而应用技术研究和先期技术发展阶段的预研项目针对性较强、目标较明确、技术指标确定,适宜合同制管理。

早期我国民用航天发展的侧重点不同,使得载荷技术和载荷应用技术发展在一定程度上不均衡,载荷技术和载荷应用技术没有同步发展,导致卫星上天了(陈世平,2009,2011),应用还没有完全准备好。经过了最近十几年的发展,我国逐渐认识到载荷应用技术发展的重要性,载荷应用技术发展也有了突破,已初步形成了不同分辨率、多谱段、稳定运行的卫星对地观测体系,我国民用航天正处在向业务服务型快速转型时期,技术跟踪国外转向自主创新,应用依赖国外数据转向自主数据,规模化、定量化、网络化应用等阶段特点十分突出。随着我国遥感卫星数量的快速增加和空间、时间、光谱等分辨率的不断提高,遥感数据的规模庞大、结构复杂、数据量增长速度快等大数据特征越来越明显,给民用航天遥感系统的顶层设计、卫星组网、载荷配置、产品体系、质量保证、标准规范、服务技术方案等带来了巨大的机遇与挑战。

第 5 章　卫星星群组网与载荷配置模型

随着我国综合国力的不断提高，卫星遥感事业蓬勃发展，卫星应用已经从气象等零星几个行业发展扩大到多个领域与区域，并且从科研探索性应用发展到不可或缺的大规模业务性应用(徐冠华等，1996；张万良和刘德长，2005；戴芹等，2008；武佳丽等，2008；杨邦会和池天河，2010)。与之相适应，发射的遥感卫星品种与数量越来越多，质量也不断提高。如何针对综合应用，对这些卫星的轨道、载荷搭配、观测指标进行合理化配置，充分利用卫星组网技术，有序开展卫星星群的布局，提升数据获取的规模与时效性，通过卫星星群体系的构建满足广泛的应用需求，是开展规模化、工程化应用亟须解决的问题(陈琪锋，2003；宋鹏涛等，2007；顾行发等，2008，2016a)。模型化是开展有关关注对象认知的有效方法，本章基于前面章节有关讨论，通过将卫星星群观测能力要素化与模型化的方式，将遥感数据集的获取能力转换为遥感数据品种与规格的表达，并在此基础上形成相关的规模与时效性指标，用于卫星组网与载荷配置的优化，以及单颗卫星作用的分析与评价。

5.1　面向应用产品集的卫星组网与载荷配置概念

5.1.1　概念与内涵

面向应用产品集的卫星组网与载荷配置是指，以标准化遥感数据信息产品集所规定的技术指标作为卫星观测能力的评价指标，使得所构建的卫星星群及相应的载荷配置获得的卫星遥感数据集可以有效满足相应遥感数据信息产品的品种与规格、规模与时效性要求。

如前章节所介绍，遥感技术主要应用在定位与展示("when&where")，观测对象遥感属性及类别属性("what")、理化特性状态与变化信息获取("how")等方面，这些应用可通过模型化转为遥感数据信息产品集。卫星获取的数据集是与这些数据信息产品相对应的，通过对数据集的获取，可以提供满足应用的服务。

同时，依据数据产品集，可以对卫星遥感载荷的数据获取品种与特性提出要求，对卫星的载荷配置进行评价，对卫星的数量与轨道设置加以要求。在分析观测任务能力时，可以对数据获取的规模及其时效性进行分析。

本章遥感数据的品种和规格按照前一章节的标准进行设定，规模和时效性通过卫星轨道和载荷观测特性的设定提供保障，充分考虑数据集的品种与规格、规模与时效性 4 个属性及其相互间的关系是体系化卫星群组网与载荷配置设计的关键。

5.1.2　作　　用

以统一产品集作为评价指标,对于卫星指标的设计有十分重要的作用。

1. 量化描述遥感数据获取能力并形成评价依据

遥感卫星数据量巨大,但在日常的遥感应用中遥感数据往往仍存在很大缺口,造成这一问题的原因有很多,从技术角度看,数据针对性与配套性不强、数据时效性不强等问题较为突出(田国良,2003)。

通过产品集属性指标可以将应用需求与卫星指标体系紧密相连。组网的前提是体系中的卫星有相同及相关联的服务对象,而基于此,从需求分析到产品服务的整个链路中不同卫星的相机研制、技术攻关和数据处理等环节都有可通用或协同的部分,自然而然地实现体系建设的完备、协同和共享,从而"多快好省"地获取遥感数据(顾行发等,2005)。

2. 卫星组织方式的模型化成为可能

降低品种数量,提升每个品种数据的获取能力,才能形成业务能力。随着卫星应用需求的日益发展,各应用领域根据自身的应用需求提出了各自的应用卫星规划,若无全面的沟通与统筹的协调,需求和规划的卫星载荷就会出现重复。因此,很有必要对行业应用进行统一的协同规划,从而减少遥感数据的冗余,并提高数据利用率,同时还能够节约卫星研发、运营及维护的成本。采用同一数据标准进行相关载荷研制,这样既可以减少卫星、载荷及相关配套设施的研制及运营成本,提高数据的利用率,又能够减少各行业用户的重复性工作,更可以促进我国遥感数据共享机制和政策的建立和发展。

3. 多卫星星座组成的多任务观测提供了多种构建方式

随着各行业遥感应用技术及遥感卫星运维技术日益成熟和进步,遥感卫星正趋于高效、灵活、松耦合、低成本、低风险、高生存能力的方向发展,卫星星座的组网模式得到更好的发挥,在卫星功能设计、卫星轨道类型及星座组网模式等方面也有多样的创新和发展。在卫星功能设计方面,各应用卫星趋于小卫星编队和微纳卫星的方式发展;由于受到低轨卫星过境频次和成像视域的局限,开始探索高轨卫星的设计和应用;在传感器搭载方面,将大气探测类载荷进行同步配置,不仅可以获取常规观测数据,还提高了遥感同步数据的完备性,对于遥感应用的后续纠正及处理有非常重要的作用。

5.1.3　研　究　内　容

按照遥感数据产品的品种、规格、规模与时效性开展卫星星群的设计,评估状态,预测变化趋势与发展方向。

1. 标准化卫星观测模型

对遥感器探测的技术指标要素化与模型化，构建遥感器的探测指标和轨道面设置与数据品种、规格、规模与时效性的关系。

2. 遥感卫星种类和有效载荷的综合配置设计

针对产品的品种与规格特性，将多种观测手段统筹分配到不同的卫星上。对地观测中，综合利用可见光成像卫星分辨率较高，雷达成像卫星覆盖范围大且不受天气影响等有效载荷系统各自的性能优势，使卫星星群在整体上性能优良。

3. 体系化卫星星群组网设计

针对产品的规模与时效性特性，综合需要获取数据的品种与规格要求，选择适用的轨道类型（高、低轨道，重访轨道，回归轨道等），有效保障数据规模、时效性及完备性的实现。标准产品数据获取的卫星组织结构。对数据任务的完成可有静止卫星、极轨大小卫星星座，或者微纳卫星星群等多种选择。

卫星组网的综合设计主要体现在卫星种类和有效载荷的综合搭配，以及卫星过境时间段的相互衔接和覆盖区域的分工与协作上。

有效载荷的综合搭配。光学类遥感卫星空间分辨率高可实现高精度分类，而红外和SAR类遥感卫星可识别地面的热特征及立体结果，在两类遥感卫星统筹设计中，选取恰当的轨道高度、倾角、升交点赤经和升交点地方时，使各颗卫星过境时间相互衔接起来，以实现地面覆盖区域相互补充和印证。另外需考虑地面站的接收能力，给不同的卫星分配不同的过境时间段，以合理利用地面资源，尽量避免多星同时经过同一个地面站造成接收资源冲突的情况。

灾害应急的机动观测需求。由于应急时期对卫星星群的空间分辨率和时间分辨率的要求与平时有较大的区别，可通过轨道机动或适当增加备用卫星数量的方式，实现灾害区域的快速重访，获取相关的及时信息，满足应急事件的特殊要求。

5.2　标准化卫星观测模型

标准化卫星观测模型包括卫星轨道及星座构型模型和标准化的载荷探测指标模型。

5.2.1　卫星星座轨道模型

各类卫星轨道因其运行规律的不同，可实现遥感器探测需求中如高时间重访、过境地方时及太阳高度角等方面的应用约束。

1. 标准时间轨道模型

标准时间轨道是指将轨道模型以轨道运行周期的形式来表达，直观地表示轨道模型的"立体化"特点，从而更广、更有效地利用轨道资源(顾行发等，2016a)。现有的遥感卫星轨道高度多属于低轨道的范围，运行周期约为 100 分钟，可大致分类为 1.5 小时轨道，也有一部分设计为 24 小时静止轨道。北斗卫星导航系统空间段计划由 35 颗卫星组成，包括 12 小时轨道(27 颗中地球轨道卫星)和 24 小时轨道(5 颗静止轨道卫星和 3 颗倾斜同步轨道卫星)两种标准时间轨道。通信卫星轨道涵盖遥感卫星轨道和导航卫星轨道的所有类型。从现有遥感、导航和通信卫星三大系统间的协同配合趋势看，未来的轨道配置将更加多样化与综合化。

结合卫星轨道高度与卫星运行周期对应关系，如图 5.1 所示，除去范·艾伦带的空间范围，遥感卫星时间轨道的设计不仅要加强 1.5 小时轨道，而且将在 4~6 小时轨道、12~25 小时轨道有更多的发展选择。

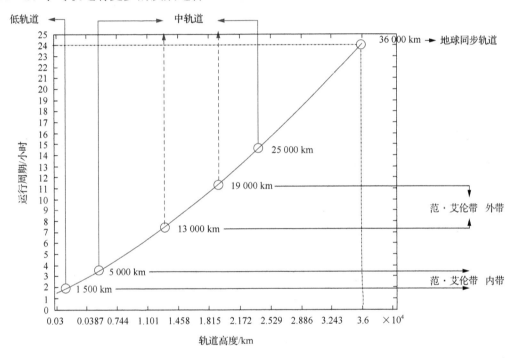

图 5.1　卫星轨道高度与卫星运行周期对应关系图

一般来讲，从覆盖仿真过境时间段信息统计结果可以看出，随着卫星高度的升高，载荷对点目标的过境时长会随之增加，过境高度角的范围会随之减小。另外，从载荷硬件研制的发展趋势来看，高轨卫星上载荷的空间分辨率和光谱分辨率等指标已经不会受轨道高度的局限。因此，发展高轨道卫星，不仅可以提高轨道层立体分布空间的利用率，还能够提高单幅影像中边缘数据的可使用性，同时满足视频相机等新型载荷对过境时长、观测几何等方面的新要求。

2. 轨道基本类型

卫星就其轨道高度来说分为低轨道和高轨道，按地球自转方向分为顺行轨道和逆行轨道。这中间有一些特殊意义的轨道，如赤道轨道、地球同步轨道、极地轨道和太阳同步轨道等(陈洁，2004)。在不同的小时轨道基础上，轨道类型有不同的组织形式。

1)按照轨道倾角的大小可分为赤道轨道和极地轨道

(1)赤道轨道。赤道轨道是轨道面与赤道面相重合的卫星轨道。

(2)极地轨道。在工程上常把倾角在 90°左右，但能覆盖全球范围的轨道称为极地轨道。近地卫星导航系统(如美国海军导航卫星系统)为提供全球的导航服务采用极地轨道。

2)按照卫星的轨道周期可分为地球同步轨道、地球静止轨道和太阳同步轨道

(1)地球同步轨道。卫星的轨道周期等于地球在惯性空间中的自转周期(23 小时 56 分 4 秒)，且方向也与之一致，卫星在每天同一时间的星下点的轨迹相同。地球同步卫星分为同步轨道静止卫星、倾斜轨道同步卫星和极地轨道同步卫星。

(2)地球静止轨道。地球静止轨道为倾角为 0°的圆形地球同步轨道，在这样的轨道上运行的卫星将始终位于赤道某地的上空，相对于地球表面是静止的(耿长福，2006；梁斌等，2010)。这种轨道卫星的地面高度约为 36 000 km。它的覆盖范围很广，利用均匀分布在地球赤道上的 3 颗这样的卫星就可以实现除南北极很小一部分地区外的全球通信。

(3)太阳同步轨道。太阳同步轨道(Sun-synchronous orbit 或 heliosynchronous orbit)指的就是卫星的轨道平面和太阳始终保持相对固定的取向，轨道倾角(轨道平面与赤道平面的夹角)接近 90°，卫星要在两极附近通过，因此又称为近极地太阳同步卫星轨道。太阳同步轨道可保证卫星每天以相同方向经过同一纬度的当地上空，便于对比不同日期相同地方时获取的影像数据，因此成为遥感卫星最广泛采用的轨道，许多地球资源卫星、气象卫星及一些军事侦察卫星采用太阳同步轨(江刚武，2003；谢金华，2005；沈欣，2012)。

3)除以上分类外，还有其他特殊的轨道类型，如回归轨道和高椭圆轨道等

(1)回归轨道。星下点轨迹周期性出现重叠现象的人造地球卫星轨道，重叠出现的类型周期称为回归周期(江刚武，2003；谢金华，2005；沈欣，2012)；而每隔 N 天通过的情况叫准回归轨道，要覆盖整个地球适于采用准回归轨道。这样的轨道兼有太阳同步轨道和回归轨道的特性。选择合适的发射时间，可使卫星在经过某些地区时这些地区有较好的光照条件。以获取地面图像为目的的卫星，像侦察卫星、气象卫星、地球资源卫星大都选择这种轨道。回归轨道要求轨道周期在较长时间内保持不变，因此，卫星必须具备轨道修正能力，以便能够克服入轨时的倾角偏差、周期偏差和补偿大气阻力引起的周期衰减。

(2)高椭圆轨道。高椭圆轨道是一种具有较低近地点和极高远地点的椭圆轨道，其远地点高度大于静止卫星的高度(36 000 km)。根据开普勒定律，卫星在远地点附近区域的运行速度较慢，因此这种极度拉长的轨道的特点是卫星到达和离开远地点的过程很长，而经过近地点的过程极短。这使得卫星对远地点下方的地面区域的覆盖时间可以超过 12 小时，这种特点能够被通信卫星所利用。具有大倾斜角度的高椭圆轨道卫星可以覆盖地球的极地地区，这是运行于地球同步轨道的卫星所无法做到的。

3. 常见星座构型

卫星星座就是指由多颗卫星组成的、卫星轨道形成稳定的空间几何构型、卫星之间保持固定的时空关系，从而完成特定航天任务的卫星系统(范丽，2006；张育林等，2008)。

卫星星座能够更大程度地发挥卫星的作用，拓展卫星的应用形式，其在全球性、多重性、时效性、连续性等方面具有单颗卫星所无法比拟的优势。多星组网在提高重访周期的同时，还可提高数据的可对比性和相近性、形成立体相对、提高成像积分时间等，从而提高遥感数据的应用精度和利用率，有利于遥感应用应对快节奏的信息时代。

星座构型方面做出重要贡献的专家有英国的 J. G. Walker，美国的 L. Rider、A. H. Ballard 和 J. E. Draim 等。常用的圆轨道星座类型有以下几种(郑逢斌等，2013；Turner et al., 2004)。

(1)δ 星座。δ 星座由具有相同轨道半长轴 a 的 T 个圆轨道卫星组成；P 个轨道平面与某一参考平面有相同的倾角 δ，并且按升交点(相对于参考平面的升交点)均匀分布；每个轨道平面内均匀分布 S 颗卫星，满足关系 $T = PS$；不同轨道平面卫星的相对相位保持一定关系，使相邻轨道平面的卫星分别通过其升交点的时间间隔相等。δ 星座为均匀对称星座，较适用于全球和纬度带的连续覆盖。

(2)σ 星座。σ 星座就是 δ 星座的一个子集，区别于其他 δ 星座的特点是：所有卫星的地面轨迹重合并且这条轨迹线不自相交。需注意的是，σ 星座所有卫星的轨道都是回归轨道，适用于目标区域的重复覆盖。

(3)同轨道面星座。同轨道面星座与 σ 星座相似，所有卫星均匀分布在同一轨道面上，地面轨迹不自相交。其为均匀对称星座，较适用于全球和纬度带的连续覆盖。目前，在轨的同轨道面星座有"昴宿星"Pleiades 卫星星座、环境与灾害监测预报小卫星星座、Cosmo-Skymed 星座等。

(4)玫瑰星座。玫瑰星座是 δ 星座中 $P = T$ 的一种特殊星座，也就是每个轨道平面内只有一颗卫星的 δ 星座。玫瑰星座为均匀对称星座，较适用于全球和纬度带的连续覆盖。

(5)ω 星座。如果 δ 星座或玫瑰星座($P = T$ 的 δ 星座)的卫星总数 T 可分解因子，则可将该星座看作是由几个 δ 子星座或玫瑰子星座组成的。在这些子星座中去掉一个子星座以后，剩下的非均匀星座叫做 ω 星座。目前在轨的 ω 星座有 SAR-Lupe 星座等。

在分阶段构造星座的航天任务中，星座的性能是逐渐提高的，选择合适的中间 ω 星座，可以使 δ 星座和 σ 星座的性能分阶最优。

5.2.2　遥感器探测指标模型

载荷的通用化、标准化、系列化是未来发展业务化应用的必然选择(姚艳敏等，2004；王晋年等，2013)。在综合各行业领域需求的基础上，通过国内外调研、地面应用系统研究及对我国各行业的需求进行详细分析，结合应用需求所对应的数据种类、数据精度、分辨率、应用模型等，提出并形成我国首个载荷探测的标准化指标体系，即根据地表目标尺度特征及国土成图标准要求，将载荷探测空间分辨率按等级划分，形成标准化的空间分辨率规程要求，为今后卫星载荷空间分辨率设计提供依据。采用这套规程要求，可有效压缩现有载荷空间分辨率的多样性，提高地面应用系统处理效率与应用方便性。

1. 标准化空间分辨率

标准化空间分辨率是影响遥感影像应用的主要指标之一，是卫星应用关注的焦点，具体参考五层十五级的等级(详见 3.3.3 节),可以对遥感数据的空间分辨率进行标准化设计,将遥感器空间分辨率设定在某一范围内。

2. 标准化载荷单位

标准化载荷单位是对遥感器探测能力进行评价的重要指标,按照现有工业技术能力,探测器件所对应的一定的像元数量和所对应的视场被定义为一个标准化载荷单位。在一定轨道高度、一定观测角度下的遥感器的标准化载荷单位对应着一定的地面观测范围。这个标准化载荷单位所对应的幅宽会随轨道高度、观测角度、像元空间分辨率的变化而变化。以此为基准,可以开展全球或区域数据获取能力分析,从而将不同的数据获取时间分辨率转变为对标准化载荷单位数量的需求。

提高时间分辨率的方式是虚拟多个标准化载荷单位的并列。这些标准化载荷单位可放置在一个卫星上,也可以放在多个卫星上;可以设计为大卫星,也可以设计为小卫星群;可以是极轨卫星,也可以是高轨卫星。在实际应用中,以标准化载荷单位所对应的覆盖能力为输入,按照覆盖需求对等效观测角度的要求,确定每颗卫星所需搭载标准化载荷的数量及星座中该类卫星的数量。

现阶段,参考已有技术条件,一个在 100 分钟轨道高度的米级高空间分辨率标准载荷单位可以定义为 10 km,一个 10 m 级中空间分辨率标准载荷单位可以定义为 100 km,一个百米级低空间分辨率标准载荷单位可以定义为 1 000 km 等。在观测角度允许情况下,一个卫星上若放多个载荷单位,所对应的幅宽可以成倍增加。当然,对于有侧摆能力的卫星,若米级分辨率载荷侧摆响应幅宽 500km 的数据可满足应用,则按照载荷可对 500 km 幅宽范围重访做设计。

以图 5.2 为例,描述不同幅宽下全覆盖天数和载荷数据的变化关系。以赤道长度 40 000 km 为基准,按照低轨卫星 100 分钟轨道每天飞行 14.5 圈进行全球观测计算,则 1 天覆盖全球所需 2 800 km 量级幅宽的可见光载荷数量为 1 个,1 天覆盖全球所需 1 000 km 量级幅宽的可见光载荷数量为 3 个,侧摆 500 km 幅宽量级的载荷数为 6 个,依此类推。

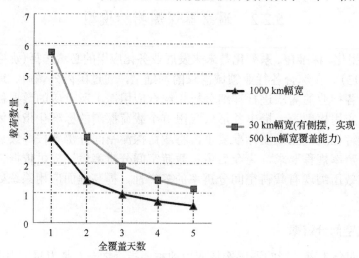

图 5.2　不同幅宽下全覆盖天数和载荷数量的变化关系(林英豪,2013)

需要注意的是，变化关系中理论推导的载荷数量与实际的配置载荷数量会有出入，不仅要考虑卫星轨道和星座构型设置，而且对光学载荷所受大气条件的约束也要分析。另外，每轨观测时间及卫星侧摆机敏能力是扩大观测范围的倍增器，是需求更新和技术进步的一个具体要求。

3. 标准化波谱分辨率

标准化波谱分辨率是影响遥感应用的一个主要指标。以电磁波谱为依据，结合地物的波谱特性，建立遥感器波谱分辨率与卫星应用定量化的标准关系。需要注意的是，波谱分辨率在载荷研制阶段会根据主用户的应用需求对波段设置进行微调和创新(例如，近年来针对植被探测的红边波段与黄色波段等)，即使是面向同种观测要素的载荷也会具有不同的波段设置。因此，波谱分辨率的标准化从两个方面对载荷进行概要分类。在波段范围上，分为光学、红外、微波和其他，在波段分辨率上分为单波段、多光谱、高光谱、超光谱和其他。波谱分辨率的标准化具体参考 3.2.3 节的"遥感数据级产品的波谱品种类型标准化分类"中的描述。

4. 标准化时间分辨率

标准化时间分辨率也是影响遥感影像应用的主要指标，它是由卫星的轨道高度、轨道倾角、运行周期、轨道间隔、偏移系数等参数所决定的，除此之外，还与遥感器的成像方式等的设计因素直接相关。

根据卫星类型及星座组网的运行周期和应用需求的时间要求，我们将时间分辨率划分为 5 个等级(赵英时，2013)。

1)超短时间分辨率

超短时间分辨率主要指突发性灾害(如地震、泥石流、火山爆发、森林火灾等)的监测，以"分钟"为单位，可明确为 0.5~3 个小时的时间范围内。需要注意的是，除静止卫星外，其他卫星及星座不需要达到 2 小时以内的超短时间分辨率，若有此类需求，可借助无人机或其他航天接收机来完成探测任务。

若要达到超短时间分辨率的遥感数据可以有 3 种以上的探测方式：静止卫星、机动观测和组网观测等，其中静止卫星可以对同一地点每隔20~30分钟获得一次观测资料，即时间分辨率可以达到 0.5 小时，而前提条件是目标区域上空有可用静止卫星，且静止卫星的空间分辨率较低对应用效果有一定的影响；机动观测则是通过调整遥感器的观测角度，来实现对目标区域进行相临轨道周期的遥感探测，时间分辨率可以达到 1.5 小时的时间分辨率，同时可以保证空间分辨率方面的数据要求，但此种方式为应急机动，不能长时间地进行频繁调整，以免影响遥感器和卫星的使用寿命；组网观测本身的应用目标即为提高时间分辨率和数据协同使用效果，常规的卫星星座存在一个建设周期，而临时形成的星座(相近时间通过目标区域的卫星)的过境时间则存在一定的随机性，在卫星星座未完全建成之前无法保证数据获取的有效性。

2)短时间分辨率

短时间分辨率主要指气象、大气海洋物理现象、污染源监测等的监测，常以小时为单位来反映一天以内的变化，如气象 4 小时监测频率、8 小时监测频率等。

除静止气象卫星外，通常采用卫星组网的方式来达到短时间分辨率的探测需求，如 Pleiades 卫星星座以 180°相位等间隔运行在高度 694 km、倾角 98.2°的太阳同步轨道，Pleiades 卫星具有非常高的敏捷成像能力，使得单星重访周期为 2 天(侧摆 47°)，两颗卫星组成的星座重访周期为 24 小时；Cosmo-Skymed 卫星星座运行在高 619.6 km、倾角 97.86°的太阳同步圆轨道，轨道周期 97.19 分钟，4 颗卫星部署在同一轨道面，各卫星等间距分布，均匀重访时间可以达到 12 小时。

3) 中周期时间分辨率

中周期时间分辨率主要指对地观测的资源环境卫星系列，以"天"为单位，可以用来反映月、旬、年内的变化。例如，探测植物的季相节律，捕捉某地域农时历关键时刻的遥感数据，以获取一定的农学参数，进行作物估产与动态监测、农林牧等再生资源的调查、旱涝灾害监测及气候学、大气、海洋动力学分析等。

常规的环境监测类极轨卫星，如 Landsat、SPOT、ERS、JERS、CBERS-1 等即可达到中周期时间分辨率的探测要求。

4) 长周期时间分辨率

长周期时间分辨率主要指较长时间间隔的各类遥感信息，用以反映"月"为单位的变化，可明确为 15～30 天，如湖泊消长、河道迁徙、海岸进退、城市扩展、灾情调查、资源变化等。

中周期时间分辨率的探测方案即可满足长周期时间分辨率的观测需求。

5) 超长周期时间分辨率

数年、上十、百年的自然环境历史变迁，则需要参照历史数据研究遥感影像上留下的痕迹，寻找其周围环境因子的差异，以恢复当时的地理环境。

超长周期时间分辨率对卫星的轨道类型及组网方案均无苛刻的指标要求，侧重点在于对历史遥感数据及辅助数据(同步气象数据及常规地理测量手段的实测数据)的保存与解析。

5.3　面向应用产品集的卫星种类与载荷配置设计

随着遥感技术的发展并借助卫星轨道平台的优化，遥感器在时间、空间和光谱分辨率方面都有很大的提升：光谱分辨率不断提高，形成多光谱遥感器和高光谱遥感器，能够提供更加细化的地物光谱信息，从而提高地物的可识别度。

探测波谱范围由可见光波段前后延伸至紫外和热红外、微波波段，分别形成紫外相机、热红外相机、微波辐射计和微波散射计及激光雷达等，从而解决大气探测、热探测和空间探测的应用需求。成像方式由单纯的垂直探测发展为多角度探测和干涉探测，从而形成立体相对，以利于提取地物目标的空间信息。

综上，各类遥感器的出现均有利于人们更快捷地在不同气象条件、地理环境中获取地物目标的光谱、位置及方向特性信息，从而达到对地物目标的高精度定位、识别、分类和解析。卫星载荷组合搭配的主要原则为按照应用和数据处理对数据集的需求进行优势互补、合理搭配。

1) 光学遥感数据融合配置要求

应用较为广泛的光学遥感数据的融合为较高空间分辨率的全色遥感数据与较低空间分辨率的多光谱、高光谱遥感数据的融合(赵英时，2013)。全色遥感数据的波段范围较广，能够获取较强的地物光谱信号，所以可以达到较高的空间分辨率。多光谱、高光谱遥感数据将探测谱段进行了细分，就弱化了各波段获取到的地物光谱信号，需要通过降低空间分辨率的方法来获得较高的光谱分辨率。也就是说，空间分辨率和光谱分辨率无法达到两全其美。因此，可以将较高空间分辨率的全色遥感器与较低空间分辨率的多光谱、高光谱遥感器配置在同一卫星平台上，同时进行成像观测，并将两者数据融合，这是获得具有较高空间分辨率的多光谱和高光谱数据的最佳捷径。全色遥感器与多光谱遥感器的空间分辨率之比约为 1:2 或者 1:4 的搭配组合较为常见。

2) 光学数据与成像雷达数据融合配置要求

多光谱、高光谱遥感数据虽然具有较高的光谱分辨率，可以提供地表物质组分等大量信息，但是它们受大气层的干扰，对天气的要求高，由于云层覆盖及云阴影的影响，只有在晴天无云情况下的数据才能被有效地利用，这使其数据的应用受到极大的限制。而成像雷达是不依赖日光的主动遥感系统，雷达波束可以穿透云层，不受昼夜及云层因素的影响，全天时、全天候地获取数据，这恰好弥补了光学遥感的不足。多光谱、高光谱与雷达不同特征信息的互补与融合可达到两个优化效果：一是综合反映目标的光学和微波的反射特性，扩大应用范围；二是以 SAR 为辅助信息，对多光谱图像中被云及云阴影覆盖的区域进行估计，消除影响并填补或修复信息的空缺。

3) 多源信息融合的配置要求

大气纠正是光学与热红外遥感数据应用中的一个重要环节，早期的遥感应用中，常会出现因无法获取同时相的大气，光学、热红外遥感数据无法应用或精度不高的情况，因此亟须在遥感卫星平台上配置大气探测类遥感器，以获取同时相大气状况数据，为遥感数据的大气纠正提供更为精准的数据支撑。

卫星组网与载荷配置论证，是针对需求分析和综合得出的顶层规划所进行的实施方案的设计工作，在遵循一定的设计原则下，对轨道类型、星座构型及载荷配置等的协同方案进行论证。

5.4　体系化卫星星群组网设计技术

体系化卫星星群组网设计与载荷配置设计技术从应用需求出发，将用户数据集需求转换为遥感数据指标要求，然后通过遥感数据指标对应至空间分辨率标准化、光谱分辨率标准化和时间分辨率标准化的层级上，对卫星组网和载荷配置的共性指标进行分析和评价。

5.4.1　M-N-P 星座设计及优化方法

1. M-N-P 星座设计理念

目前，航天遥感对地探测任务往往同生命活动影响的地球表层区域密切相关。大气、水、土壤、岩石、人造事物、日地空间等圈层是航天遥感探测的主要研究区域，重点获取主要要素的状态与变化信息(田国良，1994；李德仁和李清泉，1998)。这些要素信息可以分配给不同的星群，如分别针对地球表层液体、固体、气体、等离子体，以及地球物理场要素等。在每一个星群中，可以按照 M-N-P 星座理念进行设计。

M-N-P 星座中各字母的含义是：M 个星座，每个星座 N 个卫星，每颗卫星有 P 个载荷。M-N-P 星座设计及优化策略是：根据综合应用、资源互补的原则，统筹遥感产品的品种、规格、规模、时效性，利用标准载荷单位等设计理念，对卫星轨道及载荷配置进行一体化设计和优化。

(1)对输入的优化后的载荷指标体系，按照探测要素类型、空间分辨率、光谱分辨率、精度等内容，完成基于优化指标的载荷型谱构成设计。然后，对每一种探测要素的需求指标，按照约束性指标和相关性指标两类参数进行划分，约束性指标参数为指标优化的内容，作为载荷选择的最主要依据，其他指标统一划分为相关性指标。再结合时间分辨率、区域要求等内容设计需求量化模板。

(2)对协同设计指标需求输入进行量化统筹合并，获得基于任务协同的需求基线。最后，依次以需求量化结果中的每一项探测要素作为输入参数，在载荷型谱数据库中按照约束性、相关性的优先顺序进行匹配查询，依次完成所有探测要素对应的载荷的查询，将查询结果作为输出参数，传回载荷需求表单中，建立载荷需求表单。

2. M-N-P 星座设计方法

M-N-P 星座设计及优化是，首先基于任务需求进行体系设计，再根据全局约束进行面向有限应用的联合任务规划和仿真，将当前体系方案和仿真结果输入效能评估模块，根据评估结果和局部约束迭代进行体系优化设计，最终实现任务协同优化设计。其中，体系优化设计包括载荷、卫星平台、轨道与组网设计，任务规划包括任务、卫星资源、地面站资源的统一规划调度，效能评估分列在项目的其他研究内容中。具体步骤如下。

(1)载荷设计与优选。应用任务需要的遥感参量会以一种或多种探测要素综合的结果形式进行约束描述，同时通过前序分析处理后获得的需求量化结果与约束描述间的关联也可以获得，但是探测要素与卫星载荷的对应并不是简单的一对一映射，因此还需要基于指标优化结果进行载荷的设计与优选。

(2)平台综合。按照应用场景对需求量化结果进行重新归类，对多种探测要素有时空一致性要求的应用进行多载荷合并，并根据合并后的平台需求约束进行平台推荐设计，对无具体时空一致性要求及载荷无法合并的应用类型按照载荷对平台的需求约束推荐平台类型。

(3)轨道选择。按照载荷或平台设计轨道进行初始推荐，对存在多载荷合并平台的情况按照同平台探测要素的优先级进行轨道统筹。

(4)组网设计。根据应用的时空覆盖特性需求,结合载荷空间特征指标和轨道参数,设计所需的卫星数量。设计中还可视载荷数据库的内容详尽程度决定是否考虑采用同种载荷组合满足时空覆盖的情况。

(5)联合任务规划和仿真。主要考虑应用场景中的常规静止类观测应用任务,基于各类应用选择相应卫星组合,完成联合任务规划设计和仿真,获得遥感数字产品类型、数据量、时空特性(覆盖、一致性、连续性等)、地面站资源约束等信息。

(6)根据评估结果完成各环节优化调整。将体系方案及仿真结果输入天地一体化效能评估模块,基于评估结果在各环节可调节范围内进行协同优化设计。

新型载荷效能的发挥不仅依赖于载荷的指标体系,同时也依赖于载荷所在平台的观测任务设计。载荷任务优化是指与分析和观测任务相关的各个环节,在关联约束的情况下,为了实现最高的体系效能进行的优化。该过程由指标需求分级量化统筹、任务资源协同约束研究和天地一体化任务协同优化设计 3 部分组成,主要是指以新型载荷及平台指标体系为输入,基于需求量化统筹和任务资源协同约束研究,进行体系优化设计和联合任务规划,结合天地一体化评估,提出体系方案和地面站资源优化建议,如图 5.3 所示。

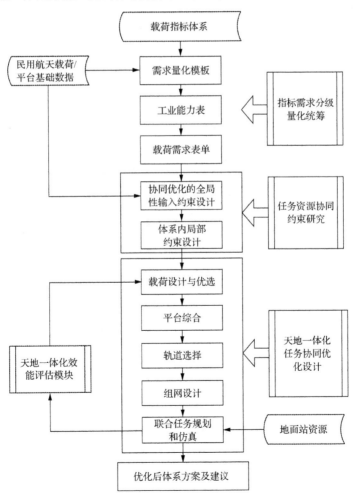

图 5.3　新型载荷及任务优化过程

5.4.2　M-N-P星座设计优化策略

在优化过程中，将所有卫星分为不可替代卫星和可替代卫星。不可替代卫星具有最高的优先级，没有此类卫星则不能完成需求所要求获取的数据类型；可替代卫星表示可用不可替代卫星的数据进行一定的处理(如重采样等方式)来获取替代数据。由以上分析可知，优化过程中的决策之一是减少可替代卫星的数量来节约成本。

需要注意的是，优化过程是一个逐步均衡和协同的过程，可先满足部分的优化，最终实现全局的优化；而且除通过控制卫星数量的方式达到优化目的以外，还可以调整卫星星座的构型等的方式(如将相同空间分辨率载荷配置在不同轨道面等设计)，来提高星座的覆盖性能，当然这一过程是反复迭代和优化的过程，且最优方案也不止一个。

运用这种思想，突出了载荷与卫星平台各自的特点，使卫星平台与载荷脱离了原来的捆绑式设计，建立起一种有机的结合。M-N-P业务化卫星星群组成的对地观测卫星组网的研究设计，为型谱化的通用平台与载荷建设提供了有力支撑。从以上分析可以看出，面向应用需求，建立以载荷为基础的对地观测组网卫星布局的发展模式具有很强的灵活性。

1. 任务资源协同约束方法

任务资源协同约束研究是为了约束协同优化的输入和各组成环节的优化范围，该约束的制定依据是民用航天技术预先研究支持的载荷和平台的研究成果，辅以应用需求约束，最终形成协同优化的全局性输入约束和各优化设计环节的局部约束。

对于协同优化的全局性输入约束，是在不区分应用任务优先级的情况下，基于需求量化统筹、研制能力、载荷成熟度、应用成熟度等因素设计卫星增量模型，以时间段和有限应用场景为任务协同优化定义域。对于优化设计环节的局部约束范围，是根据给定的应用场景，研究各类载荷支撑各个任务时对地方时、轨道类型、组网编队等方面的条件约束，给出载荷组合、平台、轨道等各环节的调节范围。

2. 载荷协同优化算法设计

1) 同型载荷复杂星座构型综合优化

针对多轨道类型(LEO、MEO、HEO 和 GEO 等)组合、多组网方式(星座、编队和广义组网)配合的复杂星座体系开展相对运动数学模型研究、多任务目标优化函数模型研究、复杂星座体系任务目标与约束条件建模研究，针对应用任务方案进行复杂星座体系构型初步设计，包括单星轨道设计、星座设计、任务编队和广义组网设计，作为空间构型的初始设计方案，以此为输入进行空间构型优化设计。空间构型优化设计在对空间构型初始方案进行效能分析、建立协同优化模型的基础上，根据目标函数与约束条件选取合适的求解算法，获得空间构型的优化方案，其中复杂遥感卫星组网的综合优化设计过程中的核心是优化设计问题数学建模。

同型载荷复杂星座构型综合优化设计涉及组网构型、卫星设计、发射计划 3 个具有强耦合关系的科目(陈琪锋和戴金海，2003)，另外，组网总体费用的计算还涉及地面运营，地面运营维护成本实际上是由组网构型的设计结果决定的，它与其他科目不存在耦合关系，在同型载荷复杂星座构型综合优化设计中，地面运营不作为一个单独的科目进行分析。

2) 多型载荷多卫星联合任务规划模型

进行多型载荷多卫星联合任务规划时，卫星及载荷类型多样、观测任务特点各异，以及不同应用场景和优化策略的差异，对多类型卫星联合任务规划的建模求解提出了较高的要求。为提高模型的适应性、扩展性、易移植性、重构性，可在任务规划建模过程中采用层次抽象方法，按照数据基础准备、资源约束、观测任务请求约束、优化策略和应用场景约束、业务流程的划分准则，建立 5 个层次的问题模型，分别对应于数据层、资源约束层、规划约束层、业务组件层和业务过程层，该层次划分结果如图 5.4 所示。

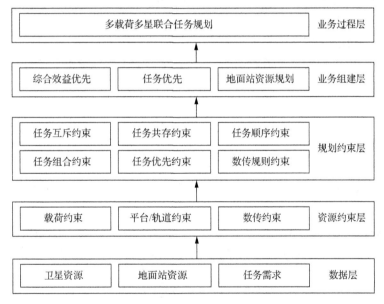

图 5.4　联合任务规划模型层次

其中，联合任务规划过程中的核心是约束建模问题，包括资源约束建模和任务约束建模。

3) 规划约束描述模型主要描述观测任务请求所分解出的不同子任务之间的关联关系

可以假设不同类型组合观测任务的分解已经完成，表示为多个子任务的组合形式，而观测任务与子任务的约束关系采用关联和迭代的方式表示。

5.5　卫星星群发展现状及发展趋势

遥感卫星已在国民经济、社会发展和国家安全中发挥着不可或缺的作用。其应用领域包括气象预报、国土普查、作物估产、森林调查、地质找矿、海洋预报、环境保护、灾害监测、城市规划、地图测绘，以及军事侦察和战场评估等方方面面。其数据与信息已经成为国家的基础性和战略性资源。随着全球经济的迅速发展，地球环境和地球资源正成为综合国力发展和国家间竞争较量的焦点。为此，各国都非常重视遥感卫星的发展，并不断拓宽相关应用领域，促进空间遥感产业化发展，并取得了越来越显著的社会效益和经济效益，卫星遥感正进入一个新的发展高潮(夏亚茜，2012)。

20世纪50年代，美、苏两国率先将空间观测技术从航空遥感发展到航天遥感领域，经过近20年的发展，到70~80年代，国际航天遥感技术已有突飞猛进的发展。美、苏等国已经将遥感应用到军事及国民经济的许多重要领域，遥感在推动经济发展、社会进步、环境改善和国防建设等方面发挥了重要作用(顾行发等，2016b)。

美国从1960年开始就从航天器上对地球进行长期观测，发射有TIROS-1和NOAA-1太阳同步气象卫星，并于1912年起先后发射了装有MSS传感器，分辨率约80 m的Landsat 1、Landsat 2和Landsat 3等第一代陆地卫星。1982年美国第二代陆地卫星Landsat4发射，装有TM传感器，分辨率提高到30 m。1983年年底，第二版《遥感手册》的出版，则标志着遥感技术应用的系统性成果的初步形成。在国外先进国家基本完成航天遥感应用体系构建的同期，中国航天完成了"两弹一星"的辉煌，开始向服务社会经济方向转型(顾行发等，2016b)。

5.5.1　遥感卫星组网体系日渐成熟

经过了几十年的发展，国外的遥感卫星由单一化逐渐向组网的方向发展，目前较为成熟的有美国地球观测系统(EOS)(吴培中，2000；骆继宾，2008)和欧洲全球环境与安全监测(GMES)(徐菁，2008；林英豪，2013)计划。

"地球观测系统"是NASA制定的一项大型对地观测计划，时间跨度为20年，是一项全球性国际合作项目，它将地球作为一个整体，利用不同轨道的众多卫星装载多种遥感器进行观测，提供有关地球大气、海洋和陆地的综合数据，供多学科综合研究。截至2010年12月，"地球观测系统"共发射了20颗卫星(含2颗失败)，获取了大量的地球科学数据。根据美国国家科学研究委员会(NRC)建议的地球科学卫星项目，NASA对"地球观测系统"计划进行了补充，未来计划主要集中在气候变化研究、全球降水测量、海洋地形探测等领域，预计2020年后完成整个系统组建(夏亚茜，2012)。

欧洲全球环境与安全监测计划由空间、现场观测、数据集成和信息管理、应用与运营服务4个部分组成，欧洲全球环境与安全监测空间部分包括欧洲航天局的卫星、欧洲气象卫星组织运营的气象卫星系列、欧洲各国及第三方运营的民用和军民两用对地观测卫星。针对欧洲全球环境与安全监测计划，欧洲航天局专门研制了6颗"哨兵"(sentinel)系列卫星，包括哨兵1~3系列，每个系列分别包括A、B两颗完全相同的卫星，"哨兵"系列卫星不会重复欧洲航天局成员国已经计划发展的能力，而是补充其能力(高洪涛等，2009；夏亚茜，2012)。

目前，全球环境与安全监测卫星网络中的欧洲各国民用卫星主要有法国的斯波特-5卫星、德国"快眼"(Rapid Eye)卫星星座、英国灾害监测星座(DMC)等。军民两用对地观测卫星主要有意大利的"宇宙-地中海"星座、法国的"昴宿星"、德国的"陆地合成孔径雷达-X""陆地合成孔径雷达-X 附加数字高程测量"卫星和超光谱卫星项目(EnMAP)卫星等。另外,纳入全球环境与安全监测卫星网络的还有第三方任务,包括加拿大的雷达卫星 2、以色列的地球遥感观测卫星(EROS)等(高洪涛等,2009;夏亚茜,2012;林英豪,2013)。

总体来看,国外遥感卫星的发展形成了一定的体系及规模,已经在科学研究、遥感应用、应急监测中发挥了重要的作用。

5.5.2 微小卫星的爆发式发展

20 世纪 90 年代以来,为了降低卫星研发和制造成本、提升卫星的性能、反映航天技术进步,小卫星研究工作在航天先进国家普遍开展,同时很多发展中国家也在以合作等方式推进小卫星的研发和应用。

自 2013 年起,随着 Skybox、Planet 等卫星的成功发射,微纳卫星(NanoSat)开始得到飞速发展,创新型企业也取代政府机构成为航天卫星的主角(原民辉和刘韬,2017)。截至 2015 年 9 月 30 日,全球在轨小卫星的数量为 460 颗,占所有在轨卫星数量的 1/3。其中,美国共拥有 189 颗在轨小卫星,排在所有国家之首,俄罗斯 58 颗、欧洲总计 57 颗。据可查资料,未来 5 年全球将发射 510 颗 1～500 kg 的小卫星入轨,10 kg 以下的微纳卫星预计将发射 300 颗,是未来 5 年间卫星行业继续高速发展的主要驱动力。在遥感领域,知名度较高的小卫星系统包括 2014 年被谷歌收购的 Skybox,其可提供时间分辨率较高的亚米级彩色影像和地球高清视频。

早在 1995 年,我国就提出要自主研制低轨道数据通信小卫星及其通信系统。1999 年,中国空间技术研究院研发和发射的"实践五号"卫星,可视为国内第一颗小卫星,该系列卫星平台也成为后续多颗应用型小卫星的基础(马兴瑞等,1999)。国内的"北京二号""吉林一号"等商业卫星星座,可提供覆盖全球的 1 m 左右分辨率的遥感影像,"吉林一号"还包括分辨率为 1.12 m 的高分辨率视频成像系统(卜丽静等,2017;陈塞崎和王东伟,2017;徐伟等,2017)。

微纳卫星包括了 10～100 kg 的微卫星和 1～10 kg 的纳卫星。据初步统计,国际上已有大约 100 所大学和研究机构开展微纳卫星研究,近 30 个国家和地区发射了微纳卫星。美国 Planet Labs 公司(以下简称 PL)设计和运营的微纳卫星群代表了当今最高水平,随着 2017 年 2 月 88 颗 Dove 卫星同时发射升空,其在轨运行的卫星数量达到 149 颗,已能够实现对全球陆地区域单天全覆盖。从卫星技术指标看,Dove 星质量小于 5 kg,图像分辨率为 3～5 m,相对几何定位精度能够达到 20 m 内,星群组网运行。从遥感数据处理能力看,其全自动影像处理平台高自动化地完成数据集合辐射纠正、去云、正射影像校正等处理及产品生产,每天处理量大于 5 TB,满足了每日的全球监测任务需求。从应用范围看,微纳卫星已经从"一张图"式的展示性应用,发展到发现、识别、确认与变化检测等分类性应用,并随着标定能力的提升,逐步在定量反演等方面开展应用。

为进一步扩大微纳卫星应用领域，提高全球覆盖能力、扩展观测波段范围、提升卫星数据几何辐射分辨率和定位精度、提高数据处理自动化率及降低处理时间是国外微纳卫星未来一段时间的发展趋势，逐步形成在遥感应用上与传统大卫星相竞争、相协作的局面。

国内第一颗微型卫星"清华一号"在 2000 年发射，标志着我国微纳卫星研究的全面展开。以高校(清华大学、国防科技大学、哈尔滨工业大学、浙江大学等)、科研院所(中国科学院微小卫星创新研究院等)、航天工业部门及企业(航天东方红卫星有限公司等)为主的研究机构进行了不同类型、不同应用目的微纳卫星的研制、发射、组网、数据处理探索并取得了大量成果。2016 年 12 月 22 日搭载"碳卫星"发射的两颗高光谱微小卫星是目前国际上同等功能遥感卫星中功能密度最高的，其标志着我国在微纳卫星的研制与创新方面取得的最新进展。

目前我国的微纳卫星发展与国外尚存在一定差距。从卫星指标看，卫星几何与辐射精度及稳定性较低，尚未形成大规模星座。从数据处理角度看，影响微纳卫星数据精度的重要因素(如颤振等)、变化规律及相应处理算法需进一步研究，大规模数据处理和多源卫星数据的融合反演系统尚未建立，整体上处在科研阶段，正向产品化、规模化、业务化转型中。

当前，我国已经意识到逐步实现微纳卫星应用的重要意义，正打造微纳卫星通导遥一体化的研发、制造、服务与应用体系，抢占微纳卫星即将带来的巨大商机。

5.5.3　高轨大卫星的迫切需求

随着减灾、资源、环境、气象等应用领域对卫星遥感数据时间分辨率的要求越来越高，中低轨道对地观测卫星已经很难满足遥感用户高时间分辨率的要求，尤其是对于突发灾害的预报及观测、周期很短的海洋、大气等变化过程，以及突变气象的需要。为此，发达国家相继发展和完善了能够对地球进行长期连续监视的地球静止轨道对地观测卫星系列，使它们与中低轨对地观测卫星搭配使用，形成一个更加完善的对地观测体系。另外，低轨道卫星空域使用率偏高，且太空垃圾等危及卫星正常运转的因素逐渐增多。遥感相机的制作技术，以及卫星发射技术日益提高和优化，基本可以突破高轨卫星研制的瓶颈，而提升遥感卫星轨道的运行高度对于提高卫星运行寿命和数据有效使用率等方面都有最为直观的作用效果。

高轨大卫星具有观测时间长、观测范围大、观测频率高等特点，针对应急突发事件及观测对象快速变化有十分明显的优势，其将在未来发挥更大作用。

第6章 网络化航天遥感地面应用系统模型

网络化是航天遥感地面应用系统发展的必然趋势。利用互联网技术建立的航天遥感系统更能响应各种类型的应用需求，灵活地完成应用任务，具有更大的灵活性与智能性，极大地促进了航天遥感与人们生活中各个领域的融合。相较于传统的遥感地面应用系统，网络化航天遥感地面应用系统具有更加综合性和多元性的特征，涉及大时空范围内多源异构遥感大数据的存取、多样化遥感信息提取算法的流程化驱动、高性能计算资源的调度，以及多元化应用服务模式的支持，这对系统的设计提出了更高的要求。

量化、模型化是在一定阶段提升有关关注对象认知的有效方法，遥感 GRID Cube 是一种基于多时空分辨率标准尺度格网表示的全球时空间参考框架模型，基于此构建一系列方法与接口实现多源、异构、海量空间信息数据的规格化集成、分布式存储、并行计算、智能挖掘、多类型应用与高效网络服务等功能，可以较完整地描述遥感信息传递过程。本章从概念、建模等方面，基于 GRID Cube 模型，展开对航天遥感网络化地面应用系统设计相关技术的探讨，支持对遥感地面应用系统的分析与评价。

6.1 基于遥感 GRID Cube 的航天遥感地面应用系统概念

6.1.1 概念与内涵

航天遥感地面应用系统的核心任务是将卫星获取的遥感数据转换为用户需要的信息并传到用户手上。在实现过程中，由于处理的遥感卫星数据及其信息产品在品种、规格、规模与时效性等方面具有不同特征，航天遥感地面应用系统在生产能力、软件系统架构、硬件系统的部署等方面各具特点。

为有效分析评价地面应用系统的状态、简化系统组成，通过采用遥感地面应用系统标准化元素，搭建面向应用标准化产品集的数据处理流程，开展规模化产品处理时效性、应用系统计算能力、应用系统存储规模等系统状态技术指标的分析。

1. 标准化数据处理模型与应用系统标准化元素设计

从遥感数据产品到信息产品的提取再到信息产品服务应用过程中，处理规模与时效性主要取决于信息产品的处理、存储与传输能力，其综合了数据资源、计算资源与算法资源。对应抽象出的标准化元素是标准数据单位、标准计算能力单位和标准算法单位，其构成标准化数据处理模型。

(1)标准数据单位。标准数据单位是用以表示遥感数据形态和数据存储、处理量的数据量单位。本书中，定义数据基本单元"瓦片"为遥感标准数据单位，1 个单位为单波段、1 000×1 000 图像大小，位深 32 位，数据压缩比按平均 75%，相应的标准数据量为 1 000 000 个浮点数（float point），3.8147 MB 内存占用空间，2.861 MB 存储占用空间。

遥感数据主体是地理栅格影像数据，影响数据量大小的因素包括行列像素数量、覆盖的空间面积、像素分辨率、波段数、数据压缩比、像元数值类型等。遥感数据产品、信息产品种类繁多，同一类型数据，因其传感器的不同，也存在数据规格的差异。因此，面对遥感数据整体多源、异构、海量等特征，在系统规模分析时需要定义一种遥感数据的标准形态作为基本数据单位进行分析。遥感标准数据单位作为一种标准形态，涉及遥感数据的数值结构、图像大小、分辨率尺度、波段数、数据压缩比等多种属性。标准数据采用五层十五级空间尺度模型，每个层级对应的单位瓦片面积尺度见表 6.1。

表 6.1　单位瓦片对应面积尺度

分辨率等级/m	瓦片面积尺度/km²
0.5	0.25
1	1
2.5	6.25
5	25
10	100
25	625
50	2 500
100	10 000
250	62 500
500	250 000
1 000	1 000 000

（2）标准计算能力单位。标准计算能力单位是表示计算机计算能力的单位，本书将表示遥感信息处理能力的标准计算能力单位设为每秒 1 万亿次浮点运算能力（1 TFLOPS）。

遥感数据的主体是栅格图像，在计算机中常以二维浮点型数组表示，遥感信息产品处理的主要操作是浮点型运算，而浮点运算能力可有效描述计算机计算能力。每秒所执行的浮点运算次数（floating-point operations per second，FLOPS）常用来估算计算机计算能力，其他常用的浮点运算单位有 MFLOPS（megaFLOPS）、GFLOPS（gigaFLOPS）、TFLOPS（teraFLOPS）、PFLOPS（petaFLOPS）。1MFLOPS 等于每秒一百万（$=10^6$）次的浮点运算，1GFLOPS 等于每秒十亿（$=10^9$）次的浮点运算，1TFLOPS 等于每秒一万亿（$=10^{12}$）次的浮点运算，1 PFLOPS 等于每秒一千万亿（$=10^{15}$）次的浮点运算。以一台高性能图像处理服务器为例，两颗 Intel Xeon E5-2620CPU，约 166 GFLOPS，一颗专业级 nVidia Tesla K80 GPU，约 2.91TFLOPS，整台服务器的理论浮点处理能力可达 3 TFLOPS，约为 3 个理论计算能力单位。

（3）标准算法单位。标准算法单位是在 1 个标准计算能力单位下，1 个标准数据单位耗时 1s 的算法，用以表示遥感算法模块处理效率、计算复杂性的基础单位。

通常分析算法的复杂度有事前分析估算法和事后统计法。事前分析估算法是指依据统计方法对算法进行估算，分析算法采用的策略、方法，以及统计代码编译中使用的顺序、分支和循环中基础操作的执行次数，以基本操作的重复执行的次数作为算法的时间量度。事后统计法是指在特定计算环境下，通过算法执行的前后时间差作为算法时间复杂比的参考值。考虑到遥感应用系统中大部分算法模型都是黑盒编译的，难以从代码层面进行事前分析估算，因此遥感应用系统标准算法单位采用的是事后统计的方法进行度量。

某个具体算法的计算效率与复杂度一般用算法复杂度描述，其计算方法是在实际计算环境下，统计一定数据量的计算耗时换算成的标准算法单位。算法复杂度计算如式(6.1)所示：

$$O_a = \frac{(t \times n \times p)/c}{(T \times M)/G} = \frac{t \times n \times p \times G}{T \times M \times c} \tag{6.1}$$

式中，O_a 为算法 a 对应的标准算法复杂比；t 为计算耗时；n 为通用计算环境的计算能力；p 为计算能力平均使用率；c 为计算数据量(瓦片数或浮点数)；G 为单位标准数据量(1 瓦片或 10^6 float point)；M 为单位标准计算能力(10^{12} FLOPS)；T 为标准单位时间 1s。

例如，在计算能力为 80GFLOPS 的通用设备上，算法 a 计算 1 个瓦片数据，耗时 0.7s，算法平均 CPU 使用率为 80%，如式(6.2)所示，算法 a 的遥感应用算法复杂度为 0.0448。

$$O_a = \frac{0.7s \times 80 \times 10^9 \text{FLOPS} \times 80\% \times 1瓦片}{1s \times 1瓦片 \times 10^{12} \text{FLOPS}} = 0.0448 \tag{6.2}$$

2. 遥感 GRID Cube 模型

地理时空栅格数据智方体(geo-raster intelligent data cube, GRID Cube)，是一种按照地理时空栅格构建的数据组织模型，即在统一的地理格网框架下对多源时空数据进行规格化组织。GRID Cube 以地理时空栅格数据的时序关系、空间关系、属性语义关系和演变过程关系为主，构建多维信息关联网络，可有效强化遥感时空栅格大数据的数据组织、处理和信息挖掘效率与能力。

GRID Cube 具有 $N \times 1\,000 \times 1\,000$ 的数据结构，其中 N 指 N 个数据层，$1\,000 \times 1\,000$ 是每个数据层的大小。若数据层代表图像，则像元大小符合"五层十五级"规格标准，是标准数据。

6.1.2　作　　用

(1)有效在各种软硬件环境中传递信息。依托遥感 GRID Cube 数据形式的遥感信息，可有效衔接空间信息技术和专题应用技术综合集成形成的技术流，完成信息流中的航天遥感数据到信息的转换和信息到应用的传递，实现遥感数据信息产品存储、标准化处理、信息产品提取生产、真实性检验、产品分发、专题性应用，最终实现需求满足和价值流增值的目的。

（2）促进多源遥感信息融合。在航天遥感发展的起步阶段，遥感卫星资源稀缺、用户和应用较为单一，航天遥感应用系统主要采用一星一系统的模式构建，随着遥感技术和互联网技术的进步，遥感卫星资源越来越多，遥感信息提取能力越来越强，社会化应用需求越来越多样，使得多星综合应用成为航天遥感应用的必然趋势，利用网络化技术，运用多卫星遥感数据源、分布式硬件基础设施、各类型软件处理与服务平台综合构建的航天遥感网络化地面应用系统，更能响应各种类型的应用需求，灵活地完成应用任务，具有更大的灵活性与智能性。

（3）标准化数据处理流程。按功能划分，航天遥感网络化地面应用系统通常包括综合管控系统、应用处理系统、数据中心系统、实验场网系统、共享网络平台和专题应用系统等。其中，综合管控系统提供面向用户需求的公共平台，负责处理各类最终用户需求。应用处理系统提供数据产品转换为信息、知识的技术手段，实现增值产品生产。数据中心系统是支撑空间信息应用的综合数据库，并承担数据存储、分发、服务的设施。实验场网是支撑系统运行的关键基础设施，包括定标场、真实性检验场、实验室等。共享网络平台是实现信息产品分发、增值服务的基础性平台。专题应用系统是专题信息和知识提取与应用的载体。

6.1.3　研　究　内　容

作为一种价值流驱动服务性信息系统，实现信息的增值和获得用户满意度是航天遥感网络化地面应用系统的一种重要价值体现。相较于传统"单星单应用"的遥感地面应用系统而言，以"百星百应用"为需求设计的航天遥感网络化地面应用系统具有更加综合性和多元性特征，涉及多源异构遥感大数据的存取、多样化遥感信息提取算法的流程化驱动、高性能计算资源的调度，以及面向网络的多元化应用服务模式的支持，因此，高满意度取向的航天遥感网络化地面应用系统设计更强调兼容、生产、速达和稳定。综上所述，航天遥感网络化地面应用系统的研究主要包括以下几方面内容。

1. 包含遥感信息产品 5 个属性的 GRID Cube 模型

航天遥感网络化地面应用系统是解决多星多应用的遥感地面应用系统。遥感信息产品的品种、规格、质量、规模和时效性的 5 个属性不仅是对遥感信息产品的重要评价指标，也是设计一个具有兼容性的遥感多星综合应用系统的基础体系，同时也决定着系统最终支持的应用类型和服务内容。

遥感信息产品 5 个属性的 GRID Cube 模型涉及的研究内容包括：基于 GRID Cube 模型的信息产品分级分类体系建设、信息产品的标准化技术、真实性检验技术、多星综合应用能力分析设计与优化等。

2. 基于 SDIKWa 闭环技术流与价值流设计

基于 SDIKWa 闭环的价值流和技术流的确立是一个航天遥感网络化地面应用系统可以构建的可行性基础。SDIKWa 闭环成立的必要条件主要为两个：一是这个闭环形成的信息增值能吸引足够多人与资金的投入，确立有效的价值流循环；二是这个闭环要拥有一套可行的技术和方法来确立技术流上的可行性。因此，以遥感数据为对象，挖掘高附加值的应用需求，并实现需求的有效满足，是航天遥感网络化地面应用系统的主要研究内容之一，这中间包括遥感信息产品的设计、信息提取方法研究、应用服务模式的设计等内容。

3. 面向系统构建的 IDSH 模型

信息、数据、软件、硬件(IDSH)综合构建是以信息流为骨干，以硬件设施为节点的系统综合构建方法。面向系统构建的 IDSH 实体化是信息、数据、软件、硬件综合构建方案的具体设计与实施，是决定着航天遥感网络化地面应用系统实现的最终形态和效率。

航天遥感网络化地面应用系统的 IDSH 实体化涉及的研究内容包括系统硬件部署结构设计、软件数据与信息流程设计、硬件系统工程化建设，以及软件平台开发与部署等。

4. 应用系统建设规模分析技术

遥感应用系统建设的规模分析与估算，对系统的设计与建设至关重要。遥感应用系统建设规模决定遥感应用系统能力与卫星应用需求的匹配程度，同时不同规模的系统需求还直接影响到系统的设计架构和建设预算。应用系统建设规模分析通常重点围绕存储、计算和时效性，包括应用系统存储规模需求分析、应用系统计算能力需求分析和规模化产品处理时效性分析。通过应用系统规模分析标准元素，可以对应用系统规模进行科学的分析。

1) 应用系统数据规模分析

应用系统数据规模需求分析是指根据卫星指标，分析遥感应用系统数据存储量需求。遥感应用系统的存储涉及很多种数据类型，通常包括基础空间数据、实验样本数据、初级卫星数据产品、高级(专题)信息产品、参考数据、辅助数据、业务服务数据等。在遥感应用系统中，相比初级卫星数据产品、高级(专题)信息产品而言，其他类型数据的数据量比重较小。这里介绍下初级卫星数据产品、高级(专题)信息产品的数据量估算方法，其他类型数据的数据量具体根据其实际需求估算。

初级卫星数据产品、高级(专题)信息产品的数据量按其最大可能需求进行计算，以标准数据单位(五层十五级瓦片)为计量单位，根据卫星载荷指标，对应标准数据单位各分辨率等级的瓦片覆盖面积，可以计算出卫星载荷的数据量指标。

2) 应用系统计算能力分析

应用系统计算能力分析是指根据卫星载荷指标、信息产品类型和需求，分析遥感应用系统计算能力的需求。其估算方法如式(6.3)所示：

$$K = \sum (D_i \times A_i) \times \sum (P_j \times O_j) \times \frac{T}{t} \tag{6.3}$$

式中，K 为应用系统计算能力需求（单位：标准计算能力）；D_i 为各卫星载荷单位时间数据量（单位：标准瓦片）；A_i 为各卫星载荷数据有效比，考虑到载荷开机情况、数据云量和区域特性，数据并非全部接收或处理，最大为 100%，常规可按 70%计；P_j 为各级产品的生产百分比；O_j 为各级产品生产算法的算法复杂比；T 为日数据接收时长，通常可按每日接收 24 小时；t 为处理时长，通常可按每日生产 16 小时。

3）规模化产品处理时效性分析

遥感应用系统中对数据生产处理的时效性要求比较高，特别是在应急情况下，因此产品的生产处理时效性指标通常是系统设计中的重要指标之一。规模化产品处理时效性分析主要是指在特定计算能力下，对特定产品生产的耗时分析，估算方法如式（6.4）所示：

$$T = \frac{C \times O}{M} \tag{6.4}$$

式中，T 为产品处理时长；C 为待处理数据量（单位：标准瓦片）；O 为指定产品生产算法的算法复杂比；M 为可驱动的计算能力（单位：标准计算能力）。

6.2　GRID Cube 构建模型

6.2.1　数据组织模型

1. 遥感数据抽象模型

遥感数据作为空间数据的一种，其与其他地理时空数据的融合往往是开展多项应用的前提条件，将遥感数据与其他地理时空数据从混沌、无序的复杂高维状态组织成透明、有序的规格化信息，是遥感数据实现高效利用和综合应用的基础。如图 6.1 所示，GRID Cube 数据组织主要从尺度维、信息维和时态维 3 个方面对地理时空栅格数据进行有序化组织和大数据降维。

（1）尺度维度有序化。地理时空栅格数据的空间尺度包括两个方面：一方面是数据的空间分辨率尺度；另一方面是数据的空间覆盖尺度。

从客观的角度上看，数据的空间分辨率尺度具有无限种可能，目前作为地理时空栅格数据主要信息源的遥感数据从厘米级的航空数据到千米级的卫星数据在各个分辨率级别上都存在多种不同的分辨率尺度数据源。由于空间地物信息的点面二相尺度特征，相同空间范围内不同空间分辨率尺度下的空间信息表达了不同的含义，因此实现统一空间分辨率尺度，是地理时空栅格大数据综合应用的基础。GRID Cube 数据组织模型根据地理时空栅格数据的应用目的不同，将空间分辨率划分成多个应用分辨率尺度级别，将各尺度级别附近的其他空间分辨率数据进行尺度归一化处理，从而提升各个应用分辨率尺度上的数据可用率。

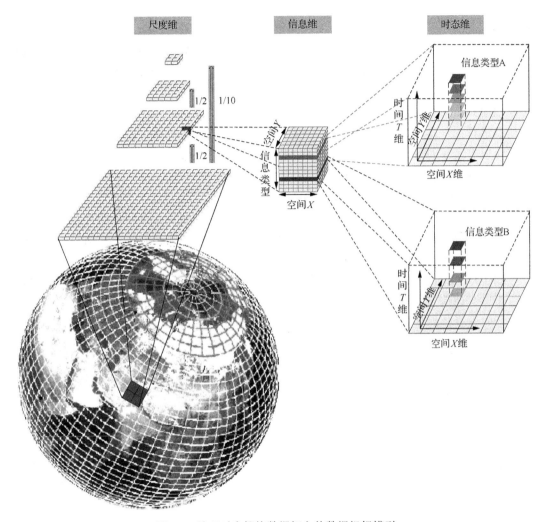

图 6.1　地理时空栅格数据智方体数据组织模型

地理时空栅格数据的空间覆盖尺度是指数据的空间覆盖范围不统一，遥感器拍摄时的高度、纬度、姿态角度等不同，使得获取的栅格数据的覆盖范围不尽相同，同时多源数据的产品规格存在差异，使地理时空栅格数据产品的空间覆盖尺度也不一致。空间覆盖尺度的不一致对地理时空栅格大数据的应用造成了影响，如多种复杂的空间计算方式降低了空间检索效率和便捷性，此外遥感数据从采集数据效率的角度确定的景幅宽大小并不适用于实际应用，造成了实际应用中数据包含了大量的目标区域外的无效数据，降低了数据的处理效率。由于空间信息具有粒子性特征，空间信息具备离散化和重聚化的特性，因此 GRID Cube 数据组织模型根据应用目的的不同，在各种应用分辨率尺度级别下进行了空间覆盖尺度的有序化，将各种数据空间覆盖尺度统一到该应用分辨率尺度级别下适合的大小，从而提升各个应用分辨率尺度上的数据处理效率。

（2）信息维度有序化。地理时空栅格大数据的一大特点是多源异构性，不同来源的数据具备了不同的定义和规格，限制了地理时空栅格大数据的综合应用。地理时空栅格信息产品定义的不统一，造成了数据识别的复杂性，主要包括产品级别的定义、产品信息类型定义、产品信息的值义单位、产品命名规范、产品元数据描述、产品的空间覆盖范围等；地理时空栅格数据规格的不统一，造成了数据读写的复杂性，包括数据格式、数值类型、头文件内容等。

GRID Cube 信息维度有序化的目的是将信息面向对象化组织。通过将空间地物的各种信息进行统一定义、规格化处理、归类，并作为其属性信息进行面向对象方式组织，不仅可以有助于对空间地物的综合认识、提升多源地理时空栅格信息的综合利用率，更有助于发现地物属性信息间的潜在价值。

(3)时态维度有序化。时态性是地理时空栅格数据的基本特性，空间地物在不同时刻具有不同的状态信息，大多数地理信息数据在时间方向的演变具有明显的规律。对地理时空栅格大数据在时态维度上的有序化组织，可以有助于发现和利用地物信息的时态变化规律，从而提升信息的利用价值。

GRID Cube 时态维度有序化通过将同一空间地物上的同义属性信息按时间顺序化组织，可以快速地实现信息的变化检测，获取信息时态变化曲线、信息时态模拟插值，以及进行时态变化趋势分析等。同时，对比同义空间地物上不同属性信息在时态上同步变化特征，可以有助于发现属性信息间在演变过程中的影响规律，从而提升发现潜在信息的能力。

2. 地理格网框架

在地理时空数据的组织和应用过程中，对地理时空数据的分级、分幅是非常重要的数据组织框架，如图 6.2 所示。例如，矢量数据中的国家基础比例尺、国家地图标准分幅，栅格数据中的影像金字塔组织等。地理时空数据分级是将不同尺度的数据进行规格化分类，不同的尺度强调不同的地物特征，适用于不同的地理应用。地理时空数据的分幅是针对不同尺度下地理应用的需求和特点，将地理空间范围进行规格化单元划分，统

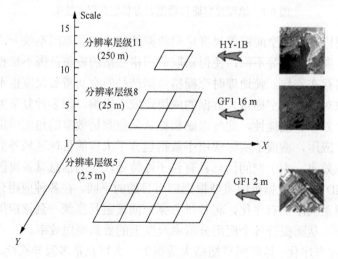

图 6.2　基于"五层十五级"的多源遥感数据一体化组织

一标准地理时空数据空间范围，有利于促进地理时空数据互操作、目标空间范围内的数据聚焦，提高数据使用效率等(程承旗等，2010)。目前矢量数据的分级分幅已有国家标准，应用领域广、接受认可度高，但目前栅格数据金字塔分级分幅方法有许多种，针对不同的应用需求有不同的组织方式，目前主流的方法还是以地理空间的均匀分布和栅格数据的并发高效性组织处理为主(李德仁等，2006；王慧等，2006；程承旗等，2010)。

GRID Cube 地理格网框架采用的是基于"五层十五级"标准空间分辨率模型和双经纬网格模型(见 3.3.3 节)。"五层十五级"标准空间分辨率模型以全球墨卡托平面地图的左下角作为坐标原点(–180°，–90°)，根据相应层级的分割间隔度数进行瓦片空间切分，并对切分的瓦片进行层级、行号和列号组合的唯一序列码标志。采用该模型的空间分辨率层级切分规则与国家标准比例尺相套合，有利于矢量、栅格一体化组织，其次切分单元不同于一般的 2 的幂次方，采用整数 1000 为间隔，有助于降低数据转换过程中的计算误差和提高应用过程中的空间单位换算便捷性等。

GRID Cube 数据投影方式采用双经纬网格切分投影，即常规模式下，或对于中低纬度地区，瓦片采用经纬度等间隔直投，该投影具有经纬度换算便捷的特点，如图 6.3 所示。但由于高纬度地区二维平面下变形严重，因此对于高纬度地区的应用，GRID Cube 数据投影采用旋转经纬网等间隔直投模式，如图 6.4 所示。

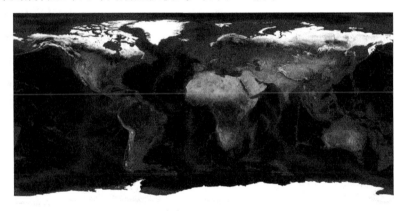

图 6.3 标准经纬网下的经纬度等间隔直投

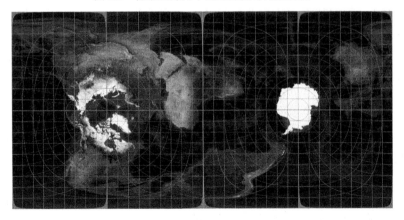

图 6.4 旋转经纬网下的经纬度等间隔直投图

3. 数据结构模型

GRID Cube 数据结构的设计是基于 GRID Cube 数据组织抽象模型，将不同来源的卫星数据或不同载荷生产的同类型信息产品，在同一分辨率层级上进行规格化处理，使其具备相同的空间分辨率，相同的数据含义，以及相同的数据格式，如图 6.5 所示，按照 X 方向为经度、Y 方向为纬度、Z 方向为品种类型和时间进行组织成立方体数据结构，使得多源遥感影像数据从杂乱无章转换为整齐有序的标准数据。

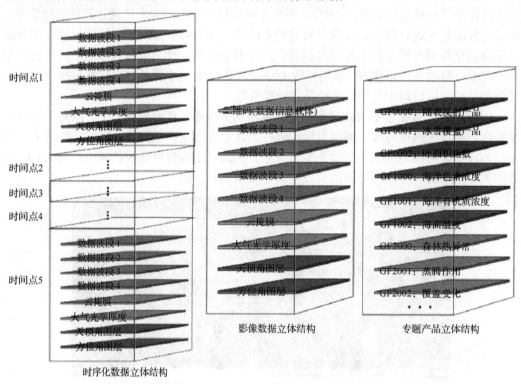

图 6.5　GRID Cube 数据结构抽象示意图

GRID Cube 数据基本结构主要包括 Head 文件头、Metadata 元数据信息、Block Descriptions 数据块说明、Band Information 波段信息、Color Map Descriptions 颜色映射表说明、Color Map Information 颜色映射表信息、Color Map 颜色映射表、Data Block 数据块内容几部分，如图 6.6 所示。

4. 数据应用特点

（1）GRID Cube 数据的产品性。通过 GRID Cube 规格化处理，不同来源的卫星数据或不同载荷生产的同类型信息产品，在同一分辨率层级上具备了相同的空间分辨率、相同的数据含义，以及相同的数据格式，消除了传统遥感应用中多星、多载荷、多数据格式带来的异构性，从数据对象上降低了遥感数据库和遥感应用系统的复杂度，另外，还屏蔽了一些敏感星源信息，起到了数据脱密的作用。

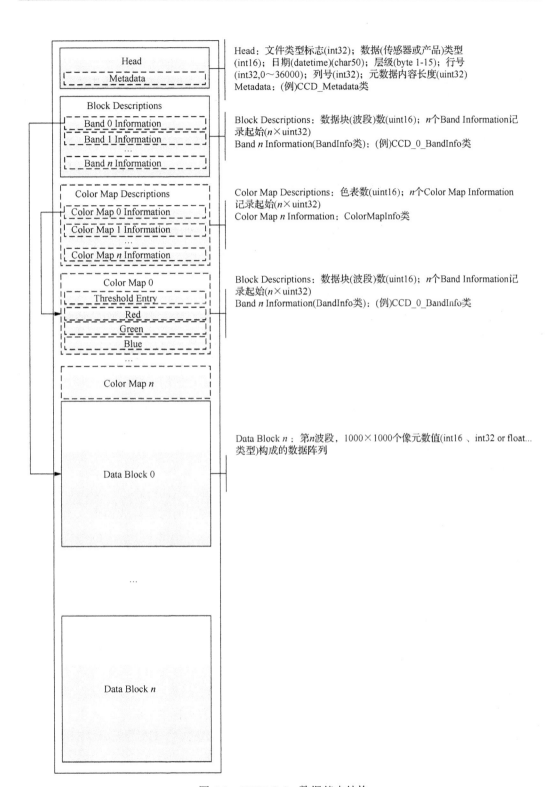

图 6.6　GRID Cube 数据基本结构

(2) GRID Cube 数据的离散性。通过 GRID Cube 规格化处理，传统一景为单位的数据形成了一系列的瓦片数据，瓦片数据的离散性为构建分布式数据库系统和并行处理系统提供了天然的优势。各个瓦片可以按照某一规则分散在不同的站点上，由于瓦片本身就是一份完整的数据，具备独立计算和应用能力，因此分布式系统中各站点间耦合性非常低，为构建分布式并行系统提供了便捷。

(3) GRID Cube 数据的聚合性。通过 GRID Cube 规格化处理，瓦片和瓦片在相同的规格体系下具备了聚合能力，由于数据来源的差异性被消除了，不同来源的瓦片可以不需处理直接聚合在一起形成新的数据应用能力。

(4) GRID Cube 数据间的时空关联性。遥感数据区别一般数据的特点是具有时空特性，每个像元都有其特定的拍摄时间和地理范围，因此依据此特性来设计规格化数据的分布式规则和索引，将大大提高数据的应用和处理效率。同一区域的规格化数据，其数据空间范围和各像素的地理位置都是一致的，将其分布存储在相同的站点上，①在数据处理或产品生产时，相比传统分布式存储，GRID Cube 可以降低 90%以上的网络传输负荷；②在区域时间序列分析时，各站点无需网络交互即可完成各自站点内的相关区域数据分析；③通过数据时空索引，可以迅速地定位出数据所在位置。

(5) GRID Cube 数据的空间聚焦性。GRID Cube 数据采用 1000×1000 像素大小进行切分，不仅考虑定量化换算的精度问题，同时该大小的瓦片适用于常用 PC 屏幕和高清智能手机、PAD 屏幕，另外各标准分辨率层级的规格化数据和国家标准比例尺是相对应的，因此基本上可以把空间目标区域聚焦到 1~4 个瓦片上，这种模式可以在很大程度上降低数据处理量、提高系统效率及改善用户体验。

(6) GRID Cube 数据的小巧性。规格化数据的数据量非常小，单个瓦片的浮点型数据存储空间为 2.861MB，通常前台显示使用 JPG 格式，JPG 压缩格式约为 19KB，因此在常用百兆或千兆带宽环境下，单片数据传输都可实现秒传，而对于外业调查人员来说，在移动网络环境下载 JPG 瓦片同样可以实现秒传，因此可以在很大程度上改善传统遥感应用数据量大、加载缓慢等不友好体验。

6.2.2　数据规格化

1. 遥感数据规格化

GRID Cube 遥感数据规格化处理，即对原始遥感数据进行几何、辐射等预处理后形成干净、准确的影像，再对其按照标准分辨率层级进行重采样，最后按标准格网裁切成 1000×1000 的规格化影像。规格化遥感影像产品处理过程如图 6.7 所示，其主要分为以下几步：①几何辐射特征提取；②数据质量检验；③去云处理；④RPC（rational polynomial coefficient）几何校正；⑤计算透过率；⑥规格化切分处理。

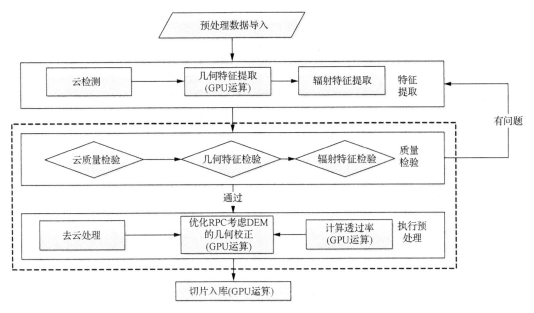

图 6.7　GRID Cube 数据规格化处理流程示意图

2. 矢量数据规格化

在 GRID Cube 中地理时空矢-栅一体化数据组织的目的就是解决矢量数据和栅格数据之间的异构性问题，使矢量数据和栅格数据具备支持高效的综合协同分析的能力。GRID Cube 矢量数据规格化是在以矢量标准数据格式保留矢量原始信息的基础上，将矢量数据进行栅格规格化，将矢量信息和栅格信息都统一组织成规格化地理空间单元上的信息集来表示，如图 6.8 所示。规格化地理空间单元(简称"空间单元")是指栅格数据规格化瓦片上一个标准像元所在的空间范围。矢量栅格一体化转换的具体过程如下。

(1)矢量规格栅格化。将矢量数据按其对应的比例尺和空间范围，确定所在的规格化瓦片层级和被覆盖的瓦片集。新建并以 Null 值(nodata 值)初始化所覆盖瓦片集，将矢量数据中的要素栅格化到新建瓦片集中，确定并获得矢量地理要素所覆盖规格化地理空间单元集，如图 6.8 中的深色格网所表示。

(2)要素信息规格化提取。要素信息规格化提取是矢量、栅格一体化数据组织的关键，本模型将矢量数据中的多属性信息视成栅格数据的多层(波段)信息进行组织。要素信息规格化提取过程，是在规格化地理空间单元集中的各空间单元上，根据矢量地理要素属性数目创建相应的信息层，然后将矢量地理要素的各属性信息提取并映射到各空间单元相对应的信息层上。

(3)栅格数值化。栅格数值化是矢量栅格一体化组织数据入库前的数值处理过程。上一步已完成将矢量数据统一到栅格数据类型，但为满足基于地理位置的栅格列存储模型对数值类型的要求，还需将信息化的栅格类型数据转换成数值矩阵类型，由于矢量要素的属性信息具有数据类型多样、数据量不可控等特点，为统一数据结构和降低数据存储

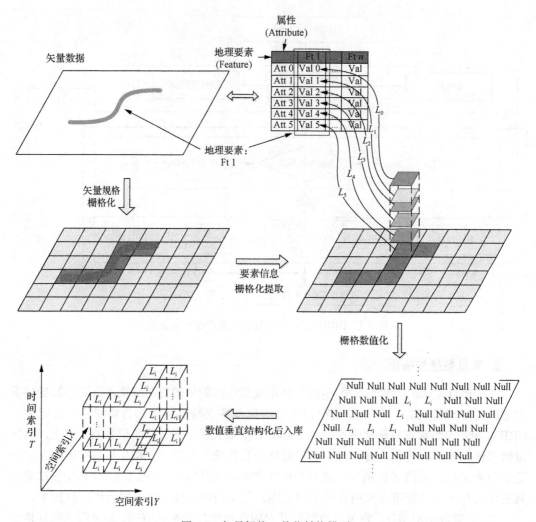

图 6.8　矢量栅格一体化转换模型

冗余度，数值矩阵中存储的数值并非具体信息内容，而是原始矢量属性信息存储的映射地址索引 L_{ij}。

$$L_{ij} = \mathrm{Loc}(\mathrm{Vec},\ \mathrm{Ft}_i,\ \mathrm{Att}_j) \tag{6.5}$$

式中，Loc 为信息值取址方法；Vec 为原始矢量数据对象；Ft_i 为该空间单元覆盖的矢量地理要素；Att_j 为该信息层映射的属性类型。

（4）数值垂直结构化入库。数值垂直结构化是将数值矩阵数据集，过滤 Null 值（nodata 值）对象，以规格化空间单元为基底，将同一个空间单元上的各层数值按信息类型进行归类、按时间轴进行排序，插入到相同规格化空间单元的列存储空间中，完成数据入库，实现矢量数据和栅格数据的一体化组织，并支持数据的协同应用与分析。

6.2.3　数据标识编码结构

数据标识编码是将数据内容、描述、特征等相关重点信息通过编码的形式进行标志和识别的符号标记。GRID Cube 中，数据标识编码可以作为数据信息特征的唯一标识；可以提供数据特征信息的快速识别，包括信息类别、时间特征、空间特征、数据源特征等信息；可以提高数据组织效率，解决多类型多特征数据的一体化组织；可以提高数据检索效率，通过对编码构建索引和存储路径的关联性，达到数据快速检索与定位作用。除了通用的空间标识编码模型、地表高程尺度层级编码模型，从数据信息特征的角度分析，GRID Cube 数据标识编码对象主要分为遥感数据产品、遥感信息产品、目标特征产品 3 种。

1. 通用空间标识编码模型

空间标识是指通过标识编码对空间区域进行唯一认定，是数据标识中的空间特征标识。在一个编码系统中，空间标识具有唯一性、独立性和统一性。GRID Cube 规格化数据瓦片空间分割采用统一的"五层十五级"标准化模型(详见 3.3 节)。其基本原理为：采用 WGS84 地理坐标系统作为参考，以西经 180°、南纬 90°空间位置通过坐标偏移补偿作为起始点 (0, 0)，以"五层十五级"标准化模型中各级别像元大小为标准，按水平 1000 像素、垂直 1000 像素大小为标准瓦片空间单元，瓦片行列序号以起始点所在瓦片为 (0, 0) 开始向北和东方向递增，如图 6.9 所示，分别为层级 F、层级 E、层级 D 的瓦片空间分割示意图。

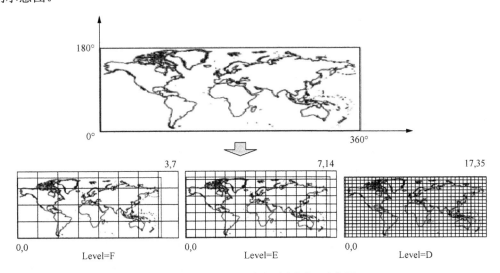

图 6.9　GRID Cube 空间分割原理示意图

1) GRID Cube 规格化数据瓦片空间标识编码方法

规格化数据瓦片空间标识编码方法见表 6.2。

表 6.2 规格化数据瓦片空间标识编码方法

编码项	编码方法	说明/示例
编码规则	层级_行标识_列标识	例"4_248_592"
层级	五层十五级特定尺度层级号	例"4",见表 3.8
行标识	数据所在瓦片的行序列号	例"248"
列标识	数据所在瓦片的列序列号	例"592"
空间编码转换方法	瓦片最小纬度=瓦片层级跨度×行序列号−90° 瓦片最大纬度=瓦片层级跨度×(行序列号+1)−90° 瓦片最小经度=瓦片层级跨度×列序列号−180° 瓦片最大经度=瓦片层级跨度×(列序列号+1)−180°	注:"瓦片层级跨度"见表 3.8 中"瓦片大小"

2) GRID Cube 像元级自定义矩形空间标识

像元级自定义矩形空间标识编码方法见表 6.3。

表 6.3 像元级自定义矩形空间标识编码方法

编码项	编码方法	说明/示例
编码规则	层级_行起始标识-行终止标识_列起始标识-列终止标识	例"4_248.789-249.133_592.387-593.211"
层级	五层十五级特定尺度层级号	例"4",见表 3.8
行(列)起始标识	行(列)起始标识表示自定义矩形空间的最小纬(经)度,采用浮点型数值标识,小数点前部分为行(列)序列号,小数点后部分表示目标像素在该1000×1000像素大小瓦片内的行(列)序号,小数点后保留 3 位,取值范围 X.0—X.999	例"248.789""592.387"
行(列)终止标识	行(列)终止标识表示自定义矩形空间的最大纬(经)度,采用浮点型数值标识,小数点前部分为行(列)序列号,小数点后部分表示目标像素在该1000×1000像素大小瓦片内的行(列)序号,小数点后保留 3 位,取值范围 X.0—X.999	例"249.133""593.211"
空间编码转换方法	瓦片最小纬度=瓦片层级跨度×行起始标识−90° 瓦片最大纬度=瓦片层级跨度×行终止标识−90° 瓦片最小经度=瓦片层级跨度×列起始标识−180° 瓦片最大经度=瓦片层级跨度×列终止标识−180°	注:"瓦片层级跨度"见表 3.8 中"瓦片大小"

2. 地表高程尺度层级编码模型

地表高程是连续无级且无限的空间范围,地表高程不同造成其球面面积的不同,对于栅格数据来说,其单位像元的信息有效空间域也受地表高程所影响。从空间应用角度出发,以赤道半径为球半径的球面作为基准面,按球面距离比值对连续无级的地表高程进行尺度分级,见表 6.4,不同层级适用于不同应用,地表高程尺度层级共分为 33 级,其中 0 级代表基准面。

表 6.4　地表高程尺度层级编码模型

层级	层级高程/km	球面距离比值	对应地表实际高程距离/km	应用参考/km
d	−6 000	0.1	−5734.2537	
c	−5 000	0.25	−4778.54475	
b	−3 000	0.5	−3185.6965	
a	−1 600	0.75	−1592.84825	
0	0	1	0	通航：3 /民航：7～12/对流层：20
1	1 600	1.25	1592.84825	
2	3 000	1.5	3185.6965	
3	6 500	2	6371.393	太阳同步轨道：6000
4	25 500	5	25485.572	地球同步轨道：35786
5	60 000	10	57342.537	
6	150 000	25	152913.432	
7	300 000	50	312198.257	月球距离：389802
8	630 000	100	630767.907	
9	1.6E+6	250	1586476.857	
A	3.2E+6	500	3179325.107	
B	6.4E+6	1 000	6365021.607	
C	1.6E+7	2 500	15922111.11	
D	3.2E+7	5 000	31850593.61	金星距离：41888000
E	6.4E+7	1.0E+4	63707558.61	火星距离：78390400　水星距离：91256000
F	1.6E+8	2.5E+4	159278453.6	
G	3.2E+8	5.0E+4	318563278.6	
H	6.4E+8	1.0E+5	637132928.6	木星距离：628320000
I	1.6E+9	2.5E+5	1592841879	土星距离：1277584000
J	3.2E+9	5.0E+5	3185690129	天王星距离：2722720000
K	6.4E+9	1.0E+6	6371386629	海王星距离：43.53 亿 /冥王星距离：57.44 亿
L	光年	1.48E+8	9.42966E+11	光年：94605 亿

3. 遥感数据产品标识编码模型

遥感数据产品是指由传感器直接获取的数据经过校正处理和 GRID Cube 规格化处理的(3A 级、3B 级)产品。遥感数据产品通常与平台和载荷直接相关，关联平台和载荷的元数据信息按平台、载荷、光谱类型进行分类，见表 6.5。

表 6.5　遥感数据产品标识编码模型

编码项	编码方法	说明/示例
编码规则	平台_传感器_时间_数据源_满幅度_云量_层级_行_列-光谱类型.数据类型.格式类型	例 "HJ1A_CCD1_2001030507_L20000521090_FFFF_4_241_599-1.c.tif"
平台	传感器所在卫星、航空飞机等平台，用平台英文标识表示	例 "HJ1A" "GF1" 等
传感器	数据获取的传感器的英文标识	例 "CCD1" "WFV1" 等
时间	数据瓦片中心点的成像时间，以年月日时表示，须补足 10 位，小时未知时用 24	例 "2001030507" "2001030524"
数据源	数据规格化前的源数据标识，可用以回溯源数据及其元数据信息，未知以 NULL 代替	例 "L20000521090"
满幅度	数据瓦片中有效空间范围占比率(0～100%)，采用 16 进制表示，取值范围(00-64)，未知值填 FF	例 "55"，表示满幅度 85%
云量	数据瓦片中云量占比率(0～100%)，采用 16 进制表示，取值范围(00-64)，未知值填 FF	例 "0F"，表示云量 15%
层级_行_列	规格化数据瓦片的空间标识	例 "4_241_599"
光谱类型	以光谱波段序号表示	例 "1" "2" "3" "4" 等
数据类型	c 表示遥感数据产品类型	例 "c"
格式类型	数据文件格式类型，如常规数据可为.tif 文件格式、快视图可为.png 文件格式	例 "tif" "png"
存储路径编码规则	\\虚拟磁盘空间\层级\行标识\列标识\传感器标识\时间标识(yyyyMMdd 截断到日)\文件名	例 "\\172.16.0.15\QDB_Tile\0\4\241\599\CCD1\20111212\HJ1A_CCD1_2001121224_L20000521090_5442_4_241_599-1.tif" 其中，"\\172.16.0.15\QDB_Tile\0" 为虚拟磁盘空间位置，"4" 为层级，"241" 为行标识，"599" 为列标识，"CCD1" 为传感器标识，"20111212" 为截断到日的时间标识

4. 遥感信息产品标识编码模型

遥感信息产品标识编码模型是针对经 GRID Cube 规格化处理的 3C 级及以上级别信息产品，包括影像融合产品、影像匀色镶嵌产品、影像数字正射校正产品、目标表观辐射产品、目标辐射产品、云目标掩膜产品、目标变化检测产品、目标分类产品、目标理化类产品、目标轮廓产品、目标规律知识性专题级产品、面向应用的专题产品等，是统一的标准化标识体系，见表 6.6。

表 6.6　遥感信息产品标识编码模型

编码项	编码方法	说明/示例
编码规则	产品类型_算法流程_时间_数据源_满幅度云量_层级_行_列.数据类型.格式类型	例 "EVI_11_2011041924_L20000521090_6401_4_248_592.p.tif"
产品类型	信息产品类型,包括标准产品类型标识和自定义产品类型标识	例 "EVI" 表示标准增强植被指数类型、"LAI121001" 表示小麦(类别编码 121001)叶面积指数类型
算法	所采用算法流程在关联算法流程表中的标识 ID,相关信息在头文件 Metadata 元数据信息里也会被详细描述	例 "11",表示生产 EVI 产品中序号为 11 的算法流程
时间	数据瓦片中心点的成像时间,以年月日时表示,须补足 10 位,小时未知时用 24	例 "2001030507" "2001030524"。
数据源	该信息产品生产所输入的数据源标识 ID,多个源数据融合用 "-" 符分隔,未知为 NULL	例 "L20000521090-L20000521097"
满幅度	数据瓦片中有效空间范围占比率(0~100%),采用 16 进制表示,取值范围(00-64),未知值填 FF	例 "55",表示满幅度 85%。
云量	数据瓦片中云量占比率(0~100%),采用 16 进制表示,取值范围(00-64),未知值填 FF	例 "0F",表示云量 15%
层级_行_列	规格化数据瓦片的空间标识	例 "4_241_599"
数据类型	p 表示遥感信息产品类型	例 "p"
格式类型	为数据文件格式类型,如常规数据可为.tif 文件格式、快视图可为.png 文件格式	例 "tif" "png"
存储路径编码规则	\\虚拟磁盘空间\层级\行标识\列标识\产品类型标识\算法流程标识\时间标识(yyyyMMdd 截断到日)\文件名	例 \\172.16.0.15\QDB_Tile\0\4\248\592\EVI\11\20110419\EVI_11_2011041924_L20000521090_6401_4_248_592.p.tif。其中,"\\172.16.0.15\QDB_Tile\0" 为虚拟磁盘空间位置,"4" 为层级,"248" 为行标识,"592" 为列标识,"EVI" 为产品类型标识,"11" 为算法流程标识,"20110419" 为截断到日的时间标识

5. 目标特征产品标识编码模型

目标特征产品是基于遥感数据或信息产品提取的目标对象特征信息并经 GRID Cube 规格化处理的产品,如目标对象的分类样本、目标对象的纹理特征、目标对象的几何特征、目标对象的波谱特征等。目标特征产品与遥感数据产品、遥感信息产品相比具有很多数据组织特点。目标特征产品与目标对象信息密切关联,同时,目标特征产品具有目标特征信息采集时的特有元数据信息,包括采集人、采集时间、采集方法等,另外,相同时空条件下的目标特征产品通常可以有多次采集记录,见表 6.7。

表 6.7　目标特征产品标识编码模型

编码项	编码方法	说明/示例
编码规则	目标特征类别_目标类别编码_记录序号_时间_数据源_层级_行_列. 数据类型.格式类型	例 "CS_121001_7_2014112424_L20000521097_4_248_592.s.tif"
目标特征类别	表示目标特征数据类型,包括目标分类样本、目标纹理特征、目标几何特征、目标波普特征等	例 "CS" 表示分类样本
目标类别编码	表示目标对象类别,参考《土地利用分类》(GB/T 21010—2007)、《全国土地分类(试行)》(2001 年)等标准定制类别编码体系	例 "121001" 类别编码代表小麦
记录序号	该目标特征数据在同类型特征数据表中的记录序号,相关信息在头文件 Metadata 元数据信息里也会被详细记录描述	除了编码中的信息,目标特征数据还包括采集人、采集时间、采集方法等等其他元数据信息,通过数据库记录序号实现与元数据信息表的关联。例 "7"
时间	数据瓦片中心点的成像时间,以年月日时表示,须补足 10 位,小时未知时用 24	例 "2001030507" "2001030524"
数据源	数据规格化前的源数据标识,可用以回溯源数据及其元数据信息,未知以 NULL 代替	例 "L20000521090"
层级_行_列	为规格化数据瓦片的空间标识	例 "4_241_599"
数据类型	s 表示目标特征产品类型	例 "s"
格式类型	数据文件格式类型,如常规数据可为.tif 文件格式,快视图可为.png 文件格式	例 "tif" "png"
存储路径编码规则	\\虚拟磁盘空间\层级\行标识\列标识\目标特征类别标识\目标类别编码\时间标识(yyyyMMdd 截断到日)\文件名	例"\\172.16.0.15\QDB_Tile\0\4\248\592\CS\121001\20141121\CS_121001_7_2014112424_L20000521097_4_248_592.tif"。其中,"\\172.16.0.15\QDB_Tile\0" 为虚拟磁盘空间位置,"4" 为层级,"248" 为行标识,"592" 为列标识,"CS" 为目标特征类别标识,"121001" 为目标类别编码,"20141124" 为截断到日的时间标识

6.2.4　数据存储结构

1. 数据列存储模型

随着大数据的兴起,数据的分析决策支持能力越来越引起行业关注,数据存储技术的研究从以面向操作密集型应用为中心转变为以面向数据密集型应用为中心,使得以列存储技术为代表的垂直划分技术在数据存储领域表现出了显著的优势。列存储的基本思想是将数据组织进行垂直划分,然后逐列存储数据,使得查询处理时能只读取与查询相关的列,避免读取无关列,提高数据传输效率,从而提高查询处理的速度,同时列存储还能有效提高数据压缩比率,而且具备更高效的数据索引能力。列存储技术主要适用于大数据的复杂查询,这类查询通常只用到表中少数几个列,但是涉及的数据量非常大,列存储对这种查询的性能具有显著的优势。目前,相较于行存储,列存储技术在数据仓库、联机分析、数据挖掘等数据密型应用中广泛地被采用,已占据主导地位。

1)基于地理位置的栅格列存储模型结构

GRID Cube 数据列存储模型是一种基于地理位置的栅格列存储模型,以地物特征的规格化空间单元为标的、信息类型为分组特征、时间轴为序列方向，构建支持分布式的列存储单元，并按层级分辨率进行分级分区存储的一种地理时空数据存储模型。基于地理位置的栅格列存储模型主要由数据原子 U、单元列栈 C、层级存储区 D 及寻址器 V 组成。

数据原子 U 由其关联的信息类型 P，空间分辨率层级 L，空间位置 X、Y，以及时间标记 T 作为标识。

$$U_{PTXYL} = V(P,T,X,Y,L) \tag{6.6}$$

单元列栈 C 是一个规格化空间单元上的全部数据，按空间 XY 和时间 T 分组顺序堆栈的数据集。

$$C_{XY} = \left\{ U_{P=\min P}^{\max P} U_{T=\min T}^{\max T} \left\{ U_{PTXY} \right\} \right\} \tag{6.7}$$

层级存储区 D 是相同层级 L 下全部规格化空间单元对应的单元列栈 C 的集合。

$$D_L = \left\{ U_{X=\min X}^{\max X} U_{Y=\min Y}^{\max Y} \left\{ C_{XYL} \right\} \right\} \tag{6.8}$$

寻址器是基于一定数据规则，将数据原子分布式存储后形成的一系列地址和索引的键值对集合，其负责维护 P、L、X、Y、T 索引信息，执行信息地址映射 $V(P,L,X,Y,T)$ 返回指定信息关联的数据原子地址。数据原子分布式规则通过分布算子 Mod 确定，寻址器初始化时对每个注册的物理存储设备计算其负责的分布算子集合 $\text{Mods}_{\text{node}}$，分布算子集中的算子 Mod_{node} 可由式(6.9)计算获得，指定单元空间分布算子 Mod_{XYL} 可由式(6.10)计算出，再通过映射 Mod_{XYL} 所属分布算子集合 $\text{Mods}_{\text{node}}$ 确定所在物理存储设备的标识 NodeIndex。该分布算法与空间单元的空间横纵向位置成线性相关，具备空间相邻存储相近的数据分布特征。

$$\text{Mod}_{\text{node}} \varepsilon \left\{ \text{Mods} \mid \text{Mod}_{\text{node}} \% \text{NodeNum} = \text{NodeIndex} \right\} \tag{6.9}$$

$$\text{Mod}_{XYL} = \left[\text{RowIndex}\left(U_{XYL}\right) + \text{ColumnIndex}\left(U_{XYL}\right) \right] \% \text{MaxMods} \tag{6.10}$$

式中，Mods 为全部分布算子；NodeNum 为物理设备数量；RowIndex 为指定空间单元的横向序号；ColumnIndex 是指定空间单元的纵向序号；MaxMods 为最大分布式算子。

2) 多维地理时空数据集栅格列存储过程

GRID Cube 数据列存储模型采用多维地理时空数据集栅格列存储过程。图 6.10 所示的是多维地理时空数据集 $(A、G、K)$ 的栅格列存储过程示意，其中数据集 A 和数据集 G 是相同分辨率层级 L_1 下不同时空信息类型 $(P_a、P_g)$ 的数据集，数据集 G 是较低空间分辨率层级 L_2 下，时空信息类型为 P_k 的数据集，数据集 $(A、G、K)$ 依据其所在分辨率层级 L 分别被存储到对应的层级存储区中，一个层级存储区内包含了该层级分辨率下的全部规格化空间单元数据，一个规格化空间单元上的数据对应一个存储单元列栈，即相同

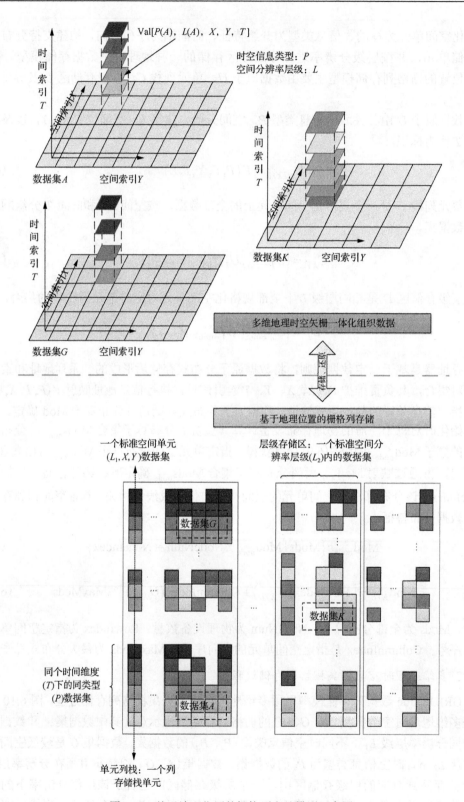

图 6.10 基于地理位置的栅格列存储模型示意图

规格化空间单元上的不同数据，包括不同时间、不同信息类型，都会被存储在一个单元列栈中，在单元列栈中的数据按信息类型分组并按时间序列排序成一列进行存储，不同的单元列栈按空间位置相邻相近原则可以分布式存储在不同的物理存储单元，通过寻址器映射实现逻辑上统一物理上离散的动态分布式存储模式。

3) 基于地理位置的栅格列存储模型分析

GRID Cube 数据列存储模型相比传统基于文件方式的栅格存储模型有以下几点优势和特点。

(1) 基于列的数据存储模式非常适合于地理时空大数据的复杂查询和综合分析；

(2) 模型中采取一体化组织方法可以有效地解决地理时空数据多源异构的综合应用和矢量栅格数据一体化协同等问题；

(3) 基于地理位置的数据序列存储方式加强了同一地物特征的时间关联性，更易发现地物的时间变化规律；

(4) 基于相同空间单元的数据归一化列存储，相邻空间单元相近存储的原则，可以突出空间关联性特征；

(5) 依据空间相近地物相似的原则提高相似数据存储聚集性，从而提高数据压缩效率和存储空间利用率；

(6) 相邻数据相近存储符合地理应用的空间聚焦性特点，从而在具体应用分析中可以降低数据传输成本，提高计算效率。

(7) 支持动态分布式架构，满足地理时空大数据分布式存储、并发传输、并行计算等高容量和高性能需求。

2. 基于虚拟映射的分布式对象存储模型

GRID Cube 云存储采用的是基于虚拟映射机制的分布式可伸缩对象存储，GRID Cube 云存储虚拟了一个逻辑存储空间，如图 6.11 所示，其由多个虚拟磁盘空间(virtual disk space，VDS)组成，每个 VDS 都通过映射的方式对应于实际物理存储空间，通过 VDS 的分布式部署、扩展、迁移、冗余、并发，实现 GRID Cube 可伸缩扩展、并发高效的云存储架构。

GRID Cube 云存储如图 6.12 所示，其分为物理层、逻辑层和数据层 3 层，分别对应 GRID Cube 的物理存储站点、虚拟磁盘空间和应用数据。地理栅格数据经过栅格列存储模型组织后，数据分配的存储空间与其所在地理空间位置相关，通过映射方法[参见式(6.9)、式(6.10)]，数据被映射到指定的 VDS 上，这种与地理位置相关的分布式存储方法是数据按地理空间列存储的基本原理，也是强化数据地理空间关系、降低关联数据的 I/O、提高处理效率的关键。

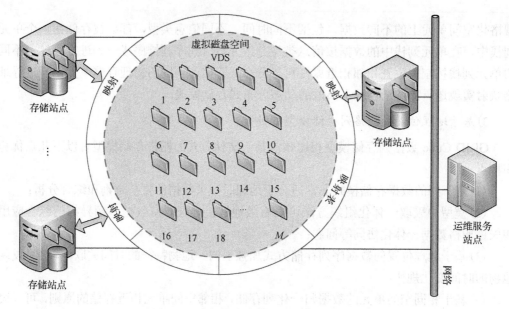

图 6.11 虚拟磁盘空间与存储站点映射图

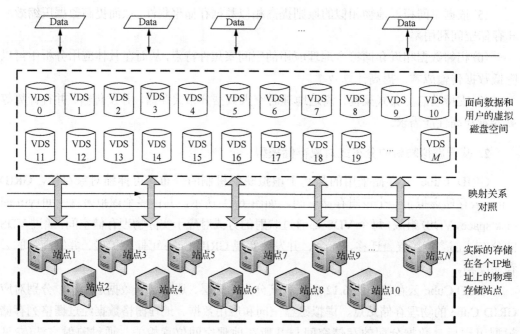

图 6.12 分布式可扩展体系架构模型图

3. 数据云存储平台架构

通过对当前相关主要研究成果的分析和总结，目前地理时空大数据存储的主要技术途径和解决方案已不再是一个面向存储管理的空间数据库基础软件，而是一套针对地理时空数据具体应用需求，基于物理分布式并行技术、逻辑架构虚拟化管理、服务云平台化的基础设施。因此，GRID Cube 数据存储架构在设计上也采用了云存储平台模式，以满足地理时空数据大数据存储和多维关联分析计算需求。

GRID Cube 主要存储对象包括地理时空数据、关联信息、规则。其中，规则以模型算法和参数配置的形式进行组织管理，地理时空数据主要采用地理时空矢-栅一体化数据组织模型和基于地理位置的栅格列存储模型进行存储和管理。GRID Cube 数据云存储架构如图 6.13 所示，整个架构分 3 个层次，即物理层、逻辑索引层、应用服务层。物理层基于虚拟化技术的分布式并行文件系统负责数据的物理存储，存储对象包括列存储化的矢量数据和栅格数据、规则模型及非规数据等。逻辑索引层存储语义关联信息和规则索引、栅格数据索引、矢量数据索引等索引信息，负责关联信息联想和数据检索。应用服务层基于跨平台并发数据服务，包含智方体数据引擎和信息服务接口等。

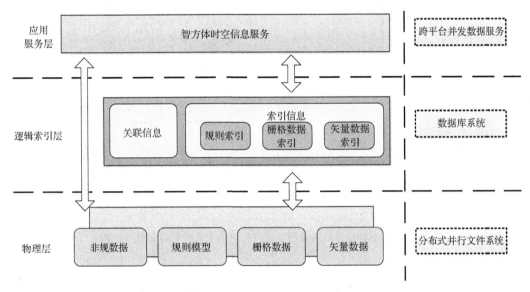

图 6.13　GRID Cube 云存储平台架构组成

GRID Cube 云存储平台从系统组成上，如图 6.14 所示，其主要由运维服务站点（maintain server, MServer）、分布式存储站点（distribute-storage site, D-SSite）构成，其中每个存储站点又包含多个虚拟磁盘空间（VDS）。

（1）运维服务站点。运维服务站点作为在 GRID Cube 云存储系统的中心控制台，主要负责以下几个功能任务：①分布式存储站点的监控与管理；②模糊检索任务的分发与集成；③分布式存储站点与虚拟磁盘空间的映射与迁徙；④故障处理，即故障站点虚拟磁盘空间的暂存与服务。

（2）分布式存储站点。分布式存储站点是 GRID Cube 云存储系统的物理存储站点，每个分布式存储站点部署多个虚拟磁盘空间，通过运维服务站点对虚拟磁盘空间的迁徙，实现支持站点动态扩展和变更。

（3）虚拟磁盘空间。虚拟磁盘空间是整个分布式存储系统的存储组织单元，由分布式索引信息文件（EIF）与地理栅格数据块（DSI）两部分组成。

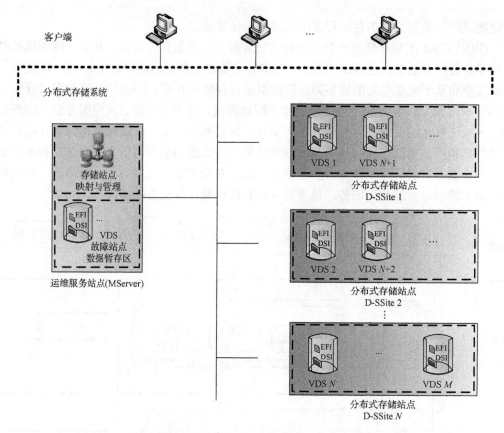

图 6.14　基于直接寻址的分布式可扩展遥感影像数据存储系统架构

6.3　航天遥感网络化地面应用系统模型

航天遥感网络化地面应用系统模型是基于遥感 GRID Cube 模型实现多源遥感数据产品组织和处理的标准化、规模化、自动化、智能化系统，其结合互联网思想和网络化架构构建，服务于多类型应用。

6.3.1　基于 GRID Cube 的 SDIKWa 闭环流程结构模型

SDIKWa 是地球信号信息、遥感数据信息、遥感信息/观测地球信息、知识/决策智慧、行动再到地球信号信息的循环相连的 SDIKWa 闭环，是航天遥感信息流的形状，是目前航天遥感应用的主要表现形式。基于 SDIKWa 流程深入描述航天遥感地面应用系统软件功能和性能，确定处理系统设计的约束和软件同其他系统元素的接口细节，定义软件的其他有效性需求，借助于当前系统的逻辑模型导出目标系统逻辑模型，解决目标系统"做什么"的问题，明确输入什么类型的遥感数据、生产什么类型的遥感信息、通过什么方式形成具有现实意义的知识和决策，最后是如何传导到实际行动中实现信息价值的。

航天遥感地面应用系统设计通常有两种类型：一种是自上而下，针对卫星传感器类型分析其可能的应用方向和类型，确定用户并设计地面应用系统；另一种是自下而上，根据用户的业务需求，从遥感信息产品确定卫星传感器类型和指标，而后设计地面应用系统。两种方式对应的是 SDIKWa 闭环传递方向的不同，前者是 $S>D>I>K/W>a$，表现为数据导向需求分析，后者是 $a>K/W>I>D>S$，表现为应用导向需求分析。

1. 数据导向分析

数据导向分析主要适用于在确定遥感数据源的情况下，设计特定领域的地面应用系统时。例如，针对特定遥感卫星或传感器建设的地面应用系统。数据导向需求分析主要包括信息产品需求确定、业务需求确定、应用模式需求确定等几个方面的内容。

(1)信息产品确定。调研指定类型传感器所能提取的信息产品种类，分析在目标领域中遥感信息产品的应用能力，包括传统可用遥感信息产品类型、可研发的面向业务的综合信息产品，确定应用系统最终信息产品，统筹各环节的中间产品，从而明确需要研发的产品算法模块，以及信息生产系统的功能、流程。

(2)业务确定。根据信息产品的品种、规格、质量、规模、时效性 5 个属性，调研分析现有业务，明确或设计业务内容，进而确定用户对象及其功能权限、业务规范、系统性能要求等。

(3)应用模式确定。根据确定的业务需求，结合实际条件，明确应用系统交互模式和架构需求，如中心 Web 方式、桌面工作台方式、移动终端方式，以及功能界面形式等。

2. 应用导向分析

应用导向需求分析主要适用于针对特定应用需求，遴选特定遥感卫星数据，设计遥感地面应用系统。相比数据导向需求分析，应用导向需求分析不限于卫星传感器，其适用于遥感卫星资源充沛条件下的多星综合应用的系统设计模式。应用导向需求分析主要包括业务需求分析信息产品需求分析、遥感卫星数据产品遴选、信息产品需求确定、业务需求确定、应用模式需求确定等几个方面的内容。

业务分析。针对目标应用，进行业务需求分析，初步确定业务内容形式、用户对象及其功能权限、业务规范、系统性能要求，以及应用系统交互模式和架构需求。

信息产品分析。针对业务需求，进行业务信息产品需求分析，包括信息品种需求、信息规格需求、信息质量需求、信息规模需求，以及信息时效性需求。

遥感卫星数据选取。针对信息产品的品种、规格、质量、规模、时效性 5 个属性需求，综合分析遥感卫星数据类型和获取能力，进行相关信息产品可提取能力和生产能力分析评价，从可行、可靠、经济等多方面选择并确定遥感卫星数据组合。

信息产品确定。根据遴选的遥感卫星组合能力，考虑到存在需求无法完全满足或需求品质可提升等情况，优化或调整信息产品需求，确定应用系统最终信息产品，统筹各环节的中间产品，从而明确需要研发的产品算法模块，以及信息生产系统的功能、流程、性能要求。

业务确定。根据最终确定的信息产品品种、规格、质量、规模、时效性 5 个属性，优化调整业务需求，确定用户对象及其功能权限、业务规范、系统性能要求等。

应用模式确定。根据确定的业务需求，结合实际条件，优化调整应用模式需求，确定应用系统交互模式和架构需求，如中心 Web 方式、桌面工作台方式、移动终端方式，以及功能界面形式等。

6.3.2 基于 SPID 的软件系统总体架构

1. 遥感应用系统总体架构概述

遥感应用系统总体架构描述了遥感应用系统功能和技术实现的内容。遥感应用系统总体架构是多系统总体层面的应用架构，起到了统一规划、承上启下的作用，向上承接了遥感应用系统建设需求和业务模式，向下规划和指导各个子系统的定位和功能。遥感应用系统总体架构包括了系统的应用架构蓝图、架构标准/原则、系统的边界和定义、系统间的关联关系等方面的内容。

遥感应用系统 SPID（software，platform，infrastructure & data）架构如图 6.15 所示，其基于互联网云服务理念，将遥感应用系统抽象为软件 S、平台 P、基础设施 I 和数据 D 4 种结构对象与服务要素。

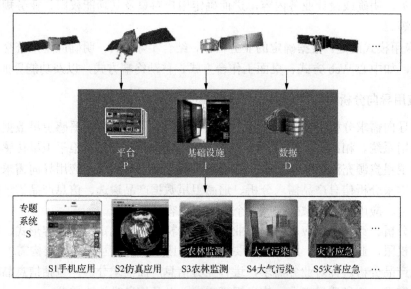

图 6.15　遥感应用系统 SPID 架构示意图

（1）S 服务：仿真应用、手机终端、城市环境监测系统、作物长势监测系统、大气环境监测系统等专题业务系统。通过该服务能够降低遥感应用门槛，推动遥感应用推广。

（2）P 服务：共性技术平台服务。提供基于平台的遥感影像及其共性产品的生产、处理、共享等服务。遥感应用系统服务平台采用面向弱耦合化的插件式系统构建技术，实现了工具、系统的灵活配置、动态扩展、便捷升级，避免了重复建设，有利于应用的深入开展和有序进行。

（3）I 服务：硬件基础环境服务。遥感应用系统是一个大数据系统，依赖于海量存储、高性能计算等高要求硬件基础设施，I 服务可以通过提供虚拟化硬件基础设施服务，为远程遥感应用提供支持。

（4）D 服务：卫星影像数据、信息产品及其相关辅助数据等的数据信息服务。

2. 遥感应用系统 SPID 架构形式

遥感应用系统 SPID 架构是指遥感应用系统采用 SPID 基础架构理念，基于特定需求进行架构设定与改进。

遥感应用系统 SPID 基础系统架构具体构建如图 6.16 所示。S 所包括的专题应用系统、信息可视化系统、空间信息分析系统、移动终端 APP 等负责收集用户需求，定制数据获取规划，向平台 P 提交信息技术需求，获得平台的共性信息产品，生产用户需求的决策信息产品。P 所包括的网络化服务系统、3～5 级产品生产系统和运行管控系统负责数据处理、共性信息产品生产并提供工具、产品及虚拟硬件资源接口服务。基础设施 I 所包括的虚拟化系统和硬件设施负责为数据库系统和平台提供计算和存储资源。数据 D 主要为分散其中的数据库系统，负责存储数据产品、信息产品，以及其他辅助数据。

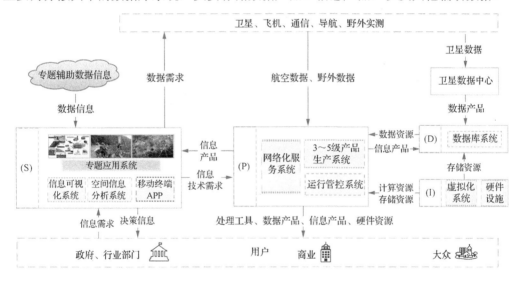

图 6.16　遥感应用系统 SPID 基础系统架构图

6.3.3　基于 COGON 的网络服务框架

1. 遥感应用系统网络环境概述

COGON（Cloud Over Grid On Net）网络框架思想是将有序的网格生产与灵活、无序的云服务通过互联网相连，形成一种生产与服务的和谐结构。

遥感应用系统涉及的网络类型复杂多样，遥感数据又具有大数据特征，传统通过专线方式解决大部门之间遥感分发共享的方式难以效仿和推广，因此设计一种合理的网络架构来适应遥感应用系统复杂网络环境和大数据传输需求是十分有必要的。GOGON 按照不同层次需求，有效地统筹数据网络、应用网格及云服务结构的系统体系架构，构建泛在的遥感应用服务网络架构，以适应不同类型的应用需求。

总结这种架构的特点，可以概括为两个适应：①适应国家、区域、大众等多种类型的广泛应用，在不同的应用层面建立相适应的共享结构；②适应行业、区域等不同类型用户参与服务的自主化、内部组织的有序性、服务平台的网络化相结合的组织结构。

2. COGON 网络框架形式

COGON 框架是应用云概念和网格计算原理产生的一种适用于集成共享与服务原型系统的分布式服务交互模型，是一种基于互联网的服务交付和使用模式，是指通过网络以按需、易扩展的方式获得所需的服务。其实现原理即将多类型网络连接起来，利用其上的大量计算存储资源进行统一管理和调度，构成一个虚拟资源池向用户提供所需的服务。

按应用对象和两个适应，COGON 网络框架将网络划分为两个层次：面向大众云服务的 Cloud 云网络、面向行业用户的 Grid 网格，如图 6.17 所示。面向大众云服务的 Cloud 云网络依托互联网为大众、商业企业等类型用户提供共享服务平台和交换资源。面向行业用户的 Grid 网格依托电子政务网为行业和各方面专家提供初级数据、遥感应用算法、数据、模块服务及相应基础设施服务。

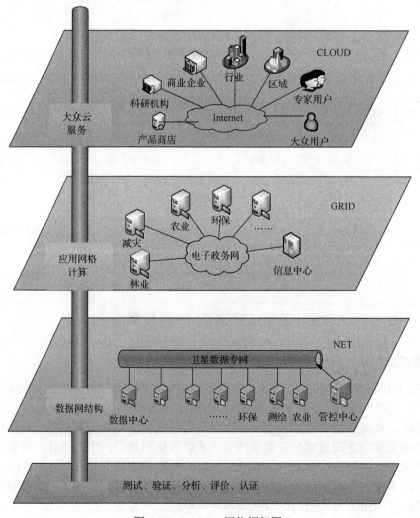

图 6.17　COGON 网络框架图

以下为一个基于 COGON 的网络架构案例。

(1)互联网。互联网服务是遥感数据公益化、商业化和大众化服务的基本网络服务类型，现实中互联网由于服务商和用户类型的不同，而具有多种类型，如普通互联网、教育网、移动互联网等，在遥感应用中需要考虑不同网络、不同受众进行服务优化和定制。

(2)专网：遥感数据因其数据量大、传输压力大，通常大规模遥感数据的分发主要采用在传输终端网络中搭建专线方式实现，专线服务适用在行业、区域与数据中心之间，通过专线服务可以构建由多个单位参加的网格系统，统筹数据资源、算法资源与计算资源，开展有序生产。

6.3.4　多级并发的遥感数据高效处理架构

1. 面向 GRID Cube 卫星产品集群生产平台架构

遥感数据是一种空间数据，具有空间自相关性，多类型遥感数据的生产处理通常要求数据间的空间相关性，这种特性为遥感数据的计算存储一体化提供了实现基础。通过分析 GRID Cube 遥感数据处理、存储与服务模式，为了最大化地发挥分布式并行优势解决大数据处理瓶颈，在保证系统安全稳定的前提下，最优化地提升遥感大数据处理平台效率，构件一套遥感大数据计算、存储、通信一体化架构软硬件技术，如图 6.18 所示。

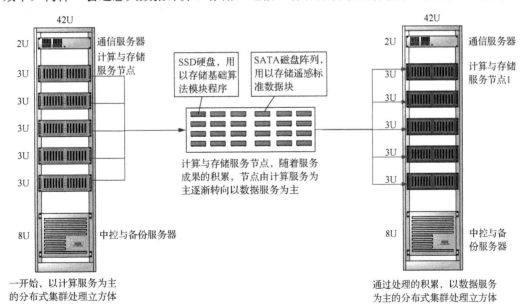

图 6.18　遥感大数据计算、存储、服务一体化架构示意图

遥感大数据计算、存储、服务一体化架构技术，面向 GRID Cube 数据为主要对象，通过整合计算资源、存储资源、服务资源，以 GRID Cube 标准数据本地处理、信息产品本地存储、独立服务等方法，最大限度地降低对系统架构的 I/O 传输，更充分地利用存储服务器的计算资源、计算服务器的存储资源，从而提高平台整体处理时效。

（1）架构组成。遥感大数据计算、存储、服务一体化架构是由一系列的分布式集群处理立方体为单元组成的，分布式集群处理立方体主要由通信服务器、中控与备份服务器、若干个计算与存储服务节点组成。其中，通信服务器负责分布式集群处理立方体的网络传输；中控与备份服务器负责分布式集群处理立方体中消息总线控制与基础数据备份；计算与存储服务节点是分布式集群处理立方体中数据处理、存储与对外服务的工作单元，计算与存储服务节点是一个具备大容量存储能力的计算服务器，由高性能 CPU、GPU、SSD 及存储磁盘阵列组成，其中用以处理所需的基本参数、程序、模型、算法等要素存储于独立的高性能 SSD 固态硬盘中，有利于系统维护升级，而遥感数据、信息产品等内容则存在于大容量存储磁盘阵列内，确保数据安全和高效。

（2）处理流程。如图 6.19 所示，根据数据驱动的方式，原始遥感数据进入分布式集群处理立方体后，首先对数据进行五层十五级标准化处理，形成 GRID Cube 标准数据，并对其中重要的数据、信息进行备份存储，然后将切片数据和生产处理订单发往由直接寻址规则对应的指定计算与存储服务节点上，节点将数据保存在本地指定位置后，根据订单需求开展信息产品生产或数据计算分析，并将信息成果保存在本地指定位置，对外提供服务。随着任务处理的修炼，计算与存储服务节点上的数据与信息产品也相应地积累，同时也提升了数据服务的能力，使得计算与存储服务节点由最初的纯计算服务节点到最终的存储服务节点的转变。

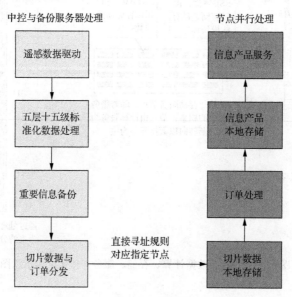

图 6.19　遥感大数据计算、存储、服务一体化架构处理流程

2. 基于数据级、算法级与任务级的遥感数据并行处理技术

遥感高性能大数据产品生产处理系统具有多任务、多算法、数据处理量大的特点。要实现遥感海量数据的规模化和高时效性处理，除了遥感集群生产平台架构外，还需构建多级并行化处理技术。由于不同的任务可能存在相同或不同数据信息产品需求，但相互间又相对独立，遥感数据的某些处理过程需要使用相对复杂的算法或使用较多数量的算法，在经过算法产品标准化定义后，复杂产品的生产是按产品等级逐级生产，因此在横向算法结构上，不同过程或不同阶段的算法执行是相对独立的。

遥感数据是一种地理栅格数据，对于大多数处理过程而言，各单元数据的计算过程是独立的，相互间并不相关。因此，在遥感海量数据的并行化处理模型设计中，考虑上述遥感数据处理过程特点，设计基于数据级、算法级与任务级的多级遥感数据并行处理技术，如图 6.20 所示。

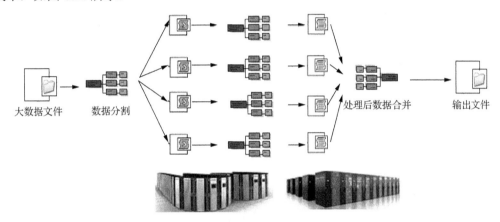

大数据文件　　数据分割　　　　　　　　　　　　　　处理后数据合并　　输出文件

图 6.20　数据并行处理流程

数据级并行，即 GRID Cube 数据分配到各个节点分别处理。GRID Cube 数据是基于五层十五级标准化瓦片数据，数据按地理空间特性进行了切分，具有离散性特征，通过 GIRD Cube 的存储架构实现了地理分布式存储，因此具备了数据级并行的天然优势。

图 6.21 为算法级并行，即不同过程中相对独立的算法过程可以并行执行。不同产品，配置了不同的数据处理过程树，过程树定义了产品生产过程所需的标准要素级处理过程的逻辑关系，通过算法驱动框架，可以将过程树中各自独立的标准要素级处理进行并行化执行。

图 6.22 为任务级并行，即不同任务在不同节点上并行执行。由于 GRID Cube 采用了集群生产平台架构，而任务间又是相对独立的，通过对任务进行标准化定义（如 XML 结构化），多个任务可以分配到不同的集群节点上并行执行。

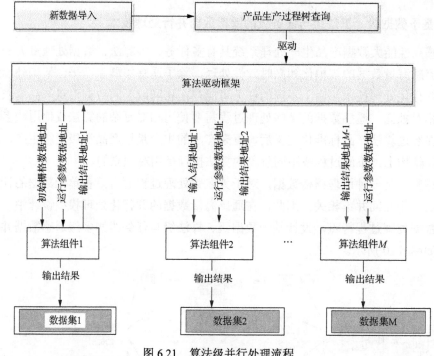

图 6.21　算法级并行处理流程

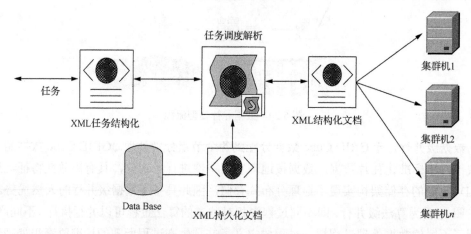

图 6.22　任务并行处理流程

GRID Cube 采用数据并行、算法并行和任务并行相结合的并行处理方式，通过标准化算法产品结构，保证进程组内每个任务中原始的算法流程保持不变，同时规格化数据的地理化分区存储，使得在各节点间、节点内的各任务间不存在复杂的资源访问控制，同时计算存储一体化集群架构极大地减少了节点间的数据传输需求，简化了进程组间的通信，极大地提升了系统的并行处理能力。

3. 基于 CPU/GPU 的遥感影像快速并行处理技术

基于 CPU/GPU 的计算系统是指在传统依赖 CPU 的计算机系统中加入 GPU 作为加

速部件，并配合 CPU 共同完成计算任务的一种混合异构计算系统。GPU 具有单指令流
多数据流的并行处理特征，GPU 的体系架构（如图 6.23 所示），与 CPU 相比，GPU 具有
数百个处理单元，目前高档的 GPU 已达到数千个计算核心，可以同时处理上万个并行计
算线程。由于 GPU 不需要 CPU 所需具备控制功能，在 GPU 内部大部分晶体管被设计为
计算单元，这使得 GPU 具有了强大的并行计算能力，在图像处理等高密度计算单元方面
具备了先天的优势，如图 6.23 所示。

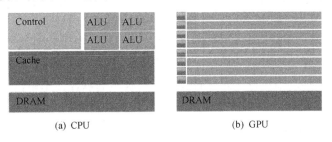

图 6.23　CPU 与 GPU 架构对比示意图

GRID Cube 采用的基于地理空间位置的栅格列存储模式是一种像素立方体组织模
式，这种多个层次的数据组织可以更好地发挥出 GPU 并行处理能力，不仅能通过传统图
像平面维并行处理地理空间维度上的信息，同时还可以支持对像素深度维的并行处理，
通过将地理单元相关信息的列存储化，各地理单元具备了独立计算的条件，如图 6.24 所
示。因此，这种模式还支持了多 GPU、多站点的并行处理模式，极大地提高了地理空间
上的各类型数据的时间维和类型维的信息处理能力。

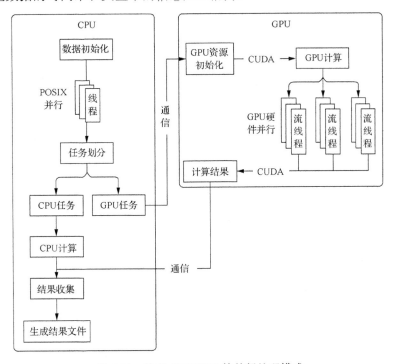

图 6.24　基于 CPU/GPU 的并行处理模式

6.3.5　无缝嵌入的灵活信息生产系统构建

1. 插件式遥感工具箱技术

随着海量遥感数据越来越多元化应用需求的日益旺盛，基于传统的软件架构体系设计的遥感处理应用系统虽然具有平台结构紧凑、模块分工明确等优点，但面临着扩展性不够、灵活性不足的问题，经常发生"牵一发而动全身"的现象，增加了系统成本，严重浪费了系统资源，降低了系统可维护性。为适应这些情况和不断衍生出的新问题，遥感应用系统需要具有结构清晰简洁、可扩展性强、支持复用、易于维护和功能模块间良好协作等高性能架构。插件技术是一种基于组件技术的软件体系结构。在基于插件的系统框架下，软件系统共分为系统框架和功能插件两个部分，系统框架与功能插件之间能够相互通信。在系统框架不变的情况下，通过修改插件或增减插件可以调整应用程序的功能。插件式应用框架是解决传统遥感应用系统扩展性和灵活性问题的一种有效技术途径。

图 6.25 的插件式遥感工具箱技术是一种采用"平台/插件"的遥感应用系统软件构建模式和遥感算法工具插件化封装的技术实现架构。根据遥感应用系统的应用目的，将遥感应用系统分为遥感应用处理系统和遥感应用分析系统，遥感应用处理系统负责遥感数据的预处理、定量化反演等，遥感应用分析系统负责信息的综合分析与提取、制图简报等功能。在遥感应用处理系统和遥感应用分析系统的两个平台框架下，具体的处理模块以插件式遥感工具箱的形式进行挂载，主要分为平台工具箱和业务工具箱。平台工具箱主要面向平台运行和升级扩展，如硬件资源管理与调度工具、软件资源管理与调度工具、

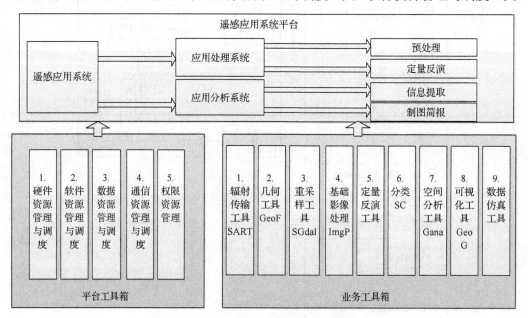

图 6.25　遥感应用系统组成概念结构

数据资源管理与调度工具、通信资源管理与调度工具，以及权限资源管理等；业务工具箱主要是遥感信息提取的各类生产处理工具，通过将遥感处理过程的标准化定义和插件式封装，形成了各种独立的工具，包括辐射传输工具、几何工具、重采样工具、基础影像处理工具、定量反演工具、分类工具、空间分析工具、可视化工具、数据仿真工具等。随着需求的增加，各类工具箱的工具可以按需进行扩展，这种架构模式使遥感应用系统具有易维护、可扩展性强的特点，延长了系统的生命周期。

2. 遥感应用类语言驱动技术

插件式遥感工具箱技术为遥感应用系统的可扩展性和灵活性打下了良好的架构基础，但并未解决遥感信息处理的驱动问题。遥感信息的处理流程本身就是一个复杂的过程，是由多种算法模型按一定处理过程组合形成的，而这种组合式流程需要系统根据用户需求具备灵活定制并驱动生产的能力，要具备这种能力需要有效地整合硬件、软件、数据等各种资源，从数据的组织、管理、存储、处理、传输、分析、可视化、共享、发布、安全 10 个环节中全部或部分环节的有机重组。常规的系统设计模式很难适应多变的遥感信息处理流程的组织管理，因此研制一种动态的遥感信息处理流程的组织管理语言，实现快速流程定制、资源协调、系统重构就显得非常必要。

遥感应用类语言(visual interaction network language，VINLa)是一种对遥感应用系统构建模板的描述性语言，是一种基于解释性的语言实现的，通过这种语言能够可以实现系统的定制化服务，数据信息处理流程的按需重组以及关键工作场景的记录与再现功能，是为系统构建用户和进行遥感产品的快速测试与开发提供支持的语言。

图 6.26 的遥感应用类语言驱动模型主要由编辑操作 UI 和统一资源管理器两部分组成。编辑操作 UI 为用户提供操作界面，完成用户的语言输入，语言的检查、解释，以及管理功能是遥感应用类语言的核心，完成遥感应用类语言的合法性检查、解释执行及用户工作的有效组织管理；算法驱动、硬件驱动及任务驱动为遥感应用类语言执行提供控制机构，为通过语言实现算法、硬件的使用及任务的提交提供接口。遥感应用类语言编辑环境通过统一的资源管理器，完成对系统运行过程成所需要的软件、硬件、数据等资源进行组织管理，支持遥感应用系统的定制化服务。

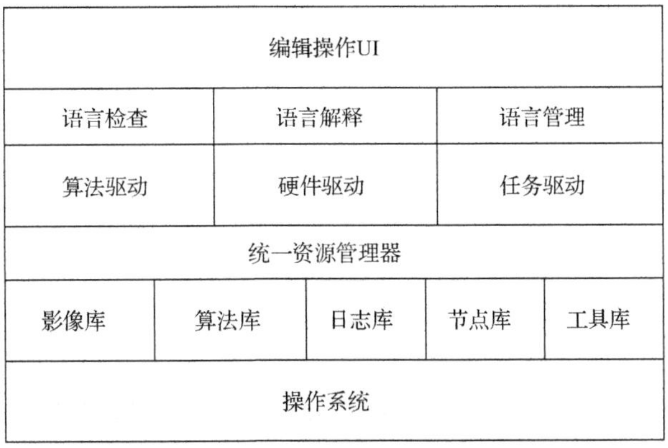

编辑操作UI				
语言检查		语言解释		语言管理
算法驱动		硬件驱动		任务驱动
统一资源管理器				
影像库	算法库	日志库	节点库	工具库
操作系统				

图 6.26　遥感应用类语言逻辑结构

　　遥感应用类语言通过对信息产品定制的全流程及输入信息进行记录与编码，形成该信息产品的"DNA"。由于原始数据产品的长期存储特性，"DNA"编码使信息产品具备了再生性，"DNA"编码还支持二维码形式的交换方式，通过"DNA"编码的存储和交换，可以减少海量信息产品的存储空间和交换带宽，提供了一种以时间换空间的组织管理策略。图 6.27 为一个 NDVI 规格化处理的二维码图标。

图 6.27　一个 NDVI 规格化产品的"DNA"二维码示意图

3. 处理流程可视化定制技术

　　遥感应用系统中的遥感图像生产算法具有种类繁多并且依赖关系强的特点。为了满足遥感应用系统高性能计算的需求及算法灵活定制的需求，系统采用了处理流程可视化定制技术。这种技术基于工作流架构驱动，以已有算法工具为基础，通过可视化工作流定制的方式，灵活组建成新算法的过程。采用这种技术，可以高效地实现自定义算法的无缝集成和实现，对算法工具实现高效的管理和利用。图 6.28 为一个处理流程的示意图。

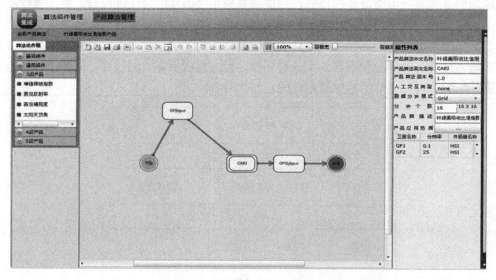

图 6.28　基于算法工具的自定义算法流程可视化定制

处理流程可视化定制技术是面向遥感综合应用信息系统的重要组成模块，它可以实现：①功能函数化。用于实现该技术的各项功能以函数的形态展现出来，实现对各种功能的良好封装，使得代码的重用性增强，功能函数化使得技术开发过程中不必关心某功能的具体的实现，而且系统的安全性也会有大幅度的提高。②算法组件化。算法的组件化可以帮助用户快速实现 3～5 级遥感图像信息产品的开发，节约算法编写的工作量，提高工作效率，保证算法正确率，降低算法实现风险，有效利用现有资源，节约算法开发成本。③流程可视化。友好的可视化界面设计，使得用户操作简单，易于理解，在组织上具有更好的可扩展性，体现了可视化编程的优越性，并且使用可视化的操作界面，有立即可见的效果，可以帮助用户直观地体现出来所定制的算法的过程和各个算法之间的依赖运行关系，方便用户提早发现运行错误并及时修改。④集成无缝化。算法集成紧凑，是将多个遥感图像算法进行无缝拼接，从而得到较高生产效率的图像生产算法，无缝化的特点使得算法内部关系高内聚低耦合，算法结构更加合理可靠。

6.3.6 基于 GRID Cube 的系统应用服务模式

1. 数据网络服务模式

遥感数据网路服务方式还停留在初级数据的分发阶段，如图 6.29 所示，常见的数据网络服务平台是依据用户检索条件，以景为单位推送数据。这种遥感数据网络服务平台类型适应于大数据用户订购数据或分发数据，不适应于遥感应用导向的平台服务需求。

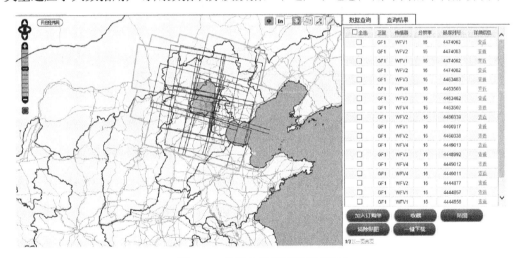

图 6.29 常见的数据网络服务平台

GRID Cube 数据是面向遥感应用需求设计的数据格式，GRID Cube 数据网络服务模式按不同应用空间尺度对数据进行了合理的切分，如图 6.30 所示。用户在查询数据时可以根据瓦片数据的品种类型、规格等级、空间分布、满幅度、云量、时间等多维要素，通过单次全覆盖检索功能和多时序辅助筛选，快速查询和获取面向应用的最优组合数据。

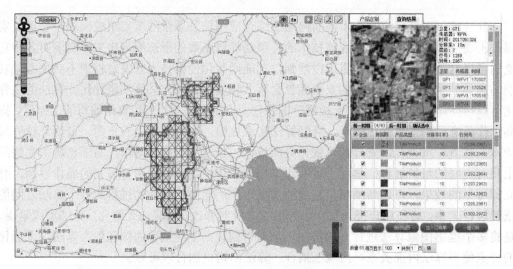

图 6.30　GRID Cube 规格化数据的网络服务

2. 数据桌面应用模式

遥感数据桌面应用主要是指以遥感数据作为主要数据对象，在桌面客户端下进行数据的处理、综合分析和可视化等应用。传统遥感数据应用是基于以景为单元或多景镶嵌的影像数据或信息产品，前期需要对数据进行大量的处理工作，包括挑选、校正、融合、镶嵌、匀色、裁剪等工作，完成前期工作后，由于是一副大影像数据，因此，数据应用处理时对运行桌面应用的计算机要求非常高，通常需要采用大内存、高性能 GPU 的专业图形工作站。

图 6.31 为基于 GRID Cube 数据的桌面应用模式，采用 GRID Cube 的规格化数据，

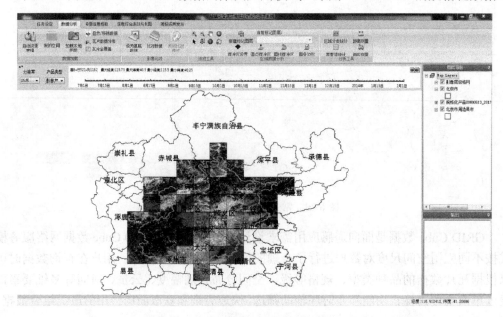

图 6.31　采用 GRID Cube 的规格化数据的北京区域桌面数据应用

不仅可以简化大量的前期数据预处理过程，通过提供瓦片数据分布查询、单时相全覆盖加载、多时序辅助筛选，可以快速完成数据最优组合的挑选过程，基于瓦片式小数据可以极大地调动系统并行处理能力，加速对数据的加载、处理和可视化过程，同时基于小数据的处理便于内存的及时释放，极大地降低内存占用需求。

3. 数据移动终端应用模式

遥感影像数据作为基础空间信息在移动终端中的应用已较为常见，传统方式是将原始影像数据进行处理生产后，进行切片建立金字塔缓存，通过 Web 方式的地图服务在移动终端上进行可视化。这种方式在数据发布阶段才对数据进行了切分和优化，数据的生产处理阶段与发布阶段格式并不一致，这对发布的效率产生了极大影响，特别是针对将来多源卫星综合应用方面，由于卫星数据源的增多，数据更新十分频繁，信息产品种类非常多源，移动端的数据需求时效性要求越来越多，使得传统的技术模式产生了应用瓶颈，传统预生产、静态缓存的模式难以适应遥感大数据服务。

基于 GRID Cube 数据的移动终端应用模式，如图 6.32，以用户需求为驱动，原始数据在录入的过程进行了规格化处理，剔除了大量的无用数据，同时规格化后的 GRID Cube 数据可以直接支持移动终端应用，使得数据格式在处理生产阶段与发布阶段的数据相一致，可以支持处理、生产、发布的无缝衔接，避免了传统遥感数据发布多次裁切、重采样等问题，服务平台在收到用户信息请求后可以立即对目标瓦片进行生产并推送到终端，有效地解决了效率问题。

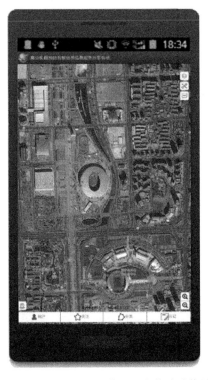

图 6.32　基于 GRID Cube 数据服务的移动终端应用

6.4 航天遥感地面应用系统发展趋势

随着遥感卫星数量的快速增加和空间、时间、光谱等分辨率的不断提高，遥感数据的规模庞大、结构复杂、数据量增长速度快等大数据特征越来越明显。同时，随着遥感应用的日益普及，逐渐形成了国家、地区、行业、企业，甚至大众个人级别的应用，方式、模式、设备等条件各不相同。这些新情况给航天遥感系统中的星地数据传输、数据存储管理、数据预处理、数据分析应用和结果可视化展示等关键环节带来了巨大的挑战。

随着现代科技发展，人对信息的获取愿望与能力快速提升，多种信息交叉融合是必然趋势。多种类型的遥感信息之间要融合，遥感信息与地理时空数据要融合，同时作为地理时空数据的组成部分还要和非地理信息相融合，涉及数据信息、目标信息、综合应用信息等多个层次的信息。目前，大数据成了数据密集型科学领域共同的研究热点，也给航天遥感系统的信息难题提供了解决方向，还与其他类型信息一道为支持智慧社会的发展提供支持。

不同卫星的遥感数据具有不同的结构与形式，在遥感数据到信息、知识的转化过程中的数据形式也在发生变化，在开展多种信息融合过程中的数据形式也在不断变化。原有一颗卫星一套系统的模式不可持续，"百"颗卫星数据的统一标准将变为一种需求与实现。通过构建具有最广泛覆盖的数据标准，使得数据处理流程标准化成为可能，多颗卫星共用一个处理系统，新型数据通过"打补丁"方式无缝接入到系统中。

开展的遥感地面应用系统的软硬件不仅要和遥感信息与数据相适应，同时也要与社会信息化水平保持一致。数据信息可以在手机、PC 机、服务器所构成的硬件网络中无障碍通行，支持遥感信息服务千家万户。总之，遥感应用数据在信息通信、海量存储、高性能计算、空间数据挖掘、可视化等热点领域的研究，有助于解决航天遥感系统在快速获取、高效存储、深入应用和直观形象展示等方面的大数据难题，给航天遥感系统的发展带来新的机遇纵观。

第 7 章　新型遥感器应用在轨综合评价技术

基于 ATRL 概念框架，针对在轨卫星应用的不同阶段，采用统一的新型航天遥感系统应用技术综合评价 GPP 流程，分别按照产品的定义(product definition)、定标(calibration)、真值检验(validation)、评估(verification)、认证(authenfication)和服务(real evidence)开展综合评价。

业务化运行的卫星地面应用系统是由多个具有较高 TRL 的分系统联合组成的。按照系统工程理论，不仅要求系统中的每个部分均达到系统要求，而且要对内部各组成在运行中进一步磨合，对整体效果进行考察。具体综合评价技术包括在轨卫星技术工程测试评价、0～5 级数据信息产品质量评价、6 级专题应用产品及服务质量评价和卫星应用后评价。卫星发射入轨后即开展技术工程测试，在满足技术指标的情况下实现在轨交付，然后进入到应用评价阶段。在应用评价阶段，如何使卫星迅速投入到业务应用，如何通过实践进一步提升应用技术成熟度，如何客观评价数据与信息产品质量，开展服务，扩大效益，是亟须解决的问题。

本章通过分析较高 TRL 等级分系统组成的完整系统的整体效果，形成客观评价指标体系，从而为卫星制造系统与发射服务系统、地面应用制造与服务系统、地面系统与应用系统能力的提升提供方向和评判依据。

7.1　面向满意度的在轨卫星 ATRL 评价概念

7.1.1　卫星应用状态评价定义

卫星应用状态是指卫星在轨正常运行后，其设定功能与性能实现的程度与状态表现。卫星在轨运行后，就从"以设计与技术为主"的技术工程状态转入到"以应用与认可为主"的应用状态，对其评价指通过其所提供的数据信息产品对系统建设目标设定、技术实现与应用效果进行的综合分析与确定。在各行业和地区的应用过程中，由于其所提供数据信息产品在品种、规格、质量、规模与时效性上的不同，需要对应用过程中所能达到的能力和效果进行评价。卫星应用状态评价涉及卫星应用过程中遥感运行系统全链路的质量检查与评价。根据卫星运行阶段的不同，卫星应用状态的评价按照 ATRL 分 4 个阶段开展。

1. 卫星在轨初始测试期间的技术工程测试评价阶段

在卫星在轨测试期间，对卫星平台与载荷系统、地面系统、原始影像数据与 0～2 级数据产品质量的多个指标进行评价，将 HTRL 提升到 8 级。卫星在轨测试期间要对技术指标进行测试与优化调整，评价结果是对发射前实验室测量载荷指标的检测、评价与肯定，也是评价其卫星数据质量能否满足行业和区域应用的依据。技术工程在轨测试评价时间一般为卫星发射后的 3~6 个月，之后进行卫星交付。

2. 卫星试应用期间的遥感信息产品质量评价与核验阶段

在卫星交付后一年内，开展 0~2 级数据服务，并将 3~6 级遥感信息产品应用到多个行业，通过真实性检验与评价，明确典型数据信息产品一定时空域下的可信度。这时要给出多种遥感信息产品精准度的置信度和置信区间，将 ATRL 提升到 7 级，整个系统实现具有一定适用性的目标。

3. 卫星业务化运行期间的应用服务质量与适用性评价阶段

卫星交付一年后进入业务化服务阶段，将 3~6 级遥感数据信息产品应用到农业、林业、国土、环保、减灾等不同行业和不同地区，实现其价值转换。这一过程中，需要对卫星数据处理所需工作量进行评价，分析在应用过程中所需的人力、物力和时间，以及对相对应的工作产出进行分析，此外，还要对数据信息产品、应用产品服务及业务化应用程度等在较大时空域进行综合评价，形成业务价值链，提升卫星适用性，卫星应用服务初步具有了一定的认可度。通过开展核验与认证加以确定，提升卫星应用服务质量，使 ATRL 达到 8 级。

4. 卫星完成服役失去功能后的后评价

卫星在轨数年的运行是一个实证过程，其在达到预期寿命后失去功能，完成卫星全寿命运行。后评价不仅检验产品质量，还要检验产品定义，评价原设计方案。通过对现实需求的响应效果来评价之前对需求的分析是否准确。通过系统地统计分析卫星运行期间的技术指标、衰减情况、应用效果、数据使用量、卫星的经济与社会效益、产业链相关企业状态、存在问题与新的考虑等，为卫星原目标设定、技术研发与应用效果的最终认可提供依据。根据对卫星的满意程度为后续业务卫星的制造、新型卫星的研发提供参考，在此基础上，对卫星最后达到的 ATRL 值（9~11 级）予以确定，促进卫星的可持续发展。

所谓后评价（post project evaluation），是指在项目已经完成并运行一段时间后，对项目的目的、执行过程、效益、作用和影响进行系统的、客观的分析和总结的一种技术经济活动。通过对投资项目的决策过程、实施过程、经营效果及影响进行全面系统回顾，评定项目立项时各项预期目标的实现程度，分析评价原定决策目标的正确性、合理性和实践性。

综合效能效益、满意度的评价主要从人、技术、资金和服务 4 个方面进行，逻辑上讲是按投入和产出进行评价，具体实施根据指标体系，包括技术指标、经济指标、管理效能及社会效益等方面。综合效能效益评价主要的评价方法是对比分析法，前面所阐述的雷达图、打分表及基准分析方法都可根据定性定量的指标体系，通过前后（项目实施前后相关指标）对比、有无（实施项目相关指标的实际值与不实施项目的预测值）对比和横向

(与类似项目或同一行业竞争者)对比,通过偏差和变化分析,确定相对成效及真实效益。而对比的重要前提是具有项目规划或设计阶段的评价指标,这些指标是在立项前需求阶段确定的(参考第 8 章)。

7.1.2　卫星应用状态评价的作用与意义

1. 确保卫星与数据工程质量

评价卫星与载荷是否满足研制要求,是对未来载荷进一步改进和优化的重要依据,也是解决卫星数据信息产品品种、规格、质量的基础。卫星应用状态评价,首先对卫星数据的 HTRL 和 ATRL 进行评价。一方面,通过评价,分析卫星在轨期间成像能力、卫星控制精度等卫星载荷的硬件制造能力,以及指标满足情况,保证硬件的技术成熟度达到 8 级以上;另一方面,通过对卫星原始数据的评价,分析其数据进行具体应用的可行性和应用潜力,使应用技术成熟度达到 6 级左右。

通过开展卫星应用状态的在轨评价,可客观评价其发射的卫星载荷是否达到研制的要求。和早期发射的卫星相比,新发射载荷在哪些地方有所提高;在未来新载荷研制时,哪些地方还有待进一步改善,都可通过在轨测试实现卫星载荷的定量评价。开展卫星应用状态的在轨评价,可以为载荷应用技术成熟度提供评价依据。卫星数据产品的质量是评价卫星应用状态的关键。只有通过卫星应用状态的定量评价,才能确定卫星原始数据的辐射和几何质量,实现同类卫星数据质量的比较和定量评价。

2. 确保卫星数据信息产品质量和可信性的有效保障

卫星数据信息产品包括品种、规格、质量、规模、时效性等属性,其中,数据信息产品的质量是最重要的属性之一,也是推动 ATRL 技术成熟度的关键环节。卫星数据信息产品是通过时空采样、光谱采样和辐射采样,将自然界的信息利用影像数据形式表达出来,并经过一系列处理,生产得到可用于地物目标的发现、识别、确认和理解的相关产品。

对卫星数据信息产品的验证,只有通过卫星应用状态的评价,才能确保卫星数据信息产品的反演结果和地面实测数据的一致,为行业专题产品的应用提供高质量的输入产品。同时,通过对各类卫星产品的验证与评价,也可优化各类卫星产品的反演算法,进一步提高卫星数据信息产品的质量和可信性。

3. 确保卫星数据产品在各行业区域的适用性,为实现遥感的深入应用奠定基础

航天遥感在各行业的应用包含承载类产品应用、分类类产品应用、反演类产品应用和综合类产品应用 4 个层次。不论哪一种,都需要建立卫星反演产品与各行业日常业务之间的联系,确保卫星反演产品和行业区域应用的高度相关性。由于不同卫星在成像时间、空间分辨率、图像质量、光谱响应函数等方面存在巨大的差异,不同卫星的反演结果存在较大差异。而且,由于我国国土幅员辽阔,地物类型复杂多样,相同的算法在不

同地区的反演精度存在较大差异。

为确保卫星数据在各行业区域应用的适用性，必须在全国范围内构建真实性检验场网，利用多个站点的实测数据，对多个卫星的应用效果开展在轨评价，分析比较各类卫星数据产品的反演精度和适用范围，从而为实现遥感在各行业的深入应用奠定基础。

4. 确保卫星数据产品在各应用领域的认可度，并经长期应用达到用户满意度

随着卫星研制能力的提高，卫星的使用寿命越来越长，对卫星数据的应用广度和深度也越来越高。基于卫星数据在各应用领域长时间应用的效果，采用综合评分表和Bechmark 等方式，对卫星数据产品在各应用领域的实际应用效果进行定量评价，对产品的精度、可靠度、质量、可信度、适用性、体验度、认可度进行综合评价，对卫星的需求及需求响应、设计的状态作出最终评价。

在基于 IDSH 的 SDIKWa 链运行的长期实践中，对卫星数据产品应用效果的评价是对卫星实际应用的综合评价。其中，认可度是最为重要的评价指标。对卫星应用认可度的评价，既是对卫星及载荷产品的评价，也体现了对人需求满足度的评价。系统产品在市场的开发与推广，形成了稳定按需业务化产品交付与高质量后服务，经过长期运行后对用户满意度开展评价，支撑需求深化，同时在达到满意的情况下，会根据价值衍生出新的需求，再形成新的需求，促进卫星产业技术发展。

7.1.3　卫星应用状态评价关注的主要因素

卫星应用涉及卫星数据下传、处理、分发、产品反演和应用等多个环节。对卫星应用状态进行评价，需要对涉及的各个过程进行评价。针对卫星应用状态中的卫星载荷、数据质量、反演产品、行业应用等不同对象的定量评价，需要首先确定卫星应用评价关注的主要因素，建立相关的评价体系和评价模型。

1. 载荷工程状态与卫星原始数据质量

卫星应用状态评价，首先关心的是载荷工程技术指标的实现及原始数据质量。卫星原始数据是指地面站接收的数据经过解压缩传输到卫星中心的 0 级数据。原始类数据更多地体现载荷的工程状态。评价的内容包括数据坏线、图像均匀性、响应稳定度等。图像上的坏线噪声主要体现载荷的探测器件是否存在异常响应的像元；原始数据的不均匀性是对载荷线阵探测器的响应能力的一致性评价。原始数据的不稳定性是对载荷长期运行时响应能力的稳定性评价。开展卫星载荷的工程状态和卫星数据质量的评价是确保遥感应用的首个关键环节。

2. 遥感 0～5 级数据信息产品质量及可信度

地面接收站接收到的原始影像数据，由卫星中心对原始卫星数据进行数据解码和相对辐射校正等处理后，生成 1 级数据产品。在此基础上，依次进行绝对辐射定标、系统几何校正、几何精校正、大气校正、定性/定量产品反演等处理，生产出 0～5 级遥感数据信息产品，分别从品种、规格、质量等多个方面，开展针对遥感 0～5 级数据信息产品质量的检验与评价，确保所获得信息的可信性。

遥感 0～5 级数据信息产品的质量检验主要依赖第一科学范式，即实验验证。基于野外试验场网的星地同步测量数据，通过实测测量，对卫星反演的产品进行验证与评价。实验验证是不完整零散的检验，但同时也是最具有可信度的检验，是建立遥感和各行业应用的核心环节。

3. 数据信息 6 级产品的适用性及业务化专题应用评估

数据信息 6 级产品是指遥感经过辐射、几何校正和遥感共性产品反演后，各行业根据自身需求和特点，结合各行业自身数据，生产得到的各类专题产品。针对不同应用，不仅所需数据产品的品种、规格与质量要求不同，而且应用规模与时效性也各有差异。有些遥感信息产品，在一些应用中可以很好地发挥作用，但在其他应用中却存在明显不足。按照行业领域应用流程标准化和评估技术，考察遥感应用专题产品的实际应用效果和适用性，推动遥感技术在各行业、各领域进行大面积广泛应用，需要开展遥感业务化专题应用评估。

对数据信息 6 级产品适用性和业务化专题应用的评价，是对卫星最终应用效果最权威的评价，也是最全面的评价。评价从内容上可分为品种、规格、质量、规模和时效性 5 个方面。产品品种的评价是指其反演的遥感产品类型能否准确刻画地表的主要特征，能否满足行业对研究目标的特征识别。产品规格的评价是指其反演的遥感产品从空间分辨率、时间分辨率、光谱分辨率等方面能否满足行业应用的需求。产品质量的评价是指其反演的专题产品的可信度如何，能否准确刻画地物的特征。产品规模的评价是指其反演的产品可覆盖的反演和有效监测区域。产品时效性的评价是指其反演一景遥感专题产品，从卫星数据获取到专题产品生产所需要的最小时间。

4. 应用服务质量评价与用户长期性体验

用户长期的良好体验是形成用户满意度的基础。长期的认可是对航天遥感技术发展过程最大的认可。卫星应用服务质量评价是优化完善遥感应用效果、提高遥感定量化水平和商业化水平的关键环节。通过了解遥感卫星应用产品应用服务方面的现状和需求，建立遥感卫星应用产品服务质量评价的指标体系和标准流程，构建遥感卫星应用产品服务质量评价平台，实现我国在轨自主遥感卫星应用产品服务质量的科学评价。

应用服务质量的评价从两个方面展开：一方面从卫星数据的实际应用效果和应用量，采用评分表、becnmark、层级分析法等方式进行评价；另一方面，通过开展调查问卷和网络调查等方式，对用户满意度进行评价。前者更侧重在卫星数据的实际下载量，实际应用量，国产卫星数据的使用率，以及在国内、国际市场卫星数据的占有率等多个方面进行评价。通常而言，卫星数据使用最多的卫星也是应用服务质量最好的卫星。这种方法的评价结果最为客观，但该方法无法发现现有卫星应用过程中存在的不足，难以实现卫星应用服务质量的进一步提升。后者是通过现场调研、网络调研等多种方法，通过设计评分表，邀请各领域的专家和用户对卫星数据的应用服务质量和应用效果进行评价，并给出相关的建议和意见。该方法是一种主客观相结合的方法,对卫星应用服务质量的提高具有更好的指导价值。

5. 体系需求、长期连续性与认可程度

业务性应用的长期性不仅决定于单星的良好表现,更决定于卫星星群稳定、持续的高质量服务。对卫星星座和卫星组网观测能力的评价,是实现卫星体系需求和长期连续性观测的基础。随着我国卫星研制能力的提高和各行业对卫星需求的增加,近年来我国已发射了数十颗遥感卫星,目前我国的遥感卫星数量已居全球第一,卫星遥感测量已经从早期的单星观测逐渐转变为多星组网观测,迫切需要对卫星星座、多源数据的综合应用效果和认可度进行评价。

开展卫星星群的评价,需要从卫星组网能力、多源卫星数据质量和多源卫星应用效果 3 个方面进行评价。卫星组网能力评价是分析多颗卫星组网后,对时间分辨率、覆盖范围、重访周期等多个方面进行评价。卫星组网能力可通过对卫星轨道和卫星载荷的模拟仿真实现。多源卫星数据质量的评价是分析多源卫星数据综合应用时,由于不同卫星具有的空间分辨率、波段分布、信噪比等参数不一致,不同卫星的数据无法直接进行比较。通过多源卫星数据一致性校正后,评价不同卫星数据在辐射和几何特征方面的一致性。多源卫星数据应用评价是指多源卫星数据在各行业应用过程中对应用效果和反演精度进行评价。

7.1.4　卫星应用状态评价的研究内容

卫星应用状态评价涵盖了从卫星载荷到卫星数据应用等各个环节,包括卫星原始数据质量评价、数据产品质量评价、共性产品质量评价、行业应用产品质量评价和遥感应用系统质量评价,以及对卫星应用状态从满意度角度进行的更加综合的评价。正如前面章节有关现代科学范式所描述的,这是一个采用验证、认证并在一定条件下可实证评价的过程。对应地,在 ATRL 标准化结构与流程中的评价手段包括定标、真实性检验、核验、认证与实证。

1. 卫星平台、载荷与卫星原始数据质量评价

卫星平台、载荷与卫星原始数据质量评价是卫星在轨测试期间重要的测试内容。卫星平台和载荷的评价指标包括 3 个方面:

(1)卫星平台指标,如卫星入轨参数、卫星工作状态、卫星侧摆功能、卫星能源情况、热控等。

(2)卫星载荷指标,如载荷成像能力、波段范围、光谱响应、侧摆能力、载荷增益、调焦功能、载荷空间分辨率、辐射分辨率、动态范围、定标精度等。

(3)卫星数传指标,如数据传输误码率、图像压缩比、下传速度、固存容量等。

卫星原始数据的评价指标包括两个方面:

(1)几何评价内容包括图像空间分辨率、载荷的有效幅宽、卫星在轨定位精度、图像

外部几何精度、图像内部几何精度、多波段图像配准精度等。

(2)辐射评价内容包括动态调制传递函数、图像信噪比、线性度、稳定性、图像动态范围、相对辐射校正精度、绝对辐射定标精度、辐射稳定性等。

2. 卫星 0～2 级数据产品真实性检验与质量评价

通过对下传卫星影像进行处理，形成 0～2 级遥感数据产品的评价，实现对卫星载荷性能及预处理技术的定量化评价。

0～2 级数据产品评价包括 3 个方面：几何质量评价、辐射质量评价和综合评价。

(1)几何质量评价内容：包括图像空间分辨率、载荷有效幅宽、卫星在轨定位精度、图像外部几何精度、图像内部几何精度、多波段图像配准精度等。

(2)辐射质量评价内容：包括动态调制传递函数、图像信噪比、线性度、图像动态范围、相对辐射校正精度、绝对辐射定标精度、辐射稳定性等。

(3)综合评价内容：包括纹理特征、覆盖效率、一致性、整体效果等。

3. 遥感 3～5 级目标信息产品真实性检验、质量核验与认证

3～5 级遥感目标信息产品以 2 级遥感数据作为输入，利用各种遥感反演模型和处理方法，得到多种遥感共性产品。3～5 级遥感目标信息产品可作为行业专题应用的输入。对 3～5 级遥感目标信息产品的评价，以地面测量和卫星影像等数据作为标准，利用独立方法获取的产品测量值作为真值，开展共性产品的评价。遥感共性产品可分为 3 类：

(1)有关 when&where 的应用和遥感信息产品；主要用于表达卫星影像上各类地物目标的所在位置和成像时间。典型的产品有几何精纠正产品、正射产品、高程产品等。

(2)有关 what 类型应用和遥感信息产品，包括植被、陆表、水体、大气的识别等；这些产品是对遥感目标的发现、识别和确认，确定其遥感目标究竟是什么。

(3)有关 how 的应用和遥感信息产品，包括植被、陆表、水体、大气等的几何形态、物理化学状态与变化特征等。在确定目标类型的基础上，深入分析其对应遥感产品的状态和变化测量。例如，土壤含水量的大小和随时间的变化情况、观测对象长宽高、体积、质量等。

遥感 3～5 级目标信息产品的真实性检验，需要首先确定真实性检验的内容和方法，如真实性检验产品类型、检验范围等。在此基础上，制定相关的真实性检验方法和实施要求真实性检验的详细计划等。最后，对 3～5 级遥感目标信息产品进行评估(verification)，即在卫星应用状态检验中采用其他独立的方法，对检验结果进行核对，作为一定时空范围内的实证。

4. 遥感 6 级专题应用产品质量评价与认证、实证

遥感 6 级专题应用产品是指遥感数据和标准产品结合相关领域信息，由业务部门负责统一定义和发布的信息产品，其关键在于多源信息的融合与分析。遥感行业应用产品具有行业特色，其应用质量的评价可基于行业和地区的实际应用效果提供给用户的专题应用产品的品种、规格、质量、规模、时效性等产品属性进行综合评价，作为是否适用的评判依据。

(1) 专题应用产品的品种评价。针对各行业应用特点，专门开发用于对应行业的产品类型和名称。通过评价，分析该产品能否满足行业应用的需求。

(2) 专题应用产品的规格评价。由于不同卫星空间分辨率和光谱响应函数的差异，相同的遥感专题产品具有不同的规格。需要根据用户需求，选择相对应空间分辨率和相对应波段的卫星影像作为输入源，进行专题产品的开发和应用。

(3) 专题应用产品的质量评价。专题应用产品的质量是对专题产品的反演结果，通过地面测量和其他数据的对比分析，验证各产品的精准度和可靠性。和共性产品的真实性检验不同，专题应用产品的质量评价是对某一行业的重要或基础专题产品进行验证与评价。

(4) 专题应用产品的规模评价。在遥感专题产品的行业应用过程中，专题产品的生产规模和处理周期是一个重要的评价指标，很大程度上决定了专题产品的应用效果。

(5) 专题应用产品的时效性评价。在部分行业应用时，不仅对反演的产品有高的要求，对处理的数据和专题产品的时效性也有迫切需求。专题产品的时效性是指从卫星侧摆申请到专题产品生产所需的时间。时效性的评价即对该过程所需要的时间进行评价。

5. 遥感地面应用系统服务质量综合评价

1) 生产能力评价

遥感地面应用系统评价首先要计算数据产品获取系数和数据获取系数：

$$\varpi = 1 - A / B \tag{7.1}$$

式中，ϖ 为数据产品获取系数；A 为 1～2 级数据产品量；B 为卫星数据获取量。

$$\upsilon = B / C \tag{7.2}$$

式中，υ 为数据获取系数；C 为卫星数据获取能力。

这两个系数与管理能力、环境条件及载荷状态有直接关系。

遥感地面应用系统的生产能力包括计算机硬件系统、软件系统、网络共享平台 3 个方面。①计算机硬件系统包括计算机、存储器、外围接口和外围设备。②软件系统由遥感共性产品反演软件系统、遥感应用软件系统等组成。软件系统是决定遥感应用质量的关键环节。③网络共享平台是在遥感进行数据产品生产和行业应用的基础上，基于相关的数据库、分发共享平台、网络传输设备构建的相应产品的分布和共享平台。

2) 应用服务质量评价

应用服务质量评价是对遥感应用过程中服务能力的评价。卫星数据在各行业和地区的应用，卫星以星群方式、数据以数据集方式提供服务，针对单颗卫星及多颗卫星综合的重访周期与覆盖分析、不同尺度时空域数据完整提供等进行分析。

卫星应用所服务的对象是具有某方面专业需求的客户群体。卫星应用产品以数据和信息的形式提供给顾客，并在服务的过程中提供相关的售前售后产品咨询服务和技术支持服务。这种服务是一个持续的服务过程,不仅是将产品卖出去,更重要的是要帮助用户完成特定目的的产品应用。应用服务质量评价是对卫星应用过程中的数据质量、应用效果、技术支撑、数据满足度、反演精度的综合评价。

6. 卫星应用综合后评价

新型卫星在经过综合论证后上天运行,通过对卫星目标实现的程度来实证其设计思想、生产效能、运行服务效益,以获取对这一实践过程的认识与进一步优化改造,实现新型遥感器技术实验、应用首台套评价、业务应用的任务。

7.2 在轨卫星技术工程测试评价技术

在轨测试是在卫星发射后不久,对卫星平台和载荷进行的以技术指标及质量状态为考核重点的系统性测试。以光学载荷为例,在轨测试系统地考察载荷与图像在辐射、几何和光谱方面的性能与质量,用于卫星和载荷的状态评估、卫星运行稳定后各种参数的修订,涉及光学、动力学、航天学、遥感、测绘等众多学科。卫星上的成像系统获取的图像实际上是从地面经过大气到载荷的能量,要想评价载荷在轨道上的状况和性能,必须知道卫星获取的能量在地面、大气层和太空的衰减情况,这个过程只有通过在地面、大气层和太空测量到的数值来模拟和反演。因此,卫星的在轨测试是一个"航天-航空-地面"一体化的系统工程,很多情况下需要同步开展卫星、飞机和地面的观测。

7.2.1 功 能 测 试

根据卫星应用目标和复杂程度在轨测试要求和测试时间不同,在轨测试一般分为功能测试和像质测试,像质测试又分为几何测定和辐射特性测试。以光学载荷为例,各项测试的核心指标描述如下。

1) 载荷功能测试

成像功能测试:完成正常照相和侧视照,并得到相应图像数据;

定标功能测试:应得到对图像辐射校正的一级产品;

增益控制功能测试:在第 1 个回归周期内,所有数据通道选择正常增益值,一般设定为 1,在后几个回归周期内完成其他增益设定值的测试;

调焦功能测试:得到最佳焦平面情况下的图像,如果质量基本满足要求,则不进行此项测试,避免出现故障

2) 图像产品几何质量测试

定位精度:通过对经过系统校正后产品定位精度的估计,给出图像中景物的实际位置,确定所能达到的精度;

内部几何校正:在图像上确定几十个控制点,对图像进行几何畸变评估;

图像配准精度:应考虑 3 类图像的配准,即全色与多光谱图像配准,同一时间记录

的不同通道之间的空间配准，不同日期但在相同光测条件下获取图像的配准。

3) 图像产品的辐射特性测试

信噪比测定：利用定标灯和均匀光谱辐射区图像，评估有效载荷信噪比；

相对定标精度评估：利用多次定标数据和均匀光谱辐射区，对定标数据进行峰值、平均值、偏差分析等，得出相对定标精度；

调制传递函数测定：以使用实际图像与已知 MTF 值且有相同比例尺图像进行比较来确定，或通过选取特定地物目标，如桥梁、水坝等及铺设特征靶标，进行傅里叶变换、频谱分析得到图像的 MTF 值。

7.2.2　遥感原始数据质量评价

数据质量评价主要包括数据的辐射特性评价和几何特性评价。图像辐射特性评价包括主观评价方法和客观评价方法。

辐射特性客观评价是研究用数学计算方法，通过计算机自动对图像的辐射特性进行定量评价，包括图像质量评价和图像辐射特性评价，其中图像质量评价包括遥感图像的对比度、信噪比、信息熵、边缘信号能量、细节信号能量、清晰度、角二阶矩、图像功率谱和方差等参数的计算，进而定量评价图像质量的好坏。图像辐射特性评价包括遥感图像的响应线性度、饱和度、动态范围评价；噪声、辐射稳定性、CCD 线阵均匀性评价；扫描行丢失、死像元、图像亮斑的识别；信噪比和辐射灵敏度评价；调制传递函数 MTF 评价；相对和绝对辐射精度评价。

辐射特性主观评价则是研究如何建立一套基于人工与计算机相结合的半自动遥感图像评价规范与准则。它是由观察者根据事先规定的评价尺度及先验知识对图像做出半自动的判视与评价。同时，提供几组不同等级的标准图像作为参照系，将卫星图像进行由好到坏的半定量的分类，借此评出卫星图像的质量等级。

几何特征评价。对卫星图像一般可利用如下标准进行几何特性评价：像元分辨率、像元重叠率、像元覆盖的两相邻边的夹角、图像的地面覆盖、对应于 CCD 方向的地面覆盖与飞行方向夹角、均方差。

7.2.3　在　轨　定　标

在轨定标工作是卫星在轨工程测试阶段必不可少的一个环节。虽然遥感仪器发射上天之前经过了严格的实验室定标和特性鉴定，但在发射过程中，仪器经受了高温、高压及强烈的机械震动，仪器的性能，特别是仪器输入-输出的定量化关系将发生变化。入轨后，仪器工作于与地面完全不同的宇宙环境中，这也将引起仪器性能的变化。因此，一般在发射升空后的半年内，通常进行星载仪器的在轨定标与检验工作。

星载载荷的一系列定标与检验是保证定量化应用的基础。在轨定标包括星上定标系统和在轨外场定标。星上定标系统是利用星上定标器，对卫星的在轨状态和响应实现定标。在轨外场定标是通过在卫星过境时刻在定标场地开展同步测量实验获取载荷的定标系数，实现场地在轨定标。另外一种方法是利用其他卫星上相同或者相近的载荷数据，通过光谱匹配和观测几何校正，实现载荷的交叉定标。目前，利用辐射校正场进行辐射定标的方法主要有反射率法、辐亮度法、辐照度法等。

7.2.4　卫星遥感 1～5 级数据信息产品初步评价

卫星遥感 1～5 级数据信息产品包括了经过相对辐射校正后的 1 级产品、经过系统几何校正的 2 级产品、经过几何精校正的 3 级产品和经过定量反演的 4～5 级产品。1～5 级产品是遥感应用中有关 when&where、what 及 how 类型的应用产品。卫星在轨测试期间，不仅对原始数据和载荷性能开展评价，同时也对卫星遥感 1～5 级数据信息产品开展评价。具体包括定性评价和定量评价两个方面。

卫星遥感 1～5 级数据信息产品的定性评价是对遥感影像自身信息的评价，主要对地物识别效果进行评价。卫星遥感影像上地物的形状、大小、图案及色调等是地物识别与分类的基础，也是影响地物判读的重要因素。卫星遥感 1～5 级数据信息产品的定性评价，一方面要分析图像上各种地物的多种基本特性，如形状、大小、图案、色调(或色彩)、纹理、阴影、位置及布局等，另一方面要考虑卫星影像的空间分辨率及产品的规格属性。作为由不同特征组成的公共要素，面状目标主要有居民地、交通位置区域、水系分布区域及植被分布区等；线状目标主要有道路、构造、河流等，应用效果评价主要是对上述地物识别的准确性及精度进行评价。定性与量化产品的主要评价指标如下。

(1)大小：真实反映观测对象的尺寸。

(2)形状：指观测对象在影像上所呈现的特殊形状，如飞机场、盐田、工厂等都可以通过其形状判读出其功能。

(3)位置：指观测对象所处的环境部位，各种地物都有特定的环境部位，因而它是判断地物属性的重要标志。

(4)色调：指彩色图像上色别和色阶，是地物电磁辐射能量大小的综合反映。用多光谱获得的真彩色影像，地物颜色与天然彩色一致；用光学合成方法获得的假彩色影像，根据需要可以突出某些地物，更便于识别特定目标。同一时相的影像、相同的合成方法，可以观察多谱段载荷的光谱响应情况。

(5)纹理：观测对象有规律地组合排列而形成的图案，它可反映各种人造地物和天然地物的特征，如农田的垄、果树林排列整齐的树冠等，各种水系类型、植被类型、耕地类型等也都有其独特的图型结构。

(6)阴影：观测对象在成像时的观测状态信息记录。若太阳为照射源，包括了太阳位置、观测位置、观测对象位置及三者间关系等。

(7)布局：又称相关位置，指多个目标物之间的空间配置与关系。地面上的地物与地物之间相互有一定的依存关系。通过地物间的密切关系或相互依存关系的分析，可从已知地物证实另一种地物的存在及其属性和规模，这是一种逻辑推理判读地物的方法，在遥感解译中有着重要的意义。

卫星遥感 1～5 级数据信息产品的定量评价是指在卫星过境时刻，联合多个行业在综合实验场开展大型综合实验。通过获取实地测量参数，对卫星反演的共性产品进行验证和评价。按照各个行业联合实验需求，基于综合实验场开展多行业"星空地"联合实验，获得多参数的测量及高精度的检验。其包括地面观测实验系统、航空实验系统、移动遥感实验系统。地面观测实验系统是为了满足多行业、多尺度、多组联合的实验进行配备的；航空实验系统通过对可将光、高光谱、热红外及地物信息配置的相机及飞行器；移动遥感实验系统是为了提高检验精度（主要是大气校正）而配备的。

综合实验场以主行业的需求为准，结合其他行业用户的需求，同时组织相关的实验站点、科研院校的相关科研人员，共同开展大型综合实验，在实验场同时开展不同地物光谱、植被指数、大气参数等相关数据的采集，为卫星在轨测试评价、遥感产品反演和真实性检验验证算法研究和优化提供基础数据。卫星在轨测试期间的综合实验主要对卫星遥感 1～5 级定量数据信息产品进行初步评价。

7.3 在轨卫星试应用阶段 1～5 级数据信息产品质量评价技术

卫星在轨遥感数据信息产品质量评价包括 1～2 级数据产品几何特性评价、辐射特性评价和综合特性评价；3～5 级目标信息产品的精准、可靠性等质量评价。其中，1～2 级数据产品是去掉遥感器噪声后得到反映观测对象与环境综合信息的产品，主要解决信息获取和部分信息传递中遥感器因素引起的偏差问题。3～5 级信息产品更多的是反映观测对象几何、属性、理化特征状态的信息产品，这类产品可称为共性产品。共性产品解决观测对象客观信息获取中环境与遥感器引起偏差的问题，即观测对象 when&where、what、how 等方面客观信息向人的传递。

本节将按照 7.1.3 节的关注要素，从总的评价指标体系出发，基于量化测试法，引出针对各类关注要素开展评价的具体方法，结合航天遥感信息认可度分析模型，对 1～5 级信息产品中的质量、可信度等概念展开评价。真实性检验的真值，是信号与遥感数据之间的观测信息，这种信息是近似真值，而非绝对真值，需要通过构建参数场形成最优验证模型。

7.3.1 遥感数据产品几何特性

遥感数据产品几何特征评价包括空间采样距离评价、几何定位精度评价和多波段配准精度评价等。

1. 空间采样距离评价

空间采样距离的测试主要采用控制点法，分别在沿轨和垂轨方向上选择控制点对，根据点对在测试图像和参考图像上的位置，计算两点在测试图像上的像元个数和参考图像上两点之间的距离，用两点间的距离除以两点间的像元个数，即两点间像元采样间距。多个点对的空间采样距离之和除以点对的个数，得到空间采样距离的均值。控制点法的测试步骤如下：

(1)选取不同纬度、不同地区的6～8景星下点的1级图像数据。

(2)用目视的方法在与飞行方向平行(沿轨)和飞行方向垂直(跨轨)的方向选择8个控制点对，控制点对的距离大于300个像元。

(3)对于每个控制点对得到地面控制点对在沿轨和垂轨方向的像元数(P_x和P_y)，计算出两个点之间的像元个数P：

$$P = \sqrt{P_x^2 + P_y^2} \tag{7.3}$$

(4)利用参考影像图精确测量出地面控制点对之间的参考距离d。

(5)将两控制点之间的参考距离d除以两点间的像元数P，即可得到该景图像的地面像元分辨率，即采样距离r。

(6)计算所有选择图像在每个方向的平均值，作为载荷的空间采样距离(GSD)。

2. 几何定位精度评价

遥感图像的几何定标精度由其图像上目标点的地理位置与其真实位置间的误差表征。遥感卫星的几何定位精度包括垂轨、沿轨、平面和高程等。从内容上，几何定位精度又分为相对定位精度和绝对定位精度，相对定位精度是针对图像内部几何变形的绝对量和整幅图像变形的一致性的评价，对卫星遥感定位算法的评价，是对算法中参数理论精度评价的表现形式。绝对定位精度是指经过几何校正后的遥感图像上选定的多个参考目标点的坐标位置与其实际位置之间的偏差，即校正后的像点对应的地理位置和真实地理位置之间的差异，也称绝对定位精度。

遥感影像的几何定位精度是用影像中的参考目标位置与其真实地理位置的关系误差而确定，即观测值与真值偏离的离散度，卫星遥感图像几何定位精度的评价方法一般有两种：一种是基于中误差(观测值与真值偏差平方和)的评价方法；另一种是基于圆概率误差(circular error probability, CEP)的评价方法。

1)中误差评价

基于中误差的评价方法通过获取遥感图像的目标点和其对应在地面的实际地理坐标，最后计算被测目标点与实际点坐标值之间的误差，得到的中误差即几何定位精度：

$$
\begin{aligned}
&X_i = x_i - x_0; Y_i = y_i - y_0 \\
&\mu_x = \frac{1}{n}\sum_{i=1}^{n}(x_i - x_{i0}); \sigma_x = \pm\sqrt{\frac{1}{n}\sum_{i=1}^{n}(X_i - \mu_x)^2} \\
&\mu_y = \frac{1}{n}\sum_{i=1}^{n}(y_i - y_{i0}); \sigma_y = \pm\sqrt{\frac{1}{n}\sum_{i=1}^{n}(Y_i - \mu_y)^2} \\
&\sigma_{xy} = \pm\sqrt{\sigma_x^2 + \sigma_y^2}
\end{aligned}
\tag{7.4}
$$

传统中误差评价方法的核心在于中误差的计算，得出的几何定位精度 σ_x、σ_y，即求其样本数据的标准差 σ，其物理意义为样本中被检测点的定位误差落在 $[-\sigma，+\sigma]$ 中的概率为 68.26%（2σ 的置信概率为 95.44%，3σ 的置信概率为 99.74%）。在计算单一方向上的几何定位精度（沿轨、垂轨）时，传统的中误差评价方法简单可靠。

2）圆概率误差评价

圆概率误差（CEP）近几年被引入遥感图像的几何定位精度评价中，其物理意义为样本中的被测点的偏差落在以 CEP 为半径的圆内的概率为 P，当 P 为 90% 时，CEP 即为 CE90。几何定位误差的联合概率密度分布：

$$f(X,Y) = \frac{1}{2\pi\sigma_x\sigma_y\sqrt{1-\rho^2}}\exp\left\{-\frac{1}{2(1-\rho)}\left[\frac{(X-\mu_x)^2}{\sigma_x} - \frac{2\rho(X-\mu_x)(Y-\mu_y)}{\sigma_x\sigma_y} + \frac{(Y-\mu_y)^2}{\sigma_y}\right]\right\}$$

(7.5)

式中，ρ 为 x、y 方向定位误差的相关系数。

CE90 即样本满足置信概率 P 为 90% 时的积分圆区域的半径大小，其意义为不大于 CE90 的样本数据占整个样本总体的 90%。

3）几何定位精度处理流程

在经过系统几何校正的图像上，数据评价软件自动选择待评价图像和参考图像的控制点，并计算出控制点在待评价图像和参考图像的实际地理坐标差异，计算多景图像的控制点位置误差值的平均误差和均方差。几何定位精度的具体流程如下：

（1）选择 5～10 景图像清晰、成像质量好的图像作为测试图像，对选取的图像进行 2 级产品生产。

（2）查找参考图像，并对参考图像进行投影转换、镶嵌等处理。

（3）对每幅图像自动选点，计算出控制点的图像坐标。

（4）对控制点进行筛选，获得均匀分布的 40 个左右的控制点。

（5）计算控制点在待评价图像和参考图像的实际地理坐标差值，计算多景图像的控制点位置误差值的平均误差和均方差，并将其作为图像的定位误差。

（6）计算同名点在测试图像上及参考图像上的误差及误差方向。

$$D = \sqrt{\Delta X^2 + \Delta Y^2}$$

(7.6)

式中，ΔX 为 X 图像和 X 真值的差值；ΔY 为 Y 图像和 Y 真值的差值。

方向误差为

$$\theta = \mathrm{atan}(\Delta X / \Delta Y)$$

(7.7)

（7）计算二级图像产品上所有点误差值的均方差，即几何定位精度，公式为

$$E = \frac{1}{n} \sum_{i=1}^{n} D_i^2 \tag{7.8}$$

3. 多波段配准精度评价

多光谱相机，波段间配准精度是多光谱影像数据的一项重要指标。由于系统安装误差和卫星上天后的环境变化，探测器阵列准直精度会发生变化，再加上地面处理系统误差导致波段图像间出现配准误差，直接影响遥感影像的融合、镶嵌、变化检测、运动检测和目标识别等具体应用。通过对波段配准精度的评价分析，给出相应的配准结果及波段配准侧偏规律，使其更好地满足用户需求。

评价图像配准精度的具体步骤如下：

(1)选择图像清晰、成像质量良好的图像作为测试图像，进行 2 级产品生产。

(2)对多光谱图像进行波段分离。

(3)对每幅影像构建金字塔影像，然后进行粗匹配、影像密集匹配、粗差剔除、最小二乘匹配、选取同名点。

(4)对每个同名点利于 Swipe 功能模块进行粗差剔除。

(5)计算同名点在测试图像和参考图像上的横纵坐标误差的绝对值。

(6)计算图像的多个同名点横纵坐标误差值的平均误差，并将其作为波段间配准精度。

(7)统计影像的波段间配准精度的平均值和方差，得到该相机的波段间配准精度。

7.3.2　遥感数据产品辐射特性

遥感数据产品辐射特性评价包括相对辐射校正精度评价、绝对辐射定标精度评价和动态范围评价 3 个方面。

1. 相对辐射校正精度评价

通常采用统计法对图像相对辐射校正精度进行评价。统计法是根据在轨期间成像的 1 级数据进行统计分析，对各探元进行统计分析，确定图像的相对辐射定标精度。具体处理方法如下。

选择 5～10 景包含大面积沙漠、云、海洋等均匀地物的遥感影像数据。对选择的均匀区影像数据，分别采用平均标准差法、平均行标准差法和广义噪声法 3 种评价方法，评价卫星影像的相对辐射校正精度。3 种方法具体算法如下。

(1)平均标准差法。计算相对辐射校正后图像各行的标准差，然后除以该行的平均值，得到各行的校正精度，其平均值即该图像计算得到的相对定标精度。其计算公式如下：

$$\varepsilon_i = \frac{1}{\overline{DN}_i} \sqrt{\frac{1}{n} \sum_{j=1}^{n} [DN(i,j) - \overline{DN}_i]^2} \tag{7.9}$$

$$\varepsilon = \frac{1}{m}\sum_{i=1}^{m}\varepsilon_i \tag{7.10}$$

式中，ε_i 为图像第 i 行的相对定标精度；$\overline{DN_i}$ 为图像第 i 行的平均值。

(2)平均行标准差法。该算法首先计算相对辐射校正后图像的列均值，得到一个平均行，然后计算该行数据的标准差，再除以整幅图像的平均值，即通过该图像计算得到的相对定标公式。其计算公式如下：

$$\varepsilon = \frac{1}{\overline{DN}}\sqrt{\frac{1}{n}\sum_{j=1}^{n}[DN(j)-\overline{DN}]^2} \tag{7.11}$$

式中，n 为探元个数；$m\times n$ 为图像大小；$DN(i,j)$ 为图像第 i 行第 j 列的探元 DN 值；$DN(j)$ 为图像平均行第 j 探元的 DN 值；$\overline{DN}$ 为整个图像的平均值。

(3)广义噪声法。对相对辐射校正后的图像，计算每列图像的均值和整幅图像的均值，并求两者差异的绝对值平均值，然后计算出该值与整幅图像均值的比值，即为广义噪声。其计算公式为

$$\varepsilon = \frac{1}{\overline{DN}}\frac{1}{n}\sum_{j=1}^{n}|DN(j)-\overline{DN}| \tag{7.12}$$

2. 绝对辐射定标精度评价

卫星载荷图像的绝对辐射定标，利用已知辐射特性的地面(海面)定标场，以及其他卫星上相同或者相近的载荷数据，对载荷的辐射测量结果进行交叉定标，评价在轨运行载荷的稳定性和灵敏度变化的情况。卫星仪器的定标为其后得出数据的有效性和可靠性提供了科学依据。目前，利用辐射校正场进行辐射定标的方法主要有反射率基法、辐亮度法、改进的反射率基法 3 种。

(1)反射率基法：在卫星载荷过顶时同步测量地面部标反射率因子和大气光学参量(如大气光学厚度，大气垂直柱水汽含量等)。然后利用辐射传输模型(考虑多次散射)计算出载荷入瞳处辐射度值。该方法所需的参量都是同步观测时获取的，所以只要保证气测量精度，其标定结果就具有很高的可靠性。

(2)辐亮度法：采用经过严格光谱与辐射度标定的辐射计，通过航空平台实现与卫星载荷观测几何相似的同步测量，把机载辐射计测量的辐射度作为已知量，去标定飞行中卫星载荷。这种方法要求对机载辐射计进行精确的标定，并对飞机与卫星之间路径的大气影响进行订正。如果飞机飞得越高，大气订正越简单，订正精度也就越高。

(3)改进的反射率基法：利用地面测量的向下漫射与总辐射值来确定卫星载荷高度的表现反射率，进而确定载荷入瞳处辐照度值。这种方法使用解析近似方法来计算反射率，从而可大大缩减计算时间和计算复杂性。

3. 动态范围评价

图像动态范围评价有 3 种方法：

(1)基于纯图像灰度值统计，计算图像的动态范围。图像直方图与图像灰度标准方差反映图像灰度层次的丰富程度。图像的方差大，说明图像灰度层次丰富，在目视效果中，地物更加易于识别和分类，图像质量较为理想。

(2)基于图像灰度值 DN 和表观辐亮度 L 的关系，计算图像的动态范围。图 7.1 为其动态范围，DN-L 关系线指的是呈线性关系的最大、最小入瞳辐亮度范围所涵盖的灰度值范围与表观辐亮度范围。响应线性度指入瞳辐亮度值与图像 DN 值之间符合线性关系的程度，在不同入瞳辐亮度范围内，获取多对入瞳辐亮度值与图像 DN 值，绘制其二维坐标图，通过拟合选择其线性度较好的图像 DN 与入瞳辐亮度范围，从而确定卫星各载荷各波段的动态范围和线性度。

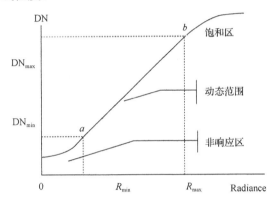

图 7.1　动态范围和响应线性度示意图

(3)利用同类卫星同步观测的卫星影像，计算图像的动态范围。选择几景待评价的卫星影像，同时获取和待评价卫星具有相似波段，且成像时间相邻的同一区域的其他卫星影像数据，并要求图像包含大面积分布均匀的雪、云、沙漠、多种类的均匀植被、沼泽地、水体等各个反射率范围的地物。用待评卫星的图像、波段响应函数与同步观测其他卫星的图像、波段响应函数、绝对辐射标定系数计算各均匀地物的入瞳等效辐亮度，与图像上的 DN 值构成诸多点对，分别用线性模型和二次模型拟合，计算拟合误差，进而计算得到动态范围与响应线性度。

7.3.3　遥感数据产品综合特性

遥感数据产品综合特性评价包括动态调制传递函数评价和纹理细节评价。

1. 动态调制传递函数评价

调制传递函数(MTF)曲线，是成像系统在各个空间频率处调制度的函数，反映了成像系统在对目标物成像过程中的扩散及削弱程度。该曲线会受到平台运动、大气折光、大气传输、混合像元等方面的影响。

在图像上选择具有明显反差的两块相邻地物的边界，通过测定成像系统对这一边界的扩展状况来确定相机在各空间频率上的响应，从而得到该成像系统的 MTF 曲线，常用的精度较高的测试方法是刃边法。刃边法的理论依据是从图像上纹理提取的边缘扩散函数与脉冲法中的线扩散函数之间是微分与积分的关系。因此，在得到纹理的边缘扩散函数后再对其求导，便可以得到对应的线扩散函数，最终得到系统的 MTF 值。

2. 纹理细节评价

遥感图像纹理细节的评价方法，常采用的评价指标包括信息熵值、标准方差、角二阶矩、对比度、边缘信号、图像功率谱等。

(1)信息熵值。图像所具有信息量的度量，纹理的复杂度越高就意味着图像信息量越大，其熵值也越大。

(2)标准方差。标准方差即采用分块思想，以 5×5(或 3×3、7×7、9×9 等)的窗口为单位求取标准方差，最后计算各分块图像标准方差的平均值作为图像标准方差。

(3)角二阶矩。角二阶矩是灰度共生矩阵的二次统计量，具体为像素值平方的和，也称为能量，是图像灰度分布均匀性的度量。纹理较粗时，角二阶矩的值较大，反之则较小。

(4)对比度。对比度是用于评价图像纹理的参数，可理解为图像的清晰程度，即纹理的清晰程度。图像中纹理的沟纹越深，其对比度越大，图像就越清晰，视觉效果就越好。

(5)边缘信号。边缘信号是图像关于形状特征和细节的重要信息。边缘不同于噪声信号，它是有方向性的，可通过各向异性的滤波器来提取。

(6)图像功率谱。图像功率谱实际上体现了不同频率的分量在图像中所占的比重。图像的高频分量多时图像的功率谱值大，体现在遥感图像中，就是图像的边缘清晰，但是噪声也是图像中的高频分量，所以该参数应结合图像的信噪比考虑。在评价过程中，计算不同频率范围的功率谱：低频(LF)、中频(MF)和高频(HF)。

7.3.4　1~5 级共性产品真实性检验

1~5 级共性产品真实性检验方法主要依赖第一范式，即野外实验数据作为真值，对 1~5 级共性产品的反演结果进行验证与评价。根据评价的对象不同，又可分为定性产品的真实性检验和定量产品的真实性检验两大类。

1. 定性与量化产品的真实性检验

定性产品的真实性检验主要考虑基于像元尺度的图斑面积误差、属性误差，相应的评价指标包括总体精度、Kappa 系数等。随着分辨率的提高，一方面遥感影像的可分性提高；另一方面在类别内和类别之间的空间变异性增大。除了要评估基于像元尺度的类别内的误差(点误差)类型外，还应评估基于对象尺度的类别间空间变异造成的误差(线误差、面误差)。相关技术有点误差验证及精度评估技术；线误差验证及精度评估技术；面误差验证及精度评估技术。

1）线误差验证及精度评估技术

影像图上选择森林类型边缘勾边，样地持 GPS 沿勾边轨迹记录实际轨迹坐标，内业使用 GPS 轨迹与分类图勾画轨迹计算两曲线间的相似程度，重点验证土地覆盖类型边界分类精度。

线误差验证算法既要考虑数值上的偏移，也要考虑方向上的偏移，该项目主要采用两个指标来衡量两曲线的相似程度。

（1）变化向量分析法（偏离大小、方向）。变化向量分析法由简单差分法扩展而来，变化向量中，变化的强度用变化向量的欧氏距离表示，变化的内容用变化向量的方向表示。

n 维欧氏空间是一个点集，它的每个点 X 可以表示为 $(x[1], x[2], \cdots, x[n])$，其中 $x[i](i = 1, 2, \cdots, n)$ 是实数，称为 X 的第 i 个坐标，两个点 $A = (a[1], a[2], \cdots, a[n])$ 和 $B = (b[1], b[2], \cdots, b[n])$ 之间的距离 $\rho(A, B)$ 定义为式（7.13）。

$$\rho(A,B) = \text{sqrt}[\sum (a[i] - b[i])^2] \qquad (i = 1, 2, \cdots, n) \tag{7.13}$$

变化向量分析法既可以表示每个点的偏离大小，也可以表示偏离方向。通过设置一定的阈值，得到向量形式的偏离程度。

（2）Pearson 相关系数（相似度）。Pearson 相关系数是说明有直线关系的两变量间，相关关系密切程度和相关方向的统计指标。

$$r = \frac{N\sum x_i y_i - \sum x_i \sum y_i}{\sqrt{N\sum x_i^2 - (\sum x_i)^2} \sqrt{N\sum y_i^2 - (\sum y_i)^2}} \tag{7.14}$$

相关系数的绝对值越大，相关性越强，相关系数越接近于 1 或 −1，相关度越强，相关系数越接近于 0，相关度越弱。

2）面误差验证及精度评估技术

用 GPS、BEIDOU 等记录封闭多边形轨迹坐标，内业计算与分类图上面积的差异程度。该项目主要采用 3 个指标来衡量面状地物空间匹配精度。

（1）相对面积精度（数量）。相对面积精度是指样本图斑与比较真值图斑间的面积相对精度，只是面积数值间的精度评价，并未考虑样本图斑的位移情况。

$$Z_i = \left(1 - \frac{|A_i - B_i|}{B_i}\right) \times 100\% \tag{7.15}$$

式中，Z_i 为相对面积精度；A_i 为解译图斑面积；B_i 为样地比较真值图斑面积。

（2）面积吻合度（位移量）。面积吻合度是指样本图斑与比较真值图斑的重叠面积占真值面积的百分比，考虑了图斑的位移状况，因此，在某种程度上，该指标也表示了样本图斑的位置精度。

$$w_s = A_i / B_i \times 100\% \tag{7.16}$$

式中，w_s 为面积吻合度；A_i 为解译图斑与比较真值图斑面积的交集；B_i 为比较真值图斑面积。

2. 定量与标准定量产品的真实性检验

定量产品的真实性检验主要包括 3 个基本步骤：

(1) 获取遥感影像并利用遥感共性产品生产者提供的相关产品算法，从相关遥感产品中提取场地反演值；

(2) 利用独立的方法，从实地野外观测中获取产品定量信息；

(3) 对从影像得到的共性产品与相同地点的同步独立观测数据之间进行比较。

定量遥感共性产品的真实性检验可采用以下几种方法：

(1) 将待检验数据产品与同步观测数据及从其他卫星载荷得到的同样类型数据产品进行直接比较或统计方法分析(如趋势分析)。

(2) 将待检验数据产品结果及误差与不同算法得到的相同数据产品结果及误差进行比较，以识别出此种产品的系统误差。

(3) 数据同化方法，即将所有的数据产品和其他测量结果(地面实测或其他卫星载荷产品)同化到一个经过验证的辐射传输模型中，通过与大气层顶观测结果进行连续的、相匹配的相互比较，运用模型的前向运算结果来验证反演产品的精确性。

反演方法的非线性及待反演的物理参考的空间异质性造成了不同空间尺度的反演量之间存在空间尺度效应，因此需要进行尺度转换才能利用地面实测或较高空间分辨率的遥感产品数据去验证较低空间分辨率的遥感共性产品。空间尺度转换分为升尺度和降尺度两种，对于真实性检验而言，空间升尺度更为重要。具体的方法，一方面是利用统计方法建立反演量尺度转换的线形或非线性关系；另一方面，从产生尺度效应的生物物理机制出发，基于反演量物理模型推演其尺度转换规律，或者基于反演模型研究反演量尺度效应影响因子，尝试建立融合影响因子尺度校正的"尺不变"(或者近似"尺不变")的反演量计算模型。后者相对不成熟，所以通常采用的是第一种方法。

通过统计分析方法直接将待验证遥感共性产品与经尺度转换的相同尺度的地面观测数据或其他在轨卫星遥感共性产品进行比较分析；或通过对待检验遥感共性产品与其他类型的卫星产品之间进行趋势分析来进行验证。

7.3.5　基于地面实测数据的目标信息产品质量评价

遥感不仅能给用户提供辐亮度数据，而且能生产一系列的高级别产品，用于各个行业和地区。遥感产品的客观评价是对遥感产品的不确定性进行定量化评价的过程。遥感产品的客观评价利用试验场获取同步数据，对数据进行处理、尺度转换，利用直接检验或间接检验的方法，对遥感反演产品的精度进行检验和评价，为遥感产品的质量分析与控制提供定量化的科学依据。

基于地面实测数据的客观评价是一种实验法评价，也就是通常意义上的量化测试法，其实质是获取同一时间段在同一区域地面实测数据和遥感卫星产品，通过时空匹配和尺度转换等处理，比较卫星反演产品和地面测量数据结果之间的相对差异，最终实现对遥感产品的客观评价。基于地面实测数据的客观评价关键在于地面实测样本数据的获取和处理。

1. "一张图"信息产品的地面实测数据采样

采集的地面数据需要充分保证样本的典型性。每个分块区域内的采样点能代表该像元的真实性，可综合反映该像元的总体特性。在地面地物分布均匀和类型较一致的区域内，样本总体在数量上应该能代表该像元的整体特性。实际操作需根据地形特征，选取相对应的采点方法，从而决定采点数量。

地面实测点数据时间应尽可能与遥感影像过境时间接近，对于一天中温度变化较大的季节，如果两者时间差别太大，需要对时间尺度进行校正，否则采样点误差较大，不能代表像元的真实性。

地面采样点可以是随机采点，也可以是有计划的采点。有计划的采点一般有设计好的采点区域和范围，目的性较强。随机采点目的性不强，但是样本数据丰富，这种方式也是很重要的一种。两种方式一般结合使用，对于复杂地物类型需要加密采样。

对所有的实验区域开展样本采集，实际操作中，可根据具体区域情况，参照具体要求，确定样本数量。若选择影像数据源类型、时相一致，地形平坦均匀分布的区域作为研究区，每个像元内应有 5~10 个采样点。针对地形复杂的区域，需要根据实际情况进行加密采样，增加采集数据量。

2. 目标属性特性信息产品的地面实测数据处理

地面试验数据的存储原则：需用一定方法来标记各个采样区域和地面点数据，方便对后续数据处理和寻找点位置。计量地面点数据经纬度时，尽量保存较多的小数点位数，保证采样点位置的精确分布。

地面试验数据的测量时间：用相关仪器进行测量时，需要知道仪器测量数据达到稳定时间的长短，不能提前记数据，采样时间控制在卫星过境时间前后半小时内。

地面试验数据的处理方法：由于地面实测数据是点数据，而遥感反演产品是面数据，因此必须将地面测量的点数据进行尺度转换。常用的尺度转换模型有平均法、最邻近法、二次插值法、三次卷积法、克吕格插值法。根据样点的分布选择不同的尺度转换方法。

3. 目标理化特性信息产品的真实性检验

获取地面实测的遥感产品测量值和卫星遥感反演产品对应像元的产品值，计算两者的相对差异，并将其作为真实性检验的评价依据，具体计算公式如下：

$$\delta = 2 \times (\text{Image} - \text{Ground}) / (\text{Image} + \text{Ground}) \tag{7.17}$$

计算多个研究区卫星反演产品和地面实测数据的相对差异。理论上，相对差异越小，反演精度越高。

图 7.2 给出了基于地面实测数据的遥感产品真实性检验基本流程图。首先确定研究区，根据检验产品类型和仪器特征，布设相关的仪器，同时，根据研究区卫星过境日期，获取卫星过境前后半个小时的地面实测数据。此外，基于遥感反演算法，获取试验区遥感反演产品。对地面测量数据和卫星反演产品对应像元进行时间和空间尺度校正，建立地面测量数据和卫星遥感产品数据对，计算两者的相对差异，实现基于地面实测数据的遥感产品真实性检验。

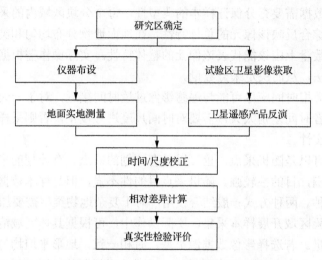

图 7.2　基于地面实测数据的遥感产品真实性检验流程图

7.3.6　多星目标信息产品的质量交叉评价

基于多星的信息产品交叉评价是一种多源卫星产品的相对验证方法。其实质是将同一时间段在同一区域获取的不同卫星反演的相同遥感产品，从时空尺度的角度，建立不同卫星来源的信息产品间的转换关系，并通过对多个区域长时间序列的一致性评价，最终实现对待评价卫星的遥感产品的真实性检验，为该遥感产品在行业和区域的定量应用奠定基础。通常情况下，选择高空间分辨率卫星或仪器稳定、定标精度高、反演算法成熟的卫星产品作为评价依据。

当前，基于卫星产品的交叉评价尚处于起步阶段，其研究的技术方法、评价标准体系、处理流程等都不完善，缺乏统一的评价标准和规范。本书以给出基于同类卫星遥感产品交叉评价的一个通用流程，为今后进一步完善和优化遥感产品质量提供参考。

图 7.3 给出了基于同类卫星产品的遥感产品交叉评价流程图。首先，要确定多个典型区域作为研究区，分别获取研究区内的待评价卫星遥感影像数据和参考卫星遥感影像数据。然后，对待评价卫星的遥感数据进行辐射和几何校正，在此基础上利用遥感反演算法和模型得到待评价卫星的遥感反演产品，如地表温度、地表反射率等。同时，获取参考卫星在研究区的遥感反演产品，通过去除有云的数据和时间不匹配的数据，得到和待评价卫星遥感产品为同一时间段内的参考卫星遥感产品。

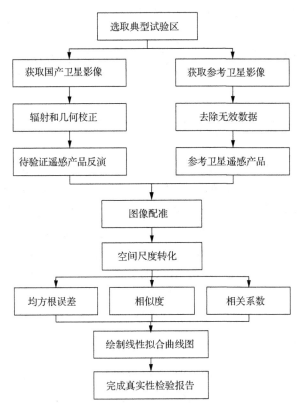

图 7.3　基于同类卫星产品的遥感产品交叉评价流程图

对待评价的遥感产品和参考遥感产品进行图像配准和空间尺度转化，得到两个卫星时间和空间相匹配的遥感产品影像对。分别采用均方根误差、相似度、相关系数等不同的评价指标，计算两个卫星遥感产品的一致性，并绘制线性拟合度曲线图，最终实现遥感产品的真实性检验，撰写真实性检验评价报告。不同评价指标的计算公式如下所示。理论上，相对差异越小，反演精度越高。

均方根误差 RMSE 的计算公式为

$$\text{RMSE} = \sqrt{\left(\sum d_i^2 / n\right)} \tag{7.18}$$

式中，d 为参考卫星产品和待评价卫星产品值的差值。

相似度(similarity)计算公式为

$$\text{Sim}(X,Y) = \cos^{-1}\left(\frac{\sum X_i Y_i}{\sqrt{\sum X_i^2}\sqrt{\sum Y_i^2}}\right) \tag{7.19}$$

相关系数(correlation coefficient，CC)计算公式为

$$CC(X,Y) = \frac{n\sum X_i Y_i - \sum X_i \sum Y_i}{\sqrt{n\sum X_i^2 - (\sum X_i)^2} \times \sqrt{n\sum Y_i^2 - (\sum Y_i)^2}}) \tag{7.20}$$

7.3.7 数据信息产品真实性检验的关键问题分析

真实性检验是用来评价遥感数据产品、信息产品的真实性和准确性的，也就是前面所提到的"约定真值"，遥感数据的本质是采样，特性是其时空分布规律，因此构建出观测对象的参数场分布是对各类卫星获得的信息产品检验的依据。最大化的接近真值，就要求在相同的时间地点，不仅产品数值一致，而且变化特征也要一致，并根据不同的物理量，产品需具有相同的梯度、旋度与散度。遥感信息产品真实性检验获取真值的过程是基于对观测参数的时空变异性分析，开展的关于信息内容、形式与作用的参数时空场构建、尺度特性与差异性评价。遥感信息的真值是介于信号信息和遥感数据之间的观测信息，真实性检验的核心是真值的获取，其获取的途径和方法也是基于科学范式的范畴。

1. 具有"完整"信息的观测参数时空场"约定真值"的构建

目前，遥感信息产品的真实性检验工作严重滞后，这使得区域尺度遥感信息与地面测量尺度的地表观测信息脱节，进而制约着定量遥感产品在不同领域更好地推广与应用。随着业务化和工程化进程对定量遥感产品的精度要求不断提高，遥感数据信息产品的真实性检验变得极为重要。

遥感数据信息产品真实性检验的核心问题是如何利用有限的地面直接或非直接测量数据，构建完整信息的观测参数时空场。其不仅能够代表卫星观测尺度值，而且能揭示空间异质性规律，确保对观测参数尺度信息的有效承载，为遥感数据信息产品提供验证数据。观测参数时空场的构建涉及地面观测、同步观测、尺度转换等关键环节，可通过两个途径进行构建。其一就是在观测参数时空变异特征分析的基础上，发展尺度上推策略来利用地面实测点数据为遥感信息产品提供定标和验证服务，技术的本质可以理解为"点代面"。其二也是利用多源信息融合技术，集成地面观测点、模型模拟，以及遥感数据所反映的和观测参量相关联的自然要素或相关指标所反映的观测参量的时空分布信息，为遥感验证提供信息量更丰富、精度更高的时空场地面真值，技术的本质为多源信息的融合，这样也可以充分发挥海量遥感大数据的作用。

依赖地面观测样点构建时空场是当前常用的方法。地面仪器观测只能得到所测量对象在观测时刻和所代表尺度的空间上的"真值"，仪器测量本身也存在"点"的测定能力和像元尺度"面"的需求之间的供需矛盾。鉴于 2.2 节所述，大气、陆表、水体不同陆表目标参量在不同时空尺度上呈现复杂的时空变异特征，加之相比于遥感的像元尺度，虽然不同手段的地面验证数据测量或代表的是不同面积，但是这些数据几乎可以认为是"点"数据(Robinson et al., 2008)，需要通过合理的地面采样方法有效地确定研究区域较为准确的观测值，其对构建信息时空场分析至关重要。通常是地面观测样点越多，涵盖

的下垫面类型越广，就越能抓住地面观测推导所蕴含的规律及其时空尺度特性，这是理解并构建观测对象状态与变化复杂性的关键。一个准确的样本设计方案应保证样本点的均值是对样本总量均值的一个很好的估计。地面采样设计主要考虑两个方面：一是决定最佳的采集样本的数目，二是决定这些将要布置样本点的空间位置。同时，在大尺度范围内，这些地面观测数据的采样密度往往比较小，点观测对区域参量的面信息代表性不足。所以如果不使用有效的升尺度手段或是验证样点选择策略，利用地面验证数据验证遥感反演信息产品将会有很大的局限性。目前，针对此问题已出现的几种解决方案主要有时间稳定性升尺度策略(Brocca et al., 2010)、地统计块克里金估计(Western and Bloschl, 1999)、地面土壤水分加密观测试验、分布式水文模型等。从信息量的角度来考虑，这种升尺度研究并没有增加验证数据的信息量。

从信息论的角度来讲，如果说地面点观测数据的信息量小于区域面信息，那么升尺度过程中需要融合更多可以反演区域参量面信息的多源数据。如何更好地将地面测量和先验知识两种思想融合起来，兼顾样点空间相关性和多源类型先验知识的关系，提高观测参数时空场的构建精度非常重要。目前，有研究者尝试将贝叶斯最大熵理论应用到多源数据融合过程中，尤其是将和目标参量具有相关性的不确定性数据融入空间估计过程中，发挥贝叶斯理论的优势；同时在数据融合策略基础上，构建贝叶斯理论框架下的地面观测站点数据升尺度方法，有效利用海量多源遥感数据，以获取区域更高精度的目标参量空间分布信息，为遥感反演信息产品提供更可靠的验证数据。

综上，在定量遥感产品真实性检验时，一方面必须开展大规模多样本的长时间序列、多空间维度的地面测量值，同时尽可能收集更多的先验数据集，建立综合数据库，使多种来源、多种类型的数据集有机会同时被用于不同观测尺度的时空分析，采样地学统计方法，生成具有"完整"信息的观测参数时空场参考真值，用于研究时空变化规律，评价信息一致的参考场地状态，在此基础上，完成遥感信息产品的真实性检验。

2. 基于五层十五级的时空尺度转换关系

不同分辨率尺度的遥感数据信息产品也具有时空尺度效应，即某一分辨率下获取的遥感产品不能直接移植到高一级或低一级分辨率尺度问题中求解。低分辨率遥感产品特征值并非若干高分辨率值的简单叠加，低分辨率尺度值也不能通过简单的插值或分解得到，这就是遥感产品的尺度性效应，这需要利用自相似规律、分形结构或地统计学等方法在不同分辨率之间建立合理的尺度转换关系。

1) 空间尺度转换

遥感信息产品空间尺度转换，按照信息状态，以及其发现、识别、确认、理解与分析预测目标特性的作用进行尺度转换，更多保留目标特性的信息特点，有效反映时空尺度转换的意义。近年来，分形、小波、信息熵等理论和方法的不断发展进一步丰富了空间尺度分析理论和方法。

空间尺度转换的原则就是转换成使遥感处理达到最优效果的尺度，既能准确表达出研究目标特性的空间分布结构，也能尽量避免高空间分辨率造成的"只见树木，不见森林"的误像。由于地物目标自身尺度范围和地域影响范围不同，通常地物目标空间尺度范围越小，所需的发现、识别、确认和理解的尺度要求也越精细。例如，单株树木的检测识别的尺度，明显应该比大面积森林的检测识别尺度更精细，对空间分辨率的要求更高。对应不同的地物对象，存在目标发现、识别、确认和理解的最优尺度和尺度范围，而且图像分类的这 4 个层次所需的空间分辨率逐层递进。例如，0.4m、0.5m 和 0.6m 的种树分类产品，这 3 种分辨率都能直观给出种树分布，但如果它们表示的规律一致，完全可以整合到一个分辨率尺度上进行标准化，即生成 0.5m 种树分类产品。这就是前面章节介绍的五层十五级数据组织模式，这是一套多尺度标准化体系，可提供标准化数据组织。

在真实性检验过程中，模型的尺度转换引入的不确定性严重降低结果的可靠性。模型的非线性引起的尺度效应随着模型非线性程度的增加而增加（吴小丹，2014），同样的算法用在不同分辨率的数据上，如果算法是非线性的，结果会有一定的差异。模型的非线性包含两个方面：一方面模型是非线性的；另一方面模型的驱动变量跟辐亮度信号之间也是非线性的，并且这种驱动变量的非线性造成的尺度效应能够随着反演模型进行传播，可以抵消或者增加模型的尺度效应。尺度效应产生的根本原因是遥感反演模型是建立在某个特征尺度上的，而高分辨率遥感图像的分辨率高于遥感模型对应的特征尺度，导致遥感反演模型不能应用到高分辨率影像中。

2) 时间尺度转换

时间尺度转换的一个本质特征就是观测数据在时间序列上的依存性，某一特定时刻的观测值与相邻观测值之间具有一定程度的依赖性。因此，在对参数时间变化规律进行归纳总结的基础上，可以建立描述遥感时间序列的数学模型，并根据模型分析时序数据变化规律，以达到时序数据重构和时间尺度转换的目的。

在开展真实性检验实验时，卫星过境的时间只有短短几秒钟，而地面测量有时需要长达几个小时。如何保持测量数据和卫星反演产品的一致性，不仅需要考虑尺度效应，还应考虑时间变化带来的影响。由于检验产品的不同，不同共性产品对时间尺度的变化需求不一致。以大气产品和地表温度产品为例，这两类产品的地面实测值变化很大，那么在进行地面实测时，要严格规定测量时间，并通过长时间测量数据，分析地面测量产品随时间的变化规律。若检验的产品是叶面积指数、植被覆盖度等，在短时间内，若地面测量结果不发生变化，则可以忽略时间转换的影响。

此外，在基于参考卫星数据产品的验证与评价过程中，由于不同卫星的成像时间不同，需要基于地面长期测量数据，开展时空采样最优化分析研究，建立基于五层十五级和时空积分的专题产品的转换模型，通过不同卫星专题产品的时间尺度转换，实现遥感专题产品的真实性检验与评价。

3. 置信度、置信区间的计算与大数据分析

航天遥感信息应用的不同阶段汇集了大量的复杂性、局限性及不确定性，对关注对象的有效获取，需要相应的模型描述与指标规定，以降低人对其认识的不确定性，从而满足人的需求。遥感信息的认可度与满意度立足于信息的精确度、准确度及可靠性，前

两者描述了从观测的角度看数学期望与真值及观测一致性的符合程度，即精准度概念。可靠性与精准度都可以通过置信度来评价。置信度是对区间估计的把握程度，置信度越高，就对应一个较宽的置信区间，对真值的把握越模糊，这就相应降低了估计的精准度。

置信区间或称置信间距，是指在某一置信度时，总体参数所在的区域距离或区域长度(用符号 CL 表示)。置信度又称显著性水平、意义阶段、信任系数等，是指估计总体参数落在某一区间时，可能犯错误的概率(用符号 α 表示)。例如，0.95 置信区间是指总体参数落在该区间之内，估计正确的概率为 95%，而出现错误的概率为 5%($\alpha = 0.05$)。在统计学中，当样本数据相互独立且满足正态分布时，样本数据量和误差的关系如式(7.21)所示：

$$n_0 = t^2_{1-\frac{\alpha}{2},\, n_0-1} \frac{\sigma^2}{d^2} = t^2_{1-\frac{\alpha}{2},\, n_0-1} \frac{C_v^2}{\kappa^2} \tag{7.21}$$

式中，σ 为标准差；$t_{1-\frac{\alpha}{2}}$ 为一定置信水平 CL($1-\alpha$) 下的 t 分布特征值；$d = \left| \mu - \overline{\theta} \right|$ 为绝对误差，其中 μ 为总体的真实平均值，$\overline{\theta}$ 为 n 个样本的平均值；$\kappa = d/\mu$ 为相对误差(RE)。由于参数在不同位置、不同时间的 C_v 比 σ 稳定得多(Gilbert，1987)，因此当难以获取有效的 σ 值时，可利用 C_v 和 κ 来估算样本数据量。可见，样本数据量越大，误差越小，精度越高。在数学与工程技术中会应用到函数的傅里叶级数展开，当级数 n 趋于无穷大时，傅里叶级数展开式的图像无限接近于函数的图像，这也说明精度依赖于大数据量。

因此，遥感目标信息产品真实性检验中置信度和置信区间的计算关键在于大量地面实测数据量的获取和卫星对应专题产品的获取。若只开展一到两次针对少数样本的产品验证，无法实现遥感产品真实性检验置信度和置信区间的计算。只有开展大规模多样本的长时间序列实验和验证，才可能实现遥感共性产品真实性检验置信度和置信区间的计算。未来，随着实验的增多和对真实性检验工作的重视，将大量验证数据进行真实性检验，结合统计学的置信度和置信区间计算公式，实现遥感共性产品的高精度的真实性检验与评价。

大尺度遥感信息产品的检验方法不尽相同，但主体思路基本相似，即通过小尺度数据的尺度转换，将小尺度数据聚合到大尺度数据相当的空间尺度，得到与待检验产品相应的大尺度数据，从而实现对比。在航天遥感信息应用的 4 个阶段都有所体现，并呈过渡进阶的应用方式。ATRL 处在 5～7 级的技术工程阶段，卫星上天后通过小样本实验进行定标与真实性检验，根据对航天遥感信息的指标性属性的检测对整体技术方案进行评价，证明工程系统对设计指标的实现程度。8～11 级的实践阶段，通过更大规模时空域下的综合认证，进行大样本量的定标及真实性检验，对应用效果及需求的满足度进行考核。

遥感大数据带来了大样本统计分析的新时代，传统统计学的大样本标准显然已经不能应对大数据资源高噪声、多源异构的特性，无法对干扰信息数据的影响进行有效筛除，因此不能满足新时代下人们对于大数据分析的置信要求，对于遥感大数据而言，遥感目标信息产品真实性检验的准确度要求更大的抽样空间及样本标准来表现客观事物具有普适性的规律。通过构建非结构数据库，有效弥补传统统计学过去关系数据库的不足，把非结构化数据转换成结构化数据，以充分挖掘数据所具有的潜在资源。

遥感大数据科学的主要目标是实现数据向知识的转化，同时也是将海量遥感数据同化与整合的过程，遥感目标信息产品真实性检验能够恰到好处地利用遥感大数据的这些优势，在数据同化与整合的过程中检验不同尺度、时相及传感器的数据间，以及遥感观测数据与地面测量数据间的真实性及一致性问题，基于遥感大数据的隐藏知识的挖掘，能够反映地表变化规律，探索自然和社会的变化趋势，对遥感产品真实性检验起到一定的对照及指示作用。基于海量数据的遥感大数据多元离散特征提取、遥感大数据多元特征归一化表达、大数据检索、场景构建，以及整合各种遥感信息资源的遥感云是遥感大数据自动分析的主要研究内容，遥感大数据分析必将为产品真实性检验提供更为有利的资源及环境。

7.4　在轨卫星业务化服务质量评价技术

卫星在轨期间的遥感应用服务质量评价体系包括遥感专业应用质量评价体系和遥感应用服务质量评价体系两个方面的内容。遥感行业应用质量评价介绍具体的评价方法和评价流程。遥感应用服务质量评价介绍了应用服务评价的标准流程、评价技术指标体系和相关的评价模型。

7.4.1　遥感专业应用质量评价

随着我国航天科技的进步与发展，卫星业务化应用能力不断增强，卫星应用正在由试验应用型向业务服务型转变。在业务应用过程中，需要明确国产卫星能做到什么样的专题应用产品，其产品质量到底如何，能否满足业务应用需要。这就需要从行业领域日常业务应用角度出发，评价国产卫星数据应用效果，为应用产品研发、产品及服务质量保证提供支撑。

1. 遥感专业应用质量评价步骤

开展应用评价分别从产品的品种、规格、质量、规模、时效性 5 个方面，对行业应用影响与效果进行评价。遥感专业应用质量评价主要包括 5 个步骤。

(1)确定专业应用评价的试验区。试验区选取主要依据有两个方面：一是本底数据丰富，不仅要有地质、地形数据，还需要有丰富的遥感数据、野外测试数据等，且试验区要有待评价卫星和多种参考卫星影像、航空影像数据覆盖；二是地物类型丰富。

(2)选择合适的评价数据。在选择试验区评价数据时，主要考虑以下 3 个原则：一是尽量保持多颗卫星数据时相一致，且根据试验区的光照、气候等情况，尽量选择 8~9 月；二是无云影像，数据质量要好；三是影像获取时间控制在寿命期内，超过寿命期，影像质量有所下降，效果评价的客观性受到影响。

(3)制定相应的评价方法和流程。其包括产品处理流程、专题产品生产流程、地面实验数据采集流程、地面验证数据处理规范、遥感应用产品评价规范等。

(4)根据行业应用需求和产品生产规范，生产出试验区对应待评价卫星的遥感专题产品，提取出试验区所在范围的遥感专题产品。

(5)采用主观和客观相结合的评价方法，对遥感应用效果进行评价。评价的依据包括专家知识库、历史影像产品、地面统计或测量数据、其他卫星遥感产品等。

2. 遥感专业应用数据产品属性评价

遥感专业应用品种的评价是指不同行业对应的遥感专题产品类型与该领域其他类型产品的融合程度及协同应用的能力，不同行业遥感专题产品有很大的差异。以矿物、水体环境、大气污染为例：

(1)遥感在矿物监测中重点关注对沉积岩、岩浆岩、变质岩岩性类型的识别能力和识别精度，以及对构造形迹的识别能力(如褶皱、断裂、剪切带、推覆体、走滑或伸展构造)，结合其他信息，有效判别地质构造等。

(2)遥感在水环境监测中重点关注在轨卫星数据是否能够满足反演水环境质量状况主要指标(水华、叶绿素 a、悬浮物、透明度等)的要求，结合行业领域应用标准要求，评价卫星数据是否具备支持水环境质量监测的能力。

(3)遥感在大气污染监测中重点关注气溶胶光学厚度遥感监测能力评价、颗粒物浓度遥感监测能力评价等，结合行业领域的标准，评价评价卫星数据是否具备支持大气环境质量监测的能力。

遥感专业应用规格的评价是指针对不同卫星不同空间分辨率产品的专业产品的生产。例如，以气溶胶光学厚度产品为例，其规格包括 50 m、100 m、1 000 m 和 10 km 等不同空间分辨率气溶胶产品，要针对不同规格产品进行评价。

遥感专业应用质量的评价是利用地面测量或同时相的其他卫星数据反演结果进行对比，评判指标选取影像特征、空间分布及面积，评价遥感监测能力，确定遥感专题产品的质量，通常可利用打分表对遥感专业应用评价的质量进行评价。

遥感专业应用规模的评价是主要对遥感专题产品反演系统的处理速度、精度、适用性进行定量客观的评价。只有 ATRL 达到 8 级以上的遥感产品才需要进行遥感专业应用规模的评价。

遥感专业应用时效性的评价是主要对遥感专题产品需求的反应速度、数据获取和处理速度、产品生产速度和最终产品提交速度的评价。时效性评价主要在减灾和天气预报领域有重要作用。

7.4.2　遥感应用服务质量评价

1. 卫星应用服务质量评价标准流程

遥感卫星应用服务质量的评价需要经过明确评价目的、识别评价指标、选择评价方法、获取评价信息及检验评价结果 5 个阶段。

1) 明确评价目的

(1) 调研我国遥感卫星应用产品和服务提供部门，深入了解当前业务运营的现状和发展规划，使遥感卫星应用产品服务质量评价结果既能正确反映现状，又能为遥感卫星部门的中长期规划提供决策支持；

(2) 调研我国遥感卫星应用产品和服务的用户，深入了解用户当前面临的问题和对未来服务的期许，将我国遥感卫星应用产品服务质量评价和用户需求结合起来，提升用户参与遥感卫星发展规划的深度和广度；

(3) 调研国外遥感卫星部门运营现状，通过横向对比评价结果，不仅能反映我国遥感卫星运行现状，也能明确我国遥感卫星在国际范围内的优势和劣势，为我国遥感卫星参与国际遥感市场竞争提供决策支持。

2) 识别评价指标

评价指标作为遥感卫星应用产品服务质量评价的基本组成单元，是整个评价研究项目的基础。通过文献阅读的方法，从已有的与社会评价、服务质量评价等评价理论中，寻找适用于遥感卫星应用产品服务质量的现有指标。此外，为了使得到的评价指标能够更加贴合我国遥感卫星应用产品服务质量的实际情况，需要结合实地调查及专家访谈等手段，探索影响我国遥感卫星应用产品服务质量的评价指标。对于能够直接测量的影响因素，采用定量指标来刻画；而对于不能直接测量的影响因素，则采用定性指标对其进行研究。为了保证所得指标的合理性，需要利用专家评价法对其全面性、完整性、可获得性及可操作性等方面进行综合考察，以便保证在后续的实施过程中能够顺利进行。

3) 选择评价方法

在对遥感卫星应用产品服务质量进行评价的过程中，需要对拟选用的评价方法进行科学选取，以达到最好的评价效果。

4) 获取评价信息

遥感卫星应用产品服务质量评价信息可以通过遥感卫星相关部门获取，这种渠道获取的信息具有可靠性和权威性。关于遥感卫星应用产品服务质量评价需要获取的信息类型主要包括口头信息和电子信息。

5) 检验评价结论

遥感卫星应用产品服务质量评价结论的可靠性和有效性关系到能否为政府相关部门制定决策提供参考依据，因此对遥感卫星应用产品服务质量评价结论进行检验非常重要。然而，评价过程夹杂大量主观因素，遥感卫星应用产品服务质量评价更是如此，由于产品种类多、传播范围难以界定、用户数量多、不同用户差别大等，评价过程中如果样本选择不当、问卷设计不合理、调研提纲不适当等都将影响评价结果的客观性和科学性。

2. 卫星应用服务质量评价指标体系

1) 卫星应用服务质量评价指标体系构建原则

为了保证遥感卫星应用产品服务质量评估的正确性和客观性，制定评估指标体系应遵循以下原则。

(1)全面性原则。在对待评价对象全面分析的基础上,将评价目标划分为一个分目标和评价侧面,理论上子目标或侧面的总和即评价目标,这就是评价指标体系的全面性原则。

(2)层次性原则。人类的认识过程是一个从浅入深、由表及里、不断深入的过程。因此,构建指标体系时也应该遵循层次性原则。

(3)目的性原则。评价是有目的性的认知活动,评价的目的是明确待评价对象的现状,找出待评价对象的薄弱环节,为进一步改进评级对象指明方向和提供决策参考。

(4)可操作性原则。评价的最终目的是正确认识待评价对象,从而帮助其更好地制定评价方案,这就要求选择的指标具有可行性和可操作性,能够从积累的数据资料中直接获得或计算获得。指标应做到少而精,计算公式应科学合理,利于掌握与推广。

(5)分解及综合原则。由于遥感卫星应用产品服务质量的多重性,直接进行评估必然存在一定的困难,但是如果进行细分,逐个评估会比较简单。因此,有必要将遥感卫星应用产品服务质量分解,分别进行评估。在此基础上,将评估结果进行加权综合,从而得出最后的结果。

(6)综合优化原则。遥感卫星应用产品服务质量的影响因素是多方面的,不同的因素所反映的应用产品服务质量是参差不齐、难以统一的,为了做全面、准确的分析,不能采用单一的某个指标来评估遥感卫星应用产品服务质量,必须建立综合的评估指标体系,采集各方面的信息,以实现综合和准确的评估。

(7)可调整原则。遥感卫星应用产品服务质量评估,需要考虑动态性、多样性等因素。在制定评估指标时,评估指标应有一定的可调整性、伸缩性和弹性,以提高遥感卫星应用产品服务质量评估指标体系的灵活性和适用性。

(8)定性和定量结合原则。遥感卫星应用产品服务质量既包括可以定量测量的方面,也包括不可以定量测量的因素,因此在实际操作过程中必须将上述两种影响因素相结合,将理论逻辑推断与专家咨询有机结合。

2)卫星应用评价指标体系建立基本步骤

指标体系的构建过程是一个"具体—抽象—具体"的辩证认知过程,是人们对现象总体数量特征的认识逐步深化、逐步求精、逐步完善、逐步系统化的过程。一般说来,这个过程大致可分为如下4个环节:理论准备、指标体系初选、指标体系测验和指标体系应用。

(1)理论准备。评价学是一门多学科性的边缘学科,与统计理论有较强的相关性,在实施评价活动之前,有必要学习评价学的基础理论,掌握评价活动的一般过程和方法。

(2)指标体系初选。初选过程是一个求全的过程,无须考虑指标的可行性、相关性、冗余度等问题,充分发挥人的主观能动性,尽可能多地罗列出可能的评价指标集合。

(3)指标体系的完善。该阶段是对初选指标的精选过程,初选阶段获得的指标可能在经济上或技术上不可行,与评价的目标不相关,甚至可能出现错误的情况,因此需要对初选的指标进行验证,从指标的可行性、指标辨识度等方面对指标进行筛选。

(4)指标体系结构优化。指标体系是一个多层级多维度的结构体系，指标筛选只能确保单个指标的合理性，并不能保证整体结构的合理性。指标结构优化阶段消除指标之间的相关性和冗余度，调整指标体系结构，以满足欲采用评价方法。

3）卫星应用指标体系建立方法

指标体系是综合评价的基础，决定评价方法的选择和评价结果的解释能力。通常情况下，评价指标体系构建过程包括两个基本步骤：指标初选和指标体系优化。初选是对评价对象认识和评价元素区分的过程，通过文献阅读、头脑风暴、问卷调查等手段，尽可能多地获取评价指标；筛选是对初选指标求精的过程，包括单指标可行性和多指标相关性等方面的分析。

(1)指标体系初选。指标体系初选是建立指标系统的第一步，初选结果决定指标体系的质量。在指标初选过程中，需充分发挥人的主观能动性，鼓励尽可能多地提出指标，无须考虑指标的可行性、合理性等方面的问题。指标初选结果的好坏取决于对评价对象的认识程度。

(2)指标体系优化。综合评价指标体系的测验不仅要保证指标体系中每一单个评价指标的科学性，而且还要保证指标体系在整体上的科学性。

3. 卫星应用服务质量评价模型

卫星应用服务质量评价主要采用综合评价方法，具体包括基于 QFD 模型的遥感卫星应用产品服务质量评价模型和基于 BP 神经网络的遥感卫星应用产品服务质量评价模型两类模型。

1）基于 QFD 模型的遥感卫星应用产品服务质量评价

基于质量功能展开(QFD)的理论和方法引入我国遥感卫星应用服务质量改进的方案中，提出基于 QFD 的遥感卫星应用服务质量模型，如图 7.4 所示。该模型主要由以下 3 个子模型构成：①遥感卫星应用服务质量设计子模型；②遥感卫星应用服务质量要素配置子模型；③遥感卫星应用产品服务质量保证子模型。

2）基于 BP 神经网络的遥感卫星应用产品服务质量评价

(1)神经网络与管理决策。人工神经网络(artificial neural networks, ANNs)简称为神经网络(NNs)或连接模型(connection model)，它是一种模仿动物神经网络行为特征，进行分布式并行信息处理的算法数学模型。采用神经网络对卫星数据和产品分发服务进行建模，研究卫星数据和产品分发系统服务的构成要素，以及各要素与总体服务质量之间的关系，从而为提升卫星数据和产品分发系统的服务质量提供决策支持。

(2)BP 神经网络与服务质量评价。BP 神经网络(back propagation neural network，反向传播神经网络)是一种按误差逆传播算法训练的多层前馈网络，具有非线性映射、自适应学习和较强容错性的特点，可以通过数据准备、模型构建、模型训练和测试、获取观测值的相对重要程度，即每一个输入质量属性的权重共四步，构建卫星数据和产品分发系统服务质量的神经网络评价模型。

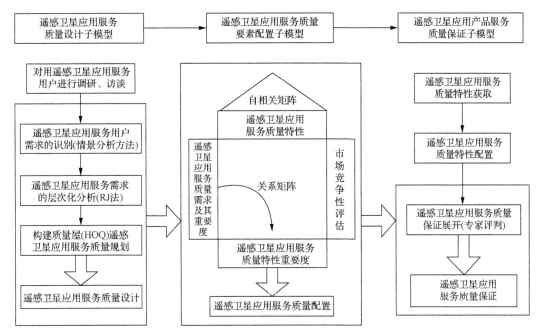

图 7.4　基于 QFD 的遥感卫星应用服务质量模型

（3）数据及结果。基于上文设计 BP 神经网络模型。调查问卷的服务质量属性组成输入层神经元，整体服务质量为神经网络的输出层神经元，隐藏层神经元数量的范围介于 1～53。在输入层神经元和输出层神经元确定的情形下进行神经网络模型训练。根据神经网络模型的训练结果，得到模型中每一个解释变量的权重，见表 7.1 的第 7 列。对每个因子下的变量权重取平均值，得出每个因子的权重，见表 7.1 第 8 列。

表 7.1　因变量权重

因子	变量	问题项	均值	方差	因子载荷	变量权重	因子权重	Cronbach's α
易用性	$x1$	注册流程简单	5.32	1.31	0.733	0.362	3.624	0.884
	$x2$	订购流程简单	5.37	1.36	0.880	3.286		
	$x4$	网站导航明晰	5.36	1.19	0.765	2.272		
	$x5$	网站结构设计	5.28	0.96	0.671	6.552		
	$x6$	网站外观设计	4.93	1.09	0.674	8.205		
	$x7$	网站操作简单	5.36	1.13	0.744	1.067		
可靠性	$x8$	功能满足需求	5.22	1.13	0.657	5.348	5.554	0.857
	$x9$	用户信息安全	5.54	1.07	0.781	1.263		
	$x10$	个性化服务	4.64	1.41	0.710	3.151		
	$x11$	运行稳定	5.14	1.34	0.810	4.168		
	$x12$	网站口碑	5.37	1.18	0.782	13.840		
信息质量	$x13$	信息准确	5.63	1.21	0.859	6.881	2.755	0.922
	$x14$	信息容易理解	5.32	1.22	0.758	0.905		

续表

因子	变量	问题项	均值	方差	因子载荷	变量权重	因子权重	Cronbach's α
信息质量	$x16$	信息可信	5.75	1.04	0.778	4.900	2.755	0.922
	$x17$	信息更新及时	5.46	1.28	0.886	0.738		
	$x18$	帮助信息有效	5.29	1.20	0.785	2.248		
	$x19$	信息全面	5.20	1.17	0.808	0.858		
交互质量	$x20$	数据分发政策	5.16	1.27	0.725	9.619	4.052	0.923
	$x21$	会员审核	5.29	1.41	0.758	0.342		
	$x22$	产品查询设置	5.42	1.12	0.763	3.401		
	$x24$	订单审核过程	5.26	1.28	0.791	5.417		
	$x27$	用户互动平台	5.34	1.11	0.755	2.919		
	$x28$	信息检索结果	5.58	1.18	0.810	2.616		
	$x29$	产品下载速度	5.16	1.42	0.704	3.156		
	$x30$	用户反馈处理	5.09	1.26	0.782	2.286		
	$x32$	产品检索结果	5.25	1.33	0.743	3.661		

从因子权重可知，可靠性对卫星数据和产品分发系统服务质量影响最大，信息质量对卫星数据和产品分发系统服务质量的影响最小，交互质量和易用性介于可靠性和信息质量之间，分别占据第二、第三的位置。

4. 卫星应用服务质量评价结果

1）基于 QFD 模型的遥感卫星应用产品服务质量评价结果及分析

未来我国遥感卫星应用服务质量改进主要体现在以下几个方面。

（1）充分地重视遥感卫星应用服务需求的获取。从实际应用效果来看，应用质量功能展开能够倾听"用户的声音"（VOC），通过质量屋（HOQ）将遥感卫星应用服务的用户需求最终转换成遥感卫星应用服务质量的保证措施。特别是在遥感卫星设计和研发、遥感卫星应用数据产品或服务的开发，以及遥感卫星应用数据产品售前售后阶段，都应该融入 QFD 的理论和方法，使遥感卫星应用服务能够真正满足遥感卫星应用服务的用户需求。

（2）加强基础设施投入，强化网络平台建设。通过基于 QFD 的遥感卫星应用服务质量模型的应用研究，要想获得遥感卫星应用服务的用户满意，需要该遥感卫星应用中心在基础设施建设上加大投入力度，采取各种有效手段引进先进的各类仪器设备，同时，强化网络平台建设，使网络平台的人机界面更加合理，使用起来更加方便快捷，并适时增加网络传送能力建设，加大网络下载的带宽。

（3）提高遥感卫星应用服务相关工作人员的能力和素质。在遥感卫星应用服务的用户与遥感卫星应用服务提供方的工作人员直接或者间接的接触过程中，遥感卫星应用服务相关工作人员的工作能力和业务素质将对遥感卫星应用服务质量产生极其重要的影响，该遥感卫星应用单位在加强队伍建设的同时，需要通过各种方式努力提高遥感卫星应用服务相关工作人员的能力和素质，建立相应的奖惩制度及绩效考核制度等来激励员工，使其增强服务意识，强化服务观念，规范服务流程，不断提升遥感卫星应用服务质量。

(4)加强遥感卫星应用服务反馈机制建设。只有及时、准确地掌握遥感卫星应用服务用户的使用需求，才能有针对性地提供良好的遥感卫星用服务。针对该遥感卫星应用中心目前用户反馈渠道单一的局面，应当积极利用网络、电话等渠道，建立及时、通畅的遥感卫星应用服务的反馈机制，使遥感卫星应用服务能够全天候、不间断地为广大遥感卫星应用用户服务。

2)基于 BP 神经网络的遥感卫星应用产品服务质量评价结果

针对卫星数据和产品分发系统的特点，构建卫星数据和产品分发系统服务质量的评价体系。针对管理评价问题中存在的数据不完整、数据分布非正态性、因变量与自变量非线性相关等问题，设计卫星数据和产品分发系统服务质量评价的 BP 神经网络算法。其研究结果对遥感卫星数据分发服务提供建议，包括：

(1)针对系统可靠性。首先，注重系统口碑建设，及时发现和处理用户面临的问题，改进服务体验，减少负面效应传播的可能性；其次，确保系统运行稳定，减少因系统不稳定给用户带来的不便；再次，确保系统功能满足用户需求，通过不间断的用户接触引入新服务新功能，随时给用户惊喜；最后，在满足基本需求的前提下，确保个性化服务。

(2)针对系统交互体验。数据分发政策属于系统的顶层设计，数据分发政策应本着方便用户、在不危及国家战略资源安全的前提下，降低用户获取数据的成本，尤其是数据保密问题，应严格区别数据是否涉密及合理划分密级，减少不合理政策给用户带来的不便；提升订单审核的效率，制定明晰的审核原则，确保审核过程的公正公平，审核结果及时有效；提升响应用户需求的能力，主要包括提升数据下载速度、处理用户反馈速度、优化数据检索功能、提供精准的检索结果。

(3)针对系统易用性。从外观设计和结构设计入手，良好的界面设计和符合大众使用习惯的结构设计是提升用户体验的重要因素；此外，简洁的注册和订购流程、精准的导航设计能降低系统复杂性，从而提升系统的服务质量。

(4)针对信息质量保证。信息是电子服务的基础，好的信息质量不一定能提升用户满意度，但是差的信息质量将大大降低用户服务体验，因此，应保证网站信息的准确性、及时性、全面性，提供完善的用户帮助信息。

5. 卫星应用服务质量与满意度一致性评价

根据第 2 章的满意度模型可知，质量是保障航天遥感系统可信的重要指标，是系统设计与制造的结果，服务是提升用户体验的重要手段。

满意度是一个非常有效的度量和认识用户对卫星产品和服务的满意程度，以及再次产生需求的指标。满意度包括了产品认知、价值认知和利益认知，同时作为一种主观性的指标，同时也包括了用户自身的预期，是感性和理性的结合过程，如图 7.5 所示。

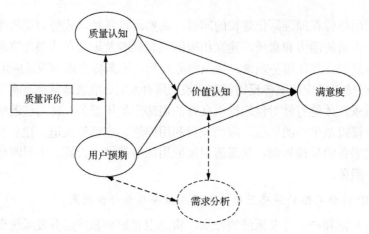

图 7.5　服务质量与满意度关系分析图

满意度是由用户预期和经实践过程体验的感受共同决定的。好的设计、制造与服务能有效提升用户的满意度，但形成满意的结果与事实还需要建立在一定过程实践的基础上。因此，有必要开展一致性评价，将主管设计与客观感受有效地结合起来。

7.5　卫星应用后评价方法

7.5.1　卫星应用后评价概念

1. 定义

卫星应用后评价是在卫星失效后开展的综合评价，通过对卫星进行全寿命阶段的完整过程实践的考察，以获取最终对卫星的、具有一定共识的整体满意度结论。评价是按照遥感器是技术实验、应用首台套、业务应用的任务要求，从设想与设计、制造与服务、能力体系与价值实现等的综合分析。

2. 作用与意义

开展卫星应用后评价，可以继续发挥卫星数据在各行业各地区的应用潜力，进一步提升遥感卫星的经济价值和社会效益。从卫星载荷、科学研究和行业应用角度进行综合评价，为国家战略决策和宏观管理制度提供参考。明确当前卫星遥感产品中存在的问题，总结研究过程中的各类经验教训，通过遥感产品质量和服务质量的改造和关键点控制，提升客户满意程度，促进遥感技术的发展，为后续卫星计划的制定和执行提供技术积累。

3. 卫星应用后评价研究内容

构建基于 ATRL 的综合评价，回答当前的卫星是否满足最初的设想和设计要求，其卫星载荷的成熟度如何，从综合分析角度给出是否完成技术实验任务、能否由首台套的科研星转为业务星、能否保持业务星持续发展的判断。

(1)遥感信息产品质量及生产技术可信性。能否实现高精度定量化反演是产品质量的保障，其卫星数据质量是否达到国际先进水平，能否实现遥感定量化产品的高精度稳定性反演，同时依赖于生产技术的可信性，两者共同体现遥感信息产品的可信性。

(2) 信息服务能力与适用性。遥感信息产品可信，才能进一步支持各行业的应用，通过在各行业区域的深入应用来检测能否满足行业应用对遥感信息提取和监测的要求，通过应用效果反映信息产品的服务能力及其适用情况。

(3) 卫星数据应用价值与人的认可程度。分析卫星数据和产品的效能与效益具有多大的社会价值和经济价值、能否替代国外同类卫星产品、是否具备向境外服务的能力等。

(4) 卫星观测体系配套性及可持续发展性。体系配套的不断成熟完善，可以推进卫星向进一步成熟度的转化，经过长期可持续的发展，将认可度提升至用户满意。

(5) 业务与产业环境条件。并行于技术结构体系与服务体系的构建，业务工作环境及所承担的单位、企业情况是影响评价结果的关键因素。

4. 卫星应用后评价方法

卫星应用后评价更多关注实证结果，技术体系、技术实践承载者、技术价值实现是核心内容，通过 TRL 代表技术程度与能力，通过 MML 代表体系需求，结合第 4 章对于卫星发射前关注因素的分析，形成基于 TRL、EML 和 MML 的卫星后评价指标体系。表 7.2 包括了 5 个一级指标和 16 个二级指标。

表 7.2 卫星后评价指标体系

评价依据	一级指标	二级指标	三级指标
应用技术成熟度	数据信息产品	产品质量	原始影像数据质量
			0~2 级数据产品质量
			3~5 级信息产品质量
			6 级专题应用产品质量
		产品种类	产品多样性
		产品规格	标准化
		产品时效性	产品提供时间、处理周期
		产品规模	产品提供数量、数据存量
	地面应用系统生产能力	生产、服务技术	软硬件能力(含网络推广能力)
			软硬件生产能力
企业成熟度	售前中后服务	服务流程	服务流程规范性
		沟通渠道	沟通渠道多样性
			沟通渠道有效性
		获取方式	服务方式多样性
			服务方式快捷性
		时效性	服务时间满足性
			服务时间一致性
		保密性	保密制度规范性

续表

评价依据	一级指标	二级指标	三级指标
企业成熟度	售前中后服务	用户支持	线上线下支持
			产品和技术咨询
	企业竞争力	持续性	愿景、理念、文化、品牌
		效能	战略、管理、信息化、组织结构
			成本(全寿命全环节成本)
			费效比(价格、利润率)
市场成熟度	应用服务持续性	市场环境	软环境条件
			门槛与替代性
			协同性与需求供给关系
		市场效益	社会效益
			经济效益
			环境效益

7.5.2　卫星应用后评价方法

在卫星的使用过程中，针对用户体验性的内容评价需要采用定性与定量相结合的方式开展。

1. 评价指标获取方法

要客观、公正、科学地评估遥感应用系统的综合效能，评价指标的采集筛选至关重要。因此，探讨评价指标筛选方法和策略，对完成应用评价具有重要的指导意义。开展卫星应用综合效能评估，可采取的科学方法为第 1 章中提到的综合评价和预测分析法，综合考虑各方法优缺点，针对辨率遥感综合效能评估，采用抽样调查、访谈、文献、问卷调查等多种方法的综合来进行评价指标优选搜集。

2. 评价指标采集途径

对于具体的应用评价来说，由于评估所需要的数据量不同、评价方法选择上的差异，以及对数据的可获得性、评价结果的科学性要求不同，数据信息采集方法的选择也有很大的区别，并会直接影响评估结果的质量和可信度，因此，必须根据具体的评价要求进行数据信息的采集(朱一凡，2013)。在综合效能评估的信息采集过程中，可采取逻辑分析法和预测分析法来获取卫星应用过程评价信息，具体包括类比法、分类采集法、追踪法及咨询法。此外，要获得评估全面、可靠的信息，除了掌握科学方法外，还必须掌握一些评估信息采集的策略或技巧。在评估的实践中要充分利用自评调查表的作用，合理分工，明确责任，实地考察，只有这样，才能为评估提供具有说服力的依据。

3. 综合评价方法

卫星应用状态评价主要有雷达图评价、评分表评价、置信度评价和不确定度评价 4

种工具，其本质上都属于综合评价方法。

雷达图，又可称为戴布拉图、蜘蛛网图，可实现卫星应用状态的综合评价。通过比较卫星的载荷质量、数据质量、共性产品质量、行业应用产品质量和应用系统质量，使用者能一目了然地了解卫星的整体运行情况和应用效果。雷达图可分析某一个卫星的应用水平和质量。

评分表评价，是一种定性描述定量化的评价方法。根据评价对象的具体要求选定若干个评价指标，再根据评价指标制定评价标准和权重因子，并根据各评价因子的重要程度确定每个评价因子的满分，然后利用评价依据或聘请若干代表性专家，给出各指标的评分值，最后对各指标的评分值求和，作为最终的总体评价分数。

置信度评价，是利用独立手段的方式，通过对相关产品的检验和评价，分析其产品的可信度，以确保产品的质量。

不确定度评价，是指由于测量误差的存在，对被测量值的不能肯定的程度。它是测量结果质量的指标。不确定度越小，所述结果与被测量的真值越接近，质量越高，水平越高，其使用价值越高。在进行遥感产品反演时，必须给出相应的不确定度评价，一方面便于使用者评定其可靠性；另一方面也增强了测量结果之间的可比性。

7.5.3　卫星应用后 ATRL 评价指标体系

卫星载荷、遥感产品综合评价的相关评价指标体系及评分表，按照产品及产品的 5 个属性展开。

1. 新型遥感器后评价指标体系及评分表

表 7.3 和表 7.4 分别针对原始图像与 0～2 级数据产品指标和权重进行了评价模型设计。

表 7.3　卫星载荷后评价指标体系

一级指标	二级指标	指标内涵
载荷质量	图像质量	图像清晰度、空间分辨率、纹理清晰程度等指标
	辐射质量	图像的相对辐射定标和绝对辐射定标精度
	几何质量	图像几何定位精度、几何畸变等
数据产品质量	0 级数据质量评价	卫星下传的原始数据是否满足设计要求
	1 级数据质量评价	经过相对辐射校正后的产品是否满足设计要求
	2 级数据质量评价	经过相对辐射校正和系统几何校正的产品能否满足要求
数据处理和分发	0 级产品生产时间	生产一幅 0 级数据需要的时间
	1 级产品生产时间	生产一幅 1 级数据需要的时间
	2 级产品生产时间	生产一幅 2 级数据需要的时间
	2 级产品分发时间	对外发布一幅 2 级数据需要的时间
	0～2 级数据存储容量	数据容量

表 7.4　载荷指标后评价各指标权重因子示例

一级指标	权重因子/%	二级指标	权重因子/%
载荷质量	40	图像质量	10
		辐射质量	15
		几何质量	15
数据产品质量	40	0 级数据质量评价	10
		1 级数据质量评价	15
		2 级数据质量评价	15
数据处理和分发	20	0 级数据处理速度	4
		1 级数据处理速度	4
		2 级数据处理速度	4
		2 级数据分发速度	4
		0~2 级数据存储容量	4

2. 遥感信息产品后评价指标体系及评分表

表 7.5 和表 7.6 分别针对 2~5 级数据产品指标与权重进行了评价模型设计。

表 7.5　遥感目标特性反演产品后评价指标体系

一级指标	二级指标	指标内涵
数据产品质量	2 级数据质量评价	经过相对辐射校正和系统几何校正的产品能否满足要求
	3 级数据质量评价	3 级数据能否满足应用需求
	4 级数据质量评价	4 级数据能否满足应用需求
	5 级数据质量评价	5 级数据能否满足应用需求
数据处理和分发能力	3 级数据处理速度	生产一幅 3 级数据需要的时间
	4 级数据处理速度	生产一幅 4 级数据需要的时间
	5 级数据处理速度	生产一幅 5 级数据需要的时间
	3 级数据分发速度	发布一幅 3 级数据需要的时间
	4 级数据分发速度	发布一幅 4 级数据需要的时间
	5 级数据分发速度	发布一幅 5 级数据需要的时间

表 7.6　遥感目标特性反演产品后评价各指标权重因子

一级指标	权重因子/%	二级指标	权重因子/%
数据产品质量	60	2 级数据质量评价	15
		3 级数据质量评价	15
		4 级数据质量评价	15
		5 级数据质量评价	15

续表

一级指标	权重因子/%	二级指标	权重因子/%
		3 级数据处理速度	5
		4 级数据处理速度	5
		5 级数据处理速度	5
数据处理和分发	40	3 级数据分发速度	5
		4 级数据分发速度	5
		5 级数据分发速度	5
		3~6 级数据存储容量	10

3. 遥感专题产品及行业应用后评价指标体系及评分表

表 7.7 和表 7.8 分别针对专题信息产品指标与权重进行了评价模型设计。

表 7.7　行业应用后评价指标体系

一级指标	权重因子	二级指标
区域和行业应用	行业应用数据量	各行业卫星数据使用数据量
	行业应用国产比例	国产卫星在行业应用中所占比例
	区域应用数据量	区域卫星数据使用数据量
	区域应用国产比例	国产卫星在行业应用中所占比例
后续服务	完善度评价	技术手册完善度
	更新度评价	技术手册更新情况
	沟通能力	沟通速度和技巧
	专业性	服务人员对专业知识的掌握程度
	服务态度	服务态度满意度
	服务速度	对专业问题的响应时间

表 7.8　行业应用后评价各指标权重因子

一级指标	权重因子/%	二级指标	权重因子/%
区域和行业应用	60	行业应用数据量	15
		行业应用国产比例	15
		区域应用数据量	15
		区域应用国产比例	15
后续服务	40	完善度评价	5
		更新度评价	5
		沟通能力	10
		专业性	10
		服务态度	5
		服务速度	5

表 7.4、表 7.6 和表 7.8 分别给出了不同阶段各指标的权重。需要指出的是，本权重分配比例仅给出一个示例，由于用户类型、应用目的、卫星类型、评价对象等的差异，相应的权重比例也有所变化。其中，载荷质量、数据产品质量属于质量要素类指标，反映了提供产品的质量和精度。数据处理和分发与区域和行业应用属于技术处理要素类指标，反映了对数据处理和应用的效率和能力大小。后续服务属于服务要素类指标，反映了遥感服务提供方的服务能力。

卫星评价可分为 3 个阶段，即在轨测试阶段、正常运行阶段和超期服役阶段。不同阶段各评价指标的权重因子也不相同。同时，作为一种具有全球范围观测的新型技术，应用服务也包括国际合作和应用推广等，见表 7.9。

表 7.9 应用服务指标分解

应用服务	主用户	业务运行
		试验开发
		典型成果
	其他行业	主流服务
		试验项目
		典型成果
	区域	综合服务
		试验评价
		典型成果
	全球化	服务类型
		典型成果
	科学	主流学术问题
		新探索
		典型成果
国际合作交流	数据合作	分发
		交换
		接收
	产品合作	分发
		交换
	学术交流	国际学术会议
		国际合作项目
	国际组织合作	引领
		参与
		交流
应用推广	推广计划	国内
		国际

续表

		国内
	技术培训	国际
		数据
		产品
	商业化	服务
应用推广		软件
		新闻
	宣传	科普
		展览
		社团组织

4. 面向应用的卫星运行技术综合后评价指标体系

卫星在轨工作期间的软硬件设施运行情况包含卫星在轨、运行维护、任务调度与获取分发、数据与产品质量保障设施等 5 个一级指标，见表 7.10。在此基础上，细分出二级指标和三级指标。针对不同的二级指标，需要对针对二级指标研究和应用过程中的各类知识产品进行归纳总结，同时，和国际同类卫星的相关水平进行比较，正确认识我国卫星在发射、获取、处理和应用过程中取得的成绩和存在的问题，为我国后续卫星的发射和遥感数据的高质量、大范围、深入应用提供参考和指导。

表 7.10　面向应用的卫星综合后评价指标体系

一级指标	二级指标	三级指标	知识产权	国际同类水平
		主要任务		
	卫星功能	工作模式		
		工作时间		
		平台		
卫星在轨	系统性能	载荷		
		传输		
		存储		
	关键产品	主备份状态		
		寿命预示		
		轨道维护		
	工程	开关机		
		平台切换		
运行维护		载荷观测计划		
	业务	载荷状态维护		
		载荷状态监管		
	应急	应急观测任务		

续表

一级指标	二级指标	三级指标	知识产权	国际同类水平
任务调度 与获取分发		应急状态监管		
	接收	接收速度		
		接收成功率		
		接收数据量		
	处理	处理速度		
		处理数据量		
	存储	存储数据量		
		存储状态		
	分发	分发速度		
		分发数据量		
		分发用户分布		
数据质量保障	定标	定标精度		
		定标周期		
		服务效果		
	定位	定位精度		
		定位周期		
		服务效果		
	数据质量	无效数据量		
		有云数据量		
	验证	定标系数的验证		
		定位精度的验证		
产品质量保障	产品类型和数量	产品的数量		
		产品的类型		
		产品的处理算法		
	产品业务状态	业务化产品		
		科研型产品		
	产品效果评价	同类卫星产品评价		
		地面测量数据评价		
	产品标准规范			

7.5.4 卫星应用市场综合后评价方法

1. 市场概念

市场，简单说是买卖双方以商品为介质相互作用并对交易价格形成共识的一种契约性组织行为或制度安排。市场可以在一个有形的场所，也可通过现代化通信工具分散成多个场所，把给别人做的东西交换出去，由购买者检验、认可并形成约定、签合同，从而使售卖者的设想与资源投入变现得到增值。

从本质看，市场是社会分工协作和商品生产特征的产物，是人与人、人与人群、人群与人群关系的体现，即需求、价值与利益的体现，哪里有社会分工和商品交换，哪里就有市场，所以市场是一切具有特定的欲望和需求并且愿意和能够以交换来满足彼此欲望和需求的潜在顾客群体间的关系。同时，市场是对承载价值的商品检验的地方，商品在交换前是某种有价值的设想承载物，在交换后是对价值的实现。

市场规模和容量由消费能力决定，其三要素为消费者、购买力和购买欲望，即

市场规模=消费者×购买力×购买欲望。

市场领域按照内容服务划分，包括消费者市场、生产商市场、转卖者市场、政府市场。航天遥感在这几方面均有服务，但大小程度不一。

市场结构类型由售卖者间关系决定，按照竞争与垄断程度分为完全竞争市场、完全垄断市场、不完全竞争市场、寡头垄断市场。我国民用航天遥感现阶段有多家企业提供服务，产品服务各有特点，厂商进入门槛不高，作为信息领域新型服务内容的市场，可以说还处在不完全竞争阶段。这是由于遥感应用范围广，消费者的经验与主观偏好有很大影响力，作为地理空间信息服务，其售前售后要求、地理时空域的差异及一些特殊需要均需考虑等。

影响市场竞争程度的因素包括市场上售卖者的数量、他们提供的产品差异性、单个售卖者的价格控制程度、进入或退出行业的难易程度。

确保买卖双方利益得到保障的前提是信息对等与信息完整性，尽量降低不确定性与风险，支持各方对自身利益的追求，因此交易的基本原则是自愿、平等、互利、商业道德，现代市场的主要特征为统一、开放、竞争、有序。统一的意义不仅使消费者在商品的价格、品种、服务上能有更多的选择，也使企业在购买生产要素和销售产品时有更好的选择。开放的意义是使企业之间在更大的范围内和更高的层次上展开竞争与合作，促进"多快好省"。竞争的意义是指各售卖者为了维护和扩大自己的利益而采取的各种行为提升产品，从而形成优势。有序的意义是保证平等竞争、公平交易等原则，保护售卖者和消费者合法权益。

现代社会追求利益的博弈中，跨国间竞争与合作关系凸显。大市场理论(theory of big market)提出者认为，以前各国之间推行狭隘的只顾本国利益的贸易保护政策，把市场分割得狭小而又缺乏适度的弹性，只能为本国生产厂商提供狭窄的市场，无法实现规模经济和大批量生产的利益。而通过大市场将国内市场向统一的大市场延伸，扩大市场范围获取规模经济利益，从而实现技术利益。同时，通过市场的扩大，创造激烈的竞争环境，进而达到实现规模经济和技术利益的目的。

2. 市场成熟度

市场成熟度(market maturity levels, MML)是综合考核市场发育状态与变化程度的重要

指标。它反映了应用新技术研发出的产品导入市场后，其市场规模、结构类型和市场潜力相对于预期成熟目标的满足程度，是量化市场发展过程的方法。

市场成熟度的评价主要通过统一开放程度、国内与国际市场竞争力、市场有序度、市场规模变化等方面来反映。市场的规模大、竞争度高、有序性强、市场机制灵活且操作成本低表明市场成熟和高效率、风险较低。市场成熟度等级是度量和评测商品或服务市场成熟程度的标准和尺度，按照市场状态和效益分为导入阶段、成长发展阶段和成熟蜕化阶段 3 个阶段。其中，导入阶段包括孕育期、婴儿期和学步期，成长发展阶段包括青春期、盛年期和稳定期，成熟蜕化阶段包括不稳定期、蜕化期。

3. 市场化的综合评价方法

在导入市场阶段，产品作为人的需求满足形式随着人的需求而不断改变，一种新产品在刚出现时还处在小规模适用期，尚未形成有效市场，即处在孕育期，这个阶段，其对已有产品服务的替代性和服务人的新需求的可信性与适用性要得到检验。当新的产品的交换从实验性随机、零星的小规模到具有一定稳定连续的规模时，这种产品即进入婴儿期，适用性与用户体验变得非常重要，这时的投入规模虽然不大，但也远远大于效益的产出。当新的产品得到一定范围认可后，更大规模的投入出现，而效益也快速增加，市场容量快速增大，这一时期的市场已经引起社会各种资源的关注，包括政策法规等软环境的适应性改进，是新产品的市场学步期。

在市场的成长发展阶段，市场政策与规则等软环境与市场竞争硬环境同步发展，在更大资源进入市场后，进入青春期和盛年期，新产品在更大的市场中找到了自身定位，具有了最强的资源整合能力，其市场资源要素基本完整，市场容量快速增加并达到最大，投入产出有最大的差额，效益达到最大，形成了利益相关方最大范围的满意。这时市场中出现大型企业，门槛相应树立，市场快速成型，格局基本确定。在市场稳健期新产品获得最广泛认可，效益基本稳定并随企业成本提升而摊薄，供求关系出现平衡。

进入市场成熟蜕化阶段，往往是新产品与技术、政策法规等原因使市场进入到不稳定期，市场将以新的价值标准和利益关系衡量产品的状态，这种产品市场将被压缩甚至面临被替换掉的结果，经济效益大幅下降。这时通过创新，向新产品过渡以适应新市场的需求就变成战略发展方向了。

1) 卫星数据信息产品与服务市场关键要素分析

从以上分析可以看出，状态的状态和效益是衡量市场的关键。在市场成型前、市场出现并快速发展、到市场延续到不稳定进而蜕变的不同阶段，政策法规标准等软环境影响下的市场规则，事实上的市场门槛与不稳定性，产品定位与供求关系等因素均有不同的表现。而这期间，用户对产品的认可也通过效益的形式表现出来。从刚开始的小市场与无效益，到大规模的投入与大规模的产出，再到人的需求的新表现形式的出现，形成卫星数据信息产品与服务市场关键要素，见表 7.11。

表 7.11　市场成熟度因素

市场成熟度	应用服务持续性	市场状态	软环境条件
			门槛与替代性
			协同性与需求供给关系
		市场效益	社会效益
			经济效益
			环境效益

2) 评价指标体系

市场状态可以按照规模、结构、潜力等级划分,同时,效益作为市场对产品的认可,可以从经济效益、市场效益和环境效益等进行分析。总结这两方面的内容形成的产品市场成熟度等级标准见表 7.12。

表 7.12　市场成熟度评价指标体系

市场成熟属性		导入期	成长发展期	成熟蜕化期
市场规模	市场收入	前期投入大,市场收入规模低,效益未显现	收入规模增加,实现盈利,效益显现	收入和利润规模稳定,效益下降
	从业人数	以研发人员为主,但生产和销售人员开始增加	以生产和销售人员为主,生产和销售人员的企业数量大幅增加,产业集中度较低	从业人员数量和结构趋于稳定
市场结构	产业集中度	产品处于导入阶段,产品生产销售只集中在少数企业	从事产品生产销售的企业数量大幅度增加,产业集中度较低	并购整合调整,形成了以少数规模大、实力强的企业为龙头的完整产业链
	市场占有率	产品商业应用示范,占有率较低	大规模商业化应用,占有率增长快,逐步发展为市场供需、占有率趋于平衡	开始下降,市场向新产品转移
	市场规则	采用已有市场规则框架	软硬环境相适应	规则逐步滞后
市场潜力	产品竞争力	产品预期就有较强潜力	产品竞争力优势显现	产品竞争力降低
	进入壁垒	少数企业掌握核心技术,技术壁垒高	核心技术大规模应用,技术壁垒逐步由高向低,产业规模经济效益显现	进入壁垒低,同质化竞争占主流

4. 卫星应用市场效益综合后评价

1) 卫星应用市场效益概念

卫星应用市场效益是指在市场规则下,参与到市场中的利益相关企业在一定的劳动付出与资源消耗后生产出有价值的产品而获得的好处和利益。从本质看,效益是通过商品和劳动的对外交换所取得的社会劳动节约,即以尽量少的劳动耗费取得尽量多的被市场认可的经营成果,其是衡量一切经济活动的最终的综合指标。

市场效益一般按照人自身、人与社会、人与自然,即从经济、社会和环境三方面进行分析。经济效益指有产品价值实现和未实现价值相比较所增加的好处或减少的损失。从国家或国民经济总体的角度进行分析时,所有利益相关方能够获得的收益均作为经济效益，而从产品售卖者角度进行财务分析时，只有那些实际收入才算作财务效益。财务效益是经济效益的组成部分，两者是经济评价的重要指标，是着重进行分析估算的内容。社会效益指实施项目对保障社会安定、促进社会发展和提高人民福利方面的作用，如创造更多的就业机会、改善卫生和生活条件、保障人民生命财产安全等。环境效益指实施项目后对改善生态环境、气候及生活环境所获得的利益，如植树造林、修建水库对改善及美化环境的作用等。

效益与利润、效能是有区别的。效益既包含经济效益，也包含社会效益和环境效益。一个企业的经济效益，既有企业实现的利润，又有向国家缴纳的税费，还有员工收入的高低，以及企业的自身发展（固定资产投资等），利润仅指企业的盈利水平。效能与效益也有不同含义，其相互关系是一种因果关系，效能是一种因，效益是一种果，但这种因果关系要通过市场来连接。高效能有助于效益的产出，但市场才是对效益的最终判定。有关效能的描述请参考下一节。

在管理活动中，如果劳动成果大于劳动耗费，则具有正效益；如果劳动成果等于劳动耗费，则视为零效益；如果劳动成果小于劳动耗费，则产出负效益。人们通常意义上所说的效益好坏其实是指正效益。

2) 市场效益综合后评价方法

一般就企业经营管理而言，产品研发和最终检验均需要进行效益分析。卫星上天前的预计效益见第8章内容，本节主要针对卫星应用后进行的效益后评价，即查定与实证效益。

卫星效益后评价是卫星后评价中的一个重要指标，涉及卫星的经济、社会与资源效益等多个方面。其采用的方法根据评估的主客观程度，有选择地采用第1章介绍的科学论证的常用方法，评价的根本目的是全面、客观、科学、合理地反映被评价对象的各项指标所能达到的程度，以为系统的设计、使用和优化提供依据，综合评价方法的具体形式包括综合打分表、雷达图及 Benchmark 等。

（1）打分表。

每个指标的评价最高分为 100 分，最小为 0 分。其中，以国际上最先进的卫星为标准，满分为 100 分。评价方式为主观和客观相结合的方式。主观方式为依赖专家，通过打分表和专家调研、调查问卷、网上投票等多种方式，确定相应的评价标准。客观方式为基于定量评分方式，根据产品的质量和应用效果建立一定的评分体系，若满足相应的指标，则加相应的分数，最后统计卫星载荷、图像、产品、行业应用和应用系统的质量和效果。

（2）雷达图。

图 7.6 给出了卫星应用后评价雷达图示例。其将应用效果分为 3 级：初级、中级和高级。当各指标评价接近 10 分时，卫星应用评价为初级；当各指标评价接近 50 分时，卫星应用评价为中级；当各指标评价接近 100 分时，卫星应用评价为高级。

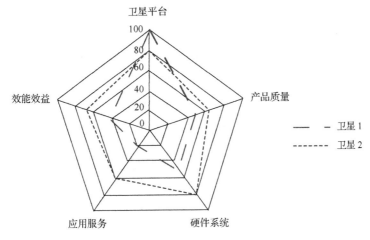

图 7.6　卫星应用后评价雷达图

(3) Benchmark。

Benchmark 是计算机领域一种重要的评价方法。Benchmark 一般译成基准或标杆，Benchmark 是指测试人员在岩石、混凝土立柱等上面刻下的标记，用以测量相对高度等，也称为样板或参照点。Benchmark 测试的着眼点是测试结果的可比性，即按照统一的测试规范对被测试系统进行测试，测试结果具有可比性，并可再现测试结果。

Benchmark 测试对研发人员和用户都具有价值。对研发人员的作用是对产品进行测试，发现其中的问题和不足。对用户的作用是指导用户更好地使用该类产品。一个好的 Benchmark 测试对于某一领域的技术发展有积极的作用，会引导算法的更新和优化。Bechmark 测试时需要具有明确的目的，需要明确 Benchmark 测试的结果和应用环境有密切的关系。只能模拟一定的应用环境，不可能适用于所有情况。

Benchmark 测试在计算机领域最广泛和成功的应用是性能测试，主要测试响应时间、传输速率和吞吐量等，此外，也可用于功能、可操作性和数据处理开发易用性等方面的测试。

Benchmark 测试根据被测试对象的不同可分为两类: 组件测试和系统测试。组件测试是指测试的重点是针对信息系统中的某一部件或某一子系统。系统测试则是对整个系统进行测试。在系统测试中，由于关注点不同，使用的 Benchmark 测试规范就不同，则测试作用和度量指标也不同。不论是哪种 Benchmark 测试，都必须在一个完整的计算机系统上进行，因此，整个系统中的所有部分都可能对 Benchmark 测试结果产生影响。使用不同的 Benchmark 测试规范评价同一个被测试系统时，可能出现不一致的测试结果。在进行同类系统比较时，可能出现差异较大的结果。造成这一现象的原因复杂，但主要原因是所有的 Benchmark 测试规范有各自的侧重点，揭示出的系统瓶颈存在差异。Benchmark 测试有 4 个特点:

(1) 有一个公开的测试规范。这个规范一般包括测试目的、测试模型描述、测试环境配置要求、度量指标定义和测试量方法、测试结果发布方式。

(2) 提供度量指标的测量方法或计算方法的详细说明。度量指标要求在不同的被测试系统间具有可比性，如性能/价格比。度量指标可能很简单，如数据传输率；也可能很复杂，要求多个指标同时满足规范的要求。

（3）测试结果可重现。即在相同的测试环境下，可重现测试结果。这一点很重要，Benchmark 测试的精髓就是提供一个可比较的结果。

（4）测试结果公开。一个 Benchmark 测试结果是否公开取决于测试目的，公开程度一般应达到按公开的测试方法可再现测试结果。

7.5.5 卫星应用企业综合评价方法

1. 企业概念

企业一般是指以盈利为目的，实行自主经营、自负盈亏、独立核算的法人或其他社会经济组织。企业运用各种生产要素(土地、劳动力、资本、技术和企业家才能等)，通过内部有序化生产向市场提供商品或服务得到认可并实现其价值。

企业的本质是作为一种资源有序配置的机制，与市场竞争机制互相替代和补充，共同完善社会资源配置，形成现代社会的组织结构基础。1937 年，罗纳德·科斯(R. H. Coase)发表开创性论著《企业的性质》，创造性地利用交易成本分析了企业与市场的关系，阐述了企业存在的原因。交易成本，简言之是为了交换活动而耗费的成本，即为了达成协议或完成交易所需耗费的经济资源。通常情况下，在信息不完备的条件下，受主客观因素的影响，欲使交易符合双方当事人的利益，交易合同就变得十分复杂，为追求一个完备合约，势必增加相应的费用，如价格成本、合同成本、机会成本等。于是，市场合同的高费用使一些交易采用企业内部交易方式。市场和企业是资源配置的两种可互相替代的手段。它们之间的不同表现在市场上的资源配置由价格机制调节，在企业内的资源配置则通过企业结构的管理协调完成。从资源配置的效率出发，为了节约交易成本，有些交易通过市场完成，有些交易在企业内完成，选择在哪里完成，依赖于市场定价的成本与企业的组织成本之间的平衡关系。

按照现代企业理论，科斯认为企业是价格机制的替代物，张五常提出企业是合约选择的一种形式，威廉姆逊则认为企业是一种科层组织，20 世纪 70～80 年代以后的经济学家进一步分析了影响交易成本的具体因素，认为企业是不完全合约的产物。

（1）企业是一个契约性组织。通过契约将利益相关方联合起来，形成利益集团，这个集团作为社会组织在法律意义上被人格化，形成法人，与外部发生关系，对内则组织、支持构建在权威、指令、规则驱动下的结构，有序地配置资源并开展生产与服务，企业行为可以"镜像"为一个法人的行为。

（2）企业是一个市场导向性组织。企业作为契约性组织只有证明其价值性，才能存在发展下去。法人对市场负责，只有通过市场的认可才能获得最大人群的认同，包括其他企业法人的认可。同时，市场化程度的高低决定了企业盈利能力的高低。

（3）企业是学习型组织。企业也是由其所制造的产品塑造的，现代大量产品是由多种资源、多人协同完成的。同时，企业作为利益集团，也是制造思想和文化的，具有自己的核心理念价值观、战略、目标与愿景。对这些内容的认同与统一也是契约中的重要组成。

（4）企业既可以是一个实体组织，也可以是一个虚拟组织，既可以是一个便捷清晰的组织，也可以是一个无边界的组织，既可以是一个几人组织，也可以是一个上千万人的组织。一个企业边界，规模的增加一般导致内部组织成本的增加、风险加大，相对应地对外能力增强。

（5）企业是一个系统性化、网络化、体系性组织。价值链组织对于一个企业来说还不够，它不一定形成一个圈环，成为网络组织，使企业成为链主，企业和网主企业就要对价值链的运作整合，这样企业就可以成为一个联合体。对于中国企业来讲，应该融入这个网络，融入更大的价值网络、更多的价值网络。

（6）企业是区域性、国家性乃至全球性的组织。按照"多快好省"的原则，以市场为平台，在法人构想条件下，融入社会。每个企业根据自身定位，与其他企业竞争、互补、协同，区域集成、全国集成、全球集成，融入全球化过程中。

企业的另一个称呼是企业法人。企业法人是指具有符合国家法律规定的资金数额、企业名称、章程、组织机构、住所等法定条件，能够独立承担民事责任，经主管机关（工商部门）核准登记取得法人资格的社会经济组织。企业法人就像自然人一样依法独立享有民事权利和承担民事义务，具有民事权利能力和民事行为能力，如纳税、消费、投资、发起或接受诉讼、参加社会活动等。

作为一个有益于许多利益集团的社会组织，企业要向这些利益相关方，如股东、债权人、职工、客户、税务机构、管理机构和社会公众等进行利益协调。企业以实现投资人、客户、员工、社会大众的利益最大化——盈利为目的。企业是社会发展的产物，因社会分工的发展而成长壮大。

2. 企业成熟度

正如第 4 章所描述，成熟度是用来描述与评价关注对象在一定时空条件下的状态与成长、发展与演化。尼尔森（Nelson，1982）和温特（Winter，1984）等学者从生物学的视角来研究企业的生命周期，企业像生物有机体，有一个从诞生、成长、壮大、衰退，直至死亡的过程，有一个完整的演化过程。企业具有一般生物系统的 3 个生命特征，即新陈代谢、自我复制和突变性，借助这种多样性、遗传性和选择性来实现企业的发展。其中，市场提供了成长环境，企业要适者生存。

企业生命周期阶段划分有多个版本，其中影响较大的是伊查克·爱迪思（Ichak Adizes）提出的 3 个阶段 10 个时期的分法，即成长阶段、再生与成熟阶段、老化阶段。其中，成长阶段包括孕育期、婴儿期和学步期，再生与成熟阶段包括青春期、盛年期和稳定期，老化阶段包括贵族期、官僚化早期、官僚期和死亡期。

3. 企业成熟度评价方法

企业作为与市场机制相互补的利益组织结构，其成熟度可以通过市场表现来确定。在成长阶段，企业产品与服务尚未被市场广泛接受，面临产品定位陷阱，销售增长缓慢，甚至在一段时间负债运行,很多企业会在这个阶段推出市场。在再生与成熟阶段,企业完成与市场对接,市场拓展能力加强,市场份额扩大,产品品牌树立起来,产品的规模效益出现。这一时期,企业内部、企业与市场有了较为和谐的关系,管理方式从创业型转为管理型,具有可信、利益相关方共识性的认可与满意。在这一时期,企业会遇到市场变化与内部管理等方面的挑战,企业价值观与变革创新能力将发挥作用,重新具有较强的市场竞争力。否则,企业将进入老化阶段,难以适应市场变化,并逐步被市场淘汰。

1)企业成熟度评价关键要素分析

企业竞争力是其在市场表现的基础。企业竞争力指在市场规则下,企业通过自身成长,获取相应能力和资源并综合应用,为顾客创造价值并实现自身价值的综合性能力,用来优于其他企业获得利益相关方的认可和赢利。企业的竞争力分为 3 个层面:①产品竞争力,包括企业产品生产及质量控制、企业服务、成本控制、营销、研发能力;②制度竞争力,包括各经营管理要素组成的结构平台、企业内外部环境、资源关系、企业运行机制、企业规模、品牌、企业产权制度;③核心竞争力,包括以企业理念、企业价值观为核心的企业文化、内外一致的企业形象、企业创新能力、差异化个性化的企业特色、稳健的财务、拥有卓越的远见和长远的全球化发展目标等。

对企业成熟度评价可以从企业竞争力和竞争力应用过程实践两方面进行描述,即其竞争力与变现形成效益的能力。企业竞争力包括了效能及其持续性。效能重点体现产品与制度竞争力,包括企业各管理要素和产品要素,如战略、管理、信息化、结构组织、产品技术、成本控制等。而持续性则涵盖企业的理念、愿景、文化、价值观和品牌设计,突出企业面临市场与技术挑战,管控风险、灵活调整以适应市场的能力。这些关键要素的综合标书见表 7.13。

表 7.13　企业成熟度评价关键要素

项目	评价内容	具体内容	评价关键内容
企业成熟度	售前中后服务	服务流程	服务流程规范性
		沟通渠道	沟通渠道多样性
			沟通渠道有效性
		获取方式	服务方式多样性
			服务方式快捷性
		时效性	服务时间满足性
			服务时间一致性
		保密性	保密制度规范性
		用户支持	线上线下支持
			产品和技术咨询
	企业竞争力	持续性	愿景、理念、文化、品牌
		效能	战略、管理、信息化、组织结构
			成本(全寿命全环节成本)
			费效比(价格、利润率)

竞争力运用过程,即与客户的互动过程,对竞争力运行情况的评价从购买者对售前中后的评价角度考察,包括可信、适用、认可、满意等不同的程度。满足购买者需求,做到招之即来、来之能用,用之效果好,实现产品价值,符合顾客利益,提升购买者忠诚度。针对航天遥感产品与服务,从服务流程、沟通渠道、获取方式、时效性、保密性、用户支持等方面提升。成熟的企业是在环境变动的情况下处在高机会和低威胁环境中的企业,保持和市场的步调一致,避免风险,灵活随动,给企业造成新的环境机会,使企业顺利发展。

2) 评价指标体系

按照美国波多里奇国家质量奖和我国国家标准 GB/T19580 企业成熟度评价准则,包括领导、战略、以顾客和市场为中心、评价与知识管理、以人为本、过程管理、经营结果 7 个部分。其中,领导(leadership)指检查高级管理层如何领导组织,以及该组织如何定位自己对社会的责任,使组织首先成为一个好公民。战略策划(strategic planning)指检查组织如何建立其战略方向,如何决策关键行动计划。客户和市场关注(customer and market focus)指检查组织如何定义客户和市场的期望和需求,如何建立与客户的关系,如何获取、满足和维持客户。测量、分析和知识管理(measurement, analysis and knowledge management)指检查组织如何管理、有效利用、分析与改进数据和信息,以致力于支持关键的组织和组织绩效的管理体系。人力资源关注(human resource focus)指检查组织如何促进其成员充分拓其潜能,并激励他们调整到与组织目标相一致的轨道上。过程管理(process management)指检查组织的各关键业务领域的绩效和改进:客户满意、财务和市场表现、人力资源、供应商和合作伙伴表现、生产运作表现、公共和社会责任,还检查组织如何处理与竞争对手的关系。结果(result)指从产品、客户、员工、领导管理、市场与财务角度进行的主客观评判。评价分数分布见表 7.14。

表 7.14　评分表

内容	美国波多里奇国家质量奖	GB/T19580 企业成熟度评价模型
领导	120	100
战略	85	80
以顾客和市场为中心	85	90
测量、分析和知识管理	90	100
以人为本	85	120
过程管理	85	110
经营结果	450	400
总分	1000	1000

对竞争力的评价可以按照波特五力模型分析。企业在服务市场过程的竞争与合作环境中会受到供应商的议价能力、购买者议价能力、潜在竞争者进入能力、替代品替代能力、行业内竞争者现在竞争能力 5 种竞争力,这 5 种力量的不同组合变化最终将影响利润潜力变化。

4. 企业效能综合评价

1）效率、效果和效能概念

在开展经营结果评价时，围绕"多快好省"、价值构建与利益实现，出现了效率、效果、效能、效益等多个概念。这些概念有共性，都是"效"，是一定量资源投入后的产出与结果，是设想与实际的比较。同时，这些概念也有不同的含义。

效率指一定工作量完成所需的时间，或某一任务成果与完成这一任务投入的比值，是"多快好省"程度的描述。

效果通常指做正确的事情，即所从事工作和活动的方向性，有助于组织达到其目标的方向是正确的方向，这主要由战略决策所决定。

效能是行为目的和手段正确性与结果有利性的描述，即在人的活动中"多快好省"及实现有利结果的可能性描述，即正确高效地做正确事情的程度。企业效能从内容上说，包括效率和效益的现实性指标，以及效率和效益提升的潜在性指标两大方面，可反映出达成最大产出、预定目标或是最佳营运服务的可能性。

效能和效率、效果既有联系又有区别。效能主要指办事的效率和工作的能力，效能是衡量工作结果的尺度，效率、效果、效益是衡量效能的依据。有人为效率和效能做了一个公式：效能=效率×能力×效果。效率是"以正确的方式做事"，效果是"做正确的事"，效能则是"以正确的方式做正确的事"。效能是从战略（比较而言）角度考虑的，而效率则是从战术层面考虑的。世界著名管理学家、诺贝尔奖奖金获得者西蒙对"效率与效能的区别"做过较全面的分析，效率的提高主要靠工作方法、管理技术和一些合理的规范，再加上领导艺术。而要提高效能必须有政策水平、战略眼光、卓绝的见识和运筹能力。因此，开展航天遥感产品服务的企业效能包括高的战略、管理、信息化、组织结构等认识层次，也包括全寿命全环节成本考虑及有关价格、利润率的费效比分析。

2）综合效能及其评估

综合效能，是指系统在规定的条件下满足给定定量特征和服务要求的能力。它是可用性、可信性及固有能力的综合反映，即"想干事、能干事、干成事"的综合性能力与程度表征。

综合效能综合考虑了技术效能、生产效能和服务效能，即综合效能=技术效能×生产效能×服务效能。技术效能是指需求的价值化实现能力，生产效能是指价值的有形化实现能力，服务效能是指价值的利益化实现能力。可见，综合效能评估作为一个综合指标，是技术效能、生产效能和服务效能各种效能的综合。但是各分项能力对综合效能的贡献是不同的，在具体评估中必须体现权重比例。

综合效能评估是对所提的需求应用技术解决方案满意度的评价，多采用本书前文罗列的方法及其综合。需要构建应用效能评估模型库、综合效能分析与评价软件等工具手段，涉及的要素主要包括评估对象、评估规范、评估团体、评估指标、指标权重、评估模型、评估软件等。评估分为前期准备工作、评价工作和后续工作三大部分，前期准备工作需要收集国际先进的效能评估模型、方法和系统的基础数据，评价工作阶段的主要研究重点应放在评估模型与方法库建设和完善上，需要科研人员的理论创新（刘宝宏和黄柯棣，2005）。后续工作的结果分析一项同样也需要收集用户的接收率和反馈情况，分析结果是否符合用户的具体需求、是否具有实用价值等。

如第 2 章所述，价值工程方法可提升需求满足途径的可行性与现实性，企业效能综合评价也要用到价值工程，它不仅是一种提高工程和产品价值的技术方法，而且是一项指导决策，有效管理的科学方法，体现了现代经营的思想。价值工程中产品成本是指产品寿命周期的总成本。产品寿命周期从产品的研制开始算起，包括产品的生产、销售、使用等环节，直至报废的整个时期。在这个时期发生的所有费用与成本，就是价值工程的产品成本。寿命周期费用＝生产成本＋使用成本，与一般意义上的成本相比，价值工程的成本最大的区别在于将消费者或用户的使用成本也算在内。这使得企业在考虑产品成本时，不仅要考虑降低设计与制造成本，还要考虑降低使用成本，从而使消费者或用户既买得合算，又用得合算。

这里仅就经费进行讨论。经费支撑是有效完成新型遥感器所要考虑的重要因素。整个航天遥感系统的经费是有限的，在遥感系统研制过程中要利用有限的经费研制高质量的技术，已经在业界达成共识，也是各级管理部门追求的目标。如何评价载荷应用技术的投入与产出的效率呢？我们引入了效益理论中的费效比的概念来实现评价。

费效比是投入费用和产出效能的比值，或者投入产出比（RIO），可以用来衡量载荷应用技术的效果，是很直观的一个指标。通常将投资的费用与系统的效能之比称为费效比。

费效比是效益理论的核心概念，载荷研制虽然具有综合性、多重性和难以量化的特点，但也必须讲求效费比、计算效费比。发达国家航天部门很早就重视对航天领域效费比的研究和计算。费效比不光是简单的数字，它也体现了成本核算、过程控制、细节管理、量化分析等科学管理理念，是从投入与产出全过程的精确管理中提高卫星应用技术效益的可靠方法。

新型遥感器应用技术的提升要充分考虑性能、费用、进度和风险等因素，使应用技术以最具有效益的方法安全实现为目标。一个经济有效的和安全的系统必须在效能和费用之间取得特定的平衡。当消耗的资源相同时，系统必须能够获得最大的效能；同样当获得的效能相同时，系统必须消耗最少的资源。这是一个弱约束条件，因为通常有许多设计符合该条件。将每个可能的设计看作效能和费用权衡空间内的一个点，通常画出当前技术条件下设计所能达到的最大性能与费用的函数关系曲线。换言之，曲线描述出当前技术条件下能够实现的设计方案的费用效能包络曲线。

图 7.7 为非劣方案示意图。Y 轴代表效能尺度，X 轴代表费用尺度，曲线上方的点是当前技术条件下不能达到的，也就是说，它们代表的设计是不可行的。包络线以下的点是可行的，但与费用效能点落在包络线上的设计相比处于优势。包络线上的点代表的设计被称为经济有效的解决方案。

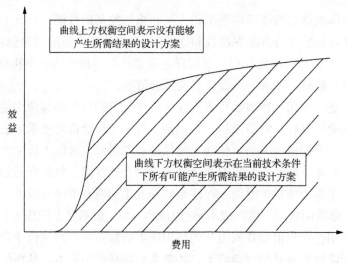

图 7.7　非劣方案的包络线

设计权衡研究是新型遥感器应用技术论证中的重要部分，往往试图在不同费用和效能组合的设计中寻找更好的设计。当权衡研究的起点在包络线内时，得到的设计方案或在整体效能不减的条件下降低费用，或在保持费用不增的情况下增加效能。这样，设计者就很容易作出决定。像设计子系统的尺寸这样"双赢"的设计虽不常见，但绝非罕见。当设计方案权衡研究中需要在效能和费用之间权衡，或权衡相同费用下的效能时，作出决定会更加困难。

某些情况下，在固定预算和固定风险范围内寻找可能的最大效能较为合适，而在其他情况下，寻求给定效能和风险下可能的最低费用更适合。对于这些情况，问题是如何指定效能水平或如何确定费用水平。实践中，这些指标可以根据性能和费用要求来确定。这样问题就适当地转换为略微放松效能要求能否使得系统费用显著减少，或增加少许资源能否使得系统效能显著提高。设计者必须去用属性描述各不相同的众多设计直接进行选择。目前，已开发出多种方法用来帮助确定属性的参数选择和利用相对价值化主观评价之间的偏好。这样做之后，属性权衡就可以定量评估。但是经常发生属性并不适合的情况，这时要对属性多样性作出决策。

7.6　卫星应用评价研究发展现状与趋势

7.6.1　卫星应用评价国外研究现状和趋势

1. 国际组织

遥感真实性检验方面早在遥感技术发展初期就受到国际上相关机构的密切关注和重视。美、英、法、德、俄、日等航天发达国家在这方面已经积累了几十年的定标和真实性检验经验。在每一颗卫星发射上天前后都花费了大量的时间进行系统定标、真实性验证，以保证给用户提供真正可信、可用的定量化数据。国际卫星对地观测委员会(CEOS)

在 1984 年就成立了定标与真实性检验工作组(WGCV),在全球范围开展了遥感卫星数据定标和真实性检验的工作和相关研究。

2. 标准制定

除了卫星的在轨测试和评价外,航天发达国家非常重视遥感数据、产品精度分析与标准制定,基本形成了遥感技术的支撑体系,有效服务技术与应用体系。美国国防航空侦察署1974 年发布了基于应用的遥感图像质量分级标准 NIIRS(national imagery interpretability rating scale)美国国家图像解译度分级标准,该机构的 NIIRS 基础,通过对大量遥感数据的分析,开发并发布了通用图像质量方程来计算图像解译度等级,并在 70 年代进行了大量的改进完善。在国际上,NIIRS 也已成为载荷设计人员与图像质量专家之间广泛使用的主要标准。该标准也早已成为遥感图像质量评价领域的主流标准,相关的研究应用成果已相对比较成熟。全球气溶胶自动观测网(aerosol robotic network,AERONET)主要用于验证卫星遥感反演得到的气溶胶光学特性,同时也为遥感辐射定标精度检验提供支持,该网络仪器设备、观测实验方法、定标和数据处理都已形成了标准的方法和流程。

3. 卫星评价活动

对卫星的在轨测试是了解卫星在轨运行情况的唯一手段,是卫星数据应用的前提,世界上每颗卫星在发射成功后都要进行在轨测试,尤其是空间技术发达国家更为重视,测试的技术手段也很先进。到目前为止,世界上成功发射过的卫星有很多,本书只选择其中一些有代表性、有影响力的并且被广泛应用的卫星作为例子,介绍其在轨测试情况。

美国卫星的在轨测试和监测工作基本上都由 NASA 统一组织相关的研制机构和应用机构来进行,建立了一套完善的研制、测试、评价、验证的机构、体系和方法。对卫星的测试工作还有两个突出特点,第一是保持同系列卫星在应用和测试上的连续性,如卫星系列,从年代初到现在,几乎是不间断地对卫星及其有效载荷进行测试和评价,从而保证了其数据的高效利用。第二是在不同卫星系列之间广泛开展交叉验证和定标,如在 TM、ETM、MODIS、IKONOS、Hyperion 之间互相进行几何特性、辐射特性和光谱特性的交叉检验和定标等。

陆地卫星 Landsat 系列是世界上最早成功应用的陆地卫星,是遥感历史上具有里程碑意义的卫星。每个 Landsat 卫星在发射成功后都要进行全面的在轨测试工作,有的在轨测试工作在卫星的整个寿命期间内一直持续进行。Landsat 4 在发射前,制定了一图像数据质量分析计划;1992 年 7 月该卫星发射后,由 NASA 负责组织,花两年时间,完成对 TM 和 MSS 的质量评价。作为最早成功应用的陆地卫星,Landsat 在轨测试的工作很大程度上在于对有效载荷波段设置的评价,对图像数据几何校正、辐射校正等处理改进图像质量,以及评价图像数据在制图和分类等方面的应用。

SPOT 卫星是最早最广泛成功应用的卫星之一,SPOT 卫星也是推扫式成像卫星的代表。为了验证卫星的性能参数、测试其在轨运行状况、保证卫星数据的有效使用,卫星在发射前在实验室对卫星的各分系统和整体性能进行在各种模拟环境下的参数测定,对载荷进行了航空校验试验，同时还对卫星影像质量进行了分析和预，在卫星上天后法国空间研究中心(CNES)成立专门的部门，在 La Crau、美国的白沙(White Sand)试验场等地对卫星在轨道运行情况和仪器性能进行了系统的测试和评价，从而保证了具有较高的图像质量。1995 年 7 月中旬，在法国南部 La Crau 辐射定标场及附近地区，进行了由法、英、中、美、意、荷、德组成的国际联合遥感试验，获取了大量的星载、航空成像光谱遥感数据系统的地面辐射光谱及大气、气象参量的物理量，地面测量也同步进行，旨在进一步开展多光谱、成像光谱遥感信息特征的提取、辐射定标、大气校正、定量化反演及地物光谱识别模型研究等。

IKONOS 是世界上第一个高分辨率的商业卫星，在卫星发射成功后的 2000～2001 年，由 NASA、亚利桑那大学和南达科他州立大学等组成的测试组在 Lunar Lake 、Railraod Valley、Dark Brooking 等定标场和实验场对的几何和辐射特性进行了在轨测试和定标。的在轨测试和定标工作主要包括：①图像图像质量。调制传递函数、空间分辨率、信噪比，以及图像在美国国家图像解译分类中的等级。②辐射性能。相对辐射均一性、绝对辐射定标精度、线性度、辐射稳定性、死像元等。③几何性能。内部和外部定向、有理多项式相机模型、入轨试阶段定标、在轨运行阶段定标、相机内方位元素的视场图定标、相机外方位元素的互锁定标。④立体相对能力和摄影测量精度。和其他的卫星在轨测试相比，IKONOS 在轨测试的重点在于对其几何精度的评价和利用航天遥感影像建立立体相对进行摄影测量的能力。

MODIS 在发射成功后，其研究小组在全世界范围内开展了大量针对有效载荷性能及其数据质量进行检验和验证的测试和评价工作，这些工作根据其数据产品分为 4 个专题组，即大气组、海洋组、陆地组和定标组。由于 MODIS 的空间分辨率较低，其目的在于获取全球的陆地、海洋和大气的物理化学参数，因此 MODIS 的主要测试重点在于有效载荷的辐射特性、光谱特性和信噪比分析。在轨测试的另外一个重点是对获取 MODIS 数据产品算法的验证及数据产品质量的验证。MODIS 在真实性检验方面投入了大量的力量，检验内容涉及所有计划开发的定量产品，包括入瞳处辐亮度、地表反射率、地表温度、归一化植被指数、叶面积指数、植被净初级生产力、地表覆盖度、云辐射、气溶胶光学厚度等。MODIS 研究小组为验证定标遥感模型和算法的有效性，在全国范围内建立了 24 个陆地表面核心验证场。

Hyperion 是世界上第一个航天高光谱成像仪，能够在 400~2 500 nm 光谱范围内连续 242 个波段成像，光谱分辨率为 10 nm，空间分辨率为 30 m。Hyperion 的在轨测试和定标从 3 个方面进行辐射定标、几何定标和光谱定标。和其他宽波段载荷相比，Hyperion 定标更强调对光谱的测试和定标。由于 Hyperion 的光谱分辨率高达 10 nm，从 220 个波段图像上能够提取具有明显吸收特征的光谱曲线，因此，Hyperion 不仅可以利用星上光谱定标系统进行定标，而且可以利用典型地物的光谱曲线进行光谱定标。

4. 产品评价大型活动

大范围乃至全球范围的遥感数据产品真实性检验行动和方法研究是随着全球遥感数

据产品的研制而逐步展开的。国际地圈-生物圈计划为了验证 AVHRR 数据生成的全球 1km 土地覆被数据产品而专门成立了真实性检验工作组，以此来建立真实性检验方法并协调全球数据产品真实性检验计划的实施。地球观测系统(EOS)的 MODIS 载荷于 1999 年反射成功后，NASA 启动了大足迹研究计划(Bigfoot)，通过站点 5km×5km 范围的梯度覆盖、叶面积指数、光合有效辐射、NPP 等参数的地面观测，验证 MODIS 的相应产品，改进算法(Running et al., 1999)。NASA 专门成立了 MODIS 陆地产品(MODLAND)真实性检验小组，对 MODIS 发展的各种全球陆地数据产品进行系统的真实性检验(Morisette et al., 2006a)，检验内容涉及所有计划开发的遥感产品，包括定标后的遥感数据、植被覆盖度、地表反射率、地表温度、归一化植被指数、叶面积指数、植被经初级生产力、气溶胶光学厚度、野火和火烧迹地、土地覆被等。MODIS 部分反演产品的真实性检验研究成果，已于 2006 年 7 月以专刊的形式发表在 "IEEE Transcation on Geoscience and Remote Sensing" 上。这是国际上有关遥感真实性检验研究成果的首次集结发表，代表了目前在该方面的最新研究进展。

欧洲太空局于 20 世纪初启动了欧洲太空局陆地遥感器验证计划(validation of land European remote sensing instruments，VALERI)，对包括 MODIS、VEGETATION、MERIS、POLDER、AVHRR 等载荷生产的陆地遥感数据产品，包括反照率、植被覆盖度、叶面积指数、植被指数、FAPAR 等进行全球真实性检验(Baret et al., 2006)。

2000 年，在上述两大真实性检验计划的基础上，CEOS 的数据定标与真实性检验工作组专门成立了陆地产品真实性检验(land product validation, LPV)工作小组，负责协调包括两大真实性检验计划在内的国际陆地遥感产品真实性检验，制定陆地遥感数据产品真实性检验的标准指南与规范，促进陆地遥感产品真实性检验相关数据和信息的共享和交换(Morisette, 2006b)。2005 年，LPV 在前期真实性检验工作的基础上，提出 BELMANIP (Benchmark land multisite analysis and intercomparison of products)计划，强调除利用地面测量进行直接真实性检验外，还可开展多载荷数据产品间的交叉真实性检验(Baret et al., 2006)。

5. 实验设施

美国、法国等航天技术发达国家都投入大量的人力、资金，建立了自己固定的遥感实验场，备有详尽的场地各类本底数据，为各自国家的遥感卫星数据定标和产品检验提供科学依据。其中，著名的定标实验场有美国的 Death Valley 定标场、Goldstone 定标场和 ASF 定标场、法国马赛附近的 La Crau 定标实验场、欧洲太空局在非州撒哈拉沙漠的定标实验场、德国的 Oberpfaffenhofen 定标实验场、荷兰的 Flevdand 定标实验场、英国的 Thetford 定标实验场，还有加拿大、澳大利亚、丹麦、日本也都有相应的定标实验场，吸引了世界各国科学家的遥感基础研究和载荷的实验飞行，成为国际化的遥感实验基地。

7.6.2　卫星应用评价国内研究现状

我国是国际上能独立发展空间对地观测技术的少数国家之一，已成功发射风云系列气象卫星、中巴资源卫星 CBERS-01 和 CBERS-02/02B、环境与灾害监测预报小卫星 HJ-1-A/B、北京 1 号星，以及遥感一号至十号等遥感卫星、高分系列卫星等，这些卫星代表着我国在轨自主遥感卫星的设计和应用水平，在我国一系列重大工程建设和重大任务中发挥了不可替代的作用。遥感应用得到了飞速发展，在林业、农业、国土资源、环境保护、减灾、地震、气象、海洋、国安、测绘、交通等多个行业得到了广泛的应用。遥感卫星产品正在慢慢服务于经济建设，取得了明显的效益，并具有广阔的应用前景。

随着遥感技术的发展和遥感数据在各行业和地区应用的深入，人们对卫星应用的质量和效果将会更加重视，并加大对卫星应用状态评价的进一步研究。我国已建成敦煌陆地定标实验场和青海湖水面定标实验场，组织了大型综合场地试验，通过场地试验获取了大量高质量的场地特性评价观测数据。已经利用敦煌和青海湖试验场对国内遥感卫星进行在轨测试和校正，包括 CBERS02 卫星、风云气象卫星、海洋卫星等。中国科学院遥感与数字地球研究所，中国资源卫星应用中心广泛开展了多种遥感仪器的发射前定标和在轨星上定标，同时发展和完善了基于遥感仪器的场地辐射校正技术，提高了辐射定标精度，对于进一步提高我国对地观测技术的总体水平，推进遥感资料定量化应用的广度和深度具有重要意义。

真实性检验方面，我国参与了全球的气溶胶观测网和地表通量网的研究项目，利用这些观测网站的数据开展了卫星数据、信息产品真实性检验的工作。根据遥感产品应用的需求，我国遥感界也开展了部分有关真实性检验的研究和实验工作。例如，2001 年在北京顺义地区开展了一次针对 MODIS 数据反演陆地表面参数算法的真实性检验实验(李小文，2006)，在黑河综合遥感联合实验中开展了部分针对地表温度、反照率、雪水当量等遥感产品的真实性检验(李新等，2008; Ma et al., 2015)。在理论探讨方面，张仁华等(2010)学者开展了深入的探讨，并提出了"一检两恰"的真性检验方案。姜小光等(2008)提出了遥感真实性检验系统的理念，并设计了遥感真实性检验系统的总体框架。虽然对定量遥感数据产品的验证已经开展了研究工作，但是不同地区地理环境不同，地表参数的统计特性不同，某一区域的检验结果不一定适用于其他区域。同时，对定量遥感反演中数据和模型的不确定性表达和处理的研究还没有系统开展。

近年来，国家对真实性检验的重要性也越来越重视。"十二五"期间，国家在高分先期攻关项目和"十二五"关键技术攻关等多个项目中，专门立项针对遥感产品质量检验和实验验证关键技术攻关开展研究。通过开展各类实验，初步形成北京综合实验场，并针对几何精校正、地表反射率、土地覆盖、叶面积指数、水表反射率和气溶胶光学厚度 6 种产品进行了初步建设，具有区域性检验能力。针对高分一号和高分二号卫星，攻克了几何与辐射精校正技术，陆地、海洋、大气地球物理参数反演技术，高精度、多类型信息提取技术等关键技术，开展了光学影像产品、融合影像产品、陆地要素产品、海洋要素产品、大气要素产品的研发，完成了生产线原型系统的研发。系统初步具备了针对高分一号和二号卫星的共性关键技术的集成、测试、比较、改进、封装的能力。

"十三五"期间，在国家发展和改革委员会和财政部的共同支持下，我国将开展国家空间基础设施共性支撑平台建设，将在已有研究的基础上，针对未来我国发射的各类空间基础设施卫星，开展样本数据质量控制、尺度转换、多源遥感产品归一化、遥感卫星 3～5 级典型产品验证指标体系建设,研究遥感卫星验证服务质量评价标准及流程制定等共性关键技术。初步建立了几何产品检验子系统、辐射产品检验子系统、陆表产品检验子系统、植被产品检验子系统、大气产品检验子系统、水体产品检验子系统 6 个业务子系统,实现类同卫星样本数据获取、真实性检验数据获取与标定、航空应急区数据获取与标定、参量样本处理、参量数据质量控制、样本数据整编存档、产品质量检验、精度评价等功能服务。同时,紧密结合与依托各行业现有的场站网资源,初步建成由 24 个站点组成的光学卫星真实性检验站网,增加地面测量观测设备,具备对可见光近红外卫星共性产品的检验和热红外卫星共性产品检验的能力。

在遥感卫星产品应用水平和服务质量水平方面,我国服务仅停留在产品上,对遥感卫星产品服务系统缺乏认识,缺少相关理论和方法;迫切需要建立系统的遥感卫星产品服务质量评价的指标体系和评价模型,为遥感卫星产品的科学规划和健康快速发展服务。研究遥感卫星服务质量评价能够科学认识我国遥感卫星产品服务系统中存在的问题,明确改进方向,对于提高遥感卫星数据产品质量,并促进遥感卫星数据产品的应用能力与商业化规模,都具有重要的理论意义和实际应用价值。

7.6.3　遥感数据产品的工具软件

目前,国内对卫星质量的评价、卫星产品质量的评价和服务质量的评价均是由不同行业不同单位在进行研究或开展。进行评价的各类软件都是以"孤岛"形式存在,数据或信息无法共享,针对某个具体卫星很难给出"数据质量—产品质量—服务质量"的全链路、全过程的综合评价。因此,有必要设计实现民用在轨自主卫星综合质量评价系统软件,将不同研发单位所负责研发的卫星数据质量评价、遥感应用产品质量评价、服务质量评价等模块/分系统无缝集成,提供对民用在轨自主卫星进行全链路全过程评价平台,为卫星载荷研制、空间技术优化、空间应用提升等提供重要依据。

在轨自主卫星综合质量评价软件系统(QRST-IA)围绕我国部分典型遥感卫星数据质量及其稳定性、应用产品质量评价、服务质量评价开展质量控制各环节研究及信息集成研发,突破真实性检验关键技术,建设评价数据库,制订评价指标体系与标准流程,规范技术标准,开发我国卫星应用产品质量与服务质量评价系统。

质量评价集成管理分系统主要通过软件插件管理模块实现整个系统的基于"热插拔"软件插件架构,通过多形态质量评价服务集成接口和多源异构数据集成访问接口,实现整个系统对各类质量评价服务和评价数据库管理分系统的集成工作和数据访问工作。

第8章 面向综合应用的航天遥感系统 需求论证方法

需求概念贯穿在航天遥感技术发展过程中，从第 4 章至第 7 章按照 ATRL 系统地阐述了新型遥感器从感性认识与想法到应用后评价的技术成长全过程中技术需求分析的作用，同时，也描述了按照 UPM 要求、基于 SSUM 的卫星星群组网与地面应用系统设计和分析技术。

需求是一个复杂的命题，与人的想法、社会条件、技术水平等均有密切关系。本章从遥感卫星星群服务多个应用角度，基于一定 TRL，从技术与体系能力角度对应用需求响应进行分析。考察人的需求与环境条件的关系，按照"多快好省"发展取向，侧重卫星体系综合应用的高投入产出比。从航天遥感产品的规模、时效两个属性出发，探讨针对某种品种与规格的数据在一定满足度下所对应的卫星体系的需求分析方法。

8.1 面向综合应用的遥感卫星体系需求论证概念

8.1.1 概 念

1. 需求再认识与需求分析

作为以航天遥感系统这一人造事物为研究对象的论证，本书的一个核心词是"需求"，从第 1 章开始贯穿全书。前面各个章节中对需求均有不同程度的提及，这里我们探讨一下其在不同部分的含义。

人的发展途径是认识与改造世界的实践过程，这一过程也在一定条件下表现为人的需求与价值。技术实践作为实现人的需求响应的途径之一，是一个以技术产出为目标的过程，在这个过程中，人、人造事物、自然的综合作用需要通过技术实践的状态、变化等方面来进行分析，如图 8.1 所示。

技术实践的目的是体现人的需求的、具有一定价值的技术产出，即通过提升技术的途径来认识与改造世界，并在这个过程中支持人的发展和满足人的需求。技术实践方式是按照现代科学逻辑过程进行的，即利用已经掌握的科技知识，通过实验、分析、评价等手段开展。技术实践过程所采用的过程形态是不断加深认识与提升改造能力，即对所关注技术发现、识别、确认、理解与利用的不断迭代。技术提升的有形化表现形式是人造事物，具有为人所利用的功能、结构、性能等特点，以及更加有效服务人的意愿。需要关注的是，技术实践过程总是在一定条件、一定时期与环境下的表现，是人在认识与改造世界时不断对关注对象规律状态的认知、把握和利用，持续不断，反复迭代，形成相对稳定变化与突变交替的局面。

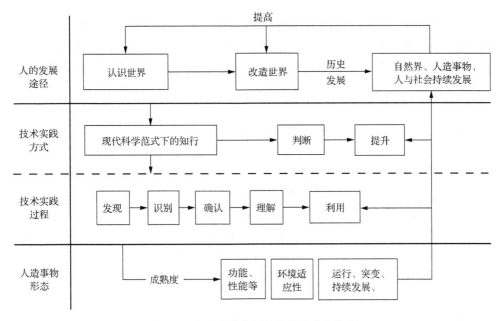

图 8.1　人造事物发展与人的需求的关系

因此，需求是指基于人的愿望，在一定条件要求下，通过技术实践过程的认知与利用进行的活动，即将人的需求"镜像""转换"为对过程的需求，往往以人造事物的形式体现出来。需求发展途径是发现并定义要解决的问题，通过研究问题、分析资源投入及下决策决心，确定解决问题的要求，从而使各利益相关方形成共识，并以人造事物(如产品)的形式固定并通过可共享方式展现出来。具体来讲，需求分析是把用户需求转化为产品需求的中间纽带，从用户提出的需求出发，挖掘用户内在目标与条件环境关系，并将之转化为具有价值的产品需求、产品实现与发挥作用的需求。

2. 需求论证与需求工程

需求论证是利用现代科学范式进行的技术实践过程，主要解决 3 个方面的问题：①认知不确定性；②构建过程与认知的不匹配性；③最终实现是否达到被人认可、满意的程度。

在需求论证中，不仅会拓展并加深对关注对象的认识，提升利用各类资源的能力，而且会在实践过程中，根据环境条件的约束情况，优化并提升投入产出比，追求付出尽量小的代价并获得最大量的利益，使得各利益相关方的诉求得到最大程度的响应。就如第 1 章讲到的，通过需求论证体现人的需求是人造事物发展的根本动力，人造事物的发展更具有目的性和方向性。这就需要在论证中提升认知能力，减小认知的不确定性，实现对论证关注对象产品内容的把握。

需求论证中需要回答诸如"6W2H"类型的问题，来实现对产品的具体描述，构建出其在技术发展过程中的形态与条件。6W 中的 What 指工作的内容和达成的目标；Who 指参加这项工作的具体人员，以及负责人；When 指在什么时间、什么时间段进行工作；Where 指工作发生的地点；Why 指做这项工作的原因；Which 指哪一种方法或途径。2H

中的 How 指用什么方法进行；How much 指需要多少成本形成价值流。总之，需求论证是对技术实践状态与过程的把握，包括问题、期望、愿景引发到问题解决，即对问题的发现、识别、确认、理解与变化规律的把握，同时指导行动的方式，从而为技术实践过程创造出"天时地利人和"。

对于具有复杂结构的航天遥感系统，需求论证的突出特点是工程化和价值化。工程化需求论证是用系统工程理念和方法完成需求论证，关注待解决问题、目标、功能和性能、约束条件、投入产出，以及用这几方面关联关系所描述的系统性行为及其演化过程。通过开展需求挖掘、问题定义与确定，从验证、认证等层次上明确需求，达到利益关联者满意的程度。阶段性基本活动包括以下内容。

（1）需求认知：需求概念建立与问题定义、可行性分析、已知条件、远景和路径。

（2）需求过程：有计划地获取、描述、分析和确认系统需求的过程，这 4 项活动是需求工程阶段的主体活动，旨在定义需求及相应各项规格要求。

（3）约束分析及下决策决心：需求分析过程也是对局面认可、形成共识、下定决策决心的过程，通过形成具有共识的要求，体现出利益相关方决心的确定。

（4）需求管理：获取和管理需求及其属性和关系。制定需求过程计划并管理需求及其属性的活动集合，包括变更管理、追溯关系管理、需求基线和遴选、版本化需求管理等。

如前面技术发展程度评价章节所描述，需求工程开展过程中表现出演进性、并行性和迭代性（邵全琴和周成虎，2001）。演进性指研究分析过程中多源信息与技术的综合过程，在科学技术支持下认识不断深化，人造事物形态表现不断演化、发展。并行性指认识与人造事物多个组成的改变是同时推进的。迭代性指简单到复杂、感性到理性与量化过程中完整性的保持，在演进的多个阶段中，各阶段保持其系统性。

3. 面向综合应用的遥感卫星体系需求论证

面向综合应用的遥感卫星体系需求论证（以下简称体系需求论证）是一种工程性需求论证，通过将应用需求转变成对遥感产品集定义、过程与作用的方式，构建对卫星群及地面与应用的约束与要求，从而支持卫星体系的设计、构建与评价。

通过将应用需求转化为量化的产品需求和处理需求，确定所需载荷的发展指标，完成空间数据接收、处理、应用等相关技术研发，论证航天遥感应对此需求采取的措施，最终满足建设、运行服务等多层次应用需求，这是全面分析我国遥感应用需求的有效方法手段（顾行发等，2008）。其中，针对卫星星群布局与设置的部分，即体系需求论证。

随着我国航天技术快速发展，"百星百应用"的发展趋势凸显，各领域开展业务性大规模应用所需要的数据需要通过一个布局合理的卫星星群及相应的信息转换结构提供，而为了提升卫星间的组织与结构关系，合理的系统性设计与建设是基础，卫星的体系化、地面应用系统在互联网时代的新形态成为一种需求。

体系需求是一项复杂的工作，主要表现在两个方面。一方面需求来自于各行业、地方、重大工程及大众等不同层面，包含信息、数据、工具、配套系统、应用、服务等多个方面，涉及领域广泛、应用目的各异，不同应用需求描述往往差异很大，并不断会伴随有新的需求出现。另一方面，能对这些需求进行响应的方式多种多样，可形成应对需求的不同解决方案。

这套复杂的体系在本质上有一个共性点，即通过各领域对遥感信息的需求，按照统一的产品体系映射到数据产品及其属性上，通过 IDSH 构建，将数据产品属性所描述的复杂体系需求映射到卫星星群与地面应用系统构造上。

航天遥感观测对象的信息是人们开展综合应用的基础。开展特定的应用活动需要获得不同角度的对象特征信息，而遥感信息的表现方式即遥感数据，通过技术手段将用户航天遥感信息的需求转换为数据产品需求，以产品的品种与规格、质量、时效性与规模的量化描述作为评价指标，从而对所需要构建的软硬件构建、运行服务、成本与产出等进行分析，从而更好地把握航天遥感系统的信息流、技术流、物质流与价值流。

体系需求论证是按照"用户需求提出—产品需求—卫星群与地面应用系统需求—用户需求满足判断"的 PDCA 式的分析途径，依据产品需求指导对卫星星群设计。卫星体系的需求是多样化、多层次的，卫星体系需求论证充满不确定性。在这个过程中还要考虑该过程中的不完备信息，因此需求论证包含了理性判断的过程。

8.1.2　体系需求论证作用与意义

航天遥感系统是一个涉及范围广的复杂系统，包括目标遥感特性、遥感探测、数据传输处理、信息挖掘与服务决策等多个环节，系统效能的有效发挥需建立在对系统需求分析的基础上。

(1)在全面综合收集整理和分析一定环境条件下的航天遥感应用需求的基础上，获得利益相关方的认可。通过构建以数据产品集为最终表现形式的数据信息需求，可有效汇集、统筹各种应用需求。需求作为介于人的愿望和系统设计阶段之间的桥梁，一方面，以问题解决、建设愿景和项目规划等人的愿望的具体表现作为分析活动的基本出发点，从多个角度对问题进行识别、定义，对系统进行检查与调整。另一方面，对共识进行描述的需求规格说明又是系统设计、实现、测试直至维护的主要基础。良好的分析活动有助于避免或尽早剔除不确定性和理解错误，从而提高系统设计、制造与应用的成本。

(2)航天遥感系统的体系设计基础是需求分析。通过面向综合应用的需求分析，可结合工业能力，设立地球观测的统一产品体系、产品标准化及技术成熟度体系，指导卫星系统和地面系统的统筹规划、设计和建设。开展航天遥感系统的需求分析，从遥感应用对数据需求、技术需求、系统需求、服务需求等角度进行分析，确定需求的发展变化规律、需求的阶段性、需求的可被满足性及可操作性。对我国航天遥感应用需求进行综合论证，确定以遥感业务化为目标、面向中长期规划的遥感应用发展方向具有重要意义(顾行发等，2008)。

(3)遥感应用需求分析论证直接服务卫星网规划、载荷探测指标确定、数据获取、信息提取、应用系统研制、信息服务等系列遥感应用工作的顶层设计，具有指导性和统领性。应用需求的变化可以通过数据集的调整体现，高效适应国家、社会环境的变化，提高需求的时效性。同时，在当代技术发展十分迅速的情况下，通过数据集方式汇总的需求，对于不同技术方法的选择有更大的灵活性。

8.1.3　体系需求论证过程研究

按照对体系需求过程演进性、并行性、阶段性的理解，论证包括了需求定义、需求汇总、需求评估、需求维护 4 个环节。

1. 体系需求定义与建模

体系需求定义是在需求发现与识别过程中，对于需求开展界定，实现需求从定性认识到量化表示的转变，并对于需求开展界定，从系统层次上使其与其他知识工具进行区别与关联。

需求建模是为最终用户所看到的系统建立的标准化概念模型，完成对需求内容、范畴、关系、结构、功能、作用等的定义。需求分析是在模型的基础上，以应用及应用的发展为总牵引，从信息、数据、软件、硬件等有关 IDSH 技术问题出发，第 5 章和第 6 章阐述了有关载荷、轨道、计算等基本单元的设计构建空间系统、地面数据与信息服务系统、支撑软环境及应用服务模型，完成需求结构的确定，确保应用输入的定量化与可计算性。

2. 体系需求汇总、需求统筹与优化

需求汇总是基于已经掌握的知识与技术工具，将用户需求转化为需求模型的输入条件，通过对模型及任务输入进行分析，捕获和修订用户的关于体系、系统能力等的需求等。需求汇总是开展需求范围管理和需求定量化的过程。通过完成需求整编，建立起需求产品库与需求数据库。

需求统筹与优化指通过产品数据集的构建，生成需求模型的定量形式的描述，其作为用户和论证者之间的一个协约。需求统筹是对需求的加工，按照某种方式将需求进行全面描述。需求优化是按照某种技术指标要求对需求进行整体处理与优化，形成综合需求的过程。在统筹阶段，通过阈值判断，存在的偏差作为输入进入需求分析环节，经过多轮迭代，对多种需求进行综合、分析、评价，从而构建具有指导性、实践性、可操作性的以载荷单位、轨道格局、计算资源等为表现形式的需求论证结果。

遥感应用需求应具有可操作性和时效性，需根据特定时间阶段所具备的技术能力及经济环境进行综合需求分析。其既应有现实性，也应考虑未来发展的应用效果。

3. 体系需求评估与认证

需求评估是确定和处理需求、解决现有条件同所需条件之间差别的过程，同时也是通过确定取舍下决心的过程。以需求规格说明为输入，通过符号执行、仿真、快速原型等途径，分析需求规格的正确性和可行性，实现人、人造事物、自然界综合的人的应用活动达成的平衡，使其成为人的需求与人的活动的连接桥梁。

需求认证则是建立在应用需求提出到应用需求满足论证过程中的反馈机制，采用类比与迭代综合分析的方法建立并行于信息链的价值链、技术链和实践管理结构，通过综合评价人与社会期望、技术成熟度、阶段性进展等影响因素，同步进行主客观判断，以促进全面、协调方案的形成。其中，建立满意度与风险分析两个评价指标是这个阶段的特点，即在"多快好省"的原则下进行投入产出效益与风险的分析。系统满意度作为评价标准，即指将投资者、用户、建设者等利益相关者的认可与满意作为综合评价方向，除需考虑用户满意度评价外，还需考虑系统影响(政府作为度、社会反响度)、系统潜在力(递延作用、利害关系者效应)及系统目标实现状况等多个方面。风险分析作为评价指标，即指系统继承与发展过程中各项变化的综合评价分析，将已有业务与规划的促进、价值管理的建立、环境要素的变化、新领域的拓展、投入产出比和效益增量作为重要的关注变量。

需求提出到需求满足是从一个想法与要求的定性认识到最终获得认可的过程中所包括的一个理性客观阶段；其全阶段技术分析体系是一个较系统的，面向应用的，从科学、技术、工程、应用、效果等多角度实践的遥感系统成熟化技术流程；采用应用需求提出到应用需求满足论证理论与方法，完成需求汇总、分析、优化和统筹的论证全过程。分析中主要采用的工具手段包括仿真技术、标准化分级规范等。

4. 体系需求服务与维护

需求是未来所要建设系统的当前"镜像"，是未来事物在现在的部分展现，这必然导致信息上存在一定程度的不完备性，需要通过实践总结来评价。体系需求论证可提升对未来事物的可预见性，通过不断提高改进，可较完整系统地明确表达利益相关方的共识。合理可行、各方满意的需求分析对系列遥感对地观测系统的顶层设计与规划工作，如卫星组网规划、载荷探测指标确定与应用系统研制等，具有指导性和统领性。

支持决策决心的需求分析反映的是系统设计与建设前期利益相关方的认识与共识。随着时间的推移，更多未在需求分析阶段考虑的问题与因素不可避免地出现。而且随着设计与建设的开展，会不可避免地遇到信息的问题。这些问题可用来支持需求分析的进一步完善，即一系列的需求改进活动，而需求管理是支持系统的需求演进实践过程域，如需求变化和可跟踪性问题。具体包括管理需求文档、需求影响分析、管理需求文档变更、维护需求跟踪，以及识别项目管理中的需求偏差，通过引入新实践或提高已有实践的性能，实现过程的改进，保证需求的质量和稳定性。

8.2　体系需求定义与论证模型构建

在需求论证的各个阶段，会有一系列通过不同角度进行需求分析的方法，主要有面向目标的方法、面向主体和意图的方法、面向对象的方法、面向特征的方法及面向方面的方法。航天遥感系统是一个复杂的巨系统(见 1.3.2 章节)，其需求分析是多方面的，针对其开展需求论证要以用户需求目标为牵引，以应用为导向，按照系统的 IDSH 层次结构，通过分析和精细化各子系统间的交互关系，侧重应用系统，以需求关注要素为核心，通过关注要素间的依赖关系及判定要素的横切性，进行需求提出和建模工作。

8.2.1　需求关注要素分析

航天遥感在社会各行业中应用广泛，不同业务应用对航天遥感的需求不同，在开展需求分析的过程中，首先需要对于所关注的要素进行详细分析，有序地对复杂的需求内容进行梳理。

1. 涉及范围与内容

航天遥感系统的论证围绕遥感信息流、技术流、物质流和价值流开展，与天基系统、地面系统、应用系统、地面应用制造和服务系统、软硬能力系统所构成的系统结构密切关联，以整个系统结构为链条，构建可运行的 IDSH 系统。

图 8.2 为需求论证关注的要素与流程图。按照信息流主要把需求分为遥感数据需求、软硬技术工具需求和服务产品需求 3 个部分，这样可以快速地将用户需求转化为产品需求分配给各个分系统，清晰地定义各个分系统的接口和信息交互关系，较精确地描述系统与各个分系统应具备的功能和性能。遥感数据市场需求分析中，构建信息产品需求的应用分析模型，关注需求提出到需求满足过程中的市场需求、服务能力需求、产品发展与技术进步需求。遥感软硬技术工具需求分析中，针对系统输入输出转换的投入产出，开展效益分析、费用/效益分析、风险估计，通过价值工程方法提升需求满足途径的可行性与现实性。同时，对软硬环境进行研究，以充分反映和体现社会能力与愿望。

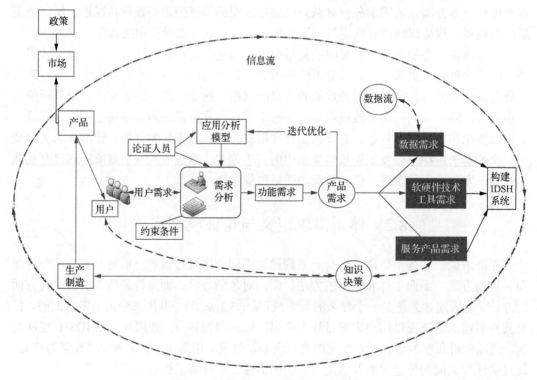

图 8.2　需求论证关注的要素和流程图

　　面向综合应用的需求分析论证是在体系层面开展需求论证，要求以应用的发展为总牵引，建立综合性需求分析模型，对众多需求进行综合标准化；以应用产品为核心，针对应用产品的品种、规格、质量、时效性、规模等，对各类应用需求进行一体化梳理分析；综合考虑民用航天遥感系统的体系发展需要，提出对空间系统、地面数据与信息服务系统、支撑软环境及应用示范等的需求；经过迭代，对多种需求进行综合、分析、评价，从而构建具有指导性、实践性、可操作性的需求论证结果。

2. TRL 状态、趋势与变化预测

　　作为一个系统工程，航天遥感其各分系统组成具有管理的独立性、重叠性和复杂性，同时也具备了体系的演化性，会在原有系统的基础上，引入新的功能结构来增强自身的能力或提供新的能力，这种动态性要素为系统达到满足应用需求带来强大的鲁棒性。这种演化包括支撑需求的功能和性能的提升，是基于现有体系基础的新技术和能力的开发和改进，因此我们用技术成熟度来表征需求转化为系统构成的过程，并可因需求的变化而对系统进行动态配置。

　　遥感卫星经过几十年的发展和应用，尤其是近几年呈现突飞猛进的局面。近 10 年来，全球空间对地观测技术的发展和应用已经表明，卫星遥感技术是变化非常快的高新科技。在需求分析中所要描述的系统是未来一段时间后的现实，为确保这个系统能与时俱进，不落后未来的时代，非常需要对技术途径进行分析与评价。因此，由时间因素带来的需求在分析中也要加以考虑。

　　在国家经济建设中，对空间遥感信息及空间地理信息的需求将日益增长，为使我国现代化经济建设得以持续稳固发展，空间遥感信息技术和应用需求相适应的可持续发展。从我国对遥感信息和技术的应用需求来看，多种手段综合应用已是常态，卫星呈现体系发展趋势。因此，由系统的体系性因素带来的需求在分析中要加以考虑，同时，也要注意到硬环境支撑保障能力及地面应用制造与服务系统的能力，需要根据当前遥感应用技术成熟度的状态，以及未来技术状态发展趋势与变化发展作出一定的判断，形成一种满足某些约束条件的设想、要求、方案、计划、规划等形式的产出并对这种产出作出确定，用于支持后续的设计、制造与应用。

　　技术成熟度状态、趋势与变化预测将对需求、围绕需求所形成的系统分析、管理、优化和评估等过程具有指导作用。

3. 资源投入与价值工程分析

　　在航天遥感系统中，信息流是实现系统各组成部分之间流转、分配、运行、协作的筋脉，而价值链则是控制筋脉流通可行性、持续性的决定因素。在技术需求基础上，开展预计效能效益分析，结合社会实际发展，既要强调工程目标设定的合理性，又要强调软环境系统的协调、保障和利益分配能力。只有保证各环节均有较好的产出投入比，才有可能构建稳定、可持续的价值链。

　　第 2 章我们阐述过需求工程和价值工程的概念。需求工程（requirements engineering, RE）通常是需求开始系统工程的第一阶段，通过需求分析将用户的非形式化的需求变为形式化的需求过程。围绕用户对系统功能、行为、性能、设计等方面的需求，通过对技术应用及其软硬支撑环境的理解与分析，进一步将用户需求精确化、标准化。并以需求工程结果作为后期工作开展的基本出发点，在具体实施过程进行检查与调整，需求工程是一个不断迭代演化的过程。

价值工程(value engineering, VE)，又称为价值分析，指以产品或作业的功能分析为核心，以提高产品或作业的价值为目的，力求以最低寿命周期成本实现产品或作业使用所要求的必要功能的一项有组织的创造性活动。价值工程涉及价值、功能和寿命周期成本 3 个基本要素。功能主要是指产品的使用效能，即产品的技术性能和质量等技术指标。寿命周期成本是指产品从产生到报废整个期间的费用总和。它包括了研究和生产阶段的费用构成的产品制造成本，使用过程中的能源消耗、维修和管理费用等所构成的产品使用成本。这里的价值，是指作为产品所具有的功能与获得该功能的全部费用的比值，是一种"评价事物有益程度的尺度"，它是产品功能与成本的比值。

作为需求工程的一个部分，价值工程不仅是一种提高工程和产品价值的技术方法，而且是一项指导决策、有效实施工程管理的科学方法，贯穿于工程设计、决策和实施过程。通过价值分析，以最低的寿命周期成本可靠地实现产品功能，有效地提高投入产出系统价值。基于航天遥感的需求论证过程中一项重要的内容是资源投入及价值分析，价值工程是降低成本、提高经济效益的有效方法。通过价值工程对产品功能成本分析和方案的创造、实施，用最低的寿命周期成本，可靠地实现用户所需求的功能。随着航天遥感产业化的推进，需要进一步提高价值工程在该领域的应用来提升市场竞争力。

一个工程往往需要消耗大量的人、财、物等资源投入，在需求工程的各个阶段均应采用价值工程，在需求提出到需求优化过程中可以提高工作效率，大幅度降低整体的开发成本与时间。如图 8.3 所示，这里所阐述的价值是主体对客体的需求同客体满足主体需求之间的利益关系，并且复杂的工程是多个利益相关者的联结体，作为一个动态的过程，在工程发展的不同阶段所涉及的利益相关者都有所不同，同一利益相关者在不同阶段也发挥着不同作用，表现出不同程度的权力和利益。在需求论证中，确定工程过程和阶段，识别各阶段的主要利益相关者，针对当前阶段的利益相关者及进展过程中发挥的作用，应结合实际工程需求抓重点，分析各利益相关者利益的表现形式，实施有效的管控。当然在这个过程中，软环境发挥重要作用，政策是其中重要影响因素，第 9 章会详细阐述。

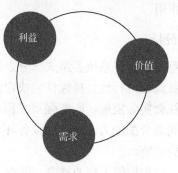

图 8.3　价值工程关注的要素

8.2.2　应用需求提出到应用需求满足的论证方法

需求论证的目标是在各方利益相关方的认识上形成共识并以可执行形式表现出来，而人的满意度有赖于对需求满足的程度，构建应用需求提出到应用需求满足全过程论证理论方法，从技术角度形成对未来系统的"镜像"，用于分析、评价、改进、预测系统的未来状态与发展趋势。

1. 基于体系需求论证的闭环结构

图 8.4 为航天遥感系统需求分析方法与流程。需求提出与需求满足是对数据信息需求的两个随时间变化过程的统一，在有新的输入情况下不断提高、改进，形成一个类似 PDCA 圈的需求分析迭代、并行与演进过程。其中，Plan 和 Do 指需求的定义与汇总，即需求的提出，Check 和 Action 指需求的检验、纠正偏差与最终结果检查，开展下一轮提升。体系论证过程的应用需求综合分析和阶段性价值最优化分析两个部分，包括 9 个步骤的完整流程。分别是应用业务汇总(integration)、应用设定与模式优化(purification)、观测原理与要素化(productlization)、产品指标标准化(standardization)、载荷/系统等价化(equalization)、技术可行性与技术发展分析(technical estimation)、价值效益分析(value-estimation/benefit-analysis)、统筹与技术评价(check)、满足度分析与迭代优化(optimize iteration)。

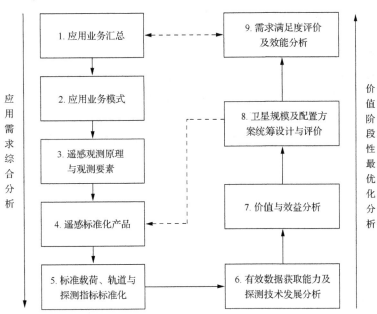

图 8.4　航天遥感系统需求分析方法

2. 体系需求综合分析

在这一需求提出阶段，通过需求定义与汇总形成需求提出。开展应用遥感空间系统及数据资源需求的定义与甄别，按照 SDIKWa 环对技术状态进行量化确定及指标梳理，进而明确需求范围，综合与分析民用航天遥感系统的各方面需求。通过标准化设计模型，开展应用业务名称、应用业务模式、遥感原理与观测对象、标准化产品、探测指标与标准载荷设计等工作，实现应用需求向 UPM 及载荷需求的转化。

3. 价值阶段性最优化分析

通过探测能力仿真构建、成熟度与技术发展评估等手段，对单星、多星组网、卫星星群可观测能力指标进行技术分析，对其他技术替代能力进行分析，完成所构建结构对需求的满足情况分析和效能效益分析，进而通过调整若干因素进行不断的迭代、优化，直到某个指标或一组指标达到了某种认可程度而截止。

模型化、标准化是开展需求论证工程化、卫星天地一体化协同应用最优化的重要方式。其遵循的原则是采用模型驱动技术将抽象概念具体化。在第 1 章科学论证的概念模型上，细化出抽象层次的系统体系结构模型，通过可执行模型的运行，进行逻辑上的体系结构评估，再通过仿真来验证、校核需求和模型，从而保证论证过程的正确性。标准化设计是模型化的基础，通过对所有环节进行建模，即建立其输出与输入、约束之间的关系，包括应用需求产品化、产品设计标准化、数据规格化、载荷探测指标标准化、载荷研发过程标准化、技术集成共享化等，通过反复迭代、逐步求精，将用户的宏观需求转化为体系发展和建设的具体需求。

8.3　遥感应用综合 UPM 构建与体系需求汇总

当前的地球观测遥感应用需求主要从对自然界中的物质最常见的固体、液体、气体、电磁 4 个方面观测需要提出的。需求提出是将各行业、领域、区域、企业、社会大众等遥感应用需求者的各项应用通过 SDIKWa 环转化为具有五大属性的产品需求和处理过程需求，再转变为标准单位、卫星、系统功能、性能指标，形成完整的 IDSH 描述。具体环节包括应用观测对象与产品化分析、UPM 属性确定、基于 UPM 的体系指数分配设计 3 个步骤。

8.3.1　应用观测对象与产品化分析

应用观测对象与产品化分析，首先把用户应用业务需求转化为对产品的需求和数据信息处理的需求，再转化为对卫星平台和载荷的需求，并提交给卫星制造部门和地面系统制造部门。其中，产品需求包括具体数据信息产品的品种、规格、质量、规模和时效性 5 类属性，是产品质量与可靠性及应用程度的度量指标，基于此构建载荷指标体系，形成以遥感信息产品规格、品种、规模、时效性、质量 5 个属性为核心的指标体系，指导应用需求汇总，通过对用户的业务应用需求进行详细的优化分解与统筹，将有效地提高卫星系统与地面系统对应用业务需求的满足度。

按照第 3 章阐述的产品体系构建模型，航天遥感信息数据产品"数据-信息-知识"

链条被初步划分为 0～6 级共 7 个级别。其中，0～2 级为标准数据产品，3～6 级为目标信息产品。这与第 2 章具体阐述的航天遥感信息的层次表现相一致，即面向应用的需求分析是从对应用观测对象物质能量信息认知出发，逐层次映射到可基于遥感观测获取的要素信息。第三层次状态规律的认识要映射到第二层次的观测对象产品化分类，即构建 6 级专题产品，并从 6 级专题产品中分析提炼出应用观测对象参数要素，再从中开展可遥感化和不可遥感化参数产品分类，对可遥感化参数进一步明确遥感观测要素，即共性产品。在开展第二层次向第一层次，即遥感信息的转换时，针对性地研究并分析观测原理，按照 UPM 标准化结构形成所需要的观测指标，这就是应用需求提出的过程。

1. 应用业务名称与应用产品化分类

遥感技术作为提供时空状态与变化信息的手段，在应用中作用的发挥有赖于与其他信息的融合。航天遥感应用面对的大多是隶属于不同领域的用户群体，需求论证的首要工作是在不同领域和应用背景下，根据用户群体自身的利益和关注点，设立 6 级应用产品，并以此分析对遥感 3～5 级产品的需求。在需求分析过程中，按照各领域应用、行业部门三定方案、产业化应用领域特点等具体要求，将遥感应用范围内的各项业务归纳整理为对可遥感观测对象的时空状态与变化信息的需求，回答具体哪些可从遥感手段来获取信息。为描述用户群体水平结构，可以根据各领域应用业务名称形成分类表，如林业需求包括森林资源调查、湿地监测、荒漠化监测等。

针对遥感应用业务的 6 级专题信息产品，通过分析产品所涉及的遥感观测原理与观测要素，从中剔除产品中的非遥感信息，仅保留遥感信息，为进一步提炼出遥感应用产品提供参考。

2. 应用观测对象与目标信息产品分类

将针对观测对象信息的需求分为固体目标、液体目标、气体目标、空间环境信息 4 个部分，并分别进行需求整理与 3～5 级目标遥感观测产品指标分析，回答有关观测对象 3W1H 类型的问题，同时对产品 5 性进行明确定义。

（1）固体目标类：包括陆表及固体目标、地球物理参数两个部分。陆表及固体目标等观测对象的探测，如树木、农田、桥梁、道路、楼宇等，具有高中空间分辨率的特点，包括了土地资源、地质矿产、农业资源、森林资源、水资源与水环境、陆表环境与生态、城镇化、交通管理、疾病防控及公共卫生应急、防灾减灾与应急、陆地测绘等多个领域。地球物理参数观测以场探测为特点，包括地球磁场、重力场等。

（2）液体目标类：以对海洋水体及海洋生产活动相关的弱信号特征要素为观测对象进行的观测，具有较高辐射分辨率的特点。其包括内陆/海洋水色、动力环境、海洋测绘、海洋突发事件和灾害、海洋监视管理、海洋渔业资源与生产监测管理、海岸带环境等。

（3）气体目标类：以对大气动力环境、大气成分、大气不同层面状态等快变要素为主要观测对象进行的气象观测，具有较高时效性的特点。其包括大气及空气环境、气候变化、预测预报等。

（4）空间环境信息类：包括空间天气、空间环境监测等应用需求，也包括电离层关键参数预报、电离层闪烁监测、地球同步轨道高能电子通量预报、表面充电水平预报、辐射带指数、中高层大气密度监测预警、低轨光学可见空间碎片监视数据等。

其中，根据观测对象特性与目标接近程度，海岛礁、海岸带、航道、内陆水等观测内容归并到陆地类需求中。电磁、重力地球物理参量等的观测主要涉及地震、测绘、地矿等陆地应用，也归并到陆地需求中进行分析。

3. 遥感观测要素与观测原理分析

获得有关某个观测对象 3W1H 信息的手段有多种，相类似的应用具有相近的观测要素与观测技术指标要求。根据观测对象遥感特征和主要应用特点，从光谱范围、光谱分辨率、空间分辨率、时间分辨率、辐射分辨率、定位精度等主要采样指标进行分析。通过采样信息的构建与分析，形成对遥感规律的掌握，明确遥感信息与遥感数据的关系。分析产品所涉及的遥感观测原理与观测要素时，需明确观测所用的波段、空间分辨率、信噪比等指标要求。

同时，对于每类应用业务，遥感技术都将发挥或大或小的作用，在明确各项应用业务需求观测特征的基础上，明确观测要素与观测原理，建立应用业务与遥感的关系，并为遥感在该类业务监测中的作用程度分析提供依据。

8.3.2　UPM 属性确定

单项应用或单个领域的应用遥感化后需要形成 UPM。这个过程中，数据合并与同化可能性判断是关键。通过流程优化、标准化、共性特征分析等方法，可以有效提升 UPM 实用性。

1. 基于综合采样要求的应用需求汇总

过去开展用户应用需求是通过与国外卫星技术指标作对比的方式，根据国外卫星数据应用经验，直接转化为对卫星的需求，提交给卫星制造部门和地面系统制造部门。随着我国卫星观测能力显著增强及数据资源不断丰富，我国民用航天遥感的应用领域日益广泛，众多部委、行业、区域的业务及大众日常生活对遥感应用需求日益旺盛。用户需要关注的观测对象不断增多，获得的观测对象状态和变化越来越精细与复杂，要求的质量与时效性千差万别并不断提升。在构建 UPM 时，需注重统筹规划和合理布局的同时，要充分体现针对不同观测对象的个体应用的特殊性需求。

2. 基于标准采样的 UPM 构建

对于多源、多时相、多尺度、不同类型遥感探测数据的综合集成应用的迫切需求，根据产品属性，构建遥感科学系统性和数据处理流程的共性标准，从而建立标准化的遥感基础产品，从标准化的角度明确对遥感技术及技术规格的需求，从而将千变万化的应用有效地统筹到有限数量的观测技术指标上。

在标准信息产品转化过程中，即由 0～2 级标准数据产品向图像处理产品、目标辐射物理参数产品及目标本征物理参量产品转化过程中，遵循某标准信息产品=f(标准数据产品 1, 标准数据产品 2, …, 标准信息产品 n)，即某一标准信息产品是由 n 个标准数据信息产品和标准信息产品通过标准实践函数 f 处理而来，标准信息产品具有规格、质量、时效性等要求，为产品需求转化为数据需求提供输入。

数据规格标准化主要是针对卫星数据的各级标准产品属性的相关描述，依据产品品种的定义，基于五层十五级层级理论，形成若干标准空间分辨率，优化我国遥感应用卫星载荷及其基础信息产品规格。依照我国现有民用航天最高空间分辨率为 0.5 m，标准化的空间分辨率等级为 0.5 m、1 m、2.5 m、5 m、10 m、25 m、100 m、1000 m 等。从载荷探测、数据和信息产品角度规范数据规格，按统一的标准形成各级标准信息产品，形成一定规格资源的综合，为资源协调打下基础，促进数据规格化发展。

举例：通过对林业森林资源调查业务的特点进行分析可以发现，其形成的专题产品为森林资源调查专题图，相关要求参见相关行业规范。根据森林资源调查要求，需要进行大面积森林、局部区域及单棵植被等不同类型调查，其产品技术规格主要根据不同分辨率要求，分为 1∶5 000、1∶1 万、1∶2.5 万、1∶5 万、1∶10 万、1∶25 万、1∶50 万等多个比例尺。相应的处理过程中涉及的校正、分类、反演等产品也需要符合此规格要求。其中，二类清查的技术规格为 1∶2.5 万，1∶5 万，1∶10 万，1∶25 万，最小到 1∶100 万。

3. 基于标准产品 5 个属性的需求综合描述

综合分析不同用户所需产品的 5 个属性，推演出能满足绝大多数应用所需的产品属性，考虑目前及未来阶段的技术和资金供给与应用需求的对应情况，即可获得较为实际的 UPM。

8.3.3　基于 UPM 的体系指标分配设计

按照第 5 章体系化卫星星群组网与载荷配置设计技术描述，可以构建基于 UPM 的航天遥感天地一体化系统，即由多颗不同轨道上、不同种类、不同性能的卫星形成星座，通过星间、星地链路连接到用户。因此，从卫星、系统、体系层面对航天遥感天地一体化系统进行总体把握非常重要，统筹规划，合理布局，才能最大限度地促进和扩大天地信息共享，确保卫星应用发挥出最大的效益。根据以上 3 个层次，我们从标准载载荷单位、系统架构、卫星体系设计分析 3 个部分进行探讨。

1. 基于标准化采样方式的载荷探测标准化技术指标设计

采样技术指标设置为标准载荷探测指标。按照五层十五级的分级标准进行规整，将在轨与在研探测资源进行归类，形成一定规格资源的综合，为资源协调打下基础。

基于融合应用的考量，全色遥感数据和多光谱遥感数据的理想空间分辨率比例为

1：4～1：2，即全色遥感数据主要提供纹理信息，而多光谱数据主要提供光谱信息。基于此，全色数据分辨率分别为 0.5 m、1 m、2.5 m、5 m 等级，多光谱数据分辨率分为 2.5 m、5 m、10 m、25 m、100 m、1000 m 等级。在实际应用中可用多光谱数据代替全色数据，则全色数据分辨率主要为 0.5 m、1 m、2.5 m 等级。在精度保障基础上考虑现有卫星载荷空间分辨率分布相适应的原则，可见近红外多光谱图像空间分辨率设置为 2.5 m、5 m、10 m、20 m 等级等。各类载荷空间分辨率按照这些指标归类并在实际应用中等效考虑，累计计算。例如，对于 2 m、2.1 m、2.36 m、2.5 m 全色数据需求，均归为 2 m 类需求，同类的遥感数据可视为基本一样的数据应用到主要业务领域中，使领域内增加了可利用载荷的数量。

2. 基于标准载荷单位的卫星规模、配置及卫星体系设计

随着遥感应用需求的更新，对遥感卫星传感器的性能指标要求可以反映在标准载荷单位的数量上。在不同的应用条件下，探测技术的要求不同，而且应用满足度的提升不一定会随着卫星数量的提升而不断提高，因此，使用有限数量的卫星解决最多的遥感应用是需求分析的目标，其中投入产出比是决定卫星数量的一个重要决定因素。

载荷的通用化、标准化、系列化是未来发展的必然趋势。空间分辨率是影响遥感影像应用的主要指标之一，是卫星应用关注的焦点。标准载荷单位设计是对载荷探测能力进行标准化处理。按照现有技术水平对一定波段范围的探测，建立载荷探测空间分辨率与幅宽的关系，并将之定义为一个标准载荷单位，以此为基准进行全球或区域数据获取能力分析，从而将不同的数据获取时间分辨率转变为对载荷数量的要求。

系统指标体系应包括确定的各项指标要素的指标名称、指标类型、指标内容、考核方法等。对于卫星系统的指标，根据系统能力需求和遥感信息产品属性划分为卫星研制、系统产品、系统运行 3 个层次的指标体系。第一层次是卫星参数或卫星系统参数，决定了卫星的性能指标，其决策依据则是卫星系统产品指标，也就是第二层次，第二层次的核心是产品的 5 个属性，反映了卫星地面分辨率、时间分辨率、响应时间、覆盖率等方面的能力，通过卫星有效载荷的优化配置，对轨道、谱段、分辨率等性能指标的合理组合和优化，形成最佳的产品配置。产品指标又是载荷配置设计、信息模型建立和系统运行指标考核的基础和支撑，系统运行指标体现了卫星完成任务的能力。这方面的技术支持可参见第 5 章。

3. 基于标准计算单位的地面应用系统及配置方案统筹分析

地面/应用系统作为卫星运行控制，信息接收、处理、分发等多种支持功能的系统集合，是发挥卫星应用效能的地面基础环节，其指标体系构建包括数据接收指标、产品处理指标、任务综合管理与控制、卫星应用质量评价(定标与真实性检验)和信息服务(网络平台)等方面的指标。

卫星地面系统是一个复杂的系统，在建设过程中，长期面临的一个重要问题就是："地面系统建设能否满足卫星数传与任务发展的工程需求？"这就需要统筹规划地面资源的使用，科学合理地协调卫星系统与地面接收处理资源，改善地面资源的设备性能及

可用率，根据用户需求适当增加地面资源以提高卫星自主能力，科学合理地配置地面资源，通过地面系统系统配置结构(如硬件设施性能及数量)和设施的管理调度优化来提升系统的运行性能。这方面的模型构建请参考第 6 章。

地面应用系统分析。地面应用系统是连接数据获取和应用的重要桥梁，是公益、商业和先导等业务应用所直接依赖的基础应用服务系统。在面向综合应用需求论证中，地面应用系统作为整个遥感系统技术进步与发展牵引的直接动力，是开展应用的载体，也是实现整个系统效益的重要场所，需从自身功能完备性和需求牵引的带动作用进行论证。

软硬环境系统分析。针对政策和管理需求，按照"问题导向型"的研究方式，从价值链的角度和风险的角度对涉及系统建设与运行的关键性问题进行凝练，提出若干对政策、机制、体制、投资与管理的需求点，支持软硬环境论证的开展。

8.4　基于 UPM 的体系需求评估与认证

众多遥感应用业务需求的根本是对综合应用产品集的需求，因此需基于综合应用产品集开展整个系统的需求分析。

8.4.1　基于 UPM 的新型卫星设置评价

8.2 节描述了从应用需求到载荷技术指标转化的论证分析过程，综合应用产品集通过产品的 5 类属性可将应用需求进行汇总并优化，以此形成的卫星指标体系有利于综合应用当前在轨卫星体系，也可评估候选卫星系统配置方案的动态应用能力，即卫星应用的需求满足度。

遵循需求牵引和资源共享与统筹的原则，综合分析各项遥感业务需求的应用特点，按照应用状态和发展趋势，通过 UPM 可以对新型遥感器及轨道设置、新卫星、新星座，直至对整个空间基础设施进行评价。

1. 新型载荷能力分析

载荷数据获取能力指载荷组网情况下按照载荷探测标准指标对载荷组网进行全球或区域覆盖能力分析。

$$载荷数据获取能力=载荷理想数据获取能力×轨道有效系数 \qquad (8.1)$$

其中，载荷理想数据获取能力指设定的在轨同类载荷最大的数据获取能力。以 1 000 km 幅宽的中分辨率可见近红外载荷为例，同轨道相隔 120° 放置，3 个载荷可以在最小重复情况下形成对地面的连续覆盖，达到 1 次/天的数据获取能力。轨道有效系数是表征载荷在轨实际成像能力和多个载荷协同工作时实际的遥感数据获取能力的系数。首先，载荷在轨成像能力小于理想状态。由于运行轨道、机动观测能力、平台工作模式、电池负载能力等条件的不同，目前极轨中分辨率卫星在中国地区每天可成像 2 轨，成像时间受电池限制为每轨不超过 15 分钟。其次，由于实际情况下载荷数量越多，图像重合的概率越大，这样存在 m 颗卫星的覆盖面积不是 1 颗卫星覆盖面积的 m 倍，而是小于 m 倍。因此，实际卫星在轨及多星协同工作时，会存在一个小于 1 的轨道有效系数。以目前极轨中分辨率卫星为例，若全国范围观测，优化轨道下有效系数接近 1；若全球范围观测，一般地，有效系数不大于 0.1。因此，提高单轨成像时间及每日成像轨道数对于提升全球数据获取能力具有十分明显的意义。

$$\text{载荷有效数据获取能力}=\text{载荷数据获取能力}\times\text{数据获取有效系数} \qquad (8.2)$$

数据获取有效系数指载荷获取到有效数据的比例。对于全色、可见近红外多光谱和高光谱载荷，按照每天一次数据获取能力情况下，最大值为一年内观测时段无云无雨晴天数除以全年的天数。热红外多光谱和高光谱载荷按照每天两次数据获取能力情况下，最大值为一年内观测时段无云无雨的晴天数除以全年的天数。一般地，雷达卫星不受云、雨的影响，因此数据获取有效系数为 1。

当卫星重访周期大于 1 天时，通过增加卫星数量，提升重访频率，可以加大载荷有效数据获取能力。但受其他因素影响，最大有效数据获取能力不一定能达到理想状态，加大重访频率也难以提升。例如，在多云、多雨区域，由于大量云覆盖影响，提升重访频率对于有效数据获取能力几乎没有影响。

上文提出的卫星观测理想状态概念是为了强调预计和缺省的考虑因素对遥感数据覆盖能力的影响。预计的考虑因素是指标准载荷单位设计和观测范围标准化设计，缺省的考虑因素是指全年云覆盖率和轨道有效系数等。

两者的区别在于，前者的设计优化可对覆盖能力的提升有显著作用，而后者存在的人为不可控因素较强，即使投入再多的卫星和载荷也无法对遥感数据的获取有明显的优化。因此，卫星理想观测状态的设计效果就是在保证最大化满足遥感应用需求的前提下，最大化地提高投入产出比，以提高遥感卫星应用体系的社会和经济效益。

2. 新型卫星配置能力分析

卫星规模及配置方案统筹设计是综合考虑遥感应用需求，结合探测技术发展与价值分析，对卫星数量、载荷配置及星座布局等优化设计的过程。

遵循资源合理利用和阶段化渐进的原则，根据阶段化的应用需求和技术更新，将所需载荷合理地配置到最佳规模、可稳定持续运行的星座组网上，达到最优的数据获取和服务能力，同时分配到已经具有一定品牌效应的各系列中，既促进了各领域遥感应用的可持续发展，又得到良好的投入产出效益。

3. 星座设置能力分析

应用需求的变化会导致遥感卫星传感器的性能指标要求和标准载荷单位数量改变，因此要更强调以价值为导向的需求管理。

分析过程包括探测技术发展与价值分析、卫星规模及配置方案统筹设计、需求满足度评价和效能分析等。整个过程围绕的核心是数据产品集，即需求的具体表现形式，把应用需求转换为产品需求，只有明确了对产品的需求，才可通过产品信息的载体数据，将应用需求有效地映射到对载荷的技术指标设计上。

体系需求是表征航天遥感系统信息产品属性相互关联或相互作用的一组要素，它反映了产品属性对产品固有质量、可靠性和可应用程度的综合度量。产品属性主要包括产品品种、产品规格、产品质量、产品规模和产品时效性。品种、规格、质量、规模、时效性是产品成熟程度的外在表征，是数据信息产品质量与可靠性及应用程度的度量，是指导产品专业化研发的基本路线，是推动产品快速工程化的主线。在遥感应用需求产品化过程中，通过对产品各方面的准确描述来确定产品的定位和作用。航天遥感信息数据产品体系与航天系统制造、系统服务和系统能力同属于一个相互衔接、有效配合的技术体系。产品属性是推动产品工程化迭代的重要特性，通过对产品属性的全面深入分析，可将其辐射到卫星工程和应用工程中，产品属性在体系内的辐射将为卫星组网、载荷配置、载荷技术发展、地面应用系统处理、产品质量保障等分系统提供支撑依据，明确了对遥感卫星规模、观测指标的需求，对地面和处理技术与条件的需求，对各部分相互衔接及流程完整性的需求。各属性在不同的分系统中起到不同的作用：在产品品种、规格、时效性需求基础上，进行载荷探测指标设计和卫星优化组网分析；在产品质量需求基础上，明确检验体系建设要求；在产品规模需求基础上，明确处理系统的功能和性能要求。

我国多云多雨区域分布较广，给遥感探测及应用带来了较大的挑战，虽然可用雷达成像填补部分不足，但雷达传感器不能完全替代全色、多光谱、高光谱等遥感器。图 8.5 为所需等效载荷数量与遥感应用满足度关系举例。以广西北部湾全年云覆盖量 50%为例，随着卫星数量的增加，遥感应用满足度会有一定的提升，但当达到 50%以后便会趋于平缓。

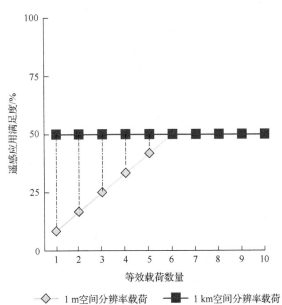

图 8.5　等效载荷数量与遥感应用满足度的关系
（以广西北部湾全年云覆盖量 50%为例）

进一步地，虽然可以采用增加卫星数量的方法满足不断增加的遥感应用需求，但是随着卫星数量的增加，遥感卫星投入产出效益会呈现先增加后减少或快速下降的趋势。体系设计的目标是实现遥感卫星投入产出效益的最大化，需按照一定的技术指标规划，通过仿真的技术手段，找出最佳折中点以确定卫星观测理想状态，同时得出各阶段的需求指标。

8.4.2   基于 UPM 的体系技术需求满足度预测分析

随着空间信息的大量应用，将对空间基础设施建设提出更新更高的要求，促进其进一步发展。所谓天地一体化的综合卫星应用体系，就是要统筹考虑卫星的研制、卫星地面系统的建设及卫星的最终应用。过去，中国航天往往只重视卫星本身的研制，而忽视地面系统建设和卫星应用技术开发，导致卫星上天后不能及时发挥效益，尤其是遥感卫星情况更为突出(栾恩杰，2003)。

1. 预计技术指标满足度定义及其要素分析

基于 UPM 的体系需求满足度预测分析包括多个价值阶段性最优化分析，是结合目前遥感应用需求汇总指标和在轨及在研卫星功能性能指标，建立初始载荷的观测需求表。需求表包括载荷空间分辨率、光谱分辨率和时间分辨率 3 个要素，参照阶段卫星技术水平，将需求表技术指标要求分解到载荷配置和卫星组网中，按照需求满足度评价和效能分析要求进行评价并寻找平衡点，通过多次迭代形成与需求相适应的载荷配置方案。

满足度在设计阶段体现人对卫星载荷指标预期的认知，按照满足需求的指标体系设计卫星，并根据指标体系对最终的满足程度进行客观考核。不同于满足度的概念，第 2 章中提出的满意度是对用户满意程度的反映，是一种对产品/服务特征或产品/服务本身所提供的或正在提供的使用过程的满意状况的判断，包括不满意、满意和非常满意 3 种状态，是在一定实际需求满足度基础上用户通过体验形成的主观感受，卫星后评价阶段(见第 7 章)的综合评价更能反映满意度。对需求满足度的评价分需求技术指标满足度和系统客观指标满足度等两个方面：

$$需求满足度\ 1 = f(需求技术指标满足度，系统客观指标满足度) \qquad (8.3)$$

需求技术指标满足度是对信息数据属性上的响应程度分析，这也是体系需求分析的核心。系统客观指标满足度是指投资者、用户、建设者等利益相关方的综合满足程度，是一种可行性分析，不仅需要考虑设计指标评价的相关参数，还需要考虑系统影响度(政府、社会反响度)、系统潜在力(递延作用、利害关系者效应)及系统目标实现状况(质量、安全、工期、成本、文明建设)等指标。

以综合应用产品集作为描述卫星体系能力建设需求的牵引力，把卫星体系提供的能力能否满足需求的程度作为评估要素。如第 4 章所述，应用技术成熟度从综合角度对技术组合的成熟度水平进行综合度量，而满足度评估回答了卫星体系建设的根本问题，也

是技术实践的目的。一般地，

需求技术指标满足度 I=天基系统指标满足度×地面数据和信息服务系统指标满足度

对于需求技术指标满足度，我们根据产品的属性阐述，可参考第 2 章认可度模型。

2. 质量的满足度

综合应用产品集是否满足用户与任务应用需求的一个关键评价要素是质量，通过质量把用户对产品需求的表述或将应用需求转化为一组针对实体特性的定量或定性的指标要求，即将指标体系作为考核评价的标准，质量满足度所形成的最终状态是用户在使用达到指标要求的产品过程中，以及之后的一段时期内对于产品质量方面的满足程度。

当然，并不是质量满足了量化的指标体系就一定是达到用户满足度的，质量是对产品属性的客观表征，而满足度则是具有可变性的目标变量，具体表现为用户的实际感受与其预期水平相比后的满足度、与其心目中理想质量水平相比后的满足度、与其他同层次产品对比后的满足度，以及用户对产品最终服务的整体质量满足程度等，包含了用户主观感受提出的可判断的定性要求，因此，把握好如何提供满足需求和期望的高质量的产品和服务是获得用户满意的基础。

3. 品种规格的满足度

建设天地一体化卫星应用体系最关键的环节是各部门首先应提高对卫星应用重要性的认识，加大本地区、本部门对卫星应用技术研究的投入，积极建立可长期稳定运行的业务化卫星应用运行系统。按照天地一体化的思路建立卫星应用体系，把空间技术、空间应用有机地结合在一起，确保卫星效益的及时发挥，满足国民经济和社会信息化建设中各部门对信息资源的需求，促进国家地理空间信息基础设施的建设(栾恩杰, 2003)。

针对空间基础设施应用服务需求，研发工程化仿真系统工具，形成完整的科学论证和设计体系成果，有效支撑空间基础设施的建设与运行，确保实现天地一体化统筹的卫星、地面与应用各系统间有机衔接，提出组织协调和优化建议，为实现科研卫星和业务卫星发展提供决策依据。

通过比较业务应用所需的标准载荷数量与载荷配置方案中的载荷数量，可以得到理论上的需求满足度。

图 8.6 为随时间变化的需求满足度趋势。需求不是一成不变的，而是随着时间的推移缓慢平稳上升的，根据我国近一阶段机遇期的基本判断及现有国内发展趋势，未来一段时间我国遥感应用需求将继续处于上升状态，如图中蓝色实线。设某年国外卫星数据对我国需求满足度为 $m1$，国内卫星的需求满足度为 $n1$(图中红色实线左端点)，则国内外卫星对国内需求满足度为 $m1+n2$(图中绿色实线左端点)。当前我国高分辨率遥感应用大部分依赖国外卫星数据，此时 $m1>n1$。

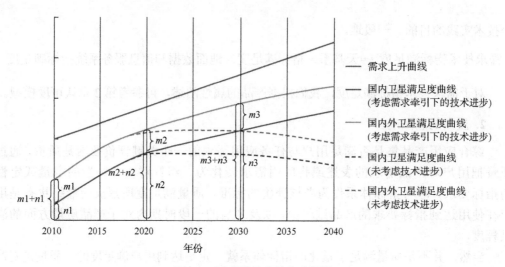

图 8.6　需求满足度趋势分析图

其后一段期间，我国将持续发射大量卫星，国产卫星自给率将大幅度提高。在之后某一节点年需求满足度达到 $m2+n2$，此时，$n2$ 远远大于 $m2$，且 $m2+n2>m1+n1$，即总的需求满足度提高，国内遥感卫星需求满足度大幅提升，国外卫星市场占有率大幅下降。

4. 规模与时效性的满足度

仅考虑一种类型卫星的情况下，假设某年以后国内外在轨卫星数量保持与该年大致相同的颗数不变，若不考虑技术进步的前提下，随着应用需求的进一步提升，需求满足度将保持一定时间的稳定后缓慢下降，如图 8.6 中虚线走向。若随着国内外卫星研发技术上的不断发展，在卫星数量不变的情况下，数据的有效利用率等指标也将大幅提高，预测若干年的需求满足度为 $m3+m3$，其将与当年的需求满足度 $m2+n2$ 大致相等，即需求牵引下的技术进步将不断弥补需求缓慢上升引起的满足度下降，需求满足度将在更长时间内达到稳定。

按照这一发展趋势，针对阶段性需求与问题，阶段性地持续修订规划，充分发挥技术进步带来的效益是十分必要的。这样，卫星发展将按照"上台阶""再上台阶"的规律发展。在现阶段，按照我国民用航天遥感系统的建设规律，瞄准未来一段时间的应用需求，掌握好预设增量，对稳定推进卫星遥感系统建设十分重要。

对于我国民用航天卫星遥感系统而言，需求满足度主要描述卫星遥感系统工程实施对应用需求的满足程度。在实际评价过程中，需求满足度定义为任务满足数量与任务集数量的比值。其中，不同性质的任务有依据任务量和任务特点所形成的权重。

遵循资源合理利用和阶段化渐进的原则，对遥感卫星指标进行优化设计，采用补充不足、稳固已有的方法，通过仿真的技术手段转化为数据获取能力，与各项业务需求中要求的性能指标进行对照，进行满足度分析，同时得出我国民用航天卫星遥感系统建设的阶段化建议。规模与时效性的满足度预测分析按照以下几个部分进行：

（1）现有需求与现有数据获取资源的比较。现有需求与统筹形成的数据获取资源的比较，未来某一时间点的预测需求与统筹形成的数据获取资源的比较等，进一步对调整统筹形成的数据获取资源进行迭代，逐步形成优化的数据获取资源布局方案。

(2) 通过比较当下用户业务应用所需的标准载荷数量与当时在轨卫星的载荷配置方案中的载荷数量，可以得到卫星上天后的需求满足度。

具体分析流程参考需求满足度分析内容基于 UPM 的新型卫星设置评估，需将分析过程中的理论设计替换为实际卫星情况进行分析。

8.4.3　基于 UPM 的体系效能效益预测分析

在一定技术指标满足情况下，开展体系的效能效益分析对于决策有十分重要的影响。卫星系统设计阶段的效能效益预测分析具有与后评价相类似的内容，但是更加重视软环境条件的约束。

1. 预期效能效益综合评价

需求阶段对效能效益的评估是与卫星应用后评价在项目生命周期不同点的两个活动。二者从时间、目的和内容与判断依据上都有不同，见表 8.1。

表 8.1　效能效益分析在需求评估阶段和后评价阶段的不同

对比	需求评估阶段	后评价阶段
时间	项目起点	项目完成后
目的	确定项目是否可以立项	总结经验教训，改进决策和管理服务
内容	分析评价项目未来的效益，确定项目投资是否可行、有价值	总结项目从准确到运营阶段产生的效能效益，通过预测项目未来进行分析评价
判定标准	用户满足度，项目收益率	与需求评估阶段对比，以及长期体验后的满意度

图 8.7 为预期综合效能效益的评估，是围绕应用技术发展的程度展开的。

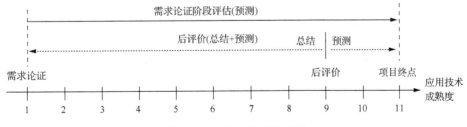

图 8.7　综合效能效益的评估

在预期效能效益综合评估中采用综合分析法，对过程中的影响因素进行分解，构造不同层次的统计指标体系，然后对这些指标进行指标赋值并确定其权重系数，最后采用综合评价模型进行综合，得到综合评价值，以此进行排序和评价。

(1) 分辨率遥感系统功能单元研究。分辨率遥感应用系统有不同的质量等级及应用能力。根据其不同的质量等级和应用能力，建立不同的评估指标及评估模型。

(2) 指标体系的确立。针对遥感应用系统综合效能评估系统，其指标体系的确立应遵循系统性、简明性、客观性、时效性、可测性原则，定量指标与定性指标结合使用，绝对量指标与相对量指标结合使用，同时指标的选择要保持同趋势化，指标设置要有重点、有层次性，注意解决指标体系的有效性和简洁性之间、指标的系统性与指标的可获得性之间、指标的精确性与指标的可信度之间的矛盾。

(3)指标体系完备性检验分析。完备性检验主要是检查评价指标的分解是否出现纰漏，有没有出现指标交叉而导致结构混乱的情况。重点对平行的节点进行重叠性与独立性的分析，检查是否存在平行的某一个指标包含了另一个或几个指标的部分或全部内容。若出现这种包含关系，则需要将有重叠的指标进行归并处理，或将重叠部分从中剥离出来。

指标体系的完备性分析一般采用定性分析的方法进行，专业知识起到最主要的作用。要在指标提出的过程中尽量避免指标间的相互包含关系。随着工作的进一步展开，反复咨询专家意见，对指标体系不断地进行完备性检验。

(4)指标权重确定与合理性分析。应用优序图法、逐步调整法确定指标的权重，或者应用"专家"打分和 AHP 相结合的方法，这种综合方法是目前较为科学和可靠的加权方法。

在建立指标体系的过程中，往往可能由于追求指标体系的全面性导致指标过多。但是在实际应用中，过多的指标容易引起判断上的失误和混乱，导致指标权重值减小而造成评价结果的失真。

根据 Satty 等的理论认为，人们对于不同事物在相同属性上的差别分辨能力在 5～9 级，在某一准则下的指标数量不宜超过 9 个。通常认为，当指标权重小于 0.1 时，该指标影响较小，不予以考虑。

(5)指标的筛选与简化。指标的筛选与简化需要遵循准确性、敏感性、特异性、易获得性 4 个原则。常用指标选择方法有依靠专家的"系统分析法"，依靠查阅文献资料的"文献资料分析优选法""变异系数法""相关系数法"，以及对指标进行筛选和归类的多元回归、主成分分析、因子分析、聚类分析、判别分析和岭回归分析等方法。

(6)指标体系有效性分析。指标体系的有效性通常由结构有序度——负熵等指标来分析。指标的完备性和互斥性(不相关性)是理论上建立指标的准则，与实践结合，指标的建立应能反映评价对象的总体价值，且是最简单的有效指标子集。

由于不同专家在认识上的差异性，在实际评价过程中，可能出现对同一对象采用同一指标体系进行评价时，得到不同数据的情况。当专家组采用同一指标体系进行评价时得出的评价数据差异较大，则认为该指标体系不能真实反映评价对象的特征，需进一步优化与调整。效度系数法(李随成等，2001)是对指标体系的有效性进行检验的常用方法。效度系数的统计学含义在于它可以提供衡量人们用某一指标体系评价同一目标认识上的偏离程度，其绝对数越小，表明人们对指标体系和被评价对象的认识越趋向一致，采用的指标体系有效性越高，一般认为该数值不大于 0.1 时，该指标体系的有效性较高。

(7)各功能单元综合评价模型。综合评价模型包括加法评价模型、连积评价模型、加权评价模型等。

加法评价模型：评价各指标项所得的分值，采用加法求和，然后按总分决定各指标维度的优劣秩序，这种方法简单易行。

连积评价模型：将各个指标的评价分值连乘，并按其乘积大小排序来决定优劣，该方法具有很高的灵敏度，评价总分的差距比较大，如果在所有指标中有一项为零分，则评价总分也为零分，其加强了各项指标间的相互关联度。

加权评价模型：将分析研究中的各项指标按照其重要性给予不同的权重数，计算各项指标得分值与其权重的乘积，并相加得到评价总分。这种方法的灵活性强，一种评价指标体系可以根据具体情况给不同指标赋予不同的权重值，提高评价结果的适用性和可靠性，因此，加权评价模型也是应用最多的一种方法。

可见，不同的指标选择很有可能产生不同的评价结果，不同的评价模型得出的评价结论也可能有较大的出入。在高分辨率遥感系统综合效能评估中，采用多种模型结合并不断反馈优化模型的研究路线(徐鹏等, 2003)。

2. 预计综合效能分析

在标准产品的基础上，按照技术发展趋势分析对需求变化进行优化，参考投入产出变化趋势，按照价值工程找平衡点，即如前面章节所描述的效能=效率×能力×效果。需求优化的原则受到有关社会环境与政策条件等软环境的约束，但最终目的还是为了"多快好省"的程度提升，包括：

(1)主导性原则，将对国民经济、社会发展具有主导地位和重大支撑作用，并已经开展业务化、规模化运行的主体业务需求。这类需求满足后，对政府主导业务、推进产业化具有有效支撑作用，论证中重点考虑资源共享与合理利用。

(2)不可替代原则，对于涉及国家战略安全、核心能力发展、对科技发展具有带动作用的需求，即无法用其他手段替代的需求，应作为任务保障的重点。这类需求满足后，对国家战略地位提升具有重大效果。

(3)合理性原则，从业务应用和载荷研制的技术、经济合理性角度出发，对于技术指标可实现、投入产出比相对较高的业务需求优先满足。而对存在技术或经济效益不足的需求，考虑其他手段代替，并随着技术推进与基础条件发展逐步满足。

(4)标准化原则，按照业务应用中技术要求特点，对数据技术指标进行系列化、标准化归类，提升多种应用需求统筹的程度，便于各类卫星研制和应用开展，提高整体效益。

(5)循序渐进原则，根据技术发展的趋势和现有技术能力基础，实现业务化需求与现有科研实验系统有机衔接，相互促进在论证过程中按照时间阶段分布实施和有序开展。

效能指标体系的构建过程是一个从"具体—抽象—具体"的辩证逻辑思维过程，是对效能评价对象逐步深化、逐步求精、逐步完善、逐步系统化的认识过程。按照前面章节对效能的定义：

$$系统效能 = F(需求满足度，TRL，系统成本，转化效率，市场与政策) \qquad (8.4)$$

将系统效能定义为以上5个方面的函数，并将其作为指标体系的准则层，然后将每个准则用几个相关指标进行描述，作为指标体系的指标层。

我国遥感卫星正在向着规模化、体系化的方向发展，载荷应用技术的发展，尤其是空间数据处理关键技术研究对于遥感卫星系统应用起着重要的作用。经过几十年的发展，卫星载荷应用技术发展也取得了重大的进步和提升，载荷应用技术成熟度越来越高，新型载荷应用技术由单星单任务应用逐渐向多星多任务发展，逐步实现各类遥感应用，重视整体化，重视协同互补、同化融合，载荷应用技术从概念到应用的孵化，经历科学、技术、工程、应用的过程。新型载荷应用技术旨在解决载荷应用技术成熟问题，针对新型卫星载荷的应用，从概念出发，通过原理研究、技术可行性、应用可行性理论探讨，到不同规模的实验验证，逐步将应用技术推向成熟过程。

提升我国对地观测系统整体效能的一个总的发展趋势是：集成、整合、共享、互通，并最终形成一个基于一体化信息基础设施的对地观测系统。通过有效整合共性关键技术成果，形成一个共性关键技术成果集成测试服务中心，实现共性技术的集成与共享。

目前，越来越多的用户对自主卫星数据的综合型共性技术提出应用需求，用户涉及行业、区域、科学、公众、公司等不同层次。其中，行业用户涉及用户代表和其他用户，参照高分专项模式，每颗卫星根据其载荷特点和业务应用能力设置相应的用户代表，不同卫星的用户代表可能不尽相同，同时，某颗卫星的用户代表可能是另一颗卫星的其他用户。作为用户代表，针对卫星将开展大量关键技术研发，形成一系列共性关键技术成果；作为其他用户，往往会对用户代表研发的共性关键技术成果存在应用需求。

面对如此广泛、不同层次的用户需求，需强化共享机制，有效集成散落在各卫星行业主用户的共性关键技术成果，通过集成、测试、比对、优化、封装的共性技术手段搭建技术与信息服务系统，对所形成的技术成果进行共享与服务，以便最大限度地满足各层次用户对共性技术成果的需求。

效能衡量整个系统或其分系统在一定条件下表现出来的效用，随着航天技术的发展，卫星系统功能日趋强大，技术指标逐渐增多，需开展卫星系统综合效能的评估。《国家民用空间基础设施中长期发展规划》于 2015 年 10 月正式颁布，该规划提出了未来 10 年我国民用卫星体系及地面系统的总体框架和路线图，并明确提出了要"建立一星多用、多星组网、多网协同、数据集成服务的相关机制"，面向集约建设、统筹优化和综合性应用需求，首先需建立卫星系统的综合应用效能评估体系，通过效能评估促进体系设计与运行优化，通过提升服务应用的效能促进卫星系统的可持续发展。

3. 预计综合效益分析

对于航天遥感产业来讲，其需求包括两种：一种是理论研究领域从知识整合和创造的角度去提升认知的科研活动，另一种是工业实践领域通过科研活动转化为生产力以获取最终产品或服务。20 世纪 80 年代，我国各主要遥感部门工作的一线专家学者就论述了我国遥感技术的发展战略和效益分析。与效益紧密相关的是价值与利益，首先具备应用价值的实践活动才能不断地将需求与能力相匹配以达到效益最大化，可以说需求引导价值取向，而价值驱动了需求演化，通过利益方共同进行最优化分析以产生最大化的效益。当然，产业政策、能力体系等因素是这条价值链上不可或缺的关键。

航天遥感向着产业化方向发展，卫星效益综合评估包括了经济效益、社会效益与环境效益。采用综合评价方法和评估体系，通过建立卫星性能与最终需求之间的关系模型来建立卫星性能与最终应用效益之间的关系模型，为遥感技术经济效益的评价提供货币化的定量分析方法和手段。对于财政支出而言，对遥感技术应用经济效益的货币化评价，使得在同一尺度下比较遥感技术的成本和其总效益的价值成为可能。通过经济效益评价可以发现我国遥感技术的潜在应用领域和应用的薄弱环节，从而以更高的科学化水平为遥感技术的应用推广指明方向，进而促进我国遥感技术经济效益的提高，促进我国遥感应用的市场化和产业化进程。遥感技术应用的效益评价基于大量的应用情况调查和对潜在应用领域社会效益的估计，从而对遥感技术的发展规划和相关的决策制定提供重要支持。

遥感技术的长期持续发展依赖于对社会投资的利用、对市场的开拓，对遥感技术进行经济效益评价有利于发现制约我国卫星产业效益产生的因素，有利于解决这些问题，可促进遥感技术应用的产业化进程，提高其国际竞争力，同时提高我国遥感技术的国际竞争力，使遥感卫星乃至其他遥感技术应用项目的社会经济效益得以量化，使遥感卫星乃至其他遥感技术应用项目的社会经济效益得以扩大，为国家宏观决策和项目可行性分析提供辅助性资料；建立的评估指标体系是遥感应用的重要基础性资料，进一步完善和扩充后可以广泛应用于各种系统和项目，进行相关的评价分析，促进遥感应用系统的推广和发展，并使效益评估实现业务化。

4. 面向满意度的航天遥感系统体系构建的综合评价

面向满意度的航天遥感系统体系构建综合评价是在卫星工程设计阶段开展的、针对所挖掘的需求形成技术体系进行综合评价，包括预估的技术指标满足度、效能效益。根据评价的主客观程度，可分为主观评价、客观评价和主客观结合评价，即采用定性与定量相结合的方法，以满意度模型为建立评价指标体系的核心，按照应用技术成熟度的发展阶段，通过指标和能力的量化考核确定需求满足的程度，并综合分析其产生的效能效益，以用户应用为关注点，反映用户的满意程度。

8.5　体系需求分析技术工具

需求分析的技术工具包括仿真技术、航天遥感信息数据产品等级分类、五层十五级分级技术等，同时参考 OSCAR 工具的需求分析思路与方法。其中，航天遥感信息数据产品等级分类、五层十五级分级技术在本书前面章节已有介绍，这里不再赘述。

8.5.1　UML 和 SysML 系统建模技术

1. UML

Unified Modeling Language（UML）又称统一建模语言或标准建模语言（Booch et al., 1988），是始于 1997 年的一个 OMG 标准，它是一个支持模型化和软件系统开发的图形化语言，为软件开发的所有阶段提供模型化和可视化支持，包括由需求分析到规格，到构造和配置。面向对象的分析与设计（OOA&D，OOAD）方法的发展在 20 世纪 80 年代末至 90 年代中出现了一个高潮，UML 是这个高潮的产物。它不仅统一了 Booch、Rumbaugh

和 Jacobson 等各自独立 OOA 和 OOD 的方法,而且对其做了进一步的发展,并最终统一为大众所接受的标准建模语言。

Booch 的描述对象集合和它们之间的关系的方法,Rumbaugh 的对象建模技术 (OMT),Jacobson 的包括用例方法的方式,还有其他一些想法也对 UML 起到了作用,UML 是 Booch、Rumbaugh、Jacobson 三人共同努力的成果。UML 已经被对象管理组织 (OMG)接受为标准,这个组织还制定了通用对象请求代理体系结构(CORBA),是分布式对象编程行业的领头羊。计算机辅助软件工程(CASE)产品的供应商也支持 UML,并且它基本上已经被所有的软件开发产品制造商所认可,这其中包括 IBM 和微软(用于它的 VB 环境)。UML 规范用来描述建模的概念有类(对象的)、对象、关联、职责、行为、接口、用例、包、顺序、协作,以及状态。

2. SysML

对象管理组织 OMG 决定在对 UML2.0 的子集进行重用和扩展的基础上,提出一种新的系统建模语言——SysML(systems modeling language),作为系统工程的标准建模语言。和 UML 用来统一软件工程中使用的建模语言一样,SysML 的目的是统一系统工程中使用的建模语言。

SysML 为系统的结构模型、行为模型、需求模型和参数模型定义了语义。结构模型强调系统的层次及对象之间的相互连接关系,包括类和装配。行为模型强调系统中对象的行为,包括它们的活动、交互和状态历史。需求模型强调需求之间的追溯关系及设计对需求的满足关系。参数模型强调系统或部件的属性之间的约束关系。SysML 为模型表示法提供了完整的语义。

和 UML 一样,SysML 语言的结构也是基于四层元模型结构:元-元模型、元模型、模型和用户对象。元-元模型层具有最高抽象层次,是定义元模型描述语言的模型,为定义元模型的元素和各种机制提供最基本的概念和机制。元模型是元-元模型的实例,定义模型描述语言的模型。元模型提供了表达系统的各种包、模型元素的定义类型、标记值和约束等。模型是元模型的实例,定义特定领域描述语言的模型。用户对象是模型的实例。任何复杂系统在用户看来都是相互通信的具体对象,目的是实现复杂系统的功能和性能。

8.5.2　SA、OSCAR、SETE 系统仿真技术

1. Rational SA 系统构建评价系统

系统架构师(rational system architect, SA)是 IBM 公司推出的从设计到开发的完整的集成开发环境,是全球最主要的建模与分析评价工具,是系统开发所必需的工具。它支持 UML 建模、模型驱动开发等多种与建模相关的活动,主要提供系统体系结构、需求分解、体系结构仿真、XML 体系平台、体系结构等模块,可实现需求分解、系统体系的建模与仿真、体系结构描述,集成了业务流程建模、数据建模、对象建模、业务流程仿

真等多种功能。

2. OSCAR 系统仿真技术

地球系统能力分析与审查工具 OSCAR(observing systems capability anylaysis and review tool)是由世界气象组织(WMO)开发的工具,支持地球观测应用、研究、全球卫星任务协调。信息由 WMO 秘书处与空间组织合作更新。

OSCAR 为物理变量观测提供了定量化用户定义需求[WMO 应用范围内(天气、水、气候)、陆地],并提供了所有的对地观测卫星、搭载仪器、基于空间能力分析的详细信息。

OSCAR 可以提供两类咨询信息:①WMO 应用范围内的用户观测需求咨询;②基于空间与表面的观测系统能力和实际配置的咨询。

3. SETE 仿真系统

SETE(simulation from earth to earth)是论证中心按照航天遥感系统结构及数据信息产品品种、规格、制量、规模与时效性属性构建的系统模拟与分析平台。SETE 面向我国航天遥感科学论证,以遥感器时空采样与应用效能分析仿真模型为核心,建立轨道、平台、载荷、目标分析仿真,可见光、高光谱、红外和微波航天遥感过程仿真,形成的天地一体化、全过程、全链路、多要素的航天遥感仿真可以有效支持 IDSH 各组成部分的分析、针对具体应用的 SDIKWa 分析、卫星星群应用效能分析及地面应用系统 SPID 模式的量化分析。全过程指从地表参数到地表参数的仿真,包括了平台轨道与载荷成像多种特性、地面应用系统处理模拟等,用于构建面向用户需求的处理系统。全链路指地面辐射到遥感成像的成像链路仿真。多要素指地表目标特性随时空变化的仿真。

第9章　航天遥感产业政策 与国际合作分析方法

第7～第8章讨论中，无论是卫星预期分析还是后评价，均或多或少地强调了政策与市场的作用。本章将在此基础上，从利益的维度，分析政策、规划等软环境要素及国际合作发展对产业经济的引领、支撑、保障作用。

航天遥感作为人的集体性社会活动，体现了人对人造工具的认识、制造与利用水平及人自身所处时空段的整体性状态。近年来，我国航天遥感技术的不断提升带动了航天遥感产业飞速发展，其正向市场化、大众化应用方向发展，已逐步成为影响我国经济社会各方面发展的战略性新兴产业。

在这一过程中，发展战略、产业政策、资金与市场等软环境因素发挥了重要作用。为进一步促进产业发展，建立与产业发展相适应的产业政策是关键。国际国内是两个市场、两种资源，随着我国航天走出去面向更加广泛的需求，如何认识、分析与评价国际合作是开展国际合作的重要前提条件。

在这个层次分析航天遥感，其表现更多的是生态系统形式下的复杂巨系统，存在多种基于利益考虑的竞争与合作，垄断与创新。本章从利益的角度将遥感卫星应用分为公益性、商业性、先导性类型。公益性、商业性应用指工程技术与应用较成熟，有较丰富经验积累且进入到公益性/商业性主业务中的应用，具有连续、稳定、标准等特点。先导性应用又分为公益/商业先导性和科学技术发展业务等，指在工程技术与应用等方面尚不成熟，未进入到公益性、商业性主业务中的应用中。这类业务指面向自然探索与技术进步进行的应用，具有科研特点，以提高科学、技术、工程、应用成熟度为重点。

9.1　概　念　认　识

9.1.1　航天遥感产业概念认识

1. 需求、价值与利益

1)对需求、价值与利益的一般认识

图9.1为需求、价值和利益的相互关系。按照第1章马斯洛有关人的需求模型理论，人具有5个层级3种类型的需求。一种类型是有关个人生存的生理与安全需求，这是最基本、最强烈的需求，如衣食住行、生老病死、秩序与稳定等。一种是有关社会存在的归属与尊重的需求，如亲情、友情、爱情、自尊与来自他人的尊重等社会性需求。还有一种是有关个人自觉自在的认知、审美、自我实现与超越的精神性需求，如人的道德、

成长、突破等。马斯洛将之描述为"一种想要变得越来越像人的本来样子、实现人的全部潜力的欲望"。这种分类法与马克思在《政治经济学批判大纲》中提出的三大类基本需要体系相呼应，即最低限度的自然生理或生存需要、高层次地满足人的社会生活的社会需要、满足人的精神要求的精神需要。

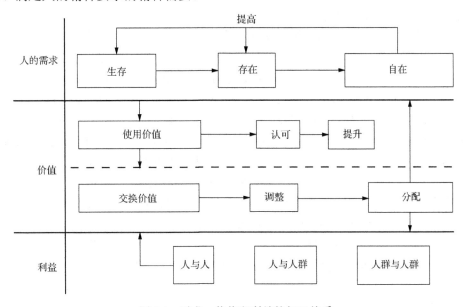

图 9.1　需求、价值和利益的相互关系

有关生存、存在、自在这 3 种类型需求的顺序并不是顺排出现的，而是以不同强弱显性或隐性地组合在一起出现的。这 3 种类型需求构成了人自身发展与进化的目标，也是人与自然界和人造事物、与人及人群、与自己 3 个方面的世界认识与改造的根源。

人在认识与改造世界从而实现自身需求满足的过程中，通过构建、衡量与评价需求满足过程来确定并实现价值，即将需求及实践过程按照获得认可并可交换的程度来定义价值参量，使得需求及过程价值化。作为一种人造事物，价值参量具有人造事物的属性。从这种意义上讲，价值是实践过程对作为主体的人的需要的肯定或否定，是客体属性价值化的过程及其结果。可以想象，人有很多的需求，但具有价值的过程实践受自然环境条件、人造事物状态等多因素限制，其数量大大少于需求的数量。

所谓利益，是指人受客观环境制约下，为了满足自身需求而产生的，对于有一定价值的对象的各种客观需求，即好处，或者说凡是能给人带来满足自身欲望的事物，均可称为利益。在经济社会中，利益成为人的有价值的实践活动的直接的度量衡，表现出对需求与实践过程的一种必要性判断。例如，航天遥感产业链中各利益相关方的效能效益、用户的最终满意度等。可以想象，具有一定价值的过程实践很有可能不会发生，只有各利益相关方的诉求得到满足时才有可能实现。

2) 人造事物的使用价值与交换价值

价值从哲学范畴上讲，指的是客体对于主体的效用或意义，反映的是人造事物的功能性能同人的需求之间的关系。也就是说，当客体能满足主体的某种需求时，就表明它有价值，反之就没有，当满足主体需求的程度越高，客体的价值就越大，反之就越小。满足主体需要的客体可以是物质的，也可以是精神的。客体满足的对象即主体，可以指具体的个人，也可以指社会群体，还可以指国家、国际社会甚至全人类。价值体现的是主客体的一种需求和满足需求的关系。按照马克思政治经济学的观点，价值是凝结在商品中无差别的人类劳动，包括使用价值和交换价值。

使用价值是与需求紧密相连的事物有用性的度量，用来衡量人的实践活动对需求的关联性、有效性与作用，在计量使用价值时要从投入产出等主体与客体作用两个角度考虑。投入由生产该人造事物的社会必要劳动时间决定，其随着劳动生产率的变化而变化，与体现在人造事物中的劳动量成正比，与生产这一人造事物的劳动生产率成反比。产出指效果与作用，是人作为主体在实践活动中与作为客体的对象间的一种对立统一关系状态，其以主体内在尺度为基准，客体能否满足主体的需要及满足的程度。在这一关系中，客体是否按照主体的要求满足主体的需要，是否对主体的生存、存在和自在具有肯定作用，对价值的产生及其大小的判断起着关键作用。人的需求及认定过程的差异性，且在具体时空条件等综合因素的彼此交错中产生多样化人的需求状态，决定人实现价值的行为的多样性，进而形成复杂的人的行为状态。例如，投入大量资源形成的人造事物没有找到需求方与交换者，则难以认定其使用价值，甚至认为无使用价值；而少量投入的人造事物若给使用者以极大的满足，则有巨大的使用价值，如沙漠里的一瓶可用来交换的矿泉水等。

交换价值是在一定社会条件下被其他人或人群认可的情况。在经济学中，交换价值代表该商品在一定环境条件下的交换中能够交换得到其他商品的多少，通常通过货币来衡量，成为价格。根据新古典主义经济学，人造事物的价值两个方面等同于价格，即该事物在一定环境中开放和竞争的交易市场中的价格。从以上分析可以看出，在一定社会条件下，价值应该由人的劳动过程、人的需求满足程度、市场与货币决定，表现出对需求或实践过程的一种潜力、合理性和可行性判断。通过市场可以对价值货币化，通过货币可以对投入产出进行货币化比较，分析商品的价值。

$$I = f(劳动量，满意度，市场，社会条件)$$

3）人的价值与价值观

在实践活动中人的价值体现在以人的需求满足为目标、以人造事物为手段、以利益实现为判据所构建的过程中，这其中存在各种针对人的判断的判断，即价值取向与价值观。价值观是指个人对世界（包括人、人造事物、自然界）及对自己的过程实践及行为结果的意义、作用、效果和重要性的总体评价，是对什么是有用的、好的、有利的、应该的总看法，是推动并指引一个人采取决定和行动的原则、标准，是个性心理结构的核心因素之一。价值观作为基于人的一定的思维感官之上而作出的认知、理解、判断或抉择，是人认定事物、判定是非的一种思维或取向。价值观对动机有导向的作用，同时反映人们的认知和需求状况。人根据需要的内在基准进行价值追求，其理想境界是与生存、存在、自在有机统一相对应的，涉及一定时空条件下人对自我认识、人与人、人与人造事物,以及人与自然等多个层次,如我国有关"君为臣纲、父为子纲、夫为妻纲""仁义礼智信""己所不欲勿施于人""真善美""自由、平等、博爱""实事求是""实践是检验真理的唯一标准"等观念均属于这一类。这些观点很大程度上影响着人对自身作用、价值、利益的判断。

客体有无价值及价值的大小,尽管价值认识有其客观性的一面,但价值认识的内容却有很强的主观性,归根结底是人的主观认知和评价的结果。每个主体对客体都有自己的特殊需求,但这不排除不同的主体之间也存在一定条件范围的交叉重合的共同需求,进而产生你中有我我中有你、既利己又利他的共同利益,这是人类在社会化过程中彼此联系相互交往的必然结果。在现实世界中根本不存在与他人和社会隔绝的纯粹的主体自我需求,或完全排除主体特殊需求的纯粹一般需求或共同需求。一般需求或共性需求催生出主体间的共同利益,进而孕育出基于相同的需求和利益取向的价值共识。社会条件是构筑在价值观和经济格局基础上的,多种价值观的出现会形成社会的共识与不同认识,经济格局是一定社会条件下利益关系的表现。

在社会活动中,政策是体现价值观、协调相关方利益的有效手段之一,政策的形成过程实际上是对复杂的利益关系进行调整的过程,在这个过程中要满足各参与方的利益是开展社会实践活动构建的关键。不同国家有不同的社会条件,国际合作通过两个市场间的交流,完成利益集团各自的诉求。

2. 产业与产业经济

《辞海》给出"产业"的定义,是指各种生产、经营事业。产业的实质是指不同层次的具有某种同类属性的经济活动的集合或系统,即生产与交换产品的利益相关方的集合体(强雁和伍青,2007)。产业的概念介于微观经济细胞(企业和家庭消费者)与宏观经济单位(国民经济)。现代经济社会中,企业法人、家庭家长、个人自己是最基本也是最小的经济利益体,整个国民经济又称为最大的经济利益体,介于二者之间有大量大小不同的经济利益体。当这些大小不一、数目繁多的经济利益体因具有某种同一属性而组合到一起时,便形成了产业。

产业作为一种多个利益体集合所需要的粘结剂以产业链方式表现出来。产业链是各个产业部门之间基于一定的技术经济关联,并依据特定的逻辑关系和时空布局关系客观形成的链网式关联关系形态,包含价值链、企业链、供需链和空间链 4 个维度的粘连。这 4 个维度在一定社会条件下,以某种形式均衡协调地相互对接起需求、技术、物质、能量与信息,这是产业链内模式,作为一种客观规律,它像一个生态系统,通过一只利益的"无形之手"调控着产业链的形成,表现出竞争与合作、垄断与创新等多种关系特征。

产业在三大实践活动里均可产生,但主要存在于支持人进行自身可持续发展为主要目的的实践里。通过实践可以发现,其在一定时间阶段和空间范围中有更加精细的结构表现,形态上如规模性、专业性、社会功能性等,特征上如连续性、成长性、竞争性与突变性、风险性等。产业这些状态与变化可以通过这些特性的指标化来评价。

产业经济是指从作为一个有机整体的"产业"出发,探讨在以工业为中心的经济发展中产业间的关系结构、产业内企业组织结构变化的规律，以及研究这些规律的方法。产业经济的研究对象是产业内部各企业之间相互作用关系的规律、产业本身的发展规律、产业与产业之间互动联系的规律，以及产业在空间区域中的分布规律等。为适应产业经济学的各个领域在进行产业分析时不同目的的需要，产业在产业经济学中被划分成 3 个方面进行考察。

（1）以同一商品市场为单位，按照价值链划分，即产业组织。产业内的企业关系结构对该产业的经济效益有极其重要的影响，要实现某一产业的最佳经济效益，该产业需符合两个条件：首先，该产业内的企业关系结构的性质使该产业内的企业有足够的改善经营、提高技术、降低成本的压力。其次，充分利用"规模经济"使该企业的单位成本最低。

（2）以技术、工艺、信息的系统相似性和关联性为根据划分，构建价值链，即产业联系。一定时期内所进行的社会再生产过程中，各个产业单位通过一定的经济技术关系发生着投入和产出，即中间产品的运动，它真实地反映了社会再生产过程中的比例关系及变化规律。

（3）大致以经济活动实践的体系性关系为根据，将国民经济划分为若干个大部分，即产业结构。

产业集群是经济学中一个重要的命题，指在特定领域中，一群在地理上邻近、有交互关联性的企业法人以彼此的共通性和互补性相联结并构成价值链。也就是说，产业集群是由与某一产业领域相关的相互之间具有密切联系的企业及其他相应机构组成的有机整体。哈佛大学商学院教授迈克尔·波特（Michael Porter）于 1990 年在《国家竞争优势》中提出产业集群的概念，对美国、瑞士、瑞典、德国、日本、意大利等 10 个国家的产业集群进行了分析，提出"国家竞争优势钻石理论"，也称为"钻石模型"，如图 9.2 所示。

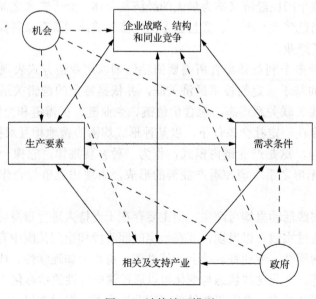

图 9.2　波特钻石模型

波特认为，决定一个国家的某种产业竞争力的生产要素包括国内需求市场，相关和支持产业，企业战略、结构和同业竞争 4 个要素，其形成一种具有双向作用的菱形钻石结构。当某行业或行业内部门的菱形条件处于最佳状态时，该行业或行业内部门取得成功的可能性最大。作为一个互相促进增强的系统，任何一个特质的作用发挥程度取决于其他特质的状况。例如，良好的需求条件并不能导致竞争优势，除非竞争的状态(压力)已达到促使企业对其做出反应的程度。除四大要素外还存在两大因素：机遇和政府。这是两个能够对菱形条件产生重要影响的变量，机会是无法控制的，政府可以通过政策等手段对利益进行再分配，从而对产业产生巨大影响。

3. 航天遥感产业及产业经济

世界各国把各种产业划分为第一、第二和第三产业三大类。第一产业是指提供生产物资材料的产业，包括种植业、林业、畜牧业、水产养殖业等直接以自然界为对象的生产部门。第二产业是指加工产业，制造并利用人造事物，基于基本的生产物资材料进行加工并出售。第三产业是指第一、第二产业以外的其他行业，包括交通运输业、通信业、商业、餐饮业、金融保险业、行政、家庭服务等非物质生产部门。

图 9.3 为航天遥感产业分类及与航天遥感技术系统对应关系。航天遥感产业是发展卫星应用技术并将之转化为生产、经营业，这个转化过程必然伴随着高新技术成果商业化、卫星应用产品(含运行、服务)形成相当的市场规模和相适应的产业结构变化，最终形成为社会创造出巨大经济效益和社会效益的航天遥感产业。从以上可以看出，航天遥感产业是第二与第三产业的综合，以第三产业为主。

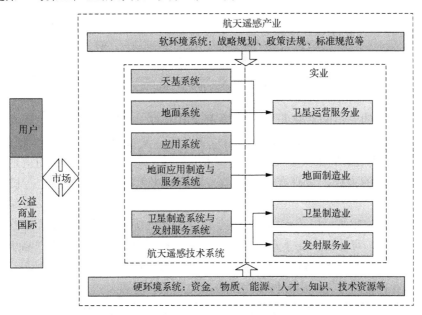

图 9.3　航天遥感产业分类及与航天遥感技术系统对应关系图

航天遥感产业经济是将产业经济学基本原理用于航天遥感产业的分析。从"航天遥感产业"一个有机整体出发，探讨以"卫星制造到卫星应用"为中心的产业市场、卫星制造业、发射服务业、地面制造业、卫星运营服务业构成的产业实体与产业基础间的相互关系，政府参与及产业政策对产业市场的引导与推动作用，需求提取与需求满足对产业市场的刺激与拉动作用，以及国际对产业市场、产业基础和需求的影响。按照航天遥感产业结构与波特的钻石结构理论，通过等价性原则，突出政策、需求、市场、国际、企业及企业基础等因素，构成航天遥感产业的"瓷砖结构"，开展分析相关因素间的相互影响关系，如图9.4所示。

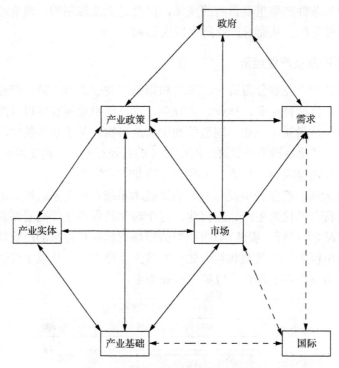

图 9.4　航天遥感产业的"瓷砖模型"

　　机会、需求的价值利益化是通过市场表现出来的。这里的"机会"指可构成价值链的因素，如突变式的发明创造、外因导致生产成本突然升高（如石油危机、页岩气开采）、金融市场或汇率的重大变化、市场需求的剧增、政策影响等。市场正是这样一种标志机会与需求的指针，只有产业下游的人愿意购买上游生产者的产出，机会与需求才是有价值的。

　　政府通过制定政策、规范市场、影响需求来为产业提供好的环境条件。营造一个市场化的宏观环境，可让生产要素市场和金融市场健康有序的运行，实施产品质量、安全与环境标准，制定并有效实施反垄断法，促使企业技术创新及产品质量创新。产业政策是政府对产业作用的体现，引导国家产业发展方向、引导推动产业结构升级、协调国家产业结构，使国民经济健康可持续发展。产业政策主要通过制定国民经济计划（包括指令性计划和指导性计划）、产业结构调整计划、产业扶持计划、财政投融资、货币手段、项目审批来实现。产业政策对形成良好的产业环境、有效的市场、优化的产业结构与产业组织、平衡的供需关系等有十分重要的作用。

航天遥感产业作为一个高投入、高风险且回报周期长的技术密集型产业，其发展离不开政府产业政策的支持。从国家安全角度讲，政府的控制权和优先使用权是航天遥感产业发展的前提。因此，航天遥感产业是政府主导型产业，也就是说，政府在航天遥感产业中既调节市场，同时通过制定相应的产业政策直接引导产业实体、产业基础和产业市场，并将在一定程度影响需求。产业实体、产业基础以市场为中心，优化企业战略与布局调整，充分利用人才、知识、技术、能源等资源，并建立与相关产业及支持产业的关系。

与其他各类型商品一样，航天遥感有相类似的国际需求、国际市场与国际资源，通过与其充分衔接与利用，可以有效加入国际产业链，明确自身位置，通过竞争与合作形成有利的国际分工格局，提升产业运行效率等。

国际需求、市场与资源的进入，一方面弥补了国内产业的不足，形成交流与合作；另一方面与国内市场产生竞争。

9.1.2　航天遥感产业的作用与意义

航天遥感产业是当今世界高科技产业中最具影响力的国家战略性产业，代表着一个国家的综合国力水平，航天遥感产业发展的基础是航天技术的发展和技术应用的发展。

1. 促进经济建设和社会发展的战略性高技术产业

我国经济与社会正处于快速发展期，从推进现代化建设、加快信息化建设步伐，实现科学发展、可持续发展，到促进经济、社会、科技全面进步与人民生活水平提高，都对发展卫星应用提出了现实而又紧迫的要求。航天遥感产业作为国家战略性高技术产业，已成为经济建设、社会发展和政府决策的重要支撑。卫星遥感技术广泛应用，高时间分辨率、高光谱分辨率的数据在环境与灾害监测方面具有广阔的应用前景；高空间分辨率图像数据和地理信息系统紧密结合，在城市规划、地籍管理、工程评估等方面具有广阔的市场。

2. 国家安全和国际政治中占有重要地位

国家安全不仅包括国家领土、领空、领海的防务安全，还包括政治、经济、文化、资源、信息等全方位的安全。航天遥感技术应用以其覆盖领域的全面性、提供服务的多样性，在涉及国家重大安全问题的交通、测绘、资源普查、环境与灾害监测、通信、广播和国防等领域占据着重要的地位。随着国际化进程的开展，我国可将技术、应用成果和服务提供给具有迫切需求的发展中国家；通过与发达国家的友好合作，达成技术共享和市场共享；这些措施不仅将进一步提升我国航天大国的地位，同时，还将彰显我国政治大国的地位，进一步强化我国的国际政治影响力。

3. 带动科学技术进步，促进高技术产业群发展

航天遥感产业是一项综合性很强的高技术群，荟萃了当今世界上科学技术的许多最新成果。航天技术的发展带动了一系列科学技术的进步，其中包括天文学、地球科学、生命科学、信息科学，以及能源技术、生物技术、信息技术、新材料新工艺等的研究与发展，同时各种卫星应用技术、空间加工与制造技术、空间生物技术、空间能源技术大大增强了人类认识和改造自然的能力，促进了生产力的发展。

9.2　我国航天遥感产业发展现状分析与主要研究内容

9.2.1　起步的"三大战役"

20 世纪 70～80 年代，以信息服务为特征的第三次浪潮引领世界新技术革命，科技成果迅速推广应用，社会生产力产生巨大变革。国与国的竞争已由军事竞争、经济竞争转向并表现为以科技为核心的综合国力竞争。1978 年 3 月以"全国科学大会"为标志，中国科技政策发展进入了一个全新时期。邓小平同志在大会上作出"科学技术是生产力"的重要论断，中国迎来"科学的春天"。当时，先进国家遥感技术兴旺发展，显示出极强的应用前景。而中国遥感技术尚处于萌芽阶段。经地理遥感的开创者、"遥感地学之父"陈述彭先生等学者的倡导和努力，国家对遥感应用开始重视起来。1977 年，方毅同志指派陈述彭先生率团赴瑞典、英国考察，了解欧美各国未发射本国卫星之前，开展卫星遥感应用的情况。他语重心长地说：人家对我们一清二楚，我们不能一抹黑！(陈述彭, 2001)

全国科技大会期间，组建专家组，拟定遥感技术发展的框架，明确发展国产遥感卫星系列之前积极开展遥感应用。1979 年，邓小平同志出访美国，亲自主持签订了有关中国遥感卫星地面接收站的协议，引进了 TM、SPOT 等国际卫星数据，开展了广泛应用(陈述彭, 2001)。与此同时，充分利用集中力量办大事的体制与机制，国务院、中央军委于1978 年批准开展的腾冲遥感试验，是中国遥感的开拓项目，被誉为"中国遥感的摇篮"。1980 年组织开展的天津-渤海湾环境遥感试验，是中国第一次以城市和近海环境为背景的遥感综合性试验，开创了中国城市遥感的先河。1980 年 12 月开展的二滩水能开发遥感试验，是中国第一次将遥感和地理信息系统技术结合应用于大型能源工程的科学实验。

通过大联合、大团结、大协作，3 次遥感试验无论是试验内容、方式和技术水平等都逐步提升，逐渐实现了卫星遥感与航空遥感相结合、遥感技术与地学应用相结合，科研、教学、生产相结合，取得了上百项科技成果和显著的社会经济效益，遥感科学技术和地球空间信息在国民经济众多领域的重要作用得到肯定。这 3 项遥感试验被称为中国遥感工程"三大战役"，也是中国科学院遥感应用研究所建所奠基的三响礼炮(陈述彭, 1990；童庆禧和周上益, 1986；林恒章, 2004)。

此后 40 年间，中国遥感应用走上了发展快速路，先后经历了①了解遥感，掌握外国卫星应用技术；②借鉴外国先进技术，发展本国遥感技术与遥感应用；③全方位开展国产应用卫星与卫星应用对接工作等；④如今进入从实验应用型向自主遥感卫星产业化应用发展的关键时期，遥感成为国家重点支持战略性新兴产业。

作为战略新兴产业，航天遥感技术应用以重大技术突破和重大发展需求为基础，对经济社会全局和长远发展具有重大的引领带动作用，且具有知识技术密集、物质资源消耗少、成长潜力大、综合效益好等产业特征。

难能可贵的是，航天领域是中国少有的全方位自主创新的高科技领域，既有钱学森博士为代表的"两弹一星"科技英雄群体打下的坚实基础，又有新时期的开拓进取，在航天遥感技术的一些重要方向跻身世界先进行列，进入并行、领跑阶段，正处于从量的积累向质的飞跃、点的突破向系统能力提升的重要时期。

航天遥感产业跨越发展、可持续发展的关键性标志是人才有活力、科技有方向、产业有品牌、经济有效益、综合国力有体现、全球有影响。教育科学普及与知识的传播是人才的基础。科技服务人的知识增长，服务产业发展，直接影响企业的竞争能力。产业是对包括科技要素在内的社会经济资源进行组合实现价值转换的一种业态表现，具有降低成本、创新技术、开拓市场、扩张规模、提高效益、可持续发展的强大竞争优势，同时也是经济发展的重要形式。完善的市场体系，通过竞争提高效率、优化资源配置，优质企业在竞争过程中发挥重要作用。经济是价值的创造、转化与实现，是综合国力的直接体现。

新的机遇带来新的挑战。以社会经济发展需求为牵引，以服务社会经济的作用程度为判据，中国航天遥感应用在向创新型、可持续产业方向发展中，某些方面尚存在着不协调、不一致的现象，如存在大众参与和共享开放程度不够、自主创新能力保障不足等问题。

新的形势与要求产生新的发展之路。创新驱动，体系化发展；面向现代化，先进性发展；面向世界，开放型发展；面向未来，引领式发展。今天我们推进科技创新跨越，还将继续发挥社会主义市场经济条件下，依靠集中力量办大事这一法宝。

9.2.2 现阶段的"三大战役"

高分辨率对地观测系统重大专项、《国家民用空间基础设施中长期发展规划(2015～2025 年)》和 2030 中国综合地球观测系统，这套"组合拳"为中国遥感事业的发展提供了新的机遇和挑战，是国家重大战略目标和重大政策的体现，具有顶层性、全局性和指引性。这 3 项活动的开展将全面促使中国遥感应用整体上从科研型、工程型向业务型、产业型方向发展，并进一步推动中国遥感事业进入快速发展新时期。这将成为中国遥感事业发展过程中新的"里程碑"，可誉为新"三大战役"。

1. 高分专项

高分辨率对地观测系统重大专项(以下简称高分专项)是国务院《国家中长期科学和技术发展规划纲要(2006-2020 年)》确定的 16 个重大科技专项之一，2010 年 5 月经国务院常务会审议批准全面启动实施(重大专项网；高分应用综合信息服务共享平台；曹福成，2015)，其主要使命是加快中国空间信息与应用技术发展，提升自主创新能力，建设高分辨率先进对地观测系统，满足国民经济建设、社会发展和国家安全的需要。高分专项将统筹建设基本卫星、飞艇和飞机的高分辨率对地观测系统，完善地面设施，与其他观测手段结合，形成全天候、全天时、全球覆盖的对地观测能力。

作为填补国家战略空白，瞄准国家战略需求，高分专项重在体系创新、业务驱动和规模化应用，将产出重大战略产品、突破关键共有技术、支撑发展和引领未来的重大科技工程，构建高分应用示范体系、应用技术支撑与服务体系、产业促进体系三大体系，提升自主研发能力、业务化能力、产业化三大能力，有力促进民用航天从应用试验型向业务服务型转变。高分专项具有以下特点：

航天遥感系统架构创新。高分专项主要由天基观测系统、临近空间观测系统、航天观测系统、地面系统和应用系统等组成，通过技术创新和机制创新，形成"天地一体化"的工程系统。在高分专项中，首次将地面系统与应用系统分别进行系统建设，航天遥感系统架构实现创新发展。

卫星观测指标布局突出了新形势下的需求特点。在"高分"系列卫星中，高分二、三、七号卫星等达到 1 m 等级分辨率，数据可直接进入商业市场，是具有商业价值的高空间分辨率卫星，为中国下一步开拓商业卫星竞争领域打下坚实基础。

建立各行业和区域应用示范体系和应用专题产品体系。自高分卫星投入使用以来，高分应用系统中的行业、区域、社会大众和商业 4 种应用类型，国土、环保、农业、减灾等 18 个行业部门已形成了相应的应用示范体系，建成 400 余个专题的产品体系，并逐渐进入了各行业部门的主业务，切实提高了政府治理体系和治理能力与效率。

构建自主卫星应用技术研发体系，科技创新能力不断提升，推动各领域的遥感应用。

产业化遥感应用蓬勃发展，卫星应用逐渐形成产业格局。通过推进高分系统各层级应用，拉动了一大批企业与各行业应用中心、数据中心、应用技术中心、区域应用中心等单位实现业务上的互联互通，通过产业生态系统的构建，初步完成了应用推广体系建设，形成纵横交错、高效便捷的应用推广网络，实现高分数据和技术成果向更广大用户分发与服务，各领域遥感应用蓬勃发展，已逐渐形成国产卫星应用规模化市场，逐渐实现从创新链到产业链的过渡(童旭东等，2015)。

国际合作和服务不断拓展，全球应用初见成效。高分专项的建设为中国在对地观测领域开展国际交流与合作提供有力支撑，国际合作和服务不断拓展，全球应用初见成效。在国家航天局双边、多边合作框架下，支持国内相关部门、单位或机构，根据相关国际协议，承担减灾应急、应对气候变化、生态环境监测等国际义务；开展国际数据政策与标准的制定，推动开展国际遥感数据交换；强力支撑国家"一带一路"等重大倡议和战略实施；落实国家航天局与各国签署的合作协议；创新高分国际服务商业模式，进行国际数据应用市场推广。

高分专项的实施全面提升了中国自主获取高分辨率观测数据的能力，加快了中国空间信息应用体系的建设，推动了卫星及应用技术的发展，有力保障了现代农业、防灾减灾、资源调查、环境保护和国家安全的重大战略需求，大力支撑了重大领域应用需求和区域示范应用，加快推动空间信息产业发展。

2. 国家民用空间基础设施中长期发展规划(2015～2025 年)

2015 年 10 月，国家发展和改革委员会、财政部和国防科工局联合下发布了《国家民用空间基础设施中长期发展规划(2015～2025 年)》(以下简称《规划》),其成为推进科学发展、转变经济发展方式、实现创新驱动手段和国家安全的重要支撑。中国正面临全球综合地球观测系统发展的重大战略机遇,通过以中国"一带一路"为核心的国际发展倡议的实施,以及多渠道、多方式的国际交流与合作,必将深化"走出去"战略,加快拓展全球服务能力,不断提升业务化服务水平和促进产业化推广,进而提升国际竞争力(田玉龙,2015)。《规划》具有以下特点:

(1)顶层设计中的 4 个统筹。《规划》作为中国卫星产业的顶层设计,面向应用、面向未来、面向世界,指明发展路径,培育产业生态系统,重点把握了 4 个方面的统筹:一是把握多方面应用需求统筹,优化总体布局;二是把握天地统筹,推动空间系统与地面系统的协同发展,促成互联网、大数据时代的用户导向的服务模式;三是把握远近统筹,谋划中国民用空间基础设施分阶段可持续发展格局;四是把握软硬统筹,提出科学有效的体制机制和政策,保障中国空间基础设施可持续发展。

(2)满足业务应用的卫星体系构建。充分体现统筹优化的原则,按照"需求综合统筹、载荷优化组合、星座配置组网、星地协同运行、数据集成服务、应用效能评估"的统筹思路,开展"一星多用、多星组网、多网协同、数据集成"的卫星体系构建。

(3)面向应用的自主数据与技术保障。开展自主星群产业化应用是遥感技术应用发展到一定阶段的必然结果,空基将"民商"卫星进行了明确定义与区分,站在新的高度必将面对更多挑战。一方面,考虑数据的规模、品种、质量要达到一定要求,数据的时效性和增值服务要有好的用户体验。同时,还要保护市场、做大市场、利用市场、占据市场,充分发挥服务社会经济发展的作用。

当前全球空间基础设施正加速升级换代,而中国空间基础设施正处于转型发展着急期和统筹建设刻不容缓关键期,《规划》的实施对于中国现代化建设和经济社会可持续发展具有重大的战略意义。空基系统的体系化、标准化、智能化方向的发展,不仅可确保中国各领域规模化应用国产卫星数据成为可能,同时也确立了中国在卫星体系结构和技术指标上终于走出跟踪模仿国外的局面,走上自主创新、自主发展之路。

3. 全球空基与航天强国

在全球化时代,积极参与覆盖全球的地球观测能力建设是一个强国必须具备的条件,除直接服务于本国的经济、政治利益外,在涉及全人类共同关心的地球环境和可持续发展问题上更加需要提出核心议题,体现道德程度。中国正面临全球综合地球观测展的重大战略机遇,充分利用地球观测组织(Group on Earth Observation,GEO)这一全球平台,在区域和全球层次上加速赶超世界先进国家。

GEO 成立于 2005 年 2 月,是地球观测领域最大和最权威的政府间国际组织。其目标是制定和实施全球地球综合观测系统(global earth observation system of systems,GEOSS)十年执行计划(2016～2025 年),建立一个综合、协调和可持续的全球地球综合观测系统,更好地认识地球系统,为决策提供从初始观测数据到专业应用产品的信息服务。GEO 从最初的 33 个成员国和欧盟及 21 个参加组织发展到目前 100 个成员国和欧盟及 87 个参加组织,得到了许多国家和国际组织的高度关注和积极支持。

2016 年，GEO 在新十年规划(2016～2025 年)中对 GEOSS 提出新的战略目标，即①在数据共享原则和数据管理原则方面有新的突破；②深化政策制定者对地球观测的科学认识，以共同应对全球和区域的挑战；③应用方面聚焦于与实现联合国可持续发展目标有关的防灾减灾、粮食安全及可持续农业、水资源管理、能源与自然资源管理、人类健康环境影响监测、生物多样性及生态系统保护、城镇发展，以及基础设施与交通管理 8 个重点领域，向用户提供数据、信息和知识三大类产品和技术服务。这些应用与我国规划中积极推进的重大应用相协调。GEO GEOSS 新十年的战略目标及其实现途径对于分析、验证我国全球综合地球观测系统战略目标具有重要的借鉴作用，对于空基的地球关怀及国际化应用与服务有指导作用。

我国作为 GEO 的创始国之一，从其成立以来一直是 GEO 执行委员会的成员国和联合主席国，积极推动 GEO 各项工作的开展。

目前，国内优势力量单位和专家组织开展《中国综合地球观测系统发展战略研究(2016～2030 年)》论证(以下简称"中国 GEOSS")。基于需求驱动理论、标准化数据工程方法、全过程质量检验、民用和商业统筹等航天遥感科学论证方法，对我国全球综合地球观测系统的宏观需求、总体框架、重点任务和政策环境等内容进行综合分析，论证形成中国全球综合地球观测系统的发展战略，明确中国 GEOSS(2016～2030 年)的战略目标为"面向我国全球发展战略需求，到 2030 年，实现全球综合观测的高动态、一致性、全链条能力建设"。

9.2.3 富有持续竞争力的产业发展关注要素分析

1. 当前我国遥感产业结构状态

截至 2016 年，我国遥感卫星数量已经达到 85 颗，仅次于美国(125 颗)，约占全球总量(409 颗)的五分之一，这些卫星具备可见光、红外、微波等多种观测手段，空间分辨率涵盖高中低。联合观测情况下，多种分辨率遥感可实现特定区域每天的完全覆盖，1 年的数据获取量超过百万景，数据存档量超过千万景，具备较强的数据自主保障能力。

经过几十年不懈的努力，我国航天遥感正处于科研实验型向业务服务型转型的关键时期，在遥感应用中表现出从以国外卫星数据为主逐步过渡到以国产卫星数据为主，从小规模小范围示范性应用到大规模大范围应用，从遥感信息简单处理到与大数据、互联网、人工智能等现代信息技术相融合的综合应用，从应用技术主要跟踪国外到以自主创新为主，而且在这一过程中，发展机制从政府投资为主向多元化、商业化发展转变，在已有应用模式、业务模式基础上不断分化，逐步形成自己的产业模式与商业模式。

在不断地转化升级过程中，产业价值链、企业链、供需链和空间链及相互之间的关系发展着相应形式的变化。

2. 我国航天遥感产业竞争力

航天遥感产业作为一个生产与交换某种类型产品的集合体，是我国国民经济的组成部分。提高产业效能，增强产业竞争力，是适应国家发展需要的关键。按照航天遥感产业"瓷砖模型"，是否能在突变中把握机会、是否能在发展中领先一步、是否能更好地适应市场环境等对产业发展至关重要，这些均是竞争力的体现。通过制定产业发展战略和产业政策，提升产业创新能力，实现诸多相关要素组合灵活，有效促进整个产业的升级换代，效能效益提升有十分重要的作用。这些方面提升的综合体现就是产业竞争力。

3. 我国航天遥感产业市场

政策等软环境条件对市场、企业与需求有直接的影响，通过政策协调，可有效支持覆盖应用的价值链构建，支持遥感数据在信息化环境中找到自身的产业模式与商业模式，促进航天遥感可持续发展。其中，并行于国内市场，开展国际合作、拓展国际市场可以更好地提升综合能力、创造经济效益。

当前阶段，如何在各种资源型要素达到一定程度的情况下，通过政策支持与国际市场开拓的牵引，更加高效、精准、有序提供服务、满足需求已成为市场进一步发展的关键。

9.2.4　我国航天遥感产业研究主要内容

通过对航天遥感产业"瓷砖模型"的分析可知，航天遥感产业以产业市场为中心，通过产业政策调控、产业实体与产业基础的不断发展、需求的提出与满足、国际市场的合作与竞争，形成了相互促进的有机整体，推动了整个产业的发展。其中，产业实体、产业与需求涉及对产业状态的分析，产业政策与国际合作对航天遥感市场有十分重要的作用。

1. 航天遥感产业市场、价值和利益评价与状态研究

产业分析与评价的关键在于对产品产生、流转、供求、收益的考察，通过对产业组织与结构的分析，考察涉及的利益相关方与形成的价值体系，掌握产业的空间格局。同时，开展产业周期与成熟度的分析，可以把握产业状态。通过对结构-行为-绩效(SCP)分析，以市场结构、企业行为和市场绩效为参量，从竞争角度刻画产业状态，描述其动态过程。对产业的潜力、机会与运气，产业环境与风险分析是分析的重点。

2. 航天遥感产业发展战略研究

在分析产业状态及变化趋势的基础上，根据实际所处环境及自身阶段特点，进行战略论证与设计，作出产业发展战略选择。这是开展产业政策、竞争力发展、适应国际国内市场的基础。

3. 航天遥感产业政策研究

产业政策直接关系到产业的有序和稳定，关系到利益相关方之间的利益分配，航天遥感产业的发展离不开政府政策的支持。对于航天遥感产业的产业政策，从横向角度应

满足价值取向，从纵向角度应具备适应当前发展情况的产业政策。基于此，从这两个角度进行航天遥感政策研究。

4. 航天遥感国际市场与合作层次分析研究

国际合作是促进我国航天遥感产业发展的重要途径和关键因素。航天遥感国际合作中关注的要素、合作的层次、评价的方法及合作的策略是合作前期需要综合考虑的因素，特从这 4 个方面开展国际合作分析研究，并依次对合作国家给出合作建议。

9.3 航天遥感产业状态与评价研究

9.3.1 航天遥感产业市场与价值体系

按照本书 1.4.1 节，有关航天遥感系统状态与变化是按照遥感信息、技术、物质、价值流描述的。在经济社会条件下，这些"流"将按照某种规则，通过产业相关的法人群及其之间的关系加以表现，这些关系通过市场对利益的协调来确定，包括互相之间的工作界面、供需关系和联络范围，形成在某一时空范围内的企业链、供需链。

1. 市场角度下的企业链、供需链和空间链分析

市场作为商品交换场所表现社会经济生活的状态与变化，20 世纪以来的产业技术革命，使得全世界范围内总体市场得以形成。航天遥感产业市场作为航天遥感产业的环节表现，对于航天遥感产业的发展起着举足轻重的作用，是价值与利益的集中体现。航天遥感产业市场是按照行业特点划分的。行业指一组提供同类相互密切替代商品、相互间具有竞争性的公司群体。不同行业间有供需关系，共同组成产业。目前，整个航天遥感产业可分为卫星制造市场、发射服务市场、地面设备制造市场和卫星运营服务市场，如图 9.5 所示。

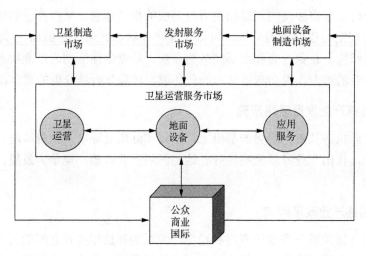

图 9.5　航天遥感产业市场

(1) 卫星制造市场。其作为对地球空间长期高频率观测的设施条件，获取相应用户所需的遥感资料，充实和丰富遥感信息库。综合用户对于遥感平台和有效载荷系统提出的一系列新的需求，致力于研发和推出适应这些需求的新型综合应用遥感卫星及各类遥感小卫星星座。

(2) 发射服务市场。目前，其在国内基本已形成定制，但需要随着运载技术、发射场和测控系统的发展，进一步提高发射场的利用率和降低测控成本，促进卫星遥感产业链的良性发展。全球遥感探测网络体系的发展，遥感卫星和小卫星及星座发射数量会有较大幅度的增加，这就需要扩充和增加相应的发射和测控设施。

(3) 地面应用设备制造市场。其包括地面应用设备制造与服务，如卫星地面接收站、软件工具制造商、地面试验设备供应商等。

(4) 卫星运营服务市场。其包括卫星、地面、应用 3 个市场。其所提供的卫星、地面系统、数据、产品、工具、平台、增值服务等，瞄准最广大用户群体的任务需求，构建价值链的最终实现环节，生产适销对路的终端产品，以最高的性价比，实现遥感信息传递、处理、知识提取与导航定位及地理信息综合应用和多种通信功能集成化的产品。

2. 航天遥感产业的价值体系

价值链概念是由哈佛商学院教授迈克尔·波特 (Michael Porter) 于 1985 年在其《竞争优势》一书中提出的。他认为，价值链是一种寻求确定企业竞争优势的工具，是价值创造的主要活动与辅助活动的工具，是价值创造的主要活动与辅助活动的集合，是企业为客户创造价值所进行的一系列经济活动的总称。价值链分为上下游关联企业与企业之间存在产业价值的链、企业内部各业务单元的联系构成的企业价值链、企业内部各业务单元之间存在着的运营作业链 3 个层面，如图 9.6 所示。

图 9.6　产业价值链层面划分

产业链思想最早可追溯到亚当·斯密 (Adam Smith) 的分工观点，他在《国富论》中就提到工业生产是一系列基于分工的迂回生产的链条，不过他关注于企业内部活动及资源的利用。后来，马歇尔将分工思想扩展到行业间和企业间，突出协作的重要性，这可以说是产业链理论的真正起源。产业链是产业经济学中的一个概念，是各个产业部门之间基于一定的技术经济关联，并依据特定的逻辑关系和时空布局关系客观形成的链条式关联关系形态。其以某项核心技术活工艺为基础，以提供能够满足消费者某种需求的效用系统为目标，具有相互衔接关系的企业集合。

按照迈克尔·波特的逻辑，每个企业都处在产业链中的某一环节，一个企业要赢得和维持竞争优势不仅取决于其内部价值链，而且还取决于一个更大的价值系统，即产业价值链（industrial value chain）。一个企业的价值链同其供应商、销售商及顾客价值链之间的联接，这种关系所反映的就是产业结构的价值链体系。对应于波特的价值链定义，企业在竞争中所执行的一系列经济活动仅从价值的角度来界定，称为产业价值链，如图 9.7 所示。

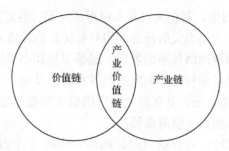

图 9.7　产业价值链

　　航天遥感产业的价值体系是航天遥感价值链和产业链的综合体现（图 9.8）。航天遥感产业链从产业链上下游关系可分为数据接收（含地面站集成）、数据处理分发和行业信息增值服务 3 个部分，从而保证该产业价值链中人流、物流、信息流、资金流的畅通，进而实现互补、互动、双赢。

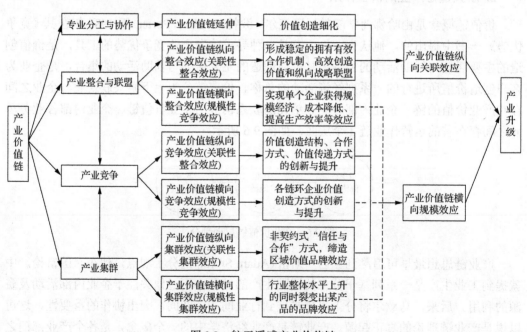

图 9.8　航天遥感产业价值链

9.3.2　航天遥感产业生态系统与竞争力分析

航天遥感产业生态系统理论的最终目的就是在不影响生产和应用的情况下，使之在生态承载力范围内，实现稳定的可持续发展。可持续发展是生态系统跨越生命周期、延续系统生命力的体现，是系统创新资源、创新主体、系统结构平衡稳定、创新群落互动良好的表现。因此，对航天遥感产业生态系统的评价选择 3 个定量指标：系统性、稳定性和可持续性。

1. 航天遥感产业生态系统与产业成长

1986 年，由 Hall，Charles S. Cleverl 和 Culter J. Kaufman 出版的书——《能源与资源质量：经济过程生态学》中第一次提出了产业生态系统。产业生态系统被广泛认可的定义是由通用汽车公司 Robert Frosch 和 Nicolas Gallopoulos(1989)发表在《美国科学》杂志上的一篇《制造业战略》文章中首次提出的，指的是产业系统根据生态学原理建立起来的与以往开放式系统不同的闭路循环系统，它的纵向是闭合的，横向是偶合的，是一个大的系统，涵盖了从"自然"的农业生态系统到完全的人造事物生态系统，它不仅包含所有的产业，而且包含支撑产业体系的所有环境因素，包含消费产业所提供产品的人类社会。

航天遥感产业生态系统包括卫星制造业、发射服务业、地面应用设备制造业和卫星运营服务业，它们之间通过不断的需求更替和技术创新，相互促进发展，以及与此相关的政策、经费、人才、基础设施等对生态系统不断的互补，形成一个可持续发展的产业生态系统，如图 9.9 所示。

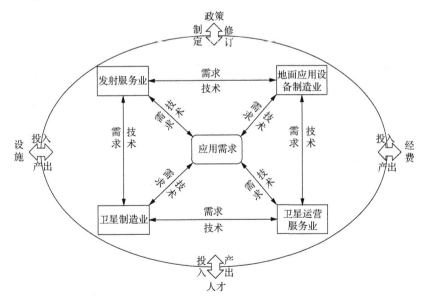

图 9.9　航天遥感产业生态系统

航天遥感产业生态系统主要可以分为三大群落：应用需求、技术与市场。用户认识与需求的不断提高，促进了技术改造能力和市场实现的更新替代，表现出需求提出-人造事物-需求响应的系统化格局。同时，技术的成熟又推动了应用需求，如此循环，螺旋上升，构成了产业发展的动力。

　　图 9.10 为航天遥感产业循环演化模型。市场是有关利益相关方的中介协调主体，通过计算投入产出的方式，将社会公共要素介入到其中并构建价值链，包括政策、经费、人才、设施条件等。政策推动并约束产业行为，使系统有序，经费是整个系统价值过程的表现，人才是动力的源泉，设施是系统的保障，反过来，系统不断检验着政策，系统的发展不断创造效益，系统的运作培养了更高精尖的人才，技术设施也随之被改造得更完善。

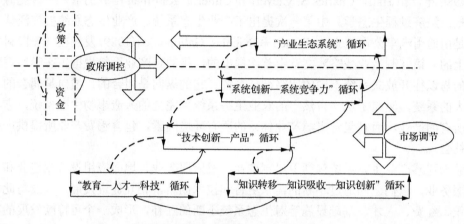

图 9.10　航天遥感产业循环演化模型

　　航天遥感产业生态系统的核心资源是需求提出到需求满足间的转化能力的进步，即创新。航天遥感产业生态系统的自稳定发展过程实际上就是系统在现有资源条件约束下耦合适应机制和不断抵抗内外部不确定性的抗扰过程，是自适应、自组织的创造性过程。如图 9.10 所示，由底层到顶层循环上升，再从顶层反作用底层，各组织部分、各种关系相互作用的正负反馈效应，导致非线性的趋同化调节与异化调节过程，从而循环进化。

2. 产业状态评价

　　(1)系统性评价。产业生态系统的系统性指一个产业生态系统内各要素、各成员的相互联系、相互作用而形成的系统性特征。航天遥感产业生态系统是由众多科研单位、用户单位、企业单位等参与一类产品的研发、设计、处理、应用的系统，每一个参与的成员在该系统中都承担着必要的职能，成为产业发展不可或缺的组成部分，相互之间形成服务与被服务、供应与被供应关系。单个成员无法形成完整的产业链条，只有集合起来形成整体才能驱动产业链的转动。伴随着产业的发展，成员、技术、生产要素、基础设施、社会文化环境、政策体系、国际环境等因素也在不断地发生着变化：新的科学技术、新的用户需求不断涌现，各种因素也时刻处于变化之中。这些变化通过产业生态系统各构成要素之间的联系互相影响，通过自我强化的反馈机制共同推动整个产业生态系统的演化。如此循环反复，推动整个产业的系统性发展。

(2)稳定性评价。航天遥感产业生态系统稳定性指产业生态系统内外部环境出现不同程度的变动时，系统维持自身当前状态的能力。表 9.1 从硬环境、软环境和应用需求 3 个影响维度，探讨其对航天遥感产业生态系统稳定性的影响。

表 9.1　航天遥感产业生态系统稳定性因素分析

影响因素维度	因素细分	主要观点
硬环境维度因素	核心人才	掌握着关键系数的核心人才对航天遥感产业生态系统的稳定起着关键的、重要的作用
	产业链长度	产业链的长短，直接影响着航天遥感产业生态系统的稳定
	产品多样性	增加产品多样性，可以提高恢复力和稳定性；多样性越强，航天遥感产业生态系统对变化的外界环境的适应能力越强，也存在稳定性随复杂性的增加而增加到一定程度后，呈反向变化趋势的可能
	依赖性	航天遥感产业生态系统内部企业彼此依赖程度越大，风险越大
	关联度	航天遥感产业生态系统的稳定性很大程度上依赖于产业链上各企业的相互联系程度(关联度)，但关联度的提高，未必就伴随着稳定性的提高和环境状况的改善
	技术转换	技术转换为满足市场需求产品的能力，对航天遥感产业的运转至关重要
	技术创新	技术创新是航天遥感产业生态系统的核心资源，关系到产业的提升和扩张
	信息共享	信息不能满足决策支持工具的要求，那么航天遥感产业生态系统将进展缓慢，可以对市场需求、产品应用等建立数据库
	技术专利	通过申请专利的方式保护技术的所有权，保护市场，同时促进创新
软环境维度因素	标准规范	标准规范有利于航天遥感产业生态系统内数据、产品的生产与加工
	政府支持	政府支持有利于航天遥感产业生态系统更稳定的运作
	法律制度	一旦发生对航天遥感产业生态系统不利的事情，或系统内部纠纷，可利用法律手段来维持系统的正常运作
	经济支持	经济支持对航天遥感产业生态系统的稳定性至关重要；资金障碍甚至会造成协作、运作的耽搁
应用需求维度因素	需求提出	需求的不断提出和更新有利于航天遥感产业生态系统的运作与提升
	需求变动	航天遥感产业生态系统的运作过程受市场供需的极大影响，对应需求的变动需要具备灵活的应对能力
	需求满足度	对需求的满足度是对航天遥感产业生态系统良性运作的考量

(3)可持续发展能力评价。从创新的角度，基于以知识为主要创新资源的持续供给、以竞争协同为主的主体关系和以系统结构的不断演化，从而实现系统从一个稳态向更高稳态不断进化的过程，是体现在知识资源的增长与增值、主体协同竞合推进、系统结构动态演化中实现航天遥感产业生态系统的平衡、稳定与发展。结合以上内容，从资源、效率、潜力和活力 4 个方面选取指标评价其的可持续发展，见表9.2。

表 9.2　航天遥感产业生态系统可持续发展评价指标

测度目标	主导因素	测度指标
资源	科技经费	科技活动经费(万元)
		地方科技拨款占地方财政支出的比重(%)
	人力资源	科技活动人员(人)
		科学家与工程师数(人)
效率	科技成果	专利授权数/专利申请受理数(项)
		发明专利授权量占授权比例(%)
		科技成果国际国内先进水平数(项)
	科技应用	新产品产值占工业总产值比重(%)
		高新技术产品增加值(万元)
潜力	基础资源	教育经费总支出情况(万元)
		每万人在校学生数(人)
	更新能力	技术改造投入(万元)
		技术引进投入(万元)
		消化吸收经费(万元)
活力	系统开放性	国外技术引进合同(万美元)
		外商直接投资(万美元)
	成果流通性	购买国内技术经费(万元)
		技术交易额(万元)

3. 产业竞争力

1) 产业竞争力

竞争是实现逆熵发展、构建有序与系统组织的唯一途径，合作协同也是在竞争中的合作。其在经济社会中是经济学的基本问题之一，是市场经济的前提和资源有效配置的机制保证。产业竞争力的定义一般为"某国或某一地区的某个特定产业相对于他国或其他地区同一产业在生产效率、满足市场需求、持续获利等方面所体现的竞争能力"。这样的定义是一种相对的定义方法，当一个国家或者地区的产业相对于另一个国家或地区的产业具有更强的竞争能力时，其必然更能满足当地的市场需求，从而获得更强的持续发展能力，最终使得自身生产效率不断提高。

实际上，研究产业竞争力的问题就是研究一个产业如何充分分配有限的资源，满足产业所支持的相关市场需求，最终获得持续发展的能力并不断提高产业生产力和生产效率。因此，产业竞争力不仅包含了经济学研究中的生产能力和生产效率，还包含了竞争对手之间的竞争策略等内容。例如，生产同一类型的产品，如何体现与竞争对手的差异性并更好地满足市场需求，也是体现产业能力、实现产业竞争成果的重要体现。

2) 航天遥感产业竞争力分析指数

航天遥感产业竞争力指在竞争性市场条件下，通过遥感技术的研发，辅以外部信息资源，对数据进行加工，形成信息产品、业务化系统，满足区域、行业及大众应用市场需求，为其提供支撑、决策、辅助并持续获利的综合性能力。从航天遥感信息产品的军用、民用、商用三大用途来看，产品都必须严格按照用户要求进行生产并满足用户需求，这是市场经济的第一要义；从市场竞争角度来看，对于同一种信息产品，获取用户订单的唯一条件就是在用户需求框架条件下，尽可能体现出与竞争对手的差异性，或者在精度水平上更贴近用户需求，或者在产品特性上拥有更独到的设计。总之，竞争更加体现出参与主体主动性的特点。

航天遥感产业竞争力分析指数依据迈克尔·波特于20世纪80年代初提出的"五力模型"进行分析。图9.11为五种力量模型。这个模型确定了竞争的五种主要来源，即供应商和购买者的讨价还价能力、潜在进入者的能力、替代品的替代能力及行业内竞争者的竞争能力。

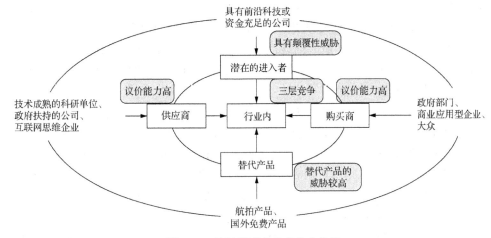

图9.11　航天遥感产业竞争力分析

供应商和购买者的讨价还价能力。需要加强议价能力。

潜在进入者的能力。潜入者可能颠覆现有的市场格局，需要主动适应互联网时代的思维模式，及时根据形势对盈利方式和商业模式作出调整。

替代品的替代能力。替代品威胁较高，需要行业不断提高技术，加大研发投入，提高分辨率和定位精度，减少图像成本等，减小替代品的威胁程度。

行业内竞争者的竞争能力。可从3个层面进行分析：第一层面是产品层，属表层竞争力；第二层面是系统层竞争力；第三层面是硬环境层，是最核心的竞争力（表9.3）。

表9.3　行业内竞争力的3个层面

竞争力层面	定义	评价指标
第一层面	产品层	品种、规格、质量、规模、时效性
第二层面	系统层	功能、性能、服务能力
第三层面	硬环境层	资金资源、人力资源、设施资源、技术基础

3）国际指数介绍

（1）美国富创公司《航天竞争力指数》。作为领先的决策管理解决方案提供商，富创（Futron）公司自筹资金，专门发布了独立的《航天竞争力指数》（Space Compentitiveness

Index，SCI)年度分析报告。

　　航天竞争力指数是一项决策管理工具，为决策管理者提供持续评估各国航天竞争力的基准，并在统一的结构框架下对各国政府、企业和组织的航天竞争力进行预测。2014年是《全球航天竞争力指数》报告的第 7 年，富创公司每年都会更新和改进评估航天竞争力指数的方法。该报告通过 7 年来积累的数据和分析，为 15 个领先的航天国家的航天竞争优势、劣势、趋势、近期发展情况和可能的发展途径提供清晰的视角。

　　富创航天竞争力指数是一个在全球框架下，对各国发展、实施和执行航天活动等方面竞争力的定义、衡量和排名。通过衡量与航天相关的政府、人力资本和经济驱动因素，SCI 框架评估了各航天国家开展航天活动的能力及其在同水平国家间，以及全球航天舞台上的相对位置。

　　航天竞争力指数比较了 15 个先进国家的航天活动，概述了这些国家近期已执行的、目前正在执行的和未来计划的航天活动，以及这些国家的航天能力和航天竞争力变化情况，涵盖了 3 个主要的竞争力维度：政府、人力资本和工业，阐述了这些国家与航天相关的优势、劣势、机会和威胁。

　　富创公司使用自创的数据模型评估了这些指标，并每年对该数据模型所采用的假设进行更新和改进，见表 9.4。由此得出的分数是竞争力指数的基础，然后对各个国家的航天活动和竞争力发展动态进行文字分析，对所得结论进行整个行程年度报告。富创公司从 2008 年开始每年发布一版《Futron 航天竞争力指数》报告，提出航天竞争力指数基本模型框架。该框架从 3 个维度，包括政府维度：政府提供组织机构、方针政策和资金的能力；人力维度：开发和使用航天应用和技术的人的能力；工业维度：工业融资能力与航天产品和服务交付的能力，选取 50 多个指标，对每个国家的航天综合竞争力进行打分。

表 9.4　2012 年富创公司全球航天竞争力指数模型

分类	指标
政府	政府提供组织机构、方针政策和资金的能力
	政府航天政策和创新支持力度
	国家民用航天政策
	民用航天预算占国家预算的比例
	国家军事航天原则
	军事航天指挥体系
	遥感政策、法律和法规
	国家商业航天政策
	定位、导航和授时政策
	信息、通信和电信技术政策
	国际航天合作
	国际合作：国际空间站参与程度
	国际合作：合作协议
	政府在民用和军事航天领域的开支
	民用航天投入(购买力评价)
	军事航天投入(购买力评价)

分类	指标
人力资本	民众开发航天应用和技术的能力及利用应用和技术的意愿
	人力资源储备
	宇航员人数
	大学相关培养技术数量
	授予空间法学位的大学数量
	民用研究机构数量
	过去 20 年制造的航天器数量
	应用/依赖
	现役航天器数量
	一科学和探测 一通信 一对地观测 一定位、导航和授时 一军事卫星
	终端用户数量(甚小孔径终端、直接入户广播、互联网、卫星无线电广播)
	公众关注度和支持
	面向航天的组织和/或非政府机构数量
工业	工业融资能力与航天产品和服务交付能力
	制造能力
	年航天器制造(总质量)
	两年的航天器订单(数量)
	甚小孔径终端制造(市场份额)
	部件制造商(数量)
	发射能力
	运行的发射场数量
	年航天发射总质量(军事和商业)
	过去一年发射次数
	一年内将要进行的轨道发射订单(数量)
	规划的发射场数量
	企业和融资能力
	全球前 75 家航天公司的航天收入(百万美元)
	主要 GPS 和对地观测公司的收入(百万美元)
	前 20 家电信公司排名
	私营部门投资
	一投资来源牌面 一投资取向排名
	保障性公司(如金融、信息等)数量
	试验和开发卫星发射数量

(2)日本 JAXA 全球航天领域评分指标模型。2010 年 2 月，日本宇宙航空研究开发机构(JAXA)将日本科学技术振兴机构、中国综合研究中心于 2009 年完成的《中国的科学技术能力(大型工程篇)》研究项目中的航天相关内容修改编辑后，单独发表了《世界航天技术能力比较及中国航天发展现状》特别报告，对全球各国航天技术能力进行比较分析。比较维度主要包括 8 个方面：累计卫星数量、航天运输产业、卫星产业、通信广播产业、遥感产业、导航定位产业、宇宙科学、载人航天。各领域评分指标模型如下表 9.5 所示。

表 9.5　各领域评分指标模型

分类	指标	权重
累计卫星数量	累计卫星数量	10 分
航天运输	发射火箭的数量 火箭最大运载能力 发射场的配备情况 发射场能力 发射环境	10 分
卫星平台	卫星平台订单 最大发射质量	10 分
通信广播	技术开发 应用 销售业绩	10 分
对地观测	卫星种类 技术能力 对 GEOSS 贡献	10 分
导航定位	卫星数量 性能和能力 应用 终端制造	10 分
宇宙科学	近地环境观测 天文观测 月球和行星探测	10 分
载人航天	载人发射能力 载荷和货运飞船 宇宙环境利用 国际空间站参与 航天员经验与技能 载人发射能力	10 分

9.3.3　航天遥感产业周期与成熟度评价方法

航天产业的状态体现在企业、供需、价值、空间 4 个链上。其中，企业链和供需链的成熟度是有序化生产与服务的基础。

1. 产业生命周期

作为生物学概念，生命周期是指具有生命现象的有机体从出生、成长到成熟、衰老直至死亡的整个过程，这一概念引入到经济学、管理学理论中首先应用于产品，之后又扩展到企业和产业。产业生命周期理论是在 Vernon(1966 年)的产品生命周期理论基础上逐步发展、演化而形成的，经过 20 世纪 70 年代 Willian J. Abemathy 和 Jame M. Utterback 共同提出的 A-U 模型、80 年代 Gort、Klepper 提出的 G-K 产业生命周期理论、90 年代 Klepper、Graddy 提出的 K-G 产业生命周期理论，到 Agarwal、Rajshree 等的产业生命周期理论，该理论在各个分支的纷争和融合中逐步走向成熟。

图 9.12 为航天遥感产业生命周期示意图，指产业从产生到成长再到衰落所经历的发展过程。发展过程包括初创阶段(导入期)、成长阶段、成熟阶段和衰退阶段 4 个阶段，通常利用位于以产业规模(产出、效益)为纵轴、以时间为横轴的坐标中的 S 形曲线表示(曾路等，2014)。本书依据产业生命周期理论，面向应用需求，分析在航天遥感产业的形成过程中，信息产品、工具系统等主导因素如何交替变迁，刻画出航天遥感产业演化的共性规律。

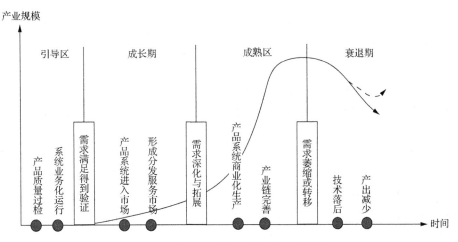

图 9.12　航天遥感产业生命周期示意图

(1)引导区。一个产业的萌芽和形成，最基本的条件是技术链的形成，最重要的条件是人们的物质文化需求。航天遥感技术从科学研究、应用示范、原型系统研发、指标论证、精度验证到产品质量过检、业务化系统运行，再到需求满足得到验证，标志着产品、系统技术已成熟。

(2)成长期。产业的成长实际上就是技术应用的扩大再生产。航天遥感的产品、系统技术逐渐进入市场，与需求不断交互作用，最终形成以产品为中心的生产、分发、服务市场，形成了针对某种产品的较完整的企业链、供需链、价值链和空间链，标志着随着市场化应用的推广，产品、系统得到确认。这个时间，产业增长非常迅猛，需求不断深化与拓展，吸引大量竞争者，竞争集中在技术和占领市场上，且这一时期投资回报高。

(3)成熟期。产业成熟表现为技术上的成熟，即产品精度高与系统设计先进和运行稳定，完善产业链的运行。该阶段标志着航天遥感产品普及程度高，行业标准形成并得到应用，市场需求逐步趋于饱和，买方市场出现，竞争手段逐渐从价格手段转向各种非价格手段，如提高质量、改善性能和加强保后服务等，产业集中度不断提高。

(4)衰退期。产业从兴盛走向不景气进而走向衰败的过程。产业衰退是由于市场变化或创新能力不足而导致的产业竞争力下降。产业到了衰退期，技术落后，需求萎缩，产出减少。同时，新应用、新产业与新的商业模式慢慢建立。

2. 产业成熟度

产业的形成与发展遵从一定的演化规律，处于早期形成阶段的产业成为新兴产业，当新兴产业经过初始阶段和增长阶段一直发展到成熟阶段时，就被称为成熟的产业。产业成熟度(industry maturity levels, IML)是评价和度量产业从生到熟发展过程的量化标准，反映产业发展的完善程度。每一个产业在不同的发展阶段都有一个相对的成熟度指数，该指数受该产业内的技术、产品/服务、顾客认知度及国家对该产业发展政策等多方面的影响(王礼恒等, 2016)。

航天遥感产业成熟度是用来衡量航天遥感技术应用与推广程度的量化标准，反映航天遥感产业演化规律，是航天遥感应用技术成熟度 ATRL 与航天遥感市场成熟度(market maturity levels, MML)的综合体现。其中，ATRL 在第 4 章已经给出详细描述，在此不再赘述。市场成熟度 MML 是评价和度量市场相对于完全成熟而言所处状态的标准。它反映了应用新技术研发出的产品在导入市场后，其市场规模、市场结构和市场潜力相对于预期成熟目标的满足程度，是量化市场发展过程的方法。

产业的不同时间，都对应着不同的成熟度。航天遥感产业的演化过程，是航天遥感产品、系统逐步成熟发展到市场的过程，是用户需求不断满足的过程，基于此，将产业成熟度划分为以下 4 个等级。

成熟度 1(IML1)：产品质量过检、系统业务化运行，需求满足得到验证，产品与系统的价值得以认可，完整性应用模式建立，资源要素基本完整，形成市场，标志着具备产业化能力。

成熟度 2(IML2)：产品、系统通过市场进行商业化应用，随着商业化应用的推广，需求不断深化和拓展，资源要素可通过市场快速整合，市场门槛不断提高，完成产业性应用模式，标志着产业化能力得到认可。

成熟度 3(IML3)：产品、系统以市场为主导快速发展，产业规模不断扩张，相应软环境条件不断成熟，需求继续深化和拓展，完成商业性应用模式，标志着价值链、企业链、供需链和空间链的全面成熟，产业能力提升。

成熟度 4(IML4)：产品、系统按行业标准生产应用，产业链形成并不断完善，需求饱和，标志着产业发展成熟。经过一段时间，随着社会发展，技术进步，产业将进入到蜕变期，开始新的循环。

从航天遥感产业成熟度的划分可以看出，ATRL 是 IML 的重要组成部分，ATRL 直接牵引着 IML 的发展，体现了对社会资源的优化利用，见表 9.6。一般情况下，当 ATRL 达到成熟度 8 时，标志着产业成熟度的开始，即从应用到产业再到商业是一个不断发展与优化生命过程。

表 9.6　ATRL、MML 与 IML 对应关系

ATRL	1	2	3	4	5	6	7	8	9	10	11	
MML								1		2		3
IML								1	2	3		4

9.4　航天遥感产业发展战略

9.4.1　航天遥感产业发展战略概念

1. 战略定义

战略是一种由占主导地位的管理者从全局考虑谋划实现全局目标的规划，其作为一个行动框架指导不同权力机构、不同部门和有关私人参与者的行为，可以是为实现特定政治、经济、军事、外交、文化、科教等领域的奋斗目标而制定的，运用各方面相关力量实施的全面行动计划。

战略可简单归结为提升整体竞争力的谋略，为形成与竞争对手的整体优势而确定目标、路线、方针、政策、途径、实施、管理等，从顶层设计，聚集系统性的整体力量。为了获得相应的利益与好处，需要在过程中体现突变下的快速适应与领先、平稳发展时的高效与更高的成熟度、与环境更高的适应等。这些特点可看作是战略目的的主要内涵。

战略核心义素包括实现特定目标(战略目标)、全面行动计划(战略措施)、运用各方面相关力量(战略力量)等。

战略作为一种意图的信息性表现，不等于战略行动，一方面，受限于具体环境的变化和战略实施人员的能力水平，并非所有的战略都可以转变为战略行为；另一方面(且更重要的是)，有时战略就是"无行为"或者"静观其变"。

2. 航天遥感产业发展战略的影响因素

在不同时代背景、不同发展环境下，航天遥感应用发展战略各不相同，也没有哪一个发展战略是最好的，战略的制定要适合当前自身的应用需求、经济实力和技术基础条件。按照"瓷砖模型"，影响应用发展战略的外部因素总结如下。

(1)政策变动。国家政策是国家制定的政策，属于公共政策的范畴。政策是国家机关、政党及其政治团体在特定时期为实现或服务于一定社会政治、经济、文化目标所采取的政治行为或规定的行为准则，它是一系列谋略、法令、措施、办法、方法、条例的总称。研究中国航天遥感产业发展问题，国家政策是十分关键的因素。通过研究国家政策对航天发展的影响，确定适应中国航天遥感产业发展的战略，制定符合中国特色航天遥感产业发展的政策引导。航天遥感产业持续协调的发展，需要通过政策来促进航天资源重组，增强生存和发展能力，实施可持续发展战略。

(2)供需变化。我国卫星应用受到用户需求的牵引，并随需求变化而变化。当前，我国遥感应用需求已经逐步发生变化。由对空间数据的需求转向对空间数据质量的需求；由对国外数据的需求转向对自主信息源的充分利用，更加强调对自主信息源的使用及基于自主信息源的卫星应用体系的建设；由单一部门的使用需求转向以主用户为主的多用户共同使用的需求，多个用户的需求的综合考虑；由以往的简单强调对数据获取的需求转变成对现在空间信息应用的需求，除定性的遥感信息外，还强调对定量信息的提取与使用；由以往的强调对单一卫星的使用转换成对多个卫星的综合利用的需求；由以往的强调利用卫星数据到目前的强调重视地面应用系统的建设；由以往的强调公益性行业应用转换为公益性应用与市场运营服务并重，为千家万户服务的理念；由以往的只重载荷能力研发转变为以应用为牵引，强调遥感信息服务的一体化应用；由各行业内部的自身应用转变为各行业间的标准制定及共享平台的建设。

(3)企业技术提升。我国的遥感技术从20世纪70年代起步，经过十几年的艰苦努力，已发展到目前实用化和国际化阶段，具体表现在具备了对国民经济建设服务的实用化能力和全方位地开展国际合作使其走向世界的国际化能力。当前，我国的遥感技术可以为国民经济可持续发展提供科学的决策依据，具有对重大自然灾害进行动态监测和评估的能力，实现了农业估产、林业资源调查、地质矿产资源调查。

(4)市场变化。随着遥感数据获取技术的突飞猛进，大量有实力的商业公司加入到遥感应用领域。它们不仅为遥感行业带入了大量资金，而且使应用成本快速下降，因此遥感技术产业化已经成为必然趋势。

(5)社会资源基础。随着社会经济科技水平发展，相关资源要素无论是质还是量均有显著提升。在一定条件下，可以更有效地被吸引和整合，成为促进产业发展源源不断的推动力。

3. 航天遥感发展战略及其特点

航天遥感应用发展战略根据具体情况，为民用航天遥感应用整体发展提供导则或框架，考虑各方的不同利益，通过政府内部的协调谈判，形成远景设想和近期行动，引导利益相关者的行为实现空间变化的共同目标。制定恰当的应用发展战略有助于正确定位、把握好方向。航天遥感应用发展战略具有以下特点。

(1)全局性。航天遥感应用发展战略需围绕国家社会经济可持续发展的战略目标，充分考虑国民经济和社会发展战略与信息化建设的要求，需充分考虑国家中长期科学和技术发展规划纲要的要求，从国家、地方、行业部门、大众等不同层面，满足包括国家、行业、大众、区域、国家重大工程的遥感应用需求等；航天遥感应用发展战略要涵盖对遥感数据、技术、系统、应用等的指导，需要适应市场的发展变化规律，并具有可操作性。

(2)方向性。航天遥感应用发展战略反映国家航天遥感产业发展的目标方向，体现它的路线、方针和政策，是为指导应用发展而服务的，具有鲜明的目标方向。

(3)前瞻性。前瞻性是决策的基础。航天遥感应用发展战略要全面分析、正确判断、科学预测国际国内航天发展战略环境和应用市场等可能发展的变化，把握发展趋势，判断可能面临问题的性质、方向和程度，科学预测未来可能发生事件的时机、方向、规模、进程等。掌握航天遥感应用发展的特点和规律是制定、调整和实施战略的客观依据。

9.4.2　航天遥感产业发展战略探讨

制定一个切实可行、经得起实践检验的规划要处理好统筹兼顾、协调发展与有限目标，突出重点的关系。因此，按照"瓷砖模型"，航天遥感应用发展战略应包括总体发展战略、技术创新战略、应用战略、市场化战略和国际合作战略。

1. 总体发展战略

围绕打造卫星应用支柱产业、构建航天强国的宏伟目标，需要按照生态系统层次的复杂巨系统模式，构建竞争与合作、垄断与创新战略。通过统筹规划空间技术、空间应用和空间科学的发展，推动航天领域中重大技术的研究开发和系统集成，促进航天科技在经济、科技、文化和国防建设等方面的应用，鼓励科研机构、工业企业、商业企业和高等院校等发挥各自优势，积极参与航天活动。

其中，加强对卫星应用领域的政策引导与政策倾斜，加强自主投入和资源配置，积极推进政策创新、体制机制创新，以人为本，加强创新激励，采用并购、收购、资本运作等手段，迅速扩大规模，可有效推动卫星应用产业化发展。

2. 技术创新发展战略

企业是创新主体，通过强化基础，提高能力，创新观念，创新机制，提高核心竞争力；建设具有国际化、产业化思路的经营管理人才和技术人才队伍；提高研发能力、营销服务能力、生产能力和配套供应能力；坚持开放式创新，拓宽对外交流渠道，充分利用国内外创新资源，推动产学研结合，加快自主创新成果产业化，促进国际国内先进技术的转移与应用。

打造核心技术与关键产品，强化系统论证能力，为用户提供系统级的一揽子解决方案；大力发展地面终端设备制造业和卫星应用运营服务业，构建完整的卫星应用产业链；以集成带终端，以关键保总体，以系统促运营，形成整个卫星应用产业链系统发展的局面。

在继续加强以航天器制造为核心业务的同时，充分发挥从天到地的技术与资源优势，发挥航天器制造的辐射作用，天地一体，共同谋划，积极实施以卫星应用为主营业务的产业延伸和市场拓展战略，切实实现天地一体化发展。积极鼓励集成创新，重点推进对产业发展具有重大支撑作用、技术集成度高、带动作用强的创新成果产业化示范，辐射带动关联产业和特色产业的发展，推动产业结构优化升级。

3. 应用战略

应用是航天遥感系统的出发点与落脚点，强化卫星应用对于整个系统的可持续发展有绝对重要的作用。将遥感数据信息产品融入各行业与区域的社会经济建设与可持续发展中，建设多星应用地面支撑体系，完成遥感数据产品的质量控制，为遥感数据的标准化及其产业化、商业化应用提供保障。

4. 市场化战略

大力推进卫星数据区域应用的重要途径是加速产业化进程；健全应用产业链，强化自主卫星产品应用；发展自主知识产权的卫星应用公用平台；建立全球—全国—区域—地方卫星数据应用体系；建立产-学-研-政-商-民的互动机制；制订产业化政策，建立产业化基地。市场牵引，技术推动。围绕国防建设、国民经济和社会发展关键领域的重大需求和巨大市场，全力推进体现竞争力的高技术基础核心产业和战略性新兴产业的重大成果产业化，培育新的经济增长点，增强产业的可持续发展能力。

全面实现空间信息产业化，孕育产生一系列新兴产业。大力发展基于自主卫星的空间信息企业，通过市场融资发展的数据获取系统将占有较大比例，形成良性自主循环，以空间信息处理、加工和增值服务为主体的空间信息服务业加速形成和发展，空间信息应用成为带动经济社会发展的高技术支柱产业及传统产业改造的动力。卫星信息产品的加工将流程化、集约化、信息与服务高度标准化，全面实现订单式生产。

5. 国际合作战略

加强国际合作，开拓国际商业陆地卫星应用市场，全面实现国际化，引领大型国际合作计划。随着我国卫星系统的发展，全球性覆盖的卫星将大幅度增加，各方面技术水平将得以提升，内外部条件将日趋成熟，设立面向全球范围的、具有国际影响力的大型空间对地观测国际合作计划，开展全球环境监测，进而扩大国际影响，提高自主卫星的国际市场份额，将成为必然的趋势。

9.5 航天遥感产业发展的技术创新发展战略

航天遥感产业是新兴高新技术产业，遥感卫星的大众应用和社会化服务随之而来，因此遥感应用的领域亟须从当前的政府部门、事业单位、科研机构扩展出来，形成大众服务。大众服务的搭建是科技成果的转化过程。当前越来越多的人进入到该行业中，包括数据服务商、服务提供商及产品供应商，特别是国际竞争也在不断加剧，市场博弈的影响因素越发凸显。

科技创新是产生量变到质变的重要原因，是重新建立市场结构与企业市场竞争力的核心，是经济增长的发动机，是提高综合国力的主要驱动力。促进航天遥感科技成果转化、加速航天遥感科技成果产业化直接关系到航天遥感产业的发展。

管理、技术、劳动、资本是企业的内在系统，是一个可以有效管理的稳定结构，因此企业是科技创新、成果转化和推广过程中的重要承载体。企业的生存和发展，不仅取决于企业的技术创新、吸纳科技成果能力和经营能力，还需要不断地创新来促进企业的扩张与升级。

技术创新战略的实施按照前面有关技术成熟度的规律分析，有赖于已有技术积累及具体实践过程。其中，有关航天遥感技术创新的技术积累和过程实践的有形化表现与综合管理模式请参见第 10 章和第 11 章。

9.6　航天遥感产业发展的政策研究

航天产业政策涉及方方面面，对总体发展战略有十分重要的影响。其中，产业政策对于调节市场、促进应用具有举足轻重的作用。

9.6.1　产业政策等软环境系统的作用

1. 产业政策概念

产业政策是政府为了实现一定的社会经济目的而对产业的形成和发展进行干预的各种政策的总和。产业政策作为体现国家和政府意志的具有很强计划性的政府行为，是从更高层次纵向深入到市场机制里，来促进市场机制和市场结构的完善与优化。

2. 产业政策分析

1）政策的本质

政策的本质和核心问题是利益分配。政策的制定从公共利益等出发，为实现一定的目的而对利益相关方权利义务做统一规定，是一种强行性的要求，同时也需兼顾其他各种利益。当前，利益的多元化和复杂化决定了政策必须是多元价值和利益的体现，一方面以实现国家公共利益为目的；另一方面维护公民的利益，减少摩擦、冲突和抵抗，公正地调整各方利益体之间的关系。从根本上说，政策是有关利益发现、认识、确认、保护、选择、促进、协调的工具。

2）利益过程

利益不但要明确"谁"在追求"什么"利益，追求利益的"方式""过程"及"结果"，而且要分析在整个利益获取过程中利益与政策的博弈。利益过程分析要从利益本体论出发，分析利益、利益博弈和利益衡量对政策的决定作用，分析建立在利益博弈均衡基础上的合理性政策，分析政策在协调利益关系时的合理的价值判断。

3) 政策作用机理

产业政策的研究主要集中于政策对利益分配的有效性和作用上，或是政策在某种经济环境下的政策效应度，所采用的经济学方法为定性分析或实证分析。在一定的社会环境下，政府基于某种考虑（如为了实现经济赶超、技术进步等），或者对国民经济某一产业发展的初始状态不满意，使一国制定产业政策的起点。根据产业发展的现状和初始状态的水平，政府通过经济发展战略的形式对国民经济中各产业的未来发展进行规划，以明确产业未来发展的优先次序、重点和趋势等。

政策通过"看得见的手"与市场这只"看不见的手"共同发挥作用，调整价值与利益分配格局。通过政策的执行，协调利益相关方均有所获，确保可持续发展并提升效能，使得产业竞争适应社会整体效益最大化的要求。同时，优化整体结构，有效竞争防止垄断的同时，又保障国家利益，而风险大、投入高、回报迟且分散的产业与行业能持续发展，实现国家与社会效益最大化。

3. 产业政策对产业发展的作用

1) 支撑产业设计的作用

为解决社会发展中某个领域某个区域中的具体问题的具体政策或实质政策，有时可能是通过一项措施、一个工程表现出来的。具体政策有自己的范围、地位、特点和功能。具体政策的表现形式也多种多样，有计划、条例、法规、章程、说明、措施、办法、细则、项等。具体来说，可以把产业政策的主要作用归纳如下：①倾斜资源配置，通过资源配置优化过程的加快来加速产业结构的演进和发展。②弥补市场失灵的缺陷，促进市场结构和市场机制的完善。产业政策形成的逻辑起点，在于政府有责任弥补"市场失灵"的缺陷。③保护和促进民族工业、新兴工业的发展，增强产业的国际竞争力。④促进产业结构技术水平的提高，即通过保护和促进企业技术进步的动力、扶持新兴产业的发展和加速产业间技术转移，有重点地适应世界新技术发展的趋势，达到产业结构技术水平不断提高的目的。⑤在世界经济全球化的进程中趋利避害，保障国家的经济安全。因此，更好地运用产业政策，尽可能地趋利避害，以保障国家经济安全的问题就显得尤为重要。

2) 落实战略执行的作用

战略是一个国家对未来发展方向作出的中长期的规划，要有长远的、动态的眼光，要有对事物敏锐的洞察力和很强的逻辑分析能力才能作出正确的战略举措。政策是为达到战略的目的而作出的对相关群体的行为等方面的规定，是国家、企业、单位为实现一定的战略目标而制定的一种行动准则，它一般是以法令或者法律的方式来体现。它们之间的区别是：重点不同，战略重在规划，而政策重在规定；范围不同，战略基本上是针对国内的，而政策涉及国内和国外(外交、贸易等)；对象不同，战略的对象是国家，确切地说是国家的发展，而政策的对象是国家面对的各种群体。

3）评价与优化提升的作用

产业政策的实施和作用必然会产生一定的绩效和政策效果，主要体现在产业结构、产业竞争力和社会福利变化等方面。如果产业政策的实施导致了产业结构的优化、竞争力的提升和社会福利的增加，可以认为产业政策起到了有效的作用，反之，则表示产业政策没有起到有效的作用。发挥作用的产业政策，通过信息的反馈，政策制定和实施部门可以对出现预期偏差的产业政策内容和运行方式进行一定的修正和调整，以克服产业政策的消极作用，最大限度地发挥产业政策的积极作用。

9.6.2　我国航天遥感产业表现形态

随着我国航天遥感技术的飞速发展，上百颗卫星，特别是高分辨率卫星的在轨稳定运行，遥感数据处理软件升级换代，数据处理效率、精度不断提高，遥感卫星影像的应用逐渐从科学实验、行业应用走进大众的生活。从承载性应用到信息发掘，从区域应用到全球服务，从现状分析到时间序列评估与预测，遥感应用领域不断扩大。从天气预报、农业监测、应急减灾等业务模式应用，到百度地图、墨迹天气、支付宝等商业模式应用，遥感应用正从公益服务跨入商业应用，从国家的遥感、区域的遥感向大众的遥感扩散。遥感应用的广度与商业价值不断被证明，而应用的需求与数据分发、技术支持间的距离，形成了航天遥感产业的商业市场。

1. 国内航天遥感产业形态

航天遥感产业市场的特殊性在于，它并不只有一个商业市场，当前更多地表现为一个公益市场，两个市场同样重要。这是由航天遥感技术本身决定的，航天遥感技术关系到国家安全和国际技术实力的综合表现。因此，国家需要具备对航天技术的绝对掌控权，服务国家安全、满足行业应用，此外，航天遥感应用的商业化发展，能够更为敏锐地把握卫星遥感应用市场的变化，提供最契合市场的服务。当需求发生变化，技术逐渐成熟，公益市场与商业市场彼此相互转换。而两个市场同时存在、共同发展，需要产业政策的调控。我国当前的航天遥感产业主要有 3 种形态：

（1）国家投资模式。由政府单独出资并拥有，重点针对那些涉及国家利益、风险大、回报周期长、更多体现社会整体利益的遥感卫星系统，由专门单位负责数据的服务。

（2）政府和社会资本合作（public-private partnership, PPP）模式。政府和商业公司共同出资建设并拥有遥感卫星系统，商业公司负责遥感数据的商业化运营。

（3）商业投资。商业公司独资建设并拥有商业遥感卫星系统，公司独立负责遥感数据的商业化运营。

这 3 种投资方式分别对应了科研星和公益性业务星、PPP 卫星及商业卫星，如图 9.13 所示。其中，科研卫星是载荷新技术和新应用的试验型卫星，当技术成熟度达标时，升级为业务星，或者 PPP 卫星，甚至在一定条件下商业卫星。而商业卫星是根据市场需求，按照盈利的目的开展卫星建设。

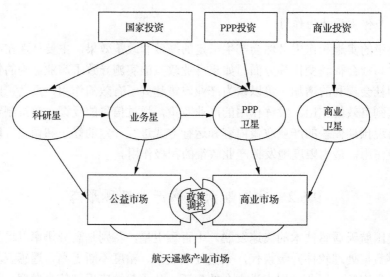

图 9.13　航天遥感产业市场

从卫星影像参数上看，科研卫星、公益业务星、PPP 卫星及商业卫星在光谱分辨率、空间分辨率上有交叉。从应用需求满足度上看，这几类卫星各自均有优势与不足，其中 PPP 卫星及商业卫星在后期服务上具有一定优势。从成本角度上看，科研卫星和公益业务星由国家投资，用户获取使用"0"成本，而 PPP 卫星及商业卫星承载了从制造、发射、维护到运行的一系列成本，卫星影像价格昂贵。综合以上 3 个方面，科研卫星、公益业务星、PPP 卫星及商业卫星的"百花齐放"决定了航天遥感产业市场的稳定与发展。

利益是市场运作的原始动力，最能激发并压榨出人类的智慧、勤奋。航天遥感的产业市场的驱动力来自于国家利益和企业利益两个方面。国家利益的维护需要政策的保障，而企业利益的平衡需要政策的调控，因此利益的驱动和政府的干预二者缺一不可。航天遥感产业国家利益体现在科研星和公益业务星上，它直接对应航天遥感产业的公益市场，满足区域行业监测需求、高校科研单位研究需求。而企业利益则更多通过商业卫星体现，在"利益最大化"的驱动下，尽可能多地从数据、产品、技术、服务等产业环境获取利益，从而实现"优胜劣汰"的自驱动的市场模式。

2. PPP 产业模式

我国国产遥感卫星运营模式为"独立用户设计卫星"，卫星资源由用户内部使用，极大地限制了卫星资源的普及。商业卫星从市场出发，在卫星设计研制阶段就汇集卫星遥感市场上最具有市场价值的用户需要，研制资源最优的卫星系统。运营阶段能够更为敏锐地把握卫星遥感应用市场的变化，提供最契合市场的服务。但这些优势的发挥有一个前提条件，在一定的系统效能基础上，一定要有市场效益的回报，特别是经济效益的回报。权衡利弊之下，民用遥感卫星的国家与企业联合开展 PPP 模式合作已是大势所趋。

高分辨率遥感卫星市场是商业卫星发展的重点区域，且商业卫星在这一区域已经有了实质性进展，并占据了一定的市场份额，应当鼓励其继续发展。而由政府投资并负责运营科研星和业务星，在研制初期就已经投入大量资金，而应用方面收益较弱，一方面，大众数据获取途径有限；另一方面，数据应用广度不足。因此，政府相应部门可通过 PPP 模式，将科研卫星的遥感数据服务进行商业化运营；而业务星与商业公司共同出资建设并拥有遥感卫星系统，遥感数据商业化运营。通过商业化运营最大限度地激活遥感应用市场，政府相应部门可集中优势力量、资金进行卫星的研制，避免政府投资和商业投资重复建设，形成军民商互动、能力互补的全新局面。

3. 国外遥感卫星商业化运营模式

国外民用遥感按照运作模式分为两类：一类是政府出资研制、发射卫星并运行维护的模式，主要提供公益服务；另一类是商业化运作模式，由运营公司负责卫星订购、运营、数据分发、增值服务，兼顾商用、军用及政府应用。

遥感商业化做得比较成功的国家有美国、法国等。目前，世界上较成功的遥感卫星商业运营公司为斯波特图像公司、地眼公司和数字地球公司等。各公司大多自己建设卫星图像地面站，销售卫星数据，部分公司采取与外国地面站经营者签约的方式接收、运营、销售卫星数据。挪威和瑞典等国还利用极地数据接收站网提供各类民用卫星数据的接收分发服务。

基于卫星遥感数据的特殊性，权衡国防安全和经济利益，美国、欧洲、俄罗斯、印度、加拿大、日本等一些国家纷纷出台了相应政策与法规。以美国为例，美国陆续发布了 1992 年版《陆地遥感政策法案》、1996 年版《国家航天政策》、2003 年版《美国商业遥感政策》、2006 年版《私营陆地遥感空间系统授权许可》和 2010 年版《美国国家航天政策》等一系列政策法规，在积极推进遥感服务及应用商业化的同时，健全卫星遥感领域相关法律法规，加强市场监管，保障国家数据安全。

9.6.3　基于利益平衡的数据政策分析

互联网模式下指在互联网、大数据、云计算等新兴技术不断发展及社会信息化水平快速提升的背景下，以需求为导向，基于互联网特征对数据政策的思考。数据政策指国产遥感数据分发使用的规则，面向全国企事业单位、科研单位、高校、企业、个人用户等，根据数据品种、规格、质量等特点制定。其制定以符合国家安全标准、保障国家应急需求为前提，同时也要按照市场规律，确保社会与经济效益的协调一致。

1. 互联网模式下数据政策关键点分析

1) 新经济模式下的数据共享服务

目前，除卫星主要用户可便捷地获取卫星数据外，普通用户，包括除主用户外的其他国家有关部门和省、市、地方政府其他业务部门，学校和科研单位，以及个人和公司(私企与国企)等，都需要通过五花八门的方式来获取。高校孕育着整个遥感产业的潜在用户，科研单位是能够提升遥感产业竞争力的生力军，行业用户不断的需求提出是产业市场的驱动力，个人和公司是当前产业市场主要的消费者。遥感数据的受众群体得不到数据，产业如何发展。因此，在数据政策的指导下，建立面向全国的遥感数据分发服务网络，通过用户注册、审核，审核通过，即可获取数据，减少了中间环节上报审批，避免了"入地"无门，这不仅有利于满足来自各方面的用户需求，更有利于提高国产遥感数据的使用率，进而提高国产遥感数据的市场占有率。

2) 形成多源的数据供应链，行业竞争与合作同步加剧，优胜劣汰

面向应用，数据类型，数据种类（原始数据、标准数据、共性产品和信息产品），每一个环节都对应着不同的用户群，如原始数据——定标、校正等预处理研究的用户群体；标准数据——遥感参量等研究的用户群体；共性产品——面向信息提取等的用户群体；信息产品——面向数据分析、信息挖掘等的用户群体。

每个环节都有多个"供应商"，标准数据、共性产品、信息产品的供应商可以是研究机构、高校，甚至是个人，形成了多个供应商对应某一类用户群的多对一的关系，用户便有了更多的选择项，数据的质量、精度、时效性等，它们将成为用户选择产品的首要考虑因素。因此，"供应商"间将为了争取最大的用户群形成彼此间的竞争，优胜劣汰也是自然法则，不能提供满足用户需求的"供应商"终将被淘汰。

2. 一种与现阶段我国产业格局相适应的数据政策模型

1) 原则分析

（1）满足国家安全标准，保障国家应急需求。在国家安全和外交利益可能遭受损害时，遥感数据对外分发服务应无条件中断或限制相关操作；在紧急情况下，如洪灾、火灾或旱灾，我国具有卫星影像的优先获取权，来支持各方力量的抢险救灾工作。遥感数据的分发服务首先要满足国家安全标准，在平衡国家安全与经济利益时，可采取限制使用的措施，将数据分为受控与非受控两种类型，在一定条件下，限制影像覆盖区域、拍摄时间及数据量等。

（2）保护、做大、利用与占有卫星数据市场。在商业卫星指标范围鼓励多源投资，明确其市场地位，不生产公益性业务星，商业指标范围内的业务星建议采用商业或 PPP 模式操作。通过牌照方式进行市场有序化管理。公益性业务星的标准数据按照渠道免费分发，增值产品鼓励有偿化服务。

（3）保障我国航天战略目标实现，利益相关方资产安全。公益卫星与商业卫星指标无缝衔接，动态调整。考虑现有卫星格局，争取充分使用已有国产卫星。做大、做强我国卫星工业，实现可持续发展，避免大的波动。

（4）支持科研卫星数据的推广应用。在国家投资的业务领域，鼓励使用国产卫星数据，加强应用技术支撑，基础数据按照渠道免费分发，确保数据使用寿命成本最优。

（5）采用与国际对等原则开展对外服务，支持航天强国建设。有效组织中国承建的卫星组织，在已构建联盟下，构建国际联盟。参照国际商业遥感卫星数据运作模式和市场应用需求，采用与国际对等的原则开展数据对外分发服务，促进国产遥感卫星技术的提高和数据质量的提升，拉动国内遥感卫星运营单位的服务能力，支持航天强国建设。

(6)要全面保障数据信息产品在国内外市场的竞争力。国内卫星数据价格要有竞争力，和国外数据相比，国内应适当提高空间分辨率进行有偿购买(例如，国外某数据若以 10 m 等级分辨率实行收费，我国则可采取 5 m 分辨率等级实行收费政策等)。同时，还要保障数据量的全球供应，缩短处理分发周期，使服务水平高于国际平均水平。

2)影响因素分析

从国家安全角度，需要定义受控分辨率。市场能公开采购的分辨率是全色优于 0.5 m 和多光谱优于 2 m。因此，将全色、多光谱/高光谱/SAR 的受控分辨率定于 0.5 m 和 2 m。

(1)需要制定某些品种公益数据的收费政策来保护商业数据的分发。当前我国在轨及规划的公益卫星在载荷类型和分辨率设置上与商业卫星交叉，且商业卫星是全流程成本核算，而公益卫星原则上对用户是"0"成本。如果公益卫星数据以免费分发的方式进入，则会挤压商业卫星的生存空间，导致商业卫星无法立足市场。

(2)需要制定平行发展的规则来避免过度竞争。

3)分发机制模型

不同类型的卫星数据市场表现不同，如

(1)公益性科研星数据按全成本核算，其成本较高，其定价必然高于商业卫星数据，同时其 ATRL 不高，需要投入资源进行应用研究。由于对用户来说代价较大，影响这类数据销售量，造成科研星数据没有市场。

(2)公益性业务星，若其指标与商业卫星指标范围相重叠，按照商业星方式运作，虽然其运营成本与商业卫星相当，但其市场运营服务能力与企业相比较差，造成公益性业务星在市场环境下难以发挥作用。

(3)商业星的利益相关方需要获得合理的收益，若公益性卫星数据是免费的，则合理的收益及商业市场将消失。

(4)PPP 卫星多方协同。

公益卫星和商业卫星对于遥感产业的发展同等重要，因此需要清楚地界定两者的作用和相互关系。按照市场性质，从保护市场角度需要定义商业数据和公益数据的分发机制，从分辨率上划分公益和商业界限，受限和非受限数据区别，PPP 方式作为补充进一步完善这种区别。

3. 数据政策方案

通过对国家民用卫星遥感数据分发和服务政策原则的解析，需要采用受控分发和收费两种政策手段来引导卫星数据市场的可持续发展。在受控分发政策方面，需要制定受控分辨率保护国家安全，保障科研卫星的科学创新与实验应用。在收费政策方面，需要制定收费办法，保护商业卫星数据市场，同时鼓励商业指标范围内的公益业务星按商业模式运作，促进业务星的商业化服务。

1)公益商业指标范围设置

对当前国际商业市场上的卫星进行统计分析，见表 9.7。全色除 ALOS 卫星 2.5 m 分辨率外，其他商业卫星的分辨率大多优于 2 m，多光谱除 SPOT 卫星在 10 m 等级外，其他商业卫星的分辨率大多为 5 m 等级，微波商业卫星的分辨率大多为 5 m 等级。

表 9.7　国际商业卫星一览表

国家(地区)	等级	卫星名称	分辨率	颗数
美国	高分	GeoEye-1	全色 0.41 m，多光谱 1.65 m	5
		QuickBird	全色 0.61 m，多光谱 2.44 m	
		WorldView-1	全色 0.5 m	
		WorldView-2	全色 0.5 m，多光谱 1.8 m	
		IKONOS	全色 1 m，多光谱 4 m	
	低分	Landsat5/7/8	全色 10 m，多光谱 30 m	4
		Aster	全色 15 m	
加拿大	低分	RapidEye	多光谱 5 m	4
		Radarsat-2	分辨率 3 m	
德国	高分	TerraSAR-X	聚速 1 m、条带 3 m、宽扫 16 m	2
		TanDEM-X	聚速 1 m、条带 3 m、宽扫 16 m	
意大利	高分	COSMO-SkyMed	全色 1 m	4
印度	高分	Cartosat-2	全色 0.8 m	1
	中分	Cartosat-1 (P5)	全色 2.5 m	1
	低分	P6	LISS3 分辨率 23.5 m，LISS4 为 5.8 m，AWIFS 为 56 m	1
法国	高分	Pleiades-1A	全色 0.7 m，多光谱 2.8 m	2
		Pleiades-1B	全色 0.7 m，多光谱 2.8 m	
	中分	SPOT-5	全色 2.5/5 m，多光谱 10 m	3
		SPOT-6	全色 2 m，多光谱 8 m	
		SPOT-7	全色 1.5 m，多光谱 6 m	
日本	中分	ALOS	全色 2.5 m，多光谱 10 m	1
俄罗斯	高分	Resurs-DK1	全色 0.9 m，多光谱 1.5 m	2
		Resurs-P	全色 0.7 m	
西班牙	高分	Deimos-1	全色 22 m	1
以色列	高分	EROS-B	全色 0.7 m，多光谱 2.9 m	1
	中分	EROS-A	全色 1.9 m，多光谱 8 m	1
泰国	中分	THEOS	全色 2 m，多光谱 15 m	1
中国台湾	中分	Formosat-2	全色 2 m，多光谱 8 m	1
韩国	高分	KOMPSAT-3	全色 0.7 m，多光谱 2.8 m	1
		KOMPSAT-5	聚束 1 m、条带 3 m、宽扫 20 m	1

参考国际卫星商业市场，现阶段(3～5 年内)我国全色卫星数据商业指标范围应该界定在 2 m，多光谱/高光谱/微波卫星数据商业指标范围界定在 5 m。考虑当前我国数据获取能力与竞争力培养需求，全色商业指标包括了 0.5 m、1 m 两个等级，多光谱/高光谱/

微波卫星数据商业指标包括了 0.5 m、1 m、2 m 3 个等级。

2) 数据受控分级设置

受控数据指涉及政策要求的敏感性数据，包括时空范围、分辨率等，需经国家航天行业管理部门认证。

(1) 公益受控数据在事业单位免费分发，一般不进入市场服务。科研星数据一般受控，按渠道免费分发。

(2) 商业数据指以民间投资(包括 PPP 模式)为主体的商业性卫星的基础产品，若在受控范围内，按照政策销售，如商业受控数据分发服务采用备案制，应急情况下按服务国家任务需要办理。

(3) 公益业务星数据在商业指标范围内，宜逐渐减少数量，采用 PPP 模式或商业方式操作，否则按渠道免费分发。公益业务星数据若不在受控范围也不在商业指标范围内，按渠道免费分发。

(4) 商业星(含 PPP)数据不在受控范围内，由企业自行决定。

3) 全色卫星数据分级方案

全色卫星数据分级方案见表 9.8。

表 9.8 全色卫星数据分级方案一览表

类别	受控数据	非受控数据
商业数据	空间分辨率优于 1 m(含 1 m)的卫星数据	空间分辨率低于 1 m(不含 1 m)的卫星数据
公益数据	特殊波段、观测方式等的卫星数据	特殊波段、观测方式等的卫星数据

4) 多光谱/高光谱卫星数据分级方案

多光谱/高光谱卫星数据分级方案见表 9.9。

表 9.9 多光谱卫星数据分级方案一览表

类别	受控数据	非受控数据
商业数据	空间分辨率优于 2 m(含 2 m)的卫星数据	空间分辨率低于 2 m(不含 2 m)的卫星数据
公益数据	特殊波段、观测方式等的卫星数据	特殊波段、观测方式等的卫星数据

5) 微波卫星数据分级方案

微波卫星数据分级方案见表 9.10。

表 9.10 微波卫星数据分级方案一览表

类别	受控数据	非受控数据
商业数据	空间分辨率优于 5 m(含 5 m)的卫星数据	空间分辨率低于 5 m(不含 5 m)的卫星数据
公益数据	特殊波段、观测方式等的卫星数据	特殊波段、观测方式等的卫星数据

4. 国际数据政策现状

目前，美国是遥感卫星商业化发展政策出台数量最多、体系最完善的国家，全面涵盖了商业遥感卫星产业准入，以及支持商业遥感卫星产业发展等各个方面的几乎所有细节。经过近 30 年发展的完善，美国逐渐形成了由政策、法令、规章组成的层次完整的遥感数据政策体系，上述数据政策可分为两类，公益性遥感卫星的数据政策和商业遥感卫星的数据政策，具有公益性质的气象卫星、陆地卫星、海洋卫星数据完全公开；商业遥感卫星采用开放和审核限制相结合的数据政策。

欧洲的遥感数据政策和法规是以共享为核心，为更好地发挥遥感卫星的效益，为社会和国家创造利益，欧洲在空间遥感数据的应用方面更加注重战略层次和政策层次的指导。一方面，欧洲通过欧洲航天局(ESA)发布《ERS 对于"欧洲资源卫星""环境卫星"和"地球探测者"任务的数据政策(ESA-EO(2010)54)》、GMES"哨兵"数据政策，对于欧洲共同发展的计划或系统提出建议和引导。另一方面，欧洲区域内的法国、德国、意大利、英国等都根据自身的发展情况，提出了有针对性的相关遥感数据政策。

德国航天业在地球观测等领域居于欧洲领先地位。2007 年，通过了《卫星数据安全法案》。一方面从法律上确保了卫星数据的不可侵犯性，另一方面也明确了私人公司在开放和利用卫星数据业务上的范围。该法案提出，获得遥感卫星的相关许可需要满足如下两个方面的要求：①运行安全要求，数据分发者不仅要分析需要遥感数据的用户、用户需要这些数据的目的，而且还要分析交易的背景，其中包括政治等因素；②"敏感度检查"要求，即数据供应商需要对用户提出的数据请求实施"敏感度检查"。

加拿大重视航天市场蕴含着巨大价值，在保证国家安全的前提下，鼓励私营部门积极参与航天经济开发，通过航天经济开发带来的收益进一步推动航天项目的开发，实现航天领域的市场化运作。1999 年，加拿大政府颁布了《访问控制政策》，集中关注了遥感系统中两个本质要素:卫星的运营和从空间系统中获得的数据或影像产品的分发。2007年颁布了《遥感空间系统法》，该法是一部关于空间遥感活动的国内立法，反映出现代遥感活动私营化和商业化的趋势。《遥感空间系统法》的实施，进一步推进了遥感数据市场的商业化运作。

印度的遥感政策服务于本国遥感系统的商业化，有效地带动了国内遥感数据市场的发展。卫星遥感数据使用的国产率很高，极大地促进了本国遥感卫星的发展。2011 年 7 月，印度政府发布了新政《遥感数据政策》(RSDP-2011)，规定包括：①所有 1 m 以上分辨率的数据均应按需"无歧视"地进行分发；②为保护国家安全利益起见，所有分辨率优于 1 m 的数据均应经过特定机构审查和消密处理后方可分发。

俄罗斯航天发展战略不断调整，日益重视商业航天的发展。2011 年 4 月，俄罗斯联邦航天局公布了关于更改《联邦航天活动法》的法律草案。这次修改首次在《联邦航天活动法》中加入了"航天对地遥感"的内容，显示了俄罗斯对天基遥感的重视。增补法案明确了天基遥感设备和遥感数据的所有权，指出遥感活动在俄联邦全部领土实施，对涉及国家安全领域的遥感数据分发做出了分辨率不优于 2 m 的限制。2011 年，俄罗斯政府颁布《2025 年前空间对地观测系统发展纲要》，规定了 2025 年前对地观测建设的主要内容和步骤。

近年来，韩国在航天领域取得了很大的进展，特别是在地球观测卫星领域。韩国已经拥有与其航天活动发展规模相适应的航天立法。2005年韩国政府颁布《空间开发促进法》，促进该国航天活动健康发展。2007年颁布《空间责任法》，作为配套性法规，将部分原则性规定具体化，以便具有可操作性。这两部法律为韩国进一步开展航天活动提供了良好的法律保障(史伟国等，2012)。

9.7 航天遥感国际合作策略研究方法

航天遥感国际合作策略是针对当前我国对地观测领域国际合作状况及合作基础，结合航天遥感发展战略的方针、路线、政策、法规、发展模式等及相关标准规范和政策法规等软环境建设，综合考虑对地观测发展的历史使命、资源环境条件、经济利益条件等诸多因素进行整体规划和统筹。

9.7.1 航天遥感国际合作概念认识

1. 概念与特点

1)国际合作概念

国际合作指国际互动的一种基本形式，是国际行为主体之间基于相互利益的基本一致性或部分一致性，在一定的问题领域中所进行的政策协调行为。其实质是国际行为主体以自身利益为依据，制定对外政策，有序开展自然资源、人造事物、人的交流及对一些活动过程的协调。

国际合作的重要目的是提高本国在某一领域的国际竞争力。国际竞争力是一个国家在世界经济大环境下，与各国的竞争力相比较，其创造增加值和财富持续增长的能力。一个国家的国际竞争力由三大部分组成：核心竞争力、基础竞争力和环境竞争力，包括国家经济实力、国际化、政府管理、金融体系、基础设施、企业管理、科学技术、国民素质八大要素。

国际合作还能提供给各合作方更多的利益。一个国家的国际竞争能力，实质上是本国国际竞争力发展的战略定位问题。每一个国家，无论大小强弱，都具有一项或者多项在国家竞争中的优势因素，要充分发挥自身潜在的优势，避免自己的劣势，扬长避短。处理好国际竞争力发展过程中引进吸收与对外输出的协调发展。

航天遥感国际合作是在符合联合国《国际空间合作宣言》的基础上进行的以和平利用外层空间、为全人类造福为目的，以空间技术、空间应用和空间科学等为内容，以政府及相关部门和非政府法人组织为主体，通过多种合作形式，而开展的国家或地区之间的双边、多边或区域性合作。

2)航天遥感国际态势特点

(1)航天遥感国际合作竞争同步加剧。当今世界，各主要航天国家均对国际合作给予高度重视，将其视为实现国家战略的有效手段和调节国际政治关系的有力杠杆。美俄继续保持航天强国地位，欧盟、日本、印度发展势头迅猛，更多国家开始参与世界航天活动。基于对航天技术在提升国际地位、展示综合国力等方面重要性的认识，尽管目标和侧重点不同，各国已纷纷将发展航天技术作为国家战略的重要组成部分。

我国虽然已经发展成为世界航天大国，但近年来欧盟、日本、印度发展迅猛，与美国、俄罗斯的差距进一步缩小，使我国航天面临着巨大的竞争压力。此外，更多的国家特别是第三世界国家陆续加入到航天国家行列，暂不会引起世界航天格局的根本变化，却可能给我国航天提供更多的国际化市场空间。

由于航天活动高投入、高风险的特点，国际航天资源整合加速进行，国际合作不断深化。当前主要航天国家已经在运载器、卫星应用、载人航天与深空探测等众多领域开展研发和经营合作，并且合作范围和渠道正在进一步扩大。遥感卫星，尤其是高分辨率卫星被多个国家与地区所拥有，不仅有美国、法国、俄罗斯等传统强国，而且印度、日本、以色列、韩国的发展各具特色，竞相发展，而大部分国家的应用面向全球数据市场。这种既合作又竞争的态势将持续很长时间。

(2) 空间技术/应用/科学整体水平大幅跃升。世界航天产业飞速发展，卫星遥感、卫星通信、卫星导航、太空旅游等新兴产业逐步形成，太空经济时代即将来临。当前，航天技术的产业化进程已经明显加快，大量空间科学技术研究成果得到了广泛的应用，卫星通信、遥感和全球导航定位等新兴产业正在逐步形成。在载人航天、深空探测等领域，国际空间站的建设与运行维护及人员运输保障是全球载人航天需求的重点，载人空间科学研究与实验的需求日益增长，太空旅游市场前景看好，其产业价值可以达到每年 10亿美元。涵盖空间技术、空间应用、空间科学形成的产业，以及进入太空、获取太空资源等衍生的产业的太空经济已经初具规模。

认识地球、监测地球的航天计划陆续实施，保护人类生存环境成为世界航天发展的重要主题。未来在自然环境保护、资源和能源开发、应对灾害性突发事件、应对生态环境威胁、应对宇宙空间环境威胁等方面对航天均有强烈的需求。NASA 提出的地球科学探索战略计划重点为提升地球观测能力；欧盟启动的全球环境与安全监测计划(GMES)主要为持续监测全球环境和资源；联合国机构、国际基金组织及多边合作组织等均积极建立各种国际组织和机构，以有效利用空间技术对重大灾害进行监测和管理。

(3) 航天遥感大国持续经费投入。目前，各主要航天国家均十分注重航天发展的顶层谋划和战略管理，均在以航天战略和规划为指导，超前部署进入空间和利用空间的能力。同时，各国重视航天法制建设，制定法律法规规范航天活动。各国大都实行了航天经费预算制，目前全球航天预算中来自政府的财政拨款占 70%左右。在航天科研生产管理方面，各国均将计划机制与市场机制实施融合。

2. 作用

航天遥感国际合作是实现航天发展战略目标的重要途径和关键因素，航天遥感国际合作战略是国家航天遥感总体发展战略的重要组成部分。航天遥感国际合作具有以下重要作用。

1)增强国家综合国力，提高国际竞争力

独立自主、满足我国对地观测需求特点、具有自主全球空间信息获取能力的民用航天遥感系统，对关乎国家经济安全的重大经济命脉、重大工程进行有效、持续、稳定的观测，对重大突发事件进行实时监测、快速反应，在国家陆地与海洋权益和国际竞争领域把握主动权，提升社会管理水平等方面具有重要的保障意义。强大的民用航天遥感系统是增强我国综合国力，提升我国国际竞争力，提高我国航天大国地位的重要保证。

2)为经济社会发展提供基础空间信息支撑

空间信息应用关系到国计民生的方方面面，农业、资源、交通、气象海洋、生态环境、防灾减灾、城镇规划、人口健康与公共安全、产业发展等各领域都迫切需要空间信息的支持。网络化卫星遥感系统，高、中、低轨道结合，大、中、小遥感卫星协同，高、中、低分辨率相互补组成，准确有效、快速及时地提供多种空间分辨率、时间分辨率和光谱分辨率的对地观测数据，极大地增强对我国国土及全球的自主观测能力和信息保障能力，为国民经济和社会发展各领域提供基础信息支撑，有效促进我国信息产业及相关产业发展。

3)加快产业化步伐，有效带动相关领域战略性新兴产业的发展

产业布局方面，民用航天遥感系统应用是名副其实的全球性的产业，以 SPOT、GeoEye 等遥感卫星为代表的系统纷纷布局海外，已经成功实现全球性商业运营与服务，产业发展的全球化是建立和保持国际竞争力的必然选择。这既为国际合作提供了良好基础，也导致了激烈的市场竞争。通过技术发展的"需求效应"和转化应用，将促进遥感卫星及其应用产业发展，其既是战略性新兴产业发展的重点方向之一，又对战略性新兴产业的整体发展具有强大的推动作用。

4)提高创新能力，促进我国民用航天遥感系统技术进步

航天技术代表着当代科学技术发展的前沿，通过民用航天遥感系统建设，突破卫星平台、载荷和应用等方面的核心关键技术，将不断提升我国航天技术的整体水平，促进我国民用航天遥感系统由技术跟踪向自主创新的快速转化。

3. 国际合作进一步认识

如前所述，国际合作的目的是基于合作方的利益判断，提升各自国际竞争力，增加各方的财富，而不是使其中一方受损。财富是什么？狭义的财富是指货币表现事物及货币本身，如物质流、能量流、技术流与价值流中能转换为货币的部分，包括自然矿产、技术工具、设施设备等。广义的财富是指人、人造事物、自然界及其间对人有利的相互作用过程的多因素组合，不仅包含货币化部分，而且包含有非货币化的内容，如知识、技能、人口、人口素质、社会发展水平等，既有物质上的，也有精神上的，不仅涵盖了前面提到的国际竞争力中的所有八大要素，而且包括了更多内容，涉及需求模型人的需求、价值与利益的方方面面。

当前一般公认比较综合的指标是人类发展指数(human development index, HDI)，这

是由联合国开发计划署(UNDP)在《1990 年人文发展报告》中提出的，以"预期寿命、教育水准和生活质量"为基础变量，按照一定的计算方法，得出的综合指标，其是用以衡量联合国各成员国经济社会发展水平的指标，以对应传统的 GNP 指标。HDI 是建立在提升每个人的能力和发展上的，按照需求模型人的 3 个层次 5 类需求，分为人身安全、健康；获得知识、体面生活、尊严、非歧视；自主权、人权等，涵盖了教育、卫生、社会经济等重要指标状况。

开展国际合作是竞合，在提升竞争力的同时，也在服务整个人类 HDI 的提升。涉及这些方面的因素均属于财富的范围。以航天遥感财富为例，其既包括了现代科学思维与现代科学知识、方法、技术、系统、数据等软硬件设施，也包括市场、机制体制、政策、标准等软环境条件，当然还包括了自然环境和最重要的人才资源。

4. 我国航天遥感国际合作中的关注要素

当前，我国在航天遥感国际合作中的总体规模、参与程度，以及在国际科学合作大计划中所起的作用与发达国家相比还有一定的距离，为提升我国在航天遥感国际合作中的地物与作用，主要关注以下几个方面。

1)顶层设计和战略

我国空间系统国际化发展和全球应用要服务国家战略，在国家层面形成统一的战略规划和行动计划，国际合作系统地纳入政治外交活动，对外交资源和渠道的应用有待进一步加强，在相关国际组织和多边平台上的话语权有待进一步提升。

由于在全面、统筹性的参与地球观测领域国际科技合作计划方面不够完善，我国在参与该领域国际科技合作中的系统性和整体性不够强，突出表现在不同机构参与目标不同，使得参与过程中各自为政，出现在某些领域不同部门机构投资、派员等重复参与，而在一些重大、重要、前沿性的高科技项目合作方面却出现了参与空缺。另外，各部门各自寻找渠道和机会参与国际科技组织的活动，布局不够合理，难以形成合力。上述原因使得我国在参与规模方面也显不足。目前，我国在参与国际组织的数量和人数等方面，在联合国系统国际科技组织中的代表性远不如其他 4 个常任理事国。

2)外部环境对合作需求的支撑能力

发达国家遏制我国航天发展的国际环境还没有实质性改善，美国长期以来以冷战思维对待我国航天发展，在限制对华高技术转移和合作交流等政策上不断加码，谋求遏制我国航天技术发展，维持其主导下的国际秩序。受美国的影响，欧洲与我国开展航天领域国际合作也存在很多困难。因而，我国参与国际重大航天项目，特别是美欧主导下的项目面临障碍重重。另外，目前我国空间系统整体水平和国外相比还存在较大的差距，集中表现在核心技术受制于人、标准滞后、运营经验不足、应用能力和产业化基础薄弱、国际市场开发不足，国际合作内在需求十分迫切。

3)国际交流与合作渠道的构建和利用

在卫星导航领域，北斗国际工作虽已取得一定成效，但在基准站、监测评估系统等的国际化部署上还存在政治、外交等多方面的现实困难，与发达国家之间的国际合作还不深入。在卫星通信、卫星遥感等领域，缺乏可以作为国际合作重要抓手的重大项目。

4) 国际合作政策的制定

在卫星通信领域，一些主管部门的有关规定已经无法适应发展需求；在卫星导航领域，北斗系统的对外服务政策、法规、标准尚不健全，国际化发展环境亟待优化；在卫星遥感领域，准予出口的光学卫星分辨率过低，不能满足国际用户需求，雷达卫星出口政策尚未开放，数据政策尚不明朗，严重制约了整星出口和数据出口的市场拓展。

5) 参与程度与利益的实现

近年来，我国在地球观测相关领域国际合作方面虽然加入了许多国际组织，参与了一些国际科学大计划，但无论是从参与组织中承担角色方面，还是从参与国际科学大计划中承担工作责任，以及在工作实施层面上扮演的角色来看，大部分情况停留在参加一些临时性会议、收集一些阶段性资料，了解一些基本进展等一般性活动，没有真正产生一些实质性的影响力。其重要原因之一就是我国在参与一些国际合作组织及计划中没有承担重要职务和角色。同时，我国科学家在国际科学组织的领衔科学家群体中数量较少，使得我国在地球观测领域国际科学决策、制订规则、制定重大科技计划、利用国际科技资源等方面不能占据主动地位，这也制约了我国科技成果推向国际的进程。以一体化全球战略伙伴关系国际组织为例，国际组织在该地球观测领域开展的大气、海洋、水循环、碳循环等主题工作中，我国参与的次数非常有限。

6) 国际化发展支撑体系建设与促进全球发展作用

推进空间基础设施国际化发展所需的平台和服务体系尚不完善，支撑空间系统全球应用的人才队伍也较为薄弱。虽然我国参与地球观测领域国际合作已有多年，但还没有针对该领域制定专门的、较为系统完善的国际科技合作相关政策。同时，缺少专门针对该领域特殊性和发展新趋势的人才建设和资金保障等政策，使得我国在参与国际合作的过程中，人员随机性较强，变动频繁，导致工作缺乏连续性，工作成果得不到有效积累，不同时期参与同一领域工作时，不能有效利用前人工作成果，有时甚至出现从零开始的局面，造成国家资源和经费的严重浪费。由于地球观测领域国际合作近年来发展迅速，许多单位和个人意识到其重要性，并有志于从事该领域国际合作研究工作或组织工作，但由于缺少必要的条件和没有相关执行渠道，这些青年科学家和从事国际合作的专业人员无法参与其中发挥作用。因此，要想使国际合作真正长期有效的健康发展，服务于国民经济发展总目标，就应该针对该领域的特殊性制定系统的人才建设与资金管理政策和办法，形成有效的地球观测领域国际科技合作保障机制。

9.7.2　国际合作层次分析与评价

1. 国际合作模式分析

航天领域国际合作是国家和地区间的财富各方面要素之间的合作，而利益目标的驱动和政府作用的影响是决定不同国家或者地区之间国际合作方式的两大主要因素，它决定着参与不同国家或地区之间的人力、物力、资金和信息等重新进行分配和整合的方式。一般情况下，国际合作过程方式如图 9.14 所示。根据这些生产要素的空间组织形式，以及它们相互之间联系的紧密程度，构成了开展国际合作的不同类型，这些不同的合作类型在国际合作中发挥着不同的作用。

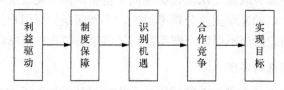

图 9.14　国际合作方式示意图

到目前为止，我国已与多个国家在航天领域开展多种方式的国际合作。例如，与美国开展的国际环境遥感大会、SPIE 亚太遥感大会、国际宇航大会等学术交流活动；与法国开展中法海洋卫星联合研制，与欧洲太空局开展欧洲卫星在中国应用示范的"龙计划"等；和委内瑞拉、尼日利亚等国开展卫星发射与运行合作，如 2012 年中国在西昌卫星发射中心用"长征三号乙"运载火箭，将"委内瑞拉一号"通信卫星成功送入预定轨道，这是中国首次向拉丁美洲用户提供整星出口和在轨交付服务。同时，中巴联合研制地球资源卫星项目被誉为南南合作的典范，已发射 4 颗卫星，卫星数据在非洲、南美洲、亚太地区得到广泛应用，并免费向非洲国家提供遥感图像等。

分析我国航天遥感的国际合作，可以发现与参与国家的政治因素、经济条件、文化背景、航天科技发展环境，以及合作的主要需求等因素密切相关，合作模式不拘一格、多种多样，对已有的合作模式进行定量化分析，归纳总结，将现有合作模式划分为以下 5 个层次：工程技术层、卫星系统层、分系统层、数据层、应用研究层，如图 9.15 所示。

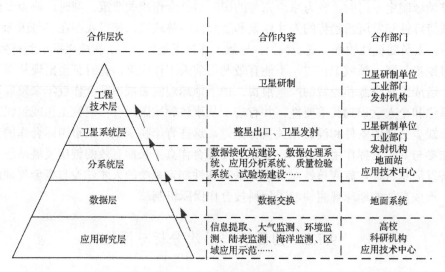

图 9.15　多层式合作模式

（1）工程技术层。从国家层面出发，开展政府间合作，涉及的合作单位主要为卫星研制单位、工业部门、发射机构，共同探索并分享技术进步，构成了某种形式的技术联盟。

(2)卫星系统层。从国家层面出发，开展政府间合作，合作研制卫星、卫星发射、数据接收及处理，涉及卫星研制单位、工业部门、发射机构、地面站及应用技术中心，主要涉及知识与技术效益的交流。

(3)分系统层。从国家层面出发，建立数据接收站、试验场、质量检验实验室等，或从民间科研机构出发，研制应用分析系统等。其是一种相较卫星系统的较小规模的交流。

(4)数据层。从国家层面出发，建立数据政策，为其他国家提供卫星遥感影像数据，涉及地面系统等单位，涉及服务的交流。

(5)应用研究层。以科研型机构及应用技术中心为核心，从遥感应用的角度，开展信息提取、大气监测、环境监测、海洋监测、陆表监测等基础研究。共同探索，增加各参与方对技术应用的掌握及对地球的认知。

航天遥感国际合作的 5 个层次可以覆盖整个民用航天遥感系统，如图 9.16 所示。这 5 个层次从遥感基础研究到卫星研制，从遥感数据推广应用到卫星发射综合国力提升，由底层到高层逐级推进，全面覆盖，形成完整的国家民用航天遥感国际合作模式。

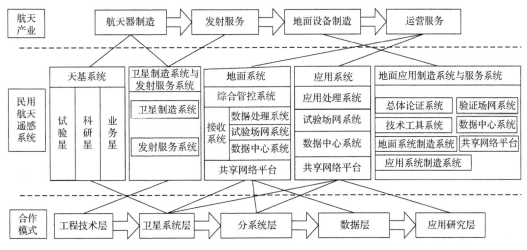

图 9.16　航天产业—民用航天遥感系统国际合作模式对应关系图

2. 国际合作内容分析

民用航天遥感国际合作共分为 5 个层次，不同的国家在不同合作层次上进行合作，争取利益最大化。例如，建议首先与航天遥感强国、经济强国进行应用研究级合作，逐步提高合作层次；对于有一定航天遥感基础、经济实力的国家，可积极探求在卫星系统级合作，建立区域级卫星星座；而航天遥感基础较弱或零基础的国家，可以首先通过数据交换、推动应用的方式，拉动其对民用航天的需求，进而开展高层次合作。各层次主要合作内容如下。

(1)数据层合作，合作方式有两种：标准数据合作和瓦片数据合作。

标准数据合作。提供经辐射校正和系统几何校正，并将校正后的图像映射到指定的地图投影坐标下的原始影像数据。

瓦片数据合作。提供按照"五层十五级组织模型"标准化的瓦片影像数据或瓦片数据产品，关于数据产品的具体描述参见第3章和第6章。

两种数据合作方式优缺点比较，见表9.11。

表9.11　标准数据合作和瓦片数据合作的优缺点比较

	标准数据合作	瓦片数据合作
优点	单景数据覆盖范围大	脱密数据，覆盖区域具有针对性，且包含多种增值服务产品
缺点	易受卫星载荷限制而不能进行合作推广	单个瓦片数据覆盖范围小

(2)分系统层合作，有两种合作方式：建立数据接收站和建立数据中心。

建立数据接收站：建立当地数据接收站，该方案要考虑到广播卫星、点播卫星及新建数据接收站对国内数据接收站的影响。

建立数据中心：由国内的数据中心向国外数据中心分发数据，相当于建立一个虚拟的卫星接收站开展卫星的任务申请与数据的获取。该方案在实现上较前一种方案容易实现，且成本少。

两种分系统合作方式优缺点比较，见表9.12。

表9.12　建立数据接收站和数据中心的优缺点比较

	建立数据接收站	建立数据中心
优点	数据接收方便	易实现，成本少
缺点	本国数据接收站受影响	数据传输受限于网络带宽

应用研究层合作，以科学研究为主要合作内容，如大气遥感监测与应用示范、植被遥感监测与应用示范、水体遥感监测与应用示范等。

卫星系统层合作，通过建立大区域级(如西亚北非区域、非洲区域或者南美洲区域等)空间基础设施，将轨卫星、待发射卫星、计划发射卫星统一建立虚拟卫星星座，提升航天遥感卫星的区域服务能力作为主要合作内容。

5个合作层相互关联层层递进，每一层都可能是航天遥感国际合作的开端，卫星系统层是我国进行国际合作的战略目标层。基于该合作层次有多种合作方案，方案分析如图9.17所示。

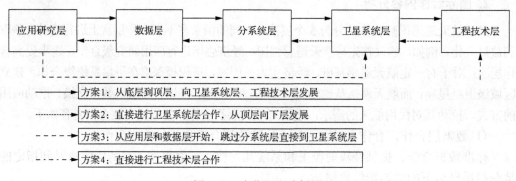

图9.17　合作方案分析图

方案 1：从底层到顶层，逐层向卫星系统层、工程技术层发展。在到达卫星系统层合作之前，已经完成应用、数据和分系统合作，合作内容基本能够满足且覆盖了全部的国家需求，很有可能造成合作国放弃费用更高的卫星系统层合作，所以该方案不利于战略目标的实现。

方案 2：直接进行卫星系统层合作，从顶层向下层发展，但能够实现的国家相对较少。

方案 3：从应用层和数据层开始，跳过分系统层直接到卫星系统层。从应用和数据的角度出发，培育合作国的航天遥感市场，同时提供少量相关服务，以达到刺激合作国进行卫星系统层合作的目的。

方案 4：直接进行工程技术层的合作，对双方的基础要求较高，目前在我国开展的国际合作中很少涉及。

5 个层次的合作方案优缺点比较，见表 9.13。

表 9.13　各层次的合作方案优缺点比较

	工程技术层	卫星系统层	分系统层	数据层	应用研究层
优点	促进技术交流	有利于卫星组网，建立卫星星座	数据接收方便	合作形式简单	合作形式多样，容易开展
缺点	技术流失	投入巨大	本国在轨卫星数据接收受影响	不利于深入在航天科技领域的合作	成果难以集中汇总

9.7.3　国际合作综合集成研讨厅分析方法

航天遥感国际合作策略是一个复杂行为，涉及因素广泛，包括政治、经济、文化、军事、科技等，且这些因素中有很多都同样重要，且彼此相互影响又相互制约（罗开元, 2007）。研究航天国际合作需要将这些因素定性描述，转化为定量指标，清晰地分析合作中的优势、劣势、机遇与挑战，预设合作的可能性，通过专家打分推演，客观准确地得出合作方式、合作内容。第 1 章提出的"综合集成研讨厅"方法、SWOT 分析方法和层次分析方法，本章在这些方法的指导下，研究提出了国际合作综合集成研讨厅方法。

1. 国际合作综合集成研讨厅方法的定义

国际合作综合集成研讨厅是将定性的国际合作形势，定量化为利益要素指标，以复杂的国际关系研究、国际合作方式研究、国际合作内容研究为主要目的，以"态势分析"和"层次分析"方法辅助专家决策的综合研讨系统。

2. 国际合作综合集成研讨厅方法的框架

图 9.18 为本书提出的国际合作综合集成研讨厅方法。其过程包括：利益要素分析、SWOT 态势分析、基于利益的层次分析、SWOT 方案分析。在此过程中，汇集各领域专家知识，不断迭代深化，最终得到合理化的合作建议。

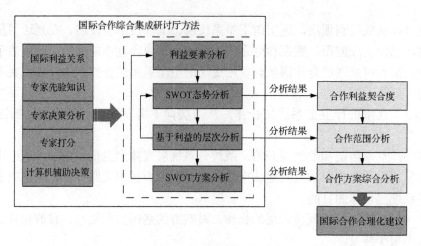

图 9.18　国际合作综合集成研讨厅方法流程图

3. 国际合作综合集成研讨厅方法分析步骤

(1)航天遥感国际合作一般符合如下原则：①符合国家利益，确保我国政策和合作延续性；②符合当前情况，有较明确的效益效益；③可以落实，有较强的实际操作性。

(2)建立利益要素的量化指标体系。

将当前国际合作环境、国家间的利益关系与财富分配进行定性描述，抽取主权、政治、社会、经济、文化、军事、科技共 7 个关键要素指标，建立利益要素的量化指标体系，用以进行层次分析，如图 9.19 所示。作为国家利益的具体表现，选取原因如下。

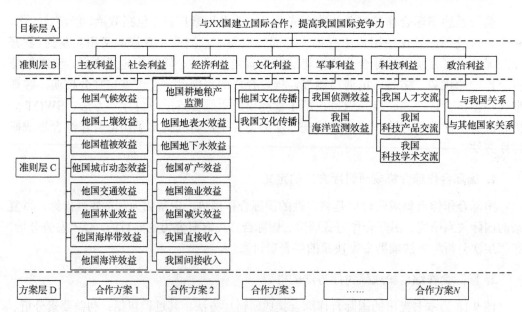

图 9.19　层级分析法递阶层次结构样例示意图

第一，主权利益，即主权独立是航天遥感国际合作的前提。主权是最高权威，即一个独立于世界上任何其他权威之外的权威。因此，依照最严格和最狭隘的意义，主权含有全面独立的意思，无论在国土以内或在国土以外都是独立的。拥有完全自主权力的国家在国家政治制度、经济发展模式方面拥有独立自主权。在国际法层面，各个国家无论大小、强弱，其主权是平等的，即发展权、领土权、人权的平等。合作对象国的主权，将影响国际合作的最终成败。主权独立的国家，能过保证合作的延续性、完整性。主权利益是政治、经济等各种利益的前提。因此，主权将作为利益要素的第一要素。

第二，政治利益是航天遥感国际合作顺利进行的关键。随着多极化世界形势的发展，国际政治利益的争夺更加激烈，政治利益的背后往往牵连巨大经济文化及军事的博弈。我国的国际合作同样高度重视政治利益，并将其作为我国国际合作的核心要素之一。

第三，社会利益是航天遥感国际合作顺利进行的基础。社会利益是基于一定的社会目标而对诸种社会要素和社会状态的共同需要所体现的利益形态，是人类社会存在的一切利益，是广泛个体利益的集中体现，是维护社会的自治和良性运转的保障，是具体的、独立的利益形态。

第四，经济利益是航天遥感国际合作的核心目的。当今世界的总体形势是和平，在和平年代，经济实力很人程度上体现了一个国家的综合实力，同时，和平年代的主旋律是发展，特别是经济的发展。因此，经济发展、经济利益是每一个国家的诉求。我国的国际合作，在考虑主权与政治利益的基础上，力求经济利益的最大化。因此，经济利益是利益要素的另一个核心要素。

第五，文化利益是航天遥感国际合作成功的重要助力。文化利益是国际合作的一个重要方面。文化利益不仅是我国的需求，更重要的是，由于国情的不同，文化利益往往决定了合作的成败，这种情况多发生在穆斯林等宗教国家。我国的国际合作在考虑自身文化利益需求的同时，同样注重合作对象国对文化利益的诉求。因此，文化利益是国际合作不可忽视的重要因素。

第六，军事利益是航天遥感国际合作的重要目的。国际合作必须考虑军事因素。军事力量是主权的保障，是一切利益的基石。由于政治因素的存在，对于我国来说，军事力量往往在国际交往中扮演了限制因素的角色。航空航天事业有浓厚的军事色彩，民用航天遥感事业的国际合作必须也考虑军事利益因素。在寻求突破西方军事科技封锁障碍的同时，同样要考虑自身的国防安全，限制与对自身有潜在威胁的国家进行航空遥感的合作。同时，军事建设有大量的航天遥感科技利益诉求，因此，军事利益要素是国际合作必不可少的因素。

第七，科技利益是航天遥感国际合作的重要动力。科学技术知识力量是一个国家民族力量的标杆，科技力量在条件下可以快速转化为经济力量和军事力量。航天遥感本身就是科技密集型产业，航天遥感国际合作目的的一个重要方面就是传播先进科技知识，并通过交流，促进航天科技的进一步发展。国际合作是否有利于科学技术的发展与传播是我国国际合作选择的重要标尺。同时，合作对象国的科技水平往往决定了其合作需求，影响合作模式的选择。因此，科技利益是航天事业国际合作的一个基本要素。

(3) SWOT 态势分析。

以合作国家的主权、社会、经济、科技等基本国情为分析对象，列举内部优势、劣势和外部的机会和威胁，并依照矩阵形式排列，把各种因素相互匹配，分析合作国家与我国利益的契合程度。

(4)基于利益要素的层级分析法。

基于利益要素的量化指标体系，结合 SWOT 态势分析结果，划分准则层，将 N 种合作方案作为方案层，聘请专家进行打分，计算各方案权重。权重总和为 1，平均权重 $1/N$，将权重大于 $1/N$ 的方案作为首要合作方案。

(5)SWOT 方案分析。

在以上分析结果的基础上，综合考虑政治、经济、国际关系等因素，分析已有的合作基础、已有的合作模式及预合作国家的航天遥感科技基础，利用 SWOT 分析法分析得到具有可操作性的合作方案。

4. 航天国际合作评价体系

中国航天遥感事业是否适合进行国际合作，以及合作行为能否延续的关键在于自身对其预期成果的实现程度，建立一套科学合理的航天国际合作评价体系并恰当地对航天国际合作进行判断是十分必要的。按照前面分析形成的评价体系，见表 9.14。

表 9.14　航天国际合作评价体系

序号	分类	指标
1	工程技术合作	合作研制卫星数量
		合作研制火箭数量
2	卫星系统合作	合作发射火箭与卫星的数量
		合作各分系统建设
3	分系统建设合作	卫星平台国外建设数量
		卫星平台国外运行时长
		数据预处理系统国外建设数量
		产品生产系统国外建设数量
		行业示范系统国外建设数量
		区域示范系统国外建设数量
		相关系统技术开发创新/性能指标
		相关系统应用推广行业/区域数量统计
4	数据交换合作	国产数据国外推广量
		数据交换量
		国外数据获取量
		国产数据信息产品国外推广量
		国产数据信息产品国外使用量
5	应用研究合作	国际合作研究项目数量
		国际合作研究单位数量
		国际合作研究领域数量
		国际合作人才培养数量
		国际合作成果汇总的数量
		国际合作对 GEOSS 等国际组织的影响力

9.7.4　我国航天遥感国际合作状态综合分析

1. 双边合作综合分析

当今世界虽然趋向经济一体化，但各个国家的不同社会形态、利益与价值观，往往决定了与这个国家的合作方式（赵春潮，2014；刘芳芳等，2012；罗格，2003）。根据各个国家发达程度、经济水平、航天实力等，以及与我国在政治、经济等各领域的关系，现阶段，合作国家对应的合作层级可归纳 5 类，见表 9.15，表中灰色表示已与合作国家开展的合作层级。

表 9.15　航天国际合作层次分析表

	工程技术层	卫星系统层	分系统层	数据层	应用研究层
以美国为代表的国家					
以德国、法国为代表的国家					
中西亚国家					
俄罗斯					
撒哈拉以南的非洲国家					
拉丁美洲国家					

（1）以美国为代表的国家，经济实力雄厚，科学技术发达，在航空航天领域具有世界顶尖水平。与这类国家进行航空航天合作，我国在坚持公平与独立自主的原则下，建立畅通的沟通渠道，谋求资本和技术的多方面合作。

（2）以德国、法国为代表的国家同样具备经济实力与科技实力。依托欧洲太空局平台推进与西欧的航天合作。与这类国家进行航空航天合作具有非凡意义，可找到资本与技术的平衡点，实现共赢。

（3）中西亚国家的经济发展现状参差不齐。少数富有国对科技有巨大需求，是航天事业发展的潜在国家，对于与它们在航天事业的合作，我们应保持积极的态度。该地区的社会、经济、文化、军事、科技等的稳定、发展和变化都会对中国造成较大影响，同时在航天遥感方面有巨大的潜力。可加强矿产资源遥感监测，促进卫星遥感技术、矿产资源遥感监测信息资源共享，以提供多星组成的对地观测星座及全套解决方案为最终目标，建立区域级空间基础设施。

（4）俄罗斯表示出强烈的深入合作的愿望，与俄罗斯进行航空航天合作，是我国航天事业不可缺少的部分。同时，与我国的合作也是俄罗斯重要的经济发展战略，我们应积极联系俄罗斯，并获得技术上的推动。欧亚大战略世界所有大国中，俄罗斯是唯一一个同我国没有深刻政治矛盾的国家，俄罗斯对我国欧亚外交的影响可见一斑。

（5）撒哈拉以南的非洲国家资源丰富，但是由于历史等种种原因，其长期处于缓慢发展阶段，经济落后。与撒哈拉以南的非洲国家合作，既要考虑已有合作关系、政治关系，更要考虑合作国家的经济情况，从经济务实的角度出发，选择正确的合作模式。中非合作论坛是中国和非洲国家在南南合作范畴内的集体对话机制。中非合作论坛部长级会议每 3 年举行一届。部长级会议召开前一年举行一次高官会议，为部长级会议做准备。2012

年 7 月 19 日上午,第五届部长级会议在北京开幕。中国与非洲国家的合作强调互利平等,在对非洲投资时旨在共同发展,逐步增强非洲自身的造血功能,非洲的强大使中国在国际上获得更多发言权的同时也获得了强有力的战略伙伴。

(6)近年来拉丁美洲国家经济发展势头良好,同时在科技上有所突破,并且对航天事业的发展投入了巨大热情。我国与拉丁美洲各国在经济、社会、文化、科技等方面开展了广泛的合作,应继续深化与其的合作,支持区域经济和社会发展,加强区域能源矿产、自然灾害遥感监测能力。

2. 多边合作综合分析

为全面增强我国航天国际化发展能力,应充分借助"一带一路"倡议等,依托亚太空间合作组织、地球观测组织等原有合作框架进行合作,并依据国际合作综合集成研讨厅方法给出民用航天遥感合作建议。

1)亚太空间合作组织

亚太空间合作组织(Asia-Pacific Space Cooperation Organization, APSCO)是由亚太地区联合国成员国组成的政府间国际组织,总部设于中国北京。该组织的宗旨是通过推动成员国之间空间科学、技术及其应用多边合作,并通过技术研发、应用、人才培训等事务在成员国之间开展互助,提高成员国空间能力,促进人类和平利用外层空间。APSCO的前身为"亚太空间技术应用多边合作会议",2005 年 10 月 28 日 8 个成员国签署《亚太空间合作组织公约》,标志着该组织正式成立,截至 2006 年 6 月共有 9 个签约国,包括孟加拉国、印度尼西亚、伊朗、蒙古国、巴基斯坦、秘鲁、泰国和土耳其。

APSCO 的总部设在北京,成员国的分布区域较广,其中一些国家更与我国相邻。建议将成员国划分梯次,见表 9.14。航天遥感技术涉及国防安全,我国应积极主动地和第一梯次国家寻求深入的航天遥感全方位的合作;第二梯次选择航天基础较好、与我国睦邻友好的国家,建议在 APSCO 框架下,有针对性地进行层次的航天遥感合作;第三梯次国家相对航天遥感基础弱,经济基础弱,建议从本国利益出发,选择性开展合作。合作领域包括空间技术及其应用,如对地观测、灾害管理、环境保护、卫星通信和卫星导航定位,以及空间科学研究、空间科学技术教育、培训等。

2)地球观测组织

地球观测组织(Group on Earth Observations, GEO)成立于 2005 年 2 月,是地球观测领域最大和最权威的政府间国际组织。其目标是制定和实施全球地球综合观测系统(GEOSS)十年执行计划,建立一个综合、协调和可持续的全球地球综合观测系统,更好地认识地球系统,为决策提供从初始观测数据到专业应用产品的信息服务。GEO 从最初的 33 个成员国和欧盟及 21 个参加组织发展到目前(2014 年 11 月)的 94 个成员国和 77 个参加组织,得到了许多国家和国际组织的高度关注和积极支持。亚大区域共有 16 个 GEO 成员国,其中中国、日本、韩国和澳大利亚是 GEO 执委会成员,在推动 GEO 成立和发展中发挥了重要作用。亚大区域 GEO 成员国也在积极发起或参与全球性地球观测行动,为 AfriGEOSS、GEOGLAM、GEO BON、GFOI 和 Blue Planet 等行动开展了大量工作，全面参与了 GEO 工作计划任务，努力实现"综合、协调、可持续的全球地球综合观测系统"(The Global Earth Observation System of Systems, GEOSS)目标。

GEO 是地球观测领域最大和最权威的政府间国际组织，不单独隶属于一个国家。在过去 10 年间，我国积极主动参与地球观测组织的各项工作，协调国内地球观测资源，推动中国综合地球观测系统的建设，服务于国家经济社会的建设和全球可持续发展。目前，国内优势力量单位和专家正在组织开展中国 GEOSS，积极推动支持亚洲-大洋洲 GEOSS (AOGEOSS) 的建设(GEO initiatives GI-22)。基于对需求驱动理论、重点任务和政策环境等内容进行综合分析，论证形成全球综合地球观测系统的发展战略，明确中国 GEOSS 2016～2030 年的战略目标为"面向中国全球发展战略需求，到 2030 年，实现全球综合观测的高动态、一致性、全链条能力建设"。

在 GEOSS 框架下开展 AOGEOSS。这是首个由我国主导并纳入 GEO，由我国和日本、澳大利亚共同牵头，联合亚大区域 GEO 主要成员国及参加组织推动的区域性全球综合地球观测系统计划，旨在统筹协调亚大区域国家的地球观测系统数据、技术、人才等资源，推进区域综合地球观测系统的建设，为全球和区域可持续发展目标的实现提供科学的决策依据。其重点关注了亚大区域综合地球观测系统建设、数据共享与服务、数据应用及推广等重要议题，在水循环监测、生物多样性观测网络、全球碳监测、海洋生态监测及农业与粮食安全等应用主题进行广泛合作。

3) "一带一路"空间信息走廊

"一带一路"是"丝绸之路经济带"和"21 世纪海上丝绸之路"的简称。"一带一路"发端于中国，贯通中亚、东南亚、南亚、西亚乃至欧洲部分区域，东牵亚太经济圈，西系欧洲经济圈，总共涉及 65 个国家，其中沿途有 17 个代表性国家：塔吉克斯坦、马尔代夫、斯里兰卡、印度、蒙古国、韩国、荷兰、法国、德国、比利时、俄罗斯、印度尼西亚、马来西亚、土库曼斯坦、哈萨克斯坦、乌兹别克斯坦、吉尔吉斯斯坦。

"一带一路"是开放包容的经济合作倡议，不限国别范围，不是一个实体，不搞封闭机制，有意愿的国家和经济体均可参与进来，成为"一带一路"的支持者、建设者和受益者。相关国家的分布区域较广，其中一些国家更与我国相邻。航天遥感技术涉及国防安全，我国积极开展，主动和第一梯次国家寻求航天遥感全方位的深入合作；第二梯次选择航天基础较好、与我国睦邻友好的国家，建议在互利共赢的框架下，有针对性地进行层次的航天遥感合作；第三梯次国家航天遥感基础相对弱，经济基础相对弱，建议从本国利益出发，选择性开展合作。

中国还积极参与国际宇航联合会、国际空间研究委员会、国际宇航科学院等非政府间国际空间组织和学术机构的活动，组织召开世界月球会议、卫星导航国际委员会会议等多个国际性会议，促进深空探测、空间碎片等议题的国际交流。

中国积极参与全球卫星导航系统国际委员会、地球观测组织、国际深空探测协调机构、机构间空间碎片协调委员会、国际地球观测组织、世界气象组织等政府间国际组织的各项活动，务实推动卫星导航、地球观测与地球科学研究、防灾减灾、深空探测、空间碎片等领域的多边交流与合作。

第10章　面向创新的航天遥感能力体系分析方法

航天遥感发展战略是竞争与合作的战略，更是技术创新的战略，创新对战略实施有全方位的影响。按照第1章有关科技与应用过程的论述，创新实践是在一定的科技知识积累与智慧条件下发生的，通过创新实践过程来实现。本章重点针对技术能力体系进行分析，关注知识积累与条件的物化表现，有效支持与保障创新活动的开展。

10.1　面向创新的航天遥感能力体系概念

按照广义航天遥感系统组成定义，航天遥感能力体系是建立在软硬环境中，将需求转化为天基系统、地面系统、应用系统并保障其综合运用的能力体系，包括卫星制造与发射服务系统、地面应用制造与服务系统。其作为一个将各类资源转化成高新技术产品的"生产车间"，从技术角度看应有哪些能力状态与变化特征呢？本章针对地面应用制造与服务系统的技术要求进行分析并开展评价方法研究。对于一个有竞争力的地面应用制造与服务系统，其创新力的提升是最关键的因素，因此，本章着重分析面向创新的航天遥感能力体系。

10.1.1　定　　义

1. 创新概念理解

创新，顾名思义，创造新的事物。创新在我国古代主要指的是人的管理，如《魏书》的"革弊创新"，《周书》的"创新改旧"，含义近同的词汇有维新、鼎新等。熊彼特在其著作中提出创新是把一种新的生产要素和生产条件的"新结合"引入生产体系。它包括新产品、新生产方法、新市场、获得原材料或半成品的一种新的供应来源、实现任何一种工业的新的组织5种情况。熊彼特的创新概念包含的范围很广，如涉及技术性变化的创新及非技术性变化的组织创新(熊彼特, 1912)。按照MBA词条解释，创新是指以现有的思维模式提出有别于常规或常人思路的见解为导向，利用现有的知识和物质，在特定的环境中，本着理想化需要或为满足社会需求而改进或创造新的事物、方法、元素、路径、环境，并能增强效能与效益的行为。

从以上内容可以总结出，创新是人认识与改造世界过程中能体现出新价值的实践过程，即采用一种具有某个或若干个方面突变特征的成长方式来利用资源、构建共识、形成市场，达到满足人需求的目的。创新可以发生在需求提出到需求满足过程中的任意环节，是一种让人满意的解决方案，被证明的想法或成功的发明，即创新是新认识、新技术、新价值、新利益格局的综合或其中一部分，涉及理论概念、技术发明、商业成功等多个方面。

创新是以新思维、新发明和新描述为特征的一种具有变化特征的概念化过程，作为人类特有的认识能力和实践能力，是人类主观能动性的高级表现形式，体现了主体的思维对第二类认识论信息的创造、升华和深化，是一种信息再生过程，有赖于与外界环境进行密切的接触，在这个过程中已有的知识积累是创新有效保障，同时充满智慧的实践过程是创新基础，即创新是基于知识的智慧过程。

从技术创新角度考虑，信息获取、技术获取、产品开发与工艺创新是技术创新的核心过程，这些环节是技术创新本身的组成部分和具体体现，它构成了创新主体获取技术创新能力的过程(陈劲和张方华，2002)。从产品创新角度看，产品创新力是创新主体为了占有市场并获取利润，科学应用其内外部资源，从事产品创新而贯穿于新产品的研究、开发、生产、营销全过程的综合能力(杨东奇，2001)。总体来说，创新能力主要包括产品创新能力和技术创新能力，是获取核心竞争力的关键。

2. 能力与能力体系

"能力"一词一般是用来描述人的。从心理学角度看，能力指人顺利地完成某项活动的个性心理特征(董纯才，1985)，是直接影响效率、使活动顺利完成的个性心理特征(韩永昌，1993)。从功能角度看，能力是人在观察力、记忆力、想象力等智力因素基础上形成的掌握知识、应用知识、进行创造的本领(杨德广，2010)，即人为取得预定成果，与顺利完成某项活动有关的知识、技能、智力的综合(李绍印，1981)，能力＝技巧或技能＋知识(B.S.布卢姆等，1986)。综上，能力实质上指人认识与改造世界的智慧和才能(赖奕樵，1980)，是人在认识世界基础上按照其意图改造世界的潜力或程度的表现，可通过将一种或若干种资源按照某种意图转变为另外一种或若干种事物所具备的条件与产生变化的度量来进行描述。

按照第 1 章有关关注对象的描述，能力作为人利用科技开展实践的状态与实践过程中的表现，总是与人的实践活动相联系，离开实践活动就无从表现与评价能力，也不能发展能力。同时，能力往往是对不同性质、不同形式的多个系统组合及其运行的体现，多个系统有效组合构成能力体系。这里，能力体系指由不同系统组成的专业性系统集合，即按照人的意愿在一定范围内将相关事物按照某种秩序和关联程度组合而成的整体，通过协调运行，支撑并构建出一个充分利用科技手段并反映人的意图的实践过程，有效将体系外部事物转化成对人的某种需求的满足。

仅就能力体系的组成看，一方面是一种人造事物，具有人造事物的各种属性；另一方面就其运行看，是人蕴含智慧的实践过程。形象地讲，知识、资金、政策、人力、设施等软硬环境系统像土壤滋养着不同种类树木一样支撑着多种能力体系，在不同需求牵引下，在一段时间里，这些能力体系通过人对其进行操作与运行，生长结出不同的果实，这个果实是用来满足人的需求的人造事物。例如，将知识积累、设施、资金、政策、人力等社会资源按照一定规律整合形成的制造能力体系，可以用来生产出产品等。以同样方式形成的服务能力体系，可以用来提供有效、连续的服务等。能力体系按照第 1 章霍尔三维结构描述，可以表述为科学技术知识、现代科学方法及人造事物发展实践过程的综合。

能力体系不仅内部要有序，而且要对社会资源有"吸引力""呼唤力"与"号召力"，与资金、政策、市场等共同发挥作用。需求发展、航天遥感技术发展等因素影响，对能力体系的要求不断提升，这反过来也同时促进各相关社会资源的发展。

作为一种人造事物，能力体系与人的活动密不可分，人在认识与改造世界的活动中，人的认知不断深化，通过发现、识别、确认等方式满足人的好奇心，从而使想法概念化，即完成创新的过程。提高航天遥感能力有赖于对人的创新过程的引进、消化、吸收、转化、提升，从而提高对资源的转化能力。

3. 面向创新的航天遥感能力体系

面向创新的航天遥感能力体系(以下简称创新能力体系)是使创新有更高成功率的能力体系，通过提供能更加"多快好省"实现并验证人想法的工具，促进实现一种指向成功的实证过程。按照本书 1.3.2 所述，面向应用的航天遥感只针对航天遥感系统中直接关联到信息流的部分，即狭义的航天遥感系统。这部分的论证、设计、建造、运行服务、改造与升级所依靠的是卫星制造与发射服务系统、地面应用制造与服务系统等广义航天遥感系统的组成部分。本章重点考察有关应用技术论证、设计、制造、运维等部分的主要因素，航天遥感能力体系具体指广义航天遥感系统中的地面应用制造与服务系统。航天遥感能力体系作为衔接狭义航天遥感系统与社会资源的纽带环节，盘活并将相关资源转化为专业能力。一方面通过其转化能力将获取的需求转化为地面应用系统的制造；另一方面通过其支撑能力来维护地面应用系统服务。

10.1.2　作　　用

对创新能力体系也有一个发现、理解、评价与利用的过程。开展创新能力体系研究主要有 4 个作用。

1. 有效把握地面应用制造与服务系统状态和变化过程

通过构建能力体系概念，有效对地面应用制造与服务系统进行定义，明确其内涵与外延，按照系统工程方式，分析其结构、组成与功能。同时，可有效分析其受其他相关系统，如受软硬环境系统约束、任务需求、自身发展积累情况等因素的影响，进而按照现代科学论证模式，构建量化模型，可有效把握航天遥感系统应用的能力状态与过程。

2. 对地面应用制造与服务系统建设和运行的量化评价成为可能

通过开展地面应用制造与服务系统建设论证，对其转换能力在创新性、技术完备性与水平、整体效果、投入产出等效能、效益方面开展分析，使得构建对能力体系的评价体系成为可能。这种评价体系的构建，特别是针对我国系统性、基础性研究及与遥感卫星技术发展脱节的实际情况有十分重要的作用。

3. 更有效利用与促进软硬资源统筹

开展要素层分析并凝练出创新能力体系框架结构，构建能力建设的标准化流程及能力体系建设重点，利用多种资源，形成合理完善的创新能力体系，转化为对地面应用系统的制造并维护其运行服务。与此同时，基于需求发展及技术革新的推动作用，对地面应用制造与服务系统的要求不断提升，更有效地利用与促进软硬资源系统的发展。

4. 提高航天遥感系统核心竞争力

核心竞争力，又称"核心（竞争）能力""核心竞争优势"，指的是组织具备的应对变革与激烈的外部竞争，并且取胜于竞争对手的能力的集合。核心竞争力的高低与强弱主要表现在核心产品水平、核心技术水平等方面，创新能力对核心竞争力的提升作用就是通过提升核心产品与技术等方面的水平而实现的。技术创新水平的高低、能力的强弱及其发展速度的快慢主要表现在核心竞争力提升的需求，以及创新研发的技术手段、经费支撑和创新氛围等方面。核心竞争力对技术创新的促动作用就是通过进一步强化上述诸方面的作用而实现的。创新能力与核心竞争力的相互促进，使得地面应用制造与服务系统的能力不断提升。

10.1.3　研　究　内　容

创新能力体系研究包括模型化构建、能力建设分析、技术试验条件保障设施分析等。

1. 模型化构建

将创新能力体系进行模型化构建，形成与人的思维相耦合的能力体系结构和组成模型是能力体系建设的第一环节。通过对能力体系的组成与关联要素进行分析，凝练出创新能力体系整体框架模型及流程标准化模型，并对能力要素进行具体分析研究，建立评价指标体系，指导地面应用制造与服务系统的功能分析、建设评价及建设内容分析。

2. 能力建设分析

对地面应用制造与服务系统进行能力建设分析，从每一能力类别的内容、形式、作用、评价方法、关键发展方向等方面进行分析，确保完整、灵活创新、高效、可持续的能力体系的构建。

3. 技术试验条件保障设施要求

不同阶段、不同层次的实验环境是现代科学范式下对科学与技术研究的必要条件。能力体系建设离不开技术试验设施的保障。按照科学研究 4 个范式开展实验系统、计算机系统评价技术条件等技术试验设施条件保障，是能力体系的重要组成部分。

10.2　创新能力体系模型构建

10.2.1　组成与关联要素分析

地面应用制造与服务系统是一个由若干能力要素构成的综合系统，是不同层次、不同结构的多种能力要素作用的总和，创新能力体系是资源要素、过程要素、组织要素综合作用于产品创新研发全过程形成的综合能力（徐建中等，2011）。

1. 创新资源要素

与狭义航天遥感系统一样，作为人造事物，能力体系具备技术流、信息流、物质流与价值流。同时，在生产航天遥感系统中体现了人与人造事物的共同作用，人的创新作用是创新能力体系的重要资源。以人为核心，与附着其上的人文思想、学术思维及相关人造事物，如金融与资金、技术与信息、政策法律、设施保障等共同构成了创新资源要素。

人才。人才特指掌握一定的专业知识或专门技能来进行创造性劳动的劳动者，是具有高增值性和唯一具有能动性的资源，是创新之本。创新始于人的灵感与创意，其实现最终也要落脚于人的实践活动中。特别是面向创新能力体系建设的重大基础研究、关键技术和重大工程，以及领域应用所需要的原创型和复合型高层次人才、优秀经营管理人才和高级专门技能人才，是创新能力体系建设的战略性资源。

金融与资金。金融与资金是价值流的一种体现，是确保实施创新活动的物质保障，创新能力体系建设需要大量资金支持。通过融资渠道吸引外部资金已成为创新能力体系建设的重要获取途径。

技术与信息。技术与信息是一种软工具，包括长期积累并不断完善的涵盖遥感科学基础研究、遥感处理分析技术、遥感业务化应用、遥感工程和产业化的遥感科技创新技术体系及相应的实测数据、先验知识、基础地理、人文、经济数据，以及数据的描述性信息等。其中，技术是创新活动的支柱，对创新活动的其他资源起到加强和替代的作用；信息是创新活动的手段，对创新活动的其他资源的功能发挥起到支配的作用。

政策与法律。政策与法律是社会主导力量的意志反映，鼓励创新的政策与法律能够保护创新，指导和规范创新活动的利益分配等。

设施保障。配套保障条件作为重要的资源要素，能为创新能力体系建设提供必要的支撑，具体包括仿真系统、实验室、实验场与真实性检验站网等。

2. 创新组织要素

创新能力体系将一种或若干种资源按照某种意图进行转换，在资源的转换过程中，其对转换过程的选择与管理尤为重要，组织管理水平的提高有助于技术与产品创新活动。组织管理渗透在创新能力体系建设过程中的方方面面，通常通过科研工程的现代管理方式以达到预期目标，并通过组织结构关系、规章制度等来实现有形化。

具体来讲，对技术要素的组织管理包括组织构建、实施过程管理、创新风险管理、成果集成管理与信息化管理等。这部分内容将在第 11 章中详细描述。

3. 创新过程要素

结合第 1 章相关内容，研发与论证、设计与制造、综合集成与运行、效果评价与效能分析是航天遥感应用过程中的关键环节，而创新过程渗透在每个关键环节中。

研发与论证。航天遥感科学论证通过认识、思路、理论、方法、技术、工程、实践等若干层次上的积累，综合分析需求，提出对航天遥感系统设计、建造、服务与能力建设的分析与评价，同时把握与需求的关系，并实现需求。

设计与制造。支持开展系统总体结构与功能、数据流图、分系统接口协议设计，制定系统总体建设方案，构建指标与指标评价体系、技术规范与质量控制体系，完成信息、技术、设施、价值链构建。

综合集成与运行。通过实践实现预期的价值，满足需求。通过处理加工平台及应用示范推广平台，提供高质量、方便快捷的综合应用服务和信息产品、大型软件与重大应用运行系统等战略产品。

效果评价和效能分析。为航天遥感应用提供基础的实验及验证条件，为航天遥感应用模型算法与处理流程验证、数据处理能力、数据精度测试、科学数据与业务化数据互校、仿真分析、定标与真实性检验、应用效能评估等工作的开展提供实验条件与公共支撑设备，形成对航天遥感应用的全流程核心条件保障。

10.2.2　整体框架模型

基于组成与关联要素分析，通过对转化过程的组织管理，按照业务流程及其关键环节搭建出能力体系的系统结构，具有创新研发等多个功能。

1. 功能建设

基于研发与论证、设计与制造、综合集成与运行、效果评价与效能分析等几个创新过程要素，创新能力体系应涵盖创新研发与论证能力、设计能力、制造能力、AIT（assembly integration & test）封装、集成及测试能力。基于人才、金融与资金、技术与信息、政策与法律、设施保障等创新资源要素，创新能力体系应涵盖信息化能力、设施保障能力。因此，创新能力体系包括创新研发与论证能力、设计能力、制造能力、AIT 能力、信息化能力、设施保障能力。其中，创新研发与论证能力是创新能力体系的最主要能力，而设计、制造、AIT、信息化、设施保障五大能力既承接创新研发与论证能力，又与其融会贯通，共同构建功能完善的能力体系。

(1) 创新研发与论证能力。根据民用航天遥感系统发展所需的技术能力持续提升需要，系统开展民用航天遥感系统专业技术创新研发与论证的过程和行为，从而保证民用航天遥感系统持续、跨越发展。

(2) 设计能力。为设计人员提供策划、构思、分析和仿真、试验验证等手段，支撑设计人员确定民用航天遥感系统、分系统、单机和部件的功能、性能和接口，并通过仿真、试验等手段对设计进行验证，从而确保依次建设的民用航天遥感系统能够满足用户特定需求，并且达到合理可行甚至最优的能力。

（3）制造能力。航天遥感系统的制造遵循系统工程理论，按照总体分解的各系统功能和接口要求，通过加工生产、集成装调、检验测试等手段实现各级产品生产的过程。

（4）AIT 能力。AIT 能力是航天遥感系统整体能力构建、检验的环境，是航天遥感系统正常、可靠运行的保障。作为航天遥感系统集成环节，AIT 能力将各分系统的设备及结构有机组合成能够满足设计指标要求的运行服务体系，对实现航天遥感服务起到至关重要的作用。其包括所必需的原材料、辅助物资及实验条件等。

（5）信息化能力。信息化能力是指广泛将信息技术应用于航天遥感系统的设计、制造、试验和管理全过程，建设信息化环境，包括所必需的原材料、辅助物资及实验条件等，形成内外信息交互能力和体系，提升航天遥感系统研制生产水平及对外交互能力。

（6）设施保障能力。设施保障能力是指航天遥感系统建设所必需的原材料、元器件、辅助物资及实验环境等。

2. 结构建设

基于 10.2.1 一节对创新能力体系构成创新资源要素、创新过程要素、创新组织要素的分析，依据系统工程理论，搭建创新能力体系结构模型。

创新能力体系的创新资源要素、创新过程要素、创新组织要素位于 3 个不同层次，形成一个类似三层轨道性质的结构模型，如图 10.1 所示。其中，由人才、金融与资金、技术与信息、政策与法律、设施保障等创新资源要素构成的轨道，内嵌于能力体系结构的最里

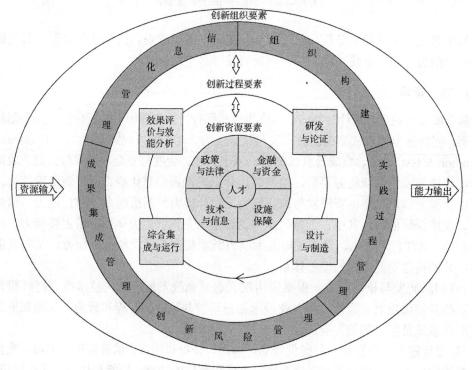

图 10.1　创新能力体系结构模型

层，是构成能力体系的基础；由研发与论证、设计与制造、综合集成与运行、效果评价与效能分析等创新过程要素构成的轨道位于创新能力体系结构的中间，运用各种资源要素和组织要素进行能力建设活动，是能力体系形成的有机环节和中坚力量；由组织构建、实施过程管理、创新风险管理、成果集成管理与信息化管理等创新组织要素构成的轨道位于能力体系结构的最外层，是保障能力体系有序、高效、合理、健康发展的关键子体系。

三层轨道式创新能力体系结构模型展示了创新资源要素、创新过程要素、创新组织要素的相互关系，如图 10.2 所示。通过该结构模型可以反映在创新能力体系运行过程中，创新资源要素、创新过程要素、创新组织要素不仅在三层轨道上独自运动，而且各要素间基于应用需求与资源配置形成协同的互动，使得各层轨道的运动通过桥梁得以交融，这些桥梁主要是通过创新资源要素、创新组织要素参与能力建设过程而形成的联系，具体表现在市场需求、技术推动、基础支撑、人才供给、能力保障、任务牵引、合同签订、指挥关系及政策发布等方面。这些桥梁关系，使得创新资源要素能够充分地依附于创新组织要素，通过创新组织要素的能动作用积极参与到创新能力建设过程中，促进创新能力体系的螺旋上升，激发航大遥感应用能力的形成，并得以通过有形的系统进行能力的输出。据此，形成了创新能力体系框架模型，分为 3 个层次。

第一层是要素层，根据能力体系建设重点要素分析，从创新资源要素的角度，人才、金融与资金、技术与信息、政策与法律、设施保障是创新能力体系建设的重要资源。从创新组织要素的角度，组织构建、实施过程管理、创新风险管理、成果集成管理与信息化管理保障创新能力体系建设的组织实施。从创新过程要素角度，创新过程关键环节的有效组织、实施也必然包含着创新资源要素和创新组织要素的支撑。

第二层是能力层，由要素层转化而来，包括创新研发与论证能力、设计能力、制造能力、AIT 能力、信息化能力、设施保障能力。创新资源要素、创新过程要素和创新组织要素综合作用并将这种作用力转化为创新能力体系的各种能力。

第三层是系统层，由能力层转化而来，即创新能力体系将相关资源转化为专业能力，并将这种能力以专业化系统的形式展现出来，这个系统即为地面应用制造与服务系统，包括总体论证系统、技术工具系统、地面系统制造系统、应用系统制造系统、验证场网系统、数据中心系统及共享网络平台等，创新蕴涵在各子系统的活动中。总体论证系统以服务应用为目标，开展天基、地面、应用的需求总体协调与技术指标设计，开展新型探测技术中载荷、产品与应用成熟度提升与评价；技术工具系统是开展组成地面、应用系统所必需的软硬件共性、基础工具的设计、研发、制造平台，促进整个系统国产化率水平的提升。这两个系统蕴含了创新研发与论证能力及设计能力。地面系统制造系统与应用系统制造系统是开展需求、工具、专业系统等集成于一体，形成功能完备地面/应用系统的系统，蕴含了制造能力和 AIT 能力。验证场网系统是对技术与系统进行评价的基础设施，包括综合试验场、实验室、仿真中心等，蕴含了对自主创新的设施保障能力。数据中心系统是面向论证、设计、制造、集成、运行等各环节相综合的综合数据库，并承担数据存储、分发、服务的设施；共享网络平台是实现信息共享的基础性平台，这两个系统蕴含了对自主创新的信息化能力。

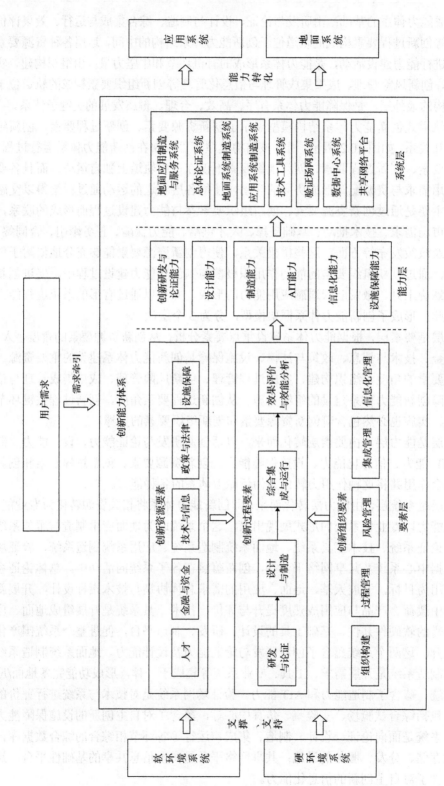

图 10.2　创新能力体系框架

综上，即形成了创新能力体系的框架模型，在不同需求的不断牵引下，地面应用制造与服务系统在软/硬环境系统的支撑下，盘活并将创新资源要素/创新过程要素/创新组织要素转化为专业能力，这种能力促进地面应用制造与服务系统不断论证、设计、制造、改造与升级，进而形成地面应用系统，并支持地面应用系统的运行服务；与此同时，地面应用制造与服务系统通过不断的技术创新与能力提升促进航天遥感产业生态系统的发展。反之，由于需求发展、航天遥感技术发展、产业发展等因素影响，对地面应用制造与服务系统的要求也不断提升，其反过来也同时促进软/硬环境系统的发展。

10.2.3　流程标准化模型

从创新能力体系的角度介绍其建设的标准化流程，各能力建设的标准化流程支撑创新能力体系的构建。

1. 创新研发与论证流程

创新研发与论证以满足需求论证为目标，以产生创新构思为起点，按照需求分析标准实践过程 GPP 包括以下几个阶段。

(1)明确需求、理解需求、产生创新构思。来自于人的推测、创意、发现或对市场机会的感受。

(2)创新构思评价。根据技术、商业、组织等方面的可能条件对创新构思进行评价。

(3)创新计划。选定创新方向，制定创新计划。

(4)提出设计原型。综合已有的科学知识与技术经验扩充创新构思，提出实现创新构思的设计原型。

(5)开发试验模型。将设计原型转变为实验原型，以验证设计原型的可实现性。

2. 设计流程

创新能力体系的设计把需求通过某种方式转化为专业数据与信息，实施 IDSH 研发与建设 GPP，其设计流程如图 10.3 所示，主要包括以下几个阶段。

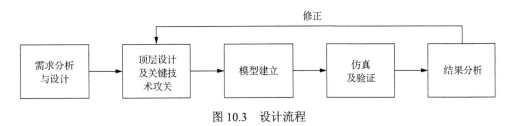

图 10.3　设计流程

(1)需求分析与设计。衔接需求论证过程，用工程化手段解决遥感系统建设的有效性问题，包括需求开发、需求管理和需求检验等。

(2)顶层设计及关键技术攻关。根据需求分析结果，确立系统的技术指标体系，建立顶层设计方案，以及确定急需攻关的技术。

(3)模型建立。建模过程包括系统概念化和模型程序化，用以验证概念、方案、指标的正确性及攻关技术的可行性。

(4)仿真及验证。仿真过程包括模型行为的认识和改进、灵敏度分析与探索性分析、模型的改进，以及方案、指标、技术的改进。

(5)结果分析。结果分析包括策略的分析与评价、策略的使用或执行，分析结果作为修正方案的依据。

3. 制造流程

实施 IDSH 研发与建设 GPP，民用航天遥感系统的制造流程是严格按照系统工程的"V 形模型"理论的要求进行的，如图 10.4 所示。系统总体首先从使用要求（或技术发展要求）及上层更大系统的约束条件出发，经过分析综合得到一个初步的系统体系结构和性能参数。然后，根据研制对象的特点，把系统逐级分解到易于掌控的层次，并使它们成为不同参与单位和人员的具体工作。分系统根据系统总体要求和约束条件，从部件、分系统到系统逐级进行分析、设计、协调、集成和验证，最后得到满足使用要求的系统产品。

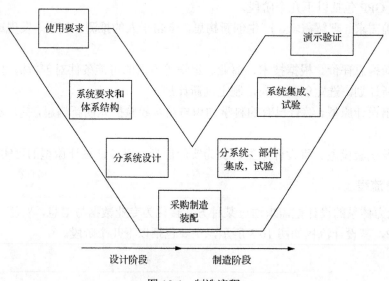

图 10.4　制造流程

4. AIT 综合集成与测试流程

实施 IDSH 研发、建设、综合集成流程如图 10.5 所示，主要包括以下 4 个阶段。

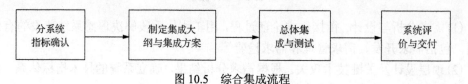

图 10.5　综合集成流程

(1)各分系统性能指标确认。该阶段主要是在综合集成前,确认各分系统满足设计要求,达到各分系统的设计指标。

(2)制定集成大纲和集成方案。该阶段主要是要创建一个满足总体目标的系统集成解决方案,如集成的步骤、注意事项、问题解决办法等。

(3)总体集成及测试。该阶段主要是按照集成方案和集成大纲对各分系统进行集成,形成最终的满足设计要求的系统,其间开展测试与验证,以显示能否满足设计要求。

(4)系统评价与交付。该阶段主要是根据系统集成后的测试结果做评价,对满足最初设计要求的地面应用制造与服务系统执行运行任务,并最后交付用户。

5. 信息化流程

实现信息化体现在标准实践过程(GPP)上,主要包括以下几个步骤。

(1)战略布局。确保自身的战略方向与业务的战略、行业的动态性和领域的核心竞争力相符。

(2)流程再造。重新定义及整合核心流程,以便符合新的服务传递模式。根据最佳实践再造和规范流程,减少重复和多样化的工作,利用信息技术协调流程将服务标准化、统一化、最优化,从而降低成本,提高服务质量。

(3)搭建平台。面向全产业链,搭建信息服务平台,跨越地理距离的障碍,向其服务对象提供内容广泛的、持续的、反应迅速的服务。

(4)创建模式。共享服务模式结合了私有云和公共云的运作,无论是以集中化或虚拟化来实现共享服务,最终目标都是一致的,即达成资源、知识和最佳实践的分享。通过最佳实践和成果的分享,就可以避免从零开始工作,这就是所谓的"众包"概念。

10.2.4 创新能力体系评价指标设计

在内部资源的有序性、外部资源的有序性及两种资源的互动能力基础上,创建创新能力体系评价指标。

1. 关联指标分析

地面应用制造与服务系统体现了创新资源、过程、组织等要素向产品转换的能力与效率,开展各创新要素的指标分析是建立地面应用制造与服务系统评价指标体系的基础。

1)管理学静态评价

静态评价,即基于创新资源要素的评价。创新资源要素是创新能力体系的条件基础,可以通过财力支持进行配备。创新资源要素一般体现为外在的客观事物(包括将无形概念进行呈现的技术文献资料、专利、数据库等),多数是基础性、通用性的,或者是过去特定的，与现在或未来的发展需求并无直接联系，在一段时间内其技术特征和数量处于稳定状态，体现出"静态"特征。

2）经济学动态评价

动态评价，即基于创新过程要素和创新组织要素的评价。创新过程要素和创新组织要素从智力活动、组织管理活动的角度，对于聚焦创新能力体系建设，衡量创新能力体系满足当前及未来应用需求的程度，具有一定的衡量能力。这种衡量能力通过无形概念的方式，以有形物质为依托，是过程的输出，是不同领域活动的结果，正是这种"有形"与"无形"的结合，才能对不同单位、不同时段、不同区域的能力进行区分和定性定量的衡量。

通过引入 TRL 等来进行基于成熟度的评价。前面章节已对这些成熟度概念有了深入的探讨。成熟度是资源基础、个人活动、组织活动的综合结果，随时间和投入而不断增长直至最高级，并且如果设定不同的应用目标，则同一组活动的结果可能是不相同的，因此，体现出"动态"特征（吴龙刚等，2017）。

3）竞争力评价

10.1.2 已对竞争力的概念有了深入探讨。竞争力是能力与资源的结合，是资源向能力转化的最主要的衡量指标。离开人的能力，资源难以发挥作用。离开必要的资源，人的能力再高，也难有所作为。竞争力有以下几个特性。

①比较性。竞争力是竞争主体在竞争过程中表现出来的比较能力，这种比较可以是产品质量、成本价格上的比较，也可以是占有或控制市场能力的比较。②利益性。竞争主体参与竞争的最直接的目的是获得更多的顾客，占有更大的市场份额，以实现再生产的高效循环。③动态性。竞争主体的竞争力随市场结构和竞争行为的变化而变化。产业或产品有无竞争力不是绝对静止的，而是不断变化的。所有影响竞争力的变化因素发生变化，都会引起竞争力的消长。④过程性。竞争力的培育和建立及消长有一个过程。就产品而言，在产品周期中的不同阶段，竞争力的表现形式和手段都不一样。

竞争力评价是竞争力理论的重要内容，在产品竞争力的评价方面，可用产品的质量水平、技术水平、设计水平、成本水平、销售效率、服务水平、广告水平、技术水平、开发经费比例、销售利润率和成本利润率等评价指标，分别评价产品的内部、外部和潜在竞争力。

2. 评价指标选择模型化

对创新能力体系进行评价，涉及科学、技术与应用活动的方方面面，是掌握社会资源向航天遥感信息产品转换能力与效率的客观需要，通过能力评价了解存在的不足，明确努力方向，以期为创新能力体系建设提供借鉴和指引。

表 10.1 为创新能力体系评价指标体系。这个评价指标的选择遵循"需求导向、专业聚焦、系统思维、定量评估"的原则，其是在关联指标分析的基础上构建的。

表 10.1　创新能力体系评价指标

一级指标	二级指标	三级指标
创新能力体系	创新研发与论证能力	自主创新产品率
		创新频率
		每千人创新数量
		科学论文引证数
		科技论文数
		专利拥有数
		技术复杂度
		技术新颖度
		对改进技术的改造
		开发时间和成本
	设计能力	产品品种
		产品规格
		产品适用性
		技术成熟度
		用户认可度
		用户满意度
	制造能力	制造成熟度
		设备水平
		工人技术等级水平
		现代制造技术采用率
		引进技术达产率
		产品生产规模
		产品生产质量
		产品时效性
		计量和标准化水平
	AIT 能力	集成模块/工具箱/系统数量
		测试模块/工具箱/系统数量
		封装模块数量
		单位时间集成模块/工具箱/系统数量
		单位时间测试模块/工具箱/系统数量
		单位时间封装模块数量
	信息化能力	存储空间
		信息存储量
		信息交换速度
		并发用户数量
	设施保障能力	人力规模
		人才结构
		财务健康度
		财政满足度
		科研设备设施配置合理性
		生产设备设施配置合理性

10.3　创新能力体系的能力建设

建立与软硬环境、任务需求相适应的组成完整、灵活创新、高效、可持续的能力体系，需要综合利用地面应用制造与服务系统的各有效组成，形成创新研发与论证、设计、制造、AIT、信息化、设施保障等如下功能。

10.3.1　创新研发与论证能力

1. 概述

在 10.1.1 中已对创新、论证等概念进行了明确的界定，这里不再赘述。创新研发与论证能力是将概念化过程系统转化为新知识的能力，体现了转化与提供答案的能力。航天遥感应用能力体系中的创新研发与论证是地面应用制造与服务系统自主创新的技术基础和源泉，是在一定认知条件下，根据能力约束条件，按照航天遥感系统应用发展所需的技术能力持续提升需要，系统开展航天遥感系统专业技术创新研发与论证的过程和行为，从而保证航天遥感系统持续、跨越发展。

创新研发与论证能力的最主要作用体现在对应用技术成熟度的驱动方面。创新研发与论证处于 ATRL 的前 3 个等级，通过想法概念化过程实现感性认识到理性条件的飞跃，从而促进 ATRL 的等级提升。在想法概念化过程中，按照现代科学范式设计的遥感分析方法，即前面描述的实验、模型、仿真与大数据都在发挥着作用，其中，大数据与源于直觉的头脑风暴所发挥的作用不断提升，以钱学森研讨厅为主导形式的成果聚焦是有效的创意方式。

创新研发与论证是赢得主动权、话语权、享受平等竞争地位、摆脱受制于人境地的最关键途径，同时为支撑设计、制造、AIT、信息化的顺利开展提供最直接的技术保障，根据航天遥感应用体系和专业技术创新需要，探索遥感新机理，发展新型遥感技术，推动产品研发技术的提升，推动地球系统科学与地球信息科学的不断创新，提高对地球系统的整体认知水平，促进对地观测科学技术的跨越式发展。同时，从创新研发方法本身，推进 TRIZ(发明问题解决理论，俄语缩写)等国际先进创新技术方法与中国本土需求融合，推广技术成熟度预测、技术先进模式与路线、冲突解决原理、效应及标准解等 TRIZ 中成熟方法在创新研发中的应用。

2. 评价方式

创新不仅是指创造新技术，同时包含对已有技术的集成、引进、消化与吸收。根据创新模式的不同，可分为内部创新和外部创新。内部创新，即原始创新活动，主要集中在基础科学和前沿技术领域，是为未来发展奠定坚实基础的创新，其本质属性是原创性和第一性。外部创新，即集成创新和引进消化吸收再创新。集成创新是利用各种信息技术、管理技术与工具，对各个创新要素和创新内容进行选择、优化和系统集成，它所应用到的所有单项技术都不是原创的，都是已经存在的，其创新之处就在于对这些已经存在的单项技术按照自己的需要进行系统集成并创造出全新的产品或工艺。引进、消化吸收再创新是利用各种引进的技术资源，在消化吸收基础上完成重大创新。它与集成创新的不同点在于，集成创新的结果是一个全新产品，而引进、消化吸收再创新的结果是产品价值链某个或者某些重要环节的重大创新。我国航天遥感系统的创新研发主要采用外部创新模式，内部创新相对薄弱。

根据创新对象的不同，创新研发能力具体可分为基础研究能力、应用研究能力和试验发展能力(姜喜龙,2007)。其中，基础研究能力是指在基础学科和工程技术领域中探索新发现的现象与规律，以及相关的新思想、新概念、新原理、新方法的研究能力。它更加突出前瞻性和探索性，强调原始创新。应用研究能力主要是指为获得重大应用前景，能产生显著效益的产品核心技术而进行的创造性研究的能力，这种能力通常具有某一特定的实际目标指向。试验发展能力是指利用从基础研究、应用研究和实际经验获得的现有知识，生产新的材料、产品和武器装备，建立新的工艺、系统和服务，以及对已生产和建立的上述各项进行实质性的改进而进行系统性工作的能力。

(1)基础研究能力。遥感信息的空间和波谱等特性在物质的相互作用、传输、记录、再现的过程中经受着各方面的影响，产生各种畸变，有许多机理和基础的问题需要深入研究。遥感基础研究就是研究电磁波辐射与地球表面物质相互作用机理，在介质中的传输规律及遥感信息与地面特征之间的内在联系。通过研究电磁波与地球表面物质的相互作用机理，辐射信息的传输理论，遥感信息的辐射和空间特征，形成遥感图像的地学、生物学、物理学和化学基础及规律，以及遥感信息的应用模型等，为应用研究和试验发展提供支撑。

(2)应用研究能力。①新型探测器的应用技术创新。针对遥感新型探测器，进行偏振、荧光、太赫兹探测、超精细光谱、高分辨率多普勒成像、多波束高精度激光测高成像、重/磁测量、电场、多角度等应用，有效促进新型探测器的发展。②新兴应用领域应用技术创新。针对地球系统科学、极地探索、公共卫生、地理国情等遥感新兴应用领域，进行人地关系、极地考察、血吸虫等公共安全卫生事件，以及陆海资源变化和环境变化等方面的应用监测，全面提高遥感卫星在新兴应用领域的应用能力。③先导性技术应用科技创新。以促进先导性技术应用为目标，进行星载 LiDAR 技术、物联网深度融合技术、云计算与服务技术、CPU/GPU 图像高性能计算技术、地球模拟技术等先导技术的应用。

(3)试验发展能力。①强化总体论证能力。总体论证就是在需求分析与设计的基础上，以充分的论据和严密的科学方法，通过逻辑推理的形式，对航天遥感系统的发展、研制、管理等问题作出科学推断与结论的证明过程。总体论证工作是基于一定科技、工艺水平，把行业部门的需求、遥感科技工作者的智慧和载荷制造者的技术融成一体，处理好微观与宏观、近期与长远、需要与可能、经济效益与军事效益、社会效益之间的矛盾，提出解决应用需求与技术可能之间矛盾的方案，从而提出新的航天遥感系统研制方向，制定出各项遥感载荷技术指标等工作，构建用户-科学家-工程师协调机制，形成全系统、全寿命的航天遥感研发体制。总体论证主要涉及系统设计、系统优化、寿命周期费用估算、宏观决策问题综合评价等方面的基本理论、方法及对应用问题的系统研究。②加强关键技术预先研究。针对不同平台各类载荷探测能力和技术指标，就精校正处理技术、信息提取共性技术、试验验证技术、共享服务技术及标准信息产品研发进行技术攻关，突破遥感数据处理与分析前沿技术，形成与全球化相适应的、与国际接轨的数据处理、产品生成与应用服务标准化技术体系，促进新技术向民用航天遥感领域的转化，实现预研成果与产品研制的有效衔接，支撑民用航天遥感系统实现定量化、业务化、规模化、产业化和商业化阶段性、引领性发展。

（4）关联能力建设。几何精校正与正射校正创新研发能力、辐射精校正创新研发能力、高精度影像配准创新研发能力、多源卫星数据融合创新研发能力、新型面向对象影像分类与快速变化检测创新研发能力、目标识别解译创新研发能力、精细分类制图创新研发能力、定量反演创新研发能力等。

10.3.2　关键发展要素

通过创意中心、研讨厅等方式，形成多源信息的汇聚，开展概念创新和过程创新，实现万众创新、大众创新。

1）引领概念创新

产品，即人之观念的物化，产品创新的核心在于产品的概念创新。设计是一种思维行动，在这种思维创造性活动过程中，产品概念的构思是丰富的，人的创造智慧是无穷的。概念的设想是创造性思维的一种体现，概念产品是一种理想化的物质形式。"概念创新"涉及原创设计理念，具有"从根本上进行首创"的含义。概念创新主要体现在产品设计的早期阶段，把设计师根据用户的价值期望而萌发出来的原创构思形成产品的主体框架，然后进行评估和优化，确定整体设计方案。随着经济的发展和生活水平的提高，精神价值、心理感觉、文化观念、情感体验等在产品价值中的比重增加，产品的最终价值将取决于产品概念，概念创新能使产品获得市场竞争的优势和丰厚的价值回报。

2）打造创意中心

创意中心是一种创新发展模式，面向航天遥感应用的创意中心是指将航天遥感应用的相关创意产业公司或企业集中在一起所形成的特色区域，形成多元文化和创意产业链的一种形态。创意产业的本质是产业融合性，创意中心具备了产业集群化、软性发展化、目标多元化、价值高端化的显著特征。目前，国家及各省区强力打造地理信息产业园，按照市场配置资源、企业创造价值、政府主导服务的原则，加大对地理信息产业发展的引导、扶持、培育力度，这也正是地理信息创意中心的雏形，强化了创新发展要素的地理信息创意中心必将为推动我国地理信息产业大繁荣、大发展做出突出贡献。

3）建设综合集成研讨厅

创新是一个价值实现的漫长过程，随着空间信息技术的融合与发展所带来的创新模式的改变、以用户为中心，以社会实践为舞台，以用户创新、开放创新、大众创新、协同创新为特点的创新2.0（下一代创新形态）模式正在逐步显现。而开放的复杂巨系统理论强调的开放、复杂、协同、涌现，以及人的主体作用正是对应了创新2.0时代创新形态、社会形态特征。大成智慧学正是在这个时代所催生的，反过来又作用于我们这个时代经济社会发展，指导科技创新体系的建设。大成智慧理论强调知识、技术和信息化的作用，强调人的作用，特别强调知识集成、知识管理的作用，这为面向知识社会环境的创新体系的构建提供重要指导(宋刚等，2014)。

4) TRIZ、DARPA 等创新方法的融会贯通

TRIZ 科学创新方法可以大大改善创新过程，避免昂贵的试验和误导，前沿的发明家越来越多地开始使用这种科学系统化的方法。TRIZ 理论最初由俄罗斯科学家和工程师根里奇·阿奇舒勒先生创立。阿奇舒勒揭示了创新过程的本质，制定了针对发明问题的解决原则，同时创建了最初的 TRIZ 技术，明确了技术的发展不是随机过程，相反，它是受一系列的趋势和规律支配的。现代 TRIZ 理论的核心思想主要体现在 3 个方面：无论是一个简单产品还是复杂的技术系统，其核心技术的发展都是遵循着客观的规律发展演变的，即具有客观的进化规律和模式；各种技术难题、冲突和矛盾的不断解决是推动这种进化过程的动力；技术系统发展的理想状态是用尽量少的资源实现尽量多的功能。学习、研究、应用、推广 TRIZ 理论可以大大缩短发明创造的进程，提升产品的创新水平(根里奇·阿奇舒勒，2008)。

美国国防部高级研究计划局(Defense Advanced Research Projects Agency，DARPA)是美国专门负责管理国防预先研究计划项目的机构，是美国国防重大科技攻关项目的组织、协调、管理机构和军用高技术预研工作的技术管理部门。在其成立的 50 余年里，先后成功组织研制出了互联网、隐形飞机、全球定位系统、集成电路等一系列重大颠覆性科技成果，成功应对了多重挑战，并在科技、军事等领域始终保持世界领先地位。DARPA在历史上有最经典的两个创新案例：一个是互联网，另一个是鼠标。DARPA 的创新密码可以用 8 个字来概括，那就是：疯狂想象、简约实现。任何一项伟大的科技创新，首先都是由一个伟大的灵感、思想引发的。没有疯狂的、甚至在当时看来有些离经叛道的想象，伟大的思想就很难产生。但如果不能简约地去实现，伟大的思想就不能转化成伟大的发明，为人类所享用。"疯狂想象、简约实现"，协同好理想与现实，也正在成为 21世纪科技创新的成功法则，即梦想强大、理性更强大，基于理性的梦想最强大。

5) 打造创新生态系统与万众创新

创新生态系统是指由那些能够将新的理念或技术与产品、服务和生产过程相结合的资源、人才、机构和基础设施等所组成的体系。通过打造创新生态系统，创新研发从"跟着走"发展到"一起走"，甚至"领着走"，针对不同的情况，创造不同的创新生态环境，在人才、文化、资金、制度等方面全面优化，拆除影响创新的各种隔阂，减少生态系统的距离感，最大限度地降低创新体系的建设成本，提升创新的整体效率。

今天互联网的广泛应用和低门槛使机会平等有了更为有利的基础,依托于"互联网+"的创业和创新无处不在，普通大众都可以参与其中，并找到获得成功的机会。大数据、云计算和移动互联网的快速发展，使创新呈现出明显的个人化、小规模、分散式、渐进性特征，创业创新活动变成了社会大众人人可及的事情，每个人都可找到"用其智、得其利、创其富"的机会和空间。大众创新、万众创新以其广泛参与性和渗透性，推动了不同发展阶段、不同技术水平和不同商业模式的融合。

10.3.3　围绕 ATRL 的设计能力

1. 概述

民用航天遥感系统设计能力是为设计人员提供策划、构思、分析和仿真、试验验证等手段，支撑设计人员确定民用航天遥感系统、分系统、单机和部件的功能、性能和接口，并通过仿真、试验等手段对设计进行验证，从而确保依次建设的民用航天遥感系统能够满足用户特定需求，并且达到合理可行甚至最优的能力。

设计能力体现了应用技术成熟度的提升过程，在设计过程中，需要开展大量的实验，即现代科学范式中的第一范式，从而通过大量的实验来寻求由量变到质变的转换，进而演变成规范的动作，对需求与问题提出、需求与技术的界定、处理技术手段、原理演示验证、载荷指标化与效能优化、原型系统研发、业务系统研发、业务系统运行、业务化服务、产业链条等逐渐明晰化，便可客观界定不同应用技术的成熟程度，使其与载荷研发、制造协同发展，一方面通过界定不同应用技术的成熟程度，遴选合适的应用技术，以便决定特定载荷应用技术在试验星、科研星、业务星上的适用程度；另一方面，通过明确 ATRL 所处的位置，并通过一定的方式来循序渐进地提高其能力，反过来促进设计能力的不断优化提升。

通过地面应用制造与服务系统设计能力建设，对标国际先进水平，梳理我国民用航天遥感应用系统服务过程中的薄弱环节，用系统工程的方法，对能力体系进行顶层设计、系统梳理与统筹规划，构建完善、技术成熟的地面应用制造与服务系统，提出满足未来民用航天遥感系统发展的重点建设内容，并对能力建设实现途径进行初步构想，从而指导地面应用制造与服务系统的统筹建设，促进我国民用航天遥感系统的协调跨越发展。

2. 评价方式

(1)产品检验能力。我国民用航天遥感卫星应用领域较广，涉及农业、林业、海洋、国土资源等多个领域，各个行业对遥感卫星产品精度验证的需求不同，综合诸多产品验证的共性要求制定一套科学的验证服务标准和评价流程，实现自动化的遥感产品验证是一项技术难点。按照遥感卫星主要应用产品及服务类别，结合不同行业所需产品精度验证的要求，建立能够准确反映遥感卫星应用产品验证的指标体系，并且分析各个指标之间的相关性和层次性对检验标准流程的构建至关重要。

(2)模拟仿真能力。航天技术和传感器技术的发展与遥感应用密切相关，以应用为导向的传感器设计和应用模型的发展是真正体现航天遥感价值的关键。而对这些传感器进行前期技术论证及遥感应用模型开发的一个关键环节就是遥感图像的前期仿真模拟。通过计算机仿真技术进行仿真，不仅可以节省财力物力，尽可能早地暴露设计中的问题，而且还可以验证其方案的可行性，对其能否实现总体目标、满足约束条件等进行评估。

利用仿真模拟的遥感图像可以论证基于新型传感器的对地观测技术的可行性，优化传感器系统参数和数据获取方案，发展数据预处理与专题应用方法。在卫星立项论证阶段，可以为卫星平台、轨道、有效载荷等技术指标的合理确定提供科学依据；在卫星立项后，能为遥感数据的质量和应用潜力评估提供模拟仿真资料；在卫星入轨后的正常运行阶段，能为遥感数据的处理、信息提取与综合评估提供技术支撑。

（3）应用效能评估能力。效能评估是对已实现的目标产品展开验证与确认流程的第一步。根据产品指标体系和应用能力分析成果，结合航天遥感系统应用情况，建立全面的指标评价方法和模型，对航天遥感系统载荷及其数据/信息产品和应用能力进行综合效能分析的量化评估。可以针对已有的航天遥感计划或未来的航天遥感发展规划，综合评估其效应和风险；可以针对在轨运行的和将要设计或研制的遥感传感器的性能与社会经济效应进行综合评估；可以针对高辨率对地观测数据的获取、处理、服务、应用能力及效能等多个环节进行评估；可以针对各地面系统的效应和风险进行综合评估。

（4）关联能力建设。尺度转换能力、多源遥感数据归一化能力、地形效应与 3D 模拟能力、地表辐射方向性模拟能力、观测几何模拟能力、地表辐射时空四维变化辐射场模拟能力、高效大气矢量辐射传输模拟能力、基于图形的覆盖分析能力、遥感平台特性仿真能力、系统效能评价能力、模型检验与图像质量评价能力、卫星组网模拟能力、地面试验及大区域范围真值获取能力、真实性检验及应用评价全过程质量检测能力、对地观测数据应用效能与指标分析能力等。

3. 关键发展要素

1）总体设计方法流程体系化

对标国际先进水平、梳理我国民用航天遥感系统过程中的薄弱环节，用大系统工程的方法，对设计能力体系进行顶层设计、系统梳理与统筹规划。建立一套严密的民用航天遥感的总体设计体系，实现从需求分析、认识问题、建模、仿真、结果分析、效能评价等一系列标准化流程，指导我国民用航天遥感的总体设计。

2）技术创新与技术评价过程

虽然在系统设计的各个层级和建造的各个环节中，都要努力做好技术创新，但顶层设计的技术创新是更重要的。因为它能够使系统具有新的功能和更好的性能，使系统能更好地实现其使命任务，发挥更好、更大的效益。同时，通过全过程质量检验体系和应用技术成熟度评价方法，实现对系统从需求提出、系统设计、系统建设开发到系统需求满足等每个过程阶段采用应用技术成熟度进行评价，确保应用技术的合理性、可操作性及系统建设的质量。

3）设计能力的系统化构建

发展面向应用的大系统设计仿真手段，进行遥感卫星天地一体化协同应用分析评价原型系统研发，系统地构建从技术上具有前瞻性、规模上可扩展、内容上完整全面、部署上简便易行，既能有效整合现有资源，还能够适应未来新技术出现的新的原型模式，形成一个集"数据管理、数据处理、数据分析、数据展示、数据共享"于一体的原型系统，为系统设计、关键技术验证及综合集成提供模拟平台，为进一步指导工程系统实施、指标提炼、进度安排、任务划分等提供依据。

10.3.4 制 造 能 力

1. 概述

地面应用制造与服务系统的制造遵循系统工程理论，按照总体分解的各系统功能和接口要求，通过加工生产、集成装调、检验测试等手段，实现各级产品生产的过程。从产品层次结构的最底层向上，直到产品交付，将产品的计划、设计、分析、需求开发转化为实际产品。

地面应用制造与服务系统的特殊性，决定了地面应用制造与服务系统的制造不仅仅是大规模的重复生产，同时存在着针对用户和设计引导的小批量、多品种的高端定制，因此地面应用制造与服务系统的制造也会强调"快速响应"和"柔性制造"的理念。

产品制造实施执行过程通过购买、重用前期开发的软硬件/模型或研究成果，生成项目和具有某种特定功能的产品，从而生成寿命阶段的相应产品。产品必须满足设计方案及特定需求。

产品制造实施执行流程是项目从计划与设计推进到产品实现的关键活动。根据需求和寿命周期阶段，产品可能是数据信息产品、硬件、软件、模型、仿真、研究报告、原型系统或其他研究成果。这些产品可以通过购买或自主研制或通过部分/完整重用其他项目或者活动的产品实现。对项目中所需产品实现方式的决策，或这些实现方式组合的决策应当在寿命周期早期通过应用决策分析流程做出。

制造能力体现了在顶层设计指导下，将创新研发技术转化为产品的能力。制造能力主要由 MRL 进行度量，同时，制造能力的提升将有效提升 MRL 的等级，体现为自主化率高、体系化、标准化、智慧生产、经济性等特征。目前中国制造业面临一个巨大的挑战，大而不强，在全球制造新技术的产业变革与挑战大背景下，新一代的信息通信技术快速发展并和制造业深度融合，制造能力的分析论证可促进我国民用航天遥感系统制造业制造模式、流程、手段、生态系统等重大变革，实现从价值链的低端向中高端、从制造大国向强国的转变。

2. 评价方式

地面应用系统的制造利用已有的工具、软硬件等设施建立可以运行的数据处理、产品生产体系。

(1)几何辐射一体化能力。构建遥感产品几何、辐射、规格一体化的预处理流程，通过多种处理等价算法模型组织与综合优化，有效解决遥感数据多步骤处理中误差引入等问题。同时，将多源异构遥感影像标准化到统一的数据组织模型下，以 1000×1000 瓦片形式存放。

(2)计算存储一体化能力。面向五层十五级遥感标准化切片数据,通过整合计算资源、存储资源、服务资源,以遥感标准化独立数据块本地处理、产品本地存储、独立服务等方法,最大限度地降低对系统架构的 I/O 传输,更充分地利用了存储服务器的计算资源、计算服务器的存储资源，从而提高平台整体处理时效。

(3)智能调度能力。大区域多要素定量化遥感大数据处理具有任务复杂、数据量大的特点，需要通过集群环境实现高性能计算，满足遥感大数据产品生产的高时效性需求，实现了数据并行和任务并行相融合的自适应并行处理机制。

(4)多模式复合系统驱动能力。人工驱动模式以人工方式选择数据、处理数据、分析数据及发布数据。数据驱动模式自动化处理直接推送的数据。订单驱动模式根据用户所下订单处理数据。程序驱动模式将生产的过程信息及参数信息存入二维码，系统可根据二维码记录遥感产品生产过程中的处理步骤和参数，通过类语言引擎自动解译驱动系统重复产品生产过程，也可直接通过编程方式借助类语言引擎完成生产过程的重组。

(5)产品质量全局监控能力。以预处理为例，借助二维码存储的产品生产过程信息及参数信息，通过类语言对二维码的解译实现生产过程再现，完成产品生产全过程质量监管。

(6)关联能力建设。基于云平台的海量遥感数据快速处理能力，多源影像综合处理集成及产品化能力，大区域多源影像几何精校正底图集成及产品化能力，大区域多源影像辐射基准底图集成及产品化能力，多源影像多要素定量反演算法集成与产品化能力，多源影像综合分类与目标信息提取集成与产品化能力，多源遥感影像融合与产品时空同化算法集成与产品化能力，多源遥感影像多要素时空综合分析算法集成与产品化能力。

3. 关键发展要素

1)向智慧云制造方向发展

智慧云制造(云制造 2.0)是"互联网+制造业"的一种制造模式和手段，它基于泛在网络，以用户为中心，借助新兴制造技术、新兴信息技术、智能科学技术、制造应用领域等技术深度融合的数字化、网络化、智能化技术手段，将智慧制造资源与能力构成一个智慧云服务网络，对制造全系统、全生命周期活动中的人、机、物、环境、信息进行自主智慧地感知、互联、协同、学习、分析、预测、决策、控制与执行，使制造全系统及全生命周期活动中的人/组织、经营管理、技术/设备高效、优质、低耗、柔性地制造产品和服务用户，从而提高制造能力。

2)构建创新型信息产品处理中心

通过地面应用制造与服务系统的统筹优化发展，主要实现基础信息产品与服务质量保障，通过标准、计量、测试、认证等方式，保障卫星数据与服务的标准化、规模化应用；实现卫星遥感应用中的处理关键技术的保障，形成基于自主卫星系统的共性应用技术和装备系统，提供标准化的算法、模型、工具与服务，提升各领域应用整体水平；根据高光谱、多光谱、可见光、SAR 等各型号传感器信息产品的处理阶段，基于流程化管理，构建数据处理通用生产线、运行控制管理软件、共性基础算法库，实现各种遥感卫星信息产品的大规模、自动化处理和管理能力。

10.3.5 AIT 能 力

1. 概述

AIT 能力主要是指组装、集成及测试能力。AIT 的目的是将较低级层次的产品或子系统系统地组装成较高层次的产品，确保集成产品完成相应的功能并交付使用。AIT 是地面应用制造与服务系统中产品实现的流程之一，服务于 PRL 能力的提升。在此流程中，较低端层次的产品被组装成较高层次的产品，并检验集成产品，以确保其发挥正常功能。该流程位于产品制造和效能评价流程之间，这些流程共同将底层产品实现为高层目标产品。

AIT 担负着航天遥感系统整体服务能力检验的重要任务，是打通航天遥感系统全链路的必备手段，是民用航天遥感地面应用系统正常、可靠运行的保障，具有客观、标准、公正的特征。通过打通应用制造与服务系统的集成测试环节，将各分系统的设备及结构有机组合成能够满足设计指标要求的地面应用运行服务体系，对实现民用航天遥感应用服务起到至关重要的作用。

2. 评价方式

(1) 网络化多系统综合集成能力。根据创新能力体系发展需求，在已有总体设计的基础上，开展集成技术与体系研发，针对各系统耦合、分系统资源协同等要求，通过工程化详细集成设计，实现结构与功能、工作流程、内外部接口、运行模式整体优化，制定总体集成实施方案及后续系统建设方案，为技术成果、数据等资源集成与系统研发提供依据。

(2) 总体集成与联调联试能力。按照系统设计方案与相关标准规范，构建系统应用的计算资源、数据资源、网络资源支撑平台，实现各个分系统之间数据流的互通互联。系统集成内容具体涉及系统结构、硬件、软件以及流程等不同层面的集成，具体工作主要包括系统软硬件集成、系统界面集成、功能集成、流程集成、消息集成等。

(3) 系统可靠性试运行测试能力。分阶段对各项技术成果进行测试、验证、集成和评价分析，实现卫星关键技术研发与技术系统建设的有机衔接。在技术研发与系统建设同步开展的情况下，将所有卫星载荷处理与信息产品技术成果集成在技术集成测试平台中，结合仿真数据与类同数据，进行量化测试与分析，同时对成果软件进行质量度量评价，将所有云服务关键技术成果集成在共享服务平台，尤其是云服务子系统中，进行验证和虚拟运行服务，向用户提供分析评价报告。

(4) 工具集与模块中试优化能力。针对技术成果集成应用，将初步形成的各类技术软件插件与工具集软件模块提供给用户开展小范围试用。在技术成果集成、优化后分批次向主要用户提供测试试用，收集意见反馈，组织技术优化。

(5) 关联能力建设。基于云平台的应用技术测试评价能力、关键技术软件化、中间件、插件技术能力、软件质量度量与测评能力，遥感数据高性能集成测试处理平台接口与流程化处理能力等。

3. 关键发展要素

1)强化各层级系统结构的集成与联试

按照集成测试方案，进行支撑环境、中间件层、运行管理层、信息产品生产组件层和应用服务层的集成，并开展多源数据集成、信息综合处理校验、信息集成服务系统和信息存储与集群计算、验证设施与实验平台的联试，进行信息产品生产与服务试运行，提升航天遥感系统的快速监测、预警与响应能力。

2)形成统一集成平台框架与运行环境

航天遥感系统各分系统统一管理、统一接口，依托信息共享网络实现集成运行。在工程研制阶段，在总体设计的要求下，根据规范接口，形成统一集成平台框架，通过分别测试、联调、试运行等阶段，将各个分系统集成在统一运行环境中，与网络互联互通，并实现各分系统有效对接。

3)加强系统的质量可靠性保障

系统的质量保障主要考虑产品生产、检验、共享等多个环节，以及系统稳定运行的质量保障。系统设计中将根据各分系统的可靠性和无故障工作时间的要求，针对影响可靠性、安全性的关键部件、关键项目，采用容错设计等。为降低系统质量分险，确保系统满足用户的使用要求和工程要求，按照软件质量控制深入到模块的原则，针对软件设计阶段和实现阶段工作重点与软件工程化的要求，对系统软件的研制进行过程质量控制，并在模块级、分系统级和系统级多个层面进行测试和集成，对系统质量进行深入全面的控制(周新文等, 1995)。

10.3.6　信息化能力

1. 概述

信息化的过程是依据系统化的规则对业务流程再造的过程，信息化的关键是如何对业务流程中的信息流进行梳理、加工、利用。航天遥感系统的信息化是指广泛应用信息技术于系统的设计、建设、试验和运管的全过程，主要体现了航天遥感系统的信息传播能力和共享服务能力。

信息化的优势体现在这几个方面：①更强的市场适应能力。通过资源的集中与共享，可以更好地匹配资源的供应与需求，缩短变革的实施时间。②更高的服务质量。通过建立标准化的服务流程及面向用户的服务协议考核，提升服务质量。③有效的成本控制。通过资源集中与共享及优化配置，提高资源共享度，利用规模效益降低总体拥有成本。④有效的风险控制。通过统一的制度和标准化的流程强化组织管理能力，降低整体运营风险。

航天遥感系统将产生大量的遥感影像数据与信息产品，通过信息集成与共享，可以从技术层面上将信息孤岛集成起来形成一个网络，实现信息共享。另外，各领域所应用的数据类型和格式不统一，形式多样，数据/数据库异构特性突出，为领域之间或行业应用之间互相访问带来困难。信息集成与共享可以利用多源异构数据间的关联和融合集成等技术屏蔽这些异构性，从而实现信息共享和数据的无缝访问。信息化是引领民用航天遥感系统变革的关键要素，是民用航天遥感系统核心竞争力的重要体现，建设信息化环境，形成信息化的科研生产能力和体系，将显著提升航天遥感系统的应用水平和共享服务，大力促进民用航天遥感系统向智慧化方向发展。

2. 评价方式

基于国内外高新技术项目建设规划管理模式，构建针对遥感应用系统的管理信息化保障平台总体框架。基于可扩展性良好的工程数据库和决策支持系统，建立界面友好的信息集成共享与服务系统，为遥感应用信息的共享服务提供便捷的平台。

1) 数据库搭建能力

本底数据库主要负责组织、存储、维护和支撑海量空间信息分析、应用与服务，其系统组成主要包括时空综合信息仓库和海量多源异构空间数据存储与服务支撑系统两个部分。

海量多源异构空间数据存储与服务支撑系统基于分布式架构，由数据智能检索子系统、数据交换服务子系统、海量数据云存储子系统、数据汇集整编子系统、数据库安全管理子系统及综合数据库运行管理子系统构成。

2) 综合管控能力

综合管控能力主要用于收集、汇总各类用户需求，以管控技术为核心进行任务编排、业务测控和工程测控，并会同平台的测控系统，支持对特定地区进行精细观测。

任务管理与调度对任务接收模块生成的任务及子任务，以负载均衡为原则，有效分配集群资源，合理调度各个任务及子任务到不同的集群节点上，实现并行集成与测试。

运行管理与状态监控通过接收用户请求，监控集成与测试任务状态信息和任务包含的子任务信息、节点的统计信息和节点的详细任务信息，以及子任务的详细集成与测试信息。

3) 共享服务能力

符合国际发展趋势，基于现有的网络、信息基础设施，建立分布式、多节点网络体系，连接航天遥感应用体系各相关节点及广大用户，提供互联互通和信息规范化交换的网络平台，进行基础信息产品生产、存档和分发，形成对数据资源的有效共享与利用，实现相关数据和产品的一站式服务。

4) 关联能力建设

数据智能检索能力，数据交换能力，海量空间数据云存储能力，数据汇集整编能力，数据安全管理能力，综合数据库运行管理能力，遥感云服务应用架构能力，面向遥感云服务的数据剖分能力，基于云平台和面向服务架构 SOA 的海量数据共享、发布与服务能力，基于标准化遥感数据组织结构的可视化、分析与发布集成能力，基于技术同构圈环境的遥感共享服务 SOA 能力，多源数据同构与异构环境一体化能力，面向遥感应用的内容分发网络能力，用户需求动态分析与服务聚焦能力，信息高可靠性传输服务能力，遥感数据的虚拟化与检索能力，基于虚拟化云工作台的信息快速处理服务能力。

3. 关键发展要素

(1)统一星地资源的任务管理控制，实现对地面系统的整体管理。

统一当前和未来成像各型号卫星的遥测和遥控的接口规范，通过标准接口封装，统一固定数据接收站、极地数据接收站的任务控制接口，统一地面系统各系统监控信息接口，实现对星地资源调度和地面各分系统大节点业务流程运行的规范化管理。

(2)形成信息产品集成共享和服务全局的高效共享机制。

各领域应用水平差异不齐，对技术算法、技术软件、地面实测数据、基础信息产品，甚至一体化处理系统有不同层次的需求，通过建立信息产品集成共享和服务全局的高效共享机制，实现多级信息产品、成果等各类成果的发布，为用户提供信息产品的可视化查询检索、便捷订购、高速下载环境，以便及时提供所需的算法、软件、数据、产品甚至系统服务，确保对用户进行有效的服务。

(3)依托电子政务网络平台和云服务技术，建立开放性架构、信息集成共享的共享网络平台。

依托国家公共基础传输网和国家电子政务传输骨干网建设基础设施应用网络平台环境，支持分布式资源存储、智能云端自适应组网和地理空间在线分析等技术能力，满足跨部门和跨业务处理需求，支撑多领域遥感业务化应用开展，形成分层服务的网络体系，开展海量数据与多源信息的汇聚、集成、存储、快速传输、发布和综合资源共享。有效利用现有的行业卫星应用中心和业务系统资源，广泛提升资源重复利用的效率、深度和广度，提供面向政府、企业、大众等多层次应用的资源共享和遥感信息服务。

(4)采用"互联网+空间信息应用"的商业模式，打造"互联网+"下的空间信息应用共享服务中心。

我国运营的在轨卫星数量位于世界前列，民用空间基础设施如何进一步渗透推广到基层，广泛服务于我国经济升级转型和民生领域，并产生应有的经济效益，是亟待突破和解决的问题。发挥市场在资源配置中的决定性作用，形成空间信息应用的大众创业，万众创新，打造"互联网+"下的空间信息应用的全新产业链条，大力延伸增值服务部分，支持国家的经济结构转型升级，促进经济内生增长，促进行业传统应用转型，服务于新型的商业应用与大众消费，推动信息化社会发展，支撑国家战略。

10.3.7　设施保障能力

1. 概述

设施保障能力是指航天遥感系统建设过程中所必需的软硬件、辅助物资、情报、标准化、法律法规、档案、声像、计量、基础配套设施等在内的设施保障能力和质量保证支撑能力，是必备物资条件通过长期积累能够保障与支撑航天遥感系统建设的度量。

面向航天遥感系统的设施保障能力主要包括软件、情报、标准化、计量、组织管理等软能力，以及硬件、辅助物资、档案、声像、基础配套设施等硬能力，而软能力与硬能力又分别与航天遥感系统的软环境系统与硬环境系统相衔接，通过吸收、配置、优化等途径，软/硬环境系统能够对设施保障能力的建设充分发挥作用，促使软硬件资源向产品、服务等的转换。

2. 评价方式

1) 软能力

(1) 人员与经费保障能力。在人才保障方面，需具备包括高水平创新研发人才、全过程管理与质量控制人员、经费管理人员、生产与运维人员等组成的创新能力体系建设团队。在经费保障方面，确保足额、按期经费支持能力。

(2) 管理支持能力。对民用航天遥感系统中的各种数据和信息进行保存、整理和分析，以提供一定的技术支持和服务，其是实现多源数据到信息综合应用有效转换的关键，是创新能力体系建设的核心之一。

(3) 情报与标准化能力。综合考虑卫星遥感应用标准体系建设的完整性、系统性和可操作性策略，将航天遥感应用标准分为基础类标准、专用标准和实用标准。

(4) 知识产权服务保障能力。对我国创新能力体系相关自主创新技术成果进行保护，主要是通过申请专利、计算机软件著作权等形式。

(5) 技术培训与推广能力。加大航天遥感系统科普力度，注重取得地方的支持，并扩展国际培训。培训范围重点针对各省(区、市)乃至地、县遥感单位和有关管理人员、大专院校师生，并通过媒体宣传普及我国卫星遥感知识等，包括培训材料的编写、制作与更新，以及人员培训等。

(6) 国际合作与交流能力。促进国际交流，在国际舞台宣传、推广我国卫星遥感科技成果，不断扩大国际影响，支持空间应用企业开拓海外市场，推动卫星应用产品和服务的出口，拓展国际市场。

2) 硬能力

(1) 物资保障能力。在物资保障方面，需保证航天遥感应用体系建设中所需的软硬件、原材料、辅助物资设施保障能力。

(2) 图书文献支撑能力。图书文献是创新能力体系建设必不可少的技术设施保障组成部分，承担着为广大科研人员提供书刊资料支撑服务的任务，需具备数字化、专业化、全面化能力。

(3) 档案保障能力。档案保障能力包括科技档案安全保管能力与科技档案高效利用能力。科技档案安全保管，即保证各种载体科技档案信息的安全、有效、长期保存，通过档案库房管理、原有档案库房改造与新增档案库房建设，满足科技档案安全保管的需要；科技档案高效利用，即实现各类档案信息的快速检索、浏览和借阅，通过数字档案存储、管理与服务系统的建设来保障科技档案的高效利用。

(4) 声像多媒体保障能力。为创新能力体系建设实现专业影像记录，提供图片、视频保障；主要从三维动画演示、声像汇报片制作、画册制作、相关保密文件资料制作、印制等方面为创新能力体系建设提供支撑保障。

（5）基础配套设施保障能力。其包括办公、实验场地基础环境配套能力、动力系统供应能力、弱电系统保障能力、员工生活条件保证能力等。

3. 关键发展要素

1）开展支撑保障工程建设

支撑保障工程主要包括质量工程、数据标准规范工程、大型试验工程、定标场工程、定标中心实验室、网络通信工程、真实性检验场网工程、基准与综合实验室工程等，为航天遥感系统的建设提供支撑保障。

2）加强队伍建设

大幅度增大自主研发投入，加强研发队伍建设，完善技术评价机制，正确评价科研成果，正确评价与考核参与技术研发过程的科研人员和决策管理人员，提高整体科研工作的质量、效益和水平。

10.4　技术试验条件保障要求

能力体系中的一个部分是服务于业务系统研发、载荷性能指标测试、系统运行与维护、产品试产与标验所需的配套能力体系建设，下面按照现代科学范式，从实验系统、计算机处理系统两个方面阐述航天遥感系统中用于评价与验证的技术试验条件。其中，实验系统主要服务于量化测试法中的实验法，即现代科学范式中的第一范式；计算机处理系统主要服务于量化测试法中的模拟法，对应现代科学范式中的第二、第三、第四范式。

10.4.1　实　验　系　统

1. 定标场

卫星发射上天后，为及时监测卫星在轨状态、分析评价遥感器获得的数据质量，需要在地面开展星地同步观测，对遥感器进行绝对辐射和几何定标，这些实验所在场地即定标场。定标场作为一个标准信号源，为遥感卫星提供一组已知真值数据，这组真值数据的质量与空间分布直接决定着遥感器定标的精度。

根据定标场作用的不同，分为辐射定标场和几何定标场。辐射定标场用于评价遥感器辐射响应特性，获取在轨遥感器的辐射定标系数。几何定标场用于对遥感器几何特性、空间分辨率等参数进行在轨测量。

根据定标场设施的不同，分为人工定标场和自然定标场两类。人工定标场设置了大量人工目标，主要用于高空间分辨率卫星的辐射和几何定标。自然定标场以自然地物为主，主要用于高、中、低分辨率卫星的辐射定标。

根据遥感器波谱类型的不同，定标场分为太阳反射谱段定标场、热红外定标场和微波定标场。太阳反射谱段定标场用于对反射光谱遥感器进行定标，场地类型包括沙漠、戈壁、盐湖及人工定标场。热红外定标场用于对热红外遥感器进行定标，场地主要是大面积清洁湖泊，针对高分辨率热红外遥感器可采用热红外光源。微波定标场主要利用角反射器、大范围均匀场地实现在轨定标。

辐射定标场基本要求是能为卫星遥感器提供稳定的、高精度的入瞳辐亮度数值场，这就需要：

(1)中高反射率。定标场目标的反射率与遥感器动态范围相适应，一般应不低于0.2，以减少观测数值范围带来的不确定性影响。

(2)地表特性稳定性好。定标场内地物波谱特性随时间变化小，且季节性变化较小。最好有足够大的实验区和扩展区，以满足不同分辨率卫星定标的需求，并有适当大小的扩展区。通常要求场区内无植被覆盖，如沙漠、戈壁等。

(3)空间均一性好，大面积且平坦，且场区波谱曲线平滑，没有明显的波峰和波谷，可以满足不同空间分辨率卫星定标的需要，减少配准不佳的影响。简单的双向反射特性，减少地表双向效应的不确定性，消除阴影问题。

(4)大气干洁、稳定，能见度好，气溶胶、水汽含量低，不同季节的含量比较稳定，无云、晴朗天气多，可观测时间长，减小降雨等天气引起的地表变化。另外，干旱地区晴天数多，可以有更多的定标频次。

(5)试验区附近有较好的交通、通信、安全、生活和工作条件。试验场区附近有很好的气象台，气象、环境常规观测资料比较齐全，易于收集，能满足野外试验工作及生活条件。场区远离城市和工业区，基本无污染，对试验场的破坏少。

几何定标场基本要求是能为遥感器提供稳定的、高精度的几何数值场，这就要求：

(1)高精度控制点与控制特征的空间分布均匀性及大面积，可以满足不同空间分辨率卫星定标的需要。

(2)大气干洁、稳定，能见度好，气溶胶含量低，不同季节的气溶胶含量比较稳定，无云、晴朗天气多，可观测时间长。

(3)试验区附近有较好的交通、通信、安全、生活和工作条件。试验场区附近有很好的气象台，气象、环境常规观测资料比较齐全，易于收集；能满足野外试验工作及生活条件。

(4)场区远离城市和工业区，基本无污染，对试验场的破坏少。

2. 真实性检验站网

真实性检验站网针对不同的产品，在全国不同区域建设一定数量的真实性检验测量点，多个站点组合形成真实性检验站网，建设相应的场、站，采集相关数据，实现产品与算法的质量与稳定度检验，支撑算法研发并对卫星应用效能进行评价，以保证检验精度。单个站点的功能相对单一，主要针对少数几种产品开展检验数据的采集，面积与规模较小，具有区域代表性，所需投入也少，可以采用无人值守方式进行数据采集。真实性检验站网以自动测量为主、手动测量为辅。

真实性检验站网包括真实性检验站点、数据采集处理系统及软硬件支撑环境。真实性检验站网的数据采集过程体现在：将无形的思想流经硬件流作为载体转变为有形的数据流的过程，即按照统一产品体系，根据不同等级不同类别产品检验需求，进行检验产品的遴选及检验方案的论证，在各真实性检验站点，基于接收设施、计算机处理系统、标准化仪器等软硬件支撑环境支持，根据测量规范，经数据采集处理系统进行点尺度、长期业务化测量及数据处理，获得满足产品检验需求的真实性检验数据。

真实性检验站在进行总体设计时必须统筹考虑各项设计原则，包括场地条件、仪器条件、数据采集能力、地理分布等设计原则。

考虑到遥感数据产品的区域性特点及气候、大气环境的区域性特点，在真实性检验站网络建设时需要兼顾全国不同地区。每个区域内的真实性检验站按照如下准则遴选确定：

(1)确保每类待检验产品对应多个真实性检验站；

(2)真实性检验站的分布要能够有效控制我国主要区域和地形地貌、气候条件类型；

(3)根据区域特点，陆表、植被、水体检验站统筹组网，大气检验站在现有站点的基础上，按上述站点同步配置。

在各真实性检验站进行专业设备部署，包括真实性检验站实时监测系统、植物冠层分析仪、叶面积指数传感网络系统、RTK、野外地物光谱仪、土壤温湿度监测系统、太阳分光光度计、小型气象站、水体光谱测量仪、多参数水质监测仪、GPS/GNSS、浮标等。

数据采集处理系统接收并发布测量任务至真实性检验场网，并将针对真实性检验站网各站点测量的多种地面实测数据，经过与历史数据、经验知识、参考卫星影像数据等数据的比较，去除无效数据，保留有效数据，实现野外测量数据的采集与处理。数据采集与处理流程包括：

(1)技术总体组根据卫星过境时间、场地位置及场地仪器、场地类型等多种因素，在月初确定各站点每个月的测量任务。

(2)技术总体组利用测量任务管理软件把测量计划发给每个站点的技术负责人。

(3)各站点的技术负责人接到具体的测量任务后开展地面测量。若仪器为自动测量，则技术负责人需要保证仪器可正常运行；若仪器为手工测量，则技术负责人需根据测量任务和测量规范，开展场地同步测量实验，并在测量完成后把数据传输给技术总体组。

(4)地面自动测量采集模块将实现地面自动测量仪器数据的自动传输和汇总。

(5)人工测量采集模块将通过网站由人工把测量的原始数据、辅助数据和相关数据传输到技术总体组。

(6)数据预处理模块可对采集到的所有地面自动和人工采集数据进行预处理，去除掉无效数据，并绘制相应测量产品的图表信息。

(7)测量数据管理模块实现对测量数据的查看、编辑、统计分析及查询下载等功能。

(8)系统管理可实现对用户、站点等权限的管理。

软硬件支撑环境是真实性检验站网的基本支撑与运行平台，是系统高效、稳定、安全可靠运行的重要保障。承担数据的运行维护与管理、数据汇集与交换等任务，主要由网络系统、主机系统、终端设备及其他设备等组成，以满足数据汇集和管理工作需求。

3. 综合实验场

综合实验场为不同载荷的数据质量开展评价，为各类应用技术的研发提供输入参数的支持。综合实验场在卫星发射前与在轨测试阶段，可以为不同载荷的数据质量开展评价，为各类应用技术的研发提供输入参数的支持。而在卫星业务化运行后，则可以对算法的优化及更新提供支持。

综合实验场功能齐全，适合联合多行业单位共同开展实验，可以对多种级别、多种类型的数据与产品进行质量检验。在典型区域建设具有较大面积和多个代表性样区，适合开展"天空地"一体化数据采集，如在一个实验场中可以同时开展不同地物光谱、植被指数、大气参数等相关数据的采集，场地面积较大，适合开展航空试验。

综合实验场地表类型丰富，由农田、林地、草原、湖泊、沙漠等多种地物组成，包括点、面多种尺度。综合实验场利用天空地多种仪器，开展多套加密观测。综合实验场外场试验主要负责外场真实性检验试验的实施计划，确定被检验的卫星定量产品、检验场地的选择、真实性检验外场试验时间安排、选择地基观测仪器、观测方法、时间和空间采样策略、样本数据的数据格式规定、观测数据传输等。实验由多家单位共同承担，通过联合开展大型综合实验，实验数据共享共用。

综合实验场包括综合实验场建设、综合实验场软件和综合实验场野外实验，如图10.6所示。

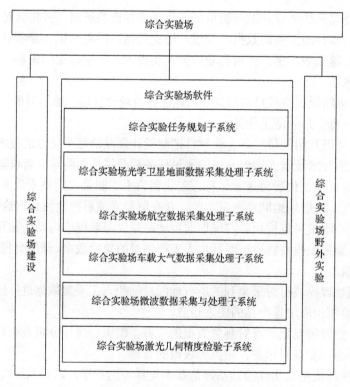

图 10.6　综合实验场组成图

综合实验场建设包括综合实验场布局设计、综合实验场仪器配置、综合实验场系统软件配置。在综合实验场布局设计过程中，需充分考虑我国自然环境特征的差异性，同时综合考虑多要素联合测量需求，建设满足不同区域自然环境背景下综合实验需求的、实验区域辐射面积适宜的综合实验场。

综合实验场软件通过计算卫星过境时间实现综合实验场的测量任务制定与管理，指导综合实验场进行测量。综合实验场光学卫星地面数据采集处理子系统、航空数据采集处理子系统、车载大气数据采集处理子系统及微波数据采集与处理子系统接收并发布测量任务至综合试验场，完成综合试验场数据采集，并经过和历史数据、经验知识、参考卫星影像数据等数据的比较，去除无效数据，保留有效数据，以及对检验数据进行科学管理、汇编、入库和推送，最终实现野外测量数据的采集与处理。

综合实验场野外实验主要负责外场实验的实施计划，确定被检验的卫星定量产品、检验场地的选择、外场试验时间安排、选择地基观测仪器、观测方法、时间和空间采样策略、样本数据的数据格式规定、观测数据传输等。综合实验场通过开展大规模实验，实现遥感卫星产品的真实性检验和评价，并为遥感反演算法和遥感产品真实性检验算法提供地面实测数据。

实验内容包括 3 个方面：

(1)卫星过境期间"卫星-航空-地面"星地同步实验。在卫星在轨测试期间或运行期间，根据卫星过境时间，开展大规模综合实验，获取产品的地面测量数据和相关的航空影像数据。

(2)对各站点技术人员的培训和交流。在综合实验期间，组织周边的真实性检验站点技术人员，对仪器测量进行技术培训，制定统一的测量规范。

(3)各真实性检验站基础数据的采集。在实验期间，对各站点进行航空数据测量，得到各站点的正射影像和三维影像，用于真实性检验基础算法的研究和几何产品的真实性检验。

4. 室内测试条件

开展实验室内载荷系统性能测试是确保载荷质量、安全发射、正常运行的重要环节。通过实验室测量对遥感探测分系统和探测器件进行精确的测量和检验，这些测量结果往往是载荷性能的基本参数，同时这也是保证载荷入轨后正常运行、进一步改进性能指标的必要依据。大致讲，测定传感器基本性能参数，考察遥感器性能是否达到设计指标；模拟传感器发射和运行的工作环境，考察传感器的稳定性和性能衰减情况；对传感器的几何、辐射和光谱器件进行标定。这些工作不仅确定载荷的基本参数指标与工作特性，而且为应用预研究提供遥感测量基本物理指标。

(1)实验室几何特性测试

几何特性测试主要目的是为了消除焦距变动、镜头光学畸变差、像主点偏移等因相机光学系统引起的误差。通过几何定标可以确定相机的内方位元素、镜头光学畸变系数、相机与平台系统之间的位置关系、空间分辨能力等参数。内方位元素的测试主要是测定载荷的内部参数，即载荷的检定主距、像主点坐标和自准直主点坐标及畸变值等，空间分辨率是指遥感器能区分两相邻目标之间的最小角度间隔或线性间隔。对图像而言，空间分辨率是指图像像元的大小。空间分辨率测试是目前检查一般成像光学系统品质的重要手段之一，其测试方法针对不同载荷有不同的测试要求。实验室几何特性测试主要通过室内几何标定进行，可利用平行光管作为控制场布设的基本单元，通过一定规则布设平行光管和十字丝板孔作为控制点，平行光管阵列控制场主要由若干平行光管、光管光源、光管倾斜角度控制器等组成，也可布设已知精确坐标标志点的三维场，结合检校算法，进行光学设备几何标定，室内几何标定具有检校灵活，精度较高的优势。几何特性测试参数可以作为评价相机质量的指标，可以在相机使用前对其成像精度进行分析，进而估计实际使用时的相机的定位精度；另外可以利用这些参数对获得的影像进行几何纠正，以解决遥感图像的几何变形问题。

(2) 实验室辐射特性测试

基于辐射定标系统对可见光近红外、短波红外的光学设备进行实验室内的相对和绝对辐射定标、杂散光、信噪比、光学系统调制传递函数等测试。辐射特性的测试目的是获取相对和绝对辐射定标系数以确定多光谱扫描仪在工作温度范围内的输出信号与辐射源辐射输入量之间的函数关系。实验室辐射定标一般采用积分球面源近距离方法和无限远目标两种方法进行。例如 CBERS 的 CCD 载荷绝对辐射定标是在洁净度十万级的光学实验室内，使用积分球面源近距离方法进行的。通过开展在扫描仪不同工作温度时各个谱段的定标，各个谱段内定标器的定标、可见近红外各谱段太阳定标器的定标、测量辐射制冷器的工作特性和在不同温度时的辐射响应特性，以此消除探测器空间响应的不一致和辐射误差。杂光大小直接影响着载荷系统的信噪比，影响着对图像的解译效果，杂散辐射特性测试是载荷系统对消除杂散辐射能力的描述，使用杂光系数，检测其大小是光学系统像质检测的重要内容之一，一般使用面源法测量望远系统的杂散光。光学系统调制传递函数 MTF 被定义为在空域中的光强场为正弦分布时，像的调制度和物的调制度之比。测试 MTF，一般有干涉法、分辨率法、线扫描法和小光点注入法等。真空离焦量测试指在不同大气压力条件下，利用定焦设备调节测试卡的位置使 CCD 输出的 MTF 最大，记录相应气压下测试卡的位置，由不同气压下他们的差值可计算出载荷的真空离焦量。

(3) 实验室光谱特性测试

光谱特性测试是对载荷系统光谱范围、光谱分辨率、光谱透过率、光谱偏差等性能的测试。通过光谱定标主要作用是确定遥感传感器每一个通道所代表的真实波长位置，确保不同传感器在波长位置上的数据一致性及波长位置精度。光谱标定平台的核心设备是能够产生高精度单色光的单色仪。光谱范围是探测器获取的光谱通道覆盖范围，即第 1 个波段与最后 1 个波段光谱半峰值功率点之间的范围。光谱分辨率是探测器能分辨的最小波长间隔，反映了探测器对光谱的分辨能力。光谱透过率通常用来描述载荷光学系统对光谱能量传递能力。光谱偏差是指信号通过视场经分光后，探测器光谱维上像元在不同视场下对应波长的偏离程度。光谱特性测试是对系统性能评估的重要指标，也是影响图像质量的重要参数。

5. 外场地实验条件与航空校飞

载荷的航空校飞指利用航空平台对载荷或航空版载荷进行测试、数据获取、处理、评价、应用等一整套科学实验过程。航空校飞具备两方面的功能：一方面，通过航空校飞试验，可以测试载荷在不同环境状况下的工作状况、性能和有关功能，包括仪器在辐射、几何和光谱方面的性能参数(如载荷的暗电流变化、动态范围、辐射灵敏度、空间分辨率、成像质量等)，检验其稳定性和可靠性，详细评价载荷的各种性能，进一步改进和提高星载仪器性能设计指标，减少仪器上星后的风险。另一方面，由于校飞试验数据在一般情况下都具有星载仪器所观测的各种下垫面，也可利用航空校飞试验数据，建立物理参数反演算法所需的模拟数据集，较全面地检验算法是否可靠有效，较全面地检测载荷应用系统算法的可靠性，及早发现算法中存在的问题并改进和完善，为卫星入轨正常运行后能尽快利用卫星数据、发挥效益创造必要的条件(汪一飞，1996；王刚和禹秉熙，2002)。

航空校飞可以分为技术校飞与应用校飞。技术校飞关心的是在运动与温度变化条件下，载荷的成像质量、误差分布、目标辐射变化范围等反映载荷技术指标与设置情况的参数。应用校飞关心的是建立物理参数反演算法所需的模拟数据集的获取。通过这个数据集，开展数据处理与定量反演研究。这是在卫星上天前建立载荷技术指标与应用物理参数非常重要的手段。航空校飞是连接载荷研发工程与应用的桥梁纽带，在载荷指标确定与应用评价上均有十分重要的作用。

一般光学遥感应用校飞的通用方案，按技术流程可划分为飞行前准备、飞行时测量和飞行后处理 3 个部分，如图 10.7 所示。

新型遥感器的航空样机通常在波段设置、辐射性能上与星载指标要求一致，但成像方式更为灵活。通过开展航空飞行验证试验，可以模拟、演示卫星遥感成像的过程，获取与卫星载荷特性相似的遥感数据，从而为对地遥感探测提供更多的遥感信息，也为遥感建模与应用提供更多的参数输入，具有重要的工程和科研意义。

10.4.2　计算机系统评价技术条件

1. 计算机仿真系统

仿真系统是把实际系统建立成物理模型或数学模型进行研究，然后把对模型实验研究的结果应用到实际系统中去，这种方法就叫做模拟仿真研究，简称仿真系统。计算机仿真系统是仿真的依托，计算机仿真系统是基于仿真的系统研究不可或缺的实验工具。仿真技术的有效应用必须依托于先进的计算机仿真系统。只有服务于应用的计算机仿真系统的发展，才能带动仿真技术的发展。民用航天遥感系统的计算机仿真系统主要解决 REAL 和 TRUTH 的问题。其中，REAL 是指逼真程度问题。TRUTH 是指仿真是否符合原理，即是否符合遥感的成像物理过程。

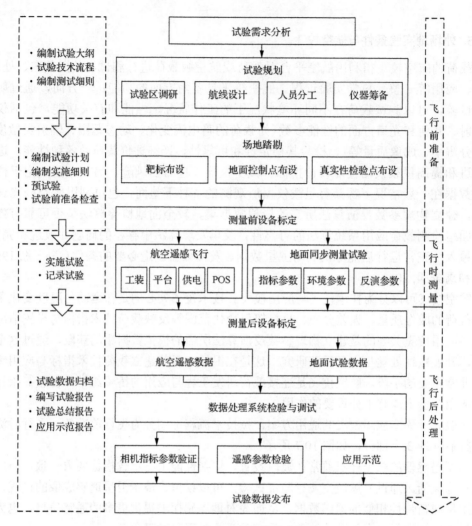

图 10.7　航空应用校飞技术流程

　　仿真技术是一种对系统问题求数值解的计算技术，尤其当系统无法通过建立数学模型求解时，仿真技术能有效地来处理。仿真的过程也是实验的过程，而且还是系统地收集和积累信息的过程。尤其是对一些复杂的随机问题，应用仿真技术是提供所需信息的唯一令人满意的方法。系统仿真的基本方法是建立系统的结构模型和量化分析模型，并将其转换为适合在计算机上编程的仿真模型，然后对模型进行仿真实验。对一些难以建立物理模型和数学模型的对象系统，可通过仿真模型来顺利地解决预测、分析和评价等系统问题。

　　仿真是一种人为的试验手段。它和现实系统实验的差别在于，仿真实验不是依据实际环境，而是作为实际系统映象的系统模型，以及在相应的"人造"环境下进行的。仿真可以比较真实地描述系统的运行、演变及其发展过程。根据系统分析的目的，在分析系统各要素性质及其相互关系的基础上，建立能描述系统结构或行为过程的且具有一定逻辑关系或数量关系的仿真模型，据此进行试验或定量分析，以获得正确决策所需的各种信息。计算机仿真不仅可以灵活地将需求与载荷技术进行设计论证，同时能够大大节省财力物力，预先发现载荷技术发展过程中存在的问题，为有效解决技术系统遇到的问题、明确应用技术成熟度的阶段提供评价依据。

2. 原理演示系统

原理演示系统是对需求的实践结果，是科学研究向技术研发的实践转变，它以计算机仿真系统为支撑来对关键技术研发与储备成果进行演示验证，从而显示对科学问题的解决，在信息层上定义过程的可行性，因此可将原理演示系统定性为面向科技成果演示与验证的计算机仿真系统。

原理演示系统实现对系统重要的关键技术的仿真验证、重要流程的原理演示验证，以及后续新型技术可行性验证 3 种层次的原理技术验证，形成一套系统级综合演示验证系统。原理演示系统更多地服务于技术科学研究内容，即创意及成熟度较低的过程，表现为原理演示系统对基本原理的理论论证与验证，通过仿真、实验室、外场等方式完成成熟度状态的评价。

原理演示系统的研制需求是对原理演示系统进行总体设计，确定系统的组成及各分系统之间的联系，实现系统各个方面的综合论证，确保 ATRL 和 HTRL 处于技术成熟度 4 级阶段，包括基本原理的发现、需求理解与确认、技术概念和指标的阐明、技术方案的优化与决策等过程，通过测试与分析验证技术方案的可行性，为原型系统和工程系统的建设奠定基础。

3. 原型系统

原型特指系统生命期开始阶段建立的、可运行的最小化系统模型。原型系统是用一套工具快速描述系统的界面和交互，从而从数据层上体现出过程的可行性，而不需要涉及底层业务的真正代码开发实现。

在软件开发和实施过程中，原型系统可以有效降低需求交流过程中可能发生的信息衰减或失真，以最快捷的方式让系统用户了解系统的功能组成和交互关系。系统的开发过程就是在分析系统原型的基础上进一步优化，建立系统模型。一个优秀的原型系统常常是开始与潜在客户对话并检验构思价值的最佳方式，因此，原型系统应当便于演示。在民用航天遥感系统中，原型系统服务于技术工程，支持技术工程开发，ATRL 和 HTRL 处于 5~6 阶段，意味着技术研发已经能够有效规避风险，整个技术方案高度可信。

快速分析：在分析人员与用户的密切配合下，迅速确定系统的基本需求，根据原型所要体现的特征描述基本需求，以满足开发原型的需要。

构造原型：在快速分析的基础上，根据基本需求说明尽快实现一个可行的系统。这里要求具有强有力的软件工具的支持，并忽略最终系统在某些细节上的要求，如安全性、坚固性、例外处理等，主要考虑原型系统能够充分反映所要评价的特性，而暂时删除一切次要内容。

运行原型：这是发现问题、消除误解、开发者与用户充分协调的一个步骤。

评价原型：在运行的基础上，考核评价原型的特性，分析运行效果是否满足用户的愿望，纠正过去交互中的误解与分析中的错误，增添新的要求，并满足因环境变化或用户的新想法引起的系统要求变动，提出全面的修改意见。

修改：根据评价原型的活动结果进行修改。若原型未满足需求说明的要求，说明对需求说明存在不一致的理解或实现方案不够合理，则根据明确的要求迅速修改原型。

4. 工程系统

工程系统是为了实现集成创新和建构等功能，由各种"技术要素"和诸多"非技术要素"按照特定目标及功能要求所形成的完整的集成系统，综合体现出 IDSH 的可行性、程度及状态。工程系统是工程的成果、产出物、交付物，是能够为社会、为用户带来益处的人工创造物，它一方面满足大规模应用，另一方面根据应用效果对工程系统的设计及系统指标的实现程度进行检验。例如，卫星工程，经过策划、论证、设计、建造、在轨测试，最后交付给用户的是一个符合设计要求、可以持续提供天基信息服务的卫星系统。人们需要的是工程系统运行所产生的服务(栾恩杰等, 2016)。

根据工程项目的不同，工程系统的 TRL 要在 6 以上。利用系统工程来对一个产品的需求、子系统、约束和部件之间的交互作用进行建模/分析，并进行优化和权衡。系统工程的主要任务是根据总体协调的需要，把自然科学和社会科学中的基础思想、理论、策略、方法等从横的方面联系起来，应用现代数学和电子计算机等工具，对系统的构成要素、组织结构、信息交换和自动控制等功能进行分析研究，借以达到最优化设计、最优控制和最优管理的目标。

系统工程大致可分为系统开发、系统制造和系统运用 3 个阶段，而每一个阶段又可分为若干小的阶段或步骤。系统工程的基本方法是：系统分析、系统设计与系统的综合评价(性能、费用和时间等)。

系统工程是为了更好地实现系统的目的，对系统的组成要素、组织结构、信息流、控制机构等进行分析研究的科学方法。它运用各种组织管理技术，使系统的整体与局部之间的关系协调和相互配合，实现总体的最优运行。系统工程不同于一般的传统工程学，它所研究的对象不限于特定的工程物质对象，而是任何一种系统。

系统工程方法的主要特点是：①把研究对象作为一个整体来分析，分析总体中各个部分之间的相互联系和相互制约关系，使总体中的各个部分相互协调配合，服从整体优化要求；在分析局部问题时，从整体协调的需要出发，选择优化方案，综合评价系统的效果。②综合运用各种科学管理的技术和方法，定性分析和定量分析相结合。③对系统的外部环境和变化规律进行分析，分析它们对系统的影响，使系统适应外部环境的变化。

10.5 建设案例——以航天遥感科学论证能力建设为例

航天遥感科学论证，本质是对技术储备的评价，按照需求的选择，形成科学判断的过程。其中，评价指标集构建、评价过程是关键。

航天遥感科学论证能力以论证系统为载体，论证系统处于航天遥感系统的最前端，是创新能力体系中创新研发与论证能力、设计能力最直接的体现。开展科学论证系统组成与构建论证，在其技术支撑下对民用航天遥感系统的顶层设计、卫星组网、载荷配置、产品体系、质量保证、标准规范、服务技术方案等进行分析、评价、诊断、预测，确保民用航天遥感系统具有可行性、必要性、经济性，追求能"多快好省"地充分发挥作用。

按照现代科学范式，航天遥感科学论证能力同样需要实验系统、计算机处理系统的支持。其中，实验系统、计算机处理系统分别聚焦为服务创新、论证、设计能力建设的试验验证设施条件建设及技术支撑平台建设。

10.5.1　航天遥感科学论证系统概述

科学论证系统是民用航天遥感系统的原理与技术验证系统，是对航天遥感系统的需求分析、设计方案、制造方案、应用效果等进行模拟、测试、分析、评价的系统，体现了对产品属性(品种、规格、质量、规模、时效性)的分析与把握，是地面应用制造与服务系统的一部分，实现对民用航天遥感应用系统天地一体化协同应用研究方案的全流程技术性分析、验证与评价。

针对航天遥感系统高风险性、先进性、探索性、小子样研制等特点，很多关键技术难以在卫星发射前进行实际考核(陈宇, 2010)。借助科学论证系统及其技术手段，设计者可以经济、高效地研判航天遥感系统关键应用指标，校验、评价并优化设计方案，使遥感系统更为"好用"；另外，由于耦合了物理和数学模型，应用分析人员可以借助技术工具灵活重现遥感数据链作用规律，设计并完善数据应用方案，实现迅速、直观、定量化的分析和预测，为"会用"和"用好"遥感系统奠定基础。

科学论证系统及其技术手段对航天遥感系统遥感数据链质量、规模和速度等方面的优化设计和运行起到重大作用。科学论证系统有准则、有工具，可以对航天遥感成像过程与处理技术进行不同程度和不同侧面的分析，具有成本低、效率高、针对性强、时效性强等特点。这样不仅可以大大减少仪器研制和系统研发成本，而且仪器制造、系统研发之前即预评估性能指标，在一定程度上可节约大量科研经费投入并有效提升后续业务化应用效果，通过可行性(概念)论证、方案论证、分析、设计、制造、运行、维护、训练和管理等，对仪器设计、硬件研制及实际应用领域都具有重大意义。

10.5.2　试验验证设施条件建设

1. 仿真实验室能力

在未来国际上和我国对地观测计划中，先进的多光谱、高光谱、多模态和多角度遥感器层出不穷，有关偏振、荧光、重力、电场、磁场等新技术的应用不断变为可能，它们将在人类认识地球甚至宇宙空间中扮演十分重要的角色。但是航天技术和遥感器技术的发展最终还是要落实在遥感应用上，因此以应用为导向的遥感器设计和应用模型的发展是真正体现航天遥感价值的关键。而对这些遥感器进行前期技术论证的一个关键环节就是建立在遥感机理研究基础上的仿真分析，仿真分析以仿真实验室为支撑，重点在地物光谱特性研究、大气传输模型研究、遥感器模型研究及科学系统开发关键技术攻关的基础上，通过不同观测方式和成像特点，研究不同大气条件下不同地物的遥感成像规律。物理仿真设备可以在室内通过暗室，模拟太阳光源及其入射角，通过照射自然状态的地物或模拟目标，获得精确的目标特性，也可以通过移动设备移到户外典型地物上空开展遥感探测，可具备条件控制、环境模拟、规律和模式试验等能力，能预测和探索新型载荷或根本不能进行直接研究的实物对象的性能等。

(1)航天遥感应用辅助设计与分析能力。其主要考虑为航天遥感应用设计与分析提供部分平台数据，如卫星轨道、姿态、能源、地面系统(包括测控与通信、数据传输)等方面的数据。在空间科学与探测类载荷工作人员的协助下，建立空间科学知识库，用于支持航天遥感应用辅助设计与分析。查找国内外各航天遥感应用任务的有关资料，将正确的数据放入知识库中。对于空间科学和探测类有效载荷及其传感器的数据，除了从资料上获取外，还要和有效载荷设备研制单位合作，由他们提供主要设计参数，来逐步填充和完善知识库。对于用于分析、验证、评价的数据，以野外实验获取、从相关部分收集及先验知识的整理为主。

(2)高精度地面辐射场场景建模能力。地面辐射场场景构建是航天遥感仿真的首要环节，建立高精度、反映仿真区域地表真实特性的地面辐射场是仿真精度与论证结论可靠度的保障，因此开展高精度地面辐射场场景建模技术攻关研究，综合考虑地表类型、地形因素、方向性、时空因素、空间尺度、物候因素、混合像元、目标遮挡等因素。

(3)卫星组网覆盖仿真能力。面向应用的虚拟星座组网论证适应国家航天科技事业的发展和民用航天遥感的需求，从多个层次和方面研究科研卫星与在轨卫星，以及规划卫星的组网可行性分析和组网效能分析，对组网卫星进行数据获取量、覆盖情况、时效性和应用效能预测，从应用的角度论证科研卫星通过与在轨卫星及规划卫星的组网，对各行业用户、地球系统探测要素、不同观测任务和观测区域的满足程度。

(4)遥感图像的模拟能力。在遥感图像库的基础上，通过反演得到各种地物或大气的属性参数，在给定大气和云参数的基础上，生成各种不同模拟遥感传感器观测得到的遥感模拟图像。利用模拟的遥感图像可以用来论证基于新型遥感器的对地观测计划的技术可行性，同时也可以优化遥感器系统参数和数据获取方案。例如，当前新型遥感器数据模拟的部分前沿性的研究课题就是基于生物物理和大气辐射传输耦合模型的高光谱和方向辐射图像模拟研究、不同波段和极化条件下土壤水分分布的模拟，以及地震前期电磁场变化的三维模拟等。

2. 试验场网检校能力

1)检验与验证能力

新载荷产生新数据、新产品、新算法，其质量、通用性和普适性需要检验。遥感信息时空性强、类型多，需要在不同区域、地表类型、大气类型，并在不同时间段内进行长期的检验。需要研发应用共性技术、基础信息产品检验所需的软件工具，建立检验系统平台，提高检验的自动化水平。

随着卫星在轨长期运行，其性能发生衰减，导致数据、产品和算法的稳定度下降。

通过长时间、多频次、多类型地开展真实性检验，可有效监测遥感信息的稳定性，并基于监测结果进行有效调整。

2) 地面观测工具保障能力

随着遥感科学和地面观测技术的发展，越来越多的遥感卫星不断升空，各种高性能、多功能传感器和地面测量仪器为我们提供了种类较齐全、内容丰富、数据量庞大、实时性强的遥感和地面信息。为了检验遥感信息产品的真实性，必须依赖探测精度比遥感载荷更高的地面观测工具。地面观测工具可分为地表遥感生物物理参数观测工具、大气环境观测工具，以及空间位置信息观测工具三大类。

地表生物物理参数观测设备主要包括温度/湿度计、辐射计、光谱仪、植物冠层分析仪等传感器，以及对应的传感器标定系统。大气环境观测工具主要包括太阳辐射计、探空系统、自动气象站等设备。空间位置信息采集工具则主要包括 GPS、全站仪等工具，以及航空地面靶标等工具。

3) 专题和综合论证试验场保障能力

专题和综合论证试验场是航天遥感论证开展观测试验的基地，建立遥感专题和综合论证试验场是航天遥感应用科学论证的一个重要内容。航天遥感论证体系将充分利用我国已有的各种遥感试验场，结合航天遥感论证工作的需要，增建专题和综合论证试验场，包括综合实验室、综合实验场、真实性检验站网，形成覆盖全国、全流程、全链路的采集、检验和服务能力。试验场将为国家遥感战略决策、遥感科技应用、基础科研和国际交流合作提供全面的数据服务和技术支撑。

真实性检验站网：在典型区域布置标准仪器，根据产品检验需求，自动化、标准化、业务化地获取被测目标的光谱曲线、指纹谱，以及相应的几何、陆、水、气等参数，用于检验信息产品精度并支持产品改进，具有连续自动观测和传输、无人值守的特点。

综合试验场：获取区域内各类遥感卫星对地观测数据及非遥感数据，用来支持多行业多领域产品、算法的集同研发、同步观测检验、示范与推广，具有区域性、多要素、多领域、综合性、开放的特点。

综合实验室：多个平台组成的综合实验室，具有标校、测试、分析、模拟等功能，用来支持遥感卫星对地观测机理研究、信息产品研究和验证，保障观测数据的标准性、归一性和准确性，具有专业性、综合性、开放、规范的特点。

10.5.3　技术支撑平台建设

地面应用制造与服务系统的系统包括总体论证系统、技术工具系统、地面系统制造系统、应用系统制造系统、验证场网系统、数据中心系统及共享网络平台等。这里所述的技术支撑平台是地面应用制造与服务系统的原理演示系统与原型系统，它小而健全，集检验、处理、分析、管理、交互等功能于一身，支撑航天遥感系统的创新研发、论证及设计，同时也支持系统的运行与服务。

1. 创新与发展支撑

1）载荷设计与遥感应用需求论证

加强针对应用卫星与卫星应用结合的航天遥感论证工作，定量地对在轨卫星、在研卫星、规划中的遥感卫星发展进行技术分析与评价，系统分析与评价我国不同行业、不同层面遥感综合应用技术及基础技术发展条件，合理建立载荷设计与遥感应用需求关系，满足我国不同行业、不同层面遥感应用的需求。将国家战略与市场应用相结合，客观全面地评价我国航天遥感资源和应用发展现状，综合分析我国航天遥感需求，提出我国未来有效载荷指标和载荷发展建议，形成与我国自主卫星遥感应用相适应的技术论证体系及相应的基础设施条件。

2）航天遥感系统应用综合分析论证

面向民用航天遥感应用技术及其体系发展的新形势，采用系统分析方法，针对系统分析、系统综合及信息反馈过程，从多角度多方面获取系统相关知识，针对航天遥感系统应用相关的综合管控、共享服务、产品标准、处理能力，应用产品的质量评价、业务支撑平台等进行综合论证，全面系统地分析航天遥感系统的应用解决方案，并针对所要解决的问题，进行总体设计、研发、试验验证、标准规范等方面的技术创新研发分析，建立完整、高效的航天遥感系统应用论证体系。

2. 运行与服务保障支撑

1）共性技术支撑与检验分系统

基于预先设定的评价方法和策略，对卫星遥感资料、辅助数据、野外观测数据及同期国外相应卫星遥感资料和产品等资源信息进行收集整理，并对涉及的卫星产品流程化生产技术进行集成测试，开展数据处理共性技术检验与评价软件工具涉及的功能测试、运行验证、评价分析，形成卫星产品技术检验评价工具集，利用以上资源信息和工具集，构建技术检验评价试验环境，对算法模型的质量进行检验和评价。

2）应用技术共享服务平台分系统

在信息与模型共享、多模式智能信息服务的基础上，为应用系统建设提供卫星数据、场站网实验数据、处理工具、模块、软件系统等资源集成、检验与共享、下载服务，并提供在线定制、共性技术培训、APP 应用等功能。

3）共性产品检验服务分系统

其包括几何产品质量检验、辐射产品质量、陆表产品质量、植被产品质量、大气产品质量、水体产品质量检验等功能，实现类同卫星样本数据获取、真实性检验数据获取与标定、航空应急区数据获取与标定、参量样本处理、参量数据质量控制、样本数据整编存档、产品质量检验、精度评价等服务。

4) 应用仿真分析分系统

对航天遥感系统进行模拟、测试、分析，包括过境与覆盖仿真、成像仿真、应用系统仿真及专题应用仿真等部分。可以对系统技术集的精度、速度、稳定、可靠、经济、灵活性/适应性等进行定量分析与评价，有力支撑航天遥感科学论证工作的开展。其包括面向综合应用的卫星组网分析与评价能力建设、成像仿真与数据分析评价能力建设、应用系统仿真与分析能力建设、专题应用仿真能力建设、天地一体化系统体系结构分析能力建设。

5) 应用支撑基础数据库分系统

以利用现有成熟技术条件为主，制定基础数据库运管系统设计方案，建立基础综合数据库，开展数据整编、数据交换服务、数据维护、数据库与系统管理等功能模块研发，进行分系统间集成与测试，完成基础数据库运行管理系统的部署与运行服务，为航天遥感科学论证提供所需的基础辅助数据，实现对基础地理空间信息数据库的管理及与数据交换服务。

第11章 创新与风险动态均衡的
科研工程项目管理方法

创新是人的智慧在科学技术能力体系支撑下发挥作用的实践过程，这个过程在现代社会大多以项目方式表现出来。对大型科研性研究项目是否满意，不仅仅在于可预期成果的按计划产出，而且很大程度上体现在一些关键问题解决及创新突破上，产生某种"惊喜"也是对这类项目合理的期望。科研工程项目是采用系统工程方法对这种性质的研究开展的一种有序的、体系性的组织管理。本章在分析多种技术成熟度混合项目研究方法的基础上，提出科研工程项目管理方法，这对地面应用、制造与服务系统的技术发展与方法改进有很好的支撑保障作用。

11.1 科研工程管理的初步理解

11.1.1 科研工程项目定义

1. 大型科研活动

大型科研活动指由多名专业人士参加的、以提升人的认知水平和人改造世界的技术水平为总体目标的人与社会的活动，其产出是具有提升财富特征的、具有功能性的人造事物，如一种从感知到认知的转变、一种新观点/方法、一种技术成熟度的提升或一种新型的先进产品等。这些类型活动均需要较多已掌握知识与技术的人以及人造事物的参与。这些资源需要按照某种需求，在一定机制下搜集、整理、组织、运行与利用起来。在这一过程中，符合历史阶段性，具有较好的投入产出比，能多快好省地达到目标是这类活动的重要关注点。

2. 科研工程

大型科研活动的组织一般以系统工程方式开展，形成科研工程，是既具有科研性质，又具有工程特点的大型活动。作为科研内容与工程方式相结合的产物，既具有科研项目的探索性，又具有一般工程的特性。

3. 科研工程项目

科研工程的现代管理方式是项目，是为达到预期目标，投入一定量的资源，在一定的约束条件下，经过决策与实施的必要程序，从而形成人造事物的一定性任务。这类项目具有探索性和创造性、一次性、资源成本约束性、不确定性和风险性、表述困难和隐藏性，以及具有特定的委托人等特点(卢巧燕，2013)。科研工程项目的这些特征对工程项目管理开展提出了较强要求。

11.1.2　科研工程项目的特点

1. 技术成熟度的跨度大，成功地创新与提升 TRL 是核心

科研工程有别于传统工程与小规模的科研活动，其以追求具有一定可靠性的创新为目的，有风险性大的特点。形象地讲，传统工程中不成熟的新技术与成熟技术的比例一般为二八开，以成熟技术复用为主，其成熟度较高，完成任务的预期性较强，目的是按照计划保质保量按时按计划完成工程。而小规模科研活动，以新发现、新发明为主要目标，成熟度较低，新技术与成熟技术的比例形象地说为八二开。由于资源投入较小，对风险的抵抗力一般较强。科研工程一般投入较大，新技术与传统技术的比例形象说一般为五五开，风险大，既要创新又要保成功，只有通过新技术与传统技术的深度融合，才能共同完成系统性创新或技术成熟度提升的目标。从过程实践的标准上也可看出这一点，传统工程讲求的是高成熟度稳稳地生产，科研活动追求的是直面风险的大跨度突破，科研工程的最高边界是"差点失败"式的创新型成功。科研工程的这个特点决定了其技术上的特殊性和一定程度上的不确定性，可借鉴的经验较少，技术规范等方面存在不完善之处。而且技术状态往往是伴随科研工程主体结构建设的整个过程不断完善和提高的，设计变更频繁，需要随时进行变更调整(朱毅麟，2008)。

同时，科研工程的目标也不尽相同。有些是以形成原型系统为目的，有些是以达到更高成熟度的工程系统要求为目的。这些均对科研工程项目的管理提出了挑战。

2. 涉及范围广，科研规律表现不同

科研工程项目一般涉及多种专业，同时作为支持人对世界认识的深入与对世界利用能力提升的实践过程，既要通过探索提高人对关注对象的认识，又要保证改进技术的成功研发，涉及科学研究、技术方法研发、工程建设实施等多种实践过程。对于技术成熟度低的研究，在创新难以计划与设计的客观情况下，扩大实践广度与深度，增加迭代次数是通常应对的方法。对于技术成熟度高的部分，合理安排，提高效率，协同与技术成熟度低的研究的关系成为关键。这就导致所需时间长短不一、要求不同、经费差异大、组织管理工作复杂，任何一个环节工作不正常都将影响整个系统的工作。因此，对每个环节的技术性能和质量指标必须有严格而有容错能力的要求，需要提供最新的科技成果和高指标产品，以满足工程技术要求上的极端性(栾恩杰，2010)。

科研工程不仅要求每个单项技术过关，而且由单项技术组合而成的整体性能也要符合总体设计指标要求，才能满足科学研究的需要。因此，科研工程项目必须组织多学科、多行业协同攻关。

3. 科研工程是综合集成的开放复杂系统，价值取向多样，评级体系复杂

科研活动无止境，有限目标，有限条件，完成任务、创新突破是关键。既要考虑科研的风险性、创造性与低投入产出比，也要考虑整个工程的有序性、目标系统性及可实现性，科研工程一般都具有系统层面上的复杂性，要求组织更大规模的系统，因此需要把复杂性引入管理，即"复杂性管理"（金吾伦和郭元林, 2004）。

复杂性管理的组织是柔性与刚性的结合，信息化把握与快速响应的结合，是根据项目生命周期各个阶段的不同需要灵活、适时调整组织的配置，更加强调一种动态的协同性管理，强调柔性管理和适度控制。因此，科研工程项目各项活动的管理都建立在弹性管理的基础上。科研工程项目管理的本质是弹性计划和严格控制对立统一、系统协调的工作，在规定期限内达到预定目标。科研工程的管理是按照理念、认知、技术、实践的进程实现，要求更智能、更可协调并能够更快速的协调改变。

4. 科研工程项目的工程系统和系统工程的综合特点

工程系统是指具有工程性和系统性特点的某个项目，系统工程是指项目过程实践具有工程性和系统性的特点，而本身不是工程系统。这两个概念的结合是科研工程项目的内容、形式与过程的综合体现。按照钱学森博士在中国航天工程实践中最早提出的系统工程的概念，其不是工程系统本身，而是对工程系统所要达到的目标和实现该目标的措施进行整体研究，并对工程系统进行建造及运营的过程（栾恩杰, 2010）。工程系统是实现工程目标要求的所有组成，这些组成部分并不是各自独立的，它们之间具有紧密的关联性，即整个系统具有系统性。

复杂的科研工程项目各环节的研制受到上下相关环节的约束，它不是独立存在的，必须接受上一环节的委托并与下一环节匹配。而系统工程运行就是一个连续的过程，是一个环环相扣的过程，每个阶段都要保证工程系统的建造达到某种预设的状态。系统工程的运行就是要保证这些阶段紧密地连接起来，形成一个连续进行的工程建造过程。

系统工程方法论的应用是以工程系统的性能、指标、要求为目标所进行的一系列设计和建造过程，包括问题分析与方案设计、技术与工艺设计、生产制造和试验验证等。系统工程管理主要集中在经费管理、技术管理、时间管理、任务管理和风险管理上。

5. 科学决策困难，协调难度大，成果管理挑战性大

在科研工程中，成熟度低的科学摸索部分的研究属于以科学探索为目的的应用活动，一般人员数量较少，作坊式操作明显，信息共享性弱。同时，科学研究成果往往积累时间长，剥离分解难，如何区别与评价往往需要具体分析。科学研究成果如何转化为应用技术往往需要较长的过程，单独一个科学研究成果系统性差，难以直接应用。而技术成熟度高的工程实现部分却有不同要求。作为一次性投入的项目，有限时间、经费条件下对目标实现的客观性定义与评价是一个挑战。

为完成项目的整体目标，往往包括了多种不同性质的研究，而且技术成熟度不一，导致了管理技术复杂性。往往科研工程涉及人员多，协作单位广，且体制和队伍往往不够成熟，增加了人力资源管理和管理模式选择的难度。应对科研工程项目的内容进行分解，制定各阶段的人员分配，建立健全的激励机制，提高人员的工作积极性和工作效率，组建高水平的专业团队（杨保华, 2010）。科研工程项目管理的特点主要体现在科研项目管理对象是知识型员工。他们具有很强的创造性和自主独立性，对他们的管理既不能和其

他项目人员一样严格要求，又不能对其放任自流，对其的管理存在一个"度"的问题。

6. 科研项目管理存在信息不对称是常态

科研成果在形成过程中有时难于显现和评价，信息确认和采集比较困难，导致管理时信息失真或不全面。科研工程往往是科学、技术与工程的结合，科研工程项目自身的特点，使得对科研工程的管理不同于其他一般工程项目的管理，一般工程项目管理是一种符合性的管理，强调计划的刚性和按照计划执行控制的严格性。而科研工程项目变化快，在项目生命周期的不同阶段，工作的目标和性质明显不同，因而管理的重点也不同，需要根据项目生命周期不同阶段的特点不断变更协调和控制，进行针对性的管理，需要信息管理方式统筹全面的提升。

11.1.3　科研工程项目管理的初步理解

1. 科研工程项目管理的认识

项目管理(PMI, 2000)是为了满足项目的要求而在项目活动中对知识、技能、工具及技术的应用进行管理，是一种为实现既定目标而对技术、人力、及金融资源进行的系统集成，即把各种系统、方法和人员结合在一起，在规定的时间、预算和质量目标范围内完成项目的各项工作。项目管理的目的是基于被接受的管理原则的一套技术方法，并将这些技术或方法用于计划、评估、控制工作活动，以按时、按预算、依据规范达到理想的最终效果。

科研工程项目管理内容复杂，过程纷繁，是在有限的资源条件下，通过协调组织并有效利用一定的人力、物力、财力，确保一次性科研项目的有效执行，同时尽量减少项目失败的风险而进行的管理活动(陈颖姣等, 2010)，是项目管理技术与具体科研工程项目相结合的产物，不但需强调项目管理的技术，同时项目管理技术必须与具体的科研工程相结合才能产生巨大的社会、经济和技术效益。

科研工程项目管理有明确的目标，不固定的途径，经费规模大、时间确定、质量要求较明确，通过优化管理，增加实践方向性与预见性，提高每次迭代的效率，减少迭代次数，协调好不同成熟度部分的关系是关键。这就要求在管理中更加关注成本效益、明确重点、过程协同、信息集中和响应灵活性 5 个方面，以助于强化创新，控制风险，完成目标。

智能化管理是科研工程项目管理发展的方向。通过构建灵动的结构、高效的组织、不确定分析与把控能力、符合实际的判断标准，以及高度信息化水平，能动地把握工程项目的状态与变化情况，"多快好省"地实现项目目标。

战略规划、政策法规、标准规范等软环境系统是科研工程项目的"人文环境"，与科研工程管理息息相关。软环境本身具有可认识的客观性，同时它也具有服务于科学工程项目的能动性。科研软环境的主观能动性在于管理人员要在不同的硬环境下，能主动适应并不断创造出极具特色的科研软环境。科研软环境的创新从某种程度上说，就是科研管理的创新。以科研管理人员为纽带，从管理基本职能出发，对管理工作进行改革、调整和布局，使管理工作处于动态协调之中。因此，管理在科研软环境系统中其起着重要的决定作用。

要以建立和完善科研软环境系统为中心来进行科研工程管理创新，以科研工程软环境的发展来反观我们的科研工程管理创新。两者具有互动和包融的关系。一种管理方法一旦被软环境所认同，就会作为一种管理文化形态表现出来并继承下去，科研软环境也就有了新的发展。

2. 科研工程项目管理模型

工程项目管理是通过采取各种有效的措施，创造良好的环境，强化创新机制，形成有利于项目目标达成的有效的管理组织方式，确保在科研工程项目的实施中达到最佳的创新效果。在这方面已有很多成功的模型方法，如 DMAIC、ADLI、PDCA 法等。

DMAIC 是英语单词 Define、Measure、Analyse、Improve、Control 的首字母组合，分别表示定义、测量、分析、改进、控制。DMAIC 来源于六西格玛管理，因其更关注顶层设计，在认知与行动间反复迭代，每个步骤环环相扣，符合发现问题、解决问题的现代实践过程，被广泛应用于项目管理和解决发现的异常问题。

ADLI 是英文单词 Approach、Distribution、Learning、Intigration 的首字母组合，分别表示方法、展开、学习、整合，是一种追求成熟度提升的、整体评价的卓越绩效管理模型。研发通常是先在先验知识的基础上，采用规范、制度的方式固化下来。在按照这种规范、制度运行中不断加大这种实践的范围，即展开，当发现已经不能适应或有更好的方法时，就对原来方法进行改进或引入新的方法，这就是学习。最后，通过系统地规划整理，即整合，形成了更符合实际需要的规范与制度。

PDCA 方法就是这样一个体现不断提高改进、螺旋上升的"标准"模型。PDCA 是英语单词 Plan、Do、Check 和 Action 的首字母，PDCA 循环是按照这样的顺序进行技术研发过程管理，技术也按照这个顺序不断提升。这个过程不是运行一次就结束，而是周而复始的进行，一个循环完了，解决一些问题，未解决的问题进入下一个循环，这样阶梯式上升的。

科研工程中的大量实践、多次迭代过程是一个不断改进、持续提高的过程，即通过更大资源代价的投入，消除不确定性，提高项目过程的有序性与成果的预见性，PDCA循环是全面质量管理所应遵循的科学程序。通过质量计划的制订和组织实现的过程，这个过程按照 PDCA 循环，不停顿周而复始地运转，从而实现全面质量管理活动的全部过程。

随着更多项目管理中应用 PDCA，在其应用的过程中也发现了一些问题与不足，导致 PDCA 在实际的项目中存在一些局限。PDCA 更加关注形式，对人的思维方式约束性强，不以人的开放性创造活动为主要过程，更加注重如何完善现有工作，导致惯性思维的产生，习惯于按流程工作。同时，对于不确定性高的创新性活动，若初始 Plan 环节有方向性错误，后面的过程将不断放大和坐实这种错误，导致不必要代价的付出。另外，在稍大一些的科技工程项目中，PDCA 四个步骤可能是由不同的人完成的，这样困难不仅仅在于经验、背景与任务的不同，而且相互之间不能一样思考，在很多情况下，特别是沟通不足时，存在着没有共识、难以协调的局面。

科研工程项目的较强创新性，既表现在发现、发明所获得的成果，同时又表现出有较强的实践性，要将这些成果进行成熟度的提升、应用与推广，是提高认识与改造能力的高度综合。针对这种情况，图 11.1 为一种强化创新方法与实践方法、理论研究与技术研发相结合的管理模型，即 TPDS-PDCA 模型。这是一种对已有 PDCA 模型的补充，充分考虑人的开放性创造活动过程。其中，TPDS 是英语单词 Think、Plan、Do、Say 的首字母组合，分别表示想、计划、做、说，其循环过程是：想—计划—做—说。与 PDCA 一样，这四个过程不是运行一次就结束，而是周而复始地运转，形成不断提高改进的阶梯式上升局面。

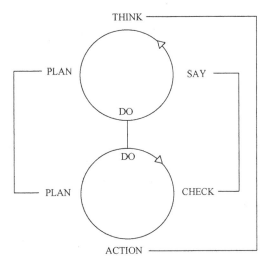

图 11.1　科研工程项目管理模型

TPDS 主要针对提高对任务、研究对象、工程项目的认识及其共享性开展工作的。想(think)阶段根据具体情况(如资源)开展顶层设计，开展创新理念的思考等；计划(plan)阶段，策划确定目标、资源划分，策划内容形成计划；做(do)阶段按计划执行；说(say)阶段是有一定成熟度的设想、理念、安排、方法等针对项目、研究等方面的知识共享，即 Share。这本质上是一种知识管理方法的应用，按照美国德尔集团创始人卡尔·佛拉保罗的解释，知识管理就是运用集体的智慧提高应变和创新能力，从而把知识管理确定为一种方法和途径，有明确的目的性，并且把知识提升到智慧高度。

通过 TPDS 循环的构建，在原来 PDCA 循环中强化了想与共享，即顶层设计与知识共享。通过与 PDCA 联动，形成认识提升与能力改进提升同步推进的格局，将计划到改进的循环方式转变为想了说，说了做，做了再想的“知行合一”循环模式。TPDS-PDCA 通过想—说—做的一致性及迭代提升，强化顶层设计，放松对思考约束，加强不确定性分析能力与信息化水平，为在有限条件下争取实践的最大广度与深度，聚焦主要问题，减少迭代次数，快速收敛到任务目标上来，有效提高技术成熟度，实现智能化管理，提供了技术可行方法。

TPDS 通过对事物认识水平的提升能产生很多知识性成果，同时在项目过程管理中论证与认证环节中也能发挥重要作用。在科研工程项目存在着一定的不确定性因素或风险，科研工程管理中通过风险的识别、风险评估，对项目方案中可能受到的各种事前无法控制的内、外部因素变化与影响进行研究和估计，尽量弄清和减少不确定性因素对项目实施的影响，制定风险应对计划，可以最大限度地避免意外发生。

在开展 TPDS 的过程中，依据系统科学的复杂性管理思维，构建针对科研复杂工程的项目管理综合集成研讨厅方法论与方法体系，将复杂的系统组织起来，如图 11.2 所示。科研工程项目管理综合集成研讨厅方法论的基础是复杂系统理论，方法体系是综合集成，其本质是通过构建一个新的复杂系统来驾驭复杂管理工程系统，关键是主体的选择、接口的构建、能力的涌现和过程的综合控制(盛昭瀚等，2008)。通过 TPDS 方式构建的软系统模式，可进一步丰富切克兰德丰富图学习方法，牵引更多的经验知识集中到论证与认证环节，"知己知彼，百战不殆"，从而强化"大成智慧"的形成。

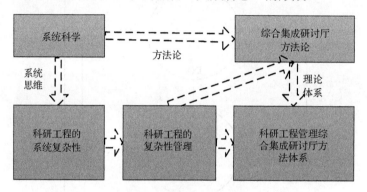

图 11.2　科研工程项目管理综合集成研讨厅方法体系

3. 科研工程项目管理方法的评价

科研工程项目的管理是有目标、可被评价的，并且围绕着评价方法，人们构建了很多模型。针对软件研发管理状态，美国卡内基梅隆大学软件工程学院在 1987 年推出的能力成熟度模型 SW-CMM(capability maturity model for software)就是这样的一个理论模型，其目的是帮助软件组织改善软件生产流程，以探索一个保证软件产品质量、缩短开发周期、提高工作效率的软件工程模式与标准规范。

CMM 的成功促使其他学科也相继开发类似的过程改进模型，如系统工程、需求工程、人力资源、集成产品开发、软件采购等，从 CMM 衍生出了一些改善模型，如 SW-CMM、SE-CMM 系统工程—能力成熟度模型、集成产品开发—能力成熟度模型 IPD-CMM 等。不过，在同一个组织中多个过程改进模型的存在可能会引起冲突和混淆。能力成熟度模型集成 CMMI(capability maturity model integration)的推出就是为了保持这些模式间协调，其本质就是过程改进框架，主要关注点就是成本效益、明确重点、过程集中和灵活性 4 个方面。在这套框架下提供了 3 种模型，包括过程改进方法、过程实施方法(GP/SP)，以及对各种应用领域的最佳实践(BP)。

CMMI 共有 5 个等级，分别标志着能力成熟度的 5 个层次。从低到高，研发发生产计划精度逐级升高，单位工程生产周期逐级缩短，单位工程成本逐级降低。

(1)初始级。软件过程是无序的，有时甚至是混乱的，对过程几乎没有定义，其成功取决于个人努力，管理是反应式的。

(2)可管理级。建立了基本的项目管理过程来跟踪费用、进度和功能特性。制定了必要的过程纪律，能重复早先类似应用项目取得的成功经验。

(3)已定义级。已将软件管理和工程两方面的过程文档化、标准化，并综合成该组织的标准软件过程。所有项目均使用经批准、剪裁的标准软件过程来开发和维护软件，软件产品的生产在整个软件过程是可见的。

(4)量化管理级。分析对软件过程和产品质量的详细度量数据，对软件过程和产品都有定量的理解与控制。管理可作出结论的客观依据，管理能够在定量的范围内预测性能。

(5)优化管理级。过程的量化反馈和先进的新思想、新技术促使过程持续不断改进。

每个等级都被分解为过程域，特殊目标和特殊实践，通用目标、通用实践和共同特性。每个等级都由几个过程域组成，这几个过程域共同形成一种软件过程能力。每个过程域都有一些特殊目标和通用目标，通过相应的特殊实践和通用实践来实现这些目标。当一个过程域的所有特殊实践和通用实践都按要求得到实施时，就能实现该过程域的目标。

4. 科研工程项目管理成熟度

项目管理成熟度是组织项目管理能力的度量指标，目的是不断改进项目管理能力。项目管理成熟度模型确定了如何对成熟度进行分类，从哪些方面衡量组织项目管理水平，为项目管理的提升指出明确途径。

目前项目管理成熟度模型已经开发了几十种，在航天领域中国空间技术研究院提出了"神舟飞船项目管理成熟度概念模型"(SZ-PMMM)，这是一个适用于企业级组织内多项目管理环境的项目管理成熟度集成模型，由两个相对独立的项目管理成熟度模型组成，即企业级组织项目管理成熟度模型(SZ-PMMM-O)和项目级组织项目管理成熟度模型(SZ-PMMM-P)。

SZ-PMMM-O 能力等级分为 5 级：摸索级、规范级、控制级、集成级、优化级。企业级组织内部多个项目级组织项目管理能力存在差异性，因此定义了面向企业级组织内部项目级组织的、项目管理能力的 3 个附加能力等级：通用级、专用级、创新级。SZ-PMMM-P 能力等级同样分为 5 级：初始级、系统策划级、整体规范级、量化控制级、持续改进级。

(1)初始级。处于该级别的科研项目管理过程是混乱的。项目的开展比较随意、执行混乱，项目的风险相对较大。科研工程管理工作没有稳定、明确的项目组织负责项目的工作。

(2)系统策划级。达到这一级别的科研工程项目管理已经初步形成了较为有效的项目团队，建立了基本的项目管理过程，组织管理比较系统化，并根据成功的经验制定每类科研项目规划。这些管理过程和方法可供重复使用，把过去成功的经验用于当前和今后类似的项目。管理活动和科研项目过程被文档化、标准化，并被集成到组织的标准项目过程之中。

（3）整体规范级。实现了对不同类型科研工程项目的统一管理，形成了各种特制的标准，逐步实现规范化。发掘不同类型科研项目的共性，并在项目管理过程中予以定义和制度化。制定和实施了人员培训大纲，保证科研管理人员能够胜任岗位知识和技能要求。项目实施过程中各种项目的成本、周期等受到有效控制，科研质量可跟踪。这时，科研管理已达到能综合管理各种不同类型科研项目的水平，并逐步标准化管理过程。

（4）量化控制级。在这一层级中不同类型的科研工程项目的管理过程均已整合、量化并得到理解和控制，并开发出项目管理信息化系统，用以完善本单位的科研管理工作，实现精细化管理。建立并将经验数据纳入过程数据库，对科研工程项目管理过程进行各种分析，注重项目管理，对新的科研工程项目的过程、成果、风险和成果的质量进行一定可靠性的预测和控制。

（5）持续改进级。这一级是模型的最高级，在这一层级中管理创新成了最主要的特征，能够运用从过程、创意和技术中得到的定量反馈，来对科研项目过程进行持续改进。在这一层级中，如何优化管理过程，预防可能的缺陷，探索过程的改进和推广成功的管理创新是最主要的活动。这一级层是无止境的?接近这一层级能力成熟度水平的科研管理已能近乎实现科技资源的最优化配置，极大地保证项目的质量和完成的及时性，以及最终成果的有效性。

应用 SZ-PMMM-O 对其自身项目管理能力进行评价，不断提升其项目管理能力，同时应用 SZ-PMMM-P 对企业级组织内部各项目级组织的项目管理能力进行评价，以判定其项目管理能力水平（袁家军等，2005），也可应用 SZ-PMMM-O 面向项目级组织的附加模型对内部各个项目级组织项目管理能力的差异性进行评价（袁家军等，2007）。

总体上看，科研工程项目的管理成熟度是并行于项目的研发过程不断提升的。在项目刚开始阶段，项目中若干重要环节的技术成熟度较低，甚至有处在感知到认知过程的情况，高成熟度管理模式与之反差较大，难以适应快速变化状态，所以在这部分管理中要采用与之相适应的管理办法。同时，从整体上要不断提升管理成熟度，确保创新成果对整个项目的辐射性与带动性，形成在项目进程中的"加速度"局面。伴随项目研究技术成果的成熟度提升，实现管理的成熟度提升。

11.1.4　科研工程项目管理研究内容

科研工程项目管理具有关注成本效益、明确重点、过程协同、信息集中和响应灵活性的特点，这些均需要体现在计划、组织、控制这 3 项管理基本职能中。其中，关键是与之相适应的组织构建、实施过程管理、创新风险管理、成果集成管理与信息化管理 5 个方面。

1. 组织构建研究

项目组织结构是项目的全体成员为实现项目目标，在项目实施管理工作中进行分工协作所形成的管理结构体系。项目组织结构是项目为落实项目各成员在项目实施中的职、责、权的动态管理结构体系，其本质是为实现项目目标而采取的一种分工协作体系。

一个良好的项目组织结构有利于落实项目的职责分工，实行工作专门化，具有一定灵活性，有助于优化方向、提高项目实施的工作效率。

2. 实施过程管理研究

项目组织实施管理是在实现项目目标的过程中，项目管理主体基于对未来行为状态的预测，按照任务书的要求，通过组织系统，运用各种手段，及时检查、收集项目实施状态信息，并将它与原计划作比较，发现偏差，分析偏差形成的原因，采取措施纠正，保证项目计划正常实施，以实现预定目标的活动过程。

其包括项目实施方案制定、子项目任务合同书签订、项目进度控制、质量监督检查、成本控制、组织协调等，项目实施方案制定、子项目任务合同书签订是工程项目控制的核心，工程质量控制、项目进度控制是工程项目组织实施工作的重点。

项目组织实施是一个动态的复杂的过程，为实现项目建设的目标，参与项目建设的有关各方，必须在系统控制理论的指导下，围绕项目建设的工期、成本和质量，对项目的实施状态进行周密的、全面的监控。

3. 创新风险管理研究

创新与风险在项目执行的全过程相伴相随，按照项目的总体要求，时刻对研究过程进行动态分析与评价，成为一种必要。

项目的组织与管理评价。评估项目的组织与管理，包括审核项目经费使用合理性，分析项目所设课题与子课题的相关度，评价项目主管单位、项目负责人、课题负责人之间信息沟通的方式和有效性，以及项目实施调控的手段和效果。

4. 成果集成管理研究

科研工程项目的成果表现形式多样，主要体现在数据、信息、知识、软件、硬件上，相互之间有密切关联。例如，数据形式的实验结果对软件的工程开发及硬件设计有直接的影响，经费的安排信息对人员组织及顶层设计中的风险控制有很大影响等。

项目成果管理包括对项目结果的鉴定和记录，以便由项目管理部门正式接受项目的产品。验收的主要内容是检查项目合同的完成情况、评价项目的绩效和组织管理工作、审计项目经费的使用情况，评价合同考核指标完成情况，检查项目合同考核指标的达标情况，验收工作的依据是立项合同中可测、可评、可比较的考核指标，项目的绩效评价，对于项目获得的成果进行确认和评价。成果集成管理有利于随时对项目运行状态进行评价，对项目未来发展有可观预测，有利于项目的科学管理。

5. 信息化管理研究

项目管理信息化指的是项目管理信息资源的开发和利用，以及信息技术在建设项目管理中的开发和应用。信息技术的发展日新月异，项目管理信息化是科技进步的要求，更是时代发展的必然趋势。项目管理信息化能够以较少的投入获得较优的效果，对于完善项目管理意义重大。

通过信息技术在项目管理中的应用能实现：

(1)信息存储数字化和存储相对集中，有利于项目信息的检索和查询，有利于数据和文件版本的统一，还有利于项目的项目文档管理；

(2)信息处理和变换的程序化，有利于提高数据处理的准确性，并可提高数据处理的效率；

(3)信息传输的数字化和电子化，可提高数据传输的抗干扰能力，使数据传输不受距离限制，并可提高数据传输的保真度和保密性；

(4)信息获取便捷，信息透明度提高，信息流扁平化，有利于项目参与方之间的信息交流和协同工作。

项目管理信息化实施的重要方法就是编制信息管理规划、程序与管理制度。信息管理规划、程序与制度是整个项目管理信息化得以正常实施与运行的基础，其内容包括信息分类、编码设计、信息分析、信息流程与信息制度等。

11.2 科研工程组织构建设计方法

11.2.1 课题群设置管理

1. 课题群及课题群管理

课题群一词的含义非常广，既有多项目的含义，也可指一组相互联系的项目或由一个组织机构管理的所有项目，根据 Turner 等(2014)对课题群的定义，一个课题群是指具有内在联系的若干课题，为了实现利益的增加而采取统一协调管理。Lycett 等(2004)对课题群管理的定义是，为了实现一定利益，对相关的课题进行集成和管理，而当对单个项目采取独立的课题管理时，这一利益将无法实现。其他一些专家学者和组织也给出了关于课题群和课题群管理的定义。

从相关文献中可以看到，目前对于课题群的定义还不是很统一。但总体说来，可以认为课题群是由一系列相互联系的项目所构成的一个整体，具有统一的目标，服从统一的实施计划。而课题群管理则是对整体中的所有项目进行统一的协调管理，且这种管理更有利于每个课题及课题群总体目标的顺利实现。

科研工程项目的课题群是将一组任务按照技术成熟度和相互依存度分成若干课题集，这些课题集之间的联系弱于其内部课题间的关系，任务目标与管理方式也存在一定差异性。

2. 课题群管理的内容

科研工程项目包含着丰富知识、提升技术、工程实现等多种目标方向。其有别于传统一阶控制论基础上以计划、命令、控制为基础的传统项目管理，复杂项目建立在二阶控制论的动态性、催化、系统论基础上，跨越经典管理逻辑，突出在不稳定性条件下的进化过程，形成知识的获取与技术能力的提升。对于科研工程项目，其中的每一个系统都是更大系统的组成部分，因此协调与更大系统的关系是十分重要的。

课题群管理虽来源于项目管理，但它无论从战略高度，还是从管理范围、管理内涵、复杂性、不确定性都远远超越于传统项目管理，现有的单课题管理理论难以完全反映出这类项目的特征和满足管理上的需求。从管理要素维度看，它不仅包括《项目管理知识体系指南》(卢有杰, 2005)中列入的 9 个基本管理要素：范围管理、时间管理、成本管理、人力资源管理、质量管理、沟通管理、风险管理、采购管理、综合管理，还要包括协同管理、知识体系管理等体现课题群综合管理特点的管理要素，同时，还要协调项目的灵活性与关键技术突破产生的牵引性与辐射带动性，从整体提升项目的创新水平。

3. 课题群管理的基本特点

(1)课题群管理是按照群的方式管理，群之间的管理是相对松散的，群内部的课题之间是具有相同特性或相互关联的，但这些群是相互联系的，战略目标是一致的，群间的知识和信息能够保证有效的共享。

(2)群管理充分体现了按照成熟度、关联度集成的特点。管理集成思想最基本的特点就是整体优化性和动态发展性，因此评价课题群不能孤立地评价某一个课题，而是看群整体给项目目标带来的效益。

(3)群管理并不是单纯对群中单个课题管理的机械叠加，它是利用群整体管理优势，合理配置资源，实现信息共享，确保整体目标的实现。

(4)群管理重点除传统管理要素，如成本、进度、质量、风险等之外，特别关注信息交流情况，以及课题群中单个项目的目标一致性、资源的合理配置及项目中的优先级别。

4. 课题群管理方法

目前，项目管理的方法已经形成非常完善的体系，具体到课题群管理方法，可以在一定程度上采用项目管理的具体方法，但由于课题群管理与项目管理的重要区别就在于课题群管理更重视的是课题群的整体管理，发挥整体课题群的效能，产生 1+1＞2 的效益，而不是单个课题，因此课题群的方法不能拘泥于一个项目的管理方法，而且还包括协同管理、知识管理的方法。

协同管理最主要的方面就是要实现信息协同、业务协同和资源协同，因此课题群管理的方法就应该包括信息管理方法、知识管理方法及沟通管理方法。其中，知识管理是一种有目的的管理进程。它通过对信息管理和学习组织的合理实施，加强组织内部知识的利用，服务于组织的整体利益(肖永霖等, 2003)。从以上内容可以看出，知识管理的目标就在于总结集体的智慧，发挥集体智慧的力量，从而推动目标的实现。课题群管理恰恰需要这一重要方面，因此在课题群管理方法中必须包括课题群人员的知识管理方法。

针对不同课题群个性的方面确定课题群管理方法也是至关重要的。不同的课题群要有个性的管理方法，如该课题群的目标与企业目标息息相关，就应把企业的目标全部量化在这个课题群的工作中，如果这个课题群的主要目标是完成某项任务，就应关注过程的具体措施。基本上对于不同课题群来说，要根据课题群的特征确定管理重点，而对于同一课题群内的项目来说，管理方法应尽量保持一致，从具体管理措施到考核等。

11.2.2　项目总体组和项目经理设置

1. 总体组及其设置

项目总体是实施项目控制的主体。项目到一定规模，逐步出现跨学科、跨领域、多部门的情况，而且相对于大体量的项目，课题为涵盖整个研究范围，很大概率上会出现多、散、小、弱的情况。落实对整个科研工作的战略决策、计划安排、组织协调、指挥推进、评价判断及约束控制就需要有一个专职的团体，即项目总体，结构性地在整个工作过程中发挥作用。

项目总体代表项目承担单位和项目负责人组织管理项目，负责项目组织、计划及实施过程，处理有关的内外关系，协调课题群间的接口关系，保证项目目标的实现。要有效地执行一体化项目控制管理，需建立项目总体(李延瑾, 2012)结构。

在项目总体组开展工作中，通过 TPDS-PDCA，开展顶层设计、有效跟踪项目进展，作为信息枢纽为各利益相关方提供信息共享，协调各组成部分的关系。

2. 项目总体的作用

1) 保证项目目标的实现

建立项目总体有利于正确贯彻项目要求和上级立项意图，严格控制项目的建设进度、质量、成本等，确保项目的实施成果满足委托方的需要，保证项目目标的实现。

2) 对项目进行有效的过程管理

项目总体参与项目的计划、组织、实施、检查、调整等管理工作，包括项目的顶层设计、招标议标、选择课题承担单位、跟踪项目实施情况、组织阶段检查、组织实施质量监理、实现项目总体集成、组织项目验收鉴定、成果归档等工作。

在项目进行中，项目总体要协助项目负责人根据项目进度及具体情况，及时与项目客户或委托方进行沟通，调整项目的方向、工作重点、计划进度，项目工作方案的变更，项目团队人员分工的改变，项目技术方案的修改等。

项目总体主要通过对项目过程的有效管理实现任务与成果的对接，既要做好任务分解，落实好任务承担方的责任义务，又要做好项目监督，组织好项目完成情况的阶段检查与成果验收，保证项目成果满足委托方的需要。总体组在项目各个阶段的贡献不同，具体程度标志如图 11.3 所示，其工作量重点表现在前期的顶层设计与组织实施及后期的项目集成与成果质量检查验收方面。

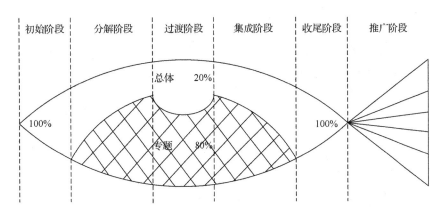

图 11.3 总体组在项目各阶段的贡献

3. 总体组的主要职责

(1)项目顶层设计、制订项目的详细实施计划、依据项目总体目标和研究内容对项目进行课题分解，明确分解结构的目标和任务；

(2)明确各领域的关键技术及解决方案，组织对重大项目实施方案的论证；

(3)组建项目专家组和课题专家组；

(4)提出各专题主要承担单位；

(5)组织和指导各专题的申报、评审、立项资助、中期检查及成果验收；

(6)管理项目预算经费；

(7)制定项目管理办法和其他有关规章制度；

(8)督促、检查项目总体计划的实施，协调并处理项目执行中的重大问题；

(9)对项目成果进行汇总集成，形成数据处理关键技术与流程和应用软硬件。

综上，在项目不同阶段，管理工作与研究工作工作量比例是变化的，如图 11.4 所示。

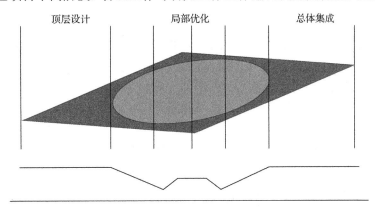

图 11.4 项目总体工作量比例变化示意图

4. 项目经理及其设置

项目经理从职业角度上是指企业或科研工程项目建立以项目经理责任制为核心，

对项目实行质量、风险、进度、成本、信息交流管理的责任保证体系和全面提高项目管理水平设立的重要管理岗位。项目经理是按照项目顶层设计，开展项目过程跟踪，为项目的成功策划和执行负总责的人。项目经理是项目团队执行的领导者与经营者，其首要职责是在预算范围内领导项目组完成全部项目工作内容，并使项目甲方满意。为此，项目经理必须在一系列的项目计划、组织和控制活动中做好领导工作，从而实现项目目标。

项目经理需要有较丰富的科研知识背景及对新技术的鉴别能力，具备管理技能和影响力。能力要求主要包括：

(1)通过自身专业背景能对关键技术突破有敏感性，发现、分析、判断量变到质变的过程。

(2)对调动各课题工作积极性的号召力，有效倾听、劝告和理解他人行为的交流能力，对各种不利的情况迅速作出反应的应变能力和自信、热情的性格要求。

(3)能把项目作为一个整体来看待，认识到项目各部分之间的相互联系和制约，以及单个项目与母体组织之间的关系。只有对总体环境和整个项目有清楚的认识，项目经理才能制定出明确的目标和合理的计划。具体包括计划、组织、目标定位、对项目的整体意识和授权能力。项目经理的责任与权利是相辅相成的，承担的责任和风险必须与权利相符。如果只讲责任不给权利，将会极大地挫伤项目经理的积极性，同时责任也会随之丢失(王晓梅等，2003)。

科研工程项目经理还区别于一般的项目经理，在工程项目中处于中心地位，起着举足轻重的作用。他们必须对承接的项目所涉及的专业有一个全面的了解、有一定的财务知识、有一定的法律知识和对按合同完成项目建设有必胜信心并在实际工作中做到言行一致。只有这样才会在专业性要求很高的科研工程项目中把好这条科研大船的行驶方向。

5. 项目经理的主要职责

(1)按照项目总体设计方案的要求组织编制课题计划任务书，并提交专家组审议通过。任务书要思路清晰、重点突出、着意创新、队伍精干、经费合理。

(2)负有按《项目任务书》规定完成各项研究目标和科研指标的职责，具体负责把握项目研究方向、研究任务，督促、指导和监督项目所属课题计划任务的实施、检查和完成。

(3)负责项目年度科研进展和成果汇总，以及结题报告编写。

(4)组织项目内跨学科的学术活动，动态评估创新性及开展趋势分析，发现新的生长点，可在项目内调整支持力度，并及时上报首席科学家/总师，发起专家组评议与认证。

(5)项目机动经费收支状态管理，并按年填写报表上报项目办。

(6)组织协调项目内的国际合作与交流，并编写年度计划报首席科学家和专家组审批。

11.2.3　现有管理模式分析

1. 工程监理制

工程监理制是指依据法律规范、有关政策，以及科研合同和科研监理合同等，由监理服务机构，以相对独立的第三方身份，对利用国家资源进行开发实施的工程项目的研发质量、进度、投资和效益等进行监督检查，并做出相应处理决定或者建议的过程。该模式适用于传统技术与新技术八二开的工程性项目。对工程项目实施有效监理是保证项目顺利完成和科研经费效用最大化的重要手段。

(1)工程监理可以帮助建设单位更合理地保证工程的质量、进度、投资，并合理、客观地处理好它们之间的关系。监理是第三方的独立单位，在项目建设全过程中，监理单位将依据国家有关法律和相关技术标准，遵循守法、公平、公正、独立的原则，按照已经制定的路线与规范要求，对科研工程建设的过程进行监督和控制，在确保质量、安全和有效性的前提下，合理安排进度和投资。监理将协助建设单位进行工程有关方面控制的再控制，就是对承建单位项目控制过程的监督管理。

(2)监理可以合理地协调建设单位和承建单位之间的关系，这也是监理的一项主要工作。在科研工程建设中，建设单位和承建单位之间难免会出现一些问题或争议，建设单位和承建单位都希望由第三方在工程的立项、设计、实施、验收、维护等各个阶段的效果都给予公正、恰当、权威的评价，这就需要监理单位来协调和保障这些工作的顺利进行。

(3)通过第三方的专业服务，帮助建设单位对项目实施控制，并对建设单位和承建单位都做出约束，这也是监理作用的一个重要体现。引入工程监理能够基于重大科研工程项目的特点及实施中存在的问题，建立重大科研工程项目实施的全过程控制，形成多种手段综合运用的协调管理方式，以提高重大科研工程项目的管理水平和效率。

以最优地实现目标为目的，按照其内在逻辑规律对工程项目进行有效的计划、组织、协调和控制的系统管理活动。目前，我国的工程项目普遍实行的是监理制，主要工作内容是"三控制二管理一协调"，即对工程项目的进度、质量和经费等过程实施控制，同时对项目合同和信息等进行管理，组织协调各单位工作关系(谢坚勋等, 2004)。

2. 技术委员会制度

技术委员会制度是指为保证项目的顺利实施，实现项目的科学、规范、高效管理，规范项目评审与评估工作，充分发挥专家在科研项目实施与管理工作中的重要作用，成立技术委员会，其由相关学科领域专家组成。其负责对科学研究项目的战略决策和实施进行咨询与监督，发挥项目技术和管理咨询作用，协助项目负责人对整个项目的技术监督和协调决策。该模式适用于以探索创新技术为主的科学探索研究项目，旨在通过技术委员会的设立，达到几方面的目的。

(1)充分发挥技术委员丰富的科研、实践经验，出众的技术与学识水平，通过技术委员会对项目实施方案进行科学评估、审核，及早准确地制定出完善的项目实施计划，为项目顺利实施提供科学实施保障；

(2)通过技术委员的视角，发现工作中存在的问题和不足，及时改进工作措施，保证项目实施管理的质量；

(3)合理采纳专家委员的建议，不断完善工作体系；

(4)通过专家委员的沟通协调，理顺与相关单位的工作关系，畅通协作渠道。

3. 总师总指挥制度

20 世纪 80 年代后半期，我国卫星型号研制开始建立两师系统，即型号行政指挥系统和型号设计师系统。按职责规定，型号行政总指挥是型号项目的总负责人，对完成型号研制任务负全责，对型号立项、计划、费用、质量、人员、沟通、风险、合同、综合集成进行全面的管理；各分系统设有分系统指挥，对分系统的研制负全责。

型号总设计师是型号研制任务的技术总负责人，是设计技术方面的组织者、指挥者及重大技术问题的决策者，在型号研制的技术方面绝对权威，各分系统设有主任设计师和若干副主任设计师，总体和重要系统还设有若干副总设计师，对型号的研制层层落实具体技术负责人。

行政指挥系统对设计师系统的关系是协助、支持和保证。型号总设计师对工程项目的技术问题负全责。

两师系统模式适用于探索创新技术与成熟技术各占 50% 左右的科研工程项目，创新与风险同步管理。两师系统面向型号，弥补了原管理体制上的不足，有效地加强了型号管理，因此，被认为是航天领域管理的一条成功经验。

11.3　科研工程项目实施管理方法

航天遥感科研工程项目指大型科研性活动的综合集成，是大型工程建设的预先研究。一般具有科技探索与工程实施双重性，风险分布不均匀，新技术方法与成熟技术方法在项目整个生命过程中的比例最为接近，有别于传统的工程项目与科研项目，这对科研与管理工作开展提出了新挑战，需要抓住关键，搞突破。经过不断研究形成了初步成果，即项目下设置课题群和研发总体，加强关键节点的冗余性，动态调整，降低风险，把握好时间管理与科研节奏。

图 11.5 为科研工程项目管理结构图，分为以下几方面。

(1)面向创新与风险控制的开放系统管理方式。通过风险识别、风险分析和风险评价，认识项目的风险，并按照成熟度，合理地使用各种风险应对措施、管理方法、技术和手段，对项目的风险实行有效控制，妥善处理风险事件造成的不利后果，以最少的成本保证项目总体目标实现的管理工作。

(2)按特性的课题群管理。在项目启动阶段，根据任务体系建立多层级组织管理机构，如分三级课题，实施科研工程管理，有效保证项目的顺利开展。项目中的各研究内容按照项目的总体安排、时间结点和进度实施，项目成果以运行系统的方式体现。同时，设立项目总体组、项目专家委员会、项目办公室三层组织管理机构，分项目、课题群、课题三级实施，并按照特性对课题进行有效管理。课题群管理并不是单纯对课题群中单个

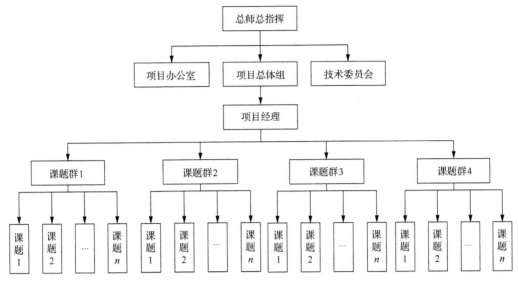

图 11.5　项目课题群划分

课题管理的机械叠加，它是利用课题群整体管理优势，合理配置人力、时间、质量、经费等资源，实现信息共享，确保实现整体项目群的目标。

（3）总体组与项目经理作用。总体组和项目经理在科研工程管理中都占据十分重要的地位，其具体作用与职责在 11.2.2 节中已经详细阐述，在此不再赘述。

11.3.1　项目策划与计划

1. 项目组织论证与 WBS 构建

从任务批复出发，对领域广泛、类型复杂的各层次用户需求进行凝练，从系统、分系统、子系统及要素等多个层次开展系统设计，开展应用总体技术设计与论证、技术成熟度确定、关键技术设置与技术验证评价指标确定。

在广泛征求意见的基础上，结合项目建设目标、任务与要求，深入分析各类用户需求。由于项目覆盖范围广、牵涉领域多、用户类型复杂，从前期就组织具有产、学、研优势的科研院所、大学高校、企业等单位，利用自身技术、人力等优势与工作经验，进行了项目的需求分析、前期论证，以及实施方案、建议书编写、应用集成需求分析、调研与初始设计、论证等工作。

项目启动后，在选择合作单位、建立项目团队时，充分发挥前期经验积累，积极利用企业力量，采用"研究所+大学+企业"的方式，从参与项目前期工作的单位中选择建立了一支对项目研究任务理解深刻、相关工作经验丰富的项目执行队伍，有利于项目高效、高质的实施。

在项目开展过程中，科研与工程的思想并重，科研精神是项目实施中必须具备的，同时工程业务化思想也不可或缺。利用科研院所、大学对遥感前沿及未来技术发展的牢牢把握、高素质人员储备丰富的优势，重点开展总体设计（面对当前技术发展、未来 5

年、10 年的设计）、需求分析、技术论证、开发测试等工作；利用公司企业严格的制度、工程化的业务思想、工程设计经验丰富、能力强的特点，完成系统需求与设计工作。

工作分解结构（work breakdown structure, WBS）是把一个项目按一定的原则分解，项目分解成任务，任务再分解成一项项工作，再把一项项工作分配到每个人的日常活动中，直到分解不下去为止，即项目→任务→工作→日常活动。WBS 以可交付成果为导向对项目要素进行分组，它归纳和定义了项目的整个工作范围，每下降一层代表对项目工作的更详细定义。

WBS 总是处于计划过程的中心，其也是制定进度计划、资源需求、成本预算、风险管理计划和采购计划等的重要基础。WBS 同时也是控制项目变更的重要基础。项目范围是由 WBS 定义的，所以 WBS 也是一个项目的综合工具。WBS 具有 4 个主要用途：

（1）WBS 是一个描述思路的规划和设计工具。它帮助项目经理和项目团队确定与有效地管理项目的工作。

（2）WBS 是一个清晰地表示各项目工作之间的相互联系的结构设计工具。

（3）WBS 是一个展现项目全貌，详细说明为完成项目所必须完成的各项工作的计划工具。

（4）WBS 定义了里程碑事件，可以向高级管理层和客户报告项目完成情况，作为项目状况的报告工具。

WBS 是面向项目可交付成果的成组的项目元素，这些元素定义和组织该项目的总的工作范围，未在 WBS 中包括的工作就不属于该项目的范围。WBS 每下降一层就代表对项目工作更加详细的定义和描述。项目可交付成果之所以应在项目范围定义过程中进一步被分解为 WBS，是因为较好的工作分解可以：

（1）防止遗漏项目的可交付成果。

（2）帮助项目经理关注项目目标和澄清职责。

（3）建立可视化的项目可交付成果，以便估算工作量和分配工作。

（4）帮助改进时间、成本和资源估计的准确度。

（5）帮助项目团队的建立和获得项目人员的承诺。

（6）为绩效测量和项目控制定义一个基准。

（7）辅助沟通清晰的工作责任。

（8）为其他项目计划的制定建立框架。

（9）帮助分析项目的最初风险。

利用 WBS 方法，还可以针对项目整体、各任务合同等环节制定相应的工作分解结构，如纲要性工作分解结构（summary WBS, SWBS）、合同工作分解结构（contract WBS, CWBS）、组织分解结构（organization breakdown structure, OBS）、资源分解结构（resource breakdown structure, RBS）、材料清单（BOM）等。项目分解结构（product breakdown structure, PBS）基本上与 WBS 的概念相同。

2. 6BS 项目分解结构设计

为保证项目的有序、高效、合理的执行与管理实施，需要在对项目任务充分理解的基础上，总体设计项目任务体系、课题设置、课题承担单位设定、课题合同与预期成果、经费分配等内容，实现项目人力、物力、财力、成果等综合协同管理。通过灵活协同的管理方式，实现整个项目的最大效益。

项目在启动实施阶段对任务与资源的分解及关联性做了设计，分为任务体系分率 PBS、课题设置 WBS、承担单位人员 OBS、成果提交合同(contract breakdown structure, CBS)、成果集成管理(achievement breakdown structure, ABS)和经费分配 RBS6 个部分，即"6BS"，如图 11.6 所示。

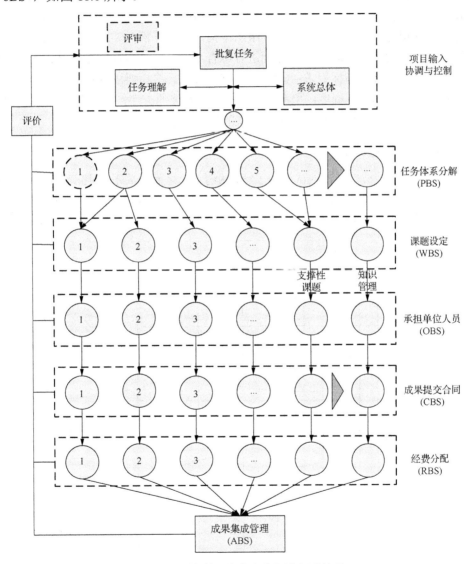

图 11.6　项目管理任务与资源分解及管理

(1)建立项目任务体系分解 PBS，通过分解项目中的目标和研究内容，形成项目任务体系及与之相匹配的成果体系，确保预期的成果可以满足任务的要求。

(2)建立项目课题设定 WBS，根据任务体系间相互关系，构建任务研发路径，按照路径中的关键技术环节，对任务进行分类打包，设定课题及子课题。

（3）建立项目承担单位人员 OBS，选择课题承担单位，明确责任主体。

（4）建立成果提交合同 CBS，项目承担单位与课题承担单位签订合同书，对成果体系进行分配并加以固定。

（5）建立经费分配 RBS，根据合同中要求完成的任务量、任务难易程度、预期成果数量，合理分配课题研究经费，实现项目人力、经费、时间、设备等资源的结合与配置。

（6）建立成果集成管理 ABS，按照与任务体系结构相对应的成果组织管理结构。

建立评价指标体系，开展信息管理与过程动态跟踪分析评价。一般采用平衡计分卡评价方法，应用综合与平衡原理，依据组织结构，将责任部门要求、用户满意度、承研单位满意度、研发过程稳健性 4 个方面进行综合考虑。评价指标体系涵盖：①任务中确定的目标、内容、技术指标要求；②用户对整体技术、接口要求等技术支持的期望，以及用户对需求分析的认可程度；③承研各单位工作开展的有序性，创新与学习能力提升、知识积累等；④整个项目研发中效率与效益的综合体现等。

3. 项目过程管理设计

为了使项目能够被更清楚地认识和了解，认清工作之间的关系，保证项目的顺利进行，将项目以成熟度为基础分为需求认知、技术实现、指标评价 3 个阶段。每个阶段都有资源投入、知识科研、技术工程、风险控制、变更管理、项目管理 6 个工作，如图 11.7 所示。

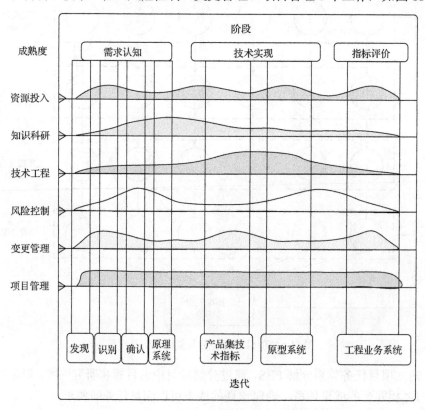

图 11.7　项目实施全过程阶段划分与成熟度

(1) 资源投入。在任务分解与工作理解的基础上，根据项目任务的需求，搞好项目规划计划，有计划、有次序地针对项目部分技术点和任务点安排经费与人力资源的投入。在项目成熟度为需求认知阶段加大投入，发挥总体作用，做好项目顶层设计；在成熟度的技术实现阶段，则以监督控制为主；在成熟度较高阶段，集中力量搞好项目收尾工作 (马宽等, 2016)。

(2) 知识科研。知识科研相对于技术工程 (如 IT 技术研发) 节奏慢，周期较长，课题布局要提早进行。在成熟度需求认知阶段，知识科研工作占重要比重，主要通过构建 GPP 进行关键技术研究；在技术实现成熟度阶段，科研成果实现逐步转化。

(3) 技术工程。技术工程 (如 IT 技术研发) 节奏快、周期短，技术变化也快。技术工程的实施以 GPP 为基础，不同成熟度阶段通过技术工程所获得的产品各有不同。需求认知成熟度阶段，技术工程的任务是形成原理演示系统；在技术实现成熟度阶段，重点是构建 IDSH，完成原型系统的开发；指标评价成熟度阶段，技术工程要满足工程业务化系统的长期稳定运行。在不同成熟度阶段，可根据技术发展的需要中途增加最新技术应用课题，保证项目技术紧跟技术发展趋势。在各种系统投入正式运行之前，必须进行测试评价，尽可能多地发现并排除软件中潜藏的错误，发现与避免错误，检查软件是否达到预期的处理能力等，从而保证软件质量。

(4) 风险控制。科学研究都有很大的探索成分，具有未知风险，技术创新的风险则具有更大的不可控性，所以在项目实施阶段，必须进行风险的识别、风险评估，特别是成熟度需求认知阶段，更应该加强风险控制，并制定项目风险应对计划。

(5) 变更管理。对于项目而言，变更是必然的。为了将项目变更的影响降低到最小，就需要采用变更控制的方法。项目的变更控制包括项目的整体变更控制和范围变更控制。

(6) 项目管理。从项目开始到项目结束，基于 GPP 方法，根据各成熟度阶段的目标，进行计划、组织、指挥、协调、控制和评价工作，以实现项目的目标。

11.3.2　项目组织与管理设计

1. 项目组织设计

按照策划与计划要求，结合项目研究任务与研究目标，项目组组建项目管理、技术团队角色，形成 7 个项目角色，包括首席科学家 (总师)、总指挥、项目经理、总体组、专家组、办公室、课题群组。项目分设的课题和子课题下设承担具体研究内容的责任人 (PI)，课题实行 PI 负责制。角色具体要求如下：

(1) 首席科学家/总师。由项目负责人承担，负责项目科学研究、项目总体设计、项目的实施与项目的总结等工作，对整个项目负责。

(2) 总指挥。负责行政事务管理，支撑保障总师技术工作的推进。

(3) 项目经理。协助项目负责人技术方案的落实。有效连接项目管理结构与科研技术管理，衔接专家组、技术总体与各课题，统筹协调整个项目的实施。

(4) 总体组。负责项目计划与实施方案的确定，项目技术问题协调，对项目进行质量管理、进度管理和经费管理。总体组由项目承担单位委派专人负责。

(5) 专家组。包括顾问专家组和技术专家组，负责项目学术方向整体把关和关键技术把关，以及战略思考。

（6）办公室。负责项目运行活动。

（7）课题群组。包括所有参与课题的管理与技术人员，负责课题实施、进度管理，以及完成课题技术任务。

项目通过自主开发的标准化项目管理软件，对课题全过程进行有效管理，包括项目范围、经费、质量、进度、合同、沟通、风险、成果和集成等多个方面，使得课题管理更加科学和系统，并有效降低了沟通成本，提升了项目管理标准化程度。

2. 协作伙伴与组织架构

航天遥感科研工程是一个复杂的系统工程，一般涉及多行业多部门，为提高项目执行效率，保障系统总体设计的工程化、规范化，需要建立多层面、多渠道的外协关系，采用小核心、大网络的工作模式，聚集国内卫星遥感应用产学研优势单位，充分调动外协部门和单位的优势，为将来承担项目奠定良好基础。

在项目总体方案设计启动阶段，由承研单位组织一批国内具有产、学、研优势的单位，根据自身优势与工作经验，进行了项目的需求分析、前期论证，以及实施方案、建议书编写、调研与初始设计、论证等工作。

项目启动后，项目承研单位从自身条件、相关经验及行业示范系统设计能力、技术论证能力、大型软件系统开发经验与对开发人员的大量需求等角度出发，从参与项目前期基础性工作的单位中选择具有相关资质、经验丰富、系统设计开发能力强或具有工程设计能力等特点的单位作为项目的外协，提高项目建设、实施效率，保障项目成果质量。同时，综合考虑项目需求及承研单位人力资源条件，将部分工作外协给在该部分具有丰富工作经验的团队。

项目实施中，优先选择参与前期工作的单位，它们对项目的任务与研究内容，以及项目目标、意义有较深的理解，对项目工作的顺利开展具有一定的基础与较好的积累，有利于项目的顺利开展与实施。

项目整体组织采用课题负责人管理制，建立高效技术组织体系，项目牵头单位负责项目的组织管理、过程协调、总体设计与成果集成，各课题明确课题负责人、技术负责人与联络人，按照任务划分完成相应任务，确保按时完成全部建设目标。

项目承研单位与外协单位签订技术合同和任务协议书、保密协议书，建立项目监理、专家评审、项目周报等管理机制，强化项目管理与成果质量控制。

3. 协同管理设计

依托项目总体组，成立 TPDS 组、6BS 过程管理组、综合效能评估组，建立项目管理制度。

总师带领 TPDS 组和项目经理组织编写课题实施方案，提出专题分解方案及课题研究年度计划；组织研究队伍，落实研究工作任务，检查督促协调专题组的研究工作，确保课题研究目标的实现；掌握专题进展，按项目要求提交定期与临时指定的研究工作小结、进展报告与报表。提交研究成果，组织本成果的出版与交流。对于不同课题专题，要根据课题总的任务与目标的需要，编写专题研究方案；组织专题研究队伍，开展研究工作，实现研究目标；根据课题要求向课题汇报专题进展，上报相关报告与报表；按项目管理的要求与课题确定的经费方案，分配使用研究经费。各个分系统由相关领域内专家组成，鉴于这个项目在不同小组间具有较强的关联性，各小组除需内部交流外还应定期进行组间交流：一是加强交流；二是吸收国家综合领域类领导和专家参与研究；三是培养引导一些专家重点从事综合研究工作。

总师带领 6BS 组及参与人共同完成课题设置，按照给定的里程碑节点和项目目标分别严格制定各组的具体研究内容和进度，按照预算情况分别制定预算清单。通过签订课题与专题任务书，来规定课题与专题的研究目标、任务、研究方案、进度与经费分配。课题与专题负责人要严格按照任务书来组织研究工作，确保研究目标的按期实现。课题与专题负责人应在年初向项目与课题提交年度研究计划，包括本年度研究具体内容目标、进度(以季度为单位)。年度计划必须与课题任务书一致，对任务书内容有调整的，必须报项目专家组批准。

项目承担单位的主要职责是严格执行课题任务书确定的各项任务，按时完成课题预定目标，及时报告课题执行中的重大问题。按项目要求向项目组报告项目实施情况，填报有关信息报表，提交项目验收的全部文件资料，并进行档案归档和成果登记；对项目执行中产生的知识产权进行积极有效的管理和保护，促进科技成果的转化。

总师带领综合效能评估组动态跟踪课题进展，评价项目进展综合情况，特别是关键技术突破程度与创新性评价，以及对整个项目的影响。项目的实施实行定期小结汇报的制度，每一个课题应在每个月底前向项目专家组汇报本季度研究进展。在每年年底前向项目专家组汇报本年度执行情况总结。项目办公室应及时汇总各课题的季、年度进展，发布项目进展报告。

为了确保课题间的协调和项目总体目标的按时完成，项目专家组要对各个课题的阶段性成果及时进行项目内部验收。未按课题任务书规定的期限完成阶段研究任务的，项目专家组有权调整课题组成员与经费，取消相关专题或研究人员的研究任务或更换承担单位与人员，并削减甚至取消经费支持。课题在实施的过程中，遇到资金落实、人员变动和其他因素变化等情况时，应及时调整。

11.3.3　项目管理实施与 ISO9000 标准

1. 科研工程项目组织管理实施

整个项目在实施的过程中需要有良好的方法论作为实施的基础，采用实施方法论，可以获得两个方面的好处：方法论关注整个项目的投资回报率(ROI)。在整个项目设计和实施的过程中采用闭环处理的方法，即在设计和实施的过程中不断对整个项目进行调整，使项目能够达到目标。在项目进行过程中将会按照科学的项目管理方法来控制整个项目的实施。

科研工程项目组织管理过程以重大发现、技术创新及成熟度提升为核心，是一个柔性管理过程，究其本质，是一种"以人为中心"的"人性化管理"，它在研究人的心理和行为规律的基础上，采用非强制性方式，在员工心目中产生一种潜在说服力，从而把组织意志变为个人的自觉行动(陈华雄等, 2012)。

柔性管理激发人的创造性:在工业社会,财富主要来源于资产,而知识经济时代的财富主要来源于知识。知识根据其存在形式,可分为显性知识和隐性知识,前者主要是指以专利、科学发明和特殊技术等形式存在的知识,后者则指员工的创造性知识、思想的体现。显性知识人所共知,而隐性知识只存在于员工的头脑中,难以掌握和控制。要让员工自觉、自愿地将自己的知识、思想奉献给企业,实现"知识共享",单靠"刚性管理"不行,只能通过"柔性管理"。

柔性管理有利于适应瞬息万变的外部环境:知识经济时代是信息爆炸的时代,外部环境的易变性与复杂性一方面要求战略决策者必须整合各类专业人员的智慧;另一方面又要求战略决策的出台必须快速。这意味着必须打破严格的部门分工的界限,实行职能的重新组合,让每个员工或每个团队获得独立处理问题的能力,独立履行职责的权利,而不必层层请示。因而,仅仅靠规章制度难以有效地管理该类组织,而只有通过"柔性管理",才能提供"人尽其才"的机制和环境,才能迅速准确地作出决策,才能在激烈的竞争中立于不败之地。

2. ISO9000 族标准及与科研工程项目管理区别

ISO9000 族标准是国际标准化组织(ISO)在 1994 年提出的概念,是指"由ISO/TC176(国际标准化组织质量管理和质量保证技术委员会)制定的国际标准,用于证实组织具有提供满足顾客要求和适用法规要求的产品的能力,目的在于增进顾客满意。采用 ISO9000 标准,有助于组建高质量、高效的项目管理与实施队伍。通过项目管理实现用户满意、实现设计目标、按时完成所有任务、质量控制、降低风险、符合预算,从而以优异的工作成绩完成课题。

ISO9000 族标准主要针对质量管理,同时涵盖了部分行政管理和财务管理的范畴。ISO9000 族标准并不是产品的技术标准,而是针对组织的管理结构、人员、技术能力、各项规章制度、技术文件和内部监督机制等一系列体现组织保证产品及服务质量的管理措施的标准。

具体地讲,ISO9000 认证族标准在以下 4 个方面规范质量管理:

(1)机构。标准明确规定了为保证产品质量而必须建立的管理机构及职责权限。

(2)程序。组织的产品生产必须制定规章制度、技术标准、质量手册、质量体系操作检查程序,并使之文件化。

(3)过程。质量控制是对生产的全部过程加以控制,是面的控制,而不是点的控制。从根据市场调研确定产品、设计产品、采购原材料,到生产、检验、包装和储运等,其全过程按程序要求控制质量,并要求过程具有标识性、监督性、可追溯性。

(4)总结。不断地总结、评价质量管理体系,不断地改进质量管理体系,使质量管理呈螺旋式上升。

ISO9000 认证族标准的规范化管理更加追求一个更加有效、有序、可预见的时间过程,突出"多快好省"的任务完成。而科研工程项目管理追求的是在一定约束条件下的最大规模实践量及最佳结果的产出,两者追求的目标是不一致的。

11.3.4　DARPA 项目管理

对于科研工程项目管理方面，美国国防高级研究计划局一直为美国乃至世界技术史上重大突破技术的核心。其成功的关键在于其先进的管理模式。因此，在科研工程项目管理研究中，引进了 DARPA 的一些先进思想，并结合实际科研工程项目管理经验，总结出一套管理方法。

DARPA 的科研项目组织结构以构建项目群设置、项目经理，采用"小核心、大网络"的扁平化组织结构方式开展科研工程项目。其定位于高风险、高难度的原始性创新，始终关注重大突破性颠覆性项目，这也是 DARPA 成为世界顶级科研项目管理机构，以及被其他机构竞相效仿的关键。DARPA 的扁平化组织结构是其独特模式。

结合 DARPA 的决策过程，从任务批复出发，采取自上而下的方式提出技术需求，采用自下而上的方式发现创新思想，对领域广泛、类型复杂的各层次用户需求进行凝练，从系统、分系统、子系统及要素等多个层次开展系统设计，开展应用总体技术设计与论证、技术成熟度确定、关键技术设置与技术验证评价指标确定。

DARPA 的研发项目可分为 3 类，即基础研究、应用研究与先期技术发展研究。DARPA 的基础研究，是指探索新概念、新原理、新方法的科学研究活动，提供基本知识，以解决装备研制中的技术问题，不要求直接解决当前和近期的具体应用问题；应用研究，是指探索基础研究成果在应用的可能性和技术可行性的科学研究活动；先期技术发展研究，则是指通过实物试验和演示，验证基础研究和应用研究的成果在装备研制中的可行性和实用性的科学研究活动。由此可见，在对项目的支持和评价上，DARPA 是以技术成熟度在创新链条中定位的。在对科研工程项目创新动态评价上，也应以技术成熟度为基础。

11.4　科研工程项目创新风险管理方法

科研工程项目具有一定的风险性，需建立有效的风险分担机制，规范风险投资机制，进行有效的过程管理和风险控制，同时激励承研单位按时保质完成项目研发任务。

11.4.1　战略与决心管理

科研工程项目创新风险管理需围绕项目战略进行，脱离战略开展管理设计与实施，则难以有效把握局面，不能形成项目的有效经营与实现效益最大化。认识战略支持的主体使命及与它相适应的风险容量，并与其相衔接，才能更有效地识别影响目标实现的潜在事项（王维妙和杨征宇，2016）。

科研工程项目执行的战略是创新战略，科研工程项目往往包含对一些新认识的检验、评价，以及产品、技术或工艺的实现，体现出创新途径。

科研工程项目的总体目标在一定程度上体现了战略和决心，但战略和决心更多是通过决策及具体行动的收益体现的。如何将战略目标转化为具体的产出成果，以推动战略目标的有效落实，可以借助构建的收益分解结构来实现。收益分解结构突出了收益实现在结构体系中的核心地位。在该框架结构下，项目总目标要通过战略目标实现，而收益的实现又会带来战略目标的实现，最终分解到项目产出和其他活动，带来可衡量的输出，实现投入产出比最大化。在收益分解结构建立之后，形成了一个由战略目标触发的，经收益结构层级分解，通过不断迭代，并由若干产出成果组成的收益网。收益网的终端是产出成果，而最终支撑产出成果兑现的是与交付相关联的各项行动。概括地讲，科研工程项目是应用战略分解工具将抽象的战略语言转化为通俗易懂的技术语言的过程，形成方式是在战略目标规划阶段，依据收益分解结构的行动列表直接产生的。

风险管理水平也取决于项目决策者的风险偏好，处理风险事件的态度、方法、能力和决心。管理者既可以通过提高自己的预测能力来规避外部环境的不可控风险，又可以通过积累相关的资源和能力来对抗相关风险。科研工程项目创新风险管理要求高层管理者必须拥有专门的风险管理知识、才能和智慧，同时兼具对抗风险的决心，形成一套系统的风险管理理念，树立科学的风险应对策略观，才能高瞻远瞩，采取恰当的程序去设定目标，为保证目标的正确落实和实现进行谋划，规避风险。

11.4.2 柔性过程支撑管理

柔性过程支撑管理提倡组织结构的扁平化和网络化。组织结构是从事管理活动的人们为了实现一定的目标而进行协作的机构体系。刚性管理下的组织结构大多采取的是直线式的、集权式的、职能部门式的管理机构体系，强调统一指挥和明确分工。这些组织结构的弊端是信息传递慢、适应性差、难以适应信息化社会中组织生存和发展的需要。柔性管理提倡组织结构模式的扁平化，压平层级制，精减组织中不必要的中间环节，下放决策权力，让每个组织成员或下属单位获得独立处理问题的能力，发挥组织成员的创造性，提供人尽其才的组织机制。与此同时，组织结构的扁平化，使得纵向管理压缩，横向管理扩张，横向管理向全方位信息化沟通的进一步扩展，将形成网络型组织，团队或工作小组就是网络上的节点，大多数的节点相互之间是平等的、非刚性的，节点之间信息沟通方便、快捷、灵活。

科研工程项目既具有创新性又具有任务性，同时还存在很大的风险。这种创新既包括发现、发明所获得的成果，又包括这些成果的应用和推广。科研工程项目又具有工程特征，需要完成预期任务。对于科研工程项目来讲，创新性与任务性所占比重为1∶1，两者缺一不可，不分伯仲。在科研工程项目管理中存在着大量的不确定性因素。科研工程项目的创新性特点，使得其项目管理一直存在很大的风险。因此，在项目管理的前期对项目的风险进行分析和评估，在项目实施阶段对项目进行风险监控，采用风险管理的方法，可以有效进行风险防范，妥善处理风险造成的不利后果，以最少的成本保证项目总目标安全、可靠的实现。柔性管理的这些特点有利于科研工程项目的创新风险管理（杜娟，2009）。科研工程项目管理的柔性是指项目管理对于其内外部环境变化和影响的适应或控制、影响能力。科研工程项目管理的柔性包括时间管理柔性、成本管理柔性、质量管理柔性、风险管理柔性、人力资源管理柔性。时间管理柔性是指项目活动定义与排序、进度计划编制、历时估算及进度控制适应内外部环境变化的能力。成本管理柔性是指资源计划编制、成本估算、成本预算及成本控制适应内外部环境变化的能力。质量管理柔性是指质量计划编制、质量保证及质量控制适应内外部环境变化的能力。风险管理柔性是指风险管理计划编制、风险识别、风险定量分析与定性分析。风险应对计划编制及对风险监控适应内外部环境变化的能力。人力资源管理柔性是指组织计划编制、人员获取及团队发展适应内外部环境变化的能力。其中，时间管理、成本管理、人力资源管理适应内外部环境变化的能力显得尤为重要，是项目管理柔性关注的重点。

11.4.3　技术增量管理

颠覆型的创新当然好，但创新风险高。增量型的创新通过协同实现能力的再造和提升。每一次的创新都基于过去创新的积累，不断创新，在量变到质变过程中，每一次小的创新都为下一步的创新带来更多的机会，同时其风险最低，最节约资源、最有效率。

创新的过程长期保持一种"增量"式模式。在技术提升过程中，以"存量"为基础，以已经取得的技术创新的成就和经验为前提，具备充分的技术创新基础。创新的力度与速度将与既定的社会经济、科学技术发展水平和政治经济体制相适应，可以最大限度地降低技术创新风险。

11.4.4　项目创新动态评价体系

创新项目考核评价指标体系由定量指标和定性指标构成，体现出对项目总体目标的实现程度，对创新战略的实践强度，其能对项目管理的实施效果提供客观、正确、科学分析和论证的依据。科学设立项目考核评价指标体系对项目的管理目标进行定量结合定性分析，是考核评价项目管理成果的需要。一般应涵盖以下 3 个方面的工作内容。

1. 项目考核评价定量指标

考核评价定量指标的主要内容包括：

(1)质量指标。项目完成质量是项目考核评价的关键性指标，它是依据项目要求及预期产出目标，对项目完成质量合格与否作出的鉴定。

(2)进度指标。实际实施周期长短是综合反映工程项目管理水平、项目组织协调能力、施工技术设备能力、各种资源配置能力等方面情况的指标。在评价工程项目管理效果时，工期一般也被作为一个重要指标来考核。

(3)工程成本降低额及降低率。工程成本降低指标是直接反映工程项目管理经济效果的重要指标。工程成本降低通常用工程成本降低额和工程成本降低率来表示。

2. 项目考核评价定性指标

项目考核评价定性指标的主要内容包括：

(1)经营管理理念。经营管理理念是项目组织实施的理性观念。一般情况下，有什么样的经营理念，就会给项目组织实施带来什么样的管理效果。评价项目经营管理理念，主要是审视项目实施者是否实现了围绕项目运行的管理、机制、组织和技术上的创新。

（2）项目管理策划与过程。主要是审视项目实施者是否遵循了项目管理规范，建立起精干高效、目标明确、运行机制规范有效、高度协调运行的管理模式。

（3）管理过程。管理基础工作是项目组织实施的基础管理，包括项目管理制度、标准、规范的执行，信息文件、档案的整理等多方面的基础工作。

3. 项目综合考核评价指标分析

项目考核评价的基本手段是应用项目选择确定的指标体系，对项目的最终效果和过程效果进行定量和定性的分析、论证、评估。项目考核评价的结论是进行项目管理总结的基础。

项目考核评价是在综合考虑项目实施的内、外部因素和主、客观条件的基础上，对项目管理的效果进行的考核验证。项目考核评价指标分析的作用如下：

（1）通过项目考核评价指标的分析评价，肯定项目管理目标的实现水平。通过项目考核评价指标的计算比较，分析项目各项可比指标的状况，确认项目管理目标实现的准确性和项目任务完成程度，以及项目在一定的资金、时间、质量要求下，实现目标的程度，对技术成熟度的提升情况。

（2）技术创新成果。项目组织实施中是否有关键技术的突破，实现技术创新。通过项目社会评价，考察项目技术成果的应用推广效果、效益。

（3）通过项目考核评价指标的鉴定论证，客观、公正地评价项目管理成果，并为项目的审计、考核提供依据。通过项目考核评价指标的综合分析，找出成绩、问题或差距，总结项目管理经验，为以后的项目管理提供借鉴参考。

11.5　科研工程项目创新成果管理方法

11.5.1　航天遥感科研工程项目成果管理过程

1. 创新成果的发现、识别管理

创新在科研工程项目中有举足轻重的作用，起到牵一发而动全身的作用。创新与非创新在科研工程项目中既相互耦合，又彼此分离。如何协调创新和非创新，在风险和创新中找平衡，是科研工程项目管理中的重中之重。

创新成果是创新点在科研工程项目实施过程的成果转化。在分析成果转化过程主体定位与作用时，成果的属性是不可忽视的重要因素。成果的属性可用技术成熟度评价。技术成熟度评价实质上是一种科学的管理方法。通过对比评价等级与目标等级的差异，来确定科研工程项目中可能存在的风险，对风险进行预防及处理，以及评价项目成果。事实上，推进成果转化不同主体的作用方式与行为，应当随着创新成果技术成熟度的不同而不同，因此贯穿成果转化整个环节，包括发现、识别、分析与判断（王雪原等，2015）。

为了有效发现和识别创新成果，可从两个方面进行判断：①集成改进型创新；②原始颠覆式创新。集成改进型创新是利用各种信息技术、管理技术与工具等，对各个创新要素和创新内容进行引进、消化和吸收，并对其进行再创新，形成优势互补的有机整体的动态创新过程。集成改进型创新具有较强的灵活性和多元化。"集成"在此不是简单的连入、堆积、混合、叠加、汇聚、捆绑和包装，从科研工程管理角度来说是指一种创造性的融合过程，将各个好的、精华的部分集中、组合在一起，达到整体最优的效果。原始颠覆式创新是指在传统创新、破坏式创新和微创新的基础上，由量变导致质变，从逐渐改变到最终实现颠覆，通过创新，实现从原有的模式完全蜕变为一种全新的模式和全新的价值链。

2. 创新成果分析与判断

1) 创新成果内容、作用与形式的判断

创新成果是科研工程项目创新点的外显形式，也是衡量创新水平的一个重要指标。

重大科研工程项目的最终目的不应是停留在形成科研成果上，而是要转化为可产生经济价值的创新产品。过度关注科研项目的研究过程，忽视项目成果转化，使得成果产业化程度偏低，影响其对经济社会发展的带动作用。根据美国 DARPA 的组织结构和成果产业化模式，其重点协调打通基础研究、应用研究、验证试验到产业化各环节，实现从科研成果到产业化的成功跨越。

创造市场需求是转化过程中的一个重要环节。由于想法、技术及成果的前瞻性，重大原始性创新项目往往领先于现有市场，没有现成的市场需求。如果技术成果不能在短时间内被现有市场接受，往往会导致创新项目失败。因此，仅仅关注研究与开发的前端还远远不够，努力为新产品、新技术开辟新的市场，创造新的市场需求，采取手段将新产品和新技术推向市场，是重大科研工程项目能够最终取得成功的重要保障。

科研工程项目的成果管理离不开技术成熟度的评价。创新成果的内容、作用与形式可从实用性与高价值性两个方面进行诠释：首先，创新成果应当具有一定的实际应用价值，理论研究等技术成熟度较低的成果因为无法预见其市场实用性，难以成为创新成果；另外，技术成熟度达到一定水平，但科技含量较低的成果因为无法体现其高价值性而难以成为创新成果(薛建华, 2016)。根据本书第 4 章中的阐述，将我国航天 ATRL 分为 11 个等级，涉及科学与技术知识成果、实验、模拟与工程化、产品化等问题，一般认为第 6 个等级以后的成果具备一定的工程级实用价值，适合于进一步开发应用与转化。综合技术成熟度等级，对科研工程项目成果的内容、作用与形式进行判断。在科研工程项目前期阶段，重点包含技术成熟度 1～4 级原理级系统，主要是知识理论研究成果、技术理论研究成果及处于实验室试验阶段的成果，其实用性、应用价值等尚不明确。工程化阶段，重点包含技术成熟度 5～6 级工程原型系统，在模拟环境中进行工程化改善，为其实际环境的应用提供保障。工程业务化阶段，重点包含技术成熟度 7～9 级业务化工程系统，该阶段成果在实际环境中不断测试、完善，以保障产品的稳定性能。最后，产业化阶段重点包含创新成果形成后的对接与推广，以实现成果的经济与市场价值，促进竞争力提升。

2) 课题成果技术自查

(1) 项目组负责技术审查：采用了技术成熟度对科研工程项目进行事前策划、事中检查和事后评估，主要从技术状态、集成状态、验证环境 3 个维度，对各课题提交的技术成果内容进行初步技术审查，逐项检查攻关工作，明确进展和差距，发现问题加强管理，及时反馈修改意见建议，各课题按照意见建议尽快完成修改，并按照时间节点要求提交最新版至项目组。

(2) 软件部署与测试、文章、认证：对于有软件研究任务的课题，要求提交软件源程序，安排测试，发现问题修改，直至测试通过，提交软件测试报告。

3) 项目经理技术报告和专家审查会

(1) 技术报告专家审查会。项目组组织项目专家组专家审核各课题提交的技术报告，审核各课题报告完成质量。发送专家预审报告及修改意见建议，对完成质量不合格的课题期限修改，补齐技术材料。

(2) 课题软件审查会。项目组组织专家现场审查软件插件、原型系统，审核课题完成情况。

3. 创新成果的应用与项目整体技术提升管理

1) 在 TPDS 中的作用

各课题在完成中期检查准备工作后，按照各自进度进行课题检查。各课题评审会需提交以下材料：①课题验收申请报告；②课题工作总结报告；③课题技术总结报告；④课题汇报 PPT 电子版；⑤课题财务决算报告；⑥课题财务资料；⑦课题归档文件资料。

文件资料包括：①相关文件(课题合同/课题任务书、课题实施方案、课题调整报告、课题中期技术、课题工作总结报告等)。②相关课题资料(全套技术文件资料、声像资料、论证报告/论文、有关实验/测试大纲及测试报告、协作/合作协议、标准/专利/成果清单、成果转化/应用情况报告或成果推广应用协议、获奖证书、其他与课题有关的文件资料等)。

2) 在 PDCA 中的作用

科研工程项目创新成果的确认过程是一项系统工程，在 PDCA 的循环中，从科研工程项目制定计划开始的每一个步骤都对转化的成功与否产生直接影响。只有从科研项目制定计划开始，对整个系统过程加以研究、控制，才能够确保转化过程的最终完成。科研工程项目创新确认过程的阶段与 PDCA 循环对应。

与 PDCA 四个步骤对应，科研工程项目创新成果转化过程大致分成 4 个阶段，即项目验收阶段，项目成果检查、改进阶段，项目实证阶段，项目标准化、创新提高阶段。每个阶段又通过若干个步骤来完成该阶段的任务、达到该阶段的目标。

(1) 信息收集、分析是项目验收的重要环节。由专家或有关技术人员，对所收集到的信息、资料进行全面、认真的分析、评价，并在此基础上写出验收报告。这种形式上的验收，为开展成果有效性分析的决策提供依据。

(2) 项目创新成果的效果展现是整个转化过程的灵魂。科研工程项目创新产生成果能否被认为是创新成果，有赖于在实证环境下的转化过程能否顺利进行，这就看该阶段工作做得如何。

（3）针对成果的效果，组织有关专家对技术方案进行论证、评判，提出意见，确定其效益。检查、改进阶段是科技创新成果转化的关键阶段。

（4）标准化、创新提高阶段是科研工程项目创新成果真正产生社会效益和经济的阶段。该阶段是在技术攻关取得成果的基础上，对创新成果标准化，确定新的目标，在已有技术上继续不断地进行创新、提高、扩展，不断增加技术含量，从而使已经成功转化的创新成果能始终处于领先的地位，保持旺盛的生命力。

11.5.2　数据、信息、知识与智慧的管理

1. 项目成果的 AIT

人造事物的智慧化过程是一个从数据、信息到知识到智慧的升华过程。数据是数字、文字、图像、符号等，数据是从自然现象和社会现象中搜集的原始材料，在没有被处理之前，本身不具有任何意义。而当通过某种方式对数据进行组织和分析时，数据的意义才显示出来，从而演变为信息，信息可以对某些简单的问题给予解答，如谁？什么？哪里？什么时候？知识是在对信息进行了筛选、综合、分析等过程之后产生的。它不是信息的简单累加，往往还需要加入基于以往的经验所作出的判断。知识是经过选择的信息，具有一定的目的性。知识有明确的作用。因此，知识可以解决较为复杂的问题，可以回答"如何？"的问题，能够积极地指导任务的执行和管理，进行决策和解决问题。

智慧具有系统性。是一种推断和非确定、非或然的过程。它以知识为基础，能够利用所存储的信息和知识整合成新的知识，并能对更多隐含知识进行理解，是通过人们的观察、判断是与非和好与坏的过程。智慧调动了人所有的意识，尤其是人所具有的特殊的意识，使人们理解以前未曾理解的东西。智慧能回答关于没有答案或者不能轻易得出答案的问题，是人类独有的能力。

2. 成果共享

项目研究也就是人造事务的智慧化过程，项目管理包括数据管理、信息管理、知识管理等。

数据管理、信息管理是知识管理的基础，知识管理是数据管理和信息管理的延伸与发展。

数据管理是利用计算机硬件和软件技术对数据进行有效的收集、存储、处理、发布和应用的过程。其目的在于充分有效地发挥数据的作用。实现数据有效管理的关键是数据组织。随着计算机技术的发展，数据管理经历了人工管理、文件系统、数据库系统 3 个发展阶段，在社会共享要求促进下，数据发布和出版也将和有关技术模型的文章一样为人所接受。

信息管理是为了有效地开发和利用信息资源，以现代信息技术为手段，对信息资源进行计划、组织、领导和控制的社会活动，是指在整个管理过程中，人们收集、加工和输入、输出的信息的总称。信息管理的过程包括信息收集、信息传输、信息加工和信息储存。

知识管理是指通过对项目团队知识资源的开发和有效利用以提高项目创新能力的管理活动。知识管理的直接目的是提高项目团队的创新能力。知识管理包括几个方面工作：建立知识库；促进项目团队的知识交流；建立尊重知识的内部环境；把知识作为资产来管理。知识管理为项目团队实现显性知识和隐性知识共享提供新的途径，知识管理是利用集体的智慧提高项目团队的应变和创新能力。

知识管理对纷杂的知识内容和格式分门别类管理，让知识查询调用更加简单，充分利用知识成果，提供工作效率，减少重复劳动。依据知识库构建各部门各岗位的学习培训计划，随时自我充电，成为"学习型团队"。其提供知识问答模式，将一些知识库中缺少的经验性知识，从员工头脑中挖掘出来。项目研究具有无形资产远大于有形资产、团队的生存和发展依赖核心产品、核心技术、核心服务、核心人才等特点。能否有效地测量、管理和利用巨大的无形财富已成为现代管理的核心。

科研工程既有成熟的一面，也有探索的一面，具有一定技术创新性，根据数据、信息、知识、智慧的特点，科研工程项目创新风险管理中既要注意对数据、信息的管理，更要注意知识管理，尤其是隐性知识的管理，管理智慧化，这样才能更有效地减少技术创新的风险。

11.6　项目管理信息化与软件系统介绍

11.6.1　信　息　化

随着现代计算技术、网络技术及通信技术的快速发展及其在工程项目管理领域中的广泛应用，工程项目管理的信息化已成为必然趋势，也成为提高工程项目管理水平的重要手段。

科研工程项目信息化管理的本质是，在科研工程项目管理中，通过充分利用计算机技术、网络技术、数据库等在内的现代信息技术方法对信息进行收集、存储、加工、处理并辅助决策，提高管理水平、降低管理成本、提高管理效率。

科研工程项目管理信息化主要包括两个方面：一是信息化的硬件条件，如计算机硬件、网络设备、通信工具等；二是信息化的软件条件，如项目管理软件系统、相关的信息化管理制度等。

一般所指的科研工程项目信息化管理可以被界定为利用信息系统的处理功能，以科研工程项目为中心，将项目实施过程中所发生的主要信息有序的、及时的、成批的存储；以项目团队间信息交流为中心，以项目管理业务标准为切入点，采用工作流程和数据化处理技术，解决科研工程项目从数据采集、信息处理与共享到决策目标生成等环节的信息化需求；在以上基础之上，及时准确地以量化指标，为项目主管部门、项目承包单位、材料设备供应商等单位的决策管理提供依据。

科研工程项目管理信息化是一个系统工程，涉及项目管理思想(理念)、人员素质、管理模式、IT 技术、应用环境等因素，需要多方协调和考虑才能将信息技术融合到科研工程项目管理的业务当中去，从而提高科研工程项目管理效率和管理水平。

11.6.2 项目信息管理软件系统

要实现科研工程项目管理信息化,项目管理软件的应用必不可少。项目管理软件是以项目的实施环节为核心,以时间进度控制为出发点,利用网络计划技术,对实施过程中的进度、费用、资源等进行综合管理的一类应用软件。项目管理软件包括了与项目管理工作相关的各种应用软件,涉及进度、费用、资源、质量、风险、组织等各个方面,从项目启动、计划到项目实施、控制、收尾的全过程都可以用项目管理软件来操作,其方便而且效率高。国外项目管理软件有 Primavera P3、MS Project 等,国内项目管理软件有普华、新中大、梦龙、邦永等。

项目信息管理软件系统(QRST-PM)是该项目团队在承担"十一五""十二五"航天科研工程项目过程中开发并逐步完善的项目信息管理软件,软件的主要功能包括:

(1)成本预算和控制。可根据任务、分工计划,分配项目经费,对照成本、造价制订项目预算。在项目实施过程中可随时对实际成本与预算成本进行分析对比。

(2)制订计划。可以制订计划,安排任务日程,并可根据任务和资源信息修改调整计划安排。

(3)监督和跟踪项目。在项目进度管理方面提供了时间管理、经费对比表和完成情况对比表 3 项功能,由此来为项目管理人员提供项目进度安排及已进行的进度信息;跟踪任务的完成情况、经费支出/预算执行情况、工作安排分配情况、成果产出情况等多种项目活动。课题管理者可以对各个时间段中的任务完成质量有一个直观的了解,实现项目的"过程跟踪、节点控制、里程碑考核"。

(4)报表生成。能在数据库数据资料的支撑下快速简便地生成多种报表和图表。

(5)方便的资料交换手段具有网络通信功能。可以通过电子邮件相互发送交流项目信息、资料,也具备与其他应用程序,如 Excel、Acess、Office 等导入、输出交换数据、文件功能。

(6)提供不同级别处理多个项目和子项目操作,可以分别进行项目级和子项目级浏览查看、存放及使用相关信息。

(7)排序和筛选用户可以按所需顺序排序浏览信息,也可筛选指定需要显示的信息,隐藏其他信息。

(8)安全性。具有安全管理机制,可对项目管理文件及文件中的基本信息加密,限制对项目文件及文件中相关数据项的访问。

(9)成果收集。设有专门模块收集存放项目及各子项目的成果报告、数据库、发表文章、专著、人才培养、知识产权、获奖情况、软件系统及多媒体材料等课项目实施过程中的重要产出。

参 考 文 献

安东尼·韦斯顿. 2011. 论证是一门学问. 北京: 新华出版社.

安源. 1999. 国外民用遥感卫星系列报道之九——各国遥感卫星发展战略. 国际太空, (8): 23-27.

白香花, 刘素红, 唐世浩, 等. 2003. 基于纹理分析的去噪声方法研究. 遥感技术与应用, 18(1): 36-40.

柏延臣, 王劲峰. 2003. 遥感信息的不确定性研究——分类与尺度效应模型. 北京: 地质出版社.

毕思文. 2003. 地球系统科学. 北京: 科学出版社.

卜丽静, 孟进军, 张正鹏. 2017. 吉林一号视频星数据在车辆检测中的可行性. 遥感信息, 32(03): 98-103.

曹春旭. 2014. 资源一号 02C 卫星数据质量评价. 中国地质大学(北京)硕士学位论文.

畅波. 2010. 加速提升能力促进陆地观测卫星数据广泛应用——访中国资源卫星应用中心主任徐文. 中国军转民, (11): 14-23.

陈波. 2003. 逻辑学导论. 北京: 中国人民大学出版社.

陈富龙, 方圣辉. 2003. 采用方向滤波消除中巴地球资源卫星图像条带噪声. 测绘地理信息, 28(2): 24-25.

陈华雄, 欧阳进良, 毛建军, 等. 2012. 技术成熟度评价在国家科技计划项目管理中的应用探讨. 科技管理研究, 32(16): 191-195.

陈怀瑾. 1999. 21 世纪航天与军用领域系统仿真技术发展技术展望. 系统仿真学报, 11(5): 326-327.

陈洁. 2004. 冻结轨道卫星轨道设计与控制方法研究. 国防科学技术大学硕士学位论文.

陈劲, 张方华. 2002. 社会资本与技术创新. 杭州: 浙江大学出版社.

陈琪锋. 2003. 飞行器分布式协同进化多学科设计优化方法研究. 国防科技大学博士学位论文.

陈琪锋, 戴金海. 2003. 卫星星座系统多学科设计优化研究. 宇航学报, 24(5): 502-509.

陈乔. 2013. 基于系统观点的知识与知识点教学解读——国家职业教育精品课程数字化资源建设思考. 中国建设教育, (2): 60-68.

陈全育. 2007. 总师细说中巴资源一号 02B 星——访中巴资源卫星总指挥马世俊、总设计师张庆君. 太空探索, (11): 10-11.

陈塞崎, 王东伟. 2017. 国产卫星遥感亟待商业化. 中国战略新兴产业, (29): 84-87.

陈世平. 2003. 空间相机设计与试验. 北京: 中国宇航出版社.

陈世平. 2009. 航天遥感科学技术的发展. 航天器工程, 18(2): 1-7.

陈世平. 2011. 关于航天遥感的若干问题. 航天返回与遥感, 32(3): 1-8.

陈舒瑜. 2008. NMT 在 5 类线信道上的计算机仿真和物理线路实验. 大连海事大学硕士学位论文.

陈述彭. 1990a. 地学的探索 第三卷 遥感应用. 北京: 科学出版社.

陈述彭. 1990b. 遥感大词典. 北京: 科学出版社.

陈述彭. 2001-06-01. 生逢盛世当自强. 光明日报.

陈述彭. 2002. 地球信息科学. 北京: 科学出版社.

陈述彭. 2007. 地球信息科学. 北京: 高等教育出版社.

陈述彭, 童庆禧, 郭华东. 1998. 遥感信息机理. 北京: 中国科学技术出版社.

陈述彭, 周上盖. 1986. 腾冲航空遥感试验回顾. 遥感信息, 2: 11-12.

陈鑫, 黄力, 罗雪山. 2011. 体系结构建模工具 SA 分析与研究. 电子设计工程, 19(13): 19-22.

陈颖姣, 何贤, 王忠. 2010. 借鉴现代项目管理理论提升科研项目管理水平. 科技管理研究, (24): 208-210.

陈宇. 2010. 光学遥感图像仿真链路的建立. 中国科学院研究生院硕士学位论文.

陈正超. 2004. 中国 DMC 小卫星在轨测试技术研究. 中国科学院研究生院博士学位论文.

承继成, 郭华东, 史文中. 2004. 遥感数据的不确定性问题. 北京: 科学出版社.

程承旗, 宋树华, 濮国梁, 等. 2010. 空间信息全球惟一编码 GeoID 模型初探. 测绘科学, 35(6): 73-75.

戴剑伟, 吴照林, 朱明东等. 2010. 数据工程理论与技术. 北京: 国防工业出版社.

戴芹, 刘建波, 刘士彬. 2008. 海量卫星遥感数据共享的关键技术. 计算机工程, 34(06): 283-285.

邓冰. 2009. 遥感影像信息度量方法研究. 武汉大学博士学位论文.

邓仲华, 李志芳. 2013. 科学研究范式的演化——大数据时代的科学研究第四范式. 情报资料工作, 34(4): 19-23.

邸凯昌. 2001. 空间数据发掘与知识发现. 武汉: 武汉大学出版社.

丁艳玲. 2015. 植被覆盖度遥感估算及其真实性检验研究. 中国科学院博士学位论文.

董纯才. 1985. 中国大百科全书(教育分卷). 北京: 中国大百科全书出版社.

董光彩. 2006. 我国数字信息保存研究综述. 现代情报, 9(9): 29-32.

杜栋, 庞庆华, 吴炎. 2008. 现代综合评价方法与案例精选. 北京: 清华大学出版社.

杜娟. 2009. 企业研发项目的柔性管理研究. 科技创业月刊, (10): 91-92.

段龙方. 2014. 面向遥感数据的云数据库技术研究与应用. 河南大学硕士学位论文.

范丽. 2006. 卫星星座一体化优化设计研究. 国防科学技术大学博士学位论文.

范士明. 2006. 卫星遥感产业化途径探讨. 中国航天, (02): 20-26.

弗里曼. 2014. 论证结构: 表达和理论. 王建芳译. 北京: 中国政法大学出版社.

高峰, 冯筠, 侯春梅, 等. 2006. 世界主要国家对地观测技术发展策略. 遥感技术与应用, 21(6): 565-576.

高峰, 孙成权. 1995. 我国"九五"遥感技术与应用研究发展战略与对策. 地球科学进展, 10(2): 123-132.

高洪涛, 陈虎, 刘晖, 等. 2009. 国外对地观测卫星技术发展. 航天器工程, 18(03): 84-92.

高艳辉. 2007. 基于嵌入式实时Linux的无人机半物理仿真平台研究. 南京航空航天大学硕士学位论文.

根里奇·阿奇舒勒等. 2008. 创新算法: TRIZ、系统创新和技术创造力. 武汉: 华中科技大学出版社.

耿长福. 2006. 航天器动力学. 北京: 中国科学技术出版社.

宫鹏. 2009. 遥感科学与技术中的一些前沿问题. 遥感学报, (1): 13-23.

龚明劼, 张鹰, 张芸. 2009. 卫星遥感制图最佳影像空间分辨率与地图比例尺关系探讨. 测绘科学, 34(4): 232-233.

龚小军. 2003. 作为战略研究一般分析方法的SWOT分析. 西安电子科技大学学报(社会科学版), 13(1): 49-52.

顾行发, 田国良, 李小文, 等. 2005. 遥感信息的定量化. 中国科学(E辑): 信息科学, (S1): 1-10.

顾行发. 2009. 天地一体化遥感系统综合论证. 遥感学报, 13(S): 34-37.

顾行发, 余涛, 高军, 等. 2016a. 面向应用的航天遥感科学论证研究. 遥感学报, 20(5): 807-826.

顾行发, 余涛, 孟庆岩, 等. 2008. 我国民用航天遥感应用需求变化及时效性分析. 卫星与网络, (4): 58-60.

顾行发, 余涛, 田国良, 等. 2016b. 40年的跨越——中国航天遥感蓬勃发展的"三大战役". 遥感学报, 20(5): 781-793.

顾行发, 余涛, 谢东海, 等. 2013. 一种基于经纬网格的数据分级组织方法; 中国, 发明专利, CN 102346923 A.

郭怀成, 周丰, 刀谞. 2008. 地统计方法学研究进展. 地理研究, 27(5): 1191-1202.

郭建宁, 沙崇漠. 2009. 促进卫星遥感应用产业化发展. 中国航天报, 7-10.

郭祖军, 张友炎, 李永铁. 2000. 世界航天遥感技术现状、发展趋势及油气遥感应用方向. 国土资源遥感, (2): 1-4.

国家科委遥感中心. 1988. 空间遥感技术综合应用预测及效益分析. 北京: 学术期刊出版社.

韩永昌. 1993. 心理学(修订版). 上海: 华东师范大学出版社.

郝海, 踪家峰. 2007. 系统分析与评价方法. 北京: 经济科学出版社.

郝君超, 王海燕, 李哲. 2015. DARPA科研项目组织模式及其对中国的启示. 科技进步与对策, (9): 6-9.

何朝远, 杨蔚南, 吴广谋. 2001. 对科技创新成果转化过程的讨论. 科技进步与对策, 18(12): 118-119.

何方园, 黄祥志, 马骏, 等. 2016. 基于空间二次过滤的遥感数据单时相全覆盖检索方法. 河南大学学报(自然版), 47(3): 287-292.

何锐. 2007. 多元地学信息系统的开发与应用. 昆明理工大学硕士学位论文.

胡本立. 2015. 数据驱动与以人为本的统一关于质量管理上的几点思考. 上海质量, (1): 23.

胡如忠, 刘定生, 李志中, 等. 2002. 中国航天遥感发展战略. 国际太空, (10): 17-19.

胡晓斌, 闫利. 2013. 卫星颤振在轨检测可行性研究. 测绘地理信息, 38(4): 18-20.

胡莘, 王新义, 杨俊峰. 2012. "天绘一号"卫星地面应用系统设计与实现. 遥感学报, 16(增刊): 78-83.

化柏林, 郑彦宁. 2012. 情报转化理论上从数据到信息的转化. 情报理论与实践, 35(3): 5-8.

黄祥志. 2015. 基于智方体的地理时空栅格数据模型化研究. 浙江大学博士学位论文.

黄祥志, 王栋, 赵亚萌, 等. 2018. 遥感数据空间尺度分级模型与基本比例尺关系. 遥感学报, 22(4): 591-598.

贾永红. 2003. 数字图像处理. 武汉: 武汉大学出版社.

江刚武. 2003. 航天器轨道设计与分析仿真系统的设计. 中国人民解放军信息工程大学硕士学位论文.

姜喜龙. 2007. 国防工业企业自主创新能力体系构建与对策研究. 哈尔滨工程大学硕士学位论文.

姜小光, 李召良, 习晓环. 2008. 遥感真实性检验系统框架初步构想. 干旱区地理, 31(4): 567-570.

金吾伦, 郭元林. 2004. 复杂性管理与复杂性科学. 复杂系统与复杂性科学, 1(2): 25-31.

金亚秋. 2015. 从数据到信息、从信息到知识、全球变化与大数据的遥感信息科学研究. 广东科技, (23): 61-62.

荆宁宁. 2005. 数据、信息、知识与智慧. 情报科学, 23(12): 1786-1790.

科恩. 1999. 科学的革命. 鲁旭东译. 北京: 商务印书馆国际有限公司.

克雷格·科沃尔特, 白忠民. 1997. 中国谋求广泛的国际合作. 航天, (1): 14-15.

赖奕樵. 1980. 在逻辑教学中培养学生逻辑思维能力. 心理与教育.

郎贸祥. 2011. 预测理论与方法. 北京: 清华大学出版社.

雷亚平, 杨忠, 沈春林. 2002. 基于DSP的UAV飞控计算机设计与半物理仿真. 飞机设计, (1): 55-59.

李博, 陈华, 杨健. 2007. 遥感技术的发展趋势分析. 中国资源综合利用, 25(9): 39-41.

李德仁, 李清泉. 1998. 论地球空间信息科学的形成. 地球科学进展, 13(4): 319-326.

李德仁, 王密, 沈欣, 等. 2017. 从对地观测卫星到对地观测脑. 武汉大学学报, 42(2): 144-149.

李德仁, 肖志峰, 朱欣焰, 等. 2006. 空间信息多级网格的划分方法及编码研究. 测绘学报, 35(1): 52-56.

李腊生, 刘磊, 刘文文. 2015. 大数据与数据工程学. 统计研究, 32(9): 5-12.

李玲琳. 2013. 主客观相结合的遥感图像质量评价方法研究. 南京理工大学硕士学位论文.

李梦学. 2007. 地球观测领域国际合作十年执行计划及启示. 中国科技产业, (7): 78-81.

李巧丽, 杨秀月, 李永, 等. 2009. 武器装备军事需求论证基本概念研究. 装备指挥技术学院学报, 20: (3): 6-9.

李冉. 2013. 中国林业产业体系评价与增长机制研究. 北京林业大学博士学位论文.

李润东. 2014. 气象环境条件对图像质量的影响分析. 哈尔滨工业大学硕士学位论文.

李绍印. 1981. 略论能力及其培养. 天津师范高等专科学校学报.

李随成, 陈敬东, 赵海刚. 2001. 定性决策指标体系评价研究. 系统工程理论与实践, 9: 22-28.

李小文. 2006. 地球表面时空多变要素的定量遥感项目综述. 地球科学进展, 21(8): 771-780.

李小文. 2013. 定量遥感尺度效应刍议. 地理学报, 68(9): 1163-1169.

李小文, 汪骏发. 2001. 多角度与热红外对地遥感. 北京: 科学出版社.

李小文, 王锦地, 胡宝新. 1998. 论先验知识在遥感反演中的应用, 28(01): 67-72.

李新, 马明国, 王建, 等. 2008. 黑河流域遥感-地面观测同步试验: 科学目标与试验方案. 地球科学进展, 23(9): 897-914.

李延瑾. 2012. 多参研单位大型项目组织管理的研究与应用. 科技进步与对策, 28(24): 27-29.

李咏豪, 姜会林, 周娜. 2010. 大气传输引起的红外图像退化分析. 红外与激光工程, 39(4): 589-592.

李云飞, 李敏杰, 司国良, 等. 2007. TDI-CCD图像传感器的噪声分析与处理. 光学精密工程, 15(8): 1196-1202.

李志强, 林镝, 邹珊. 2007. 我国航天技术国际合作的主要影响因素分析. 研究与发展管理, 19(4): 50-54.

梁斌, 徐文福, 李成, 等. 2010. 地球静止轨道在轨服务技术研究现状与发展趋势. 宇航学报, 31(01): 1-13.

梁新弘, 陈海权. 2006. 服务接触视角下的服务失败及其效应. 经济管理, 9: 75.

廖瑛, 邓方林, 梁加红, 等. 2006. 系统建模与仿真的校核, 验证与确认(VV&A)技术. 长沙: 国防科技大学出版社.

林步圣, 石卫平. 2006. 中国航天产业发展浅析. 中国航天, 8: 18-21.

林镝, 李志强, 李传宝, 等. 2003. 我国航天国际合作制约因素分析与对策研究. 自然辩证法研究, 19(12): 47-51.

林恒章. 2004. 遥感与祖国改革开放同行. 北京: 中国科学技术出版社.

林平, 刘永辉, 陈大勇. 2012. 军事数据工程基本问题分析. 军事运筹与系统工程, (1): 16-19, 36.

林英豪. 2013. 中国遥感对地观测系统(CNEOS)载荷优化配置研究. 河南大学硕士学位论文.

刘宝宏, 黄柯棣. 2005. 多分辨率模型联合仿真的研究. 计算机仿真, 22(2): 9-11.

刘翠翠. 2011. 模型与仿真的 VV&A 方法研究. 哈尔滨工程大学硕士学位论文.

刘德长. 2007. 后遥感应用技术研究. 北京: 中国宇航出版社.

刘芳芳, 敖长林, 焦扬, 等. 2012. 中巴地球资源卫星社会效益支付意愿的影响因素. 数学的实践与认识, 42(4): 29-37.

刘飞, 马萍, 杨明, 等. 2007. 复杂仿真系统可信度量化研究. 哈尔滨工业大学学报, 39(1): 1-3.

刘慧, 樊杰, 李扬. 2013. "美国 2050" 空间战略规划及启示. 地理研究, 32(1): 90-98.

刘剑勇. 2010. 我国数据与信息质量现状分析. 情报科学, 28(2): 29-31.

刘莉, 王翠萍, 刘雁. 2015. "数据-信息-情报" 三角转化模式研究. 现代情报, 35(2): 28-31.

刘良云. 2014. 叶面积指数遥感尺度效应与尺度纠正. 遥感学报, 18(6): 1158-1168.

刘明宇, 芮明杰. 2009. 全球化背景下中国现代产业体系的构建模式研究. 中国工业经济, (5): 57-66.

刘映国, 张智慧, 王楠楠. 2001. 构建国际空间新秩序, 巩固美国空间领导地位——美国《国家航天政策》评析. 中国航天, (8): 13.

刘瑜, 张毅, 邬伦. 2003. 空间数据工程理论框架研究. 地理与地理信息科学, 19(1): 13-16, 25.

刘忠, 凌峰, 张秋文, 等. 2005. MODIS 遥感数据产品处理流程与大气数据获取. 遥感信息, (2): 52-57.

柳世考, 刘兴堂, 张文. 2002. 利用相似度对仿真系统可信度进行定量评估. 系统仿真学报, 14(2): 143-145.

卢巧燕. 2013. 加强科研项目管理的思考. 中国高新技术企业, (6): 113-115.

卢有杰. 2005. 项目管理知识体系指南: PMBOK 指南. 北京: 电子工业出版社.

吕赛, 李绪志, 张九星. 2012. 遥感图像质量分析与评价方法研究. 计算机仿真, 29(9): 266-270.

吕一河, 傅伯杰. 2001. 生态学中的尺度及尺度转换方法. 生态学报, 21(12): 2096-2105.

栾恩杰. 2003. 建立天地一体化综合卫星应用体系. 中国测绘, 6: 26-27.

栾恩杰. 2010. 航天系统工程运行. 北京: 中国宇航出版社.

栾恩杰, 陈红涛, 赵滟, 等. 2016a. 工程系统与系统工程. 工程研究——跨学科视野中的工程, 8(5): 480-490.

栾恩杰, 王崑声, 袁建华, 等. 2016b. 我国卫星及应用产业发展研究. 中国工程科学, 18(4): 76-82.

栾海军, 田庆久, 余涛, 等. 2013. 定量遥感升尺度转换研究综述. 地球科学进展, 28(6): 657-664.

罗格. 2003. 中国航天国际合作发展历程回顾. 中国航天, (8): 6-7.

罗开元. 2004. 航天国际合作新型模式分析. 中国航天, (11): 12-15.

罗开元. 2007. 航天国际合作发展新态势. 中国航天, (3): 18-19, 22.

骆继宾. 2008. 美国现行的地基气象观测系统. 气象, 34(1): 114-117.

马宽, 龚茂华, 周少鹏. 2016. 技术成熟度在国防装备研制项目管理中的应用——以某航天工程为例. 国防科技, (2): 73-77.

马兴瑞, 张永维, 白照广. 1999. 实践五号卫星及其飞行成果. 中国航天, (11): 5-10.

明冬萍, 王群, 杨建宇. 2008. 遥感影像空间尺度特性与最佳空间分辨率选择. 遥感学报, 12(4): 529-537.

宁津生, 王正涛, 超能芳. 2016. 国际新一代卫星重力探测计划研究现状与进展. 武汉大学学报信息科学版, 41(1): 1-8.

牛生丽, 唐军武, 蒋兴伟, 等. 2007. HY-1A 卫星 COCTS 数据条带消除的两种定量化方法比较. 遥感学报, 11(6): 860-867.

牛文元. 1992. 理论地理学. 北京: 商务印书馆.

钱学森. 1998. 系统工程与系统科学的体系, 论系统工程(增订本). 长沙: 湖南科学技术出版社.

钱学森, 戴汝为. 2006. 论信息空间的大成智慧. 复杂系统与复杂性科学, 3(2): 94.

钱学森, 戴汝为. 2007. 论信息空间的大成智慧——思维科学、文学艺术与信息网络的交融. 上海: 上海交通大学出版社.

钱义先, 程晓薇. 2008. 振动对航空 CCD 相机成像质量影响分析. 电光与控制, 15(11): 55-58.

强雁, 伍青. 2007. 基于产业经济理论的航天民用产业转型研究(上). 中国航天, (5): 10-13.

冉琼, 迟耀斌, 王智勇, 等. 2009. 北京 1 号小卫星图像噪声评估. 遥感学报, 13(3): 549-558.

尚燕丽. 2010. 武器装备论证的标准化方法及其应用. 国防技术基础, (10): 3-8.

邵开文, 张骏. 2008. 总体者, 集大成也. 中国舰船研究, 3(1): 1-4.

邵全琴, 周成虎. 2001. 迭代演进式 GIS 需求分析模型研究. 遥感学报, 5(5): 358-366.

沈欣. 2012. 光学遥感卫星轨道设计若干关键技术研究. 武汉大学博士学位论文.

盛昭瀚, 游庆仲, 李迁, 等. 2008. 大型复杂工程管理的方法论和方法, 综合集成管理. 科技进步与对策, 25(10): 193-197.

史伟国, 周立民, 靳颖. 2012. 全球高分辨率商业遥感卫星的现状与发展. 卫星应用, 15(3): 45-52.

史文中. 2005. 空间数据与空间分析的不确定性原理. 北京: 科学出版社.

宋刚, 朱慧, 童云海. 2014. 钱学森大成智慧理论视角下的创新 2.0 和智慧城市. 办公自动化杂志, 285: 7-13.

宋立荣, 李思经. 2010. 从数据质量到信息质量的发展. 情报科学, 28(2): 24-28.

宋鹏涛, 马东堂, 李树峰, 等. 2007. 军用卫星星座效能评估指标体系研究. 现代电子技术, 30(15): 43-45.

宋月君, 吴胜军, 冯奇. 2006. 中巴地球资源卫星的应用现状分析. 世界科技研究与发展, 28(6): 22, 61-65.

苏理宏, 李小文, 黄裕霞. 2001. 遥感尺度问题研究进展. 地球科学进展, 16(4): 544-548.

孙家抦. 2009. 遥感原理与应用(第二版). 武汉: 武汉大学出版社.

孙万国, 王凯, 崔巅博, 等. 2006. 武器装备军事需求论证的地位与作用. 装甲兵工程学院学报, 20(6): 1-3.

孙勇成. 2005. M&S 的相关 VV&A 技术研究. 南京理工大学博士学位论文.

唐新明, 谢俊峰. 2012. 测绘卫星技术总体发展和现状. 航天返回与遥感, 33(3): 17-24.

田国良. 1994. 遥感基础研究的范畴及其在遥感应用发展中的意义. 环境遥感, (03): 168-176.

田国良. 2003. 我国遥感应用现状、问题与建议(续). 遥感信息, (3): 3-7.

田玉龙. 2015. 把握发展机遇, 加快民用空间基础设施建设和应用. 数字通信世界, 12: 5-6.

佟岩. 2008. 卫星遥感技术行业应用效益评价研究. 哈尔滨工业大学硕士学位论文.

童庆禧. 2005. 关于我国空间对地观测系统发展战略的若干思考. 中国测绘, (04): 46-49.

童旭东, 朱凼凼, 欧阳平超. 2015. 着力加强高分遥感应用产业推广促进高分专项军民融合深度发展. 国防科技工业. 2: 47-48.

汪一飞. 1996. 航天遥感技术近况及其发展趋势. 空间电子技术, (4): 1-5.

汪应洛. 2014. 系统工程(第 4 版). 北京: 机械工业出版社.

王宝坤. 2008. 中国航天国际合作的几点思考. 国防科技工业, (12): 51-53.

王炳杨. 2012. 基于产业成熟度的联盟治理机制选择的实证研究. 重庆大学硕士学位论文.

王栋, 郑逢斌, 赖积保, 等. 2012. 基于五层十五级遥感数据结构的并行算法研究. 微计算机信息, 28(1): 166-167.

王刚, 禹秉熙. 2002. 基于图像仿真的对地遥感过程科学可视化研究. 系统仿真学报, 14(6): 755-760.

王慧, 申家双, 陈冬阳, 等. 2006. 一种高性能的大区域遥感影像管理模型. 海洋测绘, 26(3): 71-74.

王锦地, 阎广建, 王昌佐. 2004. 遥感反演中不确定性信息处理的一种数学方法. 遥感学报, 3: 214-219.

王晋年, 顾行发, 明涛, 等. 2013. 遥感卫星数据产品分类分级规则研究. 遥感学报, 17(3): 572-577.

王凯, 孙万国. 2008. 武器装备军事需求论证. 北京: 国防工业出版社.

王礼恒, 屠海令, 王崑声, 等. 2016. 产业成熟度评价方法研究与实践. 中国工程科学, 18(4): 9-17.

王立学, 冷伏海, 王海霞. 2010. 技术成熟度及其识别方法研究. 现代图书情报技术, 26(3): 58-63.

王丽. 2011. 技术工具知识的建构与解读. 自然辩证法研究, 27(8): 17-22.

王明富, 杨世洪, 吴钦章. 2011. 基于角点检测的遥感图像几何质量评价方法. 计算机仿真, 40(2): 175-179.

王维妙, 杨征宇. 2016. 基于战略导向的科技项目形成研究. 项目管理技术, (5): 123-127.

王炜, 贺仁杰. 2105. 互联网思维下卫星遥感服务模式相关思考. 科技和产业, 15(9): 40-51.

王文男. 2002. 计算机仿真方法初探. 江汉大学学报: 社会科学版, 3: 67-70.

王晓梅, 杨杰. 2003. 关于科技项目管理问题的探讨. 石油科技论坛, 4: 59-63.

王兴根. 2009. 科研项目管理过程中的问题分析方法. 浙江水利科技, (2): 61-64.

王雪原, 武建龙, 董媛媛. 2015. 基于技术成熟度的成果转化过程不同主体行为研究. 中国科技论坛, 6: 49-54.

王铮. 1994. 理论地理学概论. 北京: 科学出版社.

王正中. 2001. 复杂系统仿真方法及应用. 计算机仿真, 18(1): 3-6.

卫亚星, 王莉雯. 2010. 应用遥感技术模拟净初级生产力的尺度效应研究进展. 地理科学进展, 29(4): 471-477.

魏雯. 2011. 2025 年前俄罗斯对地遥感航天系统的发展方向. 中国航天, (8): 27-31.

魏香琴, 顾行发, 余涛, 等. 2012. 面向应用需求的遥感卫星载荷空间分辨率标准化研究. 光谱学与光谱分析, 32(3): 781-785.

文沃根. 2001. 高分辨率 IKONOS 卫星影像及其产品的特性. 遥感信息, (1): 37-38.

文希. 基于关联矩阵的高校教师绩效考核分析. 湖南社会科学, (004): 216-218.

吴华意, 章汉武, 桂志鹏, 等. 2010. 地理信息服务质量的理论与方法. 武汉: 武汉大学出版社.

吴龙刚, 曾相戈, 高欣. 2017. 基于资源和成熟度要素的工业体系能力评价模型. 科研管理, (S1): 666-671.

吴培中. 2000. 美国地球观测数据和信息系统的宏观结构. 国际太空, (8): 23-29.

吴士权. FMEA 的价值、特点和应用. 质量春秋, (4): 16-21.

吴伟陵. 2003. 信息处理与编码(修订本). 北京: 人民邮电出版社.

吴信才. 2011. 遥感信息工程. 北京: 科学出版社.

武佳丽, 余涛, 顾行发, 等. 2008. 中国资源卫星现状与应用趋势概述. 遥感信息, 22(6): 96-101.

夏亚茜. 2012. 国外遥感卫星现状简介. 国际太空, (09): 21-31.

向吉英. 2007. 产业成长及其阶段特征——基于"S"型曲线的分析. 学术论坛, (5): 84-87.

肖永霖, 杨桂荣, 李瑞萍等. 2003. 我国图书馆知识管理研究近况. 情报杂志, (7): 20-21.

肖政浩, 汪大明, 温静, 等. 2015. 国内外星-空-地遥感数据地面应用系统综述. 地质力学学报, 21(2): 117-128.

谢坚勋等. 2004. 浅谈工程监理和项目管理接轨. 建设监理, (2): 22-24.

谢金华. 2005. 遥感卫星轨道设计. 中国人民解放军信息工程大学硕士学位论文.

谢榕, 刘亚文, 李翔翔. 2015. 大数据环境下卫星对地观测数据集成系统的关键技术. 地球科学进展, 30(8): 855-862.

谢毅. 2011. 海量遥感影像数据存储组织结构研究. 河南大学硕士学位论文.

谢耘. 2006. 论证概念的理论探究. 华东师范大学硕士学位论文.

谢耘. 2007. 论证、论辩、争论——当代论证理论视域中论证概念的双重维度解读. 自然辩证法研究, 23(4): 26-30.

谢耘. 2008. 论证逻辑、非形式逻辑、论证理论. 自然辩证法研究, 24(3): 38-43.

熊彼特. 1912. 熊彼特: 经济发展理论. 邹建平译. 北京: 中国画报出版社.

修吉宏, 翟林培, 刘红. 2005. CCD 图像条带噪声消除方法. 电子器件, 28(4): 719-721.

徐冠华, 田国良, 王超, 等. 1996. 遥感信息科学的进展和展望. 地理学报, (05): 385-397.

徐建中, 李亚平, 姜树凯. 2011. 国防科技工业自主创新能力体系分析. 科技进步与对策, 28(9): 55-58.

徐菁. 2008. 欧洲的全球环境与安全监测计划发展综述. 中国航天, (1): 26-30.

徐鹏, 黄长宁. 2003. 卫星振动对成像质量影响的仿真分析. 宇航学报, 24(3): 259-263.

徐鹏, 黄长宁, 王涌天, 等. 2003. 航天光学遥感器目标与背景仿真系统研究. 系统仿真学报, 15(12): 1763-1765.

徐伟, 金光, 王家骐. 2017. 吉林一号轻型高分辨率遥感卫星光学成像技术. 光学精密工程, 25(08): 1969-1978.

徐晓权. 2007. 航天国际合作项目的特点和管理模式. 航天器环境工程, 24(4): 198-202.

徐中民. 2002. 光学遥感器的数字仿真研究. 中国科学院长春光学精密机械与物理研究所硕士学位论文.

许健民, 钮寅生, 董超华, 等. 2007. 风云气象卫星的地面应用系统. 中国工程科学, 8(11): 13-18.

许秀贞, 李自田, 薛利军. 2004. CCD 噪声分析及处理技术. 红外与激光工程, 33(4): 343-346.

薛建华. 2016. 基于技术成熟度的科研管理平台研究. 电子世界, (14): 160.

薛利军, 李自田, 李长乐, 等. 2006. 光谱成像仪 CCD 焦平面组件非均匀性校正技术研究. 光子学报, 35(5): 693-696.

薛妍. 2001. 大气光谱辐射传输与散射特性及应用. 西安电子科技大学硕士学位论文.

阎守邕, 刘亚岚, 余涛, 等. 2013. 现代遥感科学技术体系及其理论方法. 北京: 电子工业出版社.

晏磊等. 2016. 高级遥感数字图像数学物理教程. 北京: 北京大学出版社.

杨邦会, 池天河. 2010. 对我国卫星遥感应用产业发展的思考. 高科技与产业化, (12): 26-29.

杨保华. 2010. 神舟七号飞船项目管理. 北京: 航空工业出版社.

杨彪, 江朝晖, 陈铎, 等. 2009. 基于客观参数的图像质量评估. 计算机仿真, 26(5): 232-235.

杨德广. 2010. 高等教育学概论. 上海: 华东师范大学出版社.

杨东奇. 2001. 企业产品创新力形成要素系统优化研究. 哈尔滨工程大学博士学位论文.

杨贵军, 柳钦火, 杜永明, 等. 2013. 农田辐射传输光学遥感成像模拟研究综述. 北京大学学报(自然科学版), 49(3): 537-544.

杨宁芳. 2015. 图尔敏论证逻辑思想研究. 北京: 人民出版社.

姚艳敏, 姜作勤, 赵精满. 2004. 国土资源信息标准现状和对策. 遥感信息, (4): 51-53.

叶泽田, 顾行发. 2000. 利用 MIVIS 数据进行遥感图像模拟的研究. 测绘学报, 3: 235-239.

叶泽田, 顾行发, 刘先林, 等. 1999. 遥感模拟图像应用于不同传感器光谱性能分析. 武汉测绘科技大学学报, 4: 295-299.

佚名. 2000-11-06. 我国广泛开展航空航天领域的国际合作. 新华网.

佚名. 2010. 国际合作成为美航天新政重点. 中国航天, (8): 12-13.

尹玉海. 2002. 外层空间开发中国际合作的有关法律问题. 中国航天, (10): 18-22.

余成伟, 谌德荣, 杨建峰, 等. 2004. 卫星姿态抖动对 LASIS 成像质量的影响. 光电工程, 31(5): 4-6.

余涛, 田国良, 梁洪有, 等. 2006. 采用热像仪测量玉米冠层半球方向亮温的四种方法比较. 遥感学报, 10(2): 145-150.

原发杰. 2013. 一种新的海量遥感瓦片影像数据存储检索策略. 电子科技大学硕士学位论文.

原民辉, 刘韬. 2017. 国外空间对地观测系统最新发展. 国际太空, (01): 22-29.

袁家军. 2011. 航天产品成熟度研究. 航天器工程, 20(1): 1-7.

袁家军. 2013. 神舟飞船系统工程管理. 北京: 机械工业出版社.

袁家军, 欧立雄, 王卫东. 2005. 神舟飞船项目管理成熟度模型研究. 中国空间科学技术, (5): 1-9.

袁家军, 王卫东, 欧立雄. 2007. 神舟项目管理成熟度模型的建立与应用. 航天器工程, 16(1): 1-9.

袁家军等. 2011. 航天产品工程. 北京: 中国宇航出版社.

曾路, 汤勇力, 李东从. 2014. 产业技术路线图: 探索战略性新兴产业培育路径. 北京: 科学出版社.

张过, 蒋永华, 汪韬阳, 等. 2017. 高分辨率视频卫星标准产品分级体系. 北京: 科学出版社.

张过, 秦绪文, 潘红播, 等. 2013. 高分辨率光学卫星标准产品分级体系研究. 北京: 测绘出版社.

张杰, 郭铌, 王介民, 等. 2007. NOAA/AVHRR 与 EOS/MODIS 遥感产品 NDVI 序列的对比及其校正. 高原气象, 26(5): 1097-1104.

张莉. 2010. 物流服务失误形成机理分析. 物流技术, (216): 8-10.

张力, 倪宇林, 陈钟, 等. 2009. 拓展服务蓝图描述法: 描述包含软件的服务. 计算机系统应用, 18(06): 51-56.

张明哲. 2010. 现代产业体系的特征与发展趋势研究. 当代经济管理, 32(1): 42-46.

张倩. 2011. SAR 图像质量评估及其目标识别应用. 中国科学技术大学博士学位论文.

张庆伟. 2003. 积极探索多元化航天国际合作之路. 中国航天, (7): 12-16.

张仁华, 田静, 李召良, 等. 2010. 定量遥感产品真实性检验的基础与方法. 中国科学: 地球科学, 2(008): 3.

张万良, 刘德长. 2005. 卫星遥感及其应用的发展态势. 世界核地质科学, 22(1): 55-57.

张伟, 王行仁. 2001. 仿真可信度. 系统仿真学报, 13(3): 312-314.

张晓娜. 2013. 图尔敏论证模型研究. 中国政法大学硕士学位论文.

张学庆. 2006. 图尔敏论证模型述评. 山东大学硕士学位论文.

张育林, 范丽, 张艳, 等. 2008. 卫星星座理论与设计. 北京: 科学出版社.

赵春潮. 2014. 乌克兰事件对中国航天国际合作的影响. 中国航天, (6): 12-19.

赵登峰, 王兴奎, 江岩. 2003. 数据工程项目监理机制的理论与实践探讨. 地球信息科学, (4): 14-19.

赵鹏大, 王京贵, 饶明辉, 等. 1995. 中国地质异常: 地球科学. 中国地质大学学报, 20(2): 117-127.

赵艳玲, 何贤强, 王迪峰, 等. 2005. 基于 Web 海洋卫星遥感产品的查询系统. 东海海洋, 23(1): 32-39.

赵英时. 2013. 遥感应用分析原理与方法. 北京: 科学出版社.

郑逢斌, 毋琳, 林英豪, 等. 2013. 临近空间大气研究卫星的星座构型研究. 系统仿真学报, (11): 2764-2769.

郑立中. 1997. 中国遥感技术应用的现状与发展. 中国航天, (6): 6-8.

中国大百科全书出版社编辑部. 1985. 中国大百科全书·教育分卷. 北京: 中国大百科全书出版社.

钟义信. 2002. 信息科学原理. 北京: 北京邮电大学出版社.

周觅. 2010. 遥感信息及其尺度问题进展研究. 中国信息界, (12): 96-97.

周新文, 李成君, 陈炳文, 等. 1995. 航天产品设计质量控制的研究. 研究与探讨, 3: 15-19.

周轶挺, 李三丽. 2013. 房产测绘信息可视化技术新思维. 科技资讯, (4): 40-41.

朱启超, 黄仲文, 匡兴华. 2002. DARPA 及其项目管理方略与启示. 世界科技研究与发展, 24(6): 92-99.

朱少均. 2006. 科学技术辩证法与方法论. 北京: 人民军医出版社.

朱一凡. 2013. NASA 系统工程手册. 北京: 电子工业出版社.

朱毅麟. 1989. 用层次分析法实现航天发展目标决策. 中国空间科学技术, (2): 38-46.

朱毅麟. 2008a. 开展航天技术成熟度研究. 航天工业管理, (5): 10-13.

朱毅麟. 2008b. 开展技术成熟度研究. 航天标准化, (2): 13-14.

左希迎, 唐世平. 2013. 理解战略行为: 一个初步的分析框架. 中国社会科学, (2): 68-85.

Alavi M, Leidner D E. 1999. Knowledge management systems: issues, challenges, and benefits. Communications of the AIS, 1: 1-37.

Alonso-Calvo R, Crespo J, Garcia-Remesal M, et al. 2010. On Distributing Load in Cloud Computing: A Real Application for very Large Image Datasets. Amsterdam: Elsevier Science BV.

B. S. 布卢姆等. 1986. 教育目标分类学第一分册: 认知领域. 罗黎辉等译. 上海: 华东师范大学出版社.

Banon G J F, Fonseca L M G. 1998. CBERS Simulation from SPOT and Its Restoration. Turkey: INPE.

Barel F, Morissffe J T, Femandes R A, et al. 2006. Evaluation of the representiveness of networks of sites for the globel validation and intercomporision of land biophysical products: proposition of the GEOS-BELMANLP. IEEE Transition on Geosciences & Remote Sensing, 44(7): 1794-1803.

Batista V, Millman D L, Pion S, et al. 2010. Parallel geometric algorithms for multi-core computers. Computational Geometry-Theory and Applications, 43 (8Sp. Iss. SI): 663-677.

Behrenfeld M J, O'Malley R T, Siegel D A, et al. 2006. Climate-driven trends in contemporary ocean productivity. Nature, 444: 752-755.

Bellinger G, Castro D, Mills A. 2004. Data, Information, Knowledge, & Wisdom. Publisher Systems Thinking.

Bernabe S, Lopez S, Plaza A, et al. 2013. GPU implementation of an automatic target detection and classification algorithm for hyperspectral image analysis. Geoscience and Remote Sensing Letters, IEEE., 10(2): 221-225.

Bhatti M I, Zafarullah M, Awan H M, et al. 2011. Employees' perspective of organizational service quality orientation: evidence from Islamic banking industry. International Journal of Islamic and Middle Eastern Finance and Management, 4(4): 280-294.

Booch G, Rumbaugh J, Jacobson I, 1998. The Unified Modeling Language User Guide. Addison-Wesley.

Boshoff C, Mels G. 1995. A causal model to evaluate the relationships among supervision, role stress, organizational commitment and internal service quality. European Journal of Marketing, 29(2): 23-42.

Bouranta N, Chitiris L, Paravantis J. 2009. The relationship between internal and external service quality. International Journal of Contemporary Hospitality Management, 21(3): 275-293.

Boyce D G, Lewis M R, Worm B. 2010. Global phytoplankton decline over the past century. Nature, 466: 591-596.

Brandon-Jones A, Silvestro R. 2010. Measuring internal service quality: comparing the gap-based and perceptions-only approaches. International Journal of Operations & Production Management, 30(12): 1291-1318.

Brocca L, Melone F, Moramarco T, et al. 2010. Spatial-temporal variability of soil moisture and its estimation across scales. Water Resources Research. 46(2): W02516.

Bréon F M, Ciais P. 2010. Spaceborne remote sensing of greenhouse gas concentrations. Comptes Rendus Geoscience, 342(4): 412-424.

Chang F, Dean J, Ghemawat S, et al. 2008. Bigtable: a distributed storage system for structured data. ACM Transactions on Computer Systems, 26(42).

Chaston I. 1994. A comparative study of internal customer management practices within service sector firms and the National Health Service. Journal of Advanced Nursing, 19(2): 299-308.

Ciais P, Dolman A J, Bombelli A, et al. 2014. Current systematic carbon-cycle observations and the need for implementing a policy-relevant carbon observing system. Biogeosciences, 11: 3547-3602.

Crevoisier C, Chedin A, Matsueda H, et al. 2009. First year of upper tropospheric integrated content of CO_2 from IASI hyperspectral infrared observations, Atmos. Chem. Phys, (9): 4797-4810.

Cryans J D, April A, Abran A. 2008. Criteria to Compare Cloud Computing with Current Database Technology. Berlin: Springer-Verlag Berlin.

Davenport T H, Prusak L. 2000. Working Knowledge: How Organizations Manage What They Know. Boston: Harvard Business School.

Davis A M. 1993. Software Requirement: Objects, functions, and States. Englewood Cliffs, NJ: PTR Preentice Hall.

Delvit J M, Leger D, Roques S, et al. 2002. Signal-to-noise ratio assessment from nonspecific views. Proceedings of SPIE-The International Society for Optical Engineering: 370-381.

Dutton G. 2000. Universal Geospatial Data Exchange Via Global Hierarchical Coordinates. California, Santa Barbara: International Conference on Discrete Global Grids.

Gaede V, Nther G O. 1998. Multidimensional access methods. ACM Comput. Surv, 30(2): 170-231.

Ghemawat S, Gobioff H, Leung S. 2003. The Google File System. Bolton Landing, NY, USA: Proceedings of the Nineteenth ACM Symposium on Operating Systems Principles.

Goodchild M F, Yang S. 1992. A hierarchical data structure for global geographic information systems. Computer Graphics, Vision and Image Processing, 54(1): 31-44.

GQting R H. 1994. An introduction to spatial database systems. VLDB Journal, 3(4): 357-399.

Grönroos C. 2007. Service Management and Marketing: Customer Management in Service Competition. John Wiley & Sons.

Griffith D A. S. 1987. Patial Autocorrelation: A Primer. Washington D. C. : Association of American Geographers, Resource Publications in Geography.

Hallowell R. 1996. The relationships of customer satisfaction, customer loyalty, and profitability: an empirical study. International Journal of Service Industry Management, 7(4): 27-42.

Harvey D. 1973. Social Justice and the City. Oxford: Blackwell.

Healey P. 1997. Collaborative Planning. Shaping Places in Fragmented Societies. London: Macmillan Press.

Hey T. 2012. The Fourth Paradigm-Data Intensive Scientific Discovery. International Symposium on Information Management in a Changing World. Berlin, Heidelberg: Springer.

Horton F W, Marchand D A. 1982. Information Management in Public Administration: An Introduction and Resource Guide to Government in the Information Age. Information Resources Press.

Huang Yanbo, Chen Zhongxin, Yu Tao, et al. 2018. Agricultural remote sensing big data: Management and applications. Journal of Integrative Agriculture, 17(09): 1915-1931.

Hummel E, Murphy K S. 2011. Using service blueprinting to analyze restaurant service efficiency. Cornell Hospitality Quarterly, 52(3): 265-272.

Ientilucci E J, Brown S D. Advances in wide area hyperspectral image simulation. Proc SPIE, 5075: 110-121.

Japan Aerospace Exploration AgencyNational Institute for Environmental StudiesMinistry of the Environment: GOSAT/IBUKI Data Users Handbook.

Jun M, Cai S. 2010. Examining the relationships between internal service quality and its dimensions, and internal customer satisfaction. Total Quality Management, 21(2): 205-223.

Karppinen H, Huiskonen J, Seppänen K. Recovering existing service design through reverse engineering approach. International Journal of Business Excellence, 6(2): 214-230.

Kleinert T, Balzert S, Fettke P, et al. 2013. Systematic Identification of Service-Blueprints for Service-Processes-A Method and Exemplary Application: Business Process Management Workshops. Springer.

Kulawik S S, Jones D B A, Nassar R, et al. 2010. Characterization of Tropospheric Emission Spectrometer (TES) CO_2 for carbon cycle science. Atmos. Chem. Phys., 10: 5601-5623.

Lam N, Quattrochi D A. 1992. On the issues of scale, resolution, and fractral analysis in the mapping sciences. The Professional Geographer, 44(1): 88-98.

Lapedes A, Farber. 1987. Nonlinear Signal Processing Using Neural Network: Prediction and System Modeling. Technical Report, Los Alamos Laboratory.

Lycett M, Rassau A, Danson J. 2004. Programme management: a critical review. International Journal of Project Management, 22(4): 289-299.

Maddy E S, Barnet C D, Goldberg M. 2008. CO_2 retrievals from the Atmospheric Infrared Sounder: methodology and validation. Journal of Geophysical Research: Atmospheres, 113(D11).

Mandelbrot B. 1967. Statistical self-similarity and fractional dimension. Science, New Series, 156(3775): 636-638.

Mankins J C. A White Paper: 1995. Technology Readiness Levels. Advanced Concepts Office Office of Space Access and Technology, NASA.

Mattila A S. 2001. Emotional bonding and restaurant loyalty. The Cornell Hotel and Restaurant Administration Quarterly, 42(6): 73-79.

McGilvray D. 2010. Executing Data Quality Projects: Ten Steps to Quality Data and Trusted Information (TM). Morgan Kaufmann.

Michel S, Bowen D, Johnston R. 2009. Why service recovery fails: tensions among customer, employee, and process perspectives. Journal of Service Management, 20(3): 253-273.

Moran P A P. 1950. Notes on continuous stochastic phenomena. Biometrika, 37(1): 17-23.

Morisette J T, Baret F, Privette J L, et al. 2006. Validation of global moderate-resolution LAI products: a framework proposed within the CEOS land product validation subgroup. IEEE Transactions on Geoscience & Remote Sensing, 44(7): 1804-1817.

Morisette J T, Baret F, Liang S. 2006. Special issue on global land product validation. IEEE Transactions on Geoscience and Remote Sensing, 44(7): 1695-1697.

Nagel P J, Cilliers W W. 1990. Customer satisfaction: a comprehensive approach. International Journal of Physical Distribution & Logistics Management, 20(6): 2-46.

Oakland J S. 2012. TQM: Text with Cases. Routledge.

OMG. 2005. SysML-v0. 9-PDF-050110. pdf. http://www. sysml. org [2005-04-18].

Owens J D, Houston M, Luebke D et al. 2008. GPU computing. Proceedings of the IEEE, 96(5): 879-899.

Paraskevas A. 2001. Exploring hotel internal service chains: a theoretical approach. International Journal of Contemporary Hospitality Management, 13(5): 251-258.

PMI. 2000. Guide to the Project Management Body of Knowledge. Pennsylvania USA: Project Management Institute.

Quigley E J, Debons A. 1999. Interrogative Theory of Information And Knowledge. In Proceedings Of SIGCPR '99, 4-10.

Rafael C G, Richard E W. 2011. 数字图像处理(第三版). 阮秋琦译. 北京: 电子工业出版社.

Reuter M, Buchwitz M, Schneising O, et al. 2010. A method for improved SCIAMACHY CO_2 retrieval in the presence of optically thin clouds. Atmos. Meas. Tech., 3: 209-232.

Robinson D A, Campbell C S, Hopmans J W, et al. 2008. Soil moisture measurements for ecological and hydrological watershed scale observatories: a review. Vadose Zone Journal, 7(1): 358-389.

Ronen Y. 1998. Uncertainty Analysis. CRC Press.

Running S W, Baldocchi D D, Turner D P, et al. 1999. A global terrestrial monitoring network integrating tower fluxes, flask sampling, ecosystem modeling and EOS satellite data. Remote Sensing of Environment, 70(1): 108-127.

Sahr K, White D. 1998. Discrete global grid systems. Proceedings of the 30th Symposium on the Interface, Computing Science and Statistics, 30: 269-278.

Sargent R G. 2010. Verification and Validation of Simulation Models. Proceedings of the 2010 Winter Simulation Conference.

Schneising O, Buchwitz M, Reuter M, et al. 2011. Long-term analysis of carbon dioxide and methane column-averaged mole fractions retrieved from SCIAMACHY. Atmospheric Chemistry and Physics, 11(6): 2863-2880.

Song B, Lee C, Park Y. 2013. Assessing the risks of service failures based on ripple effects: a Bayesian network approach. International Journal of Production Economics, 141(2): 493-504.

Stamatis D H. 2003. Failure Mode and Effect Analysis: FMEA from Theory to Execution. Asq Press.

Stead W W, Eichenholz A, Stauss H K. 1955. Operative and pathologic findings in twenty-four patients with syndrome of idiopathic pleurisy with effusion, presumably tuberculous. American Review of Tuberculosis, 71 (4) : 473.

Trondsen E, Edfelt R. 1987. New opportunities in global services. Long Range Planning, 20 (5) : 53-61.

Turner A E, Rodden J J, Tse M, et al. 2004. Globalstar constellation design and establishment experience. Advances in the Astronautical Sciences, 116: 2127-2143.

Turner J R. 2014. The Handbook of Project-based Management. Amacom.

Varey R J. 1995. A model of internal marketing for building and sustaining a competitive service advantage. Journal of Marketing Management, 11 (1-3) : 41-54.

Varfis A, Versino C. 1990. Univariate economic time series forecasting by connectionist methods. IEEE ICNN-90: 342-245.

Wang Y, Wang S, Zhou D. 2009. Retrieving and indexing spatial data in the cloud computing environment. CloudCom 2009: 9.

Wbite T. 2010. Hadoop: The Definitive Guide, Second Edition. O'Reilly, Yahoo Press.

Western A W, Blöschl G. 1999. On the spatial scaling of soil moisture. Journal of Hydrology, 217: 203-224.

Woodcock C E, StrahleA H. 1987. The factor of scale in remote sensing. Remote Sensing of Environment, 21 (3) : 311-332.

Yoshida Y, Kikuchi N, Morino I, et al. 2013. Improvement of the retrieval algorithm for GOSAT SWIR XCO_2 and XCH_4 and their validation using TCCON data. Atmos. Meas. Tech., 6: 949-988.

YouY L, KavehM. 2000. Fourth-order partial differential equations for noise removal. IEEE Transactions on Image Processing, 9 (10) : 1723-1730.

Zhang L L, Yue T X, Wilson J P, et al. 2016. Modelling of XCO_2 surfaces based on flight test of TanSat instruments. Sensors, 16 (11) : 1818.

Zhang L L, Yue T X, Wilson J P, et al. 2017. A comparison of satellite observations with the XCO_2 surface obtained by fusing TCCON measurements and GEOS-Chem model outputs. Science of the Total Environment, 601-602: 1575-1590.

Zhu X, Milanfar P. 2009. A no-reference sharpness metric sensitive to blur and noise. International Workshop on Quality of Multimedia Experience, 64-69.

附录1 关键词表

章序	关 键 词
第1章	论证、图尔敏论证模型、前提、保证、支援、限定、反驳、主张、形式逻辑、非形式逻辑、实证、验证、认证、科学论证、人造事物、科学、技术、活动、航天遥感系统、天基系统、地面系统、应用系统、卫星制造系统与发射服务系统、地面应用制造系统与服务系统、软环境系统、硬环境系统、遥感论证、信息流、价值流、技术流、物质流
第2章	信息、地球信息、地球信息科学、地球系统科学、信号信息、航天遥感信息、航天遥感信息流模型(SDIKWa)、遥感信息场、尺度、遥感信息强度、采样、采样尺度、采样幅度、采样频率、遥感采样尺度、运行尺度、测量尺度、发现、识别、确认、理解、采样精度、承载性应用、检测/分类应用、定量反演应用、综合性应用、定性应用、量化应用、定量应用、标准定量、品种、规格、规模、质量、时效性、认可度、满意度
第3章	遥感数据、信息密度函数、标准数据、信息数据、知识数据、数据、信息、知识、智慧、信号节点、数据节点、信息节点信号、定位类几何信息、属性类辐射信息、自信息、互信息、信息熵、信息量、噪声疑义度、平均信息量、总信息量、五层十五级、特征离散化、不确定性、不一致性、不完备性、约定真值、卫星平台、载荷特性、成像过程、遥感器模型、先验知识、大成信息、大成智慧、遥感信息工程、遥感信息工程方法论、知识工程、智慧工程、信息数字化、遥感数据、遥感数据工程、流程模式化、航天遥感数据模型、遥感数据的标准化模型、瓦片、分类、遥感辅助数据产品、遥感服务产品、遥感产品流、信息数据化、遥感信息密度函数概念、数据标准化、航天遥感产品模型、大数据、遥感数据产品、产品品种、产品质量、产品时效性、遥感技术产品、五层十五级、双经纬网格切分模型、遥感数据产品分级模型、数据标准
第4章	应用技术成熟度ATRL、研发技术成熟度HTRL、制造成熟度MRL、产品成熟度PRL、PDCA、IDSH、GPP、载荷遴选
第5章	标准时间轨道、标准化空间分辨率、标准化载荷单位、标准化时间分辨率
第6章	标准数据单位、标准计算能力单位、标准算法单位、GRID Cube、IDSH、尺度维度有序化、信息维度有序化、时态维度有序化、遥感数据规格化、遥感数据列存储模型、基于虚拟映射的分布式对象存储模型、GRID Cube、云存储架构、SPID、COGON、遥感大数据计算、存储、服务一体化架构技术、数据级并行、算法级并行、任务级并行、插件式遥感工具箱技术、类语言
第7章	卫星应用状态、后评价、数据质量评价、几何评价、辐射评价、综合评价、产品真实性检验、质量核验、专题产品质量评价、服务质量评价、功能测试、动态调制传递函数评价、文理细节评价、共性产品真实性检验、参数时空场、空间尺度转换、时间尺度转换、置信度置信区间
第8章	需求论证、需求工程、体系需求、标准采样、体系效能效益
第9章	产业政策、国际合作、需求、价值、利益、遥感产业、三大战役、产业状态、产业市场、利益取向、国际合作策略
第10章	能力体系、条件保障、创新能力体系、AIT能力、信息化能力、技术试验条件
第11章	科研工程项目管理、项目实施管理、创新风险管理、创新成果管理、项目管理信息化、DARPA管理

附录 2　缩略词及中英文全称

缩略词	英文全称	中文全称
ADLI	approach, distribution, learning, intigration	方法、展开、学习、整合
ATRL	application technology readiness levels	应用技术成熟度
AVHRR	advanced very high resolution radiometer	甚高分辨率辐射仪
COGON	cloud over grid on net	云网络服务框架
CIMS	computer/contemporary integrated manufacturing systems	计算机/现代集成制造系统
DEA	data envelopment analysis	数据包络分析法
DEM	digital elevation model	数字高程模型
DGGS	discrete global grid system	全球离散格网系统
DMAIC	define, measure, analyse, improve, control	定义、测量、分析、改进、控制
DOM	digital orthophoto map	数字正射影像
EML	enterprice maturity level	企业成熟度
GDAL	geospatial data abstraction library	开源栅格空间数据转换库
GERT	graphic evaluation and review technique	图形评审技术
GIAS	geographical information analysis system	地理标志服务系统
GPP	good processing practice	好的实践过程
HTRL	developing technology readiness levels	研发技术成熟度
IDF	information density function	数据信息密度函数
IDSH	information-data-software-hardware	信息–数据–软件–硬件
IIF	information intensity function	遥感信息强度函数
IML	industry maturity levels	产业成熟度
MML	market maturity level	市场成熟度
MRL	manufactoring readiness levels	载荷制造成熟度
MAS	modis airborne simulator	MODIS 机载实验
NIIRS	the national imagery interpretability rating scale	国家图像解译度分级标准
OGC	open geospatial consortium	开放地理空间信息联盟
PRL	product readiness levels	产品成熟度
SDIKWa	signal-data-information-knowledge/wisdom-action	信号–数据–信息–知识/智慧–行动环
SPID	software, platform, infrastructure&data	遥感应用系统:软件 S、平台 P、基础设施 I 和数据 D
SSUM	system unified standard unit	系统统一标准单位
SW-CMM	capability maturity model for software	软件成熟度
TM	thematic mapper	专题制图仪
TPDS-PDCA	think-plan-do-say-plan-do-check-action	想–计划–做–说–计划–执行–检查–处理
UPM	uniform product standard system	统一产品体系和产品规格标准化
WBS	work breakdown structure	工作分解结构
PERT	program evaluation and review technique	计划评审技术
VINLa	visual interaction network language	可视化人机交互网络化语言